2 C 1 h3
2 B 1 h2
2 C h4v
2 B 1 h2
2 C 1 h4v
2 B 2 h2
2 C 2 h3
2 C 1 h3
2 C 2 h2t
2 D h4v
2 C 1 h2
3 B B 3 h4
2 D 2 h2
= Höchstleistung
250 Up/min
= Treibraddrehzahl

REUTER · REKORDLOKOMOTIVEN

Jllustrationen: Claus Bock

Wilhelm Reuter

REKORD LOKOMOTIVEN

Die Schnellsten der Schiene 1848–1950

Motorbuch Verlag Stuttgart

Umschlagzeichnung und Zeichnungen Innenteil: Claus Bock
Einband und Schutzumschlag: Siegfried Horn

ISBN 3-87943-582-0

1. Auflage 1978

Eine Abteilung des Buch- und Verlagshauses Paul Pietsch GmbH & Co. KG.

Satz und Druck: Verlagsdruckerei Carle, 7143 Vaihingen/Enz.
Bindung: Verlagsbuchbinderei Fritz Wochner, 7240 Horb.

Printed in Germany

Inhalt

MEINER FRAU GEWIDMET

die die zahllosen Stunden
meiner »geistigen Abwesenheit im Reiche der Dampf-
lokomotive«
verständnisvoll und geduldig
ertragen hat.

Vorwort

Je mehr die Dampflokomotive von den Hauptstrecken der Eisenbahnen der Welt verschwand, desto größer wurde die Zahl derjenigen, die sich mit der Geschichte, der Technik und den Leistungen dieser Maschine zu beschäftigen begannen. Mag das bei manchen nicht viel anderes als nostalgische Schwärmerei sein, so werden doch die meisten Freunde der Dampflokomotive mit mir darin übereinstimmen, daß sie eine der faszinierendsten, vielseitigsten und eindrucksvollsten technischen Schöpfungen ist, die die Menschheit hervorgebracht hat. Leider sind von den vielen tausenden höchst unterschiedlicher Typen, die im Laufe der etwa 150jährigen Geschichte der Dampflokomotive entstanden sind, nur äußerst wenige erhalten geblieben. Darüber hinaus geschah die Auswahl derjenigen Exemplare, die heute noch in Museen, privaten Sammlungen oder vielleicht sogar im Betriebe besichtigt werden können, in den allermeisten Fällen rein zufällig und mehr oder weniger willkürlich. Daher bleibt das Bild, das diese Sammlungen von der Entwicklung der Dampflokomotive vermitteln, sehr lückenhaft – gelinde gesagt. Doch würde natürlich eine einigermaßen umfassende Darstellung einen so ungeheuer großen Platz benötigen, wie ihn kein Museum der Welt auch nur annähernd aufzubringen vermöchte, ganz abgesehen davon, daß die interessantesten Lokomotiven sowieso längst verschrottet sind. Ihre Erhaltung scheiterte meistens an mangelndem Verständnis und ungenügender Unterstützung durch maßgebliche Stellen. Selbst Modelle beanspruchen noch einen erheblichen Platz, da sie kaum kleiner als $1/10$ der natürlichen Größe sein sollten, um einigermaßen genau zu sein. Das zeigt z.B. die hervorragende Sammlung ausschließlich bayrischer Lokomotiven und Wagen des Verkehrsmuseums in Nürnberg, die allein eine große Halle füllt. Und natürlich sind derartige Modelle nicht billig und würden den Etat jedes Museums sprengen.

Die zumindest zweitbeste Möglichkeit, die Geschichte der Dampflokomotive zu bewahren, scheint mir daher das Buch zu sein. Zahllose Werke sind bereits erschienen, doch die meisten beschränken sich auf die Lokomotiv-Geschichte eines Landes, einer Epoche, einer Eisenbahn oder gar einer bestimmten Bauart. Andere Autoren wiederum beziehen die Geschichte der Dampflokomotive in eine allgemeine Geschichte der Eisenbahn ein, so daß für erstere nur sehr wenig Platz bleibt. Oft klafft daher zwischen den Beschreibungen der allerersten und der letzten Lokomotiven eine gewaltige Lücke, als habe es dazwischen nichts gegeben, was der Erwähnung wert sei. Leider fehlt vielen dieser Bücher ein gewisser »Blick über die Grenzen«. Da die technischen und physikalischen Grundlagen der Dampflokomotive in allen Ländern gleich waren, wäre es interessant, Gemeinsamkeiten zu zeigen, oder zu untersuchen, warum diese oder jene Entwicklung in verschiedenen Ländern höchst unterschiedlich verlief. Ein Buch, wie das bekannte Standardwerk von John Jahn »Die Dampflokomotive in entwicklungsgeschichtlicher Darstellung ihres Gesamtaufbaues«, das die Gesamtentwicklung der Lokomotive in allen Ländern miteinander vergleicht, ist recht selten. Wegen der Fülle des Stoffes konnte Jahn nur einige wesentliche Linien zeigen, ohne sich in Einzelheiten zu vertiefen, obwohl seine Entwicklungsgeschichte schon vor dem ersten Weltkriege endet.

Eine so umfassende Schilderung, wie sie Jahn, trotz des verhältnismäßig geringen Umfanges seines Buches gelungen ist, schwebte mir nicht vor. Trotzdem oder vielleicht gerade deswegen war mir die große Stoffmenge eher hinderlich, als ich versuchte, die Geschichte der Hochgeschwindigkeits-Lokomotive – im weitesten Sinne des Wortes – anhand einiger ausgewählter Maschinen darzustellen. Ich habe daher bei der Beschreibung der einzelnen Lokomotiven weniger das geschildert, was in anderen Büchern (einige davon sind im Literaturverzeichnis aufgeführt) sehr viel eingehender erläutert ist, sondern versucht, interessante, aber weniger bekannte technische Einzelheiten und formale Eigenheiten zu beleuchten, sowie Vergleiche mit Entwicklungen in anderen Ländern anzustellen. Manches konnte ich dabei nur andeuten, anderes mußte ich gänzlich übergehen. Die Zeichnungen der Lokomotiven ermöglichen es dem Leser meiner Meinung nach wesentlich besser, als es nur durch Fotografien möglich wäre, die charakteristischen Merkmale der Maschinen zu erkennen und miteinander zu vergleichen.

Die Lokomotive für höchste Geschwindigkeiten, die »Rekord-

Bild 1: 2 C 1 h2 Einheits-Schnellzuglokomotive der Deutschen Reichsbahn. Keine »Rekordlokomotive«, aber wohl bekannteste deutsche Schnellzuglokomotive und daher als Vergleichsmaßstab, vor allem für die Triebwerks-Drehzahlen der »schnellen Renner« gedacht. Das Bild zeigt eine Werksaufnahme der Firma Krupp in Essen, wo die Lokomotive im Jahre 1930 erbaut wurde. Nach 36 Betriebsjahren wurde sie im Juni 1966 ausgemustert (Verkehrsmuseum Nürnberg).

lokomotive«, ist zweifellos der Höhepunkt des Lokomotivbaues und sicherlich die für Fachleute und Laien interessanteste Form der Dampflokomotive. Schon Jahn stellt die Entwicklung einer Bauart der Dampflokomotive, also ihre zunehmende Eignung für höhere Geschwindigkeiten, bewußt als »Aufstieg« dar. Eigenartigerweise existiert über dieses Gebiet wenig geschlossene Literatur. Am umfassendsten schreibt wohl L. M. Vilain. In seinem Buch »La Locomotive a Vapeur et les Grandes Vitesses« hat er fast alle bekanntgewordenen, ungewöhnlichen Schnellfahrten von Dampflokomotiven zusammengetragen, doch wegen der großen Zahl der Ereignisse konnte er natürlich auf nähere Umstände der Fahrt oder technische Einzelheiten der betreffenden Lokomotiven nur sehr wenig eingehen.

Bei meiner Zusammenstellung von 26 »Rekordlokomotiven« habe ich, außer den beiden absolut schnellsten – nämlich nach offizieller und nach inoffizieller Messung –, solche Maschinen ausgewählt, die mir, neben dem einmaligen Ereignis ihrer Rekordfahrt, noch von weitergehendem Interesse schienen, sei es als schnellste Lokomotiven ihres Landes oder ihrer Bauart, sei es durch außergewöhnliche Umstände ihrer Rekordfahrt, durch auffallende Konstruktionsmerkmale, weil sie wichtige Glieder in der Geschichte der Dampflokomotive darstellen oder sich durch sonstige bemerkenswerte Besonderheiten auszeichnen. Ich hoffe, der Leser empfindet bei diesem kleinen Einblick in ein Teilgebiet der Lokomotivgeschichte und bei der Schilderung, wie es fähigen Konstrukteuren gelang, Lokomotiven für immer höhere Geschwindigkeiten zu bauen, das gleiche Vergnügen, das mir beim Schreiben des Buches zuteil wurde.

Bei den technischen Daten habe ich weitgehend die SI-Einheiten (Système International d'Unités) verwendet. Da jedoch in älteren Veröffentlichungen meist noch die früheren Bezeichnungen zu finden sind, habe ich diese fast immer hinzugefügt, um dem Leser den Vergleich zu erleichtern. Das gilt vor allem für Daten aus dem englisch-amerikanischen Maßsystem. Das Wort »Masse« habe ich wegen seiner etwas anrüchigen Nebenbedeutung (»Masse Mensch«) nach Möglichkeit vermieden und lieber die alte Bezeichnung »Gewicht« verwendet. Der Leser möge es verzeihen, er weiß ohnehin, was gemeint ist.

Die Beanspruchung des Triebwerks einer Lokomotive hängt hauptsächlich von der Drehzahl ab. So kann eine Lokomotive mit sehr großen Treibrädern bei einer bestimmten Geschwindigkeit einer Triebwerksbelastung ausgesetzt sein, die eine andere Lokomotive mit kleineren Treibrädern bereits bei wesentlich niedrigerer Geschwindigkeit überschreitet. Zum besseren Überblick habe ich daher eine »Vergleichsgeschwindigkeit« definiert. Das sei diejenige Geschwindigkeit, die die Einheits-Schnellzugslokomotive der Deutschen Reichsbahn, Baureihe 01, (Bild 1) fahren müßte, um auf dieselbe Triebwerksdrehzahl zu kommen, wie sie die beschriebene Lokomotive – angeblich oder tatsächlich – erreicht hat. Da die 01 Treibräder von 2 m Durchmesser besaß, ist die Vergleichsgeschwindigkeit bei Lokomotiven mit Treibrädern, die größer als 2 m sind, niedriger, als die der beschriebenen Lokomotive, im anderen Falle dagegen höher.

An dieser Stelle möchte ich allen danken, die mich mit der Lieferung von Bildern unterstützt haben. Leider erwies es sich im einen oder anderen Falle als nicht möglich, ein bestimmtes Bild, das mir vorschwebte, zu erhalten. Ich hoffe dennoch, daß die Abbildungen den Text hinreichend illustrieren. Mein besonderer Dank gilt Herrn Professor Dr.-Ing. R. Roosen, der sich freundlicherweise der Mühe unterzog, das Manuskript kritisch durchzusehen, und der mir einige wertvolle Ergänzungen geben konnte.

Wilhelm Reuter

Einleitung

Wie war sie eigentlich, die Dampflokomotive?

Das Zeitalter der Dampflokomotive ist zu Ende. Zwar gibt es in diesem und jenem Teil der Erde noch dampflokbespannte Züge, aber ihre Zahl nimmt ständig ab, und immer mehr der noch verbliebenen Dampfrösser werden durch modernere und wirtschaftlichere Elektro- oder Diesellokomotiven ersetzt. Nur bei den – zum Glück immer zahlreicher werdenden – Touristik- und Museumsbahnen bekommt man noch »lebende« Dampflokomotiven zu sehen. Allerdings handelt es sich hier meist um kleinere und wenig leistungsfähige Maschinen.

Doch wenn auch das Bild der Züge durch die mehr oder weniger farbenprächtigen neuen Lokomotiven bunter geworden ist und moderne Hochleistungs-Elektrolokomotiven beträchtliche Fahrzeitverkürzungen ermöglichen, die Freunde der Dampflokomotive würden gerne darauf verzichten, könnten sie nur noch einmal auf einem großen Bahnhof den berauschenden Duft von Dampf, Rauch und heißem Öl schnuppern, den eine »lebendige« Dampflokomotive in einer warmen Wolke um sich verbreitet. Könnten sie nur noch einmal das erregende Schauspiel miterleben, wenn die große Schnellzuglokomotive, Tender voran, über das Weichenvorfeld des Bahnhofs heranpoltert und sich knarrend und leise zischend und summend langsam rückwärts an den wartenden Zug schiebt, während der Lokführer aus dem Führerhausfenster lehnt, eine Hand am Bremsventil, um die schwere Maschine mit sanftem Ruck anzuhalten, sowie sich die Puffer berühren oder die automatische Kuppelung einrastet. Dann dauerte es nur noch wenige Minuten, Bremsprobe, Übergabe der Bremszettel, vielleicht noch hastiges Einladen der letzten Gepäckstücke in den Packwagen, nun ist auch das Ausfahrsignal gezogen, und langsam, unter lautem Zischen und einer gewaltigen Dampfwolke aus den geöffneten Zylinderhähnen, zieht die Lokomotive den Zug davon, seinem fernen Ziel entgegen.

Dieses Bild konnte sich ohne große Unterschiede auf der ganzen Welt ereignen. Sei es eine 01, die sich in Hamburg-Altona vor den Fernschnellzug nach München oder Köln setzte, oder eine elegante S 3/6 (Bild 2), die in Mannheim den berühmten »Rheingold« übernahm, den kurz zuvor eine mächtige IVh (Kapitel XVIII) – die schnellste der Länderbahn-Pacifics – von Basel heraufgebracht hatte. Sei es eine der großen französischen Mountains der Reihe 241 P, die bald darauf mit dem »Mistral« von Marseille nach Norden in Richtung Lyon davonraste oder eine braune »Super-Pacific« der Nord-Bahn, die sich vom Gare du Nord in Paris mit dem »Flèche d'Or« auf den Weg zur Kanalküste begab, wo er, auf der anderen Kanalseite, als »Golden Arrow« weiter nach London fuhr. Sei es eine der hübschen, von der Hanomag gebauten dänischen Atlantics der Reihe P, die von Esbjerg aus mit dem »Lyntog« quer durch Jütland schaukelte oder eine österreichische 214, die vom Wiener Westbahnhof auf die kurvenreiche Strecke nach Salzburg ging. Sei es eine blankgewienerte, große, grüne »King«-Class-2-C der Great Western Railway, die sich in London, Paddington Station, langsam vor die crème-braunen Pullman-Wagen des »Cornish-Riviera-Express« schob oder eine der schnellen, blauen A 4-Pacifics der LNER (Kapitel XXI), die die schimmernde Garnitur des »Flying Scotsman« bald darauf ohne Halt über mehr als 600 km bis Edinburgh zog.

Es konnte im weit entfernten Chabarowsk sein, wo eine gut gepflegte, leuchtend grüne, riesige 2 D 2-Schnellzuglokomotive der Reihe P 36 den »Trans-Sibirien-Express« auf seine tagelange Fahrt quer durch Rußland führte, es konnte in Salamanca sein, wo noch 1971 eine stolze 2 D, von Maquinista für die ehemalige Madrid-Zaragoza-Alicante-Bahn geliefert, den Salamanca-Bilbao-Express bis Medina del Campo leitete oder es konnte – wieder in einem anderen Teil der Erde – in Touws River, Südafrika, sein, wo sich eine wuchtige Klasse 25 (Bild 182) mit ihrem gewaltigen 6achsigen Kondens-Tender vor den wartenden »Blue Train« setzte, um wenig später die lange Fahrt durch die einsame Great Karroo zu beginnen.

Wir denken an Japan, wo in Sapporo auf der Nord-Insel Hokkaido eine der letzten C 62-Hudsons ihre Fahrt mit dem Express nach Hakodate begann. Australien kommt uns in den Sinn und eine grüne Pacific, Klasse 38, der New South Wales Government Railways, die Newcastle mit einem Schnellzug nach Süden über die »Short-North« in Richtung Sydney verläßt; und Neuseeland, wo in Christchurch auf der Südinsel eine 1951 von der North British Locomotive Company gelieferte Mountain der Klasse Ja ihre lange Reise mit dem »South Island Express« nach Dunedin beginnt.

Oder gehen wir noch einige Jahre zurück in die »belle époque« und wir sehen im Wiener Westbahnhof eine der großen klassischen Schnellzuglokomotiven, eine Atlantic der Reihe 108 (Bild 51) – wohl der schönsten von Gölsdorfs Schöpfungen. Langsam legt sie sich vor eine Reihe teakholzgetäfelter Wagen, die in der dunklen Bahnhofshalle warten. Es ist der mit allem Luxus seiner Zeit augestattete, heute schon fast legendäre »Orient-Expreß«, der soeben aus dem Balkan eingetroffen war. Kurze Zeit später rollt die 108 mit dem Zuge davon, Salzburg entgegen.

Und schließlich Nordamerika. Hier brauchen wir uns nur eine braun-rote 2 D 2-Stromlinienlokomotive, Klasse U-4-a, der Canadian National Railway vorzustellen, die sich in Montreal an den »International Limited« schiebt und erst 511 Meilen (822 km) weiter, in Sarnia, an der Grenze zu den Vereinigten Staaten, wieder abgekuppelt wird. Oder eine bunte 2 D 2, Klasse GS-4, der Southern Pacific Railroad, die in Los Angeles an den »Coast Daylight« zur 8stündigen Fahrt nach San Francisco ankuppelt. Oder an eine, mit 8achsigem Tender über 37 m lange und über 435 t schwere Northern der Atchison, Topeka & Santa Fe Railroad, die in La Junta, Colorado, den »Chief« übernimmt. Oder an die elegante, zierlich wirkende, grüne, goldgestreifte Ps-4-Pacific der Southern Railway, die von Atlanta, Georgia, mit dem »Crescent«, der von New Orleans kam, nach Washington, D. C., weiterfährt. Oder ein Gespann wuchtiger K4s-Pacifics (Bild 107) der Pennsylvania Railroad, die von Altoona aus den schweren »Broadway Limited« die 18 ‰ Steigung in die Alleghenys schleppen, durch die berühmte »Horseshoe«-Kurve bis zum Scheitelpunkt in Gallitzin, wo die Vorspann-Lokomotive wieder abgehängt wird. Oder schließlich eine stolze New York Central-Hudson, Klasse J-3a, in heller Stromlinienverkleidung, mit weißen Boxpok-Rädern und blankgeputzten Zylinderdeckeln, die sich in Chicago, La Salle Street Station, langsam an den vornehmsten von allen, den »Twentieth Century Limited« heranschiebt, um die 16-Stunden-Fahrt über die »Water Level Route« nach New York zu beginnen. Damit haben wir einen kleinen Ausschnitt aus der überwältigenden Vielfalt der amerikanischen Eisenbahnszene zur Blütezeit der Dampflokomotive.

Dies alles war nur ein winzig kleiner Rundblick über die schimmernde Welt der Expreß- und Luxuszüge. Nicht minder interessant wäre es aber, noch einmal einen Blick auf einen großen Verschiebebahnhof werfen zu können, mit seinen zahlreichen hin- und herhuschenden Rangierlokomotiven und am Rande dem qualmverhüllten Betriebswerk, in dem sich die schweren Güterzuglokomotiven drängeln, sich dann langsam, eine nach der anderen, vor ihre Züge setzen und nach kurzer Zeit, ihre schwere Last nur mühsam beschleunigend, unter einer weithin sichtbaren Dampfwolke in der Ferne verschwinden. Auch dieses Bild war auf allen Kontinenten zu finden. Seien es 44er in Soest, Westfalen, Big Boys und Challengers in Cheyenne, Wyoming, oder Klasse-19 D-Mountains der südafrikanischen Staatsbahn in Bloemfontein.

Alle diejenigen Zeitgenossen, für die die Dampflokomotive nur ein zischendes und stinkendes Ungetüm aus dem vorigen Jahrhundert ist, werden die große Mannigfaltigkeit, die in dieser, an sich einfachen Maschine steckte, kaum erkennen können, geschweige denn zu würdigen wissen. Doch auch von den Freunden der Dampflokomotive vermögen sicher nicht alle, die ganze bunte Palette zu übersehen. Ein Beispiel möge das deutlich machen. Die 2 D-(Twelve-Wheel)-Schlepptenderlokomotive ist in Deutschland gänzlich unbekannt und gilt auch sonst als seltene und ausgefallene Gattung. Und doch hat es davon mehr als 280 verschiedene Typen (nicht etwa Exemplare!) gegeben, die über die ganze Welt verstreut waren, besonders zahlreich jedoch in Afrika auftraten. Carling zählt in seiner umfassenden Monographie* 280 verschiedene, jedoch hat selbst er ein paar übersehen. Es gab winzig kleine und riesengroße und sie wurden für alle Zwecke gebaut, angefangen von der Verschiebelokomotive bis zur ausgesprochenen Schnellzugmaschine. Als Klasse 7 der südafrikanischen Staatsbahn zuckelte sie mit einem Güterzug die unzähligen Kurven von Mossel Bay an der Südküste Afrikas zum Montagu-Paß hinauf. Als Klasse 15B der Buenos Aires Great Southern Railway stampfte sie durch die argentinische Pampas. Als Klasse J der Duluth & Iron Range Railroad schleppte sie Erzzüge aus den Missabe-Erzbergen zu den Verladedocks in Duluth am Oberen See. Als Klasse NM der Commonwealth Railway schlich sie durch Australiens Wüste. Als Reihe 46 der türkischen Staatsbahn, von Henschel im preußischen Stil, gewissermaßen als »Super-P8«, gebaut, brauste sie durch Anatolien. Als Reihe 26c der Norwegischen Staatsbahn kraxelte sie mit einem Güterzug die Bergen-Linie hinauf. Als Reihe 33 der Österreichischen Bundesbahn – ehemals Reihe 113 der k. u. k. österreichischen Staatsbahn – zog sie schwere Schnellzüge über den Semmering. Als Reihe 1100 der stolzen Madrid-Zaragoza-Alicante-Eisenbahn erklomm sie die kastilische Gebirgsstrecke auf dem Wege von Cartagena zur Hauptstadt. Und schließlich, als eine der stärksten europäischen Dampflokomotiven überhaupt, Reihe 240.P (Bild 174)

* D. Rock Carling »4-8-0 Tender Locomotives«. England, 1971.

Bild 2: 2 C 1 h4v, 18 443, bayrische S 3/6, mit 2 m großen Treibrädern. Aufnahme aus den 20er Jahren vor den »Rheingold« auf der Rheinstrecke (Lokomotivbild-Archiv Bellingrodt).

der SNCF, donnerte sie mit einem 800 t-Zug eine 8 ‰-Steigung bei Blaisy hinauf. – Dies alles ist jedoch nur der Ausschnitt eines Ausschnitts.

Worin liegt nun die Faszination, die die Dampflokomotive nicht nur auf ihre Anhänger ausübte? Schon immer hat die Technik für viele Menschen einen besonderen Reiz gehabt, aber an kaum einer anderen Maschine konnte man so klar und deutlich beobachten, wie sich die große, aber unsichtbare Kraft des Dampfes in sichtbare Bewegung umsetzte. Wenn der Lokomotivführer den Regler öffnete, der Dampf leise zischend in die Zylinder strömte, und dann die mehr oder weniger geheimnisvolle Bewegung des Triebwerks begann, die großen Räder sich erst langsam, dann schneller und schneller drehten und der schwere Zug scheinbar mühelos davonrollte; das war ein Anblick, der immer wieder fesselnd war. – Wenn allerdings die Lokomotive ins Schleudern geriet, so war das wieder ein Spektakel ganz besonderer Art. –

Doch auch die anderen Sinne bekamen ihren Anteil. Wie eine schöne Frau vom Duft eines erlesenen Parfums begleitet wird, so war auch die Dampflokomotive von einem ganz besonderen Odeur umgeben, einem Dampf-Rauch-Gemisch, durchsetzt mit dem Geruch von heißem Öl, das nicht nur in die Nase stach, sondern manchmal auch die Augen zu Tränen reizen konnte, von Dampflokfreunden aber manchem Erzeugnis der Kosmetik-Industrie vorgezogen wurde. Doch wir wollen diesen Vergleich nicht weiter ausspinnen, beides liegt auf zu verschiedenen Ebenen.

Und schließlich die Akustik. Zunächst war es ein Poltern und Knarren, wenn die Lokomotive sich langsam vor den Zug setzte. Dann ein Zischen bei der Bremsprobe, Hecheln der Pumpen, Rauschen der Injektoren, Summen des Turbodynamos und vielleicht – für viele erschreckend – das ohrenbetäubende Tosen eines zu früh abblasenden Sicherheitsventils. Doch all das verblaßte, wenn der Lokführer den Regler öffnete und die ebenso gewaltige wie eindringliche »Sprache« des Schornsteins – »stack music«, wie die Amerikaner sagen – begann, vielleicht noch untermalt von dem lauten Zischen der geöffneten Zylinderhähne. Aber diese »Sprache« war nun nicht etwa immer gleich. Hatte doch nicht nur fast jede Loktype ihre eigene Auspuffmusik, angefangen von dem harten Bellen amerikanischer Lokomotiven, über ein mehr zischendes Geräusch, z.B. bei der P8, das tiefe Wummern der Reichsbahn-Einheitslokomotiven bis zu dem weichen Auspuff einer Vierzylinder-Verbund-Lokomotive; ganz zu schweigen von dem seltsam eindringlichen Rhythmus eines Drillingstriebwerks. Aber selbst jede einzelne Lokomotive konnte anders klingen. Geringfügige Unterschiede in den Schieberstellungen, durch Abnutzung oder nicht ganz gleichmäßige Einstellung hervorgerufen, ergaben charakteristische Auspuffrhythmen. Und je nachdem, wie weit die Steuerung ausgelegt und der Regler

geöffnet war, klang es immer wieder anders.
Und dann – natürlich – der »Ruf« der Dampflok. Wieviele Möglichkeiten besaß sie, ihr Kommen anzukündigen und andere Verkehrsteilnehmer zu warnen. Angefangen vom schrillen Quietschen französischer Lokomotiven, über den etwas tieferen Ton deutscher Länderbahn-Pfeifen, den heiseren Klang der Reichsbahn-Einheitslokomotiven bis zum melodiösen Heulen amerikanischer »chime wistles« (Mehrklang-Pfeifen). In Amerika war es üblich, viel häufiger Signale zu geben, als bei uns, und manche Lokführer konnten mit der chime wistle in Verbindung mit den großen, volltönenden Glocken wahre Konzerte veranstalten, über die sich die Fans auch heute noch anhand von Schallplatten- und Tonbandaufnahmen erfreuen.
Zu all dem kam nun noch der Hauch von Romantik und Fernweh, der seit je mit der Eisenbahn verbunden war. Denn die von Dampflokomotiven über das sich rasch vergrößernde Schienennetz der Erde gezogenen Wagen ermöglichten es den Menschen zum ersten Male, verhältnismäßig schnell und nahezu mühelos ferne Länder zu sehen, fremde Städte kennenzulernen, neue Eindrücke zu gewinnen, aus ihrer bisherigen Enge herauszukommen oder Verbindung zu weit entfernten Verwandten oder Bekannten aufzunehmen. Und für viele unter uns ist es auch heute noch, trotz Auto und Flugzeug, ein höchst angenehmes und beruhigendes Erlebnis, die Landschaft vom Abteilfenster aus vorbeifliegen zu sehen, begleitet von den sanften Schwingungen und dem gleichmäßigen Rollgeräusch des Zuges.
Natürlich ist und war nicht jeder Anlaß einer Eisenbahnreise erfreulich. Beispiele aus Kriegs- und Nachkriegszeit werden jedem geläufig sein. Und für manche Menschen, denen die Technik an sich schon unheimlich, beängstigend, vielleicht sogar schmutzig vorkommt, bedeutete die Dampflokomotive die Krone all dieser Übel. Aber, seien wir tolerant zu unseren Mitmenschen.
Auch ihren Anhängern machte es die Dampflokomotive nicht immer leicht, in Ruhe ihren Anblick zu genießen. Sie war da etwas mit einem scheuen Reh zu vergleichen. Denn im Gegensatz zu einem Bauwerk, das, einmal errichtet, seinen Platz oft über Jahrhunderte – einige wenige sogar über Jahrtausende – beibehält und jederzeit in Ruhe betrachtet werden kann, ist es die Aufgabe einer Lokomotive, möglichst immer in Bewegung zu sein. Die wenigen Minuten, die der Zug auf dem Bahnhof hält, reichen kaum zu eingehender Betrachtung, ganz abgesehen davon, daß dort meist der Blickwinkel ungünstig und zudem unten ein Stück durch die Bahnsteigkante und oben ein Stück durch das Bahnhofsdach abgeschnitten ist. Die »Heimat« der Lokomotiven, die Betriebswerke, waren meist schwierig zu erreichen, das Betreten nur mit Erlaubnis der Bahnverwaltung gestattet, die diese meist ungern, oft überhaupt nicht, gab. Und wenn man mehr oder weniger mühevoll eine Stelle erkundet hatte, an der man das »Wild« auf freier Strecke gut beobachten konnte, dann dauerte dieses Schauspiel meist nur Sekunden, wenn man nicht zufällig eine Stelle erwischt hatte, wo der Zug vor einem auf Halt stehenden Signal warten mußte.
Merkwürdig berührt das Verhalten vieler Bahnverwaltungen. Außer vielleicht in England wurde die Möglichkeit, das »Image« der Eisenbahn dadurch zu verbessern, daß man dem Publikum mit guten Abbildungen und eingehenden Beschreibungen einen Eindruck vom Aussehen, der Schönheit und der Wirkungsweise der Dampflokomotive vermittelte, wenig genutzt. Im Gegenteil, in manchen Ländern, vornehmlich solchen östlicher Provenienz, fällt alles was mit der Eisenbahn zusammenhängt ganz einfach unter militärische Geheimhaltung. Man könnte etwas überspitzt sagen, ein kleiner Gradmesser für die Freiheit eines Landes ist es, wie ungehindert die Eisenbahnfans ihre Lieblinge besichtigen und fotografieren können.
Doch dank der Erfindung der Fotografie, des Mutes und der Geduld ihrer Anhänger und der oft sehr guten und präzisen Werksaufnahmen der Hersteller findet sich eine, über die ganze Welt verstreute, nahezu unerschöpfliche Sammlung von Aufnahmen zur Geschichte der Dampflokomotive. Aus der Anfangszeit noch spärlich, gegen Ende des 19. Jahrhunderts immer umfassender werdend, dürfte von den moderneren Typen wohl von fast jeder Lokomotive mindestens eine Aufnahme irgendwo vorhanden sein. In zahlreichen Büchern sind und werden Teile dieser Sammlung zusammengetragen und geben ein immer lückenloser werdendes Bild dieser wohl interessantesten und lebendigsten Maschine, die die Menschheit je erfunden hat.
Und fürwahr, sie hat es verdient, daß sie nicht vergessen wird und daß ihr Bild, wenn vielleicht auch nur in Büchern und Museen, der Menschheit erhalten bleibt. Tausende von Erfindern und Konstrukteuren haben an ihrer Entwicklung gearbeitet, angefangen von Richard Trevithick und George und Robert Stephenson, über – um nur einige zu nennen – Thomas Russel Crampton, der zeigte, daß man auch auf der Normalspur sehr schnell fahren konnte; Patrick Stirling von der englischen Great Northern Railway, der nicht nur schnelle, sondern auch elegante Lokomotiven baute; Egide Walschaerts, der in Belgien – einige Jahre vor Edmund Heusinger von Waldegg in Deutschland – eine Steuerung erfand, die die Nachteile der bis dahin bekannten Systeme vermied; Ernest Polonceau, der für die Paris-Orléans-Bahn eigenwillige, aber schnelle Lokomotiven schuf; Anatole Mallet, der das Verbundsystem im Lokomotivbau einführte, das später von Alfred George de Glehn in Frankreich, August von Borries in Deutschland und Samuel M. Vauclain in den Vereinigten Staaten in ganz unterschiedlicher Weise weiterentwickelt wurde; Karl Gölsdorf, der österreichische Lokomotiven weltberühmt machte; Robert Garbe,

der sich sehr für die Einführung der Heißdampflokomotive engagierte; Anton Hammel, der bei Maffei in München nicht nur technisch gute, sondern auch ästhetisch wohlgelungene Maschinen entwarf; George Jackson Churchward, der bei der Great Western Railway in England eine weitgehende Standardisierung einführte; Herbert Nigel Gresley, der nicht nur ein brauchbares Dreizylinder-System entwickelte, sondern auch für die London & North Eastern Railway die schnellste englische Dampflokomotive, die A4 »Mallard« (Kapitel XXI) konstruierte; Alfred W. Gibbs, der der Pennsylvania Railroad schnelle und leistungsfähige Lokomotiven für die Luxuszüge der 20er und 30er Jahre gab; W. E. Woodard von den Lima Lokomotivwerken in Lima, Ohio, der geistige Vater des »Super-Power«-Konzeptes; Richard Roosen (der einstige Chef des Verfassers bei der Firma Henschel), dessen Kondenslokomotiven bis zu 90 % Wasserersparnis ermöglichten; Adolf H. Wolff, Schöpfer der schnellsten deutschen Dampflokomotive, der 1935 bei Borsig gebauten 05 002 (Kapitel XX); bis hin zu dem wohl größten von allen, André Chapelon, der sein geniales Werk leider nicht vollenden konnte.

Und was haben sie geschaffen. Wahre Ungetüme an Kraft und Leistung auf der einen Seite, aber auch Wunderwerke an Schönheit, Eleganz und Ausgewogenheit der Proportionen auf der anderen Seite, gegen die manches architektonische Denkmal verblaßt. Daß man dabei, vor allem in der Anfangszeit, viele Irrwege gegangen ist, und daß manche Erkenntnisse Jahrzehnte brauchten, um sich durchzusetzen, ist jedem mit der Materie auch nur halbwegs Vertrautem bekannt. Aber es dürfte wohl ebenfalls unbestritten sein, daß die Dampflokomotive, als sie von ihren Mitbewerbern abgelöst wurde, auch in ihrer klassischen Form – Stephenson-Kessel und direkt angetriebene, gekuppelte Radsatzgruppen – noch nicht am Ende ihrer Möglichkeiten angelangt war.

Dabei ist im Grunde die Aufgabe einer Lokomotive höchst einfach. Sie soll auf der Schiene eine vorgegebene Last in Form eines mit Personen oder Gütern beladenen Wagenzuges in einer vorgegebenen Zeit möglichst sicher und wirtschaftlich von einem Ort A zu einem anderen Ort B befördern. Diese Aufgabe entstand etwa Ende des 18., Anfang des 19. Jahrhunderts. Da man zu jener Zeit Energie nur aus der Verbrennung von Holz oder Kohle gewinnen konnte, deren Verwertung nur durch Verdampfung von Wasser und deren Umsetzung nur durch Dampfkolben und Kurbeltriebwerk möglich war, ergab sich zwangsläufig die Dampflokomotive in der uns bekannten Form. In der Idee einfach, in der Ausführung ein Thema mit unendlichen Variationen.

Übrigens kann die Aussage »von einem Ort A zu einem anderen Ort B«, die wir eben zur Aufgabe der Lokomotive gemacht haben, durchaus wörtlich genommen werden. Eine große Anzahl von Lokomotiven wurde gebaut, die nur auf einer ganz bestimmten Strecke fuhren oder die sogar nur für ganz bestimmte Züge vorgesehen waren. So blieben die 10 schweren

Bild 3: Sechsachsiger Salon-Meßwagen der Königlich Bayrischen Staatsbahnen, gebaut 1910 von der MAN. Der Wagen existiert noch heute – allerdings ohne die ursprüngliche Inneneinrichtung – und befindet sich in Privatbesitz in Rüdesheim (Werkfoto MAN, Archiv Strothjohann).

1 E 1-Drillingstenderlokomotiven der Baureihe 85, obwohl als Reichsbahn-Einheitslokomotiven gebaut, fast ausschließlich auf der Höllentalbahn. Die Canadian Pacific Railway baute im Jahre 1928 zwei 2 D 2-Schnellzuglokomotiven, Klasse K1a, Nummer 3100 und 3101 – übrigens die einzigen Northerns, die die CPR je besaß –, die 26 Jahre lang nur die beiden Schlafwagenzüge 21 und 22 zwischen Montreal und Toronto beförderten. Und das extremste Beispiel: Lokomotive Nummer 903 »Cardean«, eine von 5 großen 2 C-Innenzylinder-Schnellzuglokomotiven – und die einzige mit Namen –, die die Caledonian Railway 1906 in der Bahnwerkstatt St. Rollox in Glasgow baute, hatte fast 10 Jahre lang nur eine einzige Aufgabe. Sie zog den um 2 Uhr nachmittags von Glasgow nach London abfahrenden anglo-schottischen Expreß bis Carlisle und den Gegenzug zurück nach Glasgow. Die »Cardean« erledigte diese Aufgabe mit großer Pünktlichkeit und Zuverlässigkeit und wurde fast so etwas wie eine Institution.

Das andere Extrem, von dem jede Bahnverwaltung träumte, ist die Universallokomotive, die freizügig im ganzen Netz verwendbar, für möglichst viele unterschiedliche Aufgaben geeignet ist und alle Vorteile großer Stückzahlen auszunutzen gestattet. (Merkwürdigerweise wurden oft diejenigen keine Universallokomotiven, die ausdrücklich als solche gebaut waren.) Jedem wird hier wohl sogleich die preußische P8 und die Reichsbahn-Reihe 50 einfallen, die nicht nur in ganz Deutschland zu finden waren, sondern die im Laufe des 2. Weltkrieges auch gewissermaßen »über die Ufer traten« und Europa überschwemmten, so daß nach Kriegsende in nahezu jedem der kontinentaleuropäischen Normalspurnetze Exemplare dieser beiden Gattungen anzutreffen waren und die unterschiedlichsten Dienste verrichteten. Und noch ein kleines Beispiel. Gegen Ende des ersten Weltkrieges wurden für kurze Zeit alle Bahnen in den Vereinigten Staaten verstaatlicht. Die United States Railroad Administration (USRA) brachte zwar in organisatorischer und wirtschaftlicher Hinsicht ein gelindes Chaos – deswegen löste man sie auch sehr bald wieder auf. Die zwölf von ihr aufgestellten Einheitslokomotivtypen waren jedoch so gut durchkonstruierte, hochmoderne und ihrer Zeit in einigen Punkten vorauseilende Entwürfe, daß sie von vielen Bahnen noch lange nach der USRA-Zeit nachbeschafft oder zur Grundlage von Neuentwürfen gemacht wurden. Beste von allen war vielleicht die D h2-Verschiebelokomotive, die von dutzenden von Bahnen verwendet und noch über 25 Jahre später mit nur geringfügigen Änderungen geliefert wurde. Dazu schreibt Swengel in seinem Buch*: »Ein Entwurf, der eine Lebensdauer von über 25 Jahren hat, muß als nahezu phänomenal bezeichnet werden.« Dem braucht man nichts hinzuzufügen.

Von allen höchst unterschiedlichen Lokomotivtypen hat die Hochgeschwindigkeits-Dampflokomotive wohl den größten Reiz auf Laien und Fachleute ausgeübt. War es für den Laien ein außerordentlich eindrucksvolles Erlebnis, einen Schnellzug mit größter Geschwindigkeit vorbeirasen zu sehen, so wußte der Fachmann nicht nur, welche gewaltigen Kräfte hier auftraten und unter Umständen mit verheerenden Folgen wirksam werden konnten, sondern auch, welche Schwierigkeiten es bereitete, eine Lokomotive zu konstruieren, die hohe Geschwindigkeiten sicher fahren konnte.

Dazu gehörte nicht nur ein Kessel, der fähig war, die benötigte Dampfmenge zu erzeugen, ohne daß Schäden, zum Beispiel an den Rohren, auftraten. Auch das Triebwerk mußte die hohen Drehzahlen sicher beherrschen, die Dampfwege mußten frei von unerwünschten Drosselstellen sein, die Lager mußten ausreichend bemessen sein, um unzulässigen Lagererwärmungen vorzubeugen, die Führung im Gleise mußte einwandfrei und Federung und Ausgleich mußten sorgfältig abgestimmt sein. Denn was nützte ein noch so leistungsfähiger Kessel, wenn die Lokomotive schon bei verhältnismäßig niedrigen Geschwindigkeiten so unruhig zu laufen begann, daß man ernstlich befürchten mußte, sie beabsichtige, das Gleis zu verlassen; oder wenn die Maschine bei jeder leichten Kurveneinfahrt derartig ruckt, daß es den Lokführer vom Sitz reißt; oder wenn sie nach jeder Schnellfahrt mit Heißläufern mühsam zum nächsten Bahnhof kriechen muß oder gar auf der Strecke liegen bleibt. Umgekehrt war natürlich auch ein ausreichend bemessenes und gut gepflegtes Trieb- und Laufwerk von nur geringem Nutzen, wenn der Kessel die für die erforderliche Leistung notwendige Dampfmenge nicht hergab und schon bei geringen Anstrengungen der Kesseldruck unaufhaltsam absank; oder wenn nach größeren Anstrengungen Schäden an der Feuerbüchsrohrwand auftraten; oder wenn der Kessel bei Entnahme größerer Dampfmengen zum Wasserüberreißen neigte und man ernsthafte Triebwerksschäden durch Wasserschläge befürchten mußte. Aber auch die benötigten Hilfseinrichtungen hatten zuverlässig, ausreichend bemessen und zweckmäßig angeordnet zu sein. Wichtig war auch eine kräftige Bremse, die in der Lage war, die in dem dahinrasenden Zug enthaltene gewaltige Bewegungsenergie in ausreichend kurzer Zeit zu vernichten und die sich in jedem Augenblick des Bremsvorgangs gut regulieren ließ. Und nicht zuletzt benötigte man eine gute Kohle in der Qualität, für die der Kessel berechnet war, und ein Speisewasser von ausreichender Reinheit – und ausreichender Menge, also einen genügend großen Tender.

Über dem ganzen durften natürlich die beiden Männer nicht vergessen werden, ohne die nichts lief, der Lokführer und der Heizer. Hier sind viele Fehler gemacht worden, wenn etwa das Führerhaus wegen schlechter Lüftung zu warm oder wegen zu guter Lüftung zu kalt war, wenn die Armaturen eine ungewohnte oder unhandliche Lage hatten, wenn wegen irgend-

* Frank M. Swengel, »The American Steam Locomotive, Vol. 1, »Evolution«, Amerika, 1967.

welcher Resonanzen bei bestimmten Drehzahlen dem Lokpersonal alle Knochen durchgerüttelt wurden, wenn der Weg zwischen der Kohle im Tender und dem Feuerloch entweder ein wenig zu kurz oder ein wenig zu lang war, um nur einiges zu nennen. Oft genügten Kleinigkeiten, um aus einer an sich brauchbaren Maschine einen »alten Mistbock« (oder ein entsprechender Ausdruck, in welcher Sprache auch immer) zu machen. Keiner wollte sie fahren, geschweige denn bei Schnellfahrten, und wenn sie nicht umgebaut wurden, wanderten diese Maschinen meist schneller in untergeordnete Dienste oder sonstwo hin, als andere, die derartige Mängel nicht aufwiesen. In der Geschichte der Dampflokomotive finden sich Beispiele hierfür in großer Zahl. Und manches zunächst unerklärliche Versagen konnte später durch geringfügige Änderungen behoben werden.

Wozu wurden überhaupt Schnellfahrten mit der Dampflokomotive unternommen? Denn so etwas wie »Sportlokomotiven« hat es (zum Glück) nie gegeben. Schon recht frühzeitig erkannten die Eisenbahnverwaltungen die Wichtigkeit und Werbewirksamkeit schneller Städteverbindungen, bei denen leichte aber komfortable Expreßzüge mit hoher Geschwindigkeit ohne oder nahezu ohne Halt zwischen den größeren Orten des Landes verkehrten. Natürlich wurden für diese Dienste verständlicherweise stets die modernsten und leistungsfähigsten Schnellzuglokomotiven herangezogen. Anfangs, als die Typenvielfalt noch nicht so groß war, nahm man einfach die zuletzt gelieferten Schnellzugslokomotiven und spannte sie vor die schnellsten Expreßzüge. Später, als sich die Bauarten mehr und mehr differenzierten, ging man bei vielen Bahnen dazu über, für die, auch in der Werbung groß herausgestellten Hochgeschwindigkeitszüge besondere Lokomotiven sozusagen zu »züchten«. Natürlich waren diese dann für andere Zwecke oft nur recht wenig geeignet.

In den Ländern, in denen der Privatbahngedanke vorherrschte, machten sich die Bahnen auf den wichtigsten und lukrativsten Strecken gegenseitig Konkurrenz und trieben die Geschwindigkeiten immer höher. Hier denken wir zum Beispiel an die berühmten förmlichen Rennen aus den 80er und 90er Jahren des vorigen Jahrhunderts auf den beiden konkurrierenden Strecken zwischen London und Edinburgh – der Ost- und der Westküsten-Route – die als »Races to the North« bekannt geworden sind, und bei denen sich Patrick Stirlings »8-Fuß-Singles« (Kapitel III) besonders hervortaten. Oder wir denken an die Verbindung zwischen Chicago und den Zwillingsstädten Minneapolis-St. Paul, auf der sich drei verschiedene Bahnen gegenseitig mit schnellen Zügen zu überbieten versuchten, wobei die gewaltigen Atlantics, Klasse A, der Chicago, Minneapolis, St. Paul & Pacific Railroad (Kapitel XVII) mit dem »Hiawatha« schließlich den Vogel abschossen.

Aber auch Staatsbahnen blieben von der Konkurrenz nicht verschont. Hier war es eben das Nachbarland, dem man nicht nachstehen wollte oder konnte. Wir wollen hier nur an den Wettbewerb zwischen der badischen Staatsbahn und der Reichseisenbahn Elsaß-Lothringen auf der oberen Rheintalstrecke vor dem ersten Weltkrieg erinnern, der schließlich zur Schaffung der badischen IVh (Kapitel XVIII) führte, der schnellsten serienmäßigen Länderbahnlokomotive.

All diese schnellen, neuen Lokomotiven mußten aber auch erprobt werden – man wollte schließlich vorher genau wissen, ob sie auch das zu leisten vermochten, was man von ihnen erwartete. Auf den Probefahrten wurden aber oft wesentlich höhere, als die fahrplanmäßig vorgesehenen Geschwindigkeiten erreicht; und das meist mit voller Absicht. Denn um die Fahrpläne auch unter ungünstigen Bedingungen einhalten zu können, muß die Lokomotive eine mehr oder weniger große Leistungsreserve aufweisen und natürlich möchte man gerne wissen, wie weit diese Reserve reicht. Vor allem in späteren Jahren wurden dann von manchen, meist den größeren, Bahnverwaltungen in mehr oder weniger ausgedehnten Versuchsreihen die Grenzen der Dampflokomotiven in Bezug auf Leistungsfähigkeit und Geschwindigkeit systematisch abgesteckt. Bekannt sind zum Beispiel die Versuchsfahrten, die Noblemaire von der Paris-Lyon-Mittelmeerbahn 1889 und 1890 mit verschiedenen französischen und auch zwei englischen Lokomotiven unternahm; die Schnellfahrversuche der preußischen Staatsbahn im Jahre 1904 auf der Militäreisenbahn Marienfelde-Zossen bei Berlin; die umfangreichen Untersuchungen des Lokomotiv-Versuchsamts Grunewald der Deutschen Reichsbahn unter Professor Nordmann mit Reichsbahn- und Länderbahnlokomotiven in den 20er Jahren; und die sogenannten »Interchange Trials«, die R. A. Riddles 1948, kurz nach der Verstaatlichung der englischen Eisenbahn mit Lokomotiven der ehemaligen Privatbahnen vornahm.

Häufig stellte sich bei den Versuchsfahrten heraus, daß ältere Lokomotiven, von denen man das gar nicht erwartete, ganz ungewöhnliche Rekorde aufstellten und ihre jüngeren Schwestern in der Geschwindigkeit noch übertrafen. Kannten etwa die Lokomotivführer die Eigenheiten dieser Dampfrösser besser als die der neueren?

Eine andere Veranlassung oder besser gesagt Gelegenheit zu Schnellfahrten ergab sich oft im Betriebe, zum Beispiel beim Aufholen von Verspätungen. Das war allerdings nicht ganz ungefährlich. Der Lokomotivführer mußte nicht nur seine Lokomotive, sondern auch den Zug und die Strecke ganz genau kennen, um zu wissen, was er riskieren konnte. Während manche Verwaltungen derartige außerplanmäßige »Rennen« tolerierten, einige wenige sie sogar förderten, waren andere strikt dagegen – aus verständlichen Sicherheitsüberlegungen – und verboten jegliches Überschreiten der planmäßigen Höchstgeschwindigkeit. Natürlich hüteten sich die Lokomotivführer, denen mehr oder minder absichtlich das »Mißgeschick« einer derartigen Rekordfahrt unterlaufen war, dieses auszuposaunen. Mit Recht fürchteten sie, daß ihre Vorgesetzten davon nicht besonders begeistert waren. Und so ist manche Rekordfahrt unbekannt geblieben, andere nur über den Weg von guten Freunden bekannt geworden, wobei vielleicht ein bißchen Jägerlatein manchmal nicht ganz auszuschließen ist.

In den folgenden Kapiteln dieses Buches wollen wir nun eine Anzahl dieser »edlen Renner der Schiene« vorstellen, abbilden und beschreiben. Dabei werden wir auch ein wenig, wie man heute so schön sagt, das Umfeld beleuchten, das heißt einige technische Aspekte besprechen, die die Entwicklung dieser Lokomotiven beeinflußten oder, umgekehrt, von ihr beeinflußt wurden, oder die zur Zeit gerade aktuell waren; interessante konstruktive Details durchleuchten; die näheren Umstände der Rekordfahrt, soweit sie bekannt geworden sind, hervorheben; und den weiteren Weg der betreffenden Lokomotiven verfolgen. Wir beginnen dabei mit Cramptons »Liverpool« von 1848 und enden, in annähernd chronologischer Reihenfolge, mit der 2 D 2-Schnellzuglokomotive, Klasse J, der Norfolk & Western Railroad, von der die letzten drei Exemplare 1950 das Herstellerwerk, die Bahnwerkstätte Roanoke, Virginia, verließen; eine Zeitspanne von 102 Jahren Dampflokomotiv-Geschichte und -Entwicklung. Natürlich gab es weit mehr, als die 26 in diesem Buch aufgeführten Lokomotiven, die außergewöhnliche Geschwindigkeiten erreichten – mehr als zehnmal so viele zählt Vilain in seinem Buch* – und man kann sich lange darüber streiten, ob diese oder jene Lokomotive unbedingt noch in die Aufstellung hineingehört hätte, eine andere hingegen ruhig hätte entfallen können. Es war jedoch unsere Absicht, ein zwar einigermaßen umfassendes, andererseits aber auch nicht zu eintöniges Bild der Schnellfahr-Dampflokomotive zu geben, und wir hoffen, daß das halbwegs gelungen ist.

Auffallend ist die Tatsache, daß die weitaus größte Zahl der Rekordfahrten in den Ländern Nordamerika (einschließlich Kanada), England, Frankreich und Deutschland stattfanden. Dies hat verschiedene Gründe, die teils mit der geografischen, teils mit der politischen und wirtschaftlichen Struktur der Staaten zusammenhängen. Ein Land, dessen Bahnen nur über Berge klettern oder sich durch Flußtäler winden müssen, kann mit Schnellfahrlokomotiven wenig anfangen. Und bei geringer Verkehrsdichte und wenig Geld in der Kasse kann man sich natürlich keine teuren Expreßzüge und dazugehörige schnelle Lokomotiven leisten, wenn auch vielleicht lange und krümmungsarme Strecken dazu verleiten mögen. In späteren Jahren und mit wachsendem wirtschaftlichem Wohlstand hatte man zwar auch in denjenigen Ländern, deren Eisenbahnentwicklung langsamer verlief, größere Investitionen auf dem Sektor der Eisenbahn unternommen und dann auch gelegentlich mit Schnellfahrten experimentiert, doch erreichte man selten oder nie die hohen Geschwindigkeiten, wie sie aus den oben genannten 4 Ländern bekannt geworden sind. Erst die Ablösung der Dampflokomotive durch andere Traktionsarten nach der Mitte des 20. Jahrhunderts ermöglichte es auch denjenigen Bahnverwaltungen, die bis dahin keine besonders schnellen Züge in ihren Fahrplänen aufweisen konnten oder wollten, in höhere Geschwindigkeitsbereiche vorzustoßen. Doch das ist eine andere Geschichte.

Noch ein Wort zur Geschwindigkeitsmessung. Einen authentischen Wert liefert natürlich nur die genaue Ermittlung im Meßwagen (Bild 3). Doch der Meßwagen ist einerseits jünger als die Dampflokomotive selbst, andererseits konnte und wollte sich nicht jede Bahnverwaltung dieses teure Vehikel leisten. Aber in der Anfangszeit und auch noch eine ganze Weile danach hatten noch nicht einmal die Lokomotiven einen Geschwindigkeitsmesser. Daß man jedoch selbst mit einfachen Mitteln eine einigermaßen genaue Angabe über die Geschwindigkeit machen kann, möge das folgende Beispiel erläutern. Sieht man vom Abteilfenster des fahrenden Zuges die Kilometersteine und stellt dabei, etwa mit einer Armbanduhr mit großem Sekundenzeiger fest, daß der Zug für eine Strecke von 4 Kilometern 90 Sekunden benötigt, so weiß man, daß seine Geschwindigkeit im Bereich von 160 km/h liegt. Der Ablesefehler läßt sich mit ein wenig Übung leicht auf eine Sekunde beschränken, wobei die Zeitspanne, die vom Erblicken des Kilometersteines bis zum Erfassen der Uhrzeit vergeht, am Anfang und am Ende der Meßstrecke gleich lang ist und somit herausfällt. Damit liegt aber der Fehler bei nur wenig mehr als ± 0,5 % und die tatsächliche Geschwindigkeit muß mindestens 151 km/h und kann höchstens 169 km/h betragen, konstante Geschwindigkeit des Zuges natürlich vorausgesetzt. Bei doppelt so langer Meßstrecke halbiert sich selbstverständlich die Fehlertoleranz. Mit einer Stoppuhr kann ein geübter Beobachter aber auch auf kürzerer Strecke eine einigermaßen verläßliche Angabe über die gefahrene Geschwindigkeit machen und mancher Wert, der zunächst unglaubhaft erscheint, kann nicht unbedingt ins Reich der Fabel verwiesen werden, sondern bedarf der näheren Untersuchung. Wir werden in den einzelnen Kapiteln auch darauf zu sprechen kommen, wieweit man den Angaben über die erreichten Geschwindigkeiten trauen kann.

Und nun wollen wir uns im Geiste zum Bahnhof, in das Betriebswerk oder an die Strecke begeben und uns einige der Maschinen ansehen, die uns zeigen sollen, was die Dampflokomotive in ihrer 150jährigen Führungsrolle (im wahrsten Sinne des Wortes) zu leisten vermochte – wenn man sie nur ließ.

* Lucien Maurice Vilain, »La Locomotive a Vapeur et les Grandes Vitesses«, Frankreich, 1972.

I. Ein Pyrrhus-Sieg

3 A n2, Crampton-Lokomotive »Liverpool«, London & North Western Railway, England

England 1848. 18 Jahre sind seit der Eröffnung der ersten öffentlichen, nur mit Dampflokomotiven betriebenen Eisenbahn, der Liverpool & Manchester Railway, vergangen. Der Erfolg dieser Bahn hatte viele Menschen ermuntert, ihr Geld in weiteren derartigen Projekten anzulegen. So waren an zahlreichen Stellen im Lande mehr oder weniger lange Eisenbahnstrecken gebaut worden und formierten sich allmählich zu größeren Netzen. Immer mehr belebten Eisenbahnen die Landschaft, veränderten das Gesicht der Städte und veranlaßten eine ständig steigende Zahl von Menschen, sich diesem neuen Verkehrsmittel anzuvertrauen.
Zwar waren manche Unbequemlichkeiten in Kauf zu nehmen. Die Fahrgäste fanden sich, ohne Heizung und Beleuchtung, in engen Abteilen in klapperigen Wagen eingeschlossen, wenn sie nicht gar im Freien sitzen mußten. Doch der Unterschied zur unbequemeren und vor allem weit langsameren Postkutsche war beträchtlich. Und das war die einzige Vergleichsmöglichkeit.
Gleichzeitig war aber auch die Technik weitergeschritten. Die noch unvollkommenen Lokomotiven aus der Zeit der »Rainhill Trials« wurden, wenn überhaupt noch vorhanden, nur gelegentlich in untergeordneten Diensten verwendet. Zahlreiche, in der Zwischenzeit gebaute Lokomotiven waren, von Ausnahmen abgesehen, nicht nur leistungsfähiger, sondern auch ungleich betriebssicherer, als ihre Vorgängerinnen. Die schnellsten unter ihnen erreichten bereits Geschwindigkeiten von über 50 mph (80 km/h).
Und die Geschwindigkeiten stiegen weiter.
Von den größeren Bahngesellschaften, die auf ihren Hauptstrecken so etwas wie einen Schnellverkehr betrieben, war jede bestrebt, den schnellsten Zug im Lande vorweisen zu können. Doch die Konstrukteure, die die Lokomotiven für diese schnellen Züge bauen sollten, hatten es nicht leicht. Sie mußten sich auf ihre Erfahrung oder, wenn diese nicht vorhanden war, auf ihr konstruktives Geschick verlassen. Es gab keine Berechnungsgrundlagen, systematische Versuche waren bisher kaum unternommen worden und darüberhinaus steckte auch die ganze Fertigungstechnik noch in den Kinderschuhen und geeignete Herstellungsmethoden mußten erst entwickelt werden.
Aber man lernte aus den Fehlern und Irrtümern seiner Vorgänger, und so bevölkerten immer mehr brauchbare und zuverlässige Dampflokomotiven die Schienen Großbritanniens. Verständlicherweise kann dabei die Frage, was als Fehler oder Irrtum anzusehen ist, erst aus heutiger Sicht leicht beantwortet werden. Zwar zeigte sich mancher Fehler schon nach sehr kurzer Zeit, mit gelegentlich verheerenden Folgen, doch so mancher Irrtum hielt sich jahrzehntelang, ehe er überwunden wurde. Einem der Irrtümer verdankt die Lokomotive, von der hier die Rede sein soll, ihre Entstehung.
Im Südwesten Englands hatte Isambard Kingdom Brunel im Jahre 1833 – er war damals erst 27 Jahre alt – mit dem Bau der Great Western Railway begonnen. Zwischen 1838 und 1841 wurde die Bahn in Etappen eröffnet. Sie stellte eine schnelle Verbindung zwischen London und der damals größten englischen Hafenstadt, Bristol, dar; Anfang und Ende der Reise in die Neue Welt. Brunel wollte die Great Western zur besten Bahn Englands machen und in gewisser Weise gelang ihm das auch. Zumindest bis Swindon, dem Sitz der Hauptwerkstatt, auf etwa zwei Drittel der Strecke bis Bristol gelegen, verlief der Schienenstrang ohne stärkere Steigungen und mit sanften Krümmungen und ermöglichte dadurch beträchtliche Geschwindigkeiten.
Brunel wandte jedoch noch ein weiteres Mittel an, das, seiner Meinung nach, unumgänglich war, um hohe Geschwindigkeiten sicher fahren zu können. Entgegen der bereits weit verbreiteten Spurweite der Stephensons von 4 Fuß 8½ Zoll (1435 mm) ließ er nämlich die Bahn mit einer Spur von 7 Fuß (2134 mm), das sind fast 50 % mehr als die Normalspur, bauen.
Wir wissen heute, daß man die Breitspur nicht benötigt, wenn

Bild 4

Bild 4: Um den »Kampf der Spurweiten« zugunsten der 7-Fuß-Spur (2134 mm) zu entscheiden, baute Daniel Gooch im Jahre 1847 für die Great Western Railway die 6 Lokomotiven der »Iron-Duke«-Klasse nach dem Vorbild der aus einer 1 A 1 in eine 2 A 1 umgebauten »Great Western«. Diese 7 Lokomotiven waren nicht nur die allerersten vierachsigen, sondern zu ihrer Zeit auch die weitaus leistungsfähigsten Schnellzuglokomotiven der Welt. Später kamen 16 ähnliche Maschinen (»Courier«-Klasse) und 1854/55 noch 7 weitere (»Alma«-Klasse) hinzu. Diese 30 Lokomotiven, die in den 70er und 80er Jahren durch nahezu gleiche Neubauten ersetzt wurden, bildeten die Paradepferde der Great Western und beförderten bis 1892, dem Ende der Breitspur, die hochwertigsten und schnellsten Expreßzüge dieser Bahn. Mit den 8 Fuß (2438 mm) großen Treibrädern und ihren für die damalige Zeit gewaltigen Abmessungen boten sie einen äußerst eindrucksvollen Anblick. Übrigens hat keine von ihnen je eine Nummer getragen, der Name allein genügte.

3 A n2, Crampton-Lokomotive, »Liverpool«, London & North Western Railway, England.

Bild 5: Die »Liverpool« stellte die Antwort der Normalspur-Anhänger auf die großen »Singles« der Great Western dar. Sie war die weitaus größte aller je gebauten Crampton-Lokomotiven. Die 8 Fuß (2438 mm) großen Treibräder wirkten durch die niedrige Kessellage noch größer als bei ihren Konkurrentinnen. 126 km/h sollen bei den Probefahrten im Jahre 1848 erreicht worden sein. Damit konnte sie zwar Goochs Lokomotiven den Rang ablaufen, doch aus verschiedenen Gründen, die zum wenigsten in der Konstruktion begründet waren, blieb sie ein wenig beliebtes Einzelstück und wurde bereits nach 10 Jahren ausgemustert. Der Sieg über die Breitspur war also teuer erkauft, aber in den 50er und 60er Jahren erlebten Crampton-Lokomotiven eine Blütezeit im Expreßzugverkehr, jedoch nicht in England, sondern auf dem europäischen Kontinent. Das Bild zeigt die »Liverpool« in den Farben der London & North Western Railway.

Bild 5

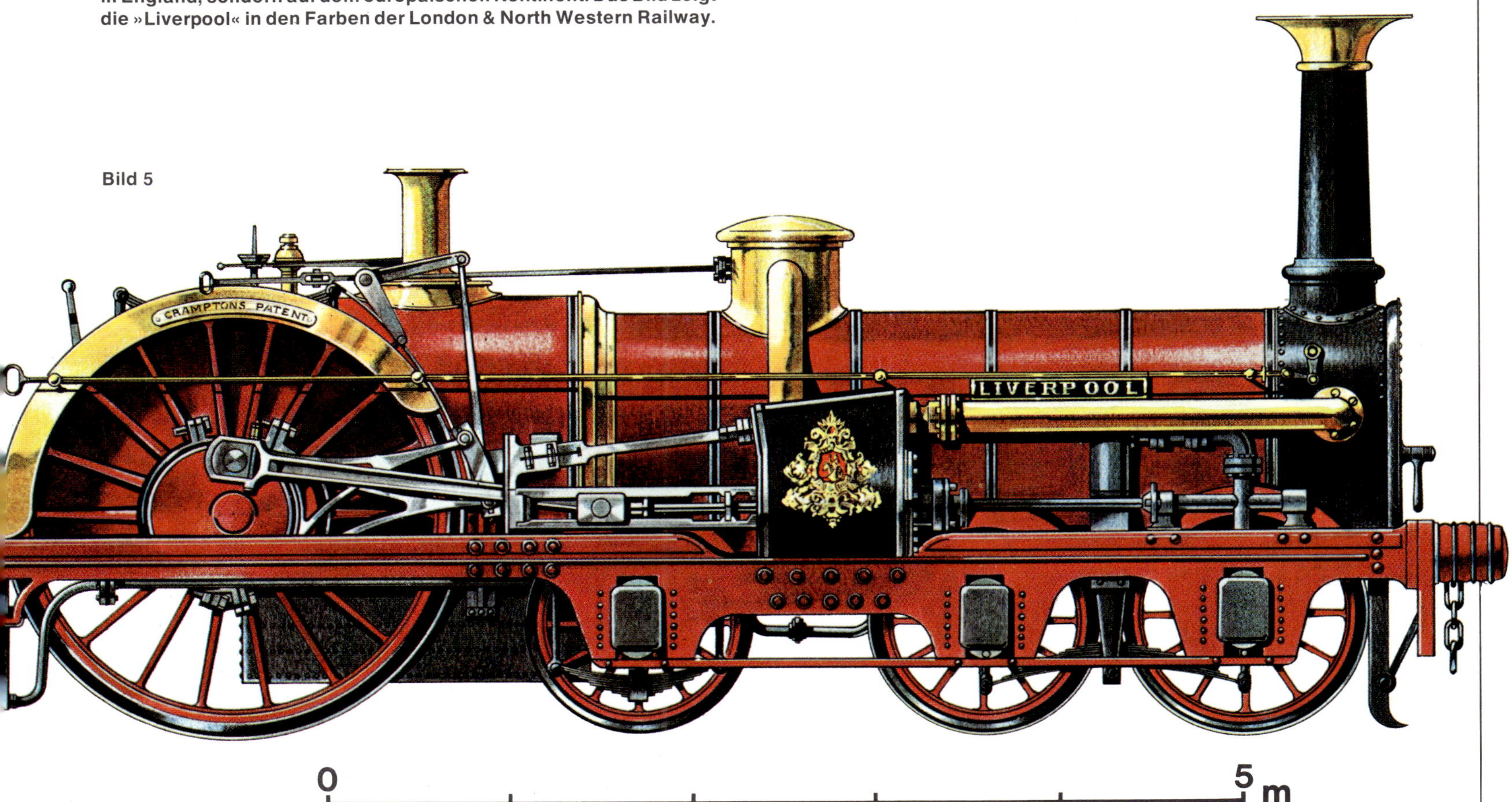

man schnell fahren will. Selbstverständlich kann niemand sagen, und es wird sicher auch niemand behaupten wollen, daß die – zufällig entstandene – Normalspur ein Optimum darstellt. Aber daß man auf ihr mit bis zu 300 km/h und vielleicht sogar noch schneller fahren kann und daß selbst normalspurige Dampflokomotiven über 200 km/h zu erreichen vermochten, ohne daß man befürchten mußte, daß sie sich auf andere als durch das Gleis vorgeschriebene Wege zu begeben suchten, das wissen wir heute mit Sicherheit. Und da die Möglichkeit eines großzügigeren Lichtraumprofils in Verbindung mit einer breiteren Spur nicht genutzt wurde und auch noch gar nicht genutzt werden konnte, bleibt als einziger Vorteil der Breitspur, daß die Fahrzeuge bei Entgleisungen weniger leicht umzukippen pflegen als normalspurige. Das ist freilich etwas mager und rechtfertigt wohl kaum die höheren Kosten und sonstigen Unbequemlichkeiten der Breitspur.

Denn es gelang Brunel nicht, seine Landsleute von den Vorzügen seiner 7-Fuß-Spur zu überzeugen und die Great Western blieb mit ihrer Spur allein. Anfangs war das noch nicht so schlimm, solange die Bahnen noch ziemlich isoliert waren und wenig Verbindung untereinander besaßen. Doch als die Netze immer mehr zusammenwuchsen und sich die beiden Systeme an mehr und mehr Stellen berührten, da zeigte es sich immer deutlicher, was man sich da eingehandelt hatte. Ein Übergang der Fahrzeuge war unmöglich, jedesmal hieß es umsteigen, mit entsprechend langem Aufenthalt; und alle Güter mußten umgeladen werden. Ein ärgerlicher und auf die Dauer unhaltbarer Zustand. Zwar hatte Brunel schon früh einen Container-Betrieb vorgeschlagen, doch dieser bringt, wie man leicht sieht, nur Vorteile beim Übergang zwischen unterschiedlichen Transportsystemen, z. B. Eisenbahn – Straße oder Eisenbahn – Schiff. Beim Übergang von einer Eisenbahn auf eine andere läßt sich damit kaum etwas gewinnen, abgesehen davon, daß man Passagiere nur schwer in Container verpacken kann.

So entstand eine wachsende Verärgerung in der Öffentlichkeit über die Unzuträglichkeiten des Spurwechsels. Die Sache kam ins Parlament und es entstand das, was später »The battle of the gauges« (Der Kampf der Spurweiten) genannt wurde. Wir wollen das bekannte Ergebnis kurz skizzieren. Eine Kommission zur Untersuchung der Angelegenheit, die »Royal Commission on Railway Gauges«, wurde eingesetzt und nach einigem hin und her entschied das Parlament, daß keine neue Eisenbahnstrecke mit einer anderen als der Spur von 4 Fuß 8½ Zoll erbaut werden dürfe und daß die Breitspurstrecken nach und nach auf Normalspur umzubauen seien (Schmalspurbahnen waren damals noch unbekannt). Am 20. Mai 1892 fuhr der letzte Breitspurzug auf der Great Western Railway.

Noch aber war es nicht so weit. Noch war jede Seite bemüht, die Vorteile ihres Systems der Öffentlichkeit klarzumachen. Die Breitspurseite hatte dabei in Daniel Gooch einen guten Vertreter ihrer Sache.

Gooch war 8 Jahre jünger als Brunel und erhielt im Jahre 1837 – er war damals erst knapp 23 Jahre alt – den Posten des maschinentechnischen Leiters (Locomotive Superintendent) der Great Western Railway. Im Jahre 1847 entwarf er die berühmten 2 A 1 »Singles« der »Iron-Duke«-Klasse mit Treibraddurchmessern von 8 Fuß (2438 mm) (Bild 6). Diese, für ihre Zeit, außerordentlich leistungsfähigen Maschinen waren in der Lage, die Expreßzüge von London nach Bristol und nach Birmingham mit 85 km/h Durchschnittsgeschwindigkeit zu befördern und konnten ohne große Schwierigkeit 120 km/h erreichen und auch übertreffen. Mit diesen großartigen Schnellzuglokomotiven, die in mehreren Serien beschafft und später etwas verstärkt nachgebaut wurden, bestritt die Great Western bis zum Ende der Breitspurzeit den wesentlichen Teil des Expreßzugdienstes auf ihrem Netz.

Gegenüber diesen, für die damalige Zeit sicherlich gigantischen Lokomotiven, hatten die Vertreter der schmäleren Spurweite natürlich einen nicht ganz leichten Stand. Denn die »Iron Dukes« waren immerhin die ersten erfolgreichen 4achsigen Lokomotiven. Was sollte man ihnen entgegensetzen?

Doch nun betritt ein junger Mann die Szene, dem es gelang, Daniel Gooch zu übertreffen, wenn auch nur für kurze Zeit. Thomas Russell Crampton war – 1812 geboren – nur 2 Jahre jünger als Gooch. Einige Jahre arbeitete er für die Great Western Railway, eine kurze Zeit davon auch in Swindon unter Gooch. Doch ob die beiden Männer nicht miteinander auskamen (was naheliegend wäre) oder ob aus anderen Gründen, jedenfalls blieb er nicht lange in Swindon. Er trennte sich von der Great Western und betätigte sich als beratender Ingenieur für andere Bahnen. Noch in Swindon jedoch hatte er die Idee zu einer Lokomotive, die für die Normalspur das sein könnte, was die »Iron Dukes« für die Breitspur bedeuteten, und vielleicht jene noch zu übertreffen vermochte. Doch wie konnte er die Standsicherheit bei hohen Geschwindigkeiten erreichen, die die Breitspur-Renner offensichtlich aufwiesen?

Nach Meinung der damaligen Ingenieure, die mit Schnellfahrten noch keinerlei Erfahrung besaßen und sich erst langsam in dieses Gebiet vortasteten, war eine möglichst niedrige Schwerpunktlage der Lokomotive unerläßlich, wollte man schnell *und* sicher fahren. Erst ganz allmählich kam man dahinter, daß das wohl doch nicht ganz stimmte. So bemerkte man gelegentlich, daß Lokomotiven, bei denen der Kessel aus irgendwelchen Gründen »leider« höher gelegt werden mußte, als üblich, bei hohen Geschwindigkeiten ruhiger liefen, als ihre Schwestern.

Aber es dauerte noch bis in die 90er Jahre des vorigen Jahrhunderts, ehe die Furcht vor hoher Kessellage dahinschwand. Wohin man schließlich gelangte, soll ein Beispiel zeigen. Bei den 6 Pacific-Schnellzuglokomotiven, Klasse 16E (Kapitel

Bild 6: 2 A 1 n2 »Hirondelle«. Eine von Goochs berühmten »8-Fuß-Singles« der Great Western Railway für die 7-Fuß-Spur (Railway Museum, York).

XXIV), die Henschel im Jahre 1935 an die Südafrikanische Staatsbahn lieferte, lag die Kesselmitte 9 Fuß 3 Zoll über Schienenoberkante, also 2819 mm. Und das bei einer Spurweite von nur $3\frac{1}{2}$ Fuß, das sind 1067 mm. Das Verhältnis Höhe Kesselmitte zu Spurweite (ein Maß für die Standsicherheit) betrug also $\approx$ 2,7. Bei den »Iron Dukes« dagegen war der entsprechende Wert nur $\approx$ 1,02. Und doch waren die 16E-Lokomotiven nicht nur recht flinke Renner, sie liefen auch bemerkenswert ruhig. Natürlich lag dies nicht allein an der hohen Kessellage. Immerhin hatte die Technik des Lokomotivbaues in 90 Jahren noch eine Menge weiterer Verbesserungen zu verzeichnen und der Oberbau von 1935 ist, was Festigkeit und Gleichmäßigkeit betrifft, kaum mit dem von 1845 zu vergleichen.

Jedoch, so weit war man noch nicht, und Crampton, der im übrigen viele neuartige Ideen hatte, konnte sich in diesem einen Punkt, nämlich dem Gedanken von der Notwendigkeit einer möglichst tiefen Schwerpunktlage der Lokomotive, nicht von den Vorstellungen seiner Zeit befreien. Wollte er das Verhältnis Höhe Kesselmitte zu Spurweite der Great-Western-Lokomotiven einhalten, dann durfte die Kesselmitte nur etwa 1470 mm hoch gelegt werden. Wohin dann aber mit der Treibachse? Denn man war damals ebenfalls der Meinung, daß der Treibraddurchmesser schnellfahrender Lokomotiven mindestens 7 Fuß (2134 mm) betragen müsse, um die Drehzahl und damit Massenkräfte und Verschleiß möglichst niedrig zu halten, und sicherlich war diese Vorstellung auch nicht ganz unberechtigt. Aber damit waren sich natürlich Treibachse und Kessel sehr im Wege. Und obwohl sogar Lokomotiven gebaut wurden, bei denen eine Kuppelachse durch den Stehkessel geführt wurde, eine befriedigende Lösung war das wirklich nicht.

So blieben Crampton nur 2 Wege, um aus diesem Dilemma herauszukommen. Er konnte einmal die Treibräder noch ein Stück größer machen, so daß man den Kessel *unter* der Treibachse hindurchziehen konnte. Diesen Schritt führte Francis Trevithick, der Sohn von Richard Trevithick, mit seiner 2 A 1 »Cornwall« aus. Die Lokomotive hatte Treibräder von $8\frac{1}{2}$ Fuß

Bild 7: 2 A n2, Nummer 80, der Französischen Ostbahn. Zahlreiche dieser Crampton-Lokomotiven liefen in den 50er und 60er Jahren des vorigen Jahrhunderts vor französischen Expreß-Zügen (La Vie du Rail, Paris).

(2591 mm) Durchmesser und war ein ziemlicher Mißerfolg. Später umgebaut, besser gesagt neugebaut, in eine 1 A 1 mit über der Treibachse liegendem Kessel, ist sie heute im Eisenbahnmuseum von York zu sehen.

Die zweite Möglichkeit, und für diese entschied sich Crampton, bestand darin, die Treibachse *hinter* den Stehkessel zu setzen, womit sich Kessel und Treibachse nicht mehr gegenseitig im Wege waren. Obwohl in seinem Patent von 1842 nur von einer vierrädrigen Lokomotive die Rede war, erkannte er schon bald, daß *eine* Laufachse nicht genügte, um den Rest des Lokomotivgewichtes, der nicht auf die Treibachse entfiel, aufzunehmen. Alle Crampton-Lokomotiven hatten daher mindestens zwei Laufachsen, die meist fest im Rahmen gelagert waren. (Drehgestellen gegenüber war man anfangs noch etwas ängstlich.)

Man merkte bald, daß die Crampton-Lokomotiven gute Schnelläufer waren. Das lag nicht nur daran, daß sie durch den großen festen Achsstand eine gute Führung im Gleise hatten. Sie besaßen außerdem nur einen sehr geringen Überhang, da die Zylinder meist zwischen 1. und 2. Achse befestigt waren. Und noch etwas kam hinzu. Bei den Schnellzuglokomotiven in der bis dahin bekannten Bauart 1 A 1 oder 2 A 1 mit verhältnismäßig nahe beim Lokomotivschwerpunkt angeordneter Treibachse zeigte sich bei höherer Fahrgeschwindigkeit eine mehr oder weniger ausgeprägte und störende Neigung zum Nicken, wie man die Drehung des abgefederten Teils der Lokomotive um eine durch den Schwerpunkt gehende, waagerechte und quer zur Fahrtrichtung verlaufende Achse nennt. Diese Neigung besaßen nun die Crampton-Lokomotiven überhaupt nicht, denn der größte Teil der Last entfiel auf die weit hinten liegende Treibachse, einen weiteren großen Anteil bekam die vordere Laufachse, während die Mittelachse nur sehr gering belastet war. Übrigens waren ihre Räder deswegen häufig kleiner als die Räder der führenden Laufachse.

Die ersten beiden Crampton-Lokomotiven, 1846 gebaut, gin-

Bild 8: 2 A n2, Crampton-Lokomotive Nr. 28 »Die Pfalz«. Die 1853 von J.A. Maffei in München für die Pfalzbahn erbaute Lokomotive gehörte zweifellos zu den elegantesten Maschinen dieser Bauart. Die Treibräder besaßen nur 1830 mm Durchmesser (Verkehrsmuseum Nürnberg).

gen nach Belgien. Sie waren für die, in britischem Besitz befindliche, neu eröffnete Bahn zwischen Namur und Lüttich (Liège) bestimmt und erhielten deshalb die Namen »Namur« und »Liège«. Anfangs waren die Crampton-Lokomotiven noch klein im Vergleich zu den großen Maschinen der Great Western Railway, aber Crampton ließ es dabei nicht bewenden.

Inzwischen war durch die Fusion der Grand Junction Railway und der London & Birmingham Railway ein weiteres großes Eisenbahnnetz entstanden, die London & North Western Railway. Sie verband London mit der Liverpool & Manchester Railway und damit mit dem mittelenglischen Industriegebiet. Für diese Bahn entwarf Crampton eine Lokomotive, die alles bisher dagewesene übertraf, selbst die »Iron Dukes«; wenn auch diese nur ein klein wenig.

Im Jahre 1848 verließ die Lokomotive das Werk der Liverpooler Firma Bury, Curtis & Kennedy und erhielt den Namen »Liverpool«. Da Fotographien der Lokomotive entweder nicht gemacht wurden oder nicht mehr auffindbar sind, müssen wir uns bei der Beschreibung auf veröffentlichte Zeichnungen stützen.

Die »Liverpool« hatte den größten Kessel aller bis dahin gebauten Lokomotiven. Die Heizfläche betrug 2290 square feet, das sind etwa 195 m², für die damalige Zeit ein gewaltiger Wert. Der Kessel der 54 Jahre später gebauten badischen Schnellzuglokomotive der Gattung IId (Kapitel IX) hatte nur etwa 5 % mehr Heizfläche. Natürlich genügten zwei Laufachsen nicht mehr, eine dritte mußte den Kessel mit tragen helfen.

Crampton hatte alles getan, um den Schwerpunkt seiner Lokomotive so tief wie möglich zu halten. Der Kessel besaß keinen Dom, ein im Inneren gelegenes Sammelrohr führte den Dampf zur Reglerbüchse, die auf dem letzten Kesselschuß angeordnet war, und von dort gelangte er durch außen liegende Einströmrohre zu den Zylindern. Der Stehkessel wies nicht die stark überhöhte oder die Kuppelform auf, wie sie damals häufig angewendet wurde, um einen großen Dampfsammelraum über der Feuerbüchse zu gewinnen, sondern war, gegenüber dem Langkessel, nur leicht überhöht. Dafür war er vor den Treibrädern seitlich auseinandergezogen, um Platz für die Heizrohre zu schaffen. Trotzdem mußte Crampton dem Langkessel einen ovalen Querschnitt geben, um die 292 Rohre unterbringen zu können. Diese teure und gefährliche Kesselbauart ist später noch öfter angewendet worden – bei der badischen Staatsbahn z.B. war sie eine zeitlang beliebt –, ehe man zu der Erkenntnis gelangt, daß es besser und einfacher sei, den Kessel höher zu legen, wenn der Platz zwischen den Rädern nicht ausreichte.

Im Stehkessel war in Längsmitte eine Wasserkammer eingebaut, die außerhalb der Rohre mit dem Wasserraum des Kessels in Verbindung stand. Dadurch hatte der Kessel zwei Roste und zwei Feuertüren, sicherlich nicht zur Freude des Heizers. Rund 80 Jahre später tauchten derartige Wasserkammern, »Thermic-Syphons« genannt, wieder auf, durch die bei den großen amerikanischen Lokomotiven die Strahlungsheizfläche vergrößert wurde. Diesmal allerdings in verbesserter Form, ohne vollständige Teilung der Feuerbüchse.

Die »Liverpool« besaß einen von vorne bis hinten durchgehenden, verhältnismäßig niedrigen Doppelrahmen. Die drei Laufachsen hatten Außenlager, während die Treibachse nur im Innenrahmen gelagert war. Letztere war so nahe wie möglich an den Stehkessel herangeschoben. Um noch etwas Rostfläche zu gewinnen, hatte Crampton den Stehkessel unterhalb der Treibachse nach hinten ausgekröpft. Die Achsgabel war daher nach oben geöffnet und die Treibachse mußte von oben eingebaut werden. Die riesigen Treibräder von 8 Fuß (2438 mm) Durchmesser hatten nur innen einen geschlossenen Schutzkasten. Auf der Außenseite überragte lediglich ein schmales Band kaum mehr als den Radreifen. Auch die Laufräder waren recht groß. 51 Zoll (1295 mm) für die Räder der führenden Achse und 47 Zoll (1194 mm) für die folgenden Räder sind Maße, wie sie später nur noch für hochbelastete Schleppachsen verwendet wurden.

Die Federn der Laufachsen – es waren im ganzen nur 4 vorhanden – sind unterhalb der Achslager angebracht, eine weitere Maßnahme, um den Schwerpunkt möglichst tief zu halten. Nur die Federn der Treibachse liegen sehr hoch, ihre Enden ragen noch über die Radkästen hinaus.

Merkwürdig war die Steuerungsanordnung der Lokomotive. Um die Gegenkurbel zu sparen, legte Crampton die Stephenson-Steuerung zwischen Treibstange und Rad. Dazu mußte er allerdings so große Exzenter vorsehen, daß die Treibzapfen noch von ihnen eingeschlossen wurden. Tatsächlich besaßen die Exzenterscheiben einen Durchmesser von 33 Zoll (838 mm). Zwar hatte Crampton ein Patent auf diese Anordnung erhalten, doch vermögen wir ihren Nutzen nicht recht einzusehen. Die Reibung in derartig großen Exzentern ist gewaltig und wenn sie nicht sehr sorgfältig geschmiert werden, besteht ständig die Gefahr von Heißläufern. Wenn über solche Vorfälle nichts berichtet wird, so mag das daran liegen, daß die

Bild 9: 2 A n2, Crampton-Lokomotive Nummer 604, der Französischen Ostbahn, nach Umbau mit Flaman-Kessel und Führerhaus. Erreichte bei den Schnellfahr-Versuchen vom Jahre 1890 eine Geschwindigkeit von 144 km/h (La Vie du Rail, Paris).

Drehzahlen wegen der großen Räder im allgemeinen ziemlich niedrig waren und zudem vielleicht Lokomotivführer und Heizer ihr Augenmerk besonders auf diese empfindlichen Teile der Maschinerie richteten.

Was hatte nun Crampton mit seiner »Liverpool« erreicht? Zwar gelang es ihm nicht, den niedrigen Wert für das Verhältnis Höhe Kesselmitte zu Spurweite der »Iron Dukes« zu erreichen. Bei der »Liverpool« lag dieser Wert mit ca. 1,11 aber nur wenig höher. Da die Triebwerksabmessungen mit denen der »Iron Dukes« völlig gleich waren, die Reibungslast mit 125 kN (12,7 Mp) aber noch etwas höher lag und der Kessel einen um 20 % höheren Druck aufwies, konnte man mit einer größeren Zugkraft rechnen und, wegen der größeren Kesselfläche, auch mit einer höheren Leistung.

Und in der Tat enttäuschte die »Liverpool« ihre Erbauer nicht, zumindest soweit es die erreichte Geschwindigkeit betrifft. Vilain berichtet in seinem Buch*, daß die Lokomotive bei Versuchsfahrten mit einem Zuge, bestehend aus 8 Vierachsern, über etwa 25 km mit einer Durchschnittsgeschwindigkeit von 119 km/h gefahren sei. Jahn** spricht ihr sogar 126 km/h zu. Damit wäre sie zweifellos die schnellste Lokomotive ihrer Zeit. Zwar erfahren wir nicht, wie diese Geschwindigkeiten gemessen wurden, und sicherlich müssen diese Angaben mit einer gewissen Skepsis betrachtet werden, doch, wie wir gesehen haben, besaß die »Liverpool« sowohl von der Bauart, wie auch von der Größe her durchaus die Fähigkeit, so schnell zu fahren. Dabei waren die Triebwerksdrehzahlen gar nicht einmal hoch. Bei der von Jahn angegebenen Geschwindigkeit hätten sich die Treibräder erst mit 274 Umdrehungen pro Minute gedreht. Das entspricht bei gleicher Drehzahl einer Geschwindigkeit der Reichsbahn-Einheitsschnellzuglokomotive von nur 103 km/h.

Eine überschlägige Rechnung zeigt, daß die »Liverpool« hierfür eine Zylinderleistung von etwa 600 kW, das sind etwa 820 PS, aufzubringen hatte. Dafür hätte der Kessel rund 11 500 kg/h Dampf liefern müssen, was mit einer Heizflächenbelastung von etwa 54 kg/m²h zu erreichen war. Dies sind für eine so große Maschine niedrige Werte.

Möglicherweise hätte die Lokomotive also noch schneller fahren können. Wie es scheint, standen dem jedoch hauptsächlich zwei entscheidende Mängel entgegen. Zum einen war es der ungeschützte Führerstand. Selbst bei sonnigem und windstillem Wetter war der Lokomotivführer bei Schnellfahrten einem orkanartigen Fahrtwind ausgesetzt und mußte dabei auch noch Lokomotive und Strecke beobachten. Sein einziger Schutz, der Stehkessel, überragte die Führerstandplattform nur um etwa 1,50 m. (Die Lokomotivführer der Great Western Railway hatten es da schon etwas besser. Bei den »Iron Dukes« lag der höchste Punkt des Kessels immerhin etwa 2 m über dem Führerstandsboden und zusätzlich waren seitlich an der Stehkesselrückwand zwei »Ohren« mit Fenstern angebracht.) So ist es verständlich, daß selbst der physisch stärkste Lokomotivführer es kaum vermocht hätte, mit dieser Lokomotive noch schneller zu fahren.

Der zweite Punkt ist der schwache Oberbau der London & North Western Railway. Man kann sich vorstellen, daß die schnelle und dabei für ihre Zeit schwere Lokomotive das Gleis stark angriff, zumal die Treibräder keinerlei Massenausgleich besaßen. Und so wurde denn bei der Bahn auch schon nach kurzer Zeit darüber geklagt, daß die Schienen an mehreren Stellen durch die »Liverpool« beschädigt worden seien. Man führte dies aber hauptsächlich auf den sehr langen festen Achsstand von 18½ Fuß (5639 mm) zurück. Interessanter-

* L.M. Vilain »La Locomotive a Vapeur et les Grandes Vitesses«, Frankreich 1972

** J. Jahn »Die Dampflokomotive in entwicklungsgeschichtlicher Darstellung ihres Gesamtaufbaues«, Deutschland 1924

Technische Daten

Bahnverwaltung	**London & North Western Railway, England**
Achsanordnung:	
Deutsche Bezeichnung	**3 A n2**
White Classification	**6–2–0**
Name	**Liverpool**
Bahn-Nummer	
Erbauer	**Bury, Curtis & Kennedy, Liverpool**
Werksnummer	
Baujahr	**1848**
Treibraddurchmesser	**8 ft = 2438 mm**
Laufraddurchmesser	**51 in = 1296 mm (1. Achse)** **47 in = 1194 (2. + 3. Achse)**
Zylinderdurchmesser	**18 in = 457 mm**
Kolbenhub	**24 in = 610 mm**
Feuerbüchsheizfläche (wasserber.)	**154 sq.ft. = 14,3 m²**
Verdampfungsheizfläche (wasserber.)	**2290 sq.ft. = 195 m²**
Rohrlänge	**12 ft, 9¼ in = 3893 mm**
Rostfläche	**21.6 sq.ft. = 2.01 m²**
Kesseldruck	**120 psi = 8.27 bar (8.4 kp/cm²)**
Reibungslast	**12.5 tons = 125 kN (12,7 Mp)**
Dienstgewicht, Lokomotive	**35.5 tons = 36 t**
Dienstgewicht, Lok + Tender	**55.5 tons = 56,4 t**
Achsenzahl des Tenders	**3**
Kohlenvorrat	**ca. 1,5 t**
Wasservorrat	**ca. 8 m³**
Höchste erreichte Geschwindigkeit	**(126 km/h)**
Treibraddrehzahl	**274 Upm**
Indizierte Leistung	**600 kW (820 PS)**
Mittlere Kolbengeschwindigkeit	**5,57 m/s**
Vergleichsgeschwindigkeit (Reihe 01 DRG)	**103 km/h**

weise sind derartige Klagen von der Great Western Railway niemals geäußert worden, obwohl die »Iron Dukes« genau den gleichen festen Achsstand aufwiesen. Dies ein Beweis für den guten Oberbau dieser Bahn.
Jedenfalls wurde die L & NW mit ihrem neuen »Star der Schiene« nicht recht glücklich. Eine Zeitlang lief sie auf dem südlichen Netzteil, der früheren London & Birmingham Railway im schweren Schnellzugdienst. Im Jahre 1851 erschien sie auf der Londoner Weltausstellung und war dort neben einer ihrer Konkurrentinnen, der Great-Western-Lokomotive »Lord of the Isles«, zu sehen. Als die Beschwerden aber immer mehr zunahmen, verwendete sie die Bahn immer seltener im regulären Dienst und schon nach 10 Jahren, 1858, wurde sie ausgemustert und verschrottet.
Lag es an dem Mißerfolg der »Liverpool« oder lag es an dem für englische Augen ungewohnten und unästhetischen Außentriebwerk, Tatsache ist, daß sich Crampton-Lokomotiven in England nicht durchsetzen konnten und Einzelerscheinungen blieben. Die »Iron Dukes« und ihre Nachfolgerinnen aber zogen bis zum Jahre 1892 die Schnellzüge der Great Western und erreichten schließlich auch die Geschwindigkeit der »Liverpool«.
In anderen Ländern jedoch, vor allem in Frankreich bei der PLM, der Ost- (Bild 7) und der Nordbahn, in Deutschland (Bild 8) vor allem bei der hannoverschen und bei der badischen Staatsbahn, und in Dänemark erfreute sich die Crampton-Lokomotive so lange großer Beliebtheit, wie die Reibungslast der einen Treibachse genügte, um die schnellen, aber verhältnismäßig leichten Expreßzüge in Gang zu setzen. Meist in der Form 2 A gebaut, waren vor allem die französischen Cramptons recht elegante Maschinen. Aber es gab auch einige 3 A, z. B. die monströsen Maschinen der Camden & Amboy Railroad in Pennsylvenia, USA, und die »Lightning« der Utica & Schenectady Railroad, einer Vorläuferin der New York Central Railroad. Letztere war zwar wesentlich leichter als die »Liverpool«, hatte aber nahezu die gleiche Achsstellung. Dafür waren bei ihr aber die ersten beiden Laufachsen zu einen Drehgestell zusammengefaßt. Vielleicht wäre der »Liverpool« ein größerer Erfolg beschieden gewesen, wenn Crampton diese Maßnahme auch bei ihr angewendet hätte. Denn dadurch hätte er ihr Kurvenlaufverhalten mehr dem bekannt guten der 2 B angenähert.
Einen späten Triumph erfuhr Cramptons Idee bei den französischen Schnellfahrversuchen von 1889/90 (Kapitel IV). Hierbei erreichte eine Crampton-Lokomotive (Bild 9), die die Ostbahn von der PLM gekauft hatte, eine Geschwindigkeit von 144 km/h und war damit die schnellste aller untersuchten Lokomotiven. Dabei war die Lokomotive bereits etwa 25 Jahre alt. Die Bahn hatte sie jedoch umgebaut und mit einem Flaman-Kessel und einem Führerhaus versehen. Es wäre möglich, daß die durch den Umbau bewirkte Höherlegung des Schwerpunktes die Laufeigenschaften noch verbessert hatte, so daß diese hohe Geschwindigkeit sicher gefahren werden konnte.
Thomas Russell Crampton aber bleibt die Ehre, die einzige verbreitete Gattung steifrahmiger Dampflokomotiven geschaffen zu haben, die nach ihrem Erfinder benannt wurde. Dies ist sonst nur bei Gelenklokomotiven üblich (z. B. Mallet, Garratt, Fairlie usw.). Und damit zeigt sich auch etwas die hervorragende Stellung, die seine Lokomotiven im Rahmen der technischen Entwicklung der Dampflokomotive einnehmen, auch wenn die größte von allen, die »Liverpool«, nicht das geworden war, was er sich wohl von ihr erhofft hatte.

II. Mister Piersons Geschoß

2 A 2 n2t, Nr. 41, Bristol & Exeter Railway, England

Wie wir im vorigen Kapitel gesehen haben, wurde die Strecke London–Bristol der Great Western Railway im Jahre 1841 fertiggestellt. Brunel gab sich aber damit nicht zufrieden. Ihm schwebte eine Ausweitung des Netzes nach Devon und Cornwall, dem Südwesten Englands, vor. Von 1841 an baute er die Verlängerung der Great Western von Bristol nach dem etwa 125 km entfernten Exeter, die im Mai 1844 eröffnet wurde. Diese Bahn war allerdings zunächst eine selbständige Gesellschaft mit dem Namen Bristol & Exeter Railway. Erst 1876 wurde die Bahn von der Great Western übernommen. Die Schienen – die ebenfalls eine Spurweite von 7 Fuß (2134 mm) besaßen – liefen von Bristol in südwestlicher Richtung bis Taunton in nahezu ebenem Gelände. Hinter Taunton erfolgte der Anstieg zum Whiteball-Tunnel mit Maximalsteigungen bis 1 zu 80. Nach dem Tunnel fiel die Strecke mit etwas schwächerer Neigung bis Exeter wieder ab.

Maschinentechnischer Leiter (Lokomotive Superintendent) der Bahn war James Pierson. Er hatte offenbar ganz eigene Ideen für einen Schnellverkehr, denn er schuf etwas durchaus einmaliges: eine 2 A 2-Tenderlokomotive mit 9 Fuß (2743 mm) großen Treibrädern.

Das muß um so mehr verwundern, als Tenderlokomotiven damals noch weitgehend ungebräuchlich waren. Zwar gab es schon sehr frühzeitig Beispiele für diese Spielart der Dampflokomotive. So war eine der Wettbewerbslokomotiven der »Rainhill Trials«, die »Novelty« von Braithwaite und Ericsson, eine Tenderlokomotive. Sie fand beim Publikum großen Anklang, obwohl (vielleicht auch weil) sie einer Dampflokomotive, wie man sie kannte, nur sehr wenig ähnelte. Wegen technischer Mängel mußte sie allerdings ausscheiden. Bevor das geschah, soll sie jedoch bei einer Probefahrt eine Geschwindigkeit von über 60 km/h erreicht haben.

Eine andere frühe Tenderlokomotive wurde 1838 von Church für die London & Birmingham Railway gebaut. Es war eine A 1 mit Treibrädern von 6 Fuß 2½ Zoll (1892 mm) Durchmesser, größer als alle, die man bis dahin kannte. Auch sonst waren ihre Abmessungen für die damalige Zeit recht gewaltig, so daß sie als ausgesprochene Schnellzuglokomotive angesehen werden muß. Bei einer Versuchsfahrt soll sie sogar mit einer Geschwindigkeit von 60 mph (96 km/h) gelaufen sein. Man muß aber bezweifeln, daß sie jemals im regulären Dienst gewesen war; die großen führenden Räder und der vordere Überhang lassen einen einigermaßen sicheren Lauf nur bei Rückwärtsfahrt erwarten.

Erfolgreicher waren drei Tenderlokomotiven in Irland. George Forrester in Liverpool lieferte 1834 drei kleine 1-A-Lokomotiven mit Außenrahmen und waagerecht liegenden Außenzylindern – die ersten dieser Bauform – an die Dublin & Kingstown Railway. Sie hatten 5 Fuß (1524 mm) große Treibräder und trugen die Namen »Dublin«, »Kingstown« und »Vauxhall«. Im Jahre 1837 wurden sie in Tenderlokomotiven umgebaut und im Vorortverkehr von Dublin eingesetzt.

Im allgemeinen aber bestand noch gar kein Bedarf an solchen Lokomotiven. Die Eisenbahnen verbanden zunächst nur größere Städte miteinander. Nebenbahnen, wie wir sie kennen, existierten noch nicht. Den Flächenverkehr und den Vorortverkehr größerer Städte versah nach wie vor die Postkutsche und das Pferdefuhrwerk. Auch beim Bahnbau und bei anderen größeren Erdbewegungsarbeiten bediente man sich noch lange der »Ein-PS-Heubrenner« und, natürlich, der Menschenkraft. Und der Verschiebedienst an größeren Bahnhöfen ließ sich bequem mit älteren Streckenlokomotiven bewerkstelligen.

Wozu sollte man sich also die Mühe machen, die Lokomotive durch angehängte Behälter für Kohle und Wasser noch komplizierter zu gestalten, wo sie ihre Vorräte doch so einfach und in weitaus größerer Menge in einem eigenen Fahrzeug, dem Tender, hinter sich herziehen konnte. Daß eine Tenderlokomotive billiger ist, als eine Schlepptenderlokomotive gleicher Leistung, daran dachte man wohl noch nicht; und auch nicht daran, daß man anstelle des Tenders einen Wagen mehr mit Gütern oder zahlenden Fahrgästen mitnehmen konnte und

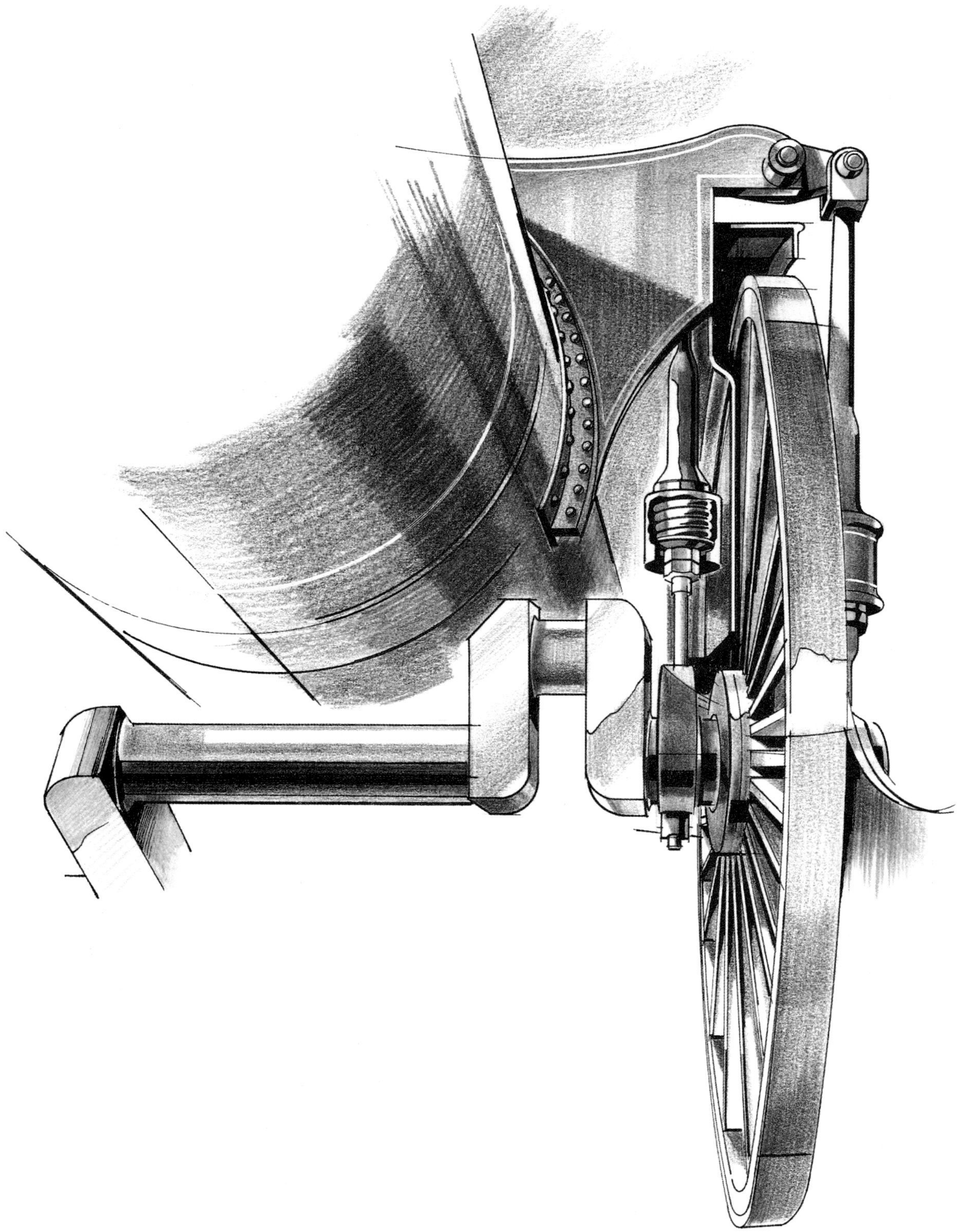

Bild 10

Bild 10 zeigt die fragwürdige Abstützung der Treibachse von Piersons Lokomotive. Die Lastübertragung erfolgte direkt auf den Kessel, an den seitlich, in Treibachsmitte, zwei Ausleger angenietet waren, die über den Treibrädern einen zweiarmigen Hebel trugen, der sich mit zwei Teleskop-Stangen auf die beiden Lager stützte. Durch ebenfalls angenietete Querträger vor den Treibrädern war der Kessel fest mit dem Rahmen verbunden. Die Federung bestand aus je 4 Gummischeiben, die in den zylindrischen Hülsen der Teleskop-Stangen lagen. Um die Zylinder möglichst weit außen anordnen zu können, war das innere Treibachslager schmäler als das äußere und erhielt durch unterschiedliche Hebellängen des Übertragungshebels nur 46% der Gesamtlast. Beim späteren radikalen Umbau, besser gesagt Neubau, der Lokomotiven wurde diese komplizierte Anordnung über Bord geworfen und durch einen einfachen Innenrahmen mit Längsblattfedern über den Achslagern ersetzt.

Bild 11: Trotz ihrer konstruktiven Mängel machten die 8 Tenderlokomotiven, die nach Piersons Entwurf 1853/54 erbaut wurden, einen recht eleganten und fortschrittlichen Eindruck. Bei Probefahrten soll die Nummer 41 die beachtliche Geschwindigkeit von fast 132 km/h erreicht haben und war damit für Jahrzehnte die schnellste Tenderlokomotive der Welt.

2 A 2 n2t, Nummer 41 Bristol & Exeter Railway, England.

Bild 11

außerdem bei Fahrtrichtungswechsel das lästige Drehen der Lokomotive ersparte.
Ob Pierson sich diese Ideen durch den Kopf gehen ließ? Wir wissen es nicht. Vielleicht schwebte ihm die Vorstellung eines Expreßzugverkehrs vor, bei dem schnelle, leichte Züge jeweils ohne Halt oder allenfalls mit einem Zwischenhalt zwischen zwei Endstationen hin und her fahren. Ein großer Nachteil der Tenderlokomotive, die mit abnehmenden Vorräten geringer werdende Reibungslast kann sich dabei nämlich nicht mehr auswirken. Beim Anfahren sind Kohle und Wasser frisch aufgefüllt, so daß die größtmögliche Zugkraft aufgebracht werden kann. Allenfalls läßt sich auch noch ein nicht zu dicht am Ende der Fahrt liegender Zwischenhalt bewältigen, da dann der größte Teil der Vorräte noch vorhanden ist. Später, wenn der Zug erst einmal richtig läuft, kommt man mit der vorhandenen Zugkraft auch bei weiter abnehmenden Vorräten bequem aus. Kritisch kann die Situation natürlich werden, wenn der Zug gegen Ende der Fahrt, bei nahezu erschöpften Vorräten und womöglich noch in einer leichten Steigung, vor einem auf Halt stehenden Signal anhalten muß. Das Wiederingangsetzen des Zuges kann dann ein Schauspiel besonderer Art werden, es bedeutet aber sicherlich keine Freude für den Lokomotivführer. Vielleicht hatten jedoch zur damaligen Zeit Expreßzüge immer freie Fahrt.
Wie gesagt, wir wissen nicht, was Pierson sich vorgestellt hat. Eines scheint er jedenfalls nicht im Sinn gehabt zu haben, nämlich auf das Drehen der Lokomotive zu verzichten. Der Führerstand war nach hinten völlig ungeschützt. Bei schneller Rückwärtsfahrt wären Lokomotivführer und Heizer nicht nur voll dem Fahrtwind, sondern auch noch dem Kohlenstaub ausgesetzt gewesen, den dieser mit hochgewirbelt hätte. Ferner waren die Treibräder nur von vorne gesandet und das vordere Drehgestell war durch besondere Zugstangen angelenkt, die beim hinteren Drehgestell nicht vorgesehen waren.
Acht 2 A 2-Tenderlokomotiven nach Pierson's Entwurf wurden in den beiden Jahren 1853 und 1854 von der Firma Rothwell, Hick & Rothwell in Bolton, einer Industriestadt in Mittelengland, etwa 30 km nordwestlich von Manchester gelegen, erbaut. Die Firma, die im Jahre 1830 gegründet wurde, fertigte während etwa 30 Jahren annähernd 200 Lokomotiven, darunter einige für die Leipzig-Dresdener Eisenbahn. Die größten und beachtenswertesten von allen aber waren zweifellos die 8 Pierson'schen Maschinen. Hergestellt unter den Werksnummern 135 bis 142, trugen sie bei der Bristol & Exeter Railway die Bahnnummern 39 bis 46 (Bild 11).
Man sieht auf den ersten Blick, daß die Lokomotiven gute Renner gewesen sein müssen. Ein Drehgestell an jedem Ende, eine im Vergleich zur Gesamtlänge große geführte Länge und die Vermeidung jeglichen Überhangs von Triebwerk und Kessel deuten auf einen ruhigen Lauf auch bei hohen Geschwindigkeiten hin. Hinzu kommen die riesigen, fast 2¾ Meter großen Treibräder, die Drehzahlen und Kolbengeschwindigkeit niedrighielten.
Obwohl der Kessel die Treibräder, die übrigens keine Spurkränze aufwiesen, nur um etwa 15 cm überragte, besaß die Lokomotive dennoch die wahrscheinlich höchste Kessellage aller bis dahin gebauten Lokomotiven. Nicht nur wegen des großen Raddurchmessers, sondern auch um den Kurbeln des Innentriebwerks aus dem Wege zu gehen, befand sich die Kesselmittellinie etwa 7 Fuß 4 Zoll (2235 mm) über der Schienenoberkante. Sie lag damit noch 2 Zoll (51 mm) höher, als diejenige der mächtigen 2 A 1-Schnellzuglokomotiven der »Iron Duke«-Klasse, die Daniel Gooch für die Great Western Railway gebaut hatte und die wir im 1. Kapitel kennengelernt haben (Bild 6).
Wir vermögen heute in dieser hohen Kessellage keinen Nachteil zu erblicken, doch war man zur damaligen Zeit, wie wir schon gesehen haben, durchaus anderer Ansicht. Und obwohl Pierson wegen der großen Spurweite keine Befürchtungen hinsichtlich der Standsicherheit seiner Lokomotiven hätte haben müssen, glaubte er doch offenbar, ein Gegengewicht gegen den hochliegenden Kessel zu benötigen. Innerhalb des Rahmens ist zwischen der zweiten Laufachse und der Treibachse ein Speisewasserbehälter angeordnet, der so tief wie es nur irgend ging, zwischen dem Rahmen eingehängt war, so daß dadurch der Schwerpunkt ein beträchtliches Stück nach unten gedrückt wurde; zumindest solange der Tank gut gefüllt war.
Trotz ihrer im ersten Augenblick etwas skurrilen Erscheinung, macht die Lokomotive bei näherem Hinsehen einen recht eleganten Eindruck. Die glatte Linie der Kesseloberkante ist durch keine Stufe unterbrochen. Lediglich die sehr kurze Rauchkammer ist gegen den Langkessel etwas abgesetzt, doch hat die Lokomotive keinen erhöhten Stehkessel, wie es damals vielfach üblich war. Auf der Rauchkammer sitzt ein verhältnismäßig dicker, zylindrischer Schornstein mit einer weit ausladenden Krempe. Die einzige weitere Erhebung auf dem Kesselrücken ist das Gehäuse für das Sicherheitsventil auf der Stehkesselmitte. Ein Dampfdom ist nicht vorhanden und die Sandkästen liegen auf dem Umlaufblech, direkt vor den Treibrädern (Bild 12).
Das sofort ins Auge fallende gewaltige Treibrad ist in voller Größe sichtbar; der Radschutzkasten deckt das Rad nur von hinten und von oben ab. Nur der auf dem Umlauf sitzende kurze Außenrahmen verdeckt in der Mitte einen Teil des Rades. Das von vorne bis hinten durchgehende Umlaufblech ist über jedem der vier Laufräder etwas nach oben geschwungen, wodurch die sonst starre Linie angenehm belebt wird. Die Zylinder sind oberhalb des Umlaufs zu sehen. Sie sind zum Teil von der Rauchkammer umschlossen. Da diese aber sehr kurz ist, ragen sie vorne ein Stück aus ihr heraus. Die Seitenwände des rückwärtigen Vorratsbehälters sind bis in Höhe der

Bild 12: 2 A 2 n2 Tenderlokomotive Nr. 46 der Bristol & Exeter Railway. Letzte der acht Maschinen, die 1853 und 1854 erbaut wurden. Die Treibräder von 9 Fuß (2743 mm) Durchmesser waren die größten, die jemals für eine serienmäßige Lokomotive verwendet wurden. Deutlich sind die aus der sehr kurzen Rauchkammer nach vorn herausragenden Zylinder zu erkennen. (British Rail).

Stehkesselrückwand vorgezogen und verleihen dadurch der Lokomotive in der Seitenansicht ein geschlossenes Aussehen. Ein- und Ausstieg erfolgten daher am Stehkessel vorbei unmittelbar hinter der Treibachse. Wie man sieht, besitzt die Lokomotive kein Führerhaus. Es fehlt aber auch eine Schutzwand auf dem Stehkessel, wie man sie zu der Zeit, zumindest für schnellfahrende Lokomotiven, in den meisten Fällen bereits vorgesehen hatte. Vielleicht glaubte man, in dem milden Klima von Devon auf derartige Maßnahmen verzichten zu können.

In der Mitte des vorigen Jahrhunderts waren die Bremssysteme noch recht unvollkommen. Bei Schlepptenderlokomotiven hatte die Lokomotive selbst meist überhaupt keine Bremse, lediglich die Tender hatten eine solche Einrichtung. Man hielt das offenbar für ausreichend oder wurde mit den technischen Problemen einer Lokomotivbremse noch nicht so recht fertig. Da man unsere Lokomotiven als 2 A mit »angewachsenem« zweiachsigen Tender ansehen kann, hatte folgerichtig nur das hintere Drehgestell eine Bremse. Für jedes Rad war ein Bremsklotz auf der Innenseite vorgesehen.

Sieht man sich die Lokomotive noch etwas genauer an, dann muß man feststellen, daß sie doch so einige Mängel und Absonderlichkeiten aufwies. Der innenliegende Rahmen reicht nur bis zum Stehkessel. Derartige fehlerhafte Rahmenkonstruktionen sind bereits von Jahn* eingehend beschrieben und kritisiert. Es kommt aber noch »besser«. Von der Stehkesselrückwand bis zur hinteren Pufferbohle ist überhaupt kein Rahmen vorgesehen. Die Kräfte müssen hier von dem als Rahmen wirkenden Wassertank weitergeleitet werden, an dessen Boden zudem noch die Aufnahme für das hintere Drehgestell befestigt ist. Ganz besonders merkwürdig aber ist die Aufhängung der Treibachse (Bild 10). Sie besitzt vier Lager. Zwei liegen im Innenrahmen zwischen Kurbel und Rad. Da aber an dieser Stelle nicht viel Platz vorhanden war, sind noch zwei wesentlich breitere Außenlager vorgesehen, die in einem kurzen Außenrahmen geführt sind, der nur das Treibrad umfaßte und auf dem Umlaufblech saß. Selbst Pierson schien dieser Rahmenkonstruktion nicht recht getraut zu ha-

* J. Jahn, »Die Dampflokomotive in entwicklungsgeschichtlicher Darstellung ihres Gesamtaufbaues«, Deutschland, 1924.

ben; er verwendete sie nur zur Führung. Die Lastübertragung hingegen bürdete er – was man kaum verstehen kann – dem Kessel auf.
Über der Treibachse sind am Langkessel zwei große Ausleger angenietet, an deren äußerem Ende über den Rädern ein zweiarmiger Hebel sitzt. Dieser Hebel stützt sich auf zwei Rundeisen, die unten in zylindische Gehäuse auslaufen, in denen mehrere Gummischeiben als Federn liegen. Die Rundeisen haben in ihrem unteren Teil eine achsiale Bohrung, in der ein kräftiger Bolzen geführt ist, der auf dem Lager steht und in seiner Mitte die Druckplatte für die Gummifedern trägt. Man kann sich kaum vorstellen, daß diese Radaufhängung über einen längeren Zeitraum störungsfrei arbeitet, ganz abgesehen von der zusätzlichen Beanspruchung des Kessels, die diesem auf die Dauer sicher nicht gut bekommen wäre.
Pierson scheint übrigens eine Vorliebe für die Gummifederung gehabt zu haben, denn auch alle Laufräder sind auf diese merkwürdige Art abgefedert. Ob er sich aber überlegt hat, was passiert, wenn der Gummi versprödet oder durch das Lageröl angegriffen wird? Das konnte sehr schnell geschehen, denn so beständige Gummisorten, wie wir sie heute kennen, gab es damals noch nicht.
Jedoch, trotz ihrer konstruktiven Mängel, scheinen die Lokomotiven, wenigstens anfangs, ohne größere Anstände gelaufen zu sein. Und nicht nur das, sie waren sogar recht schnell. Bei einer Probefahrt soll die Nummer 41 eine Geschwindigkeit von 81.8 mph (131,6 km/h) erreicht haben, ein für die damalige Zeit beachtlicher Wert, selbst wenn man berücksichtigt, daß er auf einer Gefällstrecke zustande kam.
Wenn auch nicht bekannt ist, wie die Messung dieser Geschwindigkeit erfolgte und ob der angegebene Wert überhaupt erreicht wurde, so waren – unterstellt man einmal, daß die Lokomotive tatsächlich so schnell gefahren ist – die Drehzahlen und Kolbengeschwindigkeiten keineswegs außergewöhnlich hoch. Dank der großen Treibräder entspricht die Drehzahl bei der genannten Geschwindigkeit einer Drehzahl, die die Einheitsschnellzuglokomotiven der Deutschen Reichsbahn bereits bei 96 km/h erreichten und die mittlere Kolbengeschwindigkeit von 5,19 m/s wird von den Einheitslokomotiven sogar bei noch niedrigerer Geschwindigkeit überboten, da Pierson's Maschinen mit 24 Zoll (610 mm) einen kleineren Kolbenhub aufwiesen, als erstere, bei denen dieses Maß 660 mm betrug.
Der Kessel der Lokomotiven war nur etwa halb so groß wie derjenige der »Liverpool«, die wir in Kapitel I kennengelernt haben. Mit ca. 95 m² besaß er etwa die gleiche Heizfläche wie die Kessel der preußischen 1 B-Schnellzuglokomotive, Gattung S 1, von 1885. Die Leistung, die die Lokomotive Nr. 41 bei ihrer Rekordfahrt aufzubringen hatte, liegt bei etwa 550 kW (750 PS). Die dafür benötigte Dampfmenge beträgt rund 9800 kg/h, womit die Heizflächenbelastung den sehr hohen Wert von 103 kg/m²h erreicht haben müßte. Dies kann entweder bedeuten, daß die gefahrene Geschwindigkeit in Wirklichkeit doch nicht so hoch war, wie angegeben, es kann aber auch sein, daß die Lokomotive aus der Kesselreserve fuhr, wobei selbst bei geringerer Heizflächenbelastung eine größere Dampfmenge dadurch freigesetzt wird, daß der Druck im Kessel absinkt. Natürlich geht das nur eine kurze Zeit, die vor allem von der im Kessel enthaltenen Wassermenge abhängt.
Doch scheint die Lokomotive wirklich einmal so schnell gefahren zu sein, zumindest während der Probefahrt. Denn die Zahl von 81.8 mph (131,6 km/h) wurde als offizieller Wert von der Bristol & Exeter Railway genannt und blieb ein Rekord, der für mehrere Jahrzehnte nicht überboten wurde.
Wie sah es aber nun mit der Bewährung im Dauerbetrieb aus? Wie wir bereits gesehen haben, besaß die Lokomotive durchaus einige Merkmale einer Hochgeschwindigkeitslokomotive (große geführte Länge, Drehgestelle an beiden Enden, kaum Überhang, niedrige Treibraddrehzahl). Nun müssen wir je-

Technische Daten

Bahnverwaltung	**Bristol & Exeter Railway England**
Achsanordnung:	
Deutsche Bezeichnung	**2 A 2 n2**
White classification	**4–2–4**
Bahn-Nummer	**41**
Erbauer	**Rothwell, Hick & Rothwell, Bolton**
Werksnummer	**137**
Baujahr	**1853**
Treibraddurchmesser	**9 ft = 2743 mm**
Laufraddurchmesser	**48 in = 1219 mm**
Zylinderdurchmesser	**16½ in = 419 mm**
Kolbenhub	**24 in = 610 mm**
Rohrlänge	**10 ft 9 in = 3277 mm**
Verdampfungsheizfläche (wasserber.)	**ca. 1023 ft = 95 m²**
Feuerbüchsheizfläche (wasserber.)	**ca. 80 sq.ft. = 7,4 m²**
Rostfläche	**20.2 sq.ft = 1,88 m²**
Kesseldruck	**120 psi = 8,27 bar (8,4 kp/cm²)**
Reibungslast	**13.5 tons = 135 kN (13,8 Mp)**
Dienstgewicht	**42.6 tons = 43,3 t**
Kohlenvorrat	**1,5 t**
Wassermenge	**1430 imp. gal. = 6,5 m³**
Höchste erreichte Geschwindigkeit	**81.8 mph = 131,6 km/h**
Treibraddrehzahl	**255 Upm**
Indizierte Leistung	**550 kW (750 PS)**
Mittlere Kolbengeschwindigkeit	**5,19 m/s**
Vergleichsgeschwindigkeit (Reihe 01 DRG)	**96 km/h**

Bild 13: 2 A 2 n2 Schnellzug-Tenderlokomotive Nummer 2002, der Great Western Railway. Treibraddurchmesser 8 Fuß, 10 Zoll (2692 mm). Umgebaute Nr. 40 der Bristol & Exeter Railway. Diese zuletzt umgebaute Lokomotive besaß als einzige keinen überdachten Führerstand, sondern nur einen Stirnschutz (British Rail).

doch etwas näher auf die Mängel eingehen. In Kapitel I erwähnten wir die Nickneigung, die sich dann besonders stark zeigt, wenn bei ungekuppelten Schnellzuglokomotiven die hoch belastete Treibachse nahe dem Lokomotivschwerpunkt angeordnet ist. Genau das ist aber bei unseren Maschinen der Fall. Mit fast einem Drittel des Gesamtgewichtes ist die Treibachse belastet und daß sie nahe dem Schwerpunkt liegt, sieht man auf den ersten Blick. Es kommt aber noch etwas hinzu. Der Achsstand ist vollkommen symmetrisch, d. h. beide Drehgestelle haben den gleichen Achsstand und beide Drehzapfen sind gleich weit von der Treibachse entfernt. Hierdurch kann, bei gewissen Drehzahlen und bei einer kritischen Massenverteilung, die sich bei Abnahme der Vorräte irgendwann einmal einstellt, eine Resonanzschwingung entstehen, und was das bedeutet, kann man sich leicht ausmalen.

Zwar zitiert Ahrons in seinem Buch* Colburn, der den Lokomotiven ruhigen Lauf zuspricht (». . . to have run with great steadiness«), jedoch kann sich dies auf wenige Beobachtungen und auf Zeiten beschränken, als die Lokomotiven noch neu waren. Zu anderen Zeiten und mit zunehmendem Alter kann das Bild durchaus anders gewesen sein. Ein Indiz hierfür könnte die Tatsache sein, daß Pierson bei den Nachfolgetypen, auf die wir gleich zu sprechen kommen, einen unsymmetrischen Achsstand vorsah.

Nimmt man die Mängel in Rahmenbau und Radaufhängung hinzu, die wir schon kennengelernt haben, so kann man sich vorstellen, daß die Bahn im Laufe der Zeit immer weniger Freude an diesen Lokomotiven hatte. Im Jahre 1868, 15 Jahre nach ihrer Entstehung, ließ Pierson 3 der Lokomotiven – und zwar die Nummern 39, 41 und 42 – umbauen. 5 Jahre später, 1873, folgte noch die Nummer 40. Die übrigen 4 Lokomotiven wurden verschrottet (Bild 13).

Der Umbau erfolgte in den inzwischen errichteten bahneigenen Werkstätten in der Bath Road in Bristol, doch muß man hier eigentlich besser von einem Neubau sprechen, denn wenn auch die Lokomotiven auf den ersten Blick den alten glichen, so gab es doch in Wirklichkeit kaum etwas an ihnen, was nicht neu oder geändert war.

* E. L. Ahrons, »The British Steam Railway Locomotive 1825–1925«, England, 1927.

Bild 14: 2 A 2 n2 Tenderlokomotive »REINDEER«, der Lake Shore & Michigan Southern Railroad. Die Lokomotive war stets gern gesehen, denn sie zog den »Pay Car« mit den Lohngeldern (Sammlung H. K. Vollrath, U.S.A.).

Der Treibraddurchmesser war um 2 Zoll auf 8 Fuß 10 Zoll (2692 mm) verringert. In den von vorne bis hinten durchlaufenden neuen Rahmen war die Treibachse nunmehr konstruktiv richtig eingehängt. Auch die Drehgestellrahmen waren neu, wobei der Achsstand um 3 Zoll kürzer war als vorher. Dafür hatte der Gesamtachsstand der Lokomotive zugenommen und war, wie schon erwähnt, nicht mehr symmetrisch. Das vordere Drehgestell war weiter von der Treibachse entfernt, als das hintere. Beide Drehgestelle waren jetzt abgebremst. Der Kessel war ebenfalls vergrößert, etwa 20 % mehr Heizfläche hatte man untergebracht. Der Stehkessel war gegen den Langkessel schwach erhöht, ein Dampfdom war aber auch bei den neuen Kesseln nicht vorhanden. Die gegen früher größere Rauchkammer schloß die Zylinder, die näher aneinandergerückt waren, vollständig ein. Und am anderen Ende des Kessels konnte man die Andeutung eines Führerhauses erkennen, das im wesentlichen aus einem zweimal geknickten Blech bestand, in das vorne und hinten je zwei runde Gucklöcher eingeschnitten waren. Natürlich hatte Pierson auch die zweifelhafte Gummifederung verlassen; alle Achsen hatten normale Halbelliptikfedern.

Ob die Lokomotiven durch den Umbau an Eleganz gewonnen hatten, ist Ansichtssache; zweifellos aber waren sie auf den neuesten technischen Stand gebracht. In dieser Form wurden sie 1876 von der Great Western Railway bei der Fusion mit der Bristol & Exeter Railway übernommen, und die Great Western hielt zwar offensichtlich nicht viel von den Pierson'schen Ideen eines Kurzstrecken-Schnellverkehrs, von den Lokomotiven selbst jedoch so viel, daß sie sie der Investition eines weiteren umfangreichen Umbaus für würdig befand. Drei Lokomotiven – die Nummer 39 war kurz nach der Fusion durch einen Unfall ausgeschieden – wurden 1877 in 2 A 1-Schlepptenderlokomotiven, ähnlich den uns schon bekannten »Iron Dukes«, umgebaut. In dieser Form liefen sie noch einige Jahre auf den Strecken der Great Western, die letzte bis zum Dezember 1890.

Bild 15: 2 A 2 n2 Tenderlokomotive Nr. 1 »C. P. Huntington« der Southern Pacific Railroad. Der etwas mürrisch dreinblickende Herr stellt einen guten Vergleichsmaßstab für die Größe dieser Lokomotive dar. Erbaut 1863 von Danforth, Cooke in Paterson, N.J. (Sammlung H. K. Vollrath, U.S.A.).

Tenderlokomotiven setzten sich später im Vorortverkehr, auf Nebenstrecken und im Verschiebedienst immer mehr durch. Ein ausgesprochener Schnellverkehr mit Tenderlokomotiven ist allerdings auf wenige spezielle Strecken beschränkt geblieben. In einem späteren Kapitel kommen wir auf dieses Thema nochmals zurück.

In einem Land hat sich die Tenderlokomotive nicht einbürgern können, und das sind die USA, zu denen wir in Bezug auf Lokomotiventwicklung Kanada hinzurechnen müssen. Im Verschiebedienst wurden nahezu ausschließlich Schlepptenderlokomotiven verwendet, die jedoch, im Gegensatz zu Streckenlokomotiven, keine Laufachsen besaßen und deren Tender häufig eine nach hinten geneigte Decke aufwiesen, um die Streckensicht für den Lokomotivführer zu verbessern. Außerdem hatten sie keine »Pilots« (die großen, früher aus Holzbalken, später meist aus Rohren und zuletzt aus Stahlguß hergestellten amerikanischen Schienenräumer), sondern nur niedrig angebrachte Trittbretter für die Rangierer. Nahm man ältere Streckenlokomotiven für den Verschiebedienst, so entfernte man bei ihnen meistens die führende Laufachse, um die Reibungslast zu erhöhen. Lediglich im Bereich der Ausbesserungswerke konnte man Tenderlokomotiven begegnen, den sogenannten »Shop Goats«, da diese zusammen mit den Reparaturlokomotiven auf der Schiebebühne fahren und daher extrem kurz sein mußten.

Auch den Betrieb auf Nebenstrecken versahen fast immer ältere, leichtere Schlepptenderlokomotiven, die von neueren Maschinen von der Hauptstrecke verdrängt waren, für den schwachen Oberbau und die langsamen Züge der Nebenstrecke noch eine Weile brauchbar waren. Nur im Vorortverkehr setzten einige Bahnen, z.B. Philadelphia & Reading, Jersey Central Lines, New York Central und deren Tochtergesellschaft Boston & Albany, in etwas größerer Zahl Tenderlokomotiven ein.

Es ist daher nicht verwunderlich, daß amerikanische Lokomotivkonstrukteure ein – wie man heute sagen würde – gestörtes

Verhältnis zur Tenderlokomotive hatten. Sehen doch viele dieser Fahrzeuge aus, als sei einer Schlepptenderlokomotive durch ein Versehen oder einen anderen unglücklichen Umstand der Tender abhanden gekommen und man habe ihr provisorisch irgendwelche Kästen für die Vorräte angehängt, um die »tenderlose« Zeit zu überbrücken.
Doch muß man gerechterweise zugestehen, daß es auch einige recht hübsche Tenderlokomotiven gegeben hat. Dazu gehören vor allem ein paar Maschinen mit der gleichen Achsanordnung, wie Piersons große Lokomotiven, jedoch wesentlich kleineren Abmessungen, die von der Firma Danforth, Cooke & Company in Paterson, New Jersey, in der Mitte des vorigen Jahrhunderts erbaut wurden. Sie waren für leichte Sonderzüge bestimmt, mit denen z. B. höhere Bahnbeamte die Strecke bereisten, oder sie zogen den »Pay Car«, den Wagen mit der Kasse, aus der die an abseits gelegenen Stellen arbeitenden Angehörigen der Bahn entlohnt wurden. Für diese Zwecke kam man natürlich mit recht kleinen Leistungen aus, hohe Geschwindigkeiten waren auch nicht verlangt, obwohl die Maschinen mit ihrer geringen Triebwerksreibung recht flinke Renner waren. Das Gesamtgewicht betrug etwa 26 t, nicht viel mehr als die Hälfte der Pierson'schen Lokomotiven, und auch ihre Treibräder waren mit 56 und 57 Zoll (1422 und 1448 mm) nur halb so groß. Offenbar fuhren aber auch diese Lokomotiven fast stets mit dem Schornstein voran, denn sie besaßen nur vorne einen Bahnräumer und einen Stirnscheinwerfer und das Führerhaus war nach hinten offen. Man hatte sie anscheinend nur deswegen als Tenderlokomotiven konstruiert, weil für eine so winzige Maschine ein separater Tender zu aufwendig erschien.
Zwei Lokomotiven mit den Namen »Reindeer« (Bild 14) und »Gazelle« erhielt 1859 die Cleveland, Painesville & Ashtabula Railroad, eine Bahn am Südufer des Eriesees. Im Volksmund wurde die Bahn nur »The Lake Shore« genannt und als sie im Jahre 1869 mit der Michigan Southern & Northern Indiana fusionierte, erhielt die neue Bahn den Namen Lake Shore & Michigan Southern Railroad. Die kleinen 2 A 2-Tenderlokomotiven bewährten sich offenbar gut, denn fast 40 Jahre versahen sie ihren leichten Dienst.
Zwei nahezu gleiche Lokomotiven kamen 1864 nach Kalifornien. Sie waren die dritte und die vierte Lokomotive der Central Pacific Railroad und erhielten die Namen zweier Gründer der Bahn, »C. P. Huntington« (Bild 15) und »T. D. Judah«. Während die »T. D. Judah« 1882 in eine 2 A 1 mit dreiachsigem Schlepptender umgebaut und 7 Jahre später verkauft wurde, erhielt die »C. P. Huntington« bei der Southern Pacific Railroad die Nummer 1 und wurde noch bis zum Anfang des Jahrhunderts gelegentlich verwendet. 1915 ließ die Bahn sie restaurieren und zeigte sie seitdem auf verschiedenen Ausstellungen. Noch heute ist sie als Museumslokomotive erhalten.
Doch die meisten amerikanischen Tenderlokomotiven zeigten nicht die Eleganz dieser kleinen Renner, sondern sehen eher monströs aus. Wie elegant wirken dagegen viele englische Tenderlokomotiven und »Piersons Geschoß« als eine ihrer Vorläuferinnen und gleichzeitig die schnellste von allen, kann sich da würdig einreihen. Zu bedauern ist nur, daß uns keine von ihnen erhalten geblieben ist.

III. Britische Eleganz

2 A 1 n2, Great Northern Railway, England

Gehen wir von Piersons Schnellfahrlokomotive etwa 20 Jahre weiter. Wie sah es inzwischen bei den Eisenbahnen aus? England, Kontinentaleuropa und Nordamerika waren von einem mehr oder weniger dichten Netz zusammenhängender Eisenbahnlinien durchzogen, das sich bis heute kaum noch wesentlich geändert hat. In vielen anderen Ländern war man jedoch noch nicht so weit und in manchen Teilen der Erde begann die Eisenbahn erst, sich zu konstituieren.

In Großbritannien hatten sich die großen Bahngesellschaften herausgebildet, die die Verkehrsströme beherrschten und sich bis zum Zusammenschluß von 1923, dem »grouping«, gegenseitig manchmal recht heftig Konkurrenz machten; und teilweise noch über diesen Zeitpunkt hinaus. Der Hauptverkehr lag dabei auf den nach London führenden oder von dort ausgehenden Strecken. Demgegenüber hatte der Querverkehr nur geringe Bedeutung. (Ähnliches gilt übrigens für Frankreich in bezug auf Paris.)

Vier bedeutende Verkehrsströme gingen von der Hauptstadt aus oder endeten in ihr. Da waren einmal die verhältnismäßig kurzen Strecken zu den Kanalhäfen und von dort weiter mit dem Fährschiff zum Kontinent. Der zweite Weg war mehr nach Südwesten gerichtet, zu den näher am Atlantik gelegenen Häfen, von denen man in alle Welt, hauptsächlich aber in die britischen Kolonien und nach Nordamerika gelangen konnte. Schnelle Sonderzüge (»boat trains«) brachten die Reisenden von jedem großen Schiff, sobald es angelegt hatte, in die Metropole oder beförderten Ausreisende in die Häfen.

Die beiden wichtigsten Verkehrsverbindungen waren jedoch die Ost- und die Westküstenroute durch das mittelenglische Industriegebiet nach Schottland. Vom Bahnhof Euston in London führte die ältere der beiden Strecken, die Westküstenroute, mit der London & North Western Railway zunächst in der ihrem Namen entsprechenden Richtung, nach Nordwesten. Über Birmingham gelangte man nach Crewe, dem Sitz der Hauptwerkstatt, in der nicht nur Lokomotiven repariert, sondern auch, wie es in England seit jeher üblich war, die Lokomotiven der Bahn erbaut wurden. Nun wandte sich die Strecke fast genau nach Norden und lief über Preston nach Carlisle, knapp 300 Meilen (etwa 480 km) von London entfernt. Hier wurden die Züge von den eleganten blauen Lokomotiven den Caledonian Railway für die restlichen 100 Meilen (160 km) bis Edinburgh übernommen.

Die jüngere Ostküstenstrecke begann in London im Bahnhof Kings Cross. Mit den grünen Lokomotiven der Great Northern Railway, die ihre Hauptstrecke erst 1852 vollendet hatte, fuhren die Züge in genau nördlicher Richtung zum 160 Meilen (260 km) entfernten Doncaster. Dieser Ort hatte für die Great Northern die gleiche Bedeutung, wie Swindon für die Great Western und Crewe für die London & North Western, in ihm befand sich die Hauptwerkstatt, die gleichzeitig die Lokomotivfabrik der Bahn war. Die folgenden 45 km bis York legten die Züge bereits auf den Gleisen der North Eastern Railway zurück. In York wurde die Lokomotive der Great Northern abgekuppelt und eine Maschine der North Eastern Railway setzte sich vor den Zug. Bevor man jedoch Edinburgh erreichte, fand noch ein Lokwechsel statt, denn das letzte Stück, ab Berwick, war das Gebiet der North British Railway. Insgesamt ist die Strecke mit 393 Meilen (632 km) noch etwas kürzer als die Westküstenstrecke.

Diese fünf Bahngesellschaften waren in zwei Ereignisse verwickelt, die sich gegen Ende des 19. Jahrhunderts auf den Schienen dieser Bahnen abspielten und die zu den bekanntesten der Eisenbahngeschichte zählen: den berühmten Eisenbahnrennen von London nach Schottland, den »Railway Races to the North«. Ganz England verfolgte mit Spannung und Begeisterung, wie sich Ost- und Westküstenroute gegenseitig in den Fahrzeiten unterboten und die Tageszeitungen berichteten ausführlich über die einzelnen Schnellfahrten. Das erste Rennen fand 1888 zwischen London und Edinburgh statt; 7 Jahre später, 1895, folgte die Fortsetzung, diesmal aber noch etwa 180 Meilen (290 km) weiter bis Aberdeen, da die North British inzwischen durch den Bau der großen Forth- und

Bild 16

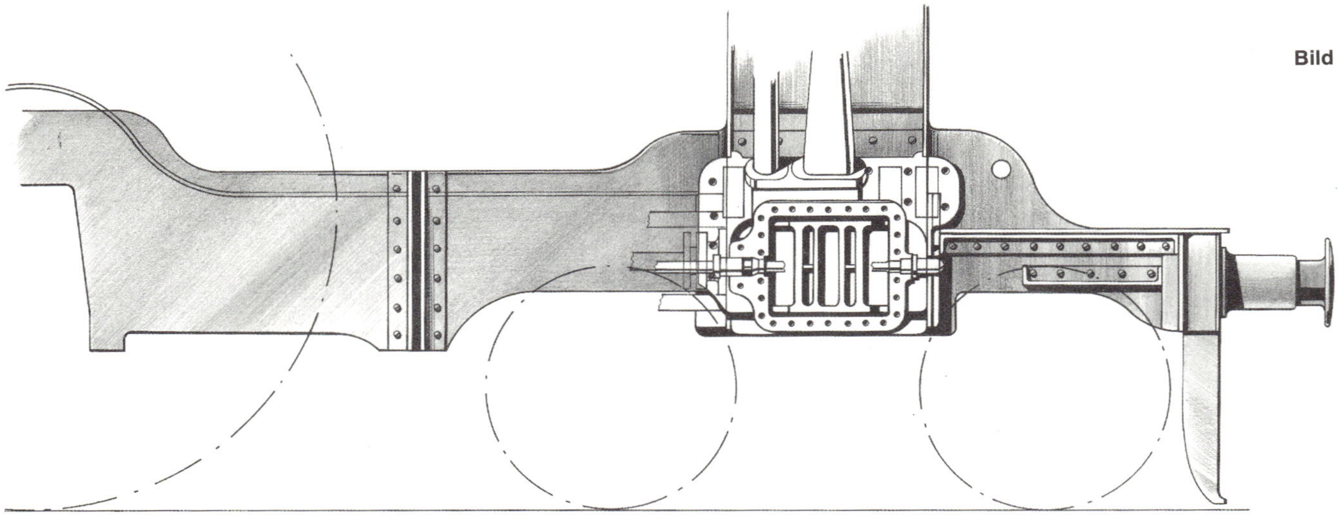

Bild 16: Die meisten englischen Außenzylinder-Lokomotiven des 19. Jahrhunderts besaßen innerhalb des Rahmens liegende Schieber mit senkrechtem Schieberspiegel. Dabei waren die Zylinder so auf den Rahmen geschraubt, daß der Schieberkasten durch einen Rahmenausschnitt nach innen ragte. Bei Stirlings »8-feet-Singles« konnte dieser Ausschnitt unten nicht mehr geschlossen werden, da die Rahmenunterkante sehr hoch liegen mußte, um dem Drehgestell mit seinen über den Achslagern angeordneten Federn die nötige Bewegungsfreiheit zu geben. Die Zylinder wurden also bei der Montage von unten in den Rahmen eingeschoben, ähnlich den Achslagerkästen. Um dem Rahmen dennoch die erforderliche Steifigkeit zu verleihen, mußte er daher im Bereich der Rauchkammer besonders hochgezogen werden, ein charakteristisches Merkmal dieser Lokomotiven. Das Bild zeigt einen Längsschnitt des Rahmens mit eingebautem Zylinder und Blick auf den Schieberspiegel.

Bild 17

2 A 1 n2, Klasse A2, Great Northern Railway, England.

Bild 17: Die 668 und die 775 der Great Northern Railway waren die einzigen »Singles«, die an den zweiten »Races to the North« (1895) teilnahmen. Die 1882 erbaute 668 war eine der ersten »8-feet-Singles« bei denen die Radschutzkästen keine Schlitze erhielten. Sowohl die Treibachse, als auch die Schleppachse besaßen bei dieser Serie Blattfedern. Bei den ersten Lieferungen hatte die Schleppachse, bei den letzten dagegen nur die Treibachse kegelförmige Wickelfedern. Zwischen Radkasten und Führerhaus befand sich eine Verkleidung, die einem zweiten Sandkasten ähnelte. Die 668 hatte die längste Lebensdauer aller nach 1880 erbauten »8-feet-Singles«. Erst im Jahre 1912, nach 30 Betriebsjahren, wurde sie ausgemustert. Genaue Geschwindigkeitsmessungen sind nie unternommen worden, doch soll zumindest eine dieser schönen Maschinen 86 mph (139 km/h) erreicht haben.

Bild 18: 2 A 1 n2, Nr. 546, der Great Northern Railway. 1877 in der Bahnwerkstatt Doncaster erbaut, 1902 ausgemustert. Schlitze in den Radschutzkästen durch Bleche verschlossen. Treibraddurchmesser 8 Fuß, 1 Zoll (2464 mm) (Railway Museum, York).

Tay-Brücken eine Strecke besaß, die noch 25 km kürzer war, als die alte Caledonian-Strecke über Carstairs, Perth und Dundee.

Wenn auch nicht viel Sinn in der Sache steckte – was nützte es den Reisenden, wenn kaum mehr nach Fahrplan gefahren wurde und sie nach rasender Fahrt mitten in der Nacht am Zielbahnhof ankamen –, hier konnte die Dampflokomotive endlich einmal zeigen, zu welchen Leistungen sie fähig war. Als am 21. August 1895, dem letzten Tag des Rennens, der Westküstenzug die 869 km von London nach Aberdeen in etwas mehr als 8½ Stunden, also mit einer Durchschnittsgeschwindigkeit von über 100 km/h zurückgelegt hatte, war damit ein Rekord aufgestellt, der so bald nicht überboten wurde und der sich auch heute noch, später, sehen lassen kann. Denn es waren nicht nur mehrere Halte und Lokwechsel nötig, sondern der Zug mußte auch zwei bedeutende Rampenstrekken (Shap und Beattock) mit Neigungen bis 1:75 überwinden. Doch die Leistungen der Ostküstenzüge waren kaum geringer und das war auch nicht anders zu erwarten, denn der technische Stand aller beteiligten Lokomotiven war etwa auf gleicher Höhe und natürlich schickte jede Bahn ihre modernsten und schnellsten Maschinen ins Rennen – besetzt mit den erfahrensten Lokomotivführern und den kräftigsten Heizern.

Die berühmtesten und wohl auch elegantesten aller an den Rennen beteiligten Lokomotiven aber waren die »8-feet-Singles« (Bild 17), die Stirling für die Great Northern Railway gebaut hatte. Besonders bekannt wurden die beiden Lokomotiven Nr. 668 und 775, die am 21. August 1895 die Strecke von London nach Grantham, wo der Lokwechsel stattfand, und von dort nach York mit einer Durchschnittsgeschwindigkeit von 99,4 km/h bzw. 104,3 km/h zurücklegten und um das zu schaffen, mußte der Zug etwa 130 km/h Höchstgeschwindigkeit erreicht haben. In der Schlußphase des Rennens waren die Great-Northern-Lokomotiven die einzigen am Rennen beteiligten, die nur eine Treibachse besaßen, alle anderen hatten entweder zwei Kuppelachsen oder zwei ungekuppelte Treibachsen, wie die merkwürdigen Dreizylinder-Verbundlokomotiven der »Teutonic«-Klasse, die Francis Webb für die London & North Western Railway gebaut hatte.

Patrick Stirling war im Jahre 1866, mit knapp 46 Jahren, maschinentechnischer Leiter (Locomotive Engineer) der Great Northern Railway geworden, nachdem er die gleiche Position 23 Jahre lang bei der Glasgow & South Western Railway bekleidet hatte. (Später folgte ihm dort sein Bruder James Stirling.) Alle von ihm gebauten Lokomotiven zeichneten sich durch eine starke »Familienähnlichkeit« aus, äußerlich sofort

Bild 19: 2 A 1 n2 »Lovett Eames«. 5000. von der Firma Baldwin in Philadelphia erbaute Lokomotive. Baujahr 1880. Wootten-Feuerbüchse und Führerhaus auf dem Stehkessel. Treibraddurchmesser 78 Zoll (1981 mm) (Sammlung Broadbelt, U.S.A.).

erkennbar an dem domlosen Kessel und dem kurzen Führerhaus, ohne Seitenfenster und ohne abgesetztes Dach. Stirling war ein überzeugter Anhänger des Innentriebwerks. Außerdem war er der Meinung, daß für Expreßzuglokomotiven *eine* Treibachse ausreichend sei und daß man ferner auf den teuren Luxus eines Drehgestells verzichten könne.

Ausgerechnet seine bekannteste Schöpfung aber, die Lokomotiven, die jedem in Zusammenhang mit Patrick Stirling sofort in den Sinn kommen, seine »8-feet-Singles«, wichen in zwei Punkten von seinen Grundsätzen ab: sie hatten Außenzylinder und ein Drehgestell. Vielleicht waren sie gerade deswegen so berühmt, denn man muß sie zweifellos auch zu den ästhetisch gelungensten all seiner Entwürfe zählen. Und nicht nur das. Unter den 2 A 1-Lokomotiven, die man als die Königinnen der Schnellzuglokomotiven des 19. Jahrhunderts bezeichnen kann, nahmen sie ebenfalls eine Spitzenstellung ein. Einen dieser edlen Renner in voller Fahrt vor einem Expreßzug vorbeirasen zu sehen, muß ein Anblick gewesen sein, den man so leicht nicht vergessen konnte.

Die großen 2 A 1-Schnellzuglokomotiven, die über 50 Jahre lang an der Spitze der bekanntesten englischen Expreßzüge zu sehen waren, konnten nur in diesem Lande entstehen und sich durchsetzen. Während man in Deutschland und Frankreich von der 1 A 1 mit überhängenden Außenzylindern zur 1 B mit gleicher Triebwerksanordnung überging, aus denen die französischen Konstrukteure die schnellen 1 B 1-Lokomotiven entwickelten, die wir im nächsten Kapitel kennenlernen werden, verbreitete sich in Amerika die 2 B schon sehr frühzeitig so vollständig, daß ihr zu Recht der Name »American Standard« (später zu »American« verkürzt) gegeben wurde.

Außerhalb Englands sind nur ganz wenige 2 A 1-Lokomotiven bekannt geworden. 1896 baute die Lokomotivfabrik Krauss in München nach dem Entwurf von Richard von Helmholtz eine solche Lokomotive für die bayrische Staatsbahn, Gattung AA1. Um die nötige Zugkraft während des Anfahrens zu erhalten, war zwischen Drehgestell und Treibachse eine sogenannte Vorspannachse – gewissermaßen ein früher Vorläufer der später in Amerika so weitverbreiteten Booster – vorgesehen, die durch dampfbetätigte Druckzylinder mit 140 kN (14 Mp) gegen die Schienen gedrückt werden konnte. Wie zu erwarten, überwogen die Unterhaltskosten des verwickelten Triebwerks die Kohlenersparnis und schon 1907 wurde die Lokomotive in eine 2 B h2 umgebaut.

Nachdem in Nordamerika einige frühe 2 A 1 schon sehr bald in 2 B verwandelt worden waren, entstand 1887 bei Hinkley,

Bild 20: 2 A 1 n4v, Nr. 385, der Philadelphia & Reading Railroad. Erbaut 1895 von der Firma Baldwin. Vauclain-Triebwerk, Treibraddurchmesser 7 Fuß (2134 mm). Soll bei Versuchsfahrten 110 mph (177 km/h) erreicht haben (Sammlung Broadbelt, U.S.A.).

einer Bostoner Firma, die bis 1890 Lokomotiven herstellte, eine merkwürdige 2 A 1. Die Swinerton Locomotive Driving Wheel Company hatte sie als Demonstrationsobjekt bestellt. Sie besaß einen Belpaire-Kessel und war, abgesehen von ihrer Achsanordnung, ganz im Stil einer zeitgenössischen 2 B-*Güterzug*lokomotive gehalten. Der Treibraddurchmesser betrug nur etwa 1670 mm.
Da das Experiment nicht grade ein Erfolg war, verkaufte die Gesellschaft die Maschine an die Portland & Rochester Railroad, die sie verständlicherweise sofort in eine 2 B umbaute, womit sie eine brauchbare Lokomotive gewonnen hatte.
Als 5000. Lokomotive baute die Firma Baldwin im April 1880 eine 2 A 1 n2 (Bild 19) für die Delaware & Bound Brook Railroad, eine Tochtergesellschaft der Philadelphia & Reading Railroad, die die Strecke von New York nach Philadelphia (etwa 145 km) in 2 Stunden bewältigen sollte. Im Aussehen unterschied sie sich allerdings grundlegend von ihren britischen Schwestern. Bis zur Treibachse, die nur 78 Zoll (1981 mm) Durchmesser aufwies, bot sie das typische Bild einer zeitgenössischen Baldwin'schen Schnellzuglokomotive. Dahinter, über der Laufachse, lag jedoch eine breite, tief herabgezogene Wootten-Feuerbüchse, über der ein allseitig geschlossenes, geräumiges Führerhaus thronte. Weniger gut hatte es der Heizer. Auf der Tenderbühne stehend, mußte er zwei Feuerlöcher bedienen und war dabei nur durch das überstehende Führerhausdach etwas geschützt. Vielleicht meinte man, ihn bei seiner schweren Arbeit mit ein wenig Fahrtwind kühlen zu müssen. Ein interessantes und sicher notwendiges Detail besaß die Lokomotive, das später noch mehrfach angewendet wurde: um das Anfahren zu erleichtern, konnte der Lokführer mit einem Hilfs-Dampfzylinder die Ausgleichshebellängen verändern und dadurch die Reibungslast von etwa 160 kN (16 Mp) auf über 200 kN (20 Mp) erhöhen.
Als die Bahn in finanzielle Schwierigkeiten geriet, gab sie die Lokomotive, die bereits einige Schnellfahrten absolviert hatte, an die Erbauerfirma zurück. Von dort wurde sie an die Eames Vacuum Brake Company verkauft, die ihr den Namen »Lovett Eames» gab und sie zur Demonstration ihres Bremssystems nach England beförderte. Dort blieb sie und landete schließlich ausgerechnet bei der Great Northern Railway, die sie aber bald verschrottete. Der Kontrast zu Stirlings »Singles« war wohl zu groß.

Bild 21: 2 A 1 n2, Nr. 1, der Great Northern Railway. Patrick Stirlings erste »8-feet-Single«, April 1970 in Doncaster erbaut. Heute im Eisenbahnmuseum York erhalten (British Railways Board).

15 Jahre später lieferte Baldwin nochmals zwei ähnliche, aber größere Lokomotiven an die Philadelphia & Reading Railroad (Bild 20). Der Treibraddurchmesser betrug nun 7 Fuß (2134 mm) und die Reibungslast war auf 48 000 Pfund (213,6 kN = 21,8 Mp) gestiegen. Die Maschinen hatten ein Vauclain'sches Vierzylinder-Verbundtriebwerk und das Führerhaus lag nun *vor* dem Wootten-Stehkessel, wie bei allen anderen »camelbacks«. (Der Heizer war dabei natürlich noch besser »gekühlt«, als bei der Lovett Eames.) Sie erreichten bei Versuchsfahrten 110 mph (177 km/h) und beförderten fahrplanmäßige Expreßzüge zwischen Jersey City und Philadelphia in 105 Minuten, das entspricht einer Durchschnittsgeschwindigkeit von 82,7 km/h. Bei 6 Zwischenhalten eine ganz beachtliche Leistung. Doch schon nach kurzem Einsatz genügte die Reibungslast nicht mehr, die Bahn ging zu »Atlantics« über und baute die beiden »Singles« in 2 B um.
Die größten in England hergestellten 2 A 1 waren 4 Lokomotiven, die die Firma Kerr, Stuart & Co. in Stoke-on-Trent noch im Jahre 1910 für die Eisenbahn Schanghai–Nanking lieferte. Treibräder von 7 Fuß Durchmesser und ein großer Belpaire-Kessel mit 153 m² Heizfläche und 2,6 m² Rostfläche befähigten die Lokomotiven, auf der nahezu ebenen Strecke leichtere Expreßzüge schnell und wirtschaftlich zu befördern. In ihrem, bis auf Rauchkammer und Schornstein, gelben Anstrich müssen die Lokomotiven einen bemerkenswerten Anblick geboten haben, zumindest so lange sie gut gepflegt waren. Für die schwereren Schnellzüge verwendete die Bahn jedoch ebenfalls »Atlantics«.
Kehren wir nach England zurück, wo die 2 A 1-Schnellzuglokomotiven die »crème de la crème« unter ihren Schwestern darstellten. Um die Mitte des vorigen Jahrhunderts besaß zwar die Great Western Railway eine größere Anzahl dieser Renner (Bild 23), mit denen sie auf ihrem, damals noch breitspurigen Netz Expreßzüge betrieb, die zu den schnellsten im Lande gehörten. Alle anderen Bahngesellschaften mühten sich jedoch mit kleineren 1 A 1 ab, oder gingen bereits zu 1 B über. Als nun in der zweiten Hälfte des Jahrhunderts die fortschreitende Verstärkung des Oberbaues so hohe Reibungslasten zuließ, daß man mit einer einzigen Treibachse genügend Zugkraft aufbringen konnte, um leichtere Schnellzüge sicher in Gang zu setzen, und man diese Zugkraft, dank des inzwischen erfundenen Dampfsandstreuers, auch bei jedem Wetter einset-

Bild 22: 2 A 1 n2, Nr. 95, der Great Northern Railway. Erbaut 1880 und 1897 von Ivatt umgebaut. Verlängerter Rahmen, neuer und etwas höher angeordneter Kessel mit Dampfdom, geänderte Sicherheitsventil-Verkleidung, Führerhaus mit verlängertem Dach. Kesseldruck von 11 auf 12,1 bar erhöht (Railway Museum, York).

zen konnte, war der Weg frei für die Entwicklung moderner und leistungsfähiger Drehgestell-»Singles«. Gegenüber der 2 B schätzte man in England besonders, daß sich das hintere Ende der Lokomotive konstruktiv einfacher gestalten ließ und daß wegen der geringeren Triebwerksreibung Wirkungsgrad und Höchstgeschwindigkeit höher lagen.

Die Great Northern Railway machte den Anfang. Im April 1870 verließ der erste einer Reihe neuer »Stars der Schiene« die Bahnwerkstatt in Doncaster. Es war die 50. dort gebaute Lokomotive. Bei der Bahn erhielt sie die Nummer »1« (Bild 21). Bis zum Jahre 1887 ließ Stirling nahezu jedes Jahr – nur 1886 wurde keine fertig – einen oder mehrere dieser stolzen Renner herstellen, wobei häufig die Abmessungen geringfügig verändert wurden. Von 1893 bis 1895 wurde nochmals eine kleine Serie von 6 Stück, in leicht verstärkter Ausführung, aufgelegt, so daß am Ende dieses Zeitraumes 53 dieser schönen Maschinen vorhanden waren. (4½ Jahre später wurde allerdings die erste schon wieder ausgemustert.)

Das erste was einem beim Anblick der »8-feet-Singles« ins Auge fällt, sind die riesigen Treibräder, von denen, dank des elegant hochgeschwungenen Umlaufbleches, ein beträchtliches Stück zu sehen ist. Diese Form des Umlaufbleches ist natürlich durch die Forderung bedingt, daß das Schmiergefäß des Treibstangenlagers in jeder Stellung des Triebwerks erreichbar sein muß. Die meisten der modernen Drehgestell-»Singles« hatten jedoch Innentriebwerk, wobei die Treibräder durch große Radschutzkästen (splasher) bis zur Hälfte und mehr verdeckt waren. Lediglich die Great Eastern Railway besaß noch Lokomotiven mit Außentriebwerk. Neben zwei, von Johnson aus älteren 1 A 1 hergestellten Umbauten, waren es 20 modernere Maschinen, die Massey Bromley 1879 bis 1882 von Dubs & Co., Glasgow, bezog und bei denen er sich ziemlich eng an Stirlings Entwurf anlehnte. Der Treibraddurchmesser betrug allerdings nur 7½ Fuß (2286). Stirlings Lokomotiven besaßen dagegen den größten Treibraddurchmesser aller 2 A 1 – sieht man einmal von der monströsen »Cornwall« ab –, nämlich 8 Fuß 1 Zoll (2464 mm) bei den ersten und sogar 8 Fuß 1½ Zoll (2477 mm) bei den ab 1887 gebauten Modellen. Und das war auch der Grund, warum Stirling, entgegen seinen Grundsätzen, das Außentriebwerk verwendete. Derartig große Treibräder hätten nämlich eine so hohe Kessellage erfordert, wie sie damals noch niemand anzuwenden wagte, und eher warf Stirling seine Grundsätze über Bord, als daß er sich auf ein solches »Abenteuer« einließ.

Die ersten Lokomotiven hatten strahlenförmig angeordnete Ausschnitte in den Radschutzkästen. Später ließ man diese

Bild 23: 2 A 1 n2, Nr. 3031 »Achilles«, der Great Western Railway. Erbaut 1894 in Swindon, erste von Deans Neubau-Singles. Treibraddurchmesser 7 Fuß, 8 Zoll, (2337 mm) (Railway Museum, York).

Verzierung weg und die schon vorhandenen wurden durch hinterlegte Bleche verschlossen. Ein weiteres charakteristisches Merkmal sind die Schutzbleche über den Drehgestellrädern, die unterhalb der Zylinder mit einem Halbkreisbogen miteinander verbunden sind. Diese geschwungenen Schutzbleche hat Stirling bei mehreren seiner Lokomotiven angewendet.

Auffallend ist ferner der im Bereich der Zylinder sehr hoch gezogene Rahmen. Diese Form war erforderlich, da die Zylinder, die mit den innenliegenden Schieberkästen aus einem Stück gegossen waren, von unten in den Rahmen eingesetzt wurden. Daher mußte er nach unten offene Ausschnitte haben, ähnlich denen für die Radlager; um aber trotzdem die erforderliche Steifigkeit zu erhalten, blieb nur der Ausweg, die Oberkante des Rahmens entsprechend hochzuziehen.

Wie schon erwähnt, wurde im Laufe der 25jährigen Bauzeit vieles geändert. Zwar sehen auf den ersten Blick alle »8-feet-Singles« gleich aus, sieht man aber näher hin, dann entdeckt man, daß kaum etwas unverändert blieb. Stirling rückte die Laufachse bei späteren Modellen etwas nach hinten, wobei er gleichzeitig deren Durchmesser vergrößerte. Die Vergrößerung des Treibraddurchmessers erwähnten wir schon. Bremsgestänge und Abfederung blieben ebenfalls nicht gleich. Zuerst hatten die Treibräder normale Halbelliptikfedern, während über den Schleppachslagern kegelige Wickelfedern angebracht waren. Später drehte man die Sache um. Die Schleppachslager bekamen untenliegende Halbelliptikfedern und unter jedem Treibachslager hingen zwei Schraubenfedern. Diese Federanordnung bekamen auch ältere Lokomotiven bei Umbauten.

Der Rahmen blieb ebenfalls von Änderungen nicht verschont. Bei den ersten Lokomotiven zeigten sich im Laufe der Zeit Schwachstellen im Rahmen, denen man bei späteren Ausführungen durch entsprechende Verstärkungen begegnete. Die meisten Änderungen aber machte zweifellos der Kessel durch. 7 verschiedene Kessel – die späteren Ivatt'schen Umbaukessel (Bild 22) noch nicht einmal mitgerechnet – führt Leech in seinem Buch* an, die sich im Kesseldurchmesser, in der Anzahl und im Durchmesser der Rohre, in der Rohrlänge, im Kesseldruck und in der Rostfläche unterschieden. Dabei wanderte außerdem die Höhe der Kesselmitte über Schienenoberkante von 7 Fuß 1 Zoll (2159 mm) bei der Nummer 1 auf 7 Fuß 6 Zoll (2286 mm) bei der letzten Serie. Es ist verständlich, daß sich durch diese Änderungen auch Gewicht und Rei-

* K. H. Leech and M. G. Boddy, »The Stirling Singles of the Great Northern Railway«, England, 1965.

bungslast der Lokomotiven erhöhten, doch war dies sicher nicht unbeabsichtigt. Denn im Laufe der Jahre wurde auch der Oberbau verstärkt und gestattete mit höherer zulässiger Reibungslast, daß Zugkraft und Leistung der Lokomotiven ebenfalls wuchsen. Mußte die Nummer 1 noch mit einer Reibungslast von 15 tons (150 kN) auskommen, so standen der letzten Serie etwa 20 tons (200 kN) zur Verfügung, die jedoch nach einer Entgleisung einer der Maschinen auf 18 tons (180 kN) reduziert wurden.
All diese Änderungen waren äußerlich kaum wahrzunehmen. Die mehr ins Auge fallenden, waren der Bremsschlauch an der vorderen Pufferbohle, der Wegfall der Schlitze in den Radkästen, eine Scheinverkleidung zwischen Radkasten und Führerstand, die etwa dem Sandkasten entsprach, und die Verlängerung des Führerhausdaches bei der letzten Serie. Hinzu kam die allmähliche Vergrößerung der stets dreiachsigen Tender, deren Wasserinhalt von 2000 Gallonen (ca. 9 m³) auf 3850 Gallonen (ca. 17,5 m³) anstieg.
Durch die großen und zum größten Teil offenliegenden Treibräder, den domlosen Kessel und das extrem kurze Führerhaus wirken Stirlings Lokomotiven zierlicher, als alle anderen modernen Drehgestell-»Singles«. Dabei standen sie ihnen in der Leistung sicherlich nicht nach und schnell waren sie ebenfalls. Ob sie die schnellsten waren, ist nie ernsthaft untersucht worden. Die Great Northern Railway war eine vorsichtige Bahngesellschaft, die mehr von genauer Einhaltung der Fahrpläne als von spektakulären Rekordfahrten hielt. Trotzdem wird über einige Schnellfahrten berichtet, vor allem natürlich in Zusammenhang mit den »Races to the North«. Hier muß ein Mann erwähnt werden, der wohl die meisten Geschwindigkeitsmessungen an englischen Lokomotiven in der zweiten Hälfte des 19. Jahrhunderts vorgenommen hat: Charles Rous-Marten. Er war Herausgeber der »New Zealand Times« und unternahm im Auftrage der neuseeländischen Regierung eine Studienreise nach England, um die Geschwindigkeiten englischer Züge zu untersuchen. Offenbar fand er großen Gefallen an der Sache, denn er blieb in England und widmete sich ganz der interessanten Tätigkeit, auf den Führerständen der Lokomotiven mitzufahren und mit mehreren Stoppuhren die Geschwindigkeiten möglichst genau zu messen. Natürlich war er während der »Races« besonders aktiv.
Rous-Marten fuhr mehrfach auf »8-feet-Singles« mit und berichtete über deren Geschwindigkeit. Den höchsten von ihm gemessenen Wert gibt er dabei mit etwas über 86 mph (knapp 139 km/h) an. Leider machte er keine näheren Angaben über die Umstände der Messung, noch um welche spezielle Lokomotive es sich handelte. Legt man einmal eine neuere Lokomotive zugrunde, z. B. die Nummer 668 (1882 erbaut) und einen Zug, bestehend aus 6 Dreiachsern von 85 t, dann hätte die Lokomotive hierfür in der Ebene etwa 1030 kW (1400 PS) indizierte Leistung bei einer Heizflächenbelastung von 190 kg/m²h aufbringen müssen. Dieser Wert erscheint reichlich hoch und es ist anzunehmen, daß die Rekordgeschwindigkeit, sofern sie überhaupt erreicht wurde, in einer leichten Gefällstrecke auftrat. Bei 8 ‰ Gefälle wären nur noch etwa 530 kW (720 PS) mit 87 kg/m²h nötig gewesen, was schon realistischer aussieht.
Es muß ein bemerkenswerter Anblick gewesen sein, eine dieser eleganten Lokomotiven vor einem Zuge zu sehen, sei es in Fahrt auf der Strecke, sei es haltend im Bahnhof. Zu den klaren und unverwechselbaren äußeren Linien kam die hellgrüne Lackierung der Great Northern (die übrigens bis etwa 1880 noch dunkelgrün war) mit schwarzen Zierleisten, schwarzer Rauchkammer und Zylinderabdeckung, rotbraunem Rahmen und Umlaufblech, dunkelgrün abgesetzten Tenderseitenwänden und blankgeputzer Messinghaube für das Sicherheitsventil. Sie waren nicht nur die Glanzstücke der Great

Technische Daten

Bahnverwaltung	**Great Northern Railway England**
Achsanordnung:	
Deutsche Bezeichnung	**2 A 1 n2**
White classification	**4 – 2 – 2**
Bahn-Nummer	**668**
Klasse	**A2**
Erbauer	**Bahnwerkstatt Doncaster**
Werksnummer	**341**
Baujahr	**1882**
Treibraddurchmesser	**8 ft 1½ in = 2477 mm**
Laufraddurchmesser, vorn	**3 ft 11 in = 1194 mm**
Laufraddurchmesser hinten	**4 ft 7½ in = 1410 mm**
Zylinderdurchmesser	**18 in= 475 mm**
Kolbenhub	**28 in = 711 mm**
Feuerbüchsheizfläche (wasserber.)	**109 sq.ft. = 10,1 m²**
Verdampfungsheizfläche (wasserber.)	**1045 sq.ft. = 97,1 m²**
Rohrlänge	**11 ft. 9 in = 3581 mm**
Rostfläche	**17.75 sq.ft. = 1,65 m²**
Kesseldruck	**160 psi = 11,03 bar (11,25 kp/cm²)**
Reibungslast	**17 tons = 170 kN (17,3 Mp)**
Dienstgewicht, Lokomotive	**45.15 tons = 48,9 t**
Dienstgewicht, Lok + Tender	**78.15 tons = 79,4 t**
Kohlenvorrat	**5 t**
Wassermenge	**12 m³**
Höchste erreichte Geschwindigkeit	**86 mph = 139 km/h**
Treibraddrehzahl	**298 Upm**
Indizierte Leistung	**530 kw (720 PS)**
Mittlere Kolbengeschwindigkeit	**4,71 m/s**
Vergleichsgeschwindigkeit (Reihe 01 DRG)	**112 km/h**

Bild 24: 2 A 1 h2, Nr. 969, der Great Central Railway. Erbaut 1900 in der Bahnwerkstatt Gorton in Manchester. Treibraddurchmesser 7 Fuß, 9 Zoll (2362 mm). 1916 mit Heißdampfkessel ausgerüstet. Zusammen mit 2 Schwesterlokomotiven die einzigen Heißdampf-2 A 1 der Welt (Railway Museum, York).

Northern Railway, sondern die Glanzstücke des viktorianischen Eisenbahnzeitalters überhaupt.
Doch die Zeit blieb auch hier nicht stehen und schließlich waren die »Singles« den immer schwerer werdenden Zügen einfach nicht mehr gewachsen. 1895 starb Patrick Stirling und sein Nachfolger H. A. Ivatt schuf drei Jahre später die erste englische Atlantic. Doch auch er baute später nochmals ein Dutzend 2 A 1. Sie hatten Innentriebwerk und etwas kleinere Treibraddurchmesser (7 Fuß 8 Zoll).
Aber die große Epoche der »Singles« war vorüber. Nach und nach verschwanden die Maschinen und im Februar 1916 wurde die letzte der Stirling-Singles (Nr. 1006) abgestellt. Die durchschnittliche Lebensdauer hatte 24,5 Jahre betragen, wobei die Nummer 1 am längsten im aktiven Dienst war, nämlich 37 Jahre. Sie wurde als einzige nicht verschrottet, sondern blieb bis nach dem zweiten Weltkrieg betriebsfähig und kann heute im Eisenbahnmuseum York bewundert werden.
Übrigens besaßen nicht alle großen Bahnen in England 2 A 1-Schnellzuglokomotiven. Die London & South Western Railway und die North British Railway beschafften überhaupt keine und die zweitgrößte Bahn, die London & North Western Railway, erhielt – kurze Zeit nach dem Experiment mit der »Cornwall« – nochmals zwei 2 A 1, die aber nichts anderes waren, als mit einer zusätzlichen hinteren Laufachse versehene Stephenson'sche Long-Boiler-2 A. Moderne Drehgestell-2 A 1 hat sie ebenfalls nie besessen. Die größte Zahl dieser Lokomotiven lief bei der Great Western Railway (Bild 23) und der Midland Railway. Beide Gesellschaften zusammen verfügten über 77 % aller je in England gebauten 2 A 1. Die Caledonian Railway besaß dagegen nur eine einzige, aber das war auch ein besonderes Prachtstück, die berühmte blaue 123. Sie spielte ebenfalls bei den »Races« eine Rolle und auch sie ist erhalten geblieben.
Bei der North Eastern Railway versuchte sich T. W. Worsdell an Zweizylinder-Verbund-2 A 1 und bei der Great Eastern Railway beschaffte James Holden, nach den bereits erwähnten Bromley-Lokomotiven, nochmals 10 Stück. Im Gegensatz zu Bromley, der Stirling kopierte, lehnte sich Holden mehr an Dean's Entwürfe für die Great Western an. Als letzte kam schließlich die Manchester, Sheffield & Lincolnshire Railway, die ihren Namen zu Great Central Railway verkürzt und »aufgewertet« hatte. Harry Pollitt ließ noch 1900 sechs schwere Maschinen bauen. Drei davon wurden später sogar noch in Heißdampf-Lokomotiven umgebaut – die einzigen 2 A 1 h2 (Bild 24), die es je gab – und mit ihrem ungewöhnlich hochliegenden Belpaire-Kessel machten sie einen sehr modernen Eindruck.
Stirling's »8-feet-Singles« aber werden wohl für immer die bekanntesten und am meisten bewunderten 2 A 1 bleiben, und das sicherlich nicht ohne Grund. Ausgewogenheit der Proportionen, hervorragende Laufleistungen und Zuverlässigkeit machten sie zu wahren Meisterwerken.

IV. Nicht schön, aber schnell

1 B 1 n2, Nr. 102, Compagnie d'Orléans (PO), Frankreich

Wir verlassen nun für eine Weile das Mutterland der Eisenbahn und begeben uns auf den Kontinent, nach Frankreich. Eine gewisse Ähnlichkeit zwischen dem englischen und dem französischen Eisenbahnnetz liegt darin, daß beide stark auf die jeweilige Hauptstadt konzentriert sind. Und ähnlich wie in England, aber spiegelbildlich, verläuft ein stärkerer Verkehrsstrom auf dem nicht sehr langen Weg zu den Kanalhäfen. Hier hatte die Nordbahn ihr Betätigungsfeld.
Eine weitere große Magistrale stellte die Strecke durch das Rhônetal nach Marseille und Nizza dar. Hier befand sich das Reich der Compagnie Paris-Lyon-Méditerranée (PLM). Im Luxuszug »Train bleu« konnten besser betuchte Reisende aus Paris sehr schnell an die Côte d'Azur oder nach Monte Carlo gelangen. Natürlich benötigte die PLM für diese Verbindung leistungsfähige und schnelle Lokomotiven.
Das Netz der Compagnie d'Orléans (PO) erstreckte sich von der Stammstrecke Paris – Orléans, die zu den am stärksten befahrenen Strecken von Europa zählte, in den Südwesten Frankreichs bis zu den Pyrenäen. Auf der Hauptlinie, die in Paris im Bahnhof Austerlitz beginnt und bis zum 581 km entfernten Bordeaux reicht, fahren heute Trans-Europ-Expreß-Züge ohne Halt in 4 Stunden, also mit einer Durchschnittsgeschwindigkeit von 145 km/h.
Hundert Jahre früher war eine Fahrt von Paris nach Bordeaux allerdings noch eine gute Tagesreise. Wie fast alle europäischen Eisenbahnen, begann die PO ihren Betrieb mit 1 A 1-Lokomotiven aus England. Lieferanten waren dabei nicht nur Stephenson, sondern z. B. auch Sharp in Glasgow und Mather Dixon in Liverpool. Bald bildete sich aber auch in Frankreich eine eigene Lokomotivindustrie und es erschienen Lokomotiven aus den Werken von Meyer in Mulhouse und André Koechlin, dessen Werk in der gleichen Stadt lag.
In den Jahren 1847–1848 baute die letztgenannte Firma 26 1 A 1-Schnellzuglokomotiven für die Compagnie de Tours-Nantes. 1852 ging diese Gesellschaft in der PO auf und die Lomomotiven, die die Nummern 1 bis 26 trugen, wurden in 99 bis 124 umgenummert. Konstruiert waren sie von dem damaligen Chefkonstrukteur der Bahn, Victor Forquenot, der zu der Zeit erst 30 Jahre alt war. Die Maschinen boten äußerlich das Bild einer zeitgenössischen Schnellzuglokomotive, wie sie in zahlreichen Exemplaren auf fast allen europäischen Netzen zu finden war. Die hintere Laufachse war hinter den – leicht überhöhten – Stehkessel geschoben, doch die 1870 mm großen Treibräder wurden von überhängenden Außenzylindern angetrieben. Im unteren Teil der Feuerbüchse befand sich eine längs angeordnete Wasserkammer und auf dem mittleren Kesselschuß saß ein voluminöser Dampfdom, ein Merkmal vieler PO-Lokomotiven.
Trotz ihres vorderen Überhangs erreichten die Lokomotiven bei Versuchsfahrten im Jahre 1849 die beachtliche Geschwindigkeit von 120 km/h. Anschließend liefen sie im Schnellzugsdienst auf der Strecke zwischen Tours und Nantes. Im Laufe der Zeit zeigte sich aber auch hier die allgemeine Entwicklung, wie sie fast alle Eisenbahnen im 19. Jahrhundert erfuhren: das Gewicht der Züge mußte ständig vergrößert werden und die Zugkraft der einen Treibachse reichte immer weniger aus. Die PO, in deren Besitz die Lokomotiven inzwischen gelangt waren, ging nun aber nicht den Weg, der üblicherweise von den Bahnverwaltungen beschritten wurde, nämlich neue, stärkere Lokomotiven zu beschaffen und die alten in untergeordnete Dienste abzuschieben. Offenbar war man bei der PO mehr auf Sparsamkeit bedacht, denn Forquenot, der inzwischen Chefingenieur der Bahn geworden war, ließ alle 26 Maschinen in 1 B umbauen. Dieser Umbau fand in den Jahren 1861 bis 1864 statt und wurde in der bahneigenen Werkstatt Ivry-Chevaleret in Paris vorgenommen.
Beim Ersatz der hinteren Laufachse durch eine Kuppelachse hätte man diese an der gleichen Stelle – hinter dem Stehkessel – belassen können. Es wäre eine langachsständige 1 B mit vielleicht nicht guten, doch sicherlich erträglichen Laufeigenschaften entstanden, wie sie in zahlreichen Exemplaren auf deutschen Bahnen zu finden war. Forquenot erkannte jedoch,

Bild 25: 1 B n2, Nr. 2029, der Französischen Staatsbahn (Etat). Sie sind den entsprechenden Lokomotiven der Paris–Orléans–Bahn nachgebaut. Treibraddurchmesser 2020 mm. Diese Maschine mit dem Namen »Parthenay« wurde 1882 erbaut und befindet sich heute im französischen Eisenbahn-Museum in Mulhouse (Musée Français du Chemin de Fer, Mulhouse).

daß hierfür der vorhandene Kessel in seiner Leistung nicht ausreichte. Er verlängerte ihn daher soweit, daß der Stehkessel hinter der Kuppelachse lag, die eng an die Treibachse herangeschoben war. So kam man zur »Long-Boiler«-1 B, die zwar in Deutschland weit verbreitet war, aber wohlweislich nur für Personenzüge oder leichte Güterzüge verwendet wurde.

Die Laufeigenschaften der Umbauten können nicht gut gewesen sein, sicherlich waren sie schlechter, als bei der Ursprungsausführung. Hinzu kam, daß das Gewicht des überhängenden Stehkessels durch eine Ten-Brinck-Feuerbüchse, mit Schrägrost und quer verlaufender, schräg sitzender Wasserkammer, noch vergrößert war.

Erstaunlicherweise scheint man mit dem Resultat aber doch ganz zufrieden gewesen zu sein, denn weitere 32 vorhandene 1 A 1-Schnellzuglokomotiven wurden nach gleichem Muster in 1 B umgebaut und die PLM ließ ebenfalls einige ältere 1 A 1 in ähnlicher Weise »verbessern«. Und man ging sogar noch weiter. 1864 ließ Forquenot in der Bahnwerkstatt Ivry 12 verstärkte 1 B bauen, die mit 2040 mm Treibraddurchmesser sicherlich für die schnellsten Züge vorgesehen waren. Sie hatten ebenfalls einen kurzen Gesamtachsstand, überhängende Außenzylinder und überhängenden Stehkessel mit Ten-Brinck-Feuerbüchse. Außenliegende Gooch-Steuerung und der große Dampfdom auf dem vorderen Kesselschuß kennzeichneten Forquenots Stil.

Auch hier zog die PLM mit und beschaffte 50 ganz ähnliche Schnellzuglokomotiven. Den Vogel aber schoß die Chemins de Fer de l'Etat ab, die schließlich sogar 157 solcher 1 B-Lokomotiven, »System Forquenot» (Bild 25) wie sie konsequenterweise genannt wurden, im Schnellzugsdienst verwendete. Die PO selbst setzte die Beschaffungen bis zum Jahre 1873 fort und besaß zuletzt 94 Maschinen dieses Typs (ohne die Umbauten).

Wie nicht anders zu erwarten, stellte man nach mehr oder weniger kurzer Zeit fest, daß die Lokomotiven bei höherer Geschwindigkeit erheblich schlingerten. Dies ist noch verständlicher, wenn man berücksichtigt, daß die Laufachse 20 mm Seitenspiel besaß. Und wie ebenfalls nicht anders zu erwarten, verfiel Forquenot wieder auf das schon bekannte Mittel des Umbaus, der diesmal allerdings wesentlich einfacher auszuführen war, als der frühere von der 1 A 1 in die 1 B. Er setzte dicht hinter die Kuppelachse eine weitere Laufachse. Dazu mußte nicht einmal der Rahmen verlängert werden. Es zeigte

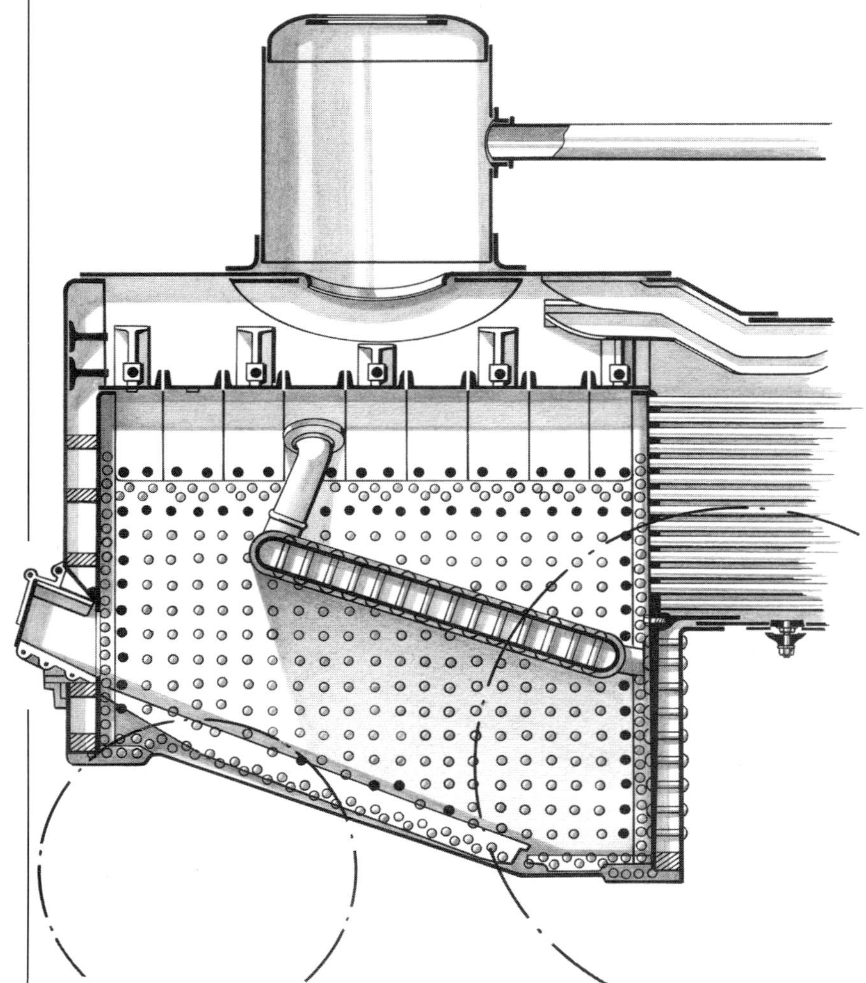

Bild 26: Um beim normalen Lokomotivkessel Feuerbüchs- und Stehkesselwände gegen den hohen Dampfdruck abzustützen, sind eine große Zahl von Stehbolzen erforderlich. Diese werden nicht nur durch Zugspannungen belastet, sondern durch unterschiedliche Wärmedehnungen von Feuerbüchse und Stehkessel auch auf Biegung beansprucht. Zahlreich waren die – meist erfolglosen – Versuche, diese komplizierte Bauform zu umgehen. Polonceau setzte die Feuerbüchsdecke aus gebogenen Kupferstreifen zusammen, die an den seitlich hochgebördelten Rändern miteinander vernietet waren. Dadurch wurde die Feuerbüchse in ihrem oberen Teil so steif, daß er auf Deckenstehbolzen verzichten konnte. Die Stehkesselseitenwände sind dabei durch Queranker gegeneinander abgestützt. Das Bild zeigt außerdem die Ten-Brinck-Feuerbüchse, bei der auf einem recht schrägen Rost eine verhältnismäßig dünne Kohleschicht gehalten wird. Kohle wird nur hinten aufgefüllt und rutscht durch die Fahrterschütterungen von allein nach vorne. Der wassergekühlte Feuerschirm ergibt einen langen Flammenweg, der den Kohlepartikeln genügend Zeit zum Ausbrennen und damit eine rauchfreie Verbrennung ermöglichen soll.

Bild 26

1 B 1 n2, Nummer 102, Compagnie d'Orléans (PO), Frankreich.

Bild 27: Daß die 1 B 1-Schnellzuglokomotiven der Paris-Orléans-Bahn recht schnell waren, sieht man ihnen nicht auf den ersten Blick an. Zwar besaßen sie Treibräder mit 2150 mm Durchmesser, doch der große Überhang der innerhalb des Rahmens angeordneten Zylinder dürfte den Laufeigenschaften nicht gerade förderlich gewesen sein. Dennoch erreichte eine dieser seltsamen Maschinen bei Versuchsfahrten im Jahre 1890 eine Geschwindigkeit von 136 km/h. Außer den Federwaagen-Sicherheitsventilen auf dem vorderen Dom besaßen die Lokomotiven noch ein weiteres Sicherheitsventil auf dem letzten Langkesselschuß in der Mitte zwischen beiden Domen. Bei einem späteren Umbau wurde dieses auf einen Stutzen am hinteren Dampfdom verlegt.

Bild 27

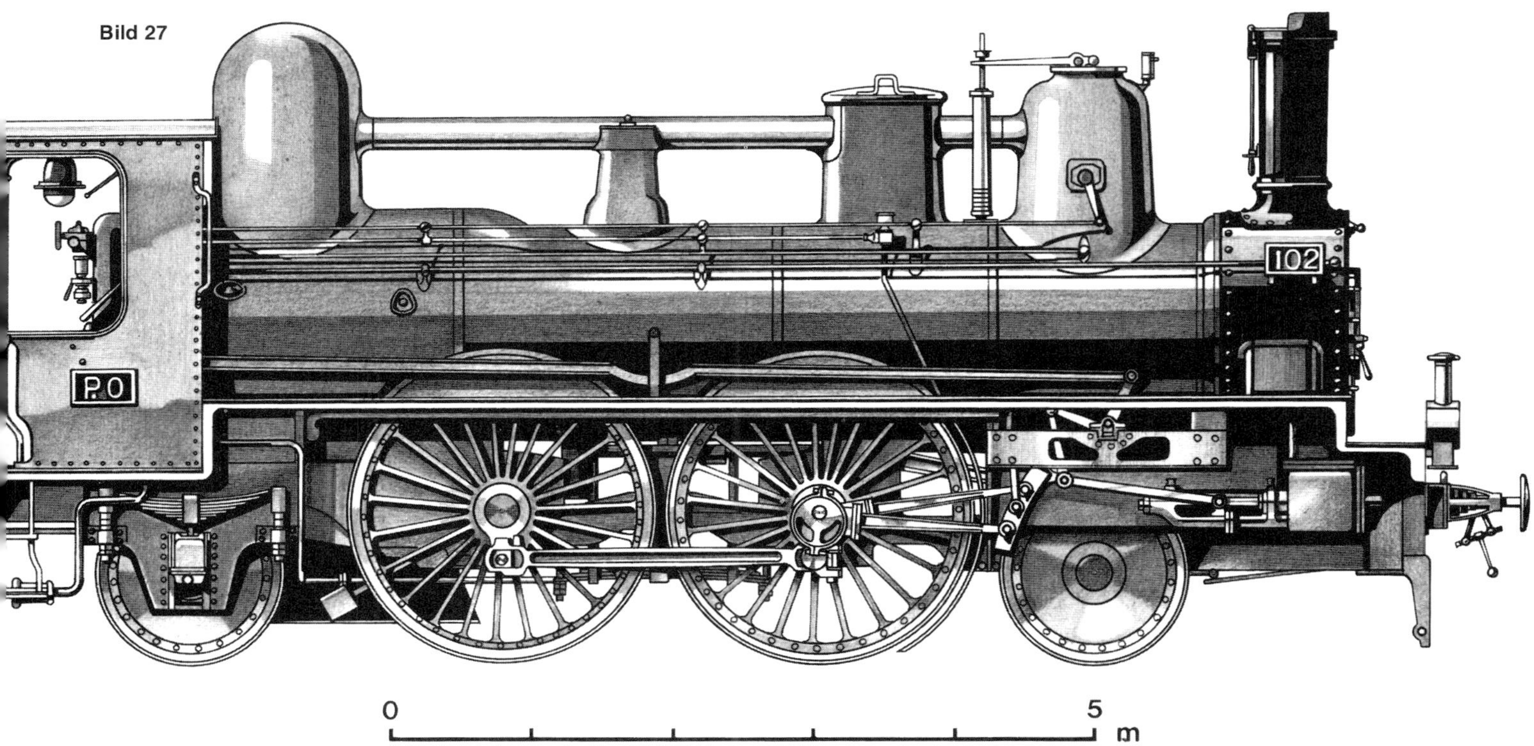

Bild 28: 1 B 1 n2, Nr. 102, der Paris–Orléans-Bahn (PO). Erbaut 1889 in der Bahnwerkstatt Ivry-Chevaleret, Treibraddurchmesser 2150 mm. Erreichte bei Versuchsfahrten im Juni 1890 eine Höchstgeschwindigkeit von 136 km/h (La Vie du Rail, Paris).

sich bald, daß sich die Laufeigenschaften merklich verbessert hatten und daß in dieser Form eine brauchbare Schnellzuglokomotive gewonnen war. 1873 wurden die ersten beiden Maschinen umgebaut und bis 1889 wurde der Rest der 94 in gleicher Weise behandelt. Natürlich ließ man es nicht bei Umbauten bewenden. Schon 1876 bezog die Bahn die erste Serie neuer 1 B 1-Schnellzuglokomotiven. Von den Umbauten unterschieden sie sich nur dadurch, daß die Laufachse einen eigenen Außenrahmen besaß und daß der Dampfdom vom ersten auf den mittleren Kesselschuß verlegt war. Schließlich besaß die Bahn 357 verschiedene, aber äußerlich ziemlich ähnliche 1 B 1.

Wie man schon ahnt, folgten PLM und Etat der PO auf dem gleichen Wege. Im selben Jahre wie die PO, begann die PLM mit dem Umbau ihrer fünfzig 1 B, wobei jedoch hier die Laufachse sogleich einen Außenrahmen erhielt. 1878 erschienen dann die ersten Neubauten und 1887 liefen 402 schwere 1 B 1 auf dem Netz der PLM. Darunter waren auch zwei 1 B 1 n4v, die ersten Vierzylinder-Verbund-Schnellzuglokomotiven dieser Bahn. Sie hatten Zweiachsantrieb, wobei die Außenzylinder auf die zweite Achse wirkten, und außenliegende Walschaerts-(Heusinger)-Steuerung. Alle anderen nicht durch Umbau entstandenen PLM-1 B 1 liefen mit Innensteuerung.

Und bei der Chemins de Fer de l'Etat gab es ebenfalls 1 B 1-Schnellzuglokomotiven als Umbauten und als Neubauten. Sie sahen den PO-Lokomotiven ziemlich ähnlich, besaßen jedoch zum Teil durch Exzenter angetriebene, außenliegende Walschaerts-Steuerung und entweder Kolbenschieber, System Ricour, oder Ventilsteuerung, System Bonnefond.

Bei der PO wurde Victor Forquenot im Jahre 1885 durch Ernest Polonceau abgelöst, dessen Onkel, Camille Polonceau, der erste Chefingenieur der Bahn gewesen war. Polonceau setzte die Umbauten seines Vorgängers fort, jedoch versah er sie zum Teil auch noch mit einem neuen, leistungsfähigeren Kessel, dessen besonderes Merkmal zwei große Dome und ein dazwischenliegendes Verbindungsrohr waren. Der vordere Dom lag auf dem ersten Kesselschuß und trug die beiden Federwaagen-Sicherheitsventile. Der zweite Dampfdom lag auf dem Stehkessel. Er war noch etwas höher als der erste und ragte teilweise in das Führerhaus hinein. Das hochliegende Verbindungsrohr durchsetzte den oberen Teil des Sandkastens.

All diese 1 B 1-Schnellzuglokomotiven haben für unsere Augen ein ungewohntes, um nicht zu sagen bizarres Aussehen. Man glaubt zunächst nicht, daß eine solche Lokomotive bei schnellen Fahrten mit ihren 2 B-Schwestern mithalten kann. Und doch waren diese Maschinen ganz beachtliche Schnell-

Bild 29: 1 B 1 n2, Nr. 241 der Paris-Lyon-Mittelmeer-Bahn (PLM). Erbaut 1883 bei Sharp, Stewart & Co. in Glasgow, Treibraddurchmesser 2000 mm. In England entstanden jedoch nur 41 von 290 dieser berühmten Renner der 80er und 90er Jahre, die meisten kamen aus zwei Bahnwerkstätten der PLM (La Vie du Rail, Paris).

läufer, wie wir gleich sehen werden, und wurden vor den schnellsten Zügen eingesetzt.

Den Höhepunkt dieser seltsamen Bauform stellten zwei Lokomotiven dar, die Polonceau im Jahre 1889 entwarf und die für höchste Geschwindigkeiten vorgesehen waren. Sie erhielten die Bahnnummer 101 und 102 (Bild 27). Die Nummer 101 erschien auf der Weltausstellung, die im selben Jahre in Paris stattfand. Sie erfuhr allgemeine Beachtung, weniger wegen ihres merkwürdigen Aussehens, an das man sich in Frankreich offensichtlich leichter als in anderen Ländern gewöhnt hatte, sondern weil sie die leistungsfähigste aller ausgestellten Lokomotiven war.

Um die Drehzahlen auch bei den höchsten Geschwindigkeiten in Grenzen zu halten, hatte Polonceau den Treibraddurchmesser auf 2150 mm vergrößert. Im übrigen war nicht gerade viel getan, um die Laufeigenschaften zu verbessern. Die Laufachsen waren nicht radial einstellbar, sondern nur seitenverschieblich (± 10 mm) mit Keilrückstellung. Diese Rückstellvorrichtung zeichnet sich dadurch aus, daß sie schlecht zu schmieren ist und dazu neigt, gelegentlich hängen zu bleiben. Wie es scheint, hat Polonceau selbst gewisse Bedenken hinsichtlich des ruhigen Laufs dieser Fahrzeuge gehegt, denn er legte die Zylinder nach innen. Den Überhang jedoch behielt er bei. Die Möglichkeit, diesen durch Zurückschieben der Zylinder bis dicht an die Laufachse zu verringern, was bei der Kombination Innenrahmen und Innentriebwerk sonst leicht zu erreichen ist, konnte er nicht nutzen, denn er beließ Steuerung und Schieber außen.

Immerhin konnte er damit wenigstens die senkrecht stehenden Schieber so anordnen, daß ihre Achse waagerecht und in Höhe der Achsmitten der Treibräder lag. Auf diese Weise ließ sich der Einfluß des Federspiels, gegen das die Gooch-Steuerung empfindlich ist – von der er sich aber offenbar nicht trennen konnte –, weitgehend ausschalten.

Um die Triebwerksmassen gering zu halten, wurden an diesen Lokomotiven zum ersten Male Treib- und Kuppelstangen mit I-förmigem Querschnitt angewandt.

Wie bei allen großrädrigen 1 B 1, mit Ausnahme der bereits erwähnten Vierzylinder-Verbund-Lokomotive der PLM, arbeitete das Triebwerk auf die erste Achse, weswegen man nur eine verhältnismäßig kurze und dementsprechend leichte Treibstange benötigte. Außerdem konnte man, dank des Innentriebwerks, den Massenausgleich dadurch verbessern, daß Treib- und Kuppelstangen gegenläufig arbeiteten. Daher hatte man auch bei den Rädern der Treibachse gänzlich auf Gegengewichte verzichtet und nur die Räder der Kuppelachse damit ausgerüstet.

Eine weitere Eigenart der Lokomotive war die Federaufhän-

gung. Es waren insgesamt nur 6 Federn vorhanden. Zwischen den Kuppelrädern jeder Seite war eine starke Feder untergebracht, die sich über einen Ausgleichsbalken auf beide Achslager abstützte. Die Laufachsen dagegen hatten für jedes Lager eine eigene Feder. Diese Federanordnung hatte Polonceau von seinem Vorgänger Forquenot übernommen und darum muß man wohl annehmen, daß sie sich bewährt hatte. Zwischen den einzelnen Federn war kein Ausgleich vorhanden, so daß die Lokomotive in 6 Punkten abgestützt war.
Besonders auffallend waren natürlich die beiden gewaltigen Dampfdome mit dem hochliegenden Verbindungsrohr. Der Regler im vorderen Dom wurde durch Außenzugstange betätigt. Im hinteren Dom saß ein Entnahmerohr, um vom höchsten Punkt möglichst trockenen Dampf für die Hilfseinrichtungen zu erhalten. Außerdem wurde an diesen Dom später noch ein seitlicher Stutzen angebaut, der zwei Pop-Sicherheitsventile trug, die zwei ursprünglich auf dem Kesselrücken

Technische Daten

Bahnverwaltung	**Compagnie d'Orléans (PO) Frankreich**
Achsanordnung:	
Deutsche Bezeichnung	**1 B 1 n2**
White classification	**2–4–2 (Columbia)**
Bahnnummer	**102**
Erbauer	**Bahnwerkstatt Ivry-Chevaleret**
Werksnummer	
Baujahr	**1889**
Treibraddurchmesser	**2150 mm**
Laufraddurchmesser, vorn	**1250 mm**
Laufraddurchmesser, hinten	**1250 mm**
Zylinderdurchmesser	**450 mm**
Kolbenhub	**700 mm**
Feuerbüchsheizfläche (feuerber.)	**12,7 m^2**
Verdampfungsheizfläche (feuerber.)	**137,5 m^2**
Rohrlänge	**5170 mm**
Rostfläche	**2,15 m^2**
Kesseldruck	**13 kp/cm^2 (12,8 bar)**
Reibungslast	**318 kN (32,4 Mp)**
Dienstgewicht, Lokomotive	**56,3 t**
Dienstgewicht, Lok + Tender	**96,3 t**
Kohlenvorrat	**4,8 t**
Wassermenge	**14,5 m^3**
Höchste erreichte Geschwindigkeit	**136 km/h**
Treibraddrehzahl	**336 Upm**
Indizierte Leistung	**740 kW (1000 PS)**
Mittlere Kolbengeschwindigkeit	**7,83 m/s**
Vergleichsgeschwindigkeit (Reihe 01 DRG)	**127 km/h**

sitzende, zusätzlich zu den Federwaagenventilen des vorderen Domes vorhandene Ventile ersetzten.
Anscheinend war Polonceau sehr darauf bedacht, trockenen Dampf zu bekommen, denn der Stehkessel trug nicht nur den riesigen Dom, sondern hatte auch eine überhöhte Decke. Ein kurzes, kegeliges Zwischenstück – gewissermaßen ein Vorläufer dessen, was man später bei den in Amerika so beliebten »Wagon-Top«-Boilern sehen konnte – verband Steh- und Langkessel.
Natürlich enthielt die Feuerbüchse eine Rauchverzehreinrichtung nach Ten-Brinck mit Schrägrost und Wasserkammer. Die Decke der Feuerbüchse bestand nicht etwa, wie üblich, aus einem Stück, sondern war aus neun querliegenden, gebogenen Kupferstreifen zusammengesetzt (Bild 26). Die Seiten dieser Streifen waren so hochgebördelt, daß sie flanschartig miteinander vernietet werden konnten. Durch diese Anordnung wurde zwar die Feuerbüchsdecke weitgehend versteift, so daß keine Deckenstehbolzen benötigt wurden – und das war besonders vorteilhaft, denkt man an die große Öffnung in der Stehkesseldecke und an die Befestigung des Domes. Andererseits bestanden doch erhebliche Fertigungs- und Abdichtprobleme, so daß diese Form keine weite Verbreitung fand. Polonceau baute sie in mehrere seiner Lokomotiven ein. Er hatte diese Feuerbüchse bereits in den siebziger Jahren erfunden und während seiner Tätigkeit als Leiter des Maschinenwesens der österreich-ungarischen Staatseisenbahn-Gesellschaft auch bei den von ihm in Österreich gebauten Lokomotiven angewendet.
Unter dem Langkessel befanden sich zwei Schlammsammelkästen, die durch ein Rohr miteinander verbunden waren, es war so etwas wie ein verkleinertes Abbild dessen, was auf dem Kessel vorhanden war. Der Grund für diese Anordnung lag darin, daß der Langkessel durch eine Querwand, die ein Ausknicken der 5170 mm langen Rohre verhindern sollte, in der Mitte geteilt war.
Eine dieser merkwürdigen Lokomotiven, und zwar die 102, nahm nun an ausgedehnten Versuchsfahrten teil, die die PLM in den Jahren 1889 und 1890 auf der Strecke zwischen Paris und Laroche einrichtete. G. Noblemaire, technischer Direktor der PLM, wollte die großen 1 B 1-Schnellzuglokomotiven seiner Gesellschaft mit den besten Maschinen der übrigen französischen Bahngesellschaften vergleichen. Um möglichst einheitliche Vergleichsbedingungen zu schaffen, hatte er die anderen Bahnen eingeladen, ihre Lokomotiven, zusammen mit denen der PLM, zur gleichen Zeit auf der gleichen Strecke untersuchen zu lassen.
Alle großen französischen Bahngesellschaften nahmen an den Versuchen teil. Sie hatten insgesamt 16 Maschinen entsandt. Außer einer umgebauten Crampton-Lokomotive waren es alles zweifach gekuppelte Lokomotiven mit den Achsfolgen 1 B, 1 B 1 und 2 B. Darüberhinaus hatte Noblemaire aber

Bild 30: 1 B 1 n2, Nr. 340, der Paris–Orléans-Bahn (PO). Erbaut 1882, Treibraddurchmesser 2040 mm. Trug bei der SNCF die Nummer 121 A 340 (Musée Français du Chemin de Fer, Mulhouse).

auch noch 2 englische Lokomotiven hinzugezogen. Die eine war eine B 1 der »Gladstone«Klasse der London, Brighton & South Coast Railway; William Stroudley's berühmteste Schöpfung. Die andere war eine 2 B der »F«-Klasse von der South Eastern Railway. Sie stammte von James Stirling, dem Bruder von Patrick Stirling, dessen »8-feet-Singles« wir im vorigen Kapitel kennengelernt haben.

1889 begannen die Versuchsfahrten auf dem Streckenabschnitt zwischen Montereau und Sens. Man untersuchte Zugkraft, Leistung, Kohle- und Wasserverbrauch in Abhängigkeit von Geschwindigkeit und Anhängelast. Eingehend widmete man sich auch dem Fahrverhalten und den störenden Bewegungen der Lokomotiven, denn über die schlechten Laufeigenschaften der PLM-Lokomotiven war besonders geklagt worden.

Während der Weltausstellung wurden die Fahrten unterbrochen, jedoch im Jahre 1890 fortgesetzt. Im Juni 1890 unternahm man auch Versuche mit geringer Anhängelast (ein Schnellzugwagen), um die Höchstgeschwindigkeit der einzelnen Lokomotiven zu ermitteln, da sich hierbei z. B. schlechter Massenausgleich besonders heftig bemerkbar macht.

Es ist kein Wunder, daß die 2 B-Maschinen ihren Schwestern davonliefen. 137 km/h erreichte die 2.101 der Compagnie du Nord, und die 952 der Compagnie de l'Ouest – die am meisten »englische« aller französischen Lokomotiven; sie ähnelte manchen zeitgenössischen 2 B aus Großbritannien bis ins Detail – kam sogar auf 138 km/h. Doch nach allem, was wir über den Aufbau der PO-Lokomotive erfahren haben, erstaunt es uns, daß sie fast genauso schnell war. Am 21. Juni fuhr die 102 ihre Höchstgeschwindigkeit mit 136 km/h.

Bei dieser Geschwindigkeit mußte die Lokomotive eine Zylinderleistung von etwa 740 kW (1000 PS) aufbringen, wozu eine Heizflächenbelastung von ungefähr 100 kg/m²h erforderlich war. Wegen des großen Anteils der Strahlungsheizfläche konnte der Kessel die Dampfmenge von rund 14 t/h sicherlich eine Zeitlang abgeben, ohne daß man Schäden befürchten mußte.

Übrigens schaffte die 1 B 1-Lokomotive der PLM, Nummer

Bild 31: 1 B 1 n2, Gattung S 2, der Preußischen Staatsbahn. Gebaut in den 90er Jahren durch die Firma Cockerill in Seraing, Belgien, für die Main-Neckar-Bahn. Treibraddurchmesser 2100 mm. Das Bild zeigt die Lokomotive im Jahre 1907 in Heidelberg (Sammlung Dr. Feißel, Deutschland).

C1, ebenfalls 136 km/h. Da es die schon erwähnte Vierzylinder-Verbund-Lokomotive war, kann man ihr allerdings auch einen etwas besseren Massenausgleich als ihrer PO-Schwester zusprechen.

Die höchste Geschwindigkeit aller teilnehmenden Lokomotiven erreichte paradoxerweise die älteste, eine 1864 für die PLM erbaute 2 A-Crampton (Bild 9). Inzwischen war sie allerdings an die Compagnie de l'Est übergegangen, die sie mit einem Führerhaus und einem Flaman-Kessel, den ein großer Dampfdom noch überragte, versehen hatte. Das Ganze verlieh ihr ein äußerst skurriles Aussehen, aber damit befand sie sich, wie wir gesehen haben, durchaus in guter Gesellschaft. Am 21. Juni 1890 fuhr sie 144 km/h und es ist anzunehmen, daß die geringere Triebwerksreibung der ungekuppelten Lokomotive sie zu dieser Leistung befähigte.

Ein Ergebnis dieser beachtenswerten Versuche war die einleuchtende Erkenntnis, daß sich die Unterschiede im Laufverhalten zwischen den Achsanordnungen 1 B 1 und 2 B um so weniger bemerkbar machen, je sorgfältiger die Gleise verlegt und je besser der Oberbau unterhalten ist. Da aber wohl ein so hochwertiger Zustand der Gleisanlagen nicht immer und nicht überall zu erwarten war, setzte sich schließlich die 2 B auch bei den französischen Eisenbahnen durch und verdrängte die alten 1 B 1-Renner von den Spitzen der Expreßzüge.

Wie oft in solchen Fällen, wußte man mit den schnellsten und stärksten Maschinen am wenigsten anzufangen. Die 101 und 102 wurden 1916 ausgemustert. Sie waren zuletzt in Paris stationiert, wo sie vor Eilzügen oder Fernpersonenzügen verwendet wurden. Gelegentlich sah man sie auch vor einem Verstärkungsschnellzug. Eine dritte, etwas leichtere Lokomotive des gleichen Typs – die 103 – hielt sich noch bis 1928.

Von den restlichen 354 Schnellzuglokomotiven der PO mit der Achsfolge 1 B 1 hatte jedoch eine große Zahl eine wesentlich längere Lebensdauer. Offenbar war die Bahn mit ihnen doch recht zufrieden und sah als sparsame Verwaltung keinen Grund, sie vorzeitig auszumustern, solange sie noch für leichtere Dienste verwendbar waren. Beim Zusammenschluß der französischen Eisenbahnen zur Société Nationale de Chemins de Fer Français (SNCF) im Jahre 1938 existierten immer noch 203 dieser Lokomotiven, von denen 116 einen Treibraddurchmesser von 2040 mm (Bild 30) besaßen, während der Rest mit 1840 mm großen Treibrädern ausgerüstet war. Das war immerhin 62 Jahre nachdem Forquenot seine erste 1 B 1 erbaut hatte und 65 Jahre nach der ersten durch Umbau entstandenen.

Bild 32: 1 B 1 n4v »Columbia«. Im Jahre 1893 von der Firma Baldwin für die Weltausstellung in Chicago erbaut. Treibraddurchmesser 84 1/2 Zoll (2146 mm). Für amerikanische Bahnen war diese Bauart wenig geeignet (Sammlung Broadbelt, U.S.A.).

Jedoch griff die PO auch wieder einmal, wie wir es schon früher kennengelernt haben, zu Umbauten, um die Laufeigenschaften der Lokomotiven zu verbessern und sie doch noch für schnellere Züge verwenden zu können. In den 90er Jahren hatten 8 Maschinen der kleinrädrigen Serie einen Polonceau-Kessel mit Doppeldom und Ten-Brinck-Feuerbüchse sowie Ventilsteuerung System Durant und Lencauchez erhalten, wobei jedoch der Antrieb durch die außenliegende Gooch-Steuerung nicht geändert wurde. Bei einer dieser Lokomotiven, der 580, ersetzte man nun im Jahre 1899 die vordere Laufachse durch ein Drehgestell mit 850 mm Laufraddurchmesser und einem Achsstand von 2350 mm.

Auf diese Weise war nicht nur die erste PO-Lokomotive mit einem Drehgestell, sondern auch die allererste französische Atlantic entstanden, 5 Jahre nach der ersten europäischen Atlantic, der Reihe IId der Kaiser-Ferdinands-Nordbahn, und ein Jahr nach der ersten deutschen Atlantic, der pfälzischen $P3^2$. In England erschien die 2 B 1 im Jahre 1898 durch H. A. Ivatt's 990 für die Great Northern Railway. Die PO-Atlantic aber war ohne Zweifel mit ihrem Sammelsurium aus alten und neuen Bestandteilen eine der seltsamsten Atlantics, die je die Schienen dieser Erde befahren hat.

Offenbar bewährte sie sich aber gut, denn die übrigen Maschinen dieser Serie wurden in gleicher Weise umgebaut. Doch damit nicht genug, wandelte man 1909 und 1910 noch einige in Zweizylinder-Verbund-Lokomotiven um. Dabei wurden Ventilsteuerung und Ten-Brinck-Feuerbüchse durch Flachschieber und normale Feuerbüchse ersetzt. Zwischen 1906 und 1910 wurden weitere 3 Lokomotiven der großrädrigen Serie sowie 12 Lokomotiven einer älteren Serie ebenfalls in 2 B 1 umgebaut, während man 34 Maschinen der letzteren Serie sogar in 2 C h2 verwandelte. Es fragt sich allerdings, ob man dabei noch von einem Umbau sprechen kann.

Einen anderen Weg ging die PLM, um die Erkenntnisse der Versuche von 1889–1890 zu verwerten. Auch diese Bahn griff dabei, wie nicht anders zu erwarten, zum Mittel des Umbaus. Aus 96 der 290 großen 1 B 1-Lokomotiven der Serie 111 bis 400 entstanden moderne 2 B-Schnellzuglokomotiven, deren zulässige Höchstgeschwindigkeit von 90 auf 115 km/h heraufgesetzt werden konnte. Die Umbauten nahmen verschiedene Bahnwerkstätten in den Jahren 1891 bis 1898 vor. Dabei blieb wenig ungeändert. Der Rahmen war völlig neu. Treib- und Kuppelachse wurden so weit auseinandergerückt, daß der Stehkessel dazwischen Platz hatte und die Rohrlänge des Kessels wurde von 4,94 m auf 3,41 m gekürzt. Das Innenrahmen-Drehgestell hatte 2 m Radstand und Laufräder von 1 m

Durchmesser. Bei diesen Lokomotiven erschien zum ersten Male das später für die PLM-Lokomotiven so charakteristische Windschneiden-Führerhaus.
Diese recht brauchbaren Lokomotiven wurden im Schnellzugsdienst auf der Strecke Paris–Marseille eingesetzt und waren die Vorläufer einer Reihe schwererer 2 B n4v in (de Glehn)-Henry-Anordnung. Die letzten wurden erst 1938 ausgemustert.
134 der restlichen 1 B 1-Schnellzuglokomotiven unterzog man in den 20er Jahren einem noch radikaleren »Umbau«. Aus ihnen entstanden vierfach gekuppelte, laufachslose Verschiebe-Tenderlokomotiven mit einem Treibraddurchmesser von 1300 mm.
Die beiden Vierzylinder-Verbund-1 B 1 wurden übrigens bereits 1923 und 1924 ausgemustert. Auch hier trennte man sich also von den verwickelteren und daher in der Unterhaltung teureren Lokomotiven zuerst.
Es ist interessant, anhand der 1 B 1-Schnellzuglokomotiven der PO und der PLM die Stil-Unterschiede zwischen den Fahrzeugen der beiden Gesellschaften zur damaligen Zeit zu betrachten. Wegen der globalen Ähnlichkeit der 1 B 1-Lokomotiven treten sie um so deutlicher hervor.
Sowohl bei der PO, als auch bei der PLM bevorzugte man hohe, voluminöse Dampfdome. (Demgegenüber lehnte z. B. Patrick Stirling in England Dampfdome überhaupt ab.) Bei den ersten, noch durch Umbau aus 1 B entstandenen Lokomotiven der PLM, lag der Dom auf dem ersten Kesselschuß. Später wanderte er zur Mitte (Serie 51 bis 110) und ab 1879, bei den 290 Lokomotiven der Serie 111 bis 400 (Bild 29), trug der letzte Kesselschuß den Dom. Bei den PO-Maschinen läßt sich ein ähnliches Zurückwandern des Dampfdoms beobachten; daneben gab es allerdings noch die zahlreichen Umbauten mit Doppeldom-Kesseln. Abgesehen von einigen Lokomotiven der PO, trugen alle Dampfdome Federwaagen-Sicherheitsventile, die auch bei späteren Umbauten beibehalten wurden. Daneben besaßen die PO-Lokomotiven noch zwei weitere Sicherheitsventile, entweder auf dem Kesselrücken oder, bei den Doppeldom-Kesseln, als Pop-Ventile am hinteren Dom.
Alle PLM-Lokomotiven hatten einen merkwürdigen, sattelartigen Sandkasten mit rechteckigem Grundriß, während derjenige der PO die Form eines schwachen Kegelstumpfes aufwies. Schwach kegelförmig, natürlich in der anderen Richtung, war bei den PO-Maschinen auch der Schornstein, wogegen die PLM-Lokomotiven ein zylindrischer Schornstein mit schöner »Caledonian«-Krempe zierte. Ten-Brinck-Feuerbüchse mit zylindrischer Stehkesseldecke bei der PO stand ein überhöhter Belpaire-Kessel bei der PLM gegenüber. Letzterer trug auch noch zwei zylindrische Bremsluftbehälter.
Von einem Führerhaus konnte man bei den PLM-Lokomotiven eigentlich gar nicht reden. Es bestand nur aus einem an eine Sichtblende angehängten, nach hinten ansteigenden Dach und war bis zur Brüstung seitlich völlig offen. Die PO-Lokomotiven dagegen besaßen ein richtiges Führerhaus, mit rechteckigen Stirnwandfenstern und einem – allerdings ziemlich großen – seitlichen Ausschnitt. Charakteristisch war, daß die senkrechten Vorderkanten leicht abgerundet waren. Später erhielt auch ein Teil der PLM-Lokomotiven ein geschlossenes Führerhaus.
Anfangs hatten alle Lokomotiven nach Forquenot's Entwurf außenliegende Gooch-Steuerung. Während diese bei der PO von Polonceau übernommen wurde, ging die PLM zur innenliegenden Allan-Steuerung über, die man auch beim Umbau in 2 B beibehielt.
Die PLM-Lokomotiven waren im allgemeinen mit Treibrädern von 2000 mm Durchmesser ausgerüstet, nur die Serie 51 bis 110 lief mit 2100 mm großen Treibrädern. Bei der PO dagegen gab es, neben den großrädrigen Lokomotiven (2040 mm Durchmesser), noch eine etwas leichtere Serie mit nur 1840 mm Treibraddurchmesser. Bei beiden wurde jedoch durch den späteren Einbau des Doppeldom-Kessels und der Ten-Brinck-Feuerbüchse das Gewicht beträchtlich vergrößert.
Die Lokomotiven der PLM führten meist einen dreiachsigen Tender mit, wogegen sich die Mehrzahl derjenigen der PO mit einem zweiachsigen Tender begnügen mußte.
Soweit die wesentlichen, äußerlich erkennbaren Unterschiede. Natürlich wichen die Lokomotiven beider Gesellschaften auch im inneren Aufbau voneinander ab, doch genügt diese kurze Aufzählung wohl schon, um zu zeigen, daß trotz der großen »Familienähnlichkeit« weniger Gemeinsamkeiten vorhanden waren, als es den Anschein hat.
Diese merkwürdigen Schnellzuglokomotiven, die im letzten Viertel des 19. Jahrhunderts die schnellsten Züge von Paris in den Süden und Südwesten Frankreichs beförderten, waren sicherlich im großen und ganzen recht brauchbare Fahrzeuge. Außerhalb Frankreichs konnte man sich jedoch kaum für diese Bauform erwärmen. Nur in zwei anderen Ländern gab es etwas Ähnliches. Das eine dieser Länder war Österreich. Dort bekleidete Ernest Polonceau, wie schon weiter vorne erwähnt, den Posten des maschinentechnischen Leiters der österreich-ungarischen Staatseisenbahn-Gesellschaft (STEG), bis er 1885 wieder zur PO zurückkehrte. Für die STEG baute er bis zu seinem Weggang 58 Lokomotiven mit der Achsanordnung 1 B 1 und 1800 mm Treibraddurchmesser, die sich kaum von den kleinrädrigen PO-Maschinen unterschieden. Die letzten 5 hatten Doppeldom-Kessel mit Polonceau-Feuerbüchse.
Offenbar war man mit den Lokomotiven recht zufrieden, denn es wurden in den Jahren von 1886 bis 1896 weitere 30 Stück in verstärkter Ausführung mit Treibraddurchmessern von 2100 mm beschafft. Sie hatten ebenso Doppeldom und Polonceau-Feuerbüchse mit überhöhter Stehkesseldecke. Im Gegen-

satz zu den PO-Lokomotiven waren auch auf dem hinteren Dom Federwaagen-Sicherheitsventile angebracht. Zur gleichen Zeit lieferte die Maschinenfabrik der STEG, die diese Maschinen gebaut hatte, 45 ähnliche an die rumänische Staatsbahn. Die STEG-Lokomotiven liefen auf den böhmischen Linien der Gesellschaft; sie blieben nach dem ersten Weltkrieg in der Tschechoslowakei und erhielten dort die Reihenbezeichnung 254.3. Die letzte wurde 1930 ausgemustert.

Das zweite Land, in dem 1 B 1-Schnellzuglokomotiven für eine gewisse Zeit heimisch waren, ist Belgien. Von 1888 bis 1897 lieferte die Société Cockerill in Seraing 115 dieser Maschinen für die belgische Staatsbahn, die fast noch ungewöhnlicher waren, als ihre französischen Schwestern. Die 2100 mm großen Treibräder waren, ebenso wie die Laufräder, in einem durchgehenden Außenrahmen gelagert. Die innenliegenden Zylinder waren so weit vorgeschoben, daß sie die Rauchkammer noch ein Stück überragten. Schrägliegende Flachschieber wurden von einer, ebenfalls innenliegenden Walschaerts-(Heusinger)-Steuerung angetrieben. Natürlich besaßen die Lokomotiven einen Belpaire-Kessel. Auf der Rauchkammer thronte ein rechteckiger Schornstein, etwas das es nur in Belgien gab.

Sie erhielten die Reihenbezeichnung 12 und waren die ersten vierachsigen Schnellzuglokomotiven Belgiens. Ihre Aufgabe war die Beförderung schwerer Schnellzüge auf den Flachlandstrecken, wobei sie Geschwindigkeiten bis zu 110 km/h erreichten. Später wurden einige von ihnen mit größeren Kesseln versehen (Reihe 12 bis) und liefen in dieser Form bis 1931.

Die gleichen Lokomotiven, mit nur unwesentlichen Änderungen, lieferte Cockerill auch an die Main-Neckar-Bahn. Sie wurden noch von der preußischen Staatsbahn übernommen und erhielten dort das Gattungszeichen S2 (Bild 31). Von den Lokomotivführern wurden sie »Krokodil« genannt, eine Verballhornung des Namens der Erbauerfirma.

Ebenfalls von Cockerill erbaut waren zehn 1 B 1 n3v-Lokomotiven für die württembergische Staatsbahn. Mit Treibraddurchmesser von 1650 mm kann man sie aber kaum als Schnellzuglokomotive bezeichnen, genausowenig, wie die kleinen 1 B 1-Lokomotiven der pfälzischen Eisenbahn und der hessischen Ludwigsbahn.

In England baute Francis Webb in den 90er Jahren 10 große Schnellzuglokomotiven für die London & North Western Railway mit 7 Fuß (2134 mm) großen Treibrädern. Das Dreizylinder-Verbund-Triebwerk mit den beiden außenliegenden Hochdruckzylindern, die in einen gemeinsamen und entsprechend großen Niederdruckzylinder expandierten, arbeitete auf beide Treibachsen, die jedoch nicht gekuppelt waren. Genau besehen hatten die Maschinen also die Achsanordnung 1 A A 1 n3v. Beim Anfahren bot sich den erstaunten Zuschauern gelegentlich das merkwürdige Schauspiel, daß sich beide Treibachsen bei stehender Lokomotive gegenläufig drehten.

Zweifellos die größten, aber auch sicher die elegantesten 1 B 1-Schnellzuglokomotiven entstanden in Nordamerika. Im Jahre 1893 fand in Chicago die berühmte Weltausstellung statt, auf der zahlreiche neue Lokomotiven gezeigt wurden und von der viele Impulse für die Weiterentwicklung der Lokomotive ausgingen. Eine der besonders beachteten Maschinen war eine 1 B 1 (Bild 32), die Baldwin eigens für diese Ausstellung gebaut hatte. Die Treibräder von 84½ Zoll (2146 mm) gehörten zu den größten, die je in Amerika verwendet wurden. Auch die Laufräder waren ungewöhnlich groß. Das außenliegende Vierzylinder-Verbund-Triebwerk nach Vauclain wirkte auf die zweite Kuppelachse. Die hintere Laufachse war dicht an die Treibachse herangeschoben und der Stehkessel zwischen die Räder eingezogen.

Sie trug die Werksnummer 13350 und am Führerstand den Namen »Columbia«, hergeleitet vom Namen der Ausstellung, die zur Erinnerung an den vierhundertsten Jahrestag der Entdeckung Amerikas durch Columbus als »Columbian Exposition« bezeichnet wurde. » Columbia« blieb dann auch der Gattungsname dieser Bauart, die in Nordamerika nur zwischen 1890 und 1900 gebaut wurde und von der, nach Bruce*, im Jahre 1904 lediglich 121 Stück im Dienst standen.

Zwischen der »Columbia« und ihren französischen Schwestern bestand ein Gegensatz, wie er krasser kaum denkbar ist. Obwohl aber die Amerikanerin und ihre (wenigen) Nachfolgerinnen moderner als die französischen Maschinen waren und sicher auch besser für Schnellfahrten geeignet, wurden sie verhältnismäßig bald in untergeordnete Dienste abgeschoben oder in Atlantics umgebaut. In Amerika hatte man eine starke und bei den dortigen Oberbauverhältnissen sicher nicht ganz unberechtigte Antipathie gegen die Führung einer schnellfahrenden Lokomotive durch eine einzelne Laufachse.

In Europa hatte man da weniger Bedenken und vielleicht auch andere Erfahrungen. Jedenfalls vollbrachte man mit ihnen, wie wir gesehen haben, ganz beachtliche Leistungen, allen voran unsere »102«. Es ist bedauerlich, daß diese so seltsam aussehende Lokomotive heute nur noch auf Abbildungen betrachtet werden kann.

Ein Exemplar einer 1 B 1-Schnellzuglokomotive ist jedoch zum Glück erhalten geblieben. Im französischen Eisenbahnmuseum Mulhouse im Elsaß steht die 121 A 340 (Bild 30), die frühere Nummer 340 aus der großrädrigen Serie der PO. Sie ist die letzte Vertreterin einer wenig bekannten Gattung, die aber trotzdem ein interessantes Glied in der Entwicklung der Dampflokomotive darstellt.

* Alfred Bruce. »The Steam Locomotive in America«, USA, 1952.

V. Höhepunkt einer Epoche

2 B n2, Nr. 999, New York Central Railroad, USA

Die ersten amerikanischen Lokomotiven waren, wie in England, vierachsige, abenteuerlich aussehende und zerbrechlich wirkende Fahrzeuge. Einige besaßen sogar einen senkrecht stehenden Kessel, wie Peter Cooper's »Tom Thumb« (Däumling), E. L. Miller's »Best Friend of Charleston« und die »Crab's« und »Muddiger's« der Baltimore & Ohio Railroad. Übrigens gelangten einige der »Crab's« sogar nach Europa, nämlich zur Leipzig-Dresdner Eisenbahn.

So gebrechlich und leicht die ersten Lokomotiven und Wagen in den USA waren, so war auch der Oberbau. Aber während sich die Verhältnisse in Europa und hier besonders in England stetig verbesserten, blieb die Gleisanlage in den USA noch lange ein Stiefkind beim Bahnbau. Bei zahlreichen Bahngründungen – und diese fanden dort noch weitaus häufiger statt, als auf dieser Seite des Atlantiks – war die Kapitaldecke mehr als kurz. Andererseits waren die Strecken in dem weiträumigen Land oftmals länger als im dichter besiedelten Europa. Aber man wollte natürlich, daß schon bald Züge über die Strecke rollten, damit Geld in die Kasse kam. So nahm man möglichst leichte, weil billige Schienen, legte sie auf meist nur roh behauenen Baumstämmen einfach in den Sand, und der Betrieb konnte beginnen.

Kam es später zu Setzungen oder, z. B. nach stärkeren Regenfällen, zu Unterspülungen, dann wurden diese im allgemeinen nur notdürftig wieder ausgebessert. Wenn das Gleis auch etwas krumm blieb, Hauptsache war, man konnte wieder fahren.

Brücken wurden oft in sehr kunstvoller Holzkonstruktion errichtet, sogenannte »Trestles«, die aber manchmal auch etwas wackelig waren, so daß sich eine Zeitlang die Brückeneinstürze gradezu häuften, bis man wohl seitens der Aufsichtsbehörde strengere Maßstäbe anlegte und damit diese Gefahrenquelle, wenn nicht beseitigte, so doch verminderte. In vielen Fällen waren die »Trestles« auch nur als Behelfslösung gedacht. Sie sollten später, d. h. sobald genügend Kapital vorhanden war, durch eine normale Brücke oder auch durch eine Dammaufschüttung ersetzt werden. Trotzdem hatte manches dieser Bauwerke ein erstaunlich langes Leben.

Auch später, als man die Hauptstrecken dem europäischen Standard mehr angeglichen hatte, wenigstens soweit es die Güte der Bettung betraf – in anderer Beziehung, z. B. Befestigung der Schienen, versetzter Stoß oder ähnlichem, ging man in Amerika eigene Wege –, machten die Gleise, über die nicht mit hoher Geschwindigkeit gefahren werden sollte oder konnte, oft einen etwas »zerknitterten« Eindruck. Auf Fotografien von Nebenstrecken, Ausweichstellen oder BW-Gleisen läßt sich das manchmal recht deutlich erkennen.

Um die Lokomotiven auf derartigen Schienenwegen vor allzu häufigen Entgleisungen zu bewahren, wandte man hauptsächlich zwei konstruktive Maßnahmen an. Zum einen versah man, bis auf ganz wenige Ausnahmen, alle Lokomotiven mit einer Dreipunkt-Abstützung, d. h. alle Federn sind in drei Gruppen zusammengefaßt. Besteht eine Gruppe aus mehr als einer Feder, so sind die Enden benachbarter Federn durch Ausgleichhebel miteinander verbunden. Durch diese Art der Abstützung erreichte man eine statisch bestimmte Lage der Lokomotive auf dem Gleis. Es kann keine unzulässige Entlastung eines Rades durch unebene Gleislage eintreten, wie bei den statisch unbestimmten Vier- und Sechspunkt-Abstützungen, die in Europa üblich waren. Letztere genügen jedoch bei gut verlegten Schienen durchaus und man spart wenigstens einen Teil des verwickelten Hebelgestänges.

Erfunden wurde der Ausgleichhebel von Joseph Harrison, Werkmeister der Firma Garrett & Eastwick in Philadelphia. 1836 rüstete er die »Hercules«, eine noch recht primitive 2 B für die Beaver Meadow Railroad, mit Ausgleichhebeln für die Kuppelachsen aus. Die Maschine war ein großer Erfolg und Harrison wurde in die Firmenleitung berufen, wobei die Firma gleichzeitig in Eastwick & Harrison umbenannt wurde. Sie entwickelte sich zu einem bekannten Lieferanten früher amerikanischer Lokomotiven.

Bild 33: 2 B n2, Nr. 999, New York Central Railroad. Das Bild zeigt die Lokomotive nach ihrer Fertigstellung im Jahre 1893 in der Bahnwerkstatt West Albany, New York. Treibraddurchmesser 86 Zoll (2184 mm). Soll am 10. Mai 1893 eine Geschwindigkeit von 112.5 mph (181 km/h) erreicht haben (Sammlung H. K. Vollrath, U.S.A.).

Die andere, weit mehr ins Auge fallende Maßnahme, um die Entgleisungssicherheit zu verbessern, bestand in der Anordnung mindestens einer radial einstellbaren Laufachse am vorderen Ende der Lokomotive. Schon 1833 versah Isaac Dripps die zwei Jahre zuvor von R. Stephenson für die Camden & Amboy Railroad, die später in der großen Pennsylvania Railroad aufging, gelieferte zweiachsige Lokomotive »John Bull« mit einer zusätzlichen Laufachse. Und so ist es nicht verwunderlich, daß seit Ende der 50er Jahre keine Streckenlokomotive – und sei es die ordinärste Güterzugmaschine – ohne führende Laufachse gebaut wurde. Lediglich bei Lokomotiven für Verschiebedienst und für Sonderzwecke, z. B. Steilrampenstrecken, bei denen es auf höchste Zugkraft in Verbindung mit geringer Geschwindigkeit ankam, verzichtete man auf Laufachsen.

Im Gegensatz hierzu gingen z. B. die Ansichten im individualistischen England sehr weit auseinander. So baute David Jones im Jahre 1894 für die Highland Railway eine Güterzuglokomotive mit führendem Drehgestell; es war die erste englische 2 C, bekannt als »Jones goods«. Gleichzeitig liefen aber seit 12 Jahren bei der London, Brighton & South Coast Railway William Stroudley's berühmte »Gladstones«; B 1-Schnellzuglokomotiven mit 6 Fuß 6 Zoll (1981 mm) Treibraddurchmesser und gänzlich ohne führende Laufachse. Sie liefen schnell und sicher und dachten gar nicht daran zu entgleisen. Andererseits konstruierte R. W. Urie im Jahre 1921 eine 2 D-Verschiebelokomotive für die London & South Western Railway. Die 4 Maschinen, die nach Urie's Entwurf gebaut wurden, verbrachten ihr ganzes Leben auf dem Verschiebebahnhof Feltham und niemand vermag sich zu erklären, wozu sie ein Drehgestell benötigten.

Für eine Hochgeschwindigkeitslokomotive hingegen ist ein führendes Drehgestell unumgänglich. Zwar hat man vereinzelt auch mit Lokomotiven, die nur mit einer vorderen Laufachse, sei es in einem Bissel-Gestell, sei es in einem Krauss-Helmholtz-Gestell, ausgerüstet waren, beachtliche Geschwindigkeiten erreicht, doch in das Gebiet oberhalb etwa 95 mph (ca. 150 km/h) konnte man sich nur mit einer Lokomotive vorwagen, die, neben allen anderen Voraussetzungen, mit einem einwandfrei konstruierten Drehgestell ausgerüstet war.

Erfunden hat es John B. Jervis, Chef-Ingenieur der Mohawk & Hudson Railroad (einer Vorläuferin der New York Central Railroad). Im Jahre 1832 entwarf er für seine Bahn eine 2 A mit Außenrahmen und Innentriebwerk. Die beiden Laufachsen waren in einem Drehgestell zusammengefaßt, das ebenfalls einen (hölzernen) Außenrahmen besaß, auf den sich der Hauptrahmen über Rollen abstützte. Die West Point Foundry baute die »Experiment« genannte Lokomotive. Ein Jahr später wurde sie umgebaut und gleichzeitig in »Brother Jonathan« umbenannt. Bei Probefahrten soll sie Geschwindigkeiten von über 60 mph (ca. 100 km/h) erreicht haben; angesichts des damaligen Oberbaues eine erstaunliche Leistung. Wie viele der frühen amerikanischen Lokomotiven wurde sie später einem »Umbau« in eine 2 B unterzogen.

Obwohl der Drehgestellradstand der »Brother Jonathan« bereits 52 Zoll (1321 mm) betrug, hatten die folgenden, zunächst noch sehr primitiven Drehgestelle Radstände von unter einem Meter. Derartige kurzachsständige Drehgestelle waren auch in Europa beliebt; man sah sie z. B. bei frühen Schnellzuglokomotiven der sächsischen, württembergischen und badischen Staatsbahnen, meist in Verbindung mit überhängen-

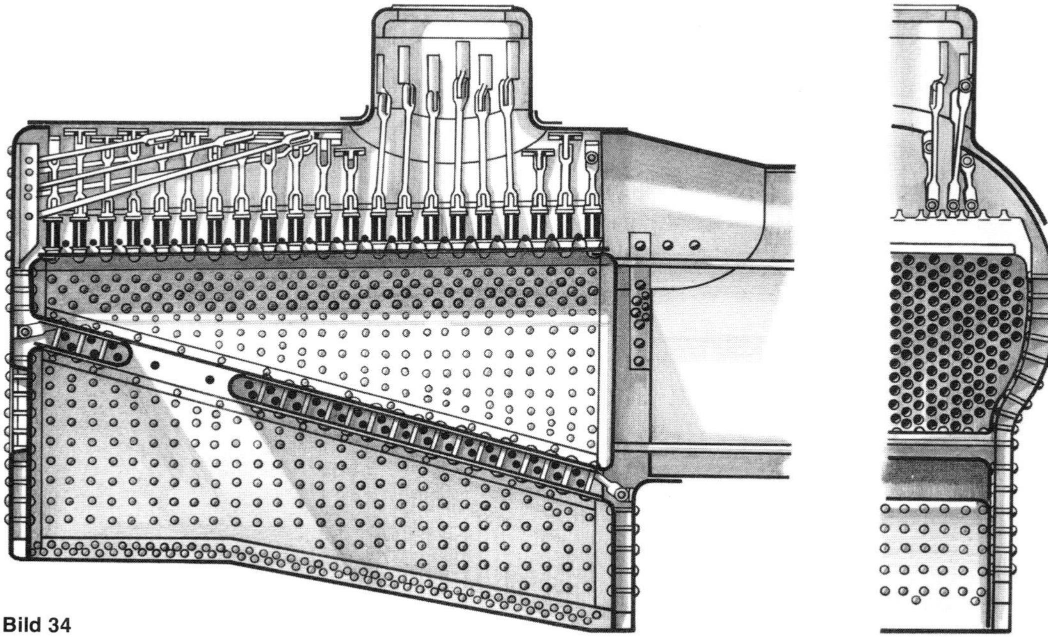

Bild 34

Bild 35

Bild 34: Für seine Hochgeschwindigkeits-Lokomotive verwendete Buchanan die von ihm erfundene »Water-Table«-Feuerbüchse. Dabei besteht die Feuerbüchse gewissermaßen aus zwei etwa gleich großen Räumen, die durch eine geneigte Wasserkammer voneinander getrennt sind. Nur eine kleine Öffnung ermöglicht den Durchtritt der Feuergase. Die Wasserkammer ist durch Stehbolzen versteift, während Queranker die Stehkesselseitenwände halten. Im Gegensatz zu den bei moderneren amerikanischen Lokomotiven häufig verwendeten senkrechten Wasserkammern, ist bei der »Water Table« die Wassergeschwindigkeit recht gering, so daß sich leicht Kesselstein ansetzen kann. Für die Reinigung waren diese Wasserkammern aber nur sehr schwer zugänglich, so daß sie später aus allen Kesseln, die damit versehen waren, wieder ausgebaut werden mußten.

Bild 35: Die 999 der New York Central stellte zweifellos den Höhepunkt in der Entwicklung der klassischen amerikanischen 2 B-Schnellzuglokomotive dar, auch wenn nach ihr noch größere und modernere Maschinen mit dieser Achsanordnung entstanden. Ihre Treibräder von 86 Zoll (2184 mm) Durchmesser waren die größten, die je eine solche Lokomotive erhalten hat. Man kann ihr daher die Geschwindigkeit von 112.5 mph (181 km/h), die sie auf ihrer denkwürdigen Rekordfahrt am 10. Mai 1893 erreicht haben soll, durchaus zutrauen. Für den Alltagsbetrieb erwies sie sich allerdings weniger tauglich. Um sie dennoch verwenden zu können, wurde sie daher von der Bahn später mehrfach umgebaut, bis das, was heute von ihr im Museum zu sehen ist, kaum mehr eine Ähnlichkeit mit dem eleganten Renner von einst aufweist.

2 B n2, Klasse N, Nummer 999, New York Central Railroad, USA.

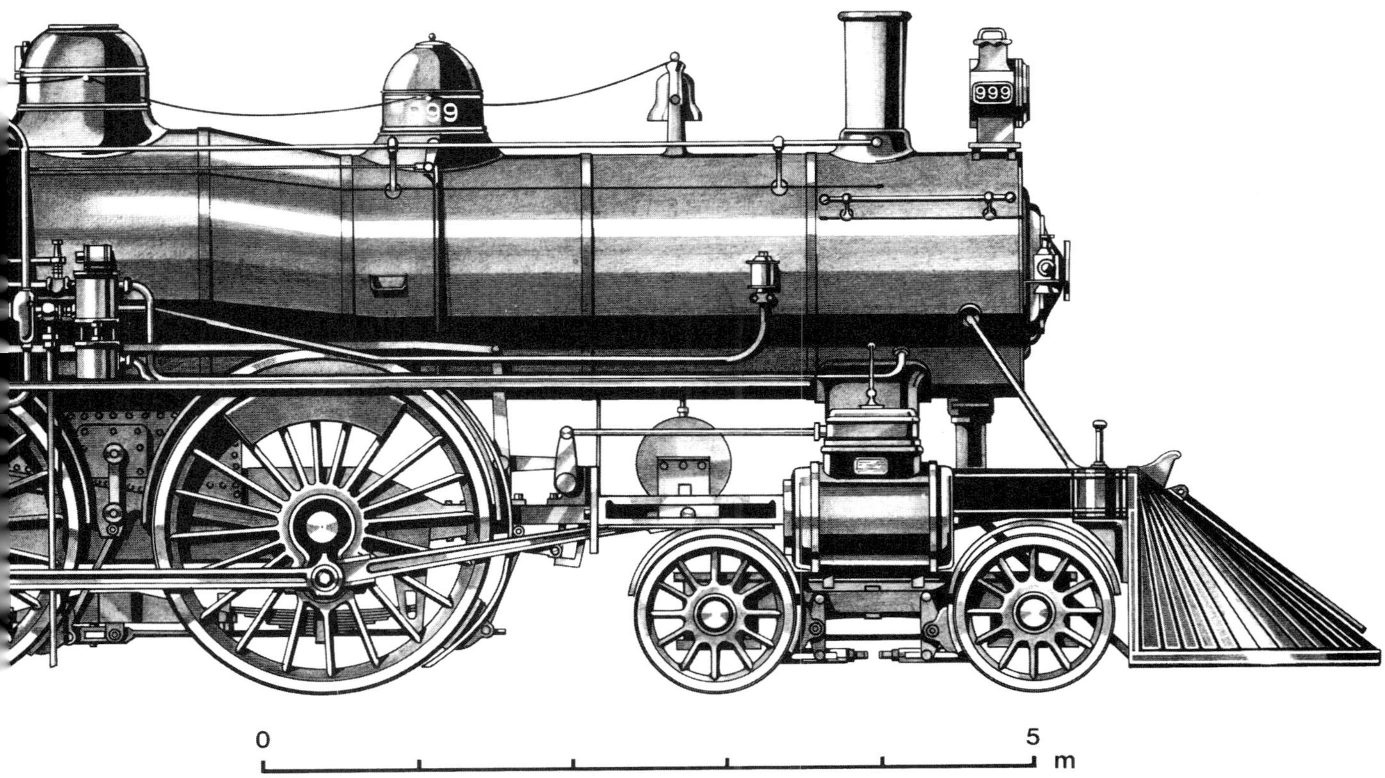

Bild 36: 2 B h2, preußische S 6. Treibraddurchmesser 2100 mm. In der Größe entsprach diese vom Jahre 1906 an gebaute Lokomotive etwa der 999, war aber natürlich längst nicht so schnell. Aufnahme von 1908 in Kassel (Sammlung Dr. Feißel, Deutschland).

den Zylindern. In Amerika, wo man den Überhang gar nicht schätzte, ordnete man die Zylinder dagegen geneigt an. Als jedoch in den 50er Jahren von William Mason der Schwanenhalsträger erfunden worden war, konnte man Drehgestelle mit langem Achsstand bauen, die trotzdem einen einwandfreien Lauf gestatteten und bei denen die Zylinder wieder ihre normale, waagerechte Lage einnahmen. Die Drehgestellachsstände moderner amerikanischer Lokomotiven lagen zwischen 70 und 80 Zoll (1778 mm bis 2032 mm) – von Ausnahmen natürlich abgesehen.
Mit dem langachsständigen Drehgestell und dem Ausgleichshebelsystem wurde der Siegeszug der amerikanischen 2 B eingeleitet. Der Kontinent wurde förmlich von ihr überschwemmt und sie beherrschte den Eisenbahnbetrieb des 19. Jahrhunderts. Von vielen Bahnverwaltungen wurde sie lange Zeit als einzige Bauform beschafft und versah nicht nur den Schnellzug- und Personenzugdienst, sondern schleppte auch die Güterzüge, dann oft in Doppel- oder Mehrfachbespannung. Solange die Zuglasten sich in den ihr gemäßen Grenzen hielten, war sie die Universallokomotive, von der Betrieb und Verwaltung ständig träumen.
Man schätzt, daß über 25 000 dieser Maschinen für nordamerikanische Bahnen gebaut wurden. Zu Recht gab man ihr die Bezeichnung »American Standard«, die, zunächst zu »Standard« verkürzt, bei Einführung der White Classification in den Gattungsnamen »American« umgewandelt wurde.
Auch außerhalb der Vereinigten Staaten und Kanadas waren 2 B-Lokomotiven weit verbreitet, allerdings wurden sie fast nur im Schnellzugsdienst verwendet. Die größte Stückzahl, die jemals von einer bestimmten Schnellzuglokomotivtype nach den gleichen Zeichnungen hergestellt wurde, waren die 1067 preußischen 2 B n2v-Maschinen der Gattung S3, die in den Jahren 1893 bis 1904 von verschiedenen Herstellern geliefert wurden.
Moderne 2 B-Schnellzuglokomotiven zogen natürlich auch die amerikanischen Luxuszüge des ausgehenden 19. Jahrhunderts. Dazu waren sie hervorragend geeignet, denn ihre Laufeigenschaften ließen sich kaum übertreffen. John Jahn* sieht in ihnen den Abschluß der Entwicklung der Lokomotive überhaupt, wenigstens in Bezug auf Gangsicherheit, und jede spätere Bauform bedeute »nur mehr eine Steigerung der Leistungsfähigkeit, und man mußte zufrieden sein, wenn es gelang, sie in ihren übrigen Eigenschaften der 2 B gleichwertig zu machen«.
Eine der bekanntesten und am meisten frequentierten Bahnverbindungen in den USA war die Strecke zwischen New York und Chicago. Hier waren die Pennsylvania Railroad (PRR) und die New York Central Railroad (NYC) die stärksten Rivalen. Die PRR besaß zwar mit rund 900 Meilen die kürzere Strecke, doch mußten die Züge dabei das Allegheny-Gebirge mit starken Steigungen und vielen scharfen Kurven überqueren. Die Gleise der NYC hingegen lagen zum großen Teil am Ufer von

* J. Jahn, »Die Dampflokomotive in entwicklungsgeschichtlicher Darstellung ihres Gesamtaufbaues«, Deutschland, 1924.

Bild 37: 2 B n2, Nr. 999, New York Central Railroad. In den Straßen von Syracuse, N. Y., am 13. Mai 1893, drei Tage nach ihrer berühmten Fahrt (Sammlung A. Haas, U.S.A.).

Gewässern, weswegen von der Bahn gern der Slogan »Water Level Route« verwendet wurde. Von New York ging es zunächst genau nach Norden, am Ufer des Hudson entlang, bis Albany, der Hauptstadt des Staates New York. Dort bog die Strecke nach Westen ab, umging die Ausläufer des Allegheny-Gebirges im Norden und erreichte bei Buffalo den Erie-See. Dicht am Seeufer entlang fuhr man über Erie und Cleveland nach Toledo, verließ dort den Erie-See und erreichte schließlich bei Gary, Indiana, den Michigan-See, an dessen Südufer die letzten Meilen bis Chicago zurückgelegt wurden.

960 Meilen (1545 km) war die Strecke lang, das ist genau die doppelte Entfernung wie zwischen Hamburg-Altona und Offenburg in Baden, über Kassel und Frankfurt. Wegen der günstigeren Neigungsverhältnisse konnte die NYC zwischen New York und Chicago jedoch die gleichen Gesamtfahrzeiten einhalten, wie die PRR. Zu den Fernzügen auf dieser Strecke gesellte sich im Jahre 1891 ein neuer Name: der »Empire State Expreß«. George H. Daniels, verantwortlich für den Reisezugdienst (General Passenger Agent) der NYC hatte ihn eingeführt, als schnelle Verbindung zwischen New York und Buffalo, das etwa auf halben Wege nach Chicago liegt. Daniels war ein ideenreicher Mann, zudem aber hartnäckig genug, seine Ideen auch durchzusetzen. Eine neue Idee, die ihm 1892 kam, führte zu einer der berühmtesten und schnellsten Lokomotiven, die je gebaut wurden, der »999« (Bild 35).

Um für den »Empire State Expreß« Reklame zu machen und gleichzeitig die konkurrierende Pennsylvania zu schlagen, sollte mit diesem Zuge eine Rekordfahrt veranstaltet werden, die alles bisher dagewesene weit in den Schatten stellte. Eine spezielle Hochgeschwindigkeitslokomotive sollte den Zug ziehen, denn Daniels wollte 100 mph (160 km/h) übertreffen. Das war ein ziemliches Wagnis. Immerhin lag dieser Wert noch um ein Drittel über der normalen Höchstgeschwindigkeit des Zuges, der selbst schon zu den schnellsten zählte. Niemand konnte voraussagen, wie sich Lokomotive und Wagen bei dieser ungeheuren Geschwindigkeit verhielten – vorausgesetzt, man erreichte sie überhaupt – und ob der Oberbau dieser Beanspruchung gewachsen sei.

Es gab nur einen Mann, der diese Lokomotive bauen konnte: William Buchanan, Chefkonstrukteur und Leiter des Maschinenwesens (Superintendent of Motive Power & Rolling Stock) der NYC. Geboren 1830 in Schottland, kam Buchanan als Kind nach Amerika und begann mit 17 Jahren als Lehrling bei der Albany & Schenectedy Railroad, einer Vorläuferin der NYC. Er war nicht nur ein fähiger Konstrukteur, sondern hatte auch ein gutes Gefühl für Ästhetik. Seine 2 B-Schnellzuglokomotiven zählen nicht nur zu den stärksten und schnellsten, sondern gehören durch ihren klaren Aufbau und ihre ausgewogenen Proportionen zu den schönsten dieser Bauform.

Nachdem Daniels die Direktion der Bahn für sein Vorhaben gewonnen hatte, wurde Buchanan beauftragt, die Lokomotive zu konstruieren. Er ging dabei von seinen neuesten Schnellzuglokomotiven, der Klasse I aus, die normalerweise an der

Spitze des »Empire State Express« liefen. Es waren ausgezeichnete Renner und die beste von ihnen, die 870, hatte vielleicht schon einmal 100 mph erreicht, wenn man Gerüchten aus Lokomotivführerkreisen Glauben schenken konnte.
Für die neue Rekordlokomotive vergrößerte er die Kesselheizfläche um etwa 5 %, den Treibraddurchmesser von 78 Zoll auf 86 Zoll (2184 mm) und den Laufraddurchmesser (auch den des Tenders) von 36 Zoll auf 40 Zoll (1016 mm). Geändert wurde auch die Bremse, wobei die Laufräder nun auch abgebremst wurden. Bei der Klasse I war das nicht der Fall. Zylinderabmessungen und alles übrige wurde nahezu unverändert von der Klasse I übernommen. Um bei gleichen Zylinderabmessungen, aber wesentlich vergrößertem Treibraddurchmesser die Zugkraft nicht allzu sehr absinken zu lassen, wurde der Kesseldruck von 180 psi auf 190 psi, das sind 13,1 bar (13,4 kp/cm²) angehoben.
Im April 1893 verließ der kommende Star der Schiene das Herstellerwerk, die Bahnwerkstatt in West Albany. Die Maschine, bezeichnet als Klasse N, bot einen prachtvollen Anblick (Bild 33) mit ihren vielen blankgeputzten Teilen und ihren zahlreichen, jedoch dezenten Zierleisten. Die Nummer war ebenfalls von Daniels ausgewählt. Da man bei der Klasse I schon bei über 900 angelangt war, dachte er zunächst an die Nummer 1000. Doch erschien ihm dies etwas zu »trocken« und er entschied sich dann für die einprägsamere Nummer 999. Am Tender prangte in großen, geschwungenen, silbernen Buchstaben der Name des Zuges »Empire State Express« und darüber die Anfangsbuchstaben der Bahn »N. Y. C. & H. R. R. R.« (New York Central & Hudson River Railroad).
Durch die großen Räder erschien die Lokomotive höher und zugleich zierlicher als ihre Schwestern. Dabei war es durchaus keine kleine Maschine. Vergleicht man sie mit einer zeitgenössischen europäischen 2 B, dann wird ihre Größe besonders deutlich. Gegenüber z. B. der im gleichen Jahre entstandenen preußischen S3, die wir schon weiter vorn als die meistbeschaffte aller Schnellzuglokomotiven überhaupt kennengelernt haben, wies sie mit 177,5 m² eine um 50 % größere Kesselheizfläche und mit 2,85 m² eine um etwa 26 % größere Rostfläche auf. Dabei war es Buchanan gelungen, mit einem nur 12 % größeren Gesamtgewicht (56,4 t) auszukommen und trotzdem die zulässige Reibungslast von 187 kN (19,1 Mp) aufzubringen. In Preußen waren damals erst 147 kN (15 Mp) erlaubt. Durch den schweren Stehkessel des »Wagon-Top«-Kessels und den kürzeren Gesamtradstand – 23 Fuß 11 Zoll = 7290 mm gegenüber 7400 mm bei der S3 – war der Schwerpunkt so weit zurückgeschoben, daß bei der 999 weniger als ein Drittel der Gesamtlast auf das Drehgestell entfiel, während bei der S3 das Drehgestell mehr als 2/5 der Last übernehmen mußte.
Die für einen ruhigen Lauf bei hohen Geschwindigkeiten wichtige Höhenlage des Kessels erreichte bei der 999 das Maß von 2740 mm, ein Wert, der in Preußen erst 13 Jahre später mit der 2 B h2-Schnellzuglokomotive der Gattung S6 (Bild 36) ganz knapp überboten wurde. Der S6 kam die 999 im übrigen auch in Bezug auf Größe und Leistung ziemlich nahe, nur eben in weitaus gefälligerer Form. Etwas antiquiert wirken lediglich die Gegengewichte, die als Kreisring-Teil ausgebildet waren – die Sichelform wandte Buchanan erst kurz vor der Jahrhundertwende an –, der vierbahnige Flachkreuzkopf und die innenliegende Stephenson-Steuerung, die in Amerika nahezu ausschließlich verwendet wurde. Erst 1904 tauchte mit der C C n4v-Mallet-Lokomotive 2400 (»Old Maude«) der Baltimore & Ohio Railroad zum ersten Male die Walschaerts-(Heusinger)-Steuerung auf Hauptbahnen in Amerika auf.
Eine technische Besonderheit besaß die 999, die ihr von außen nicht anzusehen war. Buchanan hatte sie mit seiner »Water-Table«-Feuerbüchse ausgerüstet (Bild 34). Es war dies eine in Querrichtung waagerechte, aber nach vorn ge-

Technische Daten

Bahnverwaltung	**New York Central & Hudson River Railroad (NYC), USA**
Achsanordnung:	
Deutsche Bezeichnung	**2 B n2**
White classification	**4–4–0 (American)**
Bahnnummer	**999**
Erbauer	**Bahnwerkstatt West Albany, N. Y.**
Werknummer	
Baujahr	**1893**
Treibraddurchmesser	**86 in = 2184 mm**
Laufraddurchmesser	**40 in = 1016 mm**
Zylinderdurchmesser	**19 in = 483 mm**
Kolbenhub	**24 in = 610 mm**
Feuerbüchsheizfläche (wasserber.)	**233 sq.ft. = 21,6 m²**
Verdampfungsheizfläche (wasserber.)	**1911 sqft = 177,5 m²**
Rohrlänge	**12 ft., 1 in = 3683 mm**
Rostfläche	**30.7 sqft = 2,85 m²**
Kesseldruck	**190 psi = 13,1 bar (13,4 kp/cm²)**
Reibungslast	**84 000 lbs = 375 kN (38,2 Mp)**
Dienstgewicht, Lokomotive	**124 000 lbs = 56,2 t**
Dienstgewicht, Lok + Tender	**204 000 lbs = 92,5 t**
Kohlenvorrat	**6,5 t**
Wassermenge	**13,3 m³**
Höchste erreichte Geschwindigkeit	**112,5 mph = 181 km/h**
Treibraddrehzahl	**447 Upm**
Indizierte Leistung	**2200 PS = 1600 kW**
Mittlere Kolbengeschwindigkeit	**9,09 m/s**
Vergleichsgeschwindigkeit (Reihe 01 DRG)	**166 km/h**

Bild 38: 2 B n2, Nr. 1086, New York Central Railroad. Kaum wiederzuerkennen: die 999 nach mehreren Umbauten im Oktober 1914 in Watertown, N.Y. (Sammlung H. K. Vollrath, U.S.A.).

neigte Wasserkammer in der Feuerbüchse, die etwa in Höhe der Unterkante des Langkessels begann und hinten oberhalb der Feuertür endete. Nur im hinteren Drittel besaß die Wasserkammer einen Durchtritt für die Feuergase. Außer von senkrechten Stehbolzen, wurde sie von waagerechten Zugankern durchsetzt, die die Stehkesselseitenwand in ihrem Bereich abstützten. Zwar vergrößerte diese Wasserkammer die Feuerbüchsheizfläche beträchtlich, doch war es nahezu unmöglich, sie zu warten, und so mußte sie später aus allen Kesseln, die Buchanan damit versehen hatte, wieder ausgebaut werden.

Ein weiteres Merkmal von Buchanans Feuerbüchse war die Deckenaussteifung durch quer verlaufende Tragbarren. Dadurch benötigte er keine Deckenstehbolzen und hatte weniger Schwierigkeiten mit der großen Öffnung in der Stehkesseldecke für den Dom. Etwas ähnliches sahen wir bereits im vorigen Kapitel an Polonceaus 1 B 1-Schnellzuglokomotiven für die Paris-Orléans-Bahn. Sie besaßen ebenfalls einen großen Dampfdom auf dem Stehkessel und Polonceau hatte ebenfalls eine stehbolzenfreie Feuerbüchsdecke entwikkelt.

Mit dem Stehkessel konnte Buchanan übrigens die volle Breite zwischen den Rädern ausnutzen. Unmittelbar hinter dem Treibachslager war der Barrenrahmen nach unten abgekröpft, so daß der Stehkessel auf dem Rahmen Platz hatte. In Europa dagegen mußte der Stehkessel im allgemeinen noch zwischen die Rahmenplatten gezwängt werden.

Nachdem die Lokomotive das Werk verlassen hatte, wurde sie dem erfahrenen Oberlokomotivführer Charles H. Hogan und seinem Heizer Al Elliott zugeteilt und die ersten Testfahrten begannen. Alles verlief unter Geheimhaltung, denn die Pennsylvania sollte nichts von dem bevorstehenden Ereignis erfahren. Da alles zur Zufriedenheit lief, wurde die Maschine vor den »Empire State Express« gespannt und Hogan begann allmählich die Geschwindigkeit zu steigern. Am 9. Mai 1893 erreichte er 102 mph (164 km/h), doch das große Ereignis fand am folgenden Tag statt.

Am 10. Mai 1893 wartete die 999 in Syracuse, Lokwechselstation für das letzte Drittel der Strecke, auf den »Empire State Express«. Wie gewöhnlich bestand der Zug aus 4 sechsachsigen Schnellzugwagen, die zu der Zeit noch größtenteils aus Holz bestanden. Der erste Wagen war in seiner vorderen Hälfte als Packwagen eingerichtet und das Gewicht jedes Wagens betrug rund 40 t. Außer den normalen Passagieren befanden sich mehrere Offizielle »an Bord«, fast alle mit Stoppuhren bewaffnet.

Als die 999 angekuppelt war und der Zug sich mit 11 Minuten Verspätung langsam in Bewegung setzte, herrschte unter denjenigen, die von der bevorstehenden Fahrt wußten, eine verständliche Spannung. Hogan beschleunigte langsam, doch bald war die Verspätung aufgeholt und der Zug raste mit Geschwindigkeiten zwischen ca. 80 und 100 mph (etwa 130 bis 160 km/h) dahin. Kurz hinter Batavia – etwa 60 km vor Buffalo – war ein 14 Meilen (23 km) langes Stück als eigentliche

Rennstrecke hergerichtet. Das Gleis war besonders sorgfältig verlegt und die Aufsichtsbehörde hatte für diesen Streckenabschnitt jede Geschwindigkeitsbeschränkung aufgehoben.
Hogan öffnete den Regler bis zum Anschlag und schneller und schneller schoß der Zug dahin. Es kam ihm allerdings zugute, daß die Strecke in einem leichten Gefälle von etwa 3 ‰ lag. Während Hogan angespannt Lokomotive, Zug und Strecke beobachtete, schaufelte Elliott mit größter Anstrengung die riesige Kohlenmenge in die Feuerbüchse. Wie schnell sie dahinrasten, konnten beide nur ahnen, denn Geschwindigkeitsmesser auf Lokomotiven waren noch nicht üblich. Die Beobachter im Zuge dagegen merkten nicht nur an dem stärker werdenden Schwanken der Wagen, daß die Geschwindigkeit sich ständig steigerte, sie konnten auch anhand ihrer Stoppuhren die immer kürzer werdende Zeit messen, die zum Durchfahren einer Meile benötigt wurde. Für die letzte Meile, bevor der Lokomotivführer den Regler schließen mußte, um den Zug rechtzeitig in Buffalo zum Stehen zu bringen, wurden dabei Werte zwischen 31 und 32 Sekunden gemessen. Nimmt man zur Sicherheit den letzteren Wert, dann bedeutet das immerhin eine Geschwindigkeit von 112,5 mph oder 181 km/h.
Das ist selbst heute eine recht hohe Geschwindigkeit. Damals, zu einer Zeit, als es weder Flugzeuge, noch Autos, noch schnelle Elektro-Lokomotiven gab, war das eine kaum glaubliche Leistung. Hält man sich vor Augen, daß die riesigen Treibräder bei dieser Geschwindigkeit fast 7½ Umdrehungen in der Sekunde vollführten, dann gibt das einen Begriff von der gewaltigen Beanspruchung, denen das Fahrzeug ausgesetzt war.
Die Leistung, die die Lokomotive bei dieser Rekordfahrt aufzubringen hatte, übertraf ebenfalls alles bisher dagewesene. Eine überschlägige Rechnung zeigt, daß die Zylinderleistung nahezu 2200 PS (ca. 1600 kW) betragen haben mußte. Dazu hätte aber der Kessel etwa 26,6 t/h Dampf erzeugen müssen, was einer Heizflächenbelastung von 149 kg/m²h entspricht. Selbst in Anbetracht der starken Vergrößerung der Strahlungsheizfläche durch Buchanans »Water-Table«-Feuerbüchse, erscheint dieser Wert reichlich hoch. Andererseits wurden die Zeiten für die gefahrenen Meilen von mehreren Zeugen gestoppt und es ist nicht anzunehmen, daß sie einer Massensuggestion erlegen sind. Genausowenig kann man vermuten, daß der Abstand der Meilenpfosten nicht stimmte. Als Erklärung für diesen Widerspruch wäre jedoch die Möglichkeit denkbar, daß das Gefälle tatsächlich etwas stärker als die angegebenen 15 Fuß pro Meile (knapp 3 ‰) war. Denkbar wäre aber auch, daß die Lokomotive auf dem letzten Stück aus der Kesselreserve fuhr. Ohnehin bewegte man sich nur wenige Minuten oberhalb von 160 km/h und der verhältnismäßig große Dampfraum des »Wagon-Top«-Kessels barg eine ausreichende Dampfmenge, um diese kurze Zeit zu überstehen, ohne daß der Kesseldruck merkbar absinkt.
Jedoch, sei es wie es sei, die NYC war sehr stolz auf ihren Erfolg. Und sie konnte es auch sein, besaß sie doch nun in der 999 das schnellste Fahrzeug, das die Menschheit jemals hergestellt hatte. Niemand konnte ahnen, daß bereits 10 Jahre später diese Geschwindigkeit beträchtlich überboten wurde, als bei den Schnellbahn-Versuchen der preußischen Staatsbahn auf der Militär-Eisenbahn Marienfelde-Zossen 2 elektrische Triebwagen 210 km/h erreichten.
Nach der Rekordfahrt wurde die Lokomotive gründlich gereinigt, auf Hochglanz gebracht (Bild 37) und anschließend auf der Weltausstellung in Chicago, der »Columbian Exposition«, gezeigt. Natürlich fand die »schnellste Lokomotive der Welt« große Beachtung und wurde eine der bekanntesten Lokomotiven überhaupt. Es gelang dem tüchtigen Daniels sogar, die US-Postverwaltung dazu zu überreden, die berühmte Maschine auf einer 2-cent-Briefmarke zu verewigen.
Doch einmal war die Ausstellung zu Ende und die Lokomotive wurde wieder im Fahrdienst eingesetzt. Hier zeigte sich nun, daß die Maschine zwar ausgezeichnete Fähigkeiten als Schnelläuferin besaß, daß ihre Qualitäten im normalen Betrieb jedoch kaum verwertet werden konnten. Wie man es oft bei derartigen Hochleistungsmaschinen beobachten konnte, war ihre Anfahrzugkraft den normalen Lokomotiven der gleichen Leistungsklasse deutlich unterlegen, für diejenigen Züge, die sie ohne Schwierigkeiten in Gang setzen konnte, war sie dagegen viel zu groß und daher unwirtschaftlich. Buchanan hatte das schon vorausgesehen, als er bei der ersten Konferenz zu Daniels sagte: »I'll build your engine, but don't expect her to pull much (Ich werde ihre Maschine bauen, aber erwarten Sie nicht, daß sie viel ziehen wird)«.
Für die NYC gab es zwei Möglichkeiten. Sie konnte entweder die Lokomotive aus dem Verkehr ziehen und in ein Museum stellen. Aus heutiger Sicht wäre sie gut beraten gewesen, wenn sie so gehandelt hätte. Die zweite Möglichkeit bestand darin, die Lokomotive an schon vorhandene, mit denen sie in einem Laufplan zusammenarbeiten konnte, »anzupassen«. Da die Bahn das Kapital, das sie in den Bau dieses »Stars« investiert hatte, nicht gänzlich zum Fenster hinauswerfen wollte, wählte sie – leider, wie wir sagen müssen – diesen Weg. Einige Male noch lief die 999 vor dem »Empire State Express« und zog auch noch den »Exposition Flyer«, jene aufsehenerregende 20-Stunden-Verbindung zwischen New York und Chicago, die Daniels 1893 für die Weltausstellung schuf – Vorläufer des legendären »20th Century Limited«. Dann unterzog sie die Bahn in mehreren Etappen einem so radikalen Umbau, daß vom alten Glanz kaum etwas erhalten blieb.
Da die Zeit der »Americans« sowieso abgelaufen war – Atlantics und hochrädrige Ten-wheeler setzten sich an die Spitzen der Expreßzüge – stufte die Bahn sie auch gleich zur (nach

Bild 39: 2 B n2, Nr. 999, New York Central Railroad. So sieht die berühmte Lokomotive heute aus, nur noch ein schwacher Abglanz einstiger Größe. Das Bild entstand im September 1939 auf der Weltausstellung in New York (Sammlung H. K. Vollrath, U.S.A.).

unserer Definition) Personenzuglokomotive herab, indem sie sie im Jahre 1899 mit Treibrädern von nur 70 Zoll (1778 mm) Durchmesser versah. Das erforderte natürlich einen neuen Rahmen. Auch die Laufräder wurden auf das normale Maß von 36 Zoll (914 mm) verkleinert und der Kesseldruck auf 180 psi (12,4 bar = 12,7 kp/cm²) herabgesetzt. Außerdem bekam sie einen neuen Tender mit den um die Jahrhundertwende in Mode stehenden »Fox«-Preßblech-Drehgestellen. Die Klassenbezeichnung lautete nun C-14. Im Jahre 1906 kam der nächste Schritt. Sie erhielt einen neuen Kessel mit schwach kegelförmigem Langkessel und normaler Feuerbüchse mit Deckenstehbolzen. Dabei rückte der Dampfdom nach vorne, auf den letzten Kesselschuß. Schließlich wurde auch noch das schöne Walnußholz-Führerhaus gegen ein ähnliches aus simplem Stahlblech ausgetauscht und zu guter letzt verlor sie, bei einer generellen Änderung des Nummernsystems der Bahn ihre berühmte Nummer und »hieß« fortan 1086 (Klasse C-14a) (Bild 38). So war von der alten Größe, außer der Achsanordnung und wenigen Einzelteilen, nichts mehr vorhanden und unerkannt lief sie auf einer Nebenstrecke in Pennsylvanien bis sie 1924 ausgemustert wurde.

Beinahe wäre sie verschrottet worden, doch durch Zufall entdeckte jemand im letzten Augenblick ihre Identität und rettete sie vor dem Schneidbrenner. Man richtete sie notdürftig wieder her, malte die alte Nummer an die Führerhauswand und fand auch irgendwo noch einen der alten Tender. Doch was seitdem in Chicagos Museum für Wissenschaft und Industrie zu sehen ist, stimmt eher traurig und hat nur wenig Ähnlichkeit mit der einst »schnellsten Lokomotive der Welt« (Bild 39). Nur ein schwacher Abglanz dessen, was einst auf der Weltausstellung so viele Menschen in ihren Bann zog, ist das, was heute mit der berühmten Nummer 999 im Museum bewundert werden kann, und nur auf Bildern oder im Modell läßt sich eine Ahnung von dem Eindruck wiedergeben, den dieser stolze Renner damals hervorgerufen hat.

Nach dem großen Ereignis von 1893 war das Zeitalter der 2 B in Amerika ziemlich bald beendet, wenn auch die Southern Pacific Railroad noch im Jahre 1911 fünfzehn schwere 2 B h2 mit außenliegender Walschaerts-Steuerung und Vanderbilt-Tender beschaffte, die allerdings für den Vorortverkehr gedacht waren. Und die letzten Hauptbahn-2 B in Amerika überhaupt waren 10 Maschinen (Klasse D-11s), die Baldwin 1914 für die Philadelphia & Reading Railroad lieferte. Mit 268 kN (27,3 Mp) Achslast waren sie außerdem die schwersten, die je gebaut wurden. Da sie ebenfalls für den Vorortverkehr bestimmt waren, besaßen sie Treibraddurchmesser von nur 68,5 Zoll (1740 mm). Heißdampfkessel (mit Wootten-Feuerbüchse) und außenliegende Walschaerts-Steuerung mit Kolbenschiebern kennzeichnen sie im übrigen als recht moderne Maschinen.

In Europa hingegen hielt sich die 2 B noch etwas länger, worauf wir im 7. Kapitel noch zurückkommen.

VI. Kleiner Flitzer aus dem Süden

2 C n2, Nr. 111, Savannah, Florida & Western Railway (Plant System), USA

Wir wollen uns nun einer amerikanischen Lokomotive zuwenden, der eine Geschwindigkeit nachgesagt wird, die nicht nur auf den ersten Blick recht unglaubhaft erscheint, sondern für die auch – allem Anschein nach – die Lokomotive überhaupt nicht geeignet war. Was hat es damit für eine Bewandtnis? Im März des Jahres 1902 soll eine nicht sehr große 2 C, deren Treibraddurchmesser nur 73 Zoll (1854 mm) betrug, mit einem Postzug die erstaunliche Geschwindigkeit von 120 mph (193 km/h) erreicht haben. Damit wäre der 8 Jahre früher von der 2 B-Lokomotive Nr. 999 der New York Central Railroad aufgestellte Geschwindigkeitsrekord von 112.5 mph (181 km/h) (Kapitel V) weit überboten. Während aber die »999« als ausgesprochene Hochgeschwindigkeits-Lokomotive – mit einem Treibraddurchmesser von 2184 mm – gebaut war, sehen wir in der »111« der Savannah, Florida & Western Railway eine Maschine, der man Eilgüterzüge, schnelle Personenzüge und allenfalls einmal einen Verstärkungsschnellzug zutraut, keineswegs aber eine derartig aus dem Rahmen fallende Schnellfahrt. Da jedoch diese Rekordfahrt häufig in der Literatur erwähnt wird, wollen wir uns hier einmal etwas eingehender mit diesem Flitzer und seiner berühmten Fahrt beschäftigen.

Schauen wir uns zunächst etwas in den Vereinigten Staaten um. Wie sah es bei den Eisenbahnen um die Jahrhundertwende aus? Auf den Hauptstrecken der großen Bahngesellschaften – aber auch mancher kleineren – fuhren bereits recht schnelle Züge. Das war vor allem im dichter besiedelten Osten und im Mittelwesen der Fall. Zwischen New York und Chicago machten die beiden größten, die New York Central und die Pennsylvania Railroad, sich gegenseitig heftige Konkurrenz. Hinzu kamen die Erie Railroad, die erst 1876 ihre Breitspur von 6 Fuß (1829 mm) auf Normalspur umgestellt hatte, und die älteste von allen, die Baltimore & Ohio Railroad, die auch ein Wort mitreden wollten. Aber auch auf vielen anderen Strecken bestanden schnelle Verbindungen zwischen großen Städten, z. B. New York–Bosten, New York–Washington, Chicago–St. Louis usw.

Inzwischen waren durch das ständig steigende Platzangebot, in Verbindung mit wachsendem Komfort, viele Züge so schwer geworden, daß die 2 B nicht mehr mithalten konnte. Bevor jedoch »Atlantics« und »Pacifics« das Feld übernahmen, setzte sich für eine kurze Zeit eine andere Bauart an die Spitze vieler großer Expreßzüge, nämlich die 2 C oder »Ten-Wheeler«. Diese Bauart war sehr früh entstanden. Bereits 1847 hatte Norris eine 2 C für die Philadelphia & Reading Railroad gebaut und wenig später sah man sie auch bei anderen Bahnen. Es waren reine Güterzuglokomotiven, mit Treibraddurchmessern um 1200 mm. Auch späterhin waren Ten-Wheeler bei den meisten Bahnen für den Güterzugdienst sehr beliebt. Einerseits hatten sie gegenüber der American (2 B) den Vorteil der größeren Zugkraft, andererseits waren sie erheblich schneller als die zugkräftigere Consolidation (1 D). So eigneten sie sich besonders für den Eilgüterzugdienst, und ein großer Teil der rund 17 000 nordamerikanischen Ten-Wheeler ist ausschließlich für diesen Zweck gebaut worden.

Wegen ihres einfachen Aufbaues waren Ten-Wheeler besonders bei kleineren Bahnen sehr beliebt. Für manche Nebenbahnen stellten sie die Universal-Lokomotiven schlechthin dar und bildeten das Rückgrat des Betriebes bis zum Ende der Dampflokzeit. Die Treibraddurchmesser dieser Maschinen lagen zwischen etwa 1450 und 1750 mm. Gewichte und Leistungen entsprachen ungefähr denen gleichaltriger europäischer 2 C-Lokomotiven.

Gegen Ende des 19. Jahrhunderts zeigte sich, daß die 2 C auch für manche Bereiche des Personenzugverkehrs gut geeignet war. Und so wurden Ten-Wheeler von mehr und mehr Bahngesellschaften bezogen, die sie entweder als Gebirgsschnellzuglokomotive einsetzten, oder mit ihr schwere, häufig haltende Flachland-Schnellzüge bespannten, oder sie im Vorortverkehr mit seinen kurzen Stationsabständen und ho-

Bild 40: 2 C n2, Klasse I-1, der Lake Shore & Michigan Southern Railroad, später Klasse F-52 der New York Central Railroad. Nr. 613, 611 und 612 nach Fertigstellung auf dem Werkshof der Firma Brooks in Dunkirk, N.Y., im Jahre 1900. Treibraddurchmesser 81 Zoll (2057 mm). Die 612 (ganz rechts) explodierte 13 Jahre später in Ft. Wayne, Indiana (Sammlung H. K. Vollrath, U.S.A.).

hen erforderlichen Beschleunigungsleistungen verwendeten. Der große Anteil der Reibungslast auf der einen Seite, die gute Führung durch das vordere Drehgestell auf der anderen Seite, ließen sie für diese Zwecke besonders brauchbar erscheinen. Endpunkt dieser Entwicklung waren die neunzig schweren Personenzuglokomotiven der Klasse G5s, die die Pennsylvania Railroad von 1923 bis 1929 bezog. Bei fast gleichem Treibraddurchmesser und ganz ähnlicher Achsstellung übertrafen diese massigen Maschinen die preußische P8 (Reihe 38.10–40 der DRG) in der Reibungslast um 56 %, in der Rostfläche um 94% und in der Verdampfungsheizfläche sogar um 122% (Der Überhitzer war allerdings nur etwa gleichgroß). So ist es kein Wunder, daß die G5s die meist nicht sehr schweren Vorortzüge mit fast raketenartiger Beschleunigung in Gang setzen konnte.

Der schwerste aller je gebauten Ten-Wheeler war übrigens die 2371 (Klasse T-40) der Southern Pacific Railroad. Mit 293 kN (29,8 Mp) Radlast übertraf sie in der Anfahrzugkraft manchen europäischen Fünfkuppler. Wegen ungünstiger Triebwerksabstimmung war ihre Leistung jedoch geringer, als diejenige der G5s und die Maschine blieb ein Einzelstück.

In den letzten Jahren der Entwicklung der 2 C ist natürlich auch der Versuch unternommen worden, sie zur Hochgeschwindigkeitslokomotive weiterzuentwickeln und, wie schon gesagt, bespannten einige Bahngesellschaften ihre Spitzenzüge eine Zeitlang mit hochrädrigen Maschinen dieser Bauart; gewissermaßen als Übergang von der zu leicht gewordenen 2 B zur vorerst noch etwas komplizierten und unerprobten 2 B 1 und 2 C 1. Den Höhepunkt dieser Entwicklung stellten 16 Lokomotiven dar, die die Lake Shore & Michigan Southern Railroad in den beiden Jahren 1899 und 1900 von der Firma Brooks in Dunkirk, New York, bezog (Bild 40).

Das Netz dieser Bahngesellschaft lag, wie schon aus dem Namen hervorgeht, hauptsächlich am Ufer der großen Seen und im südlichen Michigan. 1869 war die Bahn ein Teil des Vanderbilt-Eisenbahnimperiums geworden, behielt jedoch einen halbwegs selbständigen Status bis zum Jahre 1916, danach ging sie vollständig in der New York Central auf. Auf der Hauptstrecke zwischen Buffalo und Chicago fuhren die schnellsten Züge der New York Central und für diese Expreßzüge waren die 2 C-Renner vorgesehen. Für ihre Zeit waren es ganz gewaltige Maschinen. Die Treibräder von 81 Zoll (2057 mm) Durchmesser waren die größten, mit denen jemals ein amerikanischer Ten-Wheeler ausgestattet wurde; und im übrigen baute man nur in England noch einige 2 C-Schnellzuglokomotiven mit gleich großen Rädern. Das war jedoch erst Jahre später. Aber auch hinter ihren übrigen Abmessungen – z. B. 266 m² Kesselheizfläche, 3,1 m² Rostfläche, 592 kN (60,3 Mp) Reibungslast und 135,2 t Dienstgewicht mit Tender – konnte sich manche der frühen »Pacifics« verstecken.

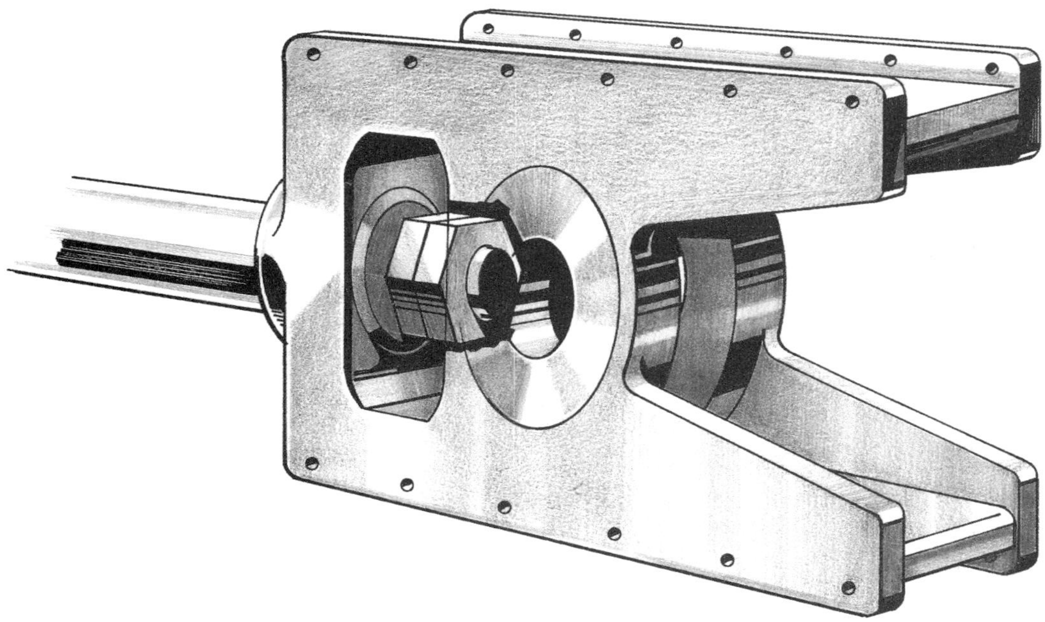

Bild 41

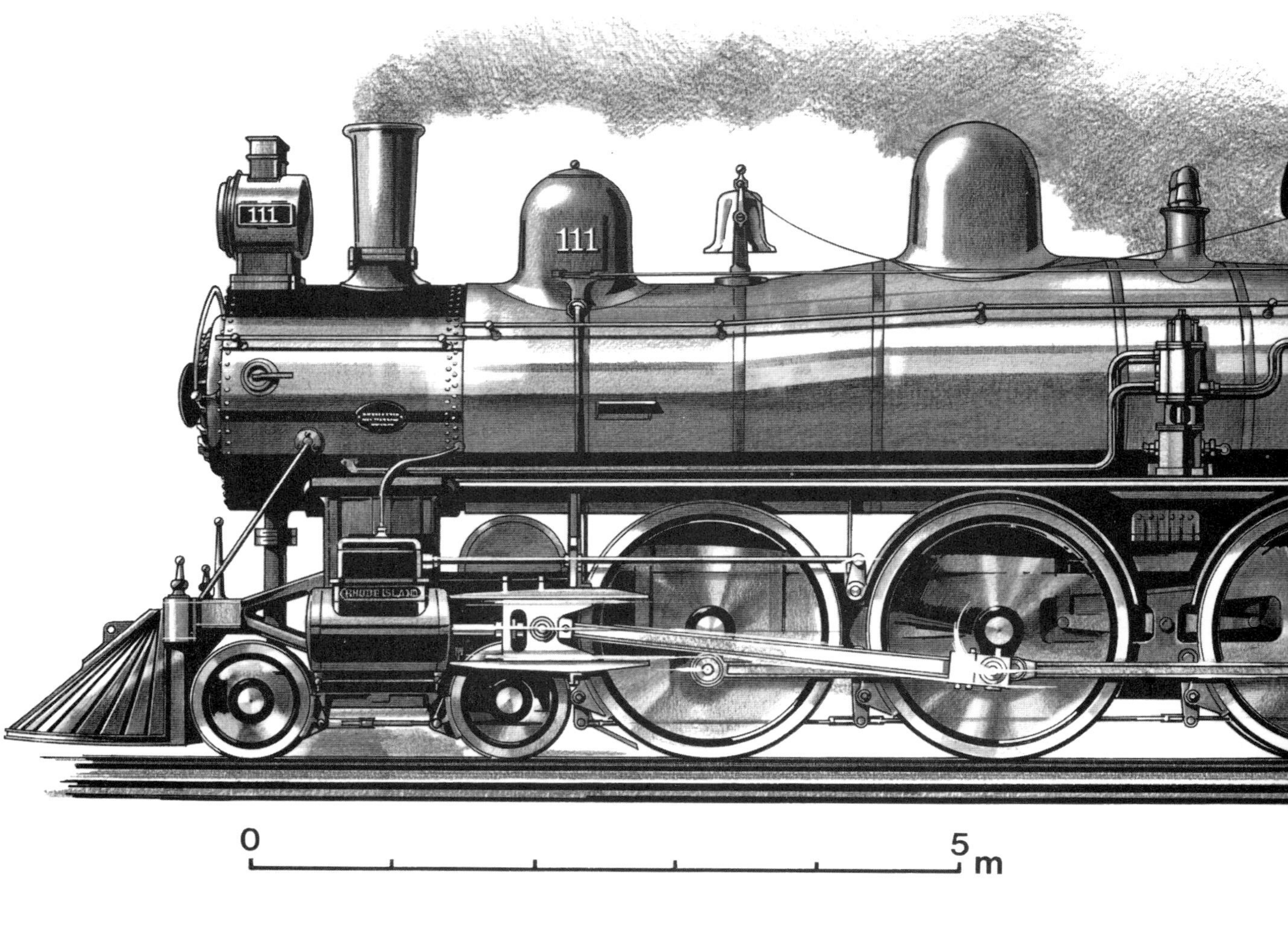

Bild 42

Bild 41: Kreuzkopf mit Schraubbefestigung der Kolbenstange. Die übliche Keilbefestigung der Kolbenstange ist nicht ganz unproblematisch und es hat deswegen mehrfach Versuche gegeben, die Kolbenstange auf andere Art mit dem Kreuzkopf zu verbinden. Bei der hier dargestellten Bauart ist der Kreuzkopfkörper nach vorne verlängert und die mit Gewinde versehene Kolbenstange ist mit zwei Muttern angeschraubt. Durch einen Ausschnitt im Kreuzkopfkörper ist die hintere Mutter zugänglich. Diese Kreuzkopfbauart wurde etwa 1895 entwickelt und sowohl von der Firma Baldwin als auch von der American Locomotive Company bis etwa 1925 geliefert. Besonders verbreitet war sie bei den südlichen Bahnen Atlantic Coast Line Railroad, Seabord Airline Railway und Southern Railway, jedoch konnte man sie auch bei weiter nördlich gelegenen Bahnen finden, z.B. bei der Cheasapeake & Ohio Railroad und der Chicago & North Western Railroad. In einem späteren Kapitel wird uns noch eine andere Kreuzkopfbefestigung begegnen, die ebenfalls den Keil vermeidet.

Bild 42: Wenn auch die 111 der Savannah, Florida & Western Railway die 120 mph (193 km/h) mit denen sie am 1. März 1901 einen Post-Sonderzug gefahren haben soll, sicherlich nicht erreicht hat, so stellt sie möglicherweise doch die schnellste 2 C-Lokomotive der Welt dar. Das ist besonders erstaunlich angesichts der Treibräder von nur 73 Zoll (1854 mm) Durchmesser. Im übrigen ist sie eine typische Vertreterin der amerikanischen Schnellzuglokomotive um die Jahrhundertwende.

2 C n2, Nummer 111 Savannah, Florida & Western Railway (Plant System), USA.

Bild 43: 2 C n2, Nr. 110, der Savannah, Florida & Western Railway. Erbaut 1900 von den Rhode Island Locomotive Works. Treibraddurchmesser 73 Zoll (1854 mm). Die Schwesterlokomotive, Nr. 111, soll angeblich 120 mph (193 km/h) erreicht haben. Typische amerikanische Ten-Wheeler-Schnellzuglokomotive aus der Zeit um die Jahrhundertwende. Ein Vergleich mit Bild 44 zeigt deutlich, wie sich die verschiedenen Umbauten auf das Aussehen der Maschinen auswirkten (Alco Historic Photo, U.S.A.).

Äußerlich zeigten die Maschinen den glatten, klaren Aufbau, wie er bei amerikanischen Lokomotiven um die Jahrhundertwende üblich war. Der nur schwach überhöhte »Wagon-Top«-Kessel störte die Eleganz des Bildes kaum, das sehr geräumige Führerhaus ließ die Maschinen jedoch kleiner erscheinen, als sie wirklich waren. Natürlich besaßen sie innenliegende Stephenson-Steuerung – die Walschaerts-(Heusinger)-Steuerung tauchte bekanntlich erst im Jahre 1904 mit der C C-Mallet-Lokomotive der Baltimore & Ohio Railroad in den Vereinigten Staaten auf, sieht man einmal von den Mason-Fairlies ab, die auf Nebenstrecken und im Vorortverkehr verwendet wurden und von denen einige schon in den 80er Jahren diese Steuerung besaßen. Während jedoch die ersten 11 Maschinen die üblichen außenliegenden Flachschieber hatten (Klasse I, später F-51), rüstete man die letzten 5 mit innenliegenden Kolbenschiebern aus (Klasse I-1, später F-52).
Schnellzüge mit 14 Wagen sollten die Lokomotiven in der Ebene mit 60 mph (96 km/h) befördern, eine nicht nur für die damalige Zeit beachtliche Leistung, die sicherlich auch eingehalten werden konnte. Doch obwohl die LS & MS-Maschinen die besten Voraussetzungen für eine Hochgeschwindigkeits-Lokomotive mitbrachten, wenigstens sofern es die Ten-Wheeler betrifft, sind herausragende Schnellfahrten mit ihnen nicht bekannt geworden. Der Bahn war wohl eher daran gelegen, die Fahrzeiten pünktlich einzuhalten, als sich auf riskante »Rennen« einzulassen. Und so fiel der Ruhm, die schnellste 2 C der Welt zu sein, einer Lokomotive zu, die sich in ihren Abmessungen kaum aus der Masse ihrer Schwestern heraushebt.
Um uns dieses »Wunderkind« anzusehen, begeben wir uns im Geiste von der Lake Shore & Michigan Southern Railroad etwa 1200 km südlich. Dort, im Südosten der Vereinigten Staaten hatte ein Mann namens Henry Bradley Plant im letzten Viertel des 19. Jahrhunderts ein kleines Eisenbahn-Imperium geschaffen, das unter dem Namen »The Plant System« bekannt geworden ist. Das aus mehreren kleineren Bahnen zusammengesetzte Netz umfaßte schließlich etwa 2200 Meilen (ungefähr 3600 km) und erstreckte sich von Charleston, South Carolina, und Montgomery, Alabama, durch Georgia bis nach Tampa in Florida. Ferner gehörten zum Plant System noch Schiffahrtslinien im Golf von Mexico und eine Hotelkette mit bekannten Erholungshotels an der Westküste Floridas. (Da-

Bild 44: 2 C n2, Nr. 206, der Atlantic Coast Line Railroad. Ursprünglich Nr. 107 der Savannah, Florida & Western Railway. Umgebaut mit außenliegender Walschaerts-Steuerung, neuem Führerhaus und geändertem Bahnräumer (Pilot). 1933 in Waycross, Georgia (Sammlung A. Haas, U.S.A.).

mals war Miami noch nicht »entdeckt«.)
Verglichen mit den Eisenbahn-Imperien der Vanderbilt, Gould, Harriman usw. war »The Plant System« zwar nur klein. Doch konnte sich Plant noch persönlich um das Wohlergehen jeder seiner Bahnen kümmern. Und er tat es offenbar auch, denn die Beziehungen zwischen ihm und seinen Untergebenen waren herzlicher, als es sonst üblich war. Arbeitskämpfe und Eisenbahnerstreiks hat es dort nicht gegeben.
Als H. B. Plant 1899 im Alter von 80 Jahren starb hoffte er, seinem »Reich« die Unabhängigkeit erhalten zu haben. Doch seine Erben hatten andere Pläne. Drei Jahre nach Plants Tod war das System zerfallen, wobei der größte Teil der Strecken von der Atlantic Coast Line Railroad übernommen wurde. Ein Jahr zuvor, am 1. März 1901, ereignete sich jedoch jene legendäre Schnellfahrt, die das Plant System mit einem Schlage berühmt machte, weil dabei eine Geschwindigkeit erreicht worden sein soll, die alles bisher dagewesene weit in den Schatten stellte. Noch dazu von einer serienmäßigen Schnellzuglokomotive mit nur 73 Zoll (1854 mm) großen Treibrädern und ohne daß die Maschine besonders für diese Fahrt »getrimmt« worden wäre.
Schauplatz war die Savannah, Florida & Western Railway, Keimzelle und zugleich größtes Mitglied der Plant-Eisenbahn-Familie. Gegründet 1879 übernahm diese Bahn die schon seit 1856 bestehende, 350 Meilen (etwa 560 km) lange Atlantic & Gulf Railroad. Plant vergrößerte die Streckenlänge auf fast 570 Meilen (über 900 km). Wenn auch die Bahn damit ziemlich am unteren Ende der Liste der großen amerikanischen Eisenbahnen rangierte, so gelang es ihr doch, sich durch mehrere Rekordfahrten einen Namen zu machen. Schnellste von allen war die berühmte Fahrt der 111. Anlaß für die Fahrt war eine von verschiedenen Seiten gewünschte Beschleunigung der Postbeförderung zwischen der Bundeshauptstadt Washington, D. C., und Kuba. Dabei gelangte die Post von Washington zunächst mit der Bahn bis Jacksonville, Florida, und von dort auf dem Seewege weiter nach Havana.
Auf dem letzten Teil der Bahnstrecke, zwischen Savannah, Georgia, und Jacksonville bewarben sich nun zwei Bahnen um das lukrative Bahnpost-Geschäft: die kleine Savannah, Florida & Western Railway und die große, soeben von John S. Williams reorganisierte Seabord Air Line Railway. Daher veranstaltete die Postbehörde einen Wettbewerb, wonach diejenige Bahn den Zuschlag erhalten sollte, die die kürzeste Fahrzeit zwischen Savannah und Jacksonville erzielte. Ein aus

acht Postwagen bestehender Zug dampfte von Washington über die Gleise der Richmond, Fredericksburg & Potomac Railroad bis Richmond, Virginia, und von dort weiter auf der Atlantic Coast Line Railroad bis Savannah. Dort wurde der Zug geteilt; vier Wagen erhielt die Seabord, die anderen vier kamen zur S F & W. Letztere führte zwischen Savannah und Jacksonville den Schnellzug Nr. 23, der eigentlich die Wagen hätte übernehmen sollen. Der Seabord-Zug lief normalerweise etwas später. Wegen des Wettbewerbs hatte die Seabord jedoch die Abfahrtszeit vorverlegt. Um die gleiche Abfahrtszeit zu halten, ohne ihre Fahrpläne allzu sehr in Unordnung zu bringen, ließ die S F & W die vier Postwagen als Sonderzug laufen; bespannt mit Lokomotive Nr. 107. Zug 23 folgte mit einer Stunde Abstand, gezogen von Lokomotive Nr. 111 (Bild 42).

107 und 111 waren die erste und die letzte von fünf 2 C-Schnellzuglokomotiven, die gerade ein Jahr zuvor von den Rhode Island Lokomotivwerken in Providence, Rhode Island, geliefert worden waren; später war noch eine sechste Maschine hinzugekommen, die 118, die jedoch von Baldwin erbaut war. Es waren die modernsten Schnellzuglokomotiven der S F & W, die im übrigen – abgesehen von ein paar alten Americans – ausschließlich Ten-Wheeler im Schnellzugdienst verwendete. Für ihre Zeit kann man sie als recht große Maschinen bezeichnen; mit einer Heizfläche von etwa 225 m² (Überhitzer gab es damals noch nicht) und einer Reibungslast von 481 kN (49 Mp) reichten sie schon fast an die erst 10 Jahre später erschienene preußische S 10 heran. Ganz ähnliche Lokomotiven liefen um die Jahrhundertwende bei vielen amerikanischen Bahnen, z. B. die Klasse T-25 der Southern Pacific Railroad oder 10 Lokomotiven (Nr. 1850 bis 1859) der Union Pacific Railroad, die sogar Treibraddurchmesser von 79 Zoll (2007 mm) aufwiesen. Auch zwischen den weiter vorn erwähnten großen Rennern der Lake Shore & Michigan Southern und ihren kleineren Südstaaten-Schwestern bestand eine starke »Familienähnlichkeit«. Stärker als in anderen Ländern prägten damals – aber nicht nur damals – gemeinsame Konstruktionsgrundsätze aller Hersteller das Bild der »typischen« amerikanischen Lokomotive.

Die Fahrt des Sonderzuges begann wenig erfolgversprechend. Schon kurz hinter Savannah zeigte sich ein Heißläufer an einem Treibachslager der 107 und die Fahrt mußte in Burroughs unterbrochen werden. Kurze Zeit später rauschte der Seabord-Zug vorbei, dessen Strecke sich hier mit der S F & W-Strecke kreuzt. Als die Seabord-Leute den liegengebliebenen Zug sahen, glaubten sie, gewonnenes Spiel und den begehrten Kontrakt sicher in der Tasche zu haben, doch es sollte anders kommen.

Inzwischen hatte sich der andere Zug mühsam weitergeschleppt, doch in Fleming, 24 Meilen (39 km) von Savannah entfernt war es endgültig zu Ende. Man wurde mit dem Heißläufer nicht fertig, die Verspätung betrug mittlerweile bereits eine Stunde und noch hatte man erst einen kleinen Teil der 149 Meilen (240 km) langen Strecke bewältigt. Und der Weg war noch 9 Meilen länger als die Seabord-Strecke, da er über den Knotenpunkt Waycross, Georgia, führte. Doch die Plant-Leute gaben sich nicht geschlagen. Gerade traf Zug 23 mit der 111 an der Spitze ebenfalls in Fleming ein. So wurde von der Leitung der Bahn die Anweisung gegeben, die beiden Lokomotiven auszutauschen und nach kurzer Zeit brauste die 111 mit dem Sonderzug davon.

Als Lokführer Albert Lodge den Regler öffnete – und ihn so weit und so lange es irgend ging geöffnet hielt – begann eine Fahrt, an die sich alle Beteiligten noch lange erinnerten. Da alle Züge, die sich auf der Strecke befanden, angewiesen waren, spätestens eine halbe Stunde vor Durchfahrt des Sonderzuges das Hauptgleis zu räumen und im Ausweichgleis (»In

Technische Daten

Bahnverwaltung	**Savannah, Florida & Western Railway (Plant System), USA**
Achsanordnung:	
Deutsche Bezeichnung	**2 C n2**
White classification	**4–6–0 (Ten-Wheeler)**
Bahnnummer	**111**
Erbauer	**Rhode Island Locomotive Works, Providence, Rhode Island**
Werknummer	
Baujahr	**1900**
Treibraddurchmesser	**73 in = 1854 mm**
Laufraddurchmesser	**31 in = 787 mm**
Zylinderdurchmesser	**19 in = 483 mm**
Kolbenhub	**28 in = 711 mm**
Feuerbüchsheizfläche (wasserber.)	**226 sq.ft. = 21 m²**
Verdampfungsheizfläche (wasserber.)	**2420 sq.ft = 225 m²**
Rohrlänge	**14 ft. = 4267 mm**
Rostfläche	**34 sq.ft = 3,16 m²**
Kesseldruck	**180 psi = 12,4 bar (12,7 kp/cm²)**
Reibungslast	**108 000 lbs = 481 kN (49 Mp)**
Dienstgewicht, Lokomotive	**146 000 lbs = 66,2 t**
Dienstgewicht, Lok + Tender	**253 000 lbs = 114,7 t**
Kohlenvorrat	**9,5 t**
Wassermenge	**5000 gal = 18,9 m³**
Höchste erreichte Geschwindigkeit	**(?) 120 mph = 193 km/h**
Treibraddrehzahl	**(?) 552 Upm**
Indizierte Leistung	**(?) 2600 PS 1900 kW**
Mittlere Kolbengeschwindigkeit	**(?) 13,09 m/s**
Vergleichsgeschwindigkeit (Reihe 01 DRG)	**208 km/h**

Bild 45: 2 C n2, Nr. 5039, der New York Central Railroad, Klasse F-46d. Ehemalige Nr. 564, Klasse E, der Lake Shore & Michigan Southern Railroad, erbaut 1891 von Brooks. Treibraddurchmesser 69 Zoll (1753 mm). Soll bei einer Langstrecken-Schnellfahrt im Jahre 1895 eine Geschwindigkeit von 92.8 mph (149,3 km/h) erreicht haben (Sammlung H. K. Vollrath, U.S.A.).

the hole«, wie man in Amerika sagt) zu warten, wobei sich die Lokführer persönlich von der richtigen Stellung und Verriegelung der Weichen zu überzeugen hatten, standen dem rasenden Sonderzug, außer zwei Langsamfahrstellen und einem Betriebshalt, keine weiteren Hindernisse mehr entgegen, vorausgesetzt, die Lokomotive hielt durch. Sie hielt durch und der Zug erreichte Jacksonville ungefähr eine Viertelstunde vor der Konkurrenz. Als der Zugführer der Seabord in das Telegraphenbüro des Bahnhofs kam, um seine Ankunftszeit registrieren zu lassen – er hatte den anderen Zug noch nicht bemerkt –, fragte er, in wieviel Stunden man wohl den Plant-Zug erwarte, er habe ihn bei der Durchfahrt in Burroughs mit einer alten, beschädigten Maschine stehen sehen. Es muß für ihn ein ziemlicher Schock gewesen sein, als ihm einer der anwesenden Plant-Leute antwortete: »Wir sind schon eine ganze Weile hier, denn wir haben nicht nur die eine Lokomotive«.

Als man die Fahrzeiten nachrechnete, stellte man fest, daß der Zug von Fleming bis Jacksonville eine Durchschnittsgeschwindigkeit von etwa 125 km/h erreicht hatte. Das bedeutete aber, daß der Zug längere Zeit mit 160 km/h gefahren sein mußte. Schon das war für die damalige Zeit ein außerordentlich hoher Wert. Nun behaupteten aber zwei Angestellte der Bahn, die auf dem Führerstand mitgefahren waren, daß der Zug kurz hinter Screven – rund 40 km vor Waycross – eine 5 Meilen (etwa 8 km) lange Strecke in 2,5 Minuten zurückgelegt habe. Das ergibt die unwahrscheinlich hohe Geschwindigkeit von 120 mph oder 193 km/h.

Dieser Rekord wurde sogleich von der Bahn bekanntgegeben und erregte natürlich gewaltiges Aufsehen. Aber es meldeten sich auch Zweifel. Immerhin hätte die 111 damit die Rekordgeschwindigkeit der berühmten Lokomotive 999 der New York Central Railroad, die 8 Jahre zuvor 181 km/h erreicht hatte – wie im vorigen Kapitel beschrieben –, noch um ein beträchtliches Stück überboten. Und die 999 war eine speziell für hohe Geschwindigkeiten gebaute Lokomotive mit Treibrädern von 2134 mm Durchmesser. Zudem war sie für die Schnellfahrt sorgfältig vorbereitet worden. Zwar befand sich die 111 sicherlich in gutem Unterhaltungszustand, sonst hätte sie die hohe Beanspruchung kaum durchgehalten, aber sie kam zu dieser Fahrt doch mehr zufällig, nämlich durch den unvorhergesehenen Ausfall der 107.

Wir wollen uns daher das »Wunderkind« und die näheren Umstände der Fahrt noch etwas genauer ansehen. Eine Faust-

formel im amerikanischen Lokomotivbau besagt, daß die Höchstgeschwindigkeit in Meilen pro Stunde, die man gefahrlos mit einer Dampflokomotive erreichen kann, ihrem Treibraddurchmesser in Zoll entspricht. Die Höchstgeschwindigkeit der 111 lag also bei etwa 73 mph oder rund 117 km/h. Das entspricht auch etwa dem, was man auf den ersten Blick von dieser Lokomotive erwartet hätte. Rechnet man den Anhaltswert auf die entsprechende Drehzahl um, so findet man mit 336 Upm eine Zahl, die fast genau den 340 Upm gleichkommt, die nach den TV, § 69, für deutsche Dampflokomotiven mit vorderem Drehgestell als Höchstdrehzahl zulässig war.
Natürlich kann dieser Wert unter den extremen Bedingungen einer Rekordfahrt erheblich überschritten werden. Bis zu welchem Maße, mögen zwei weit auseinanderliegende Beispiele zeigen. Bei der soeben erwähnten Schnellfahrt der New York Central 999 lag die Drehzahl der Treibräder um 34 % über dem Anhaltswert. 43 Jahre später, 1936, fuhr die Reichsbahnlokomotive 05 002 mit einer Geschwindigkeit von rund 200 km/h (Kapitel XX), wobei sich ihre 2300 mm großen Treibräder 462mal in der Minute drehten. Das bedeutet, daß die der amerikanischen Faustformel entsprechende Drehzahl um 37,5 % überschritten wurde. Wie man sieht, liegen beide Werte nahe beieinander. Um so unwahrscheinlicher ist es, daß die 111, die doch nur eine im normalen Betriebsdienst stehende Serien-Schnellzuglokomotive war, mit 552 Upm die Normaldrehzahl um ganze 64 % übertroffen haben soll.
Eine kleine Vorstellung von einer derartig hohen Drehzahl gewinnt man, wenn man sich überlegt, daß z. B. eine Schnellzuglokomotive der Reichsbahn-Baureihe 01 bis auf 208 km/h beschleunigt werden müßte, um an diesen Wert heranzukommen. Selbst wenn man irgendwie die erforderliche Leistung aufbringen könnte – dieser gewaltigen Drehzahl würde das Triebwerk kaum längere Zeit standhalten. Zwar war die 111 gegenüber der 01 nur ein Leichtgewicht, die Massenkräfte also entsprechend geringer, doch kommt erschwerend hinzu, daß bei der 111 wegen ihres größeren Kolbenhubes (711 mm gegen 660 mm bei der 01) die mittlere Kolbengeschwindigkeit mit 13,09 m/s einen Wert erreicht hätte, für den die 01 mit 224 km/h dahinrasen müßte. Doch lange vorher würde das Triebwerk schon seinen Geist aufgeben.
Aber sehen wir weiter. Die 5 Meilen, für die man angeblich nur 2½ Minuten benötigte, liegen in einem leichten Gefälle von 30 Fuß auf eine Meile, das entspricht etwa 5,7‰. Doch die überschlägige Nachrechnung zeigt, daß selbst dabei die Lokomotive noch ungefähr 2600 PS (über 1900 kW) leisten müßte. Dazu hätte der Kessel aber fast 32 t/h Dampf liefern müssen, was eine Heizflächenbelastung von mehr als 142 kg/m²h ergibt. Eine so gewaltige Dampfmenge konnte der kleine Kessel bestimmt nicht hervorbringen. Gehen wir zurück auf 160 bis 165 km/h, dann kommen wir auf etwa 1500 PS (1100 kW), wozu rund 17 t Dampf pro Stunde benötigt werden (Heizflächenbelastung etwas über 76 kg/m²h). Das sieht schon sehr viel realistischer aus.
Wie wir sehen, läßt sich also die Behauptung, die Lokomotive sei mit 120 mph gefahren, nicht aufrechterhalten. Weder von der Drehzahl, noch von der Leistung her gesehen, wäre die Lokomotive dazu imstande gewesen. Man muß sich also fragen, wie es zu dieser Messung gekommen ist. Auf dem Führerstand befanden sich, außer dem Lokführer und seinem Heizer, ein Hilfsheizer zum Vorziehen der Kohle und zwei Beobachter der Bahngesellschaft. Es ging demnach schon etwas beengt zu und bei der rasenden Fahrt konnten sich die beiden Beobachter oft nur mit Mühe auf den Beinen halten. Daß eine Zeitmessung unter diesen Umständen schwierig ist und leicht zu Fehlern führen kann, liegt auf der Hand. Und bei einer Zeit von nur 2½ Minuten wirken sich schon geringe Abweichungen erheblich aus. Hinzu kommt, daß nicht mit Stoppuhren gemessen, sondern die Zeit auf normalen Taschenuhren abgelesen wurde.
Noch im März 1901 erschien der erste Bericht über die Rekordfahrt in der »Railroad Gazette«, der auch in dem Buch* von R. E. Prince abgedruckt ist. Wegen der unglaublich hohen Geschwindigkeit hatte die Zeitschrift die Messung der beiden Beobachter angezweifelt und den Leiter des Maschinenwesens (Superintendent of motive power) der Bahn, W. E. Symons um eine Bestätigung gebeten. Zwar versicherte Symons, daß die Zeiten korrekt gemessen seien und daß sie durch die Angaben der Stellwerksbeamten an dem fraglichen Streckenabschnitt erhärtet würden, doch blieb die Zeitschrift bei ihrem Zweifel und gab zu bedenken, daß die amtlichen Entfernungen zwischen den Stellwerken nicht genau mit den tatsächlichen Streckenlängen übereinstimmen.
Zusammenfassend können wir feststellen, daß die 111 zwar mit Sicherheit keine 120 mph (193 km/h) gefahren ist, daß ihr jedoch mit aller Wahrscheinlichkeit der Ruhm verbleibt, der schnellste Ten-Wheeler der Welt gewesen zu sein. Aber es war nicht nur eine schnelle, sondern auch eine von der Form her recht ansprechende Lokomotive. Zwar entsprachen die meisten ihrer Einzelteile der im damaligen amerikanischen Lokomotivbau üblichen Praxis, doch hatte ihr Konstrukteur das alles in ausgewogeneren Maßen zusammengefügt, als es bei der Mehrzahl ihrer Schwestern der Fall war.
Wie bei allen großrädrigen Ten-Wheelern besaß der Kessel eine lange, schmale, zwischen den hinteren Kuppelrädern liegende Feuerbüchse. Dadurch ergibt sich eine relativ große Strahlungsheizfläche, die einerseits für eine gute Dampferzeugung sorgt, andererseits die Empfindlichkeit gegen Überlastung herabsetzt. Der Stehkessel hat einen größeren Durchmesser, als der Langkessel, doch schließt das kegelförmige Übergangsstück nicht unmittelbar an den Stehkessel

* Richard E. Prince, »Atlantic Coast Line Railroad«, USA, 1966.

an – wie beim »Wagon-Top«-Kessel –, sondern es ist noch ein zylindrischer Kesselschuß dazwischengefügt. Durch diese Form – »Extended-Wagon-Top«-Kessel genannt – konnte man den Dampfdom ohne Schwierigkeit in der Nähe der größten Dampferzeugung des Kessels unterbringen, wogegen man beim »Wagon-Top«-Kessel nur zwischen zwei Übeln wählen konnte: entweder setzte man den Dom auf den Stehkessel und hatte die Last mit der Verankerung der Feuerbüchsdecke, oder man versuchte den Dom auf dem kegelförmigen Kesselschuß unterzubringen, was konstruktiv und fertigungstechnisch genauso unangenehm war.
Die Rauchkammer war nach vorne verlängert und vor dem Rauchkammerträger hing ein senkrechtes Löschefallrohr. Der zylindrische Schornstein saß, wie bei den meisten amerikanischen Lokomotiven gebräuchlich und nicht nur vom ästhetischen Standpunkt aus wünschenswert, in der Ebene der Zylindermitten.
Treib- und Kuppelstangen besaßen, was damals noch nicht allgemein üblich war, Doppel-T-Profil. Damit läßt sich bei gleicher Steifigkeit das Gewicht reduzieren und die bei hohen Drehzahlen stark ansteigenden Massenkräfte werden geringer. Der zweischienige (»Alligator«)-Kreuzkopf, wies eine etwas ungewohnte Form auf. Bei ihm ist die Kolbenstange nicht durch den gewohnten Keil gehalten, sondern wird durch zwei Muttern festgezogen. Die kegelförmige Aufnahme für die Kolbenstange ist dabei in den vorderen Teil des Kreuzkopfes verlegt und im Kreuzkopfkörper ist eine Aussparung vorgesehen, durch die man an die Muttern herankommt. Diese Kreuzköpfe waren eine Zeitlang bei Bahnen im Süden der Vereinigten Staaten in Mode (Bild 41).
Nach ihrer sensationellen Fahrt blieb die 111 zunächst weiter im normalen Schnellzugdienst der Savannah, Florida & Western. Als ein Jahr später, 1902, die Bahn von der Atlantic Coast Line Railroad übernommen wurde, teilte man der Lokomotive zuerst die Nummer 274 zu. Später trug sie die Nummer 210 und die Klassenbezeichnung K-9. Die 5 anderen Lokomotiven der gleichen Klasse erhielten die Nummern 206 bis 211 (Bild 44). Im Laufe der Zeit wurden die Maschinen von der Bahn mit einigen Änderungen versehen. Die Kesselspeiseventile kamen von der Stehkesselrückwand auf die Kesseloberseite kurz hinter der Rauchkammer. Neue Führerhäuser gaben den Lokomotiven ein mehr dem Standard der Bahn entsprechendes Aussehen. Die Löschefallrohre bewährten sich nicht und verschwanden. Die schönen, großen, hölzernen Bahnräumer (Pilots) mußten aus Blechstreifen zusammengenieteten Platz machen. Der Hauptluftbehälter, der ursprünglich direkt hinter dem Rauchkammerträger zwischen den Rädern lag, wanderte seitlich unter das Umlaufblech. Natürlich mußte auch die Stirnlampe mit Ölbrenner einem elektrischen Scheinwerfer weichen; und schließlich erhielten wenigstens einige der Maschinen noch eine außenliegende Walschaerts-(Heusinger)-Steuerung.
Die 6 Maschinen der Klasse K-9 erreichten ein verhältnismäßig langes Leben, ein Beweis dafür, daß es nicht nur schnelle, sondern auch brauchbare Lokomotiven waren. Erst im Jahre 1942 – nach immerhin 42 Jahren Betriebsdienst – wurde die 111 ausgemustert. Ihre Spur verliert sich leider auf einem Schrottplatz. Auch hier hatte die Bahn nicht rechtzeitig bemerkt, daß der schnellste Ten-Wheeler der Welt einen Ehrenplatz in einem Museum verdient hätte.
Weil man der 2 C sehr hohe Geschwindigkeiten kaum zutraut, sei zum Schluß noch eine Rekordfahrt einer noch kleineren 2 C erwähnt, die durch Messungen besser belegt ist, als die Fahrt der 111. Direktor Dr. W. S. Webb der Lake Shore & Michigan Southern Railroad hatte im Jahre 1895 die Idee, einen Langstrecken-Rekord aufzustellen. Fünf Lokomotiven waren vorgesehen, nacheinander einen aus drei Wagen bestehenden Sonderzug mit größtmöglicher Geschwindigkeit über die 510 Meilen (820 km) lange Strecke von Chicago nach Buffalo zu befördern.
Die Fahrt war von Anfang an vom Pech verfolgt, vor allem erreichten auch die ersten vier Lokomotiven – alles Americans – nicht die Geschwindigkeiten, die man sich von ihnen erhofft hatte. Mit einiger Verspätung erreichte der Zug schließlich Erie, die letzte Lokwechselstation. Dort setzte sich ein kleiner Ten-Wheeler – die 564 (Klasse E, später Klasse F-46d der NYC, erbaut 1891 von Brooks) (Bild 45) – an die Spitze und nun begann eine Fahrt, mit der niemand gerechnet hatte. Der letzte, 86 Meilen (138 km) lange Abschnitt wurde mit einer Durchschnittsgeschwindigkeit von 72,92 mph (117,33 km/h) durchrast und damit die ganze Verspätung mehr als aufgeholt. Mit 64,8 mph (104,3 km/h) für die Gesamtstrecke war ein neuer Geschwindigkeitsrekord für Langstrecken aufgestellt.
Die höchste Geschwindigkeit, die die 564 auf ihrer Fahrt erreichte, betrug 92,8 mph (149,3 km/h) – und sie war mit Stoppuhren gemessen. Da der Treibraddurchmesser nur 69 Zoll (1753 mm) ausmachte, ergibt das eine Drehzahl von 451 Upm. Nach A. Staufer* waren die Räder sogar auf 67 Zoll (1702 mm) abgefahren, womit sich die Drehzahl auf ungefähr 460 Upm erhöht. Die Normaldrehzahl nach der weiter vorn angegebenen Faustformel wird damit zwar um etwa 38 % überschritten, jedoch liegt das, wie wir gesehen haben, noch im Rahmen dessen, was bei Rekordfahrten erreichbar ist.
Das Hauptergebnis dieser Fahrt aber war die daraus resultierende Vorliebe der Lake Shore für Ten-Wheeler, die schließlich zu den großen Maschinen der Klassen I und I-1 führte, die wir am Anfang dieses Kapitels kennengelernt haben. Und möglicherweise hat die Rekordfahrt der 111 auch irgend etwas damit zu tun.

* Alvin F. Staufer, »New York Central's Early Power«, USA, 1967.

VII. Gölsdorfs Glanzstück

2 B n2v, Reihe 6, K.u.K. Österreichische Staatsbahnen, Österreich

Österreich nimmt in der Geschichte des Lokomotivbaues eine bedeutende Stellung ein, die teilweise von seiner geografischen Lage im Alpenraum herrührte, teilweise aber auch von äußeren Zwängen gekennzeichnet war, in denen sich die Finanzpolitik des Staates widerspiegelte. Auf seinen Gebirgsstrecken wurden schon frühzeitig besonders kräftige Lokomotiven benötigt, die natürlich Aufsehen und Interesse in der Fachwelt erregten. Oftmals gaben sie Anstöße für weitere Entwicklungen oder beeinflußten die Konstruktionen in anderen Ländern.

Das begann 1854 mit der berühmten Semmering-Konkurrenz. 4 Wettbewerbslokomotiven wurden schließlich zugelassen, die die Strecke mehr schlecht als recht schafften. Um die, für die damalige Zeit sehr schweren Bedingungen zu erfüllen, hatten die Konstrukteure eine Menge neuartiger Ideen entwickelt, die aber zum großen Teil noch nicht ausgereift waren oder für die die Zeit noch nicht gekommen war. Und so blieb denn auch, wie es oft zu geschehen pflegt, der Gewinner nicht der Sieger; denn den ersten Preis erhielt zwar Maffeis »Bavaria«, aber eingeführt wurde eine Bauart, die überhaupt nicht am Wettbewerb teilgenommen hatte, nämlich die Engerth-Lokomotive. Diese Stütztender-Lokomotive war um die Mitte des vorigen Jahrhunderts eine zeitlang sehr beliebt und lief in zahlreichen Exemplaren – in den Ausführungen B 2, B 3, C 2 und C 3 – hauptsächlich in Österreich und der Schweiz. Daneben hatte manche konstruktive Idee, die Jahre später erschien, ihren Ursprung in den Semmering-Maschinen, konnte aber erst ausreifen, nachdem sich im Laufe der Zeit bessere konstruktive Bedingungen eingestellt hatten. Als Beispiel seien hier nur die Gelenklokomotiven der Systeme »Fairlie« und »Meyer« genannt.

Weitere bemerkenswerte österreichische Lokomotiven waren unter anderem die erste fünffach gekuppelte Güterzuglokomotive mit seitenverschieblichen Achsen, Reihe 80, die teure und störanfällige Gelenkmechanismen überflüssig machte, der erste Sechskuppler, Reihe 100, der leider ein Einzelstück blieb, bis zur gewaltigen 1 D 2-Schnellzuglokomotive der Reihe 214, Reihe 12 der österreichischen Bundesbahn (Bild 173), und zu den beiden etwas verunglückten 1 F 1-Zahnradtenderlokomotiven der Erzbergbahn, Reihe 97.4.

Andererseits hatten die österreichischen Lokomotivkonstrukteure lange Zeit mit dem Hemmnis der niedrigen Achslast zu kämpfen. Während in anderen Ländern schon längst 160 bis 170 kN (etwa 16 bis 17 Mp) Achslast zugelassen waren, blieb in Österreich die Achslast auf 140 kN (14,5 Mp) begrenzt. Offenbar wollte der österreichische Staat beim Bahnbau seine Sparsamkeit beweisen. Zwar ist der Unterschied in den Kosten für den Oberbau nicht sehr groß. Nur durch den Einbau von Schienen mit etwas geringerem Metergewicht und durch etwas größeren Schwellenabstand läßt sich hier Geld sparen, was aber, bezogen auf die Gesamtkosten, kaum ins Gewicht fällt. Der springende Punkt sind jedoch die teuren Brücken, die natürlich für niedrigere Achslasten erheblich billiger herzustellen sind und die bekanntlich auf Gebirgsstrecken besonders zahlreich benötigt werden.

Aber die zu krasse Begrenzung auf eine niedrige Achslast kann leicht zum Bumerang werden. Die Entwicklung zu schwereren Zügen läßt sich nicht aufhalten; schon allein durch internationale Bahnverbindungen, die in Österreich, dank seiner zentralen Lage in Mitteleuropa, zahlreicher waren als anderswo. Dazu benötigt man aber entweder kompliziertere Lokomotiven, als sie bei höherer zulässiger Achslast erforderlich gewesen wären, oder man muß öfter mit Vorspann fahren. Wie leicht zu sehen ist, verteuert beides den Betrieb und macht die Einsparungen, die durch geringere Investitionskosten gewonnen waren, zunichte. Und eine schließlich doch unvermeidliche Erhöhung der zulässigen Achslast erfordert meist einen Kapitalaufwand, der wesentlich größer ist, als er bei einer von Anfang an großzügigeren Auslegung nötig wäre.

Bild 46: 2 B n2v, Reihe 106, der Österreichischen Staatsbahn. Gebaut 1900 von der Wiener Lokomotivfabrik in Floridsdorf. Die Unterschiede zwischen den Reihen 6 und 106 sind nur sehr gering und äußerlich kaum wahrzunehmen. 1938 mit Reichsbahnnummer 13 102 (Aufnahme H. Maey, Sammlung des Verfassers).

Jedenfalls standen österreichische Lokomotiven lange Zeit unter dem Kennzeichen niedriger Achslasten. Aber ein Mann ist es, der aus diesem Handikap besonders interessante und Aufsehen erregende Konstruktionen abgeleitet hat, nämlich Karl Gölsdorf. Die meisten der von ihm entworfenen Lokomotivtypen waren jedoch nicht nur technisch gelungene Konstruktionen, sondern stellten darüber hinaus ästhetische Meisterwerke dar. So kam es, daß Österreichs Lokomotiven bald zu den elegantesten der ganzen Welt zählten. Dabei war ihre Eleganz von gänzlich anderer Art, als diejenige der ebenfalls als elegant geltenden englischen Lokomotiven. Darüber hinaus begründeten Gölsdorfs Konstruktionen ein charakteristisches und »typisch österreichisches« Bild der Lokomotive. Das entsprach allerdings einem allgemeineren Trend im europäischen Lokomotivbau. Nach dem anfänglich ziemlich einheitlichen Aussehen der Lokomotiven, das hauptsächlich auf den vorherrschenden Einfluß englischer Konstruktionen zurückzuführen war, bildeten sich etwa ab der Mitte des vorigen Jahrhunderts immer mehr eigene Konstruktionsmerkmale bei den einzelnen europäischen Bahnverwaltungen heraus und um die Jahrhundertwende waren die Unterschiede in den äußeren Erscheinungsformen so groß, daß man bei den meisten Lokomotiven mit einem Blick sofort die »Nationalität« erkennen konnte.

Aber nicht nur die Lokomotiven der verschiedenen Länder hatten ihr eigenes »Gesicht«, auch innerhalb der Staaten ließen sich oft deutliche Unterscheidungsmerkmale zwischen Fahrzeugen verschiedener Bahnverwaltungen feststellen. Wenn auch der Gegensatz nicht immer so kraß war, wie zwischen preußischen und bayrischen Lokomotiven oder jenen der großen englischen Bahnnetze, so kann der Kenner doch mit Leichtigkeit sehen, ob eine Maschine ihre Heimat bei der Paris-Lyon-Mittelmeer-Bahn oder der französischen Nordbahn hat, ob sie zur spanischen Norte oder zur Madrid-Zaragoza-Alicante gehört oder ob ihr Ursprung bei der österreichischen Südbahn oder der Kaiser-Ferdinands-Nordbahn liegt; um nur ein paar Beispiele zu nennen.

Später verwischten sich die Gegensätze mehr und mehr. Manche Baugrundsätze und viele Details im Lokomotivbau glichen sich über die Ländergrenzen hinweg einander an. Exportlieferungen brachten Merkmale der Lokomotiven eines Landes in andere Länder. So lassen sich manche moderne ju-

Bild 47

Bild 47: Wenn auch die Reihe 6 als die erste moderne österreichische 2 B-Schnellzuglokomotive beträchtliches und zweifellos berechtigtes Aufsehen erregte, so zeigte doch erst ihre Weiterentwicklung zur Reihe 206 mit noch um 130 mm höherliegendem Kessel und ohne die etwas bizarre Doppeldomanordnung ein wirklich modernes Aussehen. Dazu trugen außerdem die bei dem kürzeren Kessel etwas zurückgesetzte, aber längere Rauchkammer, das nunmehr gänzlich freiliegende Treibrad und der schwungvolle Ausschnitt in der Führerhausseitenwand nicht unwesentlich bei. Das Bild zeigt eine der letzten, im Jahre 1908 gelieferten Lokomotiven, die einen Heißdampfkessel und die Reihenbezeichnung 306 erhielten. Von der 206 unterschied sie sich äußerlich hauptsächlich durch den niedrigeren Dom und – nur auf der rechten Seite – das wegen des Kolbenschiebers im Hochdruck-Zylinder längere Schiebergehäuse.

Bild 48

2 B n2v, Reihe 6, K. u. K. Österreichische Staatsbahn, Österreich.

Bild 48: Die von Karl Gölsdorf entwickelte Reihe 6, deren erste, die 6.01, im Jahre 1894 durch das Werkstor der Wiener Lokomotivfabrik in Floridsdorf rollte, bedeutete einen erheblichen Schritt nach vorn. Bis dahin wurden Österreichs Schnellzüge durch 2 B-Lokomotiven befördert, die Außenrahmen, überhängende Zylinder, kurze Drehgestelle, kleine Treibräder und niedrige Kessellage besaßen und kaum über 90 km/h hinauskamen. Gölsdorf legte den Kessel etwa einen halben Meter höher, als bis dahin üblich, konstruierte ein extrem langes Drehgestell, machte die Treibräder 2100 mm groß und verwendete ein Zweizylinder-Verbund-Triebwerk. Es ist nicht verwunderlich, daß die Lokomotive bei der Probefahrt ohne Schwierigkeiten 130 km/h erreichte, was für die damaligen österreichischen Bahnen einen beachtlichen Rekord darstellte.

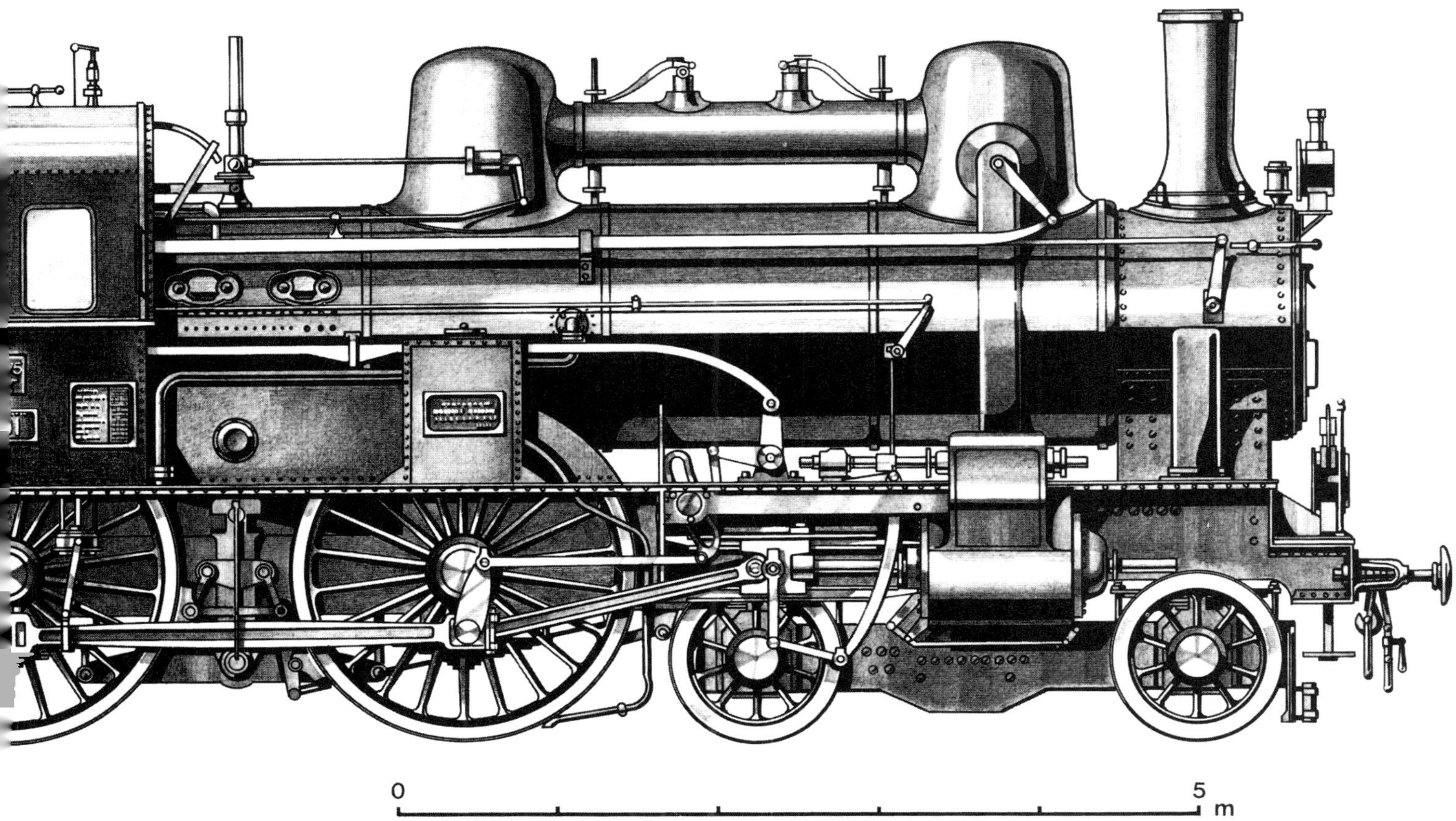

Bild 49: 2 B n2v, Reihe 206, der Österreichischen Staatsbahn. Gebaut 1903 in der Lokomotivfabrik Wiener Neustadt. Lokomotive 206.03 mit Dom auf dem vorderen Kesselschuß (Sammlung H. Griebl, Österreich).

goslawische oder bulgarische Maschinen der dreißiger Jahre auf den ersten Blick kaum von deutschen Einheitslokomotiven unterscheiden, während bei vielen türkischen Lokomotiven das preußische Element vorherrschte. Rumänien baute preußische und österreichische Maschinen nahezu ohne Änderung nach und auch der polnische Lokomotivbau lehnte sich ziemlich eng an deutsche Vorbilder an. Im zweiten Weltkrieg kam dann die Überschwemmung des Kontinents mit deutschen Lokomotiven – allen voran die Kriegslokomotiven – von denen viele auch nach Kriegsende in den betreffenden Ländern blieben und dort zum Teil länger eingesetzt waren, als in ihrem ursprünglichen Heimatland.

Zuletzt schließlich gelangte durch Importlieferungen aus den USA nach dem Kriege noch ein amerikanisches Element in die Szene und moderne Baugrundsätze brachten Maschinen hervor, an denen kaum noch eine nationale Eigenheit zu erkennen war. So wären z. B. die Neuentwürfe der Deutschen Bundesbahn in der Tschechoslowakei wohl kaum als fremdartig aufgefallen; die Einheitslokomotiven der British Railways – zum größten Teil außerordentlich elegante Maschinen – waren weniger »britisch« als die meisten ihrer Vorgängerinnen; die in Frankreich allgegenwärtigen 141R waren rein amerikanisch; und die 342 vorzüglichen 1 D 1-Maschinen der RENFE, die noch bis 1960 geliefert wurden, hätten genau so gut wie nach Spanien in jedes andere Land gepaßt.

Doch kehren wir zu Karl Gölsdorf und seinen bahnbrechenden Entwürfen zurück. 1861 geboren, konnte er in seiner Jugend den Übergang von der ungekuppelten zur zweifach gekuppelten Schnellzuglokomotive mit vorderer Laufachse oder schon mit, allerdings noch extrem kurzachsständigem Drehgestell, miterleben. Da bereits sein Vater, Louis Adolf Gölsdorf, als Chefkonstrukteur und später als Maschinendirektor der österreichischen Südbahn – sie war damals die größte Privatbahn der Monarchie – einen bekannten Namen besaß, ist es nicht verwunderlich, daß der Sohn ebenfalls Lokomotivbauer wurde. Jedoch ahnte wohl niemand, wieweit er seinen Vater schließlich übertreffen würde.

Karl Gölsdorf begann im Jahre 1892 seine Tätigkeit bei der österreichischen Staatsbahn. Sie war damals noch klein gegen die großen Privatbahnen, z. B. Kaiser-Ferdinands-Nordbahn, Südbahn, Kaiserin-Elisabeth-Westbahn, Österreichische Nordwestbahn, die erst Anfang des 20. Jahrhunderts verstaatlicht wurden. Dazu gehörte auch die Kaiserlich-Königliche Privilegierte Staatseisenbahn-Gesellschaft (STEG), die trotz ihres Namens ebenfalls eine Privatbahn war und eine sehr große dazu. Ihr Privileg bestand darin, daß sie auch

Bild 50: 2 B n2v, Reihe 6, der Österreichischen Staatsbahn. Lokomotive 6.51 gebaut 1897 von der Maschinenfabrik der STEG. Treibraddurchmesser 2140 mm, keine Drehgestellbremse. Gut zu erkennen ist die Verkleidung für das Einströmrohr vom vorderen Dampfdom zum Hochdruckzylinder. Die erste Lokomotive dieser Reihe soll bei Probefahrten 130 km/h ereicht haben (Sammlung Slezak, Österreich).

Strecken im ungarischen Teil der Doppelmonarchie betreiben durfte, der sonst der Ungarischen Staatsbahn vorbehalten war.

Die »typische« österreichische Lokomotive der damaligen Zeit war durch kurze Achsstände, Außenrahmen mit Hall'schen Kurbeln und sehr niedrige Kessellage gekennzeichnet. Die bei den meisten Bahnen verwendeten 2 B-Schnellzuglokomotiven besaßen recht kurze Drehgestelle mit etwa 1700 mm Achsstand. Die größten Treibraddurchmesser betrugen 1960 mm und die Kesselmitte lag nur etwa 2 m über Schienenoberkante. Die Stephenson-Steuerung war außerhalb des Rahmens angeordnet, jedoch zwischen Rahmen und Treibstange. Angetrieben wurde die erste Kuppelachse und wegen des kurzen Drehgestellradstandes befanden sich die Zylinder etwa in Höhe der vorderen Laufachse. Bei Außenrahmen geht das natürlich ohne Schwierigkeiten und ohne daß man die Zylinder schräg legen muß. Der Kessel war so weit nach vorne geschoben, daß die Mittelachse des Schornsteins ebenfalls etwa mit der vorderen Laufachse zusammenfiel. Der hohe Dampfdom mit Federwaagensicherheitsventil lag auf dem mittleren oder dem vorderen Kesselschuß. Durch den Außenrahmen hatte man den Vorteil, die ganze Breite zwischen den Rädern für den Stehkessel ausnützen zu können. Da jedoch dieser die hintere Kuppelachse überragte, war die Ausbildung des Aschkastens nicht ganz einfach und darüberhinaus war diese Achse anfällig für Heißläufer.

Ganz ähnliche Maschinen liefen zur damaligen Zeit bei der bayerischen und bei der badischen Staatsbahn sowie bei der schweizerischen Nordost-Bahn. Im allgemeinen reichten diese Lokomotiven für die noch herrschenden niedrigen Geschwindigkeiten und leichten Wagen aus. Jedoch begann im letzten Jahrzehnt des vorigen Jahrhunderts, bedingt durch einen allgemeinen wirtschaftlichen Aufschwung, eine vermehrte Reiselust der Bevölkerung, wobei das Publikum nicht nur mehr Züge forderte, sondern diese sollten gleichzeitig auch noch komfortabler und schneller sein. Komfortabler bedeutete aber, daß die Bahnverwaltungen gezwungen waren, modernere und schwerere Schnellzugwagen zu beschaffen – der Leichtbau unserer Tage war damals noch unbekannt – und diese außerdem in schnellere Züge einzustellen. Natürlich war man mit der Leistung der Schnellzuglokomotiven bald am Ende und es gab auch keine Möglichkeit, diese auf dem bisherigen Wege wesentlich zu steigern. Also mußte man sich einen anderen Weg einfallen lassen.

Das war die Situation, die Gölsdorf bei seinem Amtsantritt vorfand. Es dauerte jedoch nicht lange, bis er eine Lösung des

Problems fand. Im Jahre 1893 legte er der Staatsbahn-Verwaltung seinen Entwurf einer 2 B-Schnellzuglokomotive vor, die alle bisherigen Maschinen weit übertreffen sollte. Vom Chefkonstrukteur der Wiener Lokomotivfabrik, Max Österreicher, wurde der Entwurf ausgearbeitet und im Jahre 1894 verließ als erste die Lokomotive 6.01 das Werk in Floridsdorf. Durch ihre zahlreichen Neuerungen und durch das vom bisher gewohnten gänzlich abweichende Aussehen fand die Lokomotive nicht nur in Fachkreisen große Beachtung. Auch die Öffentlichkeit nahm lebhaften Anteil an der neuen Maschine, von der man sich eine wesentliche Verbesserung der Reisezeiten erhoffte. Eine Wiener Zeitung stellte sie ihren Lesern sogar in einem großen Bild auf der Titelseite vor. Man kann das Aufsehen, das das Erscheinen dieser für die damalige Zeit recht großen Lokomotive hervorrief etwa mit dem vergleichen, das heutzutage durch ein neues Großraumflugzeug oder den Start einer Raumfähre erregt würde.

Schauen wir uns also den neuen Star der Schienen einmal aus der Nähe an (Bild 48). Auffälligste Merkmale sind der hochliegende Kessel mit Doppeldom, das Drehgestell mit dem ungewöhnlich großen Radstand von 2700 mm, Treibräder mit 2140 mm Durchmesser und ein Zweizylinder-Verbund-Triebwerk mit außenliegender Heusinger-(Walschaerts)-Steuerung.

Die hohe Kessellage bestimmte mehr als alles andere das Bild der neuen Lokomotive. Mit 2570 mm über Schienenoberkante übertraf das Höhenmaß des Kessels alle anderen österreichischen Schnellzuglokomotiven um mindestens einen halben Meter. Und da der Kessel zudem einen größeren Durchmesser als die bisherigen hatte, rückte der Kesselscheitel noch etwas höher. Daß eine Lokomotive um so leichter umkippt, je höher der Kessel liegt, stimmt zwar theoretisch; in der Praxis zeigte sich jedoch, daß auch bei noch wesentlich höherer Kessellage die Standsicherheit immer noch ausreichte, und es ist sicherlich keine Lokomotive nur aus diesem Grunde umgefallen. Andererseits gewann man gerade in diesen Jahren die wertvolle Erkenntnis, daß Maschinen mit höher liegendem Kessel ruhiger liefen als andere. Wir hatten schon mehrmals auf diese Tatsache hingewiesen, die auch Jahn in seinem grundlegenden Buch* als eines der Leitthemen verwendet.

Natürlich konnte eine solche Erkenntnis nur durch Versuche und Erfahrungen gewonnen werden; Berechnungsmethoden für das dynamische Verhalten der Lokomotive im Gleis gab es damals noch nicht. Um so bewundernswerter ist es, daß Gölsdorf gleich einen so großen Schritt nach oben wagte. Woanders war man da weit ängstlicher. Zwar lief ein Jahr vor dem Erscheinen der Reihe 6 die berühmte Lokomotive 999 der New York Central Railroad in den Vereinigten Staaten, deren Kessel sogar eine Mittelhöhe von 8 Fuß, 11½ Zoll (2730 mm) aufwies, auf ihrer Rekordfahrt mit über 180 km/h (Kapitel V), ohne auch nur die geringste Neigung zum Entgleisen oder Kippen zu zeigen; die Kesselhöhen der landläufigen »American«-Schnellzuglokomotiven lagen jedoch immer noch zwischen etwa 7 Fuß 2 Zoll und 7 Fuß 4 Zoll (2184 bis 2235 mm), also nur wenig höher, als die der alten österreichischen Maschinen. Auch in Europa hatte der »Höhenflug« der Kessel noch nicht begonnen. Die ein Jahr vor der Reihe 6 erschienene modernste Schnellzuglokomotive der preußischen Staatsbahn, die 2 B n2v der Gattung S 3, hob sich mit einem Kesselhöhenmaß von 2260 mm ebenfalls nicht aus dem allgemeinen Niveau heraus. Dabei hatte man in Kauf genommen, daß das Kesselmantelblech in gefährlicher Nähe der Spurkränze der Kuppelräder lag und daß man den Stehkessel tief

Technische Daten

Bahnverwaltung	**K. u. K. Österreichische Staatsbahn, Österreich**
Achsanordnung:	
Deutsche Bezeichnung	**2 B n2v**
White classification	**4–4–0 (American)**
Bahnnummer	**6.01**
Erbauer	**Wiener Lokomotivfabrik AG, Wien-Floridsdorf**
Werknummer	**915**
Baujahr	**1894**
Treibraddurchmesser	**2140 mm**
Laufraddurchmesser	**1034 mm**
Zylinderdurchmesser: Hochdruck	**500 mm**
Zylinderdurchmesser: Niederdruck	**740 mm**
Kolbenhub	**680 mm**
Feuerbüchsheizfläche (feuerber.)	**11,0 m²**
Verdampfungsheizfläche (feuerber.)	**155,5 m²**
Rohrlänge	**4400 mm**
Rostfläche	**2,9 m²**
Kesseldruck	**13 kp/cm² (12,8 bar)**
Reibungslast	**282,5 kN (28,8 Mp)**
Dienstgewicht, Lokomotive	**55,4 t**
Dienstgewicht, Lok + Tender	**94,2 t**
Kohlenvorrat	**8,5 t**
Wassermenge	**16,75 m³**
Höchste erreichte Geschwindigkeit	**130 km/h**
Treibraddrehzahl	**322 Upm**
Indizierte Leistung	**1060 PS (780 kW)**
Mittlere Kolbengeschwindigkeit	**7,31 m/s**
Vergleichsgeschwindigkeit (Reihe 01 DRG)	**121 km/h**

* J. Jahn, »Die Dampflokomotive in entwicklungsgeschichtlicher Darstellung ihres Gesamtaufbaues«, Deutschland, 1924.

Bild 51: 2 B 1 n4v, Reihe 108, der Österreichischen Staatsbahn. Lokomotive 108.02 gebaut 1903 von der Böhmisch-Mährischen Maschinenfabrik. Die 108 wird oft als die schönste Lokomotive Gölsdorfs bezeichnet (Sammlung H. Griebl, Österreich).

zwischen die Rahmenbleche zwängen mußte.
Gölsdorf hingegen hatte den Kessel seiner Lokomotive so hoch gelegt, daß er den Stehkessel *auf* den Rahmen stellen und damit die volle Breite zwischen den Kuppelrädern nutzen konnte. Jedoch auch er hatte offenbar der Sache anfangs noch nicht recht getraut, denn um Platz für den Stehkessel zu schaffen, mußte er die Rahmenoberkante hinter der Treibachse stark herabkröpfen, was natürlich eine nicht ganz unbedenkliche Rahmenschwächung bedeutete. Erst neun Jahre später, bei der Weiterentwicklung der Reihe 6 zur Reihe 206 (Bild 49) rückte er den Kessel nochmals um 130 mm höher auf 2800 mm, ein Maß, an das sich z. B. die preußische Staatsbahn erst 1910 mit der 2 C h4-Schnellzuglokomotive der Gattung S 10 wagte. Damit ließ sich die Schwachstelle des Rahmens beseitigen.
Der Doppeldom mit Verbindungsrohr, der der Lokomotive ein etwas skurriles Aussehen verlieh, war ein besonderes Merkmal vieler Gölsdorf'scher Entwürfe. Damit sollte die Gefahr des Wasserüberreißens bei hoher Dampfleistung des Kessels gemindert werden. Ein Teil des Dampfstromes gelangt vom hinteren Dom durch das Verbindungsrohr zum Regler, der im vorderen Dom untergebracht ist. Durch das Hochsteigen im Dom und die Umlenkung in das Verbindungsrohr wird der größte Teil des mitgeführten Wassers schon an dieser Stelle wieder aus dem Dampf ausgeschieden. Der zweite Teilstrom, der auf dem Wege zum Regler über die Wasseroberfläche hinwegstreicht, hat aber nun eine sehr viel niedrigere Geschwindigkeit und kann aus diesem Grunde auch keine größeren Wassermengen mehr mitschleppen.
Das war die Idee. In der Praxis scheint der Erfolg nicht ganz so bemerkenswert gewesen zu sein, wie man sich ihn erhoffte. Zudem ist ein derartiger Kessel ein wesentlich komplizierteres Bauteil, als ein solcher mit nur einem Dom. Außerdem kann sich das Verbindungsrohr, wenn kein Dampf entnommen wird, stärker abkühlen, als der übrige Kessel und damit unangenehme Wärmespannungen hervorrufen. Jedenfalls kehrte Gölsdorf etwa um die Jahrhundertwende zum normalen Kessel zurück.
Den Doppeldomkessel hatte er bei den Lokomotiven der Staatseisenbahn-Gesellschaft (STEG) gesehen, die von Ernest Polonceau – dem späteren Chefkonstrukteur der Paris-Orléans-Bahn – während seiner Tätigkeit in Österreich erbaut waren, wie in Kapitel IV beschrieben. Polonceau hatte den hinteren Dampfdom direkt auf den Stehkessel gesetzt, wozu

Bild 52: 1 C 2 h4v, Reihe 310, der Österreichischen Staatsbahn. Lokomotive 310.05 mit Reichsbahn-Nummer 16 001 in Wien, Westbahnhof. Gebaut 1911 in Floridsdorf (Aufnahme H. Maey, Sammlung des Verfassers).

er auch noch eine stehbolzenlose Feuerbüchsdecke erfinden mußte. So weit ging Gölsdorf jedoch nicht. Er ließ den Stehkessel unangetastet und brachte den hinteren Dom auf dem letzten Langkesselschuß unter. Dadurch wurde auch das Verbindungsrohr etwas kürzer, womit sich die Gefahr der Wärmespannungen verringerte.

Nach dem ersten Weltkrieg blieben zahlreiche österreichische Lokomotiven in den Nachfolgestaaten der Donaumonarchie zurück und der Anblick von Maschinen mit Doppeldom gehörte dort zum gewohnten Bild. Besonders in der Tschechoslowakei freundete man sich mit dieser Bauform an und die tschechoslowakische Staatsbahn beschaffte in den zwanziger Jahren eine größere Zahl solcher Lokomotiven. Bezeichnenderweise waren dabei meistens die beiden Dampfdome noch näher aneinander gerückt, als bei den Österreichern. Sonst war diese eigenartige Kesselbauart kaum bekannt. Einige solcher Lokomotiven konnte man in Württemberg und Sachsen sehen. Interessanterweise saß bei der sächsischen 2 C h4-Schnellzuglokomotive, Gattung XII H, der Regler im hinteren Dom, was noch weniger eine so aufwendige Konstruktion rechtfertigte.

Natürlich konnte in England eine solche »Verrücktheit« nicht gebaut werden. Ein Doppeldom-Kessel muß für englische Augen ein wahrer »horror« gewesen sein; bedeutete doch manchem Konstrukteur schon ein einfacher Dampfdom ein »Zuviel« an Kesselaufbauten. Auch in Amerika gab es diese Form kaum. 1911 baute die Louisville & Nashville Railroad 25 Consolidations, die zwei verhältnismäßig nahe beieinanderliegende Dampfdome mit Verbindungsrohr und – ähnlich den sächsischen Maschinen – an die Dome angesetzte Sandkästen hatten. Jedoch blieb es bei dem Versuch. Später entfernte man den vorderen Dom und das Verbindungsrohr und nur ein Flansch am hinteren Dom erinnerte noch an die ursprüngliche Form.

Die beiden Federwaagen-Sicherheitsventile hatte Gölsdorf auf das Verbindungsrohr gesetzt. Jedoch nur die Reihe 6 hatte diese Ausführung. Bei allen späteren Doppeldom-Kesseln saßen die Sicherheitsventile am hinteren Dom, meist als Pop-Ventile auf seitlichen Stutzen.

Um Massenkräfte und Reibung auch bei höheren Geschwindigkeiten in Grenzen zu halten, wählte Gölsdorf einen Treibraddurchmesser von 2140 mm. Das entsprach ziemlich genau dem damals in England noch sehr gebräuchlichen Maß von 7 Fuß (2134 mm) für zweifach gekuppelte Schnellzuglokomoti-

Bild 53: 2 B h2v, Reihe 306, der Österreichischen Staatsbahn. Lokomotive 306.01 gebaut 1908 von der Maschinenfabrik der STEG. Von dieser Heißdampf-Version der 206 gab es nur 5 Stück (Sammlung H. Griebl, Österreich).

ven. Auf dem Kontinent, aber auch in Amerika, blieb man eher unter zwei Metern – von Ausnahmen wie der schon erwähnten New York Central 999 mit 86 Zoll (2184 mm) natürlich abgesehen. Für Österreich mit seinen zahlreichen Gebirgsstrecken waren so große Treibräder besonders ungewöhnlich, doch blieb Gölsdorf auch bei späteren Schnellzuglokomotiven, wie den Reihen 108 (Bild 51) und 210/310 (Bild 52) bei diesem Maß.

Der Antrieb erfolgte über ein Zweizylinder-Verbundtriebwerk. Auch das war etwas neues für Österreich. Zwar war das Verbund-System bereits in der Mitte des vorigen Jahrhunderts erfunden worden und 1876 hatte Anatole Mallet seine drei B 1 n2v-Tenderlokomotiven für die Bayonne-Biarritz-Bahn gebaut, die ersten Verbund-Maschinen, die sich auf die Dauer bewährten. Doch erst am Ende der achtziger Jahre begann das Verbund-System sich allgemein durchzusetzen. Dabei wandte man das vom Aufbau her einfachste, das Zweizylinder-Verbund-Triebwerk, nur in den ersten Jahren bei Schnellzuglokomotiven an – solange sie noch klein und leicht waren. Denn außer den im System liegenden Vorteilen des geringeren Kohle- und Wasserverbrauchs brachte es keine Verbesserung hinsichtlich der Massenkräfte. Im Gegenteil, durch die größeren Massen von Niederdruck-Kolben- und -Schieber sind diese Kräfte auf den beiden Seiten nicht gleich groß. Daher beschränkte man dieses System auf weniger schnellfahrende Personenzug- und Güterzug-Lokomotiven. Für Schnellzuglokomotiven griff man lieber zum Vierzylinder-Verbund-Triebwerk, das zwar komplizierter und teurer war, dessen Aufwand aber bei den hohen Drehzahlen dieser Maschinen durchaus lohnend erschien. Dreizylinder-Verbund-Triebwerke sind seltener gebaut worden und eigentlich hat erst André Chapelon diese Form 1946 in seiner 242-A1 zur Vollendung gebracht. Da aber war es schon zu spät.

Bereits Gölsdorf's erster Entwurf, die C-Güterzuglokomotive, Reihe 59, besaß ein Zweizylinder-Verbund-Triebwerk. Jedoch hat er dieses bei seinen Schnellzuglokomotiven, außer für die Reihe 6 und ihre Weiterentwicklungen 106 und 206, nur noch einmal für die 1898 erschienene große 2 C-Maschine, Reihe 9, angewandt. Alle anderen Schnellzuglokomotiven rüstete er aus den eben erläuterten Gründen mit einem Vierzylinder-Verbund-Triebwerk aus. Dem auf der rechten Seite liegenden Hochdruckzylinder der Reihe 6 wurde der Frischdampf aus dem direkt über ihm liegenden vorderen Dom durch ein außen am Kessel unter einer Blechverkleidung entlanggeführtes

Rohr zugeleitet (Bild 50).
Ein Nachteil aller Verbundlokomotiven ist es, daß sie einer Anfahrvorrichtung bedürfen, da zu dem Zeitpunkt, an dem die höchste Zugkraft gebraucht wird – nämlich beim Anfahren – das Niederdrucktriebwerk noch keinen Dampf bekommt. Bei Zweizylinder-Verbundmaschinen könnte sogar, wenn zufällig das Hochdrucktriebwerk im Totpunkt steht, das Anfahren überhaupt unmöglich sein. Zahlreiche mehr oder weniger komplizierte Anfahrvorrichtungen sind erfunden und viele auch gebaut worden. Die einfachste von allen jedoch stammt von Gölsdorf. Durch zwei Bohrungen im Schieberspiegel des Niederdruckzylinders, die mit der Frischdampfzuführung verbunden waren, konnte dieser, wenn die Steuerung auf über 65 % Füllung ausgelegt war, mit Frischdampf versorgt werden, der durch die langen und dünnen Bohrungen entsprechend gedrosselt war. Natürlich war diese Vorrichtung keine Wechseleinrichtung, d. h. man konnte nicht zu einem beliebigen Zeitpunkt von Verbund- auf Zwillingswirkung umschalten. Doch offenbar sah weder Gölsdorf noch die Staatsbahnverwaltung dies als gravierenden Nachteil an, denn sie wurde bei vielen Verbund-Lokomotiven verwendet und auch in anderen Ländern fand man Gefallen an ihr – und sei es auch nur wegen ihrer bestechenden Einfachheit.
Das waren einige wesentliche Merkmale der neuen österreichischen Schnellzuglokomotive. Dem zeitgenössischen Beschauer bot sie nicht nur den Eindruck einer großen, sondern auch einer schnellen Maschine. Abgesehen von den großen Treibrädern trug dazu vor allem das überlange Drehgestell bei. Mit einem Radstand von 2700 mm übertraf es nicht nur die bis dahin üblichen Maße um einen Meter und mehr, sondern auch später wurde nirgendwo wieder ein so großes Drehgestell vorgesehen. Trotzdem war der Gesamtachsstand der Lokomotive mit 7300 mm noch 100 mm kleiner, als der der etwa gleichaltrigen preußischen S3. Gölsdorf hatte das Drehgestell so dicht an die Kuppelräder geschoben, damit es einen möglichst großen Lastanteil übernehmen konnte. So erhält bei der Reihe 6 das Drehgestell 48 % der Gesamtlast, während bei der S3 dieser Anteil nur knapp 39 % beträgt. Auf diese Weise gelang es aber Gölsdorf, auf seiner Lokomotive einen Kessel unterzubringen, der denjenigen der S3 in der Heizfläche um 32 % übertraf (155,5 m² gegen 117,7 m² bei der S3). Und das, obwohl die österreichische Maschine mit 141,3 kN (14,4 Mp) Last für die Kuppelachsen auskommen mußte, die preußische dagegen damals schon 147 kN (15Mp) ausnutzen konnte.
Da der Drehzapfen des Drehgestells um 90 mm aus der Mitte nach hinten versetzt war, konnte Gölsdorf auf eine Rückstellvorrichtung verzichten. Einerseits ließen sich so, durch den längeren Hebelarm, die Querkräfte, die beim Kurvenlauf auf die führende Laufachse wirken, verringern, andererseits zeigte sich hier wieder der Wunsch – oder der Zwang, wie man vielleicht besser sagen sollte –, Gewicht zu sparen, der sich auch darin zeigte, daß das Drehgestell keine Bremse erhielt.
Konnte nun die Reihe 6 die in sie gesetzten Hoffnungen erfüllen? Die ersten Probefahrten zeigten, daß der Gölsdorf'sche Entwurf ein voller Erfolg war. Uns interessiert in diesem Zusammenhang natürlich vor allem die erreichte Höchstgeschwindigkeit. In der Literatur wird dazu immer wieder erwähnt, daß die Lokomotive bei Probefahrten mit einem aus 2 Wagen bestehenden Zuge 130 km/h gefahren sein soll. Nähere Angaben über Zeit und Ort sowie über die Art der Geschwindigkeits-Messung werden allerdings nicht angegeben. 130 km/h sind zwar, verglichen mit den Werten, die wir bisher kennengelernt haben und die wir noch kennenlernen werden, kein sehr hoher Wert, doch für die damaligen Verhältnisse in Österreich, wo die Höchstgeschwindigkeiten der Schnellzüge kaum 90 km/h erreichten – und oft weiter darunter lagen – war diese Zahl doch recht beachtlich. Man muß auch berücksichtigen, daß es keine nur für diesen Zweck gebaute Höchstgeschwindigkeits-Lokomotive war und daß sie normalerweise in Geschwindigkeitsbereichen eingesetzt werden sollte, die heute von Güterzügen gefahren werden.
Immerhin mußte die Lokomotive bei der angegebenen Geschwindigkeit von 130 km/h trotz der geringen Anhängelast eine indizierte Leistung von etwa 1060 PS (780 kW) aufbringen. Dazu bedurfte es einer Dampferzeugung des Kessels von rund 13 t/h. Das erscheint viel für eine 2 B-Lokomotive, man darf jedoch nicht vergessen, daß der Kessel, bei gleicher Rostfläche, eine größere Verdampfungsheizfläche aufwies, als derjenige der 13 Jahre später entstandenen 1 C 1 n2v-Personenzuglokomotive der Reihe 329.
Nach Beendigung der Probefahrten wurden die neuen Schnellzuglokomotiven vor den wichtigsten Fernzügen eingesetzt und konnten Fahrzeitverkürzungen bis zu 40 % herausholen. Bis zum Jahre 1898 wurden 68 Maschinen der Reihe 6 von den 3 Werken Floridsdorf, Wiener Neustadt und STEG geliefert. Dann wurde der Entwurf etwas überarbeitet, um einige Mängel, die sich an der 6 gezeigt hatten, zu beseitigen. Von dieser, nun als 106 bezeichneten Reihe, lieferten die drei genannten Werke 99 Stück an die Staatsbahn. Hinzu kamen 27 Maschinen für die Südbahn, von denen einige auch der Maschinenfabrik der königlich ungarischen Staatseisenbahn in Budapest entstammten. Eine weitere eingehendere Überarbeitung im Jahre 1903 führte schließlich zu Reihe 206. Der Kessel wurde auf 2800 mm Mittenhöhe gebracht, wobei die Rohrlänge von 4400 mm auf 3900 mm gekürzt wurde. Der Schornstein lag nun nicht mehr, wie bei der 6/106 genau über der vorderen Laufachse, sondern etwas dahinter. Statt des Doppeldomes war nur noch ein einfacher und dabei wesentlich niedrigerer Dampfdom vorhanden. Das Führerhaus wurde verkürzt und der seitliche Ausschnitt in einem schwungvollen Bogen geführt. Es blieb jedoch der für österreichische Lokomotiven von der Zeit an so charakteristische

stufenlose Übergang von der graden Seitenwand in die Dachrundung ohne abgesetztes Dachblech. Das Treibrad lag völlig frei, da das Umlaufblech an dieser Stelle hochgezogen wurde, dagegen war der obere Teil des Kuppelrades durch das Führerhaus verdeckt, das dazu unten als Radschutzkasten vorgezogen war. Wie auch die 6/106 erhielten die 206er nur einen dreiachsigen Tender, der in seinem Fassungsvermögen etwa dem der Deutschen Reichsbahn-Einheitslokomotive Reihe 24 entsprach.

Die 206 war zweifellos eine der schönsten und elegantesten österreichischen Lokomotiven überhaupt; sie konnte in dieser Beziehung aber auch mit zahlreichen Lokomotiven anderer Länder konkurrieren. Die Lieferungen, an denen sich, außer den schon genannten 4 Firmen, auch noch die Böhmisch-Mährische Maschinenfabrik in Prag beteiligte, umfaßten bis zum Jahre 1907 für die Staatsbahn 70 und für die Südbahn 19 Stück. 1908 erschienen dann noch 3 Maschinen in Heißdampfausführung als Reihe 306 (Bild 53), denen 2 Jahre später noch zwei gleiche für die Südbahn folgten. Im Gegensatz zu Garbe, der bei seinen Heißdampflokomotiven auf die Verbundwirkung verzichtete und den Kesseldruck herabsetzte, erhöhte Gölsdorf bei der 306 den Kesseldurck noch um 2 bar und blieb beim Zwei-Zylinder-Verbundtriebwerk.

So liefen schließlich in Österreich 288 dieser großen und berühmten 2 B-Schnellzuglokomotiven. Doch auch hier kam es wie in vielen anderen Ländern; die Züge wurden immer schwerer, es mußten größere und stärkere Schnellzuglokomotiven beschafft werden und die 2 B-Maschinen wanderten mehr und mehr in untergeordnete Dienste ab. Hierfür waren sie jedoch durch die sehr großen Treibräder nicht besonders geeignet. Zudem war die fehlende Rückstellvorrichtung des Drehgestells bei den oft engen Gleisbögen manchmal hinderlich. Und schließlich zeigte sich vor langsameren Zügen, daß die Feueranfachung zu wünschen übrig ließ, bedingt durch die niedrige Frequenz des Auspuffs beim Zweizylinder-Verbundtriebwerk, die auch wegen der verhältnismäßig kleinen Rauchkammer ohne Ausgleich blieb. Dennoch musterten die sparsamen Bahnverwaltungen bis zum ersten Weltkrieg keine von ihnen aus.

Nach Kriegsende kamen insgesamt 109 Maschinen zur österreichischen Bundesbahn, die dann in den zwanziger und dreißiger Jahren zum größten Teil ausgemustert wurden. Bis 1931 waren bereits alle 6er verschwunden; von den übrigen liefen nach 1938 noch einige kurze Zeit mit Reichsbahn-Nummern (Reihe 13.1 für die 106/206 und Reihe 13.2 für die 306), doch den zweiten Weltkrieg überdauerten nur ein paar Exemplare; und das auch nur als fahrbare Heiz- oder Auswaschanlagen.

Leider ist keine dieser interessanten und zu ihrer Zeit fast revolutionären Lokomotiven als Zeichen von Gölsdorfs Lokomotivbaukunst – wie man hier wohl mit Recht sagen kann – der Nachwelt erhalten geblieben. Doch zum Glück vermitteln uns zahlreiche Fotos ein gutes Bild und einen bleibenden Eindruck von Gölsdorfs Glanzstücken.

VIII. Schnelle Atlantic aus Frankreich

2 B 1 n4v, Nr. 2643, Compagnie du Nord, Frankreich

Gegen Ende des 19. Jahrhunderts hatte die klassische Schnellzuglokomotive dieses Jahrhunderts, die 2 B oder American, die Grenze ihrer Leistungsfähigkeit erreicht, und neuere Bauarten übernahmen die Spitzen der schnelleren und schwereren Expreßzüge. Wie so häufig, ging Amerika in der Entwicklung dieser Bauarten voran und Europa folgte mit einigen Jahren Abstand, wobei hier noch bis in die zwanziger Jahre 2 B-Lokomotiven vor Schnellzügen zu sehen waren und in England sogar noch neu konstruiert wurden (z. B. die »Shire«-Klasse der LNER und die »School«-Klasse (Bild 86) der Southern Railway).

Bevor sich jedoch die klassische Schnellzuglokomotive des 20. Jahrhunderts, die 2 C 1 oder Pacific, endgültig durchgesetzt hatte, waren es zwei andere Bauarten, mit denen die Bahnverwaltungen hofften, die Fahrzeiten für die ständig schwerer werdenden Schnellzüge nicht nur halten, sondern möglichst noch verkürzen zu können. Beide waren fünfachsig, hatten also eine Achse mehr als die American, aber eine Achse weniger als die Pacific. Die eine Bauart, die 2 C oder Ten-Wheeler, war schon sehr alt und im VI. Kapitel haben wir schon ein wenig von ihrer Geschichte und ihren Eigenschaften kennengelernt. Wegen ihrer universellen Verwendbarkeit fand sie bei den meisten Bahnen auch später noch, neben moderneren und leistungsfähigeren Lokomotiven, ein ausreichendes Betätigungsfeld und bei manchen wurde sie sogar *die* Schnellzuglokomotive schlechthin, so bei der preußischen Staatsbahn und bei der Great Western Railway in England. Im Gegensatz dazu erlebte die andere Bauart, die 2 B 1 oder Atlantic, nur eine Blütezeit von etwa 10 Jahren und verschwand danach sehr schnell wieder, von Ausnahmen, die wir noch kennenlernen werden, einmal abgesehen. Denn die Anfahrzugkraft, die die Maschine aufbringen konnte und mußte, um die schweren Züge in Gang zu setzen, war in Hinblick auf die Reibungslast theortisch nur die gleiche, wie bei der American. In der Praxis sah es zwar meist ein wenig anders aus, denn vielfach waren in der Zwischenzeit die zulässigen Achslasten der wichtigen Strecken erhöht worden, so daß die moderneren Atlantics mit höheren Reibungslasten ausgestattet werden konnten, als ihre älteren 2 B-Schwestern, doch die mögliche Erhöhung betrug zunächst nur wenige Prozent und allzu bald machte sich schließlich doch das Fehlen der dritten Kuppelachse unangenehm bemerkbar, zumal beim Anfahren eine Entlastung der Kuppelachsen zugunsten einer zusätzlichen Belastung der Schleppachse eintritt.

In der Leistung hingegen und damit in der Fähigkeit, auch schwerere Züge längere Zeit mit hoher Geschwindigkeit zu fahren, war die Atlantic der American natürlich dank der unterzubringenden Kesselgröße weit überlegen, und da sie darüberhinaus alle Voraussetzungen für gute Laufeigenschaften mitbrachte, ist es nicht verwunderlich, daß sie – wenigstens für einige Zeit – an der Spitze der schnellsten Züge zu finden war. Aus den gleichen Gründen ist es verständlich, daß auffallend viele Atlantics durch hervorstechende Schnellfahrten bekannt geworden sind.

Angefangen hatte dieser Trend – wie so manche Entwicklung – in Amerika. Im letzten Viertel des vorigen Jahrhunderts begann ein immer stärker werdender Verkehrsstrom von den großen Städten des amerikanischen Ostens, New York, Philadelphia, Baltimore und Washington, unter anderem zu den Seebädern an der Atlantikküste zu rollen. Die große Depression der 70er Jahre war überwunden, die Menschen hatten wieder mehr Geld, und wer über ein hinreichendes Einkommen verfügte – und das wurden immer mehr –, verbrachte seine Ferien oder auch mal ein Wochenende an der See, in Atlantic City und Umgebung. Miami in Florida war damals noch gar nicht »entdeckt«, es wäre auch für die damaligen Reisezeiten viel zu weit gewesen. Und so blieb Atlantic City an der Küste des Staates New Jersey lange Zeit das modernste und meistbesuchte Seebad.

Noch war die Eisenbahn das einzige und alles beherrschende Verkehrsmittel. Wer von einer Stadt zur anderen reisen oder den Städten überhaupt entfliehen wollte, mußte sie benutzen,

Bild 54: 2 B 1 n2, Nr. 738, der Atchison, Topeka & Santa Fe Railroad. Strong-Atlantic mit Doppelwellrohr-Feuerbüchse. 1889 in Schenectady erbaut, nach kurzer Zeit in 2 B umgebaut (Sammlung H. K. Vollrath, U.S.A.).

jedoch gab es, dank der Konkurrenz der zahlreichen Eisenbahngesellschaften auf den wichtigeren Strecken eine Menge schneller Züge. Auf der Seebäderstrecke nach Atlantic City, der Atlantic City Railroad, konkurrierten die Pennsylvania Railroad und die Philadelphia & Reading Railroad miteinander. Beide setzten abwechselnd immer bessere und schnellere Züge ein, sehr zur Freude des Publikums, das dadurch immer mehr Zeit gewann, Seeluft, Sonne und Brandung zu genießen. Wenn die Wagen mit der Fähre von Philadelphia über den Delaware nach Camden, New Jersey, übergesetzt waren, wurden dort die modernsten Maschinen angekuppelt, um die ungeduldigen Passagiere möglichst schnell über die $55\frac{1}{2}$ Meilen (89 km) lange Strecke nach Atlantic City zu bringen, wobei nur einmal, auf halber Strecke in Winslow Junction, gehalten wurde, von wo aus Anschlußzüge zu den weiter südlich gelegenen Seebädern Ocean City, Wildwood und Cape May fuhren. An der Spitze der Züge befanden sich zunächst großrädrige Americans, wie sie auf allen amerikanischen Bahnen als Flachlandschnellzuglokomotiven anzutreffen waren. Anfang der 90er Jahre aber waren die Züge so schwer geworden, daß man die Leistungsgrenze dieser Bauart erreicht hatte. Eine weitere Vergrößerung des Kessels war nicht mehr möglich, ohne das zulässige Gewicht zu überschreiten, ganz abgesehen davon, daß zwischen den großen Kuppelrädern auch der Platz fehlte. Da zeigte sich zum Glück ein Ausweg in einer neuartigen Bauart, der 2 B 1.

So ganz neu war die 2 B 1 allerdings nicht. Im Jahre 1887 stellte die New York, Providence & Boston Railroad fest, daß die neu erworbene 2 B, Nummer 40, zu schwer für eine der Brücken war. Um das Gewicht auf eine etwas größere Länge zu verteilen, setzte man unmittelbar hinter die Kuppelachse eine weitere Laufachse, ohne sonst irgendetwas an der Maschine zu ändern, und die erste 2 B 1 war entstanden. Im gleichen Jahre ließ George S. Strong bei den Hinkley Lokomotivwerken in Boston eine 2 B 1 bauen, die sich durch allerlei Merkwürdigkeiten auszeichnete, unter anderem durch eine Doppelwellrohrfeuerbüchse, Treibräder von nur 69 Zoll (1753 mm) Durchmesser und einen fünfachsigen Tender. Eine gleiche Maschine baute das Werk Schenectady für die Santa Fe (Bild 54), die sie aber verständlicherweise bald in eine 2 B umbaute. Sieben Jahre später, 1894, erschienen dann die ersten »wirklichen« Atlantics. Fünf dieser neuen Lokomotiven bezog die Atlantic Coast Line Railroad (ACL) von Baldwin, zu denen später noch fünf weitere hinzukamen. Noch war man in der Konstruktion allerdings etwas vorsichtig. Der Treibraddurchmesser betrug nur 72 Zoll (1829 mm), die innengelagerte Schleppachse saß sehr dicht an den so eng wie möglich zusammengeschobenen Kuppelrädern, der Kessel lag so niedrig, wie es die großen Räder nur zuließen und der Stehkessel war in seinem vorderen Teil zwischen die Treibräder gezogen. Man hatte also die Vorteile, die die neue Bauart bot, noch nicht zu nutzen gewußt oder vielleicht auch nicht gewollt.

Doch es dauerte nicht lange und man erkannte in den Konstruktionsbüros, welche Möglichkeiten in der 2 B 1 steckten. Verlängerte man den Kessel soweit, daß der Stehkessel aus dem Bereich der Kuppelräder herausrückte, dann gewann man Platz für eine geräumige Feuerbüchse, wobei gleichzeitig die Rohrheizfläche wuchs. Da Triebwerk und vorderes Drehgestell gegenüber der 2 B nahezu unverändert blieben,

Bild 55

Bild 55 zeigt einen Längsschnitt durch die Atlantic-Lokomotive der französischen Nordbahn. Man sieht, daß die Niederdruck-Zylinder des de Glehn-Triebwerks noch etwas vor der Drehgestellmitte liegen, um eine ausreichende Treibstangenlänge zu bekommen. Jedes Triebwerk hatte seine eigene Walschaerts-(Heusinger)-Steuerung. Die inneren Schwingen wurden durch große Exzenter betätigt. Bei hohen Geschwindigkeiten besteht dabei leicht die Gefahr von Heißläufern. Die getrennte Einstellung von Hochdruck- und Niederdrucksteuerung erforderte eine gute Schulung und ein gewisses Fingerspitzengefühl der Lokomotivführer. Französische »Maschinisten« beherrschten aber die Schwierigkeiten dieser Triebwerke meisterhaft.

Bild 56

2 B 1 n4v, Nummer 2643, Compagnie du Nord, Frankreich.

Bild 56: Die Atlantics der französischen Nordbahn sahen nicht nur elegant aus, sondern zeigten sich auch als schnelle Renner. Der Treibraddurchmesser von 2040 mm war zwar nicht besonders hoch, doch der gute Massenausgleich des Vierzylinder-Verbund-Triebwerks bewirkte, daß sie auch bei der Geschwindigkeit von 153 km/h, die bei Versuchsfahrten im Jahre 1904 erreicht wurde, noch bemerkenswert ruhig liefen. Später erschienen ähnliche Lokomotiven auch auf anderen französischen Bahnen. Die Nord-Atlantics zählten nach ihrem Umbau auf Heißdampf zu den sparsamsten Lokomotiven überhaupt.

kam die zusätzliche Last, die man auf jetzt 5 statt bisher 4 Achsen unterbringen konnte, bis auf den geringen Lastanteil für die Schleppachse selbst, ihr Deichselgestell und die Verlängerung des Hauptrahmens, voll der Vergrößerung der Kesselleistung zugute. Sieht man sich die 2 B 1 an, dann erkennt man leicht, daß hier alle Voraussetzungen für eine schnelle Lokomotive gegeben sind. Man kann die Kuppelräder sehr groß machen, so daß man niedrige Drehzahlen erhält, ohne eine zu große Fahrzeuglänge befürchten zu müssen. Bei nur zwei angetriebenen Achsen bleiben die Triebwerksmassen vergleichsweise niedrig, durch vorderes Drehgestell und hintere Laufachse ist die Führung im Gleise gut und da man inzwischen auch das Vorurteil gegen die hohe Kessellage überwunden hatte, stand der Unterbringung eines nahezu beliebig leistungsfähigen Kessels nichts mehr im Wege.

Technische Daten

Bahnverwaltung	**Compagnie du Nord, Frankreich**
Achsanordnung:	
Deutsche Bezeichnung	**2 B 1 n4v**
White classification	**4–4–2 (Atlantic)**
Bahnnummer	**2643**
Erbauer	**Elsäßische Maschinenfabrik, Werk Belfort**
Werknummer	
Baujahr	**1901**
Treibraddurchmesser	**2040 mm**
Laufraddurchmesser	**910/1425 mm**
Zylinderdurchmesser Hochdruck	**340 mm**
Zylinderdurchmesser Niederdruck	**560 mm**
Kolbenhub	**640 mm**
Feuerbüchsheizfläche (feuerber.)	**16 m^2**
Verdampfungsheizfläche (feuerber.)	**220 m^2 (Serve-Rohre)**
Rohrlänge	**4200 mm**
Rostfläche	**2,76 m^2**
Kesseldruck	**16 kp/cm^2 (15,7 bar)**
Reibungslast	**314 kN (32 Mp)**
Dienstgewicht, Lokomotive	**65 t**
Dienstgewicht, Lok + Tender	**110 t**
Kohlenvorrat	**5 t**
Wassermenge (4 T)	**20 m^3**
Höchste erreichte Geschwindigkeit	**153 km/h**
Treibraddrehzahl	**398 Upm**
Indizierte Leistung	**1175 kW (1596 PS)**
Mittlere Kolbengeschwindigkeit	**8,49 m/s**
Vergleichsgeschwindigkeit (Reihe 01 DRG)	**150 km/h**

Nur zwei Jahre nach den ACL-Atlantics, 1896, lieferte Baldwin zwei Maschinen für die Atlantic City Railroad, die nicht nur durch ihre beachtlichen Abmessungen Aufsehen erregten. Es war eine »Camel Back« mit einem Treibraddurchmesser von 84¼ Zoll (2140 mm) (Bild 87). Die Lokomotive wog – ohne Tender – 142 900 Pfund (64,8 t) und die Reibungslast betrug 78 600 Pfund (349,7 kN oder 35,7 Mp). Sie besaß ein Vauclain'sches Vierzylinder-Verbund-Triebwerk, d. h. alle vier Zylinder lagen außen, wobei auf jeder Seite Hoch- und Niederdruck-Zylinder übereinandersaßen und auf einen gemeinsamen Kreuzkopf arbeiteten. Wegen der großen Treibräder mußte der Kessel mit der riesigen Wootten-Feuerbüchse sehr hochgelegt werden, was sich aber für den ruhigen Lauf der Lokomotive nicht als Nachteil erwies.

Im Juli und August wurden mit der Lokomotive Nummer 1027 zahlreiche Versuchsfahrten zwischen Camden und Atlantic City unternommen. Obwohl der Kessel nur eine Heizfläche von 1835 Quadratfuß (170,5 m^2) aufwies, lieferte er doch, bedingt durch die große Strahlungsheizfläche der Wootten-Feuerbüchse, genügend Dampf, so daß mit Fünf- und Sechs-Wagen-Zügen auf dieser 89 km langen Strecke Fahrzeiten von weit unter einer Stunde erzielt wurden. Die schnellste Fahrt fand am 14. Juli 1896 statt. Mit einem Fünf-Wagen-Zug erreichte die 1027 Atlantic City in 46½ Minuten. Das ergibt eine Durchschnittsgeschwindigkeit von 71,6 mph (115,2 km/h), ein Wert, der sich selbst heute, nach über 80 Jahren, noch sehen lassen kann. Dabei wurden Spitzengeschwindigkeiten von 90 mph (145 km/h) gefahren. Aufgrund dieser bemerkenswerten Ergebnisse konnte die Reading neue Fahrpläne für die Atlantic City Railroad aufstellen, in denen die Fahrzeiten erheblich gekürzt waren. So hatte sie die mächtige Pennsylvania – wenigstens für einige Zeit – mal wieder übertrumpft.

Natürlich sorgte sowohl die Bahn als auch die Erbauerfirma Baldwin durch geschickte Werbung dafür, daß der neue »Renner« der Schiene überall bekannt wurde. Und es dauerte nicht lange, da hatte nahezu jede der großen Bahngesellschaften »Atlantics« vor ihren Spitzenzügen. Übrigens wird die Herkunft des Gattungsnamens meistens auf die 5 kleinen, jedoch weniger bekannten Maschinen der Atlantic Coast Line zurückgeführt; einige glauben allerdings, er sei von den nur zwei Jahre jüngeren »Stars« der Atlantic City Railroad abgeleitet.

Im Jahre 1895, nur ein Jahr nach den ACL-Atlantics, tauchte die 2 B 1 auch in Europa auf. Österreichische Lokomotivkonstrukteure hatten, wie wir im vorigen Kapitel gesehen haben, lange Zeit mit den Schwierigkeiten zu kämpfen, die durch die Begrenzung der zulässigen Achslast auf nur 14 Mp (etwa 140 kN) auftraten; sie fanden aber auch häufig besonders interessante und richtungweisende Lösungen. So ist es denn nicht

Bild 57: 2 B 1 n2, Reihe IId, der Kaiser-Ferdinands-Nordbahn. Lokomotive Nr. 268, erbaut 1907 in Wiener Neustadt, später 308.44 der Österreichischen Staatsbahn (Sammlung H. Griebl, Österreich).

verwunderlich, daß man dort zuerst auf die Möglichkeit verfiel, gewissermaßen eine etwas verstärkte 2 B zu bauen und das zusätzliche Gewicht durch eine hinten angesetzte Laufachse abzufangen. Denn vielmehr war es nicht, was bei genauerer Betrachtung der ersten europäischen Atlantic, der Reihe IId der Kaiser-Ferdinands-Nordbahn, zutage tritt (Bild 57). Wie ein Vergleich mit der ein Jahr älteren Reihe 6 (Bild 48) der kk Staatsbahn (2 B n2v) zeigt, hatte die IId bei gleicher Rostfläche eine nur 0,9 % größere Kesselheizfläche (156,9 gegen 155,5 m²), das Gesamtgewicht – ohne Tender – war nur 8,8 % größer (60,6 gegen 55,4 t) und ein Verbundtriebwerk konnte bei der IId wegen des Außenrahmens nicht untergebracht werden. Aber auch die beiden anderen österreichischen Atlantics, die Reihe XVIb der Nordwestbahn und die Reihe 108 (Bild 51) der Staatsbahn, waren im Grunde nicht viel anders. Bei allen drei Reihen lag die Vorderwand des Stehkessels zwischen den beiden Kuppelachsen, und die dicht an die zweite Kuppelachse herangeschobene Schleppachse saß genau unter (Reihe 108) oder nur wenig vor der Hinterkante des Stehkessels. Sie ähnelten damit alle ein wenig der durch Umbau und als Notbehelf entstandenen allerersten 2 B 1 der New York, Boston & Providence Railroad.

Das heißt allerdings nicht, daß es schlechte Maschinen waren. Zumindest eine zeitlang genügten sie durchaus den Anforderungen und Gölsdorfs 108 mit ihrem Vierzylinder-Verbund-Triebwerk – dem ersten in Österreich – erreichte bei Versuchsfahrten die beachtliche Höchstgeschwindigkeit von 143 km/h bei bemerkenswert ruhigem Lauf. Ob jedoch die Atlantic überhaupt eine für österreichische Streckenverhältnisse zweckmäßige Bauart war, ist eine andere Frage.

Mit den deutschen Atlantics und der schnellsten von ihnen, der badischen IId – zufällig hat sie die gleiche Reihenbezeichnung wie die Atlantic der österreichischen Nordwestbahn – werden wir uns im nächsten Kapitel befassen. Weit zweckmäßiger war die Atlantic offenbar für die weniger durch Berge behinderten Gleise Frankreichs. Hier entstand die erste 2 B 1, wie in Amerika durch Umbau, jedoch auf gänzlich andere Art. Auf den Hauptstrecken liefen gegen Ende des 19. Jahrhunderts schwere 2 B und 1 B 1 mit bis über 16 Mp (etwa 160 kN) Achslast. Eine ihrer 1 B 1 versah die Paris-Orléans-Bahn im Jahr 1899 nicht nur mit einem Polonceau-Doppeldomkessel mit Ten-Brinck-Feuerbüchse und einer Ventilsteuerung, sondern ersetzte auch die vordere Laufachse durch ein langachsständiges Drehgestell. Die so entstandene erste Atlantic bot einen recht skurrilen Anblick, doch war man offenbar mit dem Ergebnis zufrieden und wegen des Aussehens nicht so empfindlich, denn es wurden noch 22 weitere Maschinen in ähnlicher Weise umgestaltet.

Doch bereits im gleichen Jahre, 1899, lieferte die Elsässische Maschinenbau-Gesellschaft zwei ganz anders gestaltete moderne Atlantics an die französische Nordbahn, denen später noch 33 geringfügig geänderte Maschinen folgten. Sie zählten bald zu den schnellsten Lokomotiven in Europa. Die Nordbahn fuhr sehr schnelle Züge von Paris zu den Kanalhäfen mit Anschluß nach London auf der anderen Kanalseite und entsprechend in der Gegenrichtung. Die Züge waren gut frequentiert, Konkurrenz durch andere Verkehrsmittel bestand nicht, da das Flugzeug noch nicht erfunden war und das Auto erst am Anfang seiner Entwicklung stand. Dennoch war die Gesellschaft bestrebt, die Fahrzeiten trotz schwerer werden-

Bild 58: 2 B n4v, Nr. 701, der Französischen Nordbahn. Ursprünglich 1 Bo n4v, nach Umbau und Restauration im Eisenbahn-Museum Mulhouse in Frankreich (Musée Français du Chemin de Fer, Mulhouse).

der Züge nicht nur zu halten, sondern wenn möglich noch schneller zu fahren. Sie benötigte dafür schnelle und zugleich leistungsfähigere Lokomotiven, als sie sie in den vorhandenen 2 B besaß.

Wichtigstes Merkmal der neuen Renner war das de Glehn'sche Vierzylinder-Verbund-Triebwerk, das hier erstmalig bei einer Atlantic angewendet wurde. Bei diesem Triebwerk treibt auf jeder Seite ein außenliegender Hochdruckzylinder die zweite und ein innenliegender Niederdruckzylinder – gegenläufig dazu – die erste Achse an. Alfred George de Glehn, geboren in England, trat mit 24 Jahren in den Dienst der Elsäßischen Maschinenfabrik und übernahm 14 Jahre später, 1886, die Gesamtleitung der Firma. Zusammen mit Gaston du Bousquet, dem Chef-Ingenieur der Nordbahn, baute er 1885 die erste Vierzylinder-Verbund-Lokomotive, die berühmte 1 Bo, Nummer 701. Es war also eine dreiachsige Maschine mit vorderer Laufachse und zwei ungekuppelten Treibachsen. Sie wird oft mit den etwa gleichaltrigen, ähnlich aussehenden Dreizylinder-Verbundlokomotiven verglichen, die Francis Webb für die London & North Western Railway entworfen hatte. Doch die Gemeinsamkeit zwischen der 701 und den 40 Maschinen der »Dreadnought«-Klasse – zu denen später noch 10 Stück mit etwas größerem Treibraddurchmesser, die »Teutonic«-Klasse, kamen – beschränkten sich auf Achsanordnung, Lage der Hochdruckzylinder zwischen Lauf- und erster Treibachse, Fehlen der Kupplung zwischen den beiden Treibachsen und unterhalb der Zylinder angeordnete Schieberkästen. Webb hatte ursprünglich einen Hochdruck- und zwei Niederdruckzylinder vorgesehen, kehrte die Sache jedoch schon bei seiner ersten Verbund-Lokomotive, der »Experiment« von 1882, zugunsten zweier Hochdruck- und eines entsprechenden voluminösen Niederdruckzylinders um. Er verwendete grundsätzlich die Joy-Steuerung, zunächst für alle drei Zylinder, doch die letzten acht »Teutonics« hatten für den Innenzylinder nur einen mitlaufenden losen Exzenter. Dagegen besaß die 701 außen Waelscharts-(Heusinger)- und innen Stephenson-Steuerung. Und schließlich bevorzugte die französische Nordbahn, im Gegensatz zur

Bild 59: 2 B 1 h4v, Nr. 2643, der Französischen Nordbahn. Erbaut 1901 bei der Elsäßischen Maschinenfabrik, Werk Belfort. Treibraddurchmesser 2040 mm. Soll bei der Probefahrt 153 km/h erreicht haben. Das Bild zeigt die Lokomotive nach verschiedenen Umbauten, u. a. Umstellung auf Heißdampf, 1933 im Betriebswerk La Chapelle, Paris (La Vie du Rail, Paris).

L & NW seit jeher den Belpaire-Kessel.

Während nun Webb an seinem einmal erkannten und von ihm für gut befundenen Prinzip mit ziemlicher Starrheit festhielt und auch die zehn, 1891 gebauten großen 1 Bo 1-Schnellzuglokomotiven der »Greater Britain«-Klasse, sowie einige Tenderlokomotiven ohne Kuppelung zwischen Hoch- und Niederdruckteil beließ, erkannte man in Frankreich bald die Nachteile des Systems – Schleuderneigung beim Anfahren und fehlender Massenausgleich – und versah die 701 mit Kuppelstangen. Außerdem ersetzte man die Laufachse durch ein Außenrahmen-Drehgestell (Bild 58). Auf diese Weise gewann man eine brauchbare 2 B n4v, die lange in gemeinsamen Plänen mit der »Outrance«-Klasse (Außenrahmen-2 B mit Innentriebwerk) lief und merkliche Brennstoffersparnisse erbrachte.

Webbs-Verbund-Schnellzuglokomotiven wurden hingegen, trotz einiger Vorteile, im ganzen gesehen ein Mißerfolg. Nach seinem Tode verschwanden sie rasch und möglicherweise erklärt sich hieraus die Abneigung der meisten englischen Konstrukteure gegen das Verbundsystem. Außer den in recht großer Stückzahl gebauten sogenannten »Midland Compounds« (2 B n3v und 2 B h3v), sind Verbundlokomotiven nur noch vereinzelt entstanden und selbst bei Vierzylinder-Lokomotiven zog man das wärmewirtschaftlich ungünstigere Vierling-Triebwerk vor. In Frankreich jedoch begann der Siegeszug des Verbundsystems, der bis zum Ende der Dampflokzeit anhielt, hauptsächlich in der von de Glehn entwickelten und nach ihm benannten Form – Zweiachsantrieb mit versetzt angeordneten Zylindern und getrennt einstellbaren Steuerungen. Ein ganz ähnliches Triebwerk baute etwa zur gleichen Zeit Henry für die Paris-Lyon-Mittelmeer-Bahn. Nach einer großen Anzahl 2 B n4v, die schließlich auf allen französischen Bahnen liefen, erschienen dann als erste Steigerung die großen Atlantics der Nordbahn.

Nachdem die beiden Prototyp-Lokomotiven dieser Atlantics, mit den Nummern 2641 und 2642, das Werk Belfort der Elsäßischen Maschinenfabrik verlassen hatten, kam die erste sogleich auf die Pariser Weltausstellung von 1900, wo sie be-

Bild 60: 2 B 1 n4v, Gattung S 7, der Preußischen Staatsbahn, Ausführung mit langer, schmaler Feuerbüchse und Außenrahmen-Drehgestell (Verkehrsmuseum Nürnberg).

trächtliches Aufsehen erregte, während man mit der zweiten umfangreiche Probefahrten vornahm. Dabei wurde unter anderem die 131 km lange Strecke von Paris nach Tergnier mit einem Zug von 280 t mit einer Durchschnittsgeschwindigkeit von 100 km/h zurückgelegt. Damit kam man dem angestrebten Entwurfsziel der »3«, d. h. in der Ebene einen 300-t-Zug in 3 Stunden über 300 km zu befördern, schon recht nahe. Dieses »Dreier«-Konzept war um die Jahrhundertwende sicherlich eine Sensation. Man muß dabei bedenken, daß damals ein Schnellzug von 300 t einen Lauf- und Luftwiderstand hatte, der mindestens einem Zehn-Wagen-Zug der heutigen Zeit entspricht. Und einen solchen Zug über längere Zeit mit einer Durchschnittsgeschwindigkeit von 100 km/h zu ziehen, bereitete selbst manchen späteren Pacifics Schwierigkeiten. Eine zweifach gekuppelte Lokomotive mußte schon besonders gut sein, um diese Leistung erreichen zu können.
Um die angestrebten Werte einzuhalten, muß der Zug dann natürlich auf freier Strecke mit bis zu 125 km/h gefahren werden. Dafür sind etwa 1100 kW (rund 1500 PS) erforderlich. Bei den damaligen Naßdampflokomotiven mußte der Kessel dafür nahezu 16 t Dampf in der Stunde erzeugen, was für die neuen Atlantics mit einer Gesamtheizfläche von 220 m² zu einer Heizflächenbelastung von über 70 kg/m²h führt. Und wenn auch die sogenannten Serve-Rohre – die mit inneren Längsrippen versehen waren, um den Wärmeübergang zu verbessern – nicht den Erfolg brachten, der ihrem höheren Preis entsprach, so waren die Kessel doch sehr wohl in der Lage, die benötigte Dampfmenge zu liefern. Die lange, schmale, in ihrem vorderen Teil zwischen den Treibrädern sitzende Belpaire-Feuerbüchse vergrößerte den Anteil der Strahlungsheizfläche so weit, daß hohe Dampfleistungen längere Zeit gehalten werden konnten, ohne Kesselschäden befürchten zu müssen.
Auch das Triebwerk war gut durchgebildet. Die Gegenläufigkeit zwischen Innen- und Außenzylindern ermöglichte einen weitgehenden Massenausgleich und die großen Treibräder mit 2040 mm Durchmesser hielten die Drehzahlen noch in Grenzen. Zwar benötigte man für die Regelung eine gewisse Geschicklichkeit und Übung, da beim de Glehn-Triebwerk beide Steuerungen getrennt einzustellen sind, doch offenbar waren französische Lokomotivführer gut geschult und fähig, mit dem etwas komplizierteren Triebwerk fertig zu werden. Denn nachdem die 35 neuen Maschinen nach und nach im Plandienst eingesetzt waren, erzielten sie bemerkenswerte Leistungen. Auf den Strecken zwischen Paris und Calais bzw.

Bild 61: 2 B 1 n4v, Gattung S 7, der Preußischen Staatsbahn. Ausführung mit kurzer, breiter Feuerbüchse und Innenrahmen-Drehgestell (Verkehrsmuseum Nürnberg).

Boulogne-sur-Mer wurden verschiedentlich Geschwindigkeiten von über 140 km/h gefahren, wobei der Lauf der Maschinen als sehr ruhig angegeben wurde.
Schnellste von allen war die 2643 (Bild 56). Wie Vilain* angibt, erreichte diese Lokomotive im Jahre 1904 mit einem aus 7 Wagen bestehenden Schnellzug Calais–Paris, dessen Gesamtgewicht 280 t betrug, eine Geschwindigkeit von 153 km/h. Damit war sie zweifellos die schnellste aller europäischen Atlantics. Unklar bleibt freilich die Frage, aus welchem Anlaß diese Rekordfahrt stattfand und wie die Geschwindigkeit gemessen worden war. Aber wie auch immer, sicherlich war nicht nur das Trieb- und Laufwerk einer so hohen Geschwindigkeit gewachsen, auch der Kessel war in der Lage, die benötigte Dampfmenge zu liefern. Die Rechnung zeigt, daß die Lokomotive für die angegebene Höchstgeschwindigkeit – die auf einem Streckenabschnitt mit leichtem Gefälle (4 ‰) gefahren wurde – eine indizierte Leistung von etwa 1175 kW (knapp 1600 PS) aufzubringen hatte. Dazu mußte der Kessel 16,8 t Dampf in der Stunde erzeugen, was einer Heizflächenbelastung von 76,6 kg/m^{2}h entspricht, die dem Kessel als kurzfristige Höchstleistung durchaus zuzutrauen ist.
Mit den neuen Atlantics besaß die Nordbahn eine Serie guter und schneller Lokomotiven, und es gelang damit bald, die Fahrpläne der schnellsten Züge zwischen der Hauptstadt und den Kanalhäfen drastisch zu verkürzen. Darüberhinaus waren es aber auch Maschinen, die sich in ihren ruhigen, glatten Formen wohltuend von dem bisherigen, etwas verwirrenden Aussehen französischer Lokomotiven abhoben. Offenbar hatte de Glehn eine Vorliebe für die einfachen, klaren Linien englischer Lokomotiven und da seine Mutter Schottin war, wäre das nicht verwunderlich. Wie in England üblich, lagen die Sandkästen nicht auf dem Kessel. Ähnlich, wie man es z. B. bei den »Dunalastairs« der Caledonian Railway sehen konnte, waren sie vorne an die großen Radschutzkästen angesetzt. Aber auch sonst wurden ästhetische Merkmale sehr sorgfältig berücksichtigt. Dafür ein bezeichnendes Beispiel. Um die Einströmrohre nicht zu lang werden zu lassen, waren sie nicht durch die Rauchkammer, sondern außen um den Kessel geführt. Normalerweise laufen dann die Rohre von der vorderen Domwand direkt zu den Schieberkästen der Hochdruckzylinder. Da der Dom aber auf dem mittleren Kesselschuß lag und

* Lucien Maurice Vilain, »La Locomotive a Vapeur et les Grandes Vitesses«, Frankreich, 1972.

dort auch bleiben sollte, hätte man die Rohre schräg ziehen müssen, etwa wie bei der »Outrance«-Klasse. Das gefiel jedoch de Glehn nicht und er wählte den komplizierten Ausweg, das Einströmrohr vom Dom ein Stück im Inneren des Kessels entlanglaufen, und erst in der Mitte zwischen Dom und vorderer Rohrwand aus dem Kesselscheitel heraustreten zu lassen. Nun konnte er die beiden Stränge senkrecht hinabführen und brauchte das schöne Gesamtbild nicht durch schräge Rohre zu verunzieren.

Das wegen der Zugänglichkeit des Innentriebwerks verhältnismäßig tiefliegende Umlaufblech läuft in gerader ungebrochener Linie von der Pufferbohle bis zur Hinterkante des Führerhauses durch und setzt sich in gleicher Höhe am Tender bis zu dessen hinterer Pufferbohle fort. Um die Stangenschmierköpfe bei dieser tiefen Lage des Umlaufs auch in der oberen Position zugänglich zu machen, haben die Radschutzkästen in ihrem unteren Teil lange waagerechte Schlitze; ein charakteristisches Merkmal französischer de Glehn-Schnellzuglokomotiven. Das Außenrahmen-Drehgestell wurde von der Nordbahn bevorzugt und erst mit ihrer ersten Pacific, im Jahre 1912, ging sie zum Innenrahmen-Drehgestell über. Die voneinander unabhängigen Waelscharts-(Heusinger)-Steuerungen konnten, wie bereits gesagt, getrennt eingestellt werden. Bei den beiden Prototypen lag die Betätigung auf der rechten Seite. Zu dieser Zeit ging die Nordbahn auf Linkssteuerung über, was für Bahnen mit Linksverkehr ohnehin zweckmäßiger ist, und die Serienausführung bekam den Steuerbock auf die linke Seite. Später wurden die beiden ersten Maschinen entsprechend umgebaut. Die 2641 und die 2642 hatten außerdem einen vierachsigen Tender, alle anderen bekamen einen dreiachsigen.

Der Ruhm der Nord-Atlantics sprach sich schnell herum und auch andere Bahnen bezogen diese Maschinen. Von 1903 bis 1906 lieferte Belfort 15 de Glehn-Atlantics an die Paris-Orléans-Bahn (PO), die etwas größere Kessel- und Triebwerksabmessungen als die Lokomotiven der Nordbahn hatten. Äußerlich zu erkennen waren die PO-Maschinen – abgesehen davon, daß sie natürlich mit dem bei der Bahn üblichen Führerhaus mit zwei schmalen Seitenfenstern ausgerüstet waren – hauptsächlich an dem Innenrahmen-Drehgestell und dem fehlenden zweiten Sandkasten. Sie fuhren mit dem dreiachsigen PO-Tender, der dem der Nordbahn ähnlich war. 10 nahezu gleiche Lokomotiven bezog die Staatsbahn (Etat), bei denen jedoch der Sandkasten nicht vor, sondern auf dem Radschutzkasten lag. Dadurch konnten beide Treibachsen gesandet werden. Die Midi-Bahn hingegen erhielt 16 Lokomotiven vom Typ der Nordbahn, also mit Außenrahmen-Drehgestell und dem etwas kleineren Kessel, die zwischen 1902 und 1906 geliefert wurden. Hauptunterscheidungsmerkmal auch hier wieder die Sandkästen. Bei dieser Bahn zog man nämlich die normale, in Frankreich übliche Lage auf dem Kesselscheitel vor. Außerdem hatten sie vierachsige Tender, um auf dem langen Lauf des Süd-Expreß (Paris–Bordeaux–Bayonne–Irun) nicht so oft Wasser nehmen zu müssen.

De Glehn-Atlantics liefen jedoch nicht nur in Frankreich. Um die Vorteile des Verbundsystems besser untersuchen zu können, kaufte G. J. Churchward, Chefingenieur der Great Western Railway in England, im Jahre 1903 eine Maschine vom Typ der Nordbahn, die lediglich einen dreiachsigen Einheitstender der Great Western erhielt. Die Lokomotive mit der Nummer 102 trug den Namen »La France«. 2 Jahre später kamen zwei weitere hinzu – Nummer 103 »President« und 104 »Alliance« –, diesmal jedoch vom PO-Typ. Ihr Einfluß auf die weitere Entwicklung der Schnellzuglokomotiven bei der Great Western Railway war aber offensichtlich gering. Weder das Verbund-Triebwerk, noch die komplizierte Steuerung wurden übernommen; und der Belpaire-Kessel war schon vorher in Gebrauch. Lediglich der Zweiachs-Antrieb mit versetzter Zylinderlage, wie ihn die Lokomotiven der »Star-«, »Castle«- und »King«-Klassen aufwiesen, könnte allenfalls auf das Vorbild der drei französischen Maschinen zurückgeführt werden. Jedoch hatte jene alle ein Vierling-Triebwerk und es war nur eine innenliegende Steuerung vorhanden, eine Praxis, an der die Great Western bis zur Verstaatlichung 1948 erstaunlicherweise festhielt.

Den tüchtigen Verkäufern der Elsäßischen Maschinenfabrik gelang es aber sogar, eine Lokomotive vom PO-Typ an die Pennsylvania Railroad zu verkaufen. Zwar war man dort – wie es heißt – von der Maschine recht beeindruckt und unternahm auch eine Reihe von Versuchsfahrten, doch merkte man sehr bald, daß die Reibungslast von 391 kN (39,85 Mp) gegenüber z. B. 526,3 kN (53,65 Mp) der Serien-Atlantics Klasse E2 viel zu gering war, ganz abgesehen von dem merklich kleineren Kessel. Da man sich auch mit der verwickelten Steuerung nicht anfreunden konnte, wurde die 2512 nach acht Jahren, 1912, wieder ausgemustert.

Weitaus die meisten aller de Glehn-Atlantics liefen jedoch bei der preußischen Staatsbahn. Von 1902 bis 1904 bezog diese Bahn 79 Maschinen in 3 verschiedenen Bauarten von der Elsäßischen Maschinenfabrik, die natürlich in deren Werk Grafenstaden bei Straßburg hergestellt wurden, das damals zum Deutschen Reich gehörte. Die eine Bauart (Bild 60) ähnelte mit ihrem Außenrahmen-Drehgestell und dem schmalen, zwischen die hinteren Treibräder gezogenen Belpaire-Stehkessel etwas der französischen Nordbahn-Type. Jedoch saß bei ihr der Dom auf dem vorderen Kesselschuß, das Umlaufblech lag höher, der Sandkasten befand sich auf dem Kesselscheitel und die Speiseventile in der Mitte des Langkessels. Die beiden anderen Bauarten, die zwar etwas leichter waren, aber Kessel mit etwas größerer Heizfläche aufwiesen, besaßen einen breiten, hinter den Treibrädern liegenden Stehkessel (Bild 61), mit Crampton-Decke – übrigens die einzigen de Glehn-Atlantics,

Bild 62: 2 B 1 h4v, Nr. 2672, der Französischen Nordbahn. Ursprünglich n4v, Bild zeigt die Lokomotive als h4v im Betriebswerk La Chapelle, Paris (La Vie du Rail, Paris).

die einen derartigen Kessel hatten. Außerdem liefen sie mit dem üblichen preußischen Innenrahmen-Drehgestell. Selbstverständlich waren alle drei Bauarten mit preußischem Führerhaus und Tender ausgerüstet.
Während andere Lokomotiv-Typen – vor allem Ten-Wheeler – in großer Zahl auch von anderen Firmen mit de Glehn-Triebwerk gebaut wurden, sind de Glehn-Atlantics nur dreimal kopiert worden. Einmal waren es die 15 Maschinen der Gattung XV, die die sächsische Staatsbahn Anfang des Jahrhunderts von Hartmann in Chemnitz bezog, die den französischen Atlantics aber nur wenig ähnelten. Dann kamen 12 Maschinen von Cockerill für die belgische Staatsbahn, die spätere Reihe 6, die der PO-Type glichen. Schließlich lieferte die North British Locomotive Company in Glasgow zwischen 1906 und 1913 an die Bengal Nagpur Railway in Indien 17 Maschinen, die ziemlich genaue, nur etwas »anglisierte« Kopien der PO-Type waren. Außerdem stellten sie die letzten aller de Glehn-Atlantics dar.
Die 2 B 1-Schnellzuglokomotive mit Vierzylinder-Verbund-Triebwerk nach de Glehn war offensichtlich eine für französische Verhältnisse besonders geeignete Bauart. Während die preußischen Maschinen schon bald wieder verschwanden – die Deutsche Reichsbahn hat keine mehr übernommen – und die sächsischen XV zwar im endgültigen Nummernplan von 1925 als 14 202–215 erschienen, bald darauf aber ausgemustert wurden, waren sie in Frankreich als sparsame Maschinen bekannt und beliebt und liefen noch in den 30er Jahren vor vielen Schnellzügen. Besonders die Atlantics der Nordbahn erbrachten fabelhafte Leistungen, nachdem sie im Jahre 1912 neue Kessel mit Schmidt-Überhitzern und Hochdruck-Zylinder mit vergrößertem Durchmesser und Kolbenschiebern erhalten hatten (Bild 62). Sie wurden stets gut gepflegt und auf dem modernsten Stand gehalten, bekamen verbesserte Bremsen und einige von ihnen Lemaître-Blasrohre und große, vierachsige Tender. In der umgebauten Form gehörten sie zu den leistungsfähigsten und gleichzeitig sparsamsten Lokomotiven vergleichbarer Größe. Eine von ihnen, die 2.670 der Nordbahn, 221 A 30 der SNCF, ist erhalten geblieben und im französischen Eisenbahn-Museum Mulhouse (Mühlhausen im Elsaß) zu sehen.

IX. Auch in Deutschland gibt es schnelle Atlantics

2 B 1 n4v, Gattung IId, Badische Staatsbahn, Deutschland

Bei der Entwicklung des europäischen Eisenbahnnetzes wurden naturgemäß oft alte, schon lange bestehende Handelsstraßen durch Eisenbahnschienen ersetzt. Genauer gesagt, verlief die Bahntrasse mehr oder weniger parallel zu diesen Wegen, die wiederum in späterer Zeit zu modernen Autostraßen ausgebaut wurden. Natürlich katapultierte die Eisenbahn das Verkehrsaufkommen dieser Verbindungen, das früher durch Postkutsche und Pferdewagen, wenn nicht gar im »Alleingang« – man war noch gut zu Fuß in jener Zeit –, aufgebracht wurde, bald in ungeahnte Höhen.
Einer dieser alten Wege führte von England und den Niederlanden – zu denen bis 1832 auch Belgien gehörte – einerseits und Norddeutschland andererseits nach der Schweiz und weiter nach Italien. Besonders das obere Rheintal zwischen Mainz und Basel war wie geschaffen für eine schnelle Verbindung. Zwischen Schwarzwald im Osten und Vogesen im Westen gelegen, war es breit, eben und ohne Krümmungen. Natürlich bestanden damit ideale Voraussetzungen für eine Eisenbahnverbindung, und als die Großherzoglich-Badische Staatsbahn im Jahre 1845 die Strecke zwischen Heidelberg und Basel fertiggestellt hatte, besaß das Großherzogtum eine wahre Rennstrecke, die für die schnellsten Züge geeignet war. Und so rollten bald Industrie-Erzeugnisse aus England und Westfalen, Kohle aus dem Ruhrgebiet, Produkte aus Überseeländern, die in Rotterdam oder Antwerpen aus den Ozeandampfern entladen worden waren, in den Güterzügen, und müde Erholungsuchende in den Schnellzügen gen Süden, während in umgekehrter Richtung Lebensmittel aus Italien und der Schweiz nach Norden in die Großstädte befördert wurden und erholte Urlauber wieder ihrer kälteren Heimat entgegenfuhren.
Auch auf der linken Rheinseite bestand eine schnelle Verbindung in Nord-Süd-Richtung, die von Basel über Mülhausen und Straßburg nach Ludwigshafen oder Bingen führte. Im südlichen Teil wurde sie von der Reichseisenbahn betrieben. Diese Gesellschaft wurde nach dem deutsch-französischen Kriege 1870/71, durch den Elsaß-Lothringen an das Deutsche Reich fiel, gegründet und übernahm die von der französischen Ostbahn (Compagnie de l'Est) auf dem nunmehr deutschen Gebiet verbliebenen Strecken. Sie stand unter preußischer Verwaltung und ihre Fahrzeuge stellten daher teils mehr oder weniger genaue Kopien preußischer Normalien dar oder zeigten eine interessante Mischung preußischer und französischer Stilelemente. Weiter nördlich gehörten die Gleise zur Pfälzischen Eisenbahn, die bis 1909 selbständig war und dann von der Bayrischen Staatsbahn übernommen und als deren linksrheinisches Netz betrieben wurde.
Natürlich versuchte jede der beteiligten Bahngesellschaften ein möglichst großes Stück vom Kuchen abzuschneiden und so viel wie möglich vom lukrativen Verkehr auf den Rheinstrecken an sich zu ziehen. Und bald begann auch hier das übliche Spiel: wer hat die schnellsten Züge und damit natürlich auch die schnellsten Lokomotiven? Da außerdem, einer allgemeinen Tendenz folgend – die etwa bis zum ersten Weltkrieg anhielt –, die Zahl der Reisenden ständig zunahm und diese selbst wiederum höhere Ansprüche an den Reisekomfort stellten, wurden die Züge gleichzeitig immer länger und schwerer. Das hatte zur Folge, daß die Eisenbahnverwaltungen in mehr oder weniger kurzen Abständen schnellere und gleichzeitig leistungsfähigere Lokomotiven beschaffen mußten. Oft waren dann aber diese von den Zugförderungsleitungen dringend geforderten und sehnlichst erwarteten stärkeren Zugpferde bereits nach kurzer Zeit den steigenden Anforderungen nicht mehr gewachsen und die verantwortlichen Personen mußten sich erneut den Kopf darüber zerbrechen, wie sie aus diesem Dilemma herauskommen sollten, d. h. sie mußten sich nach wiederum stärkeren Lokomotiven umsehen.
Es ist nun interessant zu verfolgen, daß diese Entwicklung bei den drei Bahnen – aber auch bei allen anderen deutschen Länderbahnen, soweit dort ähnliche Verhältnisse herrschten – zu ganz verschiedenen Ergebnissen führte. Offenbar hatten

Bild 63: 2 B n2, Gattung IIc, der Badischen Staatsbahn. Lokomotive Nr. 652, erbaut 1900 von der Firma Hartmann in Chemnitz. Im Aussehen eine Mischung aus französischen und englischen Stilelementen. Schnelle, aber verhältnismäßig schwache Lokomotive (Verkehrsmuseum Nürnberg).

die für die Fahrzeugbeschaffung zuständigen Ingenieure bei den einzelnen Bahnen jeder für sich eigene, festgefügte Vorstellungen über die zweckmäßigsten Baugrundsätze und pflegten an diesen Vorstellungen mit ziemlicher Beharrlichkeit festzuhalten. Das gleiche traf übrigens auch für die großen englischen Bahngesellschaften zu. Dort wurden die Lokomotiven sowieso in den allermeisten Fällen in bahneigenen Werkstätten – die aber schon mehr Lokomotivfabriken waren – hergestellt und niemand schien sich dafür zu interessieren, was bei der Konkurrenz vor sich ging. Ganz anders in Amerika. Dort bezogen fast alle Bahnen ihre Lokomotiven von einigen großen Herstellern (Baldwin, Schenectady, Rogers, Brooks – um nur die 4 bedeutendsten zu nennen) und diese arbeiteten nach weitgehend einheitlichen Baugrundsätzen, die zum überwiegenden Teil auch von denjenigen Bahnen übernommen wurden, die ihre Lokomotiven in eigener Regie zu bauen pflegten. So ist dort die Zugehörigkeit einer Maschine zu einer bestimmten Bahn manchmal erst auf den zweiten Blick zu erkennen. Auch in Frankreich war man offenbar eher bereit, vom Nachbarn das zu übernehmen, was sich als brauchbar oder gut herausgestellt hatte. Ein Beispiel haben wir schon im vorigen Kapitel kennengelernt: die schnellen und leistungsfähigen Atlantics mit Vierzylinder-Verbund-Triebwerk, die Alfred de Glehn zusammen mit Gaston du Bousquet für die Nordbahn (Compagnie du Nord) entworfen hatte, lieferte die Elsäßische Maschinenfabrik aus ihrem Werk Belfort in nahezu gleicher Ausführung mit nur geringfügigen Änderungen auch an mehrere andere französische Bahnen. Sie waren untereinander alle ähnlich und, abgesehen von Führerhaus und Tender, äußerlich oft durch kaum mehr als Zahl und Lage der Sandkästen zu unterscheiden.

In Deutschland hingegen nahmen die Beschaffungs-Dezernenten der einzelnen Bahnen offensichtlich einen wesentlich größeren Einfluß auf die Konstruktion, auch wenn die Lokomotiven vom selben Hersteller stammten. Was dabei herauskam, zeugte vom individuellen Charakter und von den unterschiedlichen Konstruktionsprinzipien dieser Männer. Dabei kann man oft gar nicht einmal sagen, daß diese Konstruktion gut, jene aber schlecht gewesen sei, oftmals waren nur Vor- und Nachteile anders verteilt und erst später stellte sich heraus – manchmal zur Überraschung aller Beteiligten – was auf die Dauer zweckmäßig und brauchbar war.

Kehren wir zurück zu den drei Eisenbahnen, die den Verkehr im oberen Rheintal beherrschten. In der Mitte des vorigen Jahrhunderts wurden die schnellsten Züge sowohl bei der Pfalz-Bahn wie auch bei der badischen Staatsbahn mit Crampton-Lokomotiven befördert, deren Treibraddurchmesser in der Pfalz allerdings nur 1830 mm betrug, während die

Bild 64

Bild 64 zeigt die erste deutsche 2 B 1, die Gattung P3^1 der Pfalzbahn, die im Jahre 1898 von der Firma Krauss in München geliefert wurde. Noch wagte man nicht, den Kessel so hoch zu legen, daß man mit einer einfachen Rahmenkonstruktion auskommen konnte. Um den kurzen, breiten Stehkessel abzufangen, besaß die Lokomotive einen komplizierten Doppelrahmen, bei dem der äußere Teil, in dem allerdings nur die Schleppachse gelagert war, bis vor die Treibachse reichte. Das Innentriebwerk sollte einen ruhigeren Lauf bei hohen Geschwindigkeiten ermöglichen. Ein Vergleich mit der badischen IId, von der die ersten Maschinen im Jahre 1902 geliefert wurden, zeigt besser als Worte, wie weit die Entwicklung in den 4 Jahren fortgeschritten war.

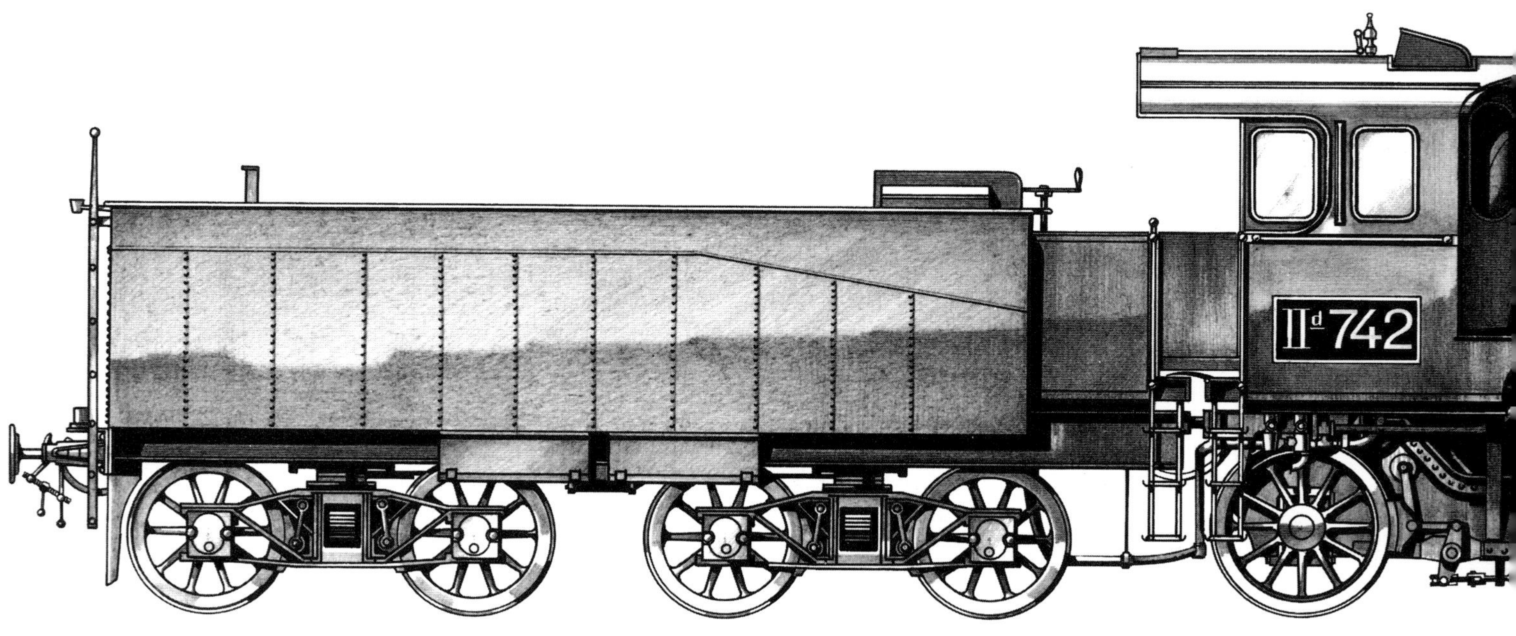

2 B 1 n4v, Gattung IId, Badische Staatsbahn, Deutschland.

Bild 65: Als die erste badische 2 B 1-Schnellzuglokomotive der Gattung IId im Jahre 1902 das Herstellerwerk J. A. Maffei in München verließ, stellte sie die größte Schnellzuglokomotive Europas dar. Vierzylinder-Verbund-Triebwerk in Verbindung mit den 2100 mm großen Treibrädern befähigten sie aber auch zu hohen Geschwindigkeiten. Mit 144 km/h, die im April 1904 auf der Strecke Offenburg – Freiburg erreicht wurden, blieb sie für viele Jahre die schnellste Serien-Dampflokomotive Deutschlands.

Bild 65

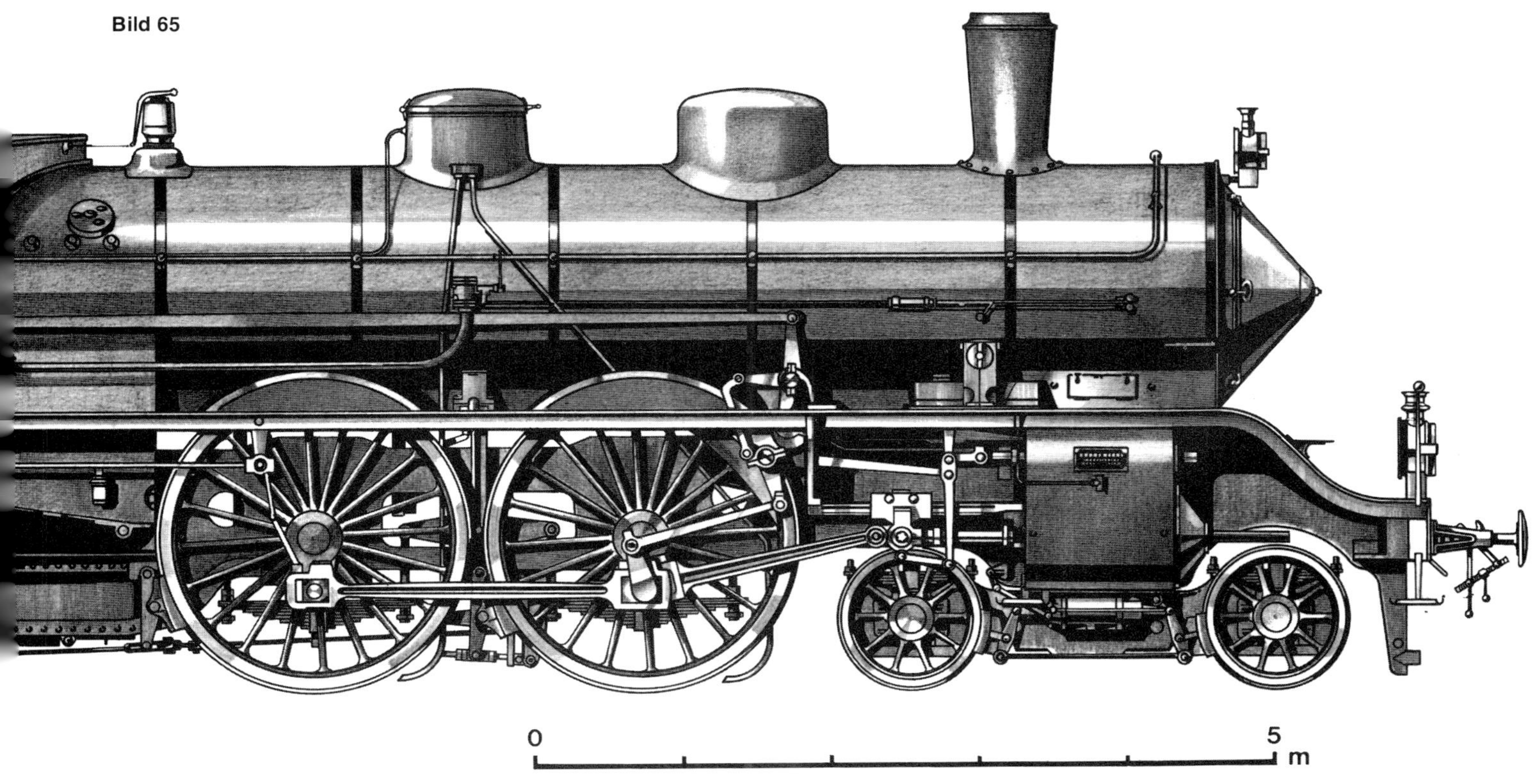

badischen Maschinen bis zu 2134 mm (7 englische Fuß) große Treibräder besaßen. Auch auf der französischen Ostbahn wurden Crampton-Lokomotiven eingesetzt, jedoch nur für Züge zwischen Paris und Straßburg. Die Bahn hatte keine Veranlassung, diese Renner auch auf der schwach frequentierten und im Grenzgebiet liegenden Rheintalstrecke einzusetzen. Das änderte sich jedoch, als nach dem 70/71er Kriege diese Strecke mit Elsaß-Lothringen zum Deutschen Reich kam und allmählich der Wettbewerb auf den Nord-Süd-Strekken schärfer wurde. Die Cramptons waren allerdings von der Ostbahn bei Kriegsausbruch nach Westen abgezogen und die neugegründete Reichseisenbahn eröffnete nach dem Kriege

Technische Daten

Bahnverwaltung	**Großherzoglich Badische Staatsbahn, Deutschland**
Achsanordnung:	
Deutsche Bezeichnung	**2 B 1 n4v**
White classification	**4–4–2 (Atlantic)**
Bahnnummer	
Erbauer	**J. A. Maffei, München (a) Maschinenbau-Gesellschaft Karlsruhe (b)**
Werknummer	
Baujahr	**1902 (a), 1905 (b)**
Treibraddurchmesser	**2100 mm**
Laufraddurchmesser	**990/1200 mm**
Zylinderdurchmesser: Hochdruck	**335 mm (Kolbenschieber)**
Zylinderdurchmesser: Niederdruck	**570 mm (Flachschieber (a)) (Kolbenschieber (b))**
Kolbenhub	**620 mm**
Rohrlänge	**4800 mm**
Verdampfungsheizfläche (feuerber.)	**210,1 m²**
Feuerbüchsheizfläche (feuerber.)	**13,6 m²**
Rostfläche	**3,87 m²**
Kesseldruck	**16 kp/cm² (15,7 bar)**
Reibungslast	**326,7 kN (33,3 Mp)**
Dienstgewicht, Lokomotive	**75,7 t**
Dienstgewicht, Lok + Tender	**126,4 t**
Kohlenvorrat	**7,5 t**
Wassermenge	**20 m³**
Höchste erreichte Geschwindigkeit	**144 km/h**
Treibraddrehzahl	**364 Upm**
Indizierte Leistung	**1230 kW (1670 PS)**
Mittlere Kolbengeschwindigkeit	**7,52 m/s**
Vergleichsgeschwindigkeit (Reihe 01 DRG)	**137 km/h**

den Schnellzugdienst mit einem Sammelsurium älterer 1 B-Lokomotiven mit Treibraddurchmessern zwischen 1720 und 1752 mm. Nach und nach wurden weitere derartige Maschinen beschafft, mit ebenfalls 1752 mm Treibraddurchmesser. Ähnliche Lokomotiven besaß auch die Pfalzbahn, jedoch hatten sie dort schon Treibraddurchmesser bis zu 1820 mm. Die badische Staatsbahn hingegen zeigte seit jeher einen Hang zum Drehgestell; schon einige ihrer Cramptons waren damit versehen. Allerdings war es noch recht primitiv und wies einen extrem kurzen Achsstand auf. Ein ähnlich kurzachsständiges Drehgestell besaßen auch die 2 B-Schnellzuglokomotiven, die in den 70er Jahren auf der Rheinstrecke fuhren. Mit Außenrahmen, überhängenden Zylindern und einigen französisch beeinflußten Attributen boten sie einen recht fremdartigen Eindruck. Ihre Leistung reichte kaum an diejenigen gleichaltriger 1 B heran.
Schließlich kam der Zeitpunkt, an dem man mit den vorhandenen Lokomotiven nicht mehr zurecht kam und etwas geschenen mußte. Als erste beschaffte die badische Staatsbahn in den 80er Jahren neue 2 B-Schnellzuglokomotiven, Gattung IIb, die allerdings nur eine etwas verstärkte Neuauflage der älteren (Gattung IIa) darstellten. Wie diese besaßen sie Außenrahmen und außenliegende Stephenson-Steuerung sowie ein kurzachsständiges Drehgestell. Der Treibraddurchmesser war nur von 1830 auf 1860 mm vergrößert. Wenigstens hatte man den vorderen Überhang beseitigt, indem der Drehgestellradstand soweit verlängert war, daß die Vorderachse genau neben dem Zylinder lag.
Den nächsten Schritt tat die Pfalzbahn. Im Jahre 1891 ging sie ebenfalls zur vierachsigen Lokomotive über, jedoch nicht zur 2 B, sondern zur 1 B 1. Im Laufe von 5 Jahren bezog die Bahn von Krauss in München 22 Maschinen der Gattung P2[1]. Obwohl der Treibraddurchmesser nur 1820 mm betrug, liefen die Lokomotiven auch bei höheren Geschwindigkeiten noch sehr ruhig, da die Laufachse nicht nur vor den Zylindern lag, sondern auch mit der Kuppelachse zu einem Krauss-Helmholtz-Gestell zusammengefaßt war. Übrigens fand auch die Hessische Ludwigsbahn Gefallen an diesen interessanten Lokomotiven und bestellte einige davon bei Krauss.
Ein Jahr später, 1892, zogen die Reichseisenbahn und die badische Staatsbahn mit stärkeren Lokomotiven nach. Bei der ersteren hielt man sich wegen des preußischen Einflusses mehr an die Vorbilder dieser Bahn, flocht jedoch auch eigene Ideen ein, wobei man im nachhinein sagen muß, daß durchaus nicht alle dieser Ideen eine Verbesserung darstellten. Bis 1895 bezog die Bahn eine Anzahl 2 B-Schnellzuglokomotiven von Grafenstaden und Henschel. Wegen ihres Treibraddurchmessers von nur 1850 mm kann man sie als eine Mischung aus den preußischen Schnellzuglokomotiven S2 und S3 und den Personenzuglokomotiven der P4-Reihe ansehen. Auch in den Abmessungen lagen sie etwa dazwischen. Es waren teilweise

Bild 66: 2 B 1 n4v, Gattung IId, der Badischen Staatsbahn. Lokomotive Nr. 739 der ersten Serie – mit Flachschiebern an den Niederdruckzylindern –, erbaut 1902 von der Firma Maffei in München. Treibraddurchmesser 2100 mm. Eine der Maschinen soll bei einer Probefahrt 144 km/h erreicht haben (Verkehrsmuseum Nürnberg).

Zweizylinder-Verbund-, zum Teil aber auch Zwillings-Lokomotiven. Sie besaßen – wie auch die P2[1] der Pfalzbahn – erstmalig Heusinger-(Waelscharts)-Steuerung.
Einen ganz anderen Weg ging man bei der badischen Staatsbahn. Nachdem man viele Jahre einen Stil gepflegt hatte, der manche französischen Merkmale enthielt, sahen die neuen 2 B der Gattung IIc, die ab 1892 aufgrund eines Wettbewerbs von Grafenstaden geliefert wurden, durchaus englisch aus. Man kann sie etwa als eine Mischung aus den 2 B, die John Aspinall ein Jahr zuvor für die Lancashire & Yorkshire Railway gebaut hatte und den schon etwas älteren Maschinen von Dugald Drummond für die Caledonien Railway ansehen. Wie diese besaßen die badischen Maschinen – in radikaler Abkehr vom bisherigen Brauch – Innenrahmen und Innentriebwerk, und eine weitere starke Ähnlichkeit bestand in Form und Lage der Radschutzkästen und des Umlaufbleches. Bei nahezu gleichem Gesamtgewicht waren die IIc etwas länger, als ihre englischen Schwestern. Die Kessel hatten eine etwas kleinere Heizfläche, was aber durch den größeren Strahlungsanteil der voluminösen Belpaire-Feuerbüchse ausgeglichen wurde. Mit 2100 mm lag der Treibraddurchmesser ziemlich genau in der Mitte zwischen den 1981 mm (6 Fuß, 6 Zoll) der Caledonians und den 2210 (7 Fuß, 3 Zoll) der L & Y-Maschinen. Die englischen Lokomotiven waren als gute Renner bekannt; insbesondere hatten sich einige Maschinen der Caledonian bei den berühmten »Railway Races to the North« – die wir im III. Kapitel kennengelernt haben – durch erstaunliche Schnellfahrten hervorgetan. So glaubte man wohl in Baden, diese gut als Vorbilder für eine schnelle Lokomotive verwenden zu können. Der Erfolg gab den Konstrukteuren recht, denn tatsächlich lief die IIc noch bei einer Geschwindigkeit von 120 km/h so auffallend ruhig, daß – erstmalig in Deutschland – die Höchstgeschwindigkeit später auf 110 km/h heraufgesetzt werden konnte. Die Bahn bezog bis zum Jahre 1900 insgesamt 35 dieser eleganten Maschinen.
Die letzten 5 erhielten – ebenfalls erstmalig für Deutschland – Windschneiden-Führerhäuser und eine gleichermaßen keilförmige Rauchkammertür (Bild 63). Dadurch gelangte wieder eine französische Note in die ganze Sache, denn die Windschneide (»Coupe-Vent« in Frankreich) am Führerhaus wurde 1891 von der Paris-Lyon-Mittelmeer-Bahn eingeführt, als sie einige ihrer älteren 1 B 1-Schnellzuglokomotiven durch Umbau in 2 B modernisierte. Wir erwähnten das bereits in Kapitel IV. Die Windschneide blieb danach lange Zeit ein Markenzeichen der PLM-Lokomotiven. In Deutschland breitete sich diese Mode auch für einige Jahre aus, bis man merkte, daß die erhoffte Verminderung des Luftwiderstandes nur sehr gering war und jedenfalls durch die Nachteile, z. B. schlechtere Sicht durch die Vorderfenster, kompliziertere und teurere Führerhäuser, mehr als aufgewogen wurde.

Bild 67: 2 B 1 n4v, Gattung S 9, der Preußischen Staatsbahn. Größte Atlantic-Schnellzuglokomotive Preußens. Gebaut von der Hanomag in Hannover (Verkehrsmuseum Nürnberg).

Der nächste Schritt kam nun wieder nahezu gleichzeitig von der Reichseisenbahn und von der Pfalzbahn. Die Reichseisenbahn glaubte offenbar genügend Lokomotiven für schnellere und leichtere Züge zu besitzen und eher eine Maschine zu benötigen, die durch große Anfahrzugkraft und hohe Leistung schon in niedrigeren Geschwindigkeitsbereichen gekennzeichnet war. Die 5 im Jahre 1898 von Grafenstaden gelieferten Lokomotiven waren daher dreifach gekuppelt, hatten aber nur 1750 mm Treibraddurchmesser. Diese 2 C mit der Gattungsbezeichnung A 14 (später P5) besaßen ein Vierzylinder-Verbund-Triebwerk nach de Glehn. Sie waren erheblich größer als die in Baden zahlreich vorhandene Gattung IVe (Bild 114) und entsprachen recht genau der von Preußen in einigen Exemplaren beschafften Gattung P7.
Die im gleichen Jahre von der Pfalzbahn eingesetzten neuen Lokomotiven waren dagegen ausgesprochene Schnelläufer. Nach Vorschlag von Wilhelm Staby wählte man die Bauart 2 B 1 und Krauss in München, Hauslieferant dieser Bahn, baute bis 1904 insgesamt 12 dieser, als Gattung $P3^1$ bezeichneten Maschinen (Bild 64). Es waren nicht nur die ersten Atlantics in Deutschland, sondern auch die allerersten normalspurigen, bei denen der Stehkessel vollständig hinter den Treibrädern lag. (Bei den älteren Atlantics mit Wootten-Feuerbüchse in Amerika war das nicht ganz der Fall.) Die Abmessungen waren für ihre Zeit beträchtlich. Der Kessel war größer als derjenige der vorher erwähnten Ten-Wheeler, Gattung A 14, der Reichseisenbahn und mit 1980 mm Treibraddurchmesser wurde zum ersten Male das bei der Pfalzbahn für Schnellzuglokomotiven bis dahin übliche Maß von 1820 mm überschritten. Um die Laufruhe weiter zu verbessern, besaßen sie Innentriebwerk, allerdings ohne Verbund-Wirkung. Diese Triebwerksanordnung blieb in Deutschland einmalig und ist danach nur noch dreimal verwendet worden: bei John Aspinalls großrädrigen Atlantics für die englische Lancashire & Yorkshire Railway, bei der Reihe 2000 der niederländischen Staatseisenbahn-Gesellschaft und bei den Heißdampf-Atlantics der schwedischen Staatsbahn. Jedoch wurden die $P3^1$ kurz vor dem ersten Weltkrieg umgebaut und erhielten ein Vierzylinder-Verbund-Triebwerk. Aber trotz aller neuartiger Ideen, die an dieser Lokomotive verwirklicht wurden, ihre Konstrukteure wagten es noch nicht, dem Kessel eine zweckmäßige Höhenlage zu geben. Mit 2450 mm Höhe der Kesselmitte über Schienoberkante besaß sie überhaupt die niedrigste Kessellage aller Atlantics – sieht man einmal

Bild 68: 2 B 1 n4v, Gattung IId, der Badischen Staatsbahn. Lokomotive Nr. 742 um 1912 in Karlsruhe. Deutlich ist der tief herabgekröpfte Blechrahmen zwischen Kuppel- und Schleppachse unter dem Stehkessel zu erkennen (Sammlung Dr. Feißel, Deutschland).

von den paar schmalspurigen in Japan und Südafrika ab. Das zwang dazu, eine aufwendige Doppelrahmen-Konstruktion vorsehen zu müssen, um den Stehkessel unterbringen zu können. Obwohl nur die Schleppachse im Außenrahmen gelagert ist, mußte dieser bis vor die Kuppelachsen gezogen werden, da nur so eine genügend steife Verbindung mit dem Hauptrahmen hergestellt werden konnte. Dadurch erhielt die $P3^1$ ein merkwürdig antiquiertes Aussehen, doch hatte die Bahn mit ihr immerhin die Möglichkeit, mit den schneller und schwerer werdenden Zügen fertigzuwerden.

Doch nun geriet die Badische Staatsbahn stark ins Hintertreffen. Die IIc hatte eine Kesselheizfläche, die nur 61 % derjenigen der $P3^1$ betrug. Die etwas größere IVe, deren Kesselgröße nur etwa in der Mitte zwischen den beiden Lokomotiven lag, war aber darüber hinaus mit 1600 mm Treibraddurchmesser viel zu langsam. Es mußte also unbedingt etwas geschehen. Inzwischen war Alexander Courtin zum Lokomotivdezernenten berufen worden, und dieser beauftragte die Firma Maffei in München mit der Ausarbeitung einer neuen, wesentlich stärkeren und schnelleren Lokomotive. Die Firma war als Sieger aus einem Wettbewerb hervorgegangen, den die Bahn ausgeschrieben hatte. Die Bestellung erfolgte im Jahre 1901 und im Juni 1902 wurde die erste dieser großen Maschinen, mit der die Badische Staatsbahn ihre Konkurrenten ein erhebliches Stück hinter sich ließ, in Dienst gestellt (Bild 65).

Was Anton Hammel, Chefkonstrukteur von Maffei, zusammen mit Courtin geschaffen hatte, konnte sich sehen lassen. Es war eine Atlantic und sie erhielt die Gattungsbezeichnung IId. Sie war die schwerste aller serienmäßigen europäischen Atlantics und wurde im Gesamtgewicht nur von der 1300 der Great Northern Railway in England – einer Versuchsmaschine, die die Vulcan Foundry für diese Bahn baute – und von den beiden preußischen S8 – auf Heißdampf umgebaute S9 – übertroffen. Auch in der Kesselgröße waren ihr nur wenige der späteren Atlantics überlegen. Immerhin hatte sie, bei einer um 89 % größeren Rostfläche einen Kessel mit mehr als der doppelten Heizfläche wie derjenige ihrer Vorgängerin, der IIc. Da der Kesseldruck außerdem von 13 auf 16 bar angehoben war, konnte man mit einer gewaltigen Leistungssteigerung gegenüber den älteren Maschinen rechnen. Der nach unten breiter werdende Stehkessel hatte senkrechte Vorder- und Rückwand. Um bequem einen geräumigen Aschkasten unterbringen zu können, war die Schleppachse sehr weit zurückgeschoben; sie lag noch etwa 500 mm hinter der Stehkessel-

hinterkante. Die großzügige Ausbildung von Feuerbüchse und Aschkasten wurde durch die bis dahin nicht erreichte Höhenlage des Kessels von 2750 mm ermöglicht. Daß die hohe Lage des Kessels außerdem die Laufruhe bei hohen Geschwindigkeiten verbesserte, war eine Erkenntnis, die sich damals grade durchzusetzen begann, die aber bei dieser Lokomotive noch nicht konsequent berücksichtigt wurde. Man hätte sich nämlich mit einem noch höher angeordneten Kessel einige Probleme erleichtern können, die sich aus der gewählten Rahmenbauart ergaben. Obwohl nämlich der Barrenrahmen durch die vier Lokomotiven (2 Americans (Bild 70) und 2 Consolidations), die die Bayrische Staatsbahn bei Baldwin gekauft hatte, schon ein Jahr zuvor in Deutschland aufgetaucht war, traute man sich offenbar noch nicht recht an diese für Europa neumodische Rahmenbauart heran und wollte wohl erst die Erfahrungen abwarten, die man in Bayern mit diesen Rahmen gewann. Aber auch an eine Kombination aus Blech- und Barrenrahmen, wie sie von Borries in Preußen bereits 1900 bei seiner S5[1] und zwei Jahre später auch für die S7 (Bild 73) vorsah, wagte man sich in Baden nicht. So erhielt die IId einen durchlaufenden Blechrahmen und damit erschwerte man einmal die Zugänglichkeit zum Innentriebwerk, zum anderen mußte man diesen Rahmen hinter den Treibrädern sehr stark nach unten abkröpfen, um eine ausreichende Rahmenhöhe zu bekommen. Beide Schwierigkeiten wären etwas gemildert worden, hätte man sich dazu entschlossen, den Kessel noch höher zu legen. Daß das ohne weiteres möglich gewesen wäre, zeigt ein Blick auf die ein Jahr ältere österreichische Reihe 108 (Bild 51), bei der der Kessel noch 80 mm höher lag, als bei der IId. Und bereits 4 Jahre später erschien die bayrische S 2/6 – die wir im nächsten Kapitel näher kennenlernen werden – mit einem Höhenmaß von 2950 mm, 200 mm mehr als es bei der IId betrug, ohne daß sich daraus irgendwelche Anstände ergeben hätten. Ganz im Gegenteil, es war sicherlich mit ein Grund für die bekannt gute Laufruhe dieser Maschine.
Die IId besaß ein Vierzylinder-Verbund-Triebwerk, bei dem alle 4 Zylinder in einer Querebene lagen und die erste Kuppelachse antrieben, wie es als erster von Borries eingeführt hatte. Außerdem lagen, wie bei diesem und im Gegensatz zum de Glehn-Triebwerk, die Hochdruckzylinder innen. Da hierbei die inneren Zylindermitten näher beieinander liegen können, gewinnt man Platz, um die äußeren Kurbelwangen der Kropfachse sehr kräftig auszubilden. Das war auch nötig, wird doch beim Einachsantrieb die Treibachse stärker beansprucht als bei Triebwerken, bei denen Zylinder- und Führungskräfte auf mehrere Achsen aufgeteilt sind. Um die Biegebeanspruchung etwas herabzusetzen, hatte man die Lage von Kuppel- und äußeren Treibstangen vertauscht. Letztere lagen in der inneren Ebene. Diese Anordnung ist bei allen Lokomotiven möglich, deren äußere Zylinder auf die erste Kuppelachse wirken, sofern der Zylinderdurchmesser ein bestimmtes Maß nicht überschreitet. Daher findet man sie besonders häufig bei Atlantic-Lokomotiven. Die Treibräder besaßen den schon von der IIc her bekannten Durchmesser von 2100 mm.
Wie bei den von Borries'schen Vierzylinder-Verbund-Lokomotiven und wiederum im Gegensatz zum de Glehn-Triebwerk, hatte jede Seite nur eine Heusinger-(Waelscharts)-Steuerung. Während jedoch bei der S5[1] und bei der S7 die Steuerung innerhalb des Rahmens lag, wobei ein auf der Treibachse sitzender Exzenter die Schwinge antrieb, besaß die IId die später allgemein übliche außenliegende Steuerung, wodurch natürlich die Zugänglichkeit wesentlich erleichtert wurde. Die Übertragung der Bewegung auf den jeweils anderen Schieber erfolgte bei beiden Bauarten durch waagerechte Querwellen mit einarmigen Hebeln. Von Borries legte aber den Angriffspunkt dieser Hebel an das Ende der Schieberschubstangen und gab jedem Kreuzkopf einen eigenen Voreilhebel. Durch unterschiedliche Übersetzungsverhältnisse dieser Voreilhebel erreichte er höhere Füllungen im Niederdruckteil und kam daher mit einem Zylinderraumverhältnis von 2,42 aus. Hammel dagegen leitete die Bewegung der inneren Schieber direkt von den Schieberstangen der äußeren ab. Alle Zylinder erhielten somit gleiche Füllungen und das Raumverhältnis mußte auf den Wert von 2,9 vergrößert werden, um die Leistung einigermaßen gleichmäßig auf beide Triebwerke zu verteilen. Welche Bauart zweckmäßiger ist, sei dahingestellt, Tatsache ist, daß sich die Bauart mit nur einem Voreilhebel für alle Vierzylinderlokomotiven mit nur einer Steuerung auf jeder Maschinenseite durchsetzte. Wie die S7 hatten die ersten 12, im Jahre 1902 von Maffei gelieferten IId nur an den Hochdruckzylindern Kolbenschieber. Eine zweite Serie von 6 Maschinen, die 1905 von der Maschinenbau-Gesellschaft Karlsruhe nachgebaut wurde, erhielt auch an den Niederdruckzylindern Kolbenschieber.
Diese gewaltigen Maschinen, es waren zur Zeit ihrer Entstehung die größten Schnellzuglokomotiven Europas, müssen auf jeden interessierten Betrachter einen nachhaltigen Eindruck gemacht haben. Zum ersten Male war das Laufblech so hoch gelegt, daß sich das gesamte Trieb- und Laufwerk nahezu vollständig den Blicken darbot. Nur die riesigen Treibräder waren in ihrem obersten Teil durch kleine Radkästen verdeckt. Dem allgemeinen Modetrend folgend, besaß das geräumige Führerhaus – das im übrigen nach badischer Sitte ein Seitenfenster und dahinter einen großen seitlichen Ausschnitt aufwies – Windschneidenform und die Rauchkammertür war kegelig. Daß das vorne elegant hochgeschwungene Umlaufblech ebenfalls dem Zweck gedient haben soll, den Luftwiderstand zu vermindern, ist kaum anzunehmen. Niemand kann geglaubt haben, daß von dieser Form auch nur die Spur einer derartigen Wirkung ausgeht, angesichts der riesigen, davorsitzenden Stirnlaternen und einer großen, vorspringenden

Bild 69: 2 B 1 h4v, Gattung P 4, der Pfalzbahn. Nr. 289 »Pfälzerwald« im Jahre 1908 in Ludwigshafen. Sieht aus wie eine verkleinerte bayrische S 3/6 (Sammlung Dr. Feißel, Deutschland).

Trittstufe auf halber Höhe. Man muß daher vermuten, daß Hammel damit eher eine gewisse Disharmonie in den Proportionen der Lokomotive überbrücken wollte. Durch den größeren Abstand der Zylindergruppe von der Treibachse, der wegen der erforderlichen Mindestlänge der Treibstangen notwendig war, und durch die weit zurückliegende Schleppachse, war nämlich das Laufwerk so lang geraten, daß der Kessel in seiner Länge nicht mehr recht dazu paßte und die Schornsteinmitte etwa 600 mm hinter der Zylindermitte lag. Das verlieh der IId ein etwas gedrungenes und leicht unharmonisches Aussehen. Etwas abgeschwächt läßt sich diese Disharmonie auch an den gleichartig aufgebauten preußischen Atlantics S7 und S9 beobachten. Daß sich aber Kessel- und Laufwerkslänge auch dann harmonisch aneinander anpassen läßt, wenn der Stehkessel vollständig hinter den Kuppelrädern liegt und ein größerer Abstand zwischen vorderer Treibachse und Zylindern erforderlich ist, zeigen eine große Anzahl Atlantics der Atchison, Topeka & Santa Fe Railroad in Amerika. Bei ihnen sitzen die Zylinder zum Teil noch wesentlich weiter vor der Treibachse als bei der IId und trotzdem sitzt der Schornstein »richtig«, nämlich in der Mittelebene der Zylinder.

Doch diese Äußerlichkeiten waren nicht wesentlich. Wichtig war, daß die Badische Staatsbahn mit der IId nicht nur eine schnelle, sondern auch eine sehr leistungsfähige Lokomotive bekommen hatte. Daß sie nur für kurze Zeit genügte und daß die Zuggewichte so rasch anstiegen, daß bereits nach wenigen Jahren die Reibungslast zweier gekuppelter Achsen nicht mehr ausreichte, die Züge einwandfrei in Gang zu setzen, wer hätte das voraussehen können? Man kann weder Alexander Courtin noch Anton Hammel daraus einen Vorwurf machen.

Bild 70: 2 B 1 n4v, Gattung S 2/5, der Bayrischen Staatsbahn. Nr. 2399, eine der beiden aus Amerika bezogenen Atlantics mit Vauclain-Triebwerk, die ersten Lokomotiven mit Barrenrahmen in Europa (Reichsbahn-Filmstelle, Sammlung des Verfassers).

Eine ähnliche Fehleinschätzung ereignete sich noch über 30 Jahre später, als die Chicago, Milwaukee, St. Paul & Pacific Railroad für ihren neuen »Star«-Zug, den »Hiawatha« eine Atlantic-Lokomotive vorsah. (Wir werden uns noch in einem späteren Kapitel damit befassen.) Zwar betrug die Reibungslast dieser 1935 beschafften »Super«-Atlantic 642,1 kN (65,5 Mp) mehr als doppelt so viel, wie diejenige, die die IId aufbrachte, doch schon 3 Jahre später genügte auch das nicht mehr und für den verstärkten »Hiawatha« mußten dreifach gekuppelte Lokomotiven entwickelt werden. Andererseits waren die im Zuge der Reparationslieferungen nach dem ersten Weltkrieg zur Belgischen Staatsbahn gelangten preußischen S9 (Bild 67) noch in den 30er Jahren vor den bedeutendsten Fernzügen zu sehen, während die in Deutschland verbliebenen sehr schnell – zu schnell, wie manche meinen – ausgemustert wurden. Und die im Jahre 1910 von der Pennsylvania Railroad entwickelte schwere Atlantic, Gattung E6s – in einem späteren Kapitel werden wir noch im einzelnen sehen, was sie zu leisten vermochte – war noch nach dem zweiten Weltkriege vor nicht allzu schweren Schnellzügen eingesetzt. Allerdings betrug ihre Reibungslast auch bis zu 627 kN (64 Mp).

Doch kehren wir zurück in das Großherzogtum Baden und in die Zeit kurz nach der Jahrhundertwende. Die neuen großen Maschinen der Badischen Staatsbahn erregten in der Fachwelt des In- und Auslandes starke Beachtung und waren bald vor allen wichtigen Zügen der badischen Rheintalstrecke zu finden (Bild 68). Dank des guten Massenausgleichs durch das Vierzylinder-Verbund-Triebwerk, der niedrigen Drehzahlen durch die 2100 mm großen Treibräder, der hohen Kessellage und der mit 9095 mm sehr großen geführten Länge, lief die IId noch bei Geschwindigkeiten von weit über 120 km/h bemerkenswert ruhig. Besonders schnell konnte natürlich auf der krümmungsarmen und fast ebenen »Rennstrecke« Offenburg–Freiburg gefahren werden. Nach Vilain* durcheilte am 30. April 1904 eine IId mit einem aus 4 Wagen bestehenden Zuge von 138 t Gewicht diesen 62,5 km langen Abschnitt in etwa 32 Minuten mit einer Durchschnittsgeschwindigkeit von 116 km/h. Man muß sich dabei vor Augen halten, daß heute, nach über 70 Jahren die Schnellzüge für diese Strecke noch genau die gleiche Zeit benötigen. Zwar sind die Zuggewichte inzwischen auf 450 bis 500 t gestiegen, doch heutzutage sind es Elektrolokomotiven mit hohen Leistungen und – gegenüber der IId – gewaltigen Anfahrzugkräften, die sich an der Spitze der Züge befinden und darüberhinaus sind alle Achsen

* Lucien Maurice Vilain, »La Locomotive a Vapeur et les Grandes Vitesses«, Frankreich, 1972.

Bild 71: 2 B 1 h4v, Gattung P 4, der Pfalzbahn. Lokomotive »von Frauendorfer« ist das Vorbild für das Modell im Deutschen Museum in München (Verkehrsmuseum Nürnberg).

mit Rollenlagern ausgerüstet, der Luftwiderstand der Lokomotiven, aber auch der Wagen ist heute wesentlich niedriger als bei den Fahrzeugen der damaligen Zeit und auch der Oberbau wurde in der Zwischenzeit erheblich verbessert.
Die höchste Geschwindigkeit, die auf dieser Rekordfahrt erreicht wurde, betrug 144 km/h. Damit war die IId die schnellste deutsche Lokomotive und blieb auch noch für viele Jahre die schnellste serienmäßige Dampflokomotive in Deutschland, denn die noch schnellere bayrische S 2/6 war nur eine auf hohe Geschwindigkeit konstruierte Versuchsmaschine. Gerechterweise muß man allerdings sagen, daß ihr die preußische S7 (Bild 73) mit bei Versuchsfahrten erreichten 143 km/h kaum nachstand, im Gegenteil, deren Leistung muß sogar noch höher bewertet werden, da sie nur 1980 mm Treibraddurchmesser besaß und folglich mit höheren Triebwerksdrehzahlen lief, als die IId. Doch soll das den Erfolg von Hammels Schöpfung keinesfalls herabsetzen. Vom Trieb- und Laufwerk her wäre die IId zweifellos zu noch höheren Geschwindigkeiten befähigt gewesen, doch der Kessel war natürlich für die dabei benötigten Dampfleistungen nicht ausgelegt. Die Überschlagsrechnung zeigt, daß die IId für die angegebene Zuglast und Geschwindigkeit in der Ebene eine indizierte Leistung von 1230 kW (1670 PS) aufzubringen hatte, wozu der Kessel etwa 18,9 t Dampf in der Stunde erzeugen mußte. Das entspricht einer Heizflächenbelastung von 90 kg/m²h. Das ist ein Wert, der von einem Kessel mit großer Feuerbüchse, also großem Anteil der Strahlungsheizfläche auch über längere Zeit gehalten werden kann; doch eben die besaß der Kessel der IId nicht. Die Heizfläche der kurzen, breiten Feuerbüchse betrug nur 6,5 % der Gesamtheizfläche – zum Vergleich: bei der IIc waren es 8,9 % – und über längere Zeit hätte der Kessel eine so hohe Heizflächenbelastung sicherlich übelgenommen. Doch für den Normalbetrieb zeigte er sich durchaus großzügig bemessen und die Bahn besaß mit den neuen Rennern nicht nur schnelle, sondern auch ausgesprochen sparsame Lokomotiven.
Doch leider dauerte die Freude, wie schon gesagt, nur kurze Zeit. Bereits nach wenigen Jahren zeigten die IId mehr und mehr Anfahrschwierigkeiten bei schwerer werdenden Schnellzügen und auch die Badische Staatsbahn mußte zur dreifach gekuppelten Lokomotive übergehen. Wieder schufen Courtin und Hammel etwas besonderes, nämlich die erste deutsche Pacific, die IVf (Bild 126). Da man diese aber auch auf der Schwarzwaldbahn einsetzen wollte, gab man ihr Treibräder von nur 1800 mm Durchmesser und das ist ihr leider nicht gut bekommen. Darum sah man für die nächste Pacific,

die IVh wieder 2100 mm Treibraddurchmesser vor, doch inzwischen brach der Weltkrieg aus, die Lokomotive wurde erst nach dem Kriege fertig, und da hatten sich die Verhältnisse bekanntlich grundlegend geändert, so daß die IVh – auch mit ihr werden wir uns noch näher befassen – nur kurze Zeit auf der Rheintalstrecke eingesetzt war.
Nach 1907, mit zunehmendem Bestand an IVf, wanderten die IId allmählich in untergeordnete Dienste ab. Eine mußte bereits 1903 nach einem Unfall verschrottet werden. Von den verbleibenden 17 wurden nach dem Kriege 10 Stück – 8 aus der ersten und 2 aus der zweiten Serie – an Frankreich abgegeben. Dort wurden sie der Staatseisenbahn (Chemins de Fer de l'Etat) zugeteilt, die sie mit den Nummern 221–901 bis 221–910 versah. Offenbar war man nicht ganz unzufrieden mit diesen sparsamen Maschinen, denn erst 1934 wurden die letzten ausgemustert. Die Deutsche Reichsbahn jedoch fand weniger Gefallen an den restlichen 7, zumal auch überhaupt kein Bedarf an schnellen und leichten Lokomotiven vorlag. Zwar wurden ihnen im vorläufigen Nummernplan von 1923 noch die Nummern 14 401–403 und 14 451–454 zugeteilt, jedoch beim Erscheinen des endgültigen Nummernplanes, 1925, war schon keine IId mehr vorhanden. So brachte es diese interessante Lokomotive in Deutschland nur auf eine Lebensdauer von wenig über 20 Jahren. Doch wir wollen uns daran erinnern, daß auch die hochmoderne Reihe 23 der Deutschen Bundesbahn keine wesentlich längere Lebensdauer erreichte.
Wie war es nun bei der Konkurrenz auf der anderen Rheinseite weitergegangen? 1902, im gleichen Jahre, in dem die IId erschien, bezog die Reichseisenbahn eine verstärkte 2 C, wieder mit de Glehn-Triebwerk, aber mit Treibraddurchmessern von 1850 mm, wie ihn die älteren 2 B besaßen, die A 17. 4 Jahre später kam eine weiter verstärkte Bauart, die S9, diesmal mit dem in Preußen üblichen Treibraddurchmesser von 1980 mm. Im Jahre 1909 erschien dann auch hier die Pacific, Gattung S 12, jedoch in einer, von den übrigen deutschen Pacifics gänzlich abweichenden Form. Zwar war es ebenfalls eine Heißdampflokomotive, doch besaß sie – natürlich – ein de Glehn-Triebwerk. Der Belpaire-Stehkessel war so weit nach vorn geschoben, daß seine Vorderkante kurz hinter der mittleren Kuppelachse lag, und die Schleppachse war dicht an die dritte Kuppelachse herangeschoben. Im ganzen übertraf sie in Abmessungen und Leistungen nur wenig die preußische S 10^1. Deshalb beschaffte die Bahn auch nur 9 Stück und ging später zur S 10^1 über, mit der die Geschichte der Reichseisenbahn endet.
Die Pfalzbahn jedoch ist über die Atlantic nicht hinausgekommen. Nach der monströsen $P3^2$ von 1900, mit innenliegendem Zweizylinder-Verbund-Triebwerk, kompliziertem mechanischem Massenausgleich und im Drehgestell angeordneter, zuschaltbarer Vorspannachse, die die Firma Krauss entwickelt hatte, lieferte Maffei 1905 und 1906 elf sehr schöne Vierzylinder-Verbund-Atlantics, Gattung P 4, die in Größe und Leistung der badischen IId kaum nachstanden (Bild 69). Sie besaßen aber bereits einen Barrenrahmen und sehen aus, wie verkleinerte Ausgaben der bayrischen S 3/6. Leider traute man sich noch nicht an den Schmidt-Überhitzer heran und rüstete die P4 mit dem unzweckmäßigen Pielock-Überhitzer aus. Aber, genau wie in Baden, reichte auch hier nach wenigen Jahren die Reibungslast zweier Kuppelachsen nicht mehr aus. Als im Jahre 1909 die Pfalzbahn in der Bayrischen Staatsbahn aufgegangen war, verlegte diese daher einige S 3/6 in die Pfalz, womit auch hier die Pacific – in doppeltem Sinne – zum Zuge kam.
Trotz ihrer nur kurzen Blütezeit ist die Atlantic-Lokomotive in einer so großen Anzahl verschiedenartiger Formen gebaut worden, wie kaum eine andere Bauart. Das hängt unzweifelhaft damit zusammen, daß das Erscheinen der Atlantic in eine Zeit fiel, in der einerseits eine allgemeine Beschleunigung des Eisenbahnverkehrs einsetzte, die zu einer raschen Leistungssteigerung der Lokomotiven zwang, und in der andererseits mit Verbund-Triebwerken und Heißdampf experimentiert wurde, um Wirtschaftlichkeit und Leistungsfähigkeit der Dampflokomotive zu verbessern. Eine geschlossene Monographie der Atlantic-Lokomotive liegt bisher noch nicht vor, könnte aber zweifellos recht interessant sein.
Die deutschen Atlantic-Bauarten mit de Glehn-Triebwerk haben wir bereits kennengelernt, ebenso die preußische S7 mit von Borries-Triebwerk. Von einer verstärkten Ausführung, der S9 (Bild 67), bei der jedoch die Steuerung außen lag, lieferte die Hanomag 99 Stück an die Preußische Staatsbahn. Sie übertraf in ihren Abmessungen und ihrer Leistung sogar noch etwas die II d und zeichnete sich ebenfalls durch niedrige Verbrauchswerte aus. 2 Stück erhielten später einen Schmidtschen Rauchrohrüberhitzer und diese, mit S8 (Bild 108) bezeichneten Maschinen, galten als die sparsamsten aller Schnellzuglokomotiven überhaupt. Es ist interessant, sich zu überlegen, daß die IId mit einem solchen Überhitzer vielleicht noch sparsamer gewesen wäre, da ihr Kesseldruck jenen der S8 um 2 bar übertraf. An sich hätte es nahegelegen, zumindest die zweite Serie, die bereits Kolbenschieber an allen 4 Zylindern besaß, damit auszurüsten, jedoch der Versuch wurde nie gemacht.
Die Bayrische Staatsbahn besaß bereits die beiden, von der Konstruktion her rein amerikanischen Atlantics, die Baldwin 1901 geliefert hatte (Bild 70) und mit denen der Barrenrahmen seinen Einzug in Deutschland hielt. Abgesehen von dem Vierzylinder-Verbund-Triebwerk nach Vauclain, also mit 4, paarweise übereinander angeordneten Außenzylindern, ähnelten sie stark den Maschinen der Atlantic Coast Line, denen sie auch etwa in der Größe entsprachen.
Drei Jahre später beschaffte die Bayrische Staatsbahn noch

10 weitere Atlantics, die gewissermaßen eine verstärkte, modernisierte und »germanisierte« Ausgabe der Amerikanerinnen darstellten. Mit dieser Gattung S 2/5 unternahm sie ein anderes Experiment, indem sie gleichzeitig eine 2 C, Gattung S 3/5, entwickelte, die mit ersterer in sehr vielen Teilen übereinstimmte. Beide Bauarten besaßen Barrenrahmen und ein Vierzylinder-Verbund-Triebwerk mit Einachsantrieb. Um den gleichen Kessel verwenden zu können, war ein langer, schmaler Stehkessel vorgesehen, dessen Vorderkante bei der Atlantic – weil diese die größeren Räder hatte – noch vor der zweiten Kuppelachse lag. Jedoch wurden 30 der 69 Ten-Wheeler von vornherein als Heißdampflokomotiven gebaut und einige der übrigen später noch mit Überhitzern versehen, was bei den Atlantics aus naheliegenden Gründen unterblieb.
Die Bayrische Staatsbahn war aber nicht die einzige, die mit einer derartigen Standardisierung experimentierte. Auch die Sächsische Staatsbahn entwickelte nebeneinander 2 B 1 und 2 C mit möglichst vielen gemeinsamen Bauteilen. Die Atlantics waren die letzten, die in Deutschland gebaut wurden. Hartmann in Chemnitz lieferte von 1909 bis 1913 achtzehn Maschinen der Gattung XH1. Zum Unterschied von den älteren X V besaßen sie ein Zwillings-Triebwerk und – als einzige in Deutschland – Schmidt-Rauchrohr-Überhitzer. Zwar hatten sie einen Blechrahmen – Sachsen ging erst verhältnismäßig spät zum Barrenrahmen über –, doch bestehen beim Zweizylinder-Außentriebwerk keine Zugänglichkeitsprobleme und mit ihrem hochliegenden, voluminösen Belpaire-Kessel, dem über die Treibräder hinweggeführten Laufblech sowie dem geräumigen sächsischen Führerhaus ohne Windschneide, machten sie einen recht modernen Eindruck. Nicht ganz verständlich ist allerdings, warum eine Bahn mit derartig schwierigen Streckenverhältnissen, wie die Sächsische Staatsbahn, so spät noch Atlantic-Lokomotiven beschaffte. Es blieb denn auch bei den 18 Stück. Von der als Pendant dazu entwickelten 2 C, Gattung XII H1, wurden jedoch noch weniger gebaut, nämlich lediglich 7 Exemplare. Der Grund lag darin, daß die Bahn dann zum Vierzylinder-Verbund-Triebwerk (Gattung XII HV) überging. Mit Recht versprach man sich davon bessere Laufeigenschaften für den Ten-Wheeler, als sie das Zweizylinder-Triebwerk aufwies.
Aber auch in anderen Ländern gab es ganz ähnliche Versuche, 2 B 1 und 2 C zu vereinheitlichen. Für die Belgische Staatsbahn lieferte Cockerill 12 Atlantics (Reihe 6) und 57 Ten-Wheeler (Reihe 8), die bis auf die durch die Achsanordnung bedingten Unterschiede nahezu identisch waren, und die Paris-Orléans-Bahn (Réseau d'Orléans) bezog von der Elsäßischen Maschinenfabrik sogar 14 Atlantics (3001 bis 3014) und 84 Ten-Wheeler (4001 bis 4084) sonst gleicher Ausführung. Sowohl die belgischen wie auch die französischen Maschinen besaßen de Glehn-Triebwerk (mit größerem Treibraddurchmesser für die 2 B 1) und Belpaire-Kessel.
Die konsequenteste Entwicklung in dieser Hinsicht vollzog sich jedoch bei der Great Western Railway in England. Churchward ließ im Jahre 1905 in der Bahnwerkstatt Swindon 13 Atlantics herstellen, die mit den 2 C-Lokomotiven der »Saint«-Klasse nicht nur alle sonstigen Bauteile gemeinsam hatten, sondern darüber-hinaus auch den gleichen Treibraddurchmesser von 6 Fuß 8½ Zoll (2045 mm) besaßen. So war es denn ein leichtes, die Maschinen 7 Jahre später, als die Reibungslast der zwei Kuppelachsen nicht mehr ausreichte, einfach in »Saints« umzubauen. Man brauchte sie also nicht vorzeitig zu verschrotten oder in weniger geeigneten Diensten aufzubrauchen, sondern hatte mit verhältnismäßig geringen Umbaukosten 13 leistungsfähige Schnellzuglokomotiven hinzubekommen. Wieder einmal zeigte sich die Weitsichtigkeit von Churchwards Konzept. Ebenfalls im Jahre 1905 baute dieser in Swindon die Nummer 40, später »North Star«, eine Atlantic mit Vierlings-Triebwerk in einer der de Glehn-Bauart ähnlichen Anordnung. Vier Jahre später wurde sie in eine 2 C umgebaut und bildete den Grundstein für 73 Lokomotiven der »Star«-Klasse.
Kehren wir zurück nach Deutschland. Nachdem ein großer Teil der Atlantic-Lokomotiven durch die Reparationslieferungen ins Ausland gelangt war und die Deutsche Reichsbahn für diese von den Länderbahnen vererbten und so unterschiedlichen Maschinen keine rechte Verwendung mehr hatte, wurden sie sehr schnell ausgemustert. Mitte der 20er Jahre war bereits die ganze Herrlichkeit der Atlantic-Lokomotiven in Deutschland verschwunden. Die stolzen badischen Renner können seit damals nur noch auf Bildern betrachtet werden und nur wenige alte Photographien geben einen Eindruck von diesen großartigen Maschinen, als sie noch vor den Luxus-Zügen des beginnenden zwanzigsten Jahrhunderts durch das Rheintal brausten. Lediglich von der pfälzischen P4 existiert ein genaues Modell im Maßstab 1:10, das im Deutschen Museum in München aufgestellt ist. Vielleicht läßt sich beim Anblick dieses schönen Modells etwas vom einstigen Glanz erahnen (Bild 71).

X. Schönheit und Schnelligkeit aus Bayern

2 B 2 h4v, Nummer 3201, Gattung S 2/6, Bayrische Staatsbahn, Deutschland

Im Jahre 1903 fanden auf der 23 km langen, südlich von Berlin gelegenen Versuchsstrecke Marienfelde–Zossen die bekannten Schnellfahrversuche mit den beiden Drehstrom-Triebwagen von der AEG und von Siemens statt. Dabei wurden Geschwindigkeiten bis zu 210 km/h erreicht; die höchste Geschwindigkeit, die bis dahin von irgendeinem Fahrzeug überhaupt erzielt wurde. Dieser Weltrekord für Schienenfahrzeuge blieb fast 3 Jahrzehnte bestehen, ehe er von Krukenbergs Schienenzeppelin überboten wurde.

Wenn auch damals nicht damit zu rechnen war, daß derartige Geschwindigkeiten in absehbarer Zeit im planmäßigen Fahrdienst zu verwirklichen waren, so wollten doch nun auch die Dampflokomotiv-Ingenieure einmal zeigen, zu welchen Leistungen die Lokomotive, und das war zu der Zeit ausschließlich die Dampflokomotive, fähig sei. Hierzu hatte der Verein Deutscher Ingenieure im Jahre 1902 einen Wettbewerb für eine Schnellfahrlokomotive ausgeschrieben, die einen Zug von 180 t mit 120 km/h befördern und zum Einholen von Verspätungen 150 km/h Höchstgeschwindigkeit erreichen sollte. Man muß dabei berücksichtigen, daß zu der Zeit die Höchstgeschwindigkeiten der Schnellzuglokomotiven im allgemeinen 110 km/h betrugen und die Streckengeschwindigkeiten der Schnellzüge zwischen 80 und 90 km/h lagen.

Bei den Entwürfen, die erst nach einer zweiten Wettbewerbsaufforderung vom Jahre 1903 den gestellten Anforderungen entsprachen, handelte es sich fast ausnahmslos um vierzylindrige, zweifach gekuppelte Lokomotiven mit vorderem und hinterem zwei- oder dreiachsigem Drehgestell. Ausgeführt wurde jedoch nur ein Entwurf. Die Firma Henschel & Sohn in Kassel baute im Jahre 1904 zwei Exemplare einer 2 B 2 n3v nach den preisgekrönten Plänen von Oberingenieur Kuhn und Oberbaurat Wittfeld (Bild 72).

Die beiden Lokomotiven erhielten die Nummer 561 und 562 sowie die Gattungsbezeichnung S 9. (Die später allgemein als S 9 (Bild 67) bekannte 2 B 1 n4v erschien erst 3 Jahre später.) Auffallend an den neuen Maschinen waren nicht nur die für die damalige Zeit ungewöhnlich großen Abmessungen, sondern auch das äußere Bild, das so gänzlich vom gewohnten Anblick einer Dampflokomotive abwich. Anstelle des normalen Führerstandes oder zusätzlich zu diesem befand sich nämlich der Hauptführerstand vor der Rauchkammer und reichte mit seiner Windschneidenfront bis an die Pufferbohle. Bei der 561 waren zudem beide Führerstände mit einer durchgehenden Verkleidung verbunden, die sich auch noch bis über den Tender erstreckte. Das kastenartige Aussehen der Lokomotive trug ihr den Spitznamen »Möbelwagen« ein.

Offenbar glaubte man, bei den hohen Geschwindigkeiten, für die die Lokomotive vorgesehen war, dem Lokomotivführer eine besonders gute Streckensicht bieten zu müssen. Dafür hielt man anscheinend die Schwierigkeiten, die sich aus der ungeschützten Lage des Führerstandes, den komplizierteren Armaturen, der schlechten Zugänglichkeit der Rauchkammer und vor allem der räumlichen Trennung von Lokomotivführer und Heizer ergaben, für weniger gravierend. Vielleicht wäre der Konstrukteur sehr verwundert gewesen, wenn er gewußt hätte, mit welchen Sichtverhältnissen bei höheren Geschwindigkeiten die Männer auf der Lokomotive 30 Jahre später auskommen mußten.

Die Idee des vorne liegenden Führerstandes stammt übrigens von einer französischen Lokomotive, die im Jahre 1900, also 4 Jahre vor den beiden S 9, entstand. Der Ingenieur Thuile hatte eine Lokomotive entwickelt, die für sehr hohe Geschwindigkeiten gedacht war, und die sich durch einige Absonderlichkeiten, darunter auch eine vor der Rauchkammer liegende schmale Führerkabine auszeichnete. Es war eine 2 B 3 n2 und die einzige europäische Schlepptender-Lokomotive, die je mit einem dreiachsigen Drehgestell unter dem Stehkessel gelaufen ist. Die Treibräder besaßen den außergewöhnlich großen Durchmesser von 2,5 Metern und da Thuile es nicht wagte, die Kesselmitte höher als 2750 mm zu legen, griff er, um die benötigte Rohrheizfläche von 271 m² unterbringen zu können, zu dem fragwürdigen Mittel eines ovalen Langkessels.

Bild 72: 2 B 2 n3v, Gattung S 9, der Preußischen Staatsbahn. Nr. 561 mit vollständiger Verkleidung, erbaut 1904 von der Firma Henschel in Kassel. Schnellfahrlokomotive, die jedoch nicht die Erwartungen erfüllte, die man in sie gesetzt hatte (Verkehrsmuseum Nürnberg).

Der Belpaire-Stehkessel hing in einem Außenrahmen, der bereits zwischen den beiden Kuppelachsen begann. Die beiden Drehgestelle besaßen ebenfalls Außenrahmen und mit den gleichen Drehgestellen war auch der fünfachsige Tender versehen. Von der Wirkung der Bremse schien der Erfinder recht optimistische Vorstellungen zu hegen, denn nur die beiden Treibradsätze waren gebremst, und zwar einseitig von vorn. Die Firma Schneider in Le Creusot fand sich bereit, die merkwürdige Maschine zu bauen. Zu bemerkenswerten Schnellfahrten ist es allerdings nicht mehr gekommen, denn nachdem Thuile bei den ersten Versuchsfahrten tödlich verunglückt war, hatte niemand mehr ein Interesse an der seltsamen Lokomotive und sie verschwand sang- und klanglos. Lediglich für den Tender fand sich noch eine Verwendungsmöglichkeit und er blieb bis nach dem zweiten Weltkrieg erhalten.

Auch die beiden preußischen Lokomotiven enthielten einige Merkwürdigkeiten. Abgesehen von dem Frontführerstand, den Kuhn ebenfalls bei einer im gleichen Jahre gebauten 2 C 2 n4v-Schnellzug-Tenderlokomotive (Kapitel XXII) vorsah, besaßen die Maschinen ein ungewöhnliches Dreizylinder-Verbund-Triebwerk. Alle drei Zylinder waren im Durchmesser gleich (524 mm). Der innenliegende Hochdruckzylinder arbeitete auf die erste Kuppelachse, die zwischen dem vorderen Drehgestell und den Treibrädern liegenden äußeren Niederdruckzylinder trieben die zweite Kuppelachse an. Beide Niederdruckkurbeln waren gleichlaufend und eilten der Hochdruckkurbel um 90° voraus. Dadurch hatte man zwar Drehbewegungen ausgeschaltet, doch trat nun so starkes Zucken ein, daß es unmöglich war, mit höheren Geschwindigkeiten zu fahren. Man mußte sich entschließen, die Lokomotiven umzubauen und das geschah in der Weise, daß man die normalen Treibzapfen durch gekröpfte, sogenannte Blitzkurbeln, ersetzte. Dadurch blieb zwar der Gleichlauf der Kuppelstangen erhalten – der ohnehin nicht geändert zu werden brauchte, da die reinen Rotationsbewegungen voll ausgeglichen waren –, während die linke Treibstange um 45° vor-, die rechte um den gleichen Betrag nacheilte. Wegen der Kosten baute man jedoch nur die 562 um, bei der 561 brachte man lediglich zusätzliche Gegengewichte an.

Ob nun das Wittfeld'sche Triebwerk, eine unzweckmäßige Volumenaufteilung des Verbundtriebwerks, vielleicht überhaupt zu kleine Zylinder oder irgendwelche anderen Faktoren die Ursache waren, fest steht, daß die Kuhn-Wittfeld-Lokomotive auf der Versuchsstrecke Marienfelde–Zossen mit einem 109-t-Zug nur 137 km/h erreichte. Zwar war sie damit die schnellste der beteiligten Lokomotiven, doch hätte es dazu weder einer so riesigen Lokomotive, noch des großen Treib-

Bild 73: 2 B 1 h4v, Gattung S 8, der Preußischen Staatsbahn. Lokomotive »Hannover 628« besaß einen Pielock-Überhitzer, daher als S 8 bezeichnet. Äußerlich identisch mit der S 7. Schwerste Schnellzuglokomotive der Preußischen Staatsbahn zur Zeit der Schnellfahrversuche von 1904 (Verkehrsmuseum Nürnberg).

raddurchmessers von 2200 mm bedurft. Denn mit dem gleichen Zuge zeigte sich die wesentlich kleinere S 4 – eine 2 B h2 mit 1980 mm großen Treibrädern – kaum langsamer; sie kam auf 136 km/h.

Die beiden S 9 waren nicht nur die allerersten 2 B 2-Lokomotiven der Welt, sondern auch die weitaus größten Schnellzuglokomotiven, die die Preußische Staatsbahn jemals besessen hat. Weder in der Rost- noch in der Kesselgröße noch in der Länge oder im Gesamtgewicht wurde sie von irgendeiner anderen Schnellzuglokomotive dieser Bahn übertroffen. Die größte Serien-Schnellzuglokomotive der Preußischen Staatsbahn im Jahre 1904 war die S 7, eine 2 B 1 n4v, teils mit von Borries'schem Einachs- (Bild 73), teils mit de Glehn'schem Zweiachsantrieb (Bild 60). Die S 9 hatte gegenüber der S 7 nicht nur 21 % mehr Reibungslast, sondern auch 60 % mehr Verdampfungsheizfläche und eine um 62 % größere Rostfläche. Und sie war 6,5 m länger, einen Meter länger als selbst die 20 Jahre später entstandenen Einheits-Schnellzuglokomotiven der Deutschen Reichsbahn. Übrigens hatte man offenbar noch mehr von der Thuile-Lokomotive übernommen, denn auch bei den preußischen Maschinen war der Stehkessel in einen Außenrahmen gehängt, der zwischen den beiden Treibachsen begann. Die konstruktive Verrenkung eines ovalen Langkessels konnte man sich jedoch bei den etwas kleineren Rädern ersparen. Der Stehkessel war breiter als der Langkessel und mit diesem durch einen kurzen Kegelschuß – ähnlich wie bei dem amerikanischen »Wagon-Top«-Kessel – verbunden.

Die S 7 in der Bauart von Borries erreichte nicht nur bei den späteren Versuchsfahrten zwischen Spandau und Hannover, an denen die Kuhn-Wittfeld-Lokomotive entweder wegen ihrer bisherigen Mißerfolge oder wegen ihrer hohen Achslast nicht mehr teilnahm, mit einem 156-t-Zug 133 km/h und damit fast die Geschwindigkeit der S 9, sondern übertraf sie bei einer anderen Gelegenheit noch beträchtlich, als sie nämlich auf 143 km/h kam.

Später entfernte man bei der 561 die Verkleidung und bei beiden Maschinen den Frontführerstand. Bis zum Jahre 1918 blieben sie mit den Nummern 999 und 1000 im normalen Schnellzugsdienst bei der Eisenbahndirektion Altona, dann wurden sie ausgemustert (Bild 74).

Diese Schnellfahrversuche wurden von der Preußischen Staatsbahn ausgerichtet; es nahmen also auch nur preußische Lokomotiven an ihnen teil. Die hierbei erzielten Erfolge

Bild 74: 2 B 2 n3v, Gattung S 9, der Preußischen Staatsbahn. Lokomotive Nr. 1000, ehemalige 562, nach abgenommener Verkleidung, im Hauptbahnhof Hannover. Deutlich ist die »Blitz«-Kurbel an der Treibachse zu erkennen. Die Lokomotive macht einen ungewöhnlich disharmonischen Eindruck (Aufnahme W. Hubert, Samml. des Verfassers).

ließen aber die anderen Länderbahnverwaltungen nicht ruhen. Vor allem die zweitgrößte Länderbahn, die Bayrische Staatsbahn, wollte es offenbar den Preußen einmal zeigen. Sie gab daher im Jahre 1906 an die Lokomotivfabrik J. A. Maffei in München den Auftrag zum Bau einer Schnellfahrlokomotive, die die eingangs genannten Wettbewerbsbedingungen möglichst noch übertreffen sollte. Maffeis Chefkonstrukteur Anton Hammel hatte wenige Jahre zuvor für die Badische Staatsbahn eine Atlantic-Schnellzuglokomotive entwickelt, die IId, die im vorigen Kapitel eingehend beschrieben ist; sie zeichnete sich durch hohe Leistung und gute Laufeigenschaften aus und erreichte bei Versuchsfahrten 144 km/h. Die konstruktiven Probleme waren also für Hammel nicht neu. In nur 4 Monaten wurde die neue Lokomotive durchkonstruiert und gebaut; sie brachte nicht nur die geforderten Leistungen, sondern erregte auch durch ihre ästhetische Form allgemein Aufsehen (Bild 76).

Man beachte, daß die Bayrische Staatsbahn offenbar noch sparsamer war, als die schon fast als geizig bekannten Preußen: sie begnügte sich mit einem Einzelstück, während man in Preußen noch zwei Exemplare für erforderlich gehalten hatte.

Am 21. November 1906 verließ die Lokomotive mit der Werksnummer 2519 die Fabrik. Sie erhielt die Bahnnummer 3201 und das Gattungszeichen S 2/6. Es war eine 2 B 2 h4v mit Treibrädern von 2200 mm Durchmesser, die größten Räder, die je eine bayrische Lokomotive erhalten hat. Und auch im übrigen Deutschland hatten nur ihre vorher beschriebenen preußischen Schwestern gleich große Räder. Erst nahezu 30 Jahre später wurden die Schnellfahrlokomotiven der Baureihen 05 und 61 der Deutschen Reichsbahn mit noch geringfügig größeren Rädern (2300 mm Durchmesser) ausgerüstet.

Der Laufraddurchmesser war an beiden Drehgestellen gleich und betrug 1006 mm. Der Achsstand von 11 700 mm übertraf, mit Ausnahme der 12 Jahre später gebauten Pacific-Schnellzuglokomotive der Badischen Staatsbahn, Gattung IVh (Kapitel XVIII), sämtliche Länderbahn-Schnellzuglokomotiven. Durch das weit zurückgesetzte hintere Drehgestell erreichte die geführte Länge (der Abstand zwischen den Drehzapfen der beiden Drehgestelle) den hohen Wert von 9650 mm, wodurch der bekannt ruhige Lauf der Maschine zustande kam.

Das Vierzylinder-Verbund-Triebwerk entsprach bewährter Maffei'scher Tradition; also keine Experimente, wie in Preußen mit dem unausgegorenen Dreizylinder-Verbund-Trieb-

Bild 75

2 B 2 h4v, Gattung S 2/6, Bayrische Staatsbahn, Deutschland.

Bild 75: Der Barrenrahmen, der in Nordamerika ausschließlich verwendet wurde, gelangte erst um die Jahrhundertwende nach Europa, als nämlich die Bayerische Staatsbahn für Vergleichszwecke vier rein amerikanische Lokomotiven bei der Firma Baldwin in Philadelphia bezog, die natürlich mit dieser Rahmenbauart ausgerüstet waren. In Bayern fand man rasch Gefallen an der Sache und baute von nun an sämtliche steifrahmigen Vierzylinder-Verbund-Lokomotiven mit Barrenrahmen, da er für die gute Zugänglichkeit des Innentriebwerks besonders vorteilhaft schien. Im Gegensatz zu der sonst üblichen Bauart mit ungeteilten Rahmenwangen, bestanden diese bei der S 2/6 – wie auch später bei der S 3/6 – aus drei Teilen, die vor und hinter den Kuppelachsen miteinander verschraubt waren. Das Bild zeigt einen Blick in den Rahmen. Man erkennt die vordere Trennstelle vor der Treibachse.

Bild 76: Am 2. Juli 1907 erreichte die bayrische S 2/6 mit einem Versuchszug auf der Strecke München – Augsburg eine Geschwindigkeit von 154,5 km/h. Dieser Rekord für eine Dampflokomotive blieb in Deutschland 29 Jahre bestehen, bis er durch die 05 002 überboten wurde. Den Treibraddurchmesser von 2200 mm hatten schon einige Jahre zuvor die beiden 2 B 2 n3v-Schnellfahrlokomotiven der Preußischen Staatsbahn besessen. Die schöne bayrische Rekordlokomotive wurde glücklicherweise nicht umgebaut, sondern im Jahre 1925 unverändert im Verkehrsmuseum Nürnberg aufgestellt, wo sie noch heute besichtigt und bestaunt werden kann.

Bild 76

werk. Innenliegende Hochdruck- und außenliegende Niederdruckzylinder lagen waagerecht in einer Ebene und trieben gemeinsam die erste Kuppelachse an. Durch die hiermit gegebenen kurzen Stangenlängen konnten die Triebwerksmassen gering gehalten werden, was für schnellfahrende Lokomotiven natürlich von besonderer Bedeutung ist. Andererseits ließ ein genügend großer Abstand zwischen Zylindern und Treibachse die Winkelausschläge der Treibstange nicht zu groß werden, so daß sich die Kreuzkopfdrücke in Grenzen hielten. Das Triebwerk hatte die bis dahin angewendete Maffei'sche Form mit zweischienigem (»Alligator«)-Kreuzkopf und einseitig gelagerter Schlitzschwinge, wie es von den voraus gegangenen Schnellzuglokomotiven der Gattungen S 2/5 und S 3/5 bekannt war. Erst ein Jahr später erschien mit der badischen Pacific-Lokomotive, Gattung IVf (Bild 126), der einschienige Kreuzkopf und die beidseitig gelagerte Taschenschwinge mit dem charakteristischen schwungvollen Schwingenträger, die dann auch für die bayrische Serien-Schnellzuglokomotive, die S 3/6, übernommen wurden. Die Treibstange machte wegen ihres gleichbleibenden Querschnitts einen recht zierlichen Eindruck, im Gegensatz zur Kuppelstange, die wegen ihrer größeren Länge – sie war etwa 400 mm länger als jene – nach der Mitte zu höher ausgeführt war.

Technische Daten

Bahnverwaltung	**Königlich Bayrische Staatseisenbahnen, Deutschland**
Achsanordnung:	
Deutsche Bezeichnung	**2 B 2 h4v**
White classification	**4-4-4**
Gattung	**S 2/6**
Bahnnummer	**3201**
Erbauer	**J. A. Maffei, München**
Werksnummer	**2519**
Baujahr	**1906**
Treibraddurchmesser	**2200 mm**
Laufraddurchmesser, vorn	**1006 mm**
Laufraddurchmesser, hinten	**1006 mm**
Zylinderdurchmesser	**410/610 mm**
Kolbenhub	**640 mm**
Rohrlänge	**4900 mm**
Verdampfungsheizfläche (feuerber.)	**214,5 m²**
Feuerbüchsheizfläche (feuerber.)	**16,5 m²**
Überhitzerheizfläche	**38 m²**
Rostfläche	**4,71 m²**
Kesseldruck	**14 kp/cm² (13,7 bar)**
Reibungslast	**314 kN (32 Mp)**
Dienstgewicht, Lokomotive	**83,4 t**
Dienstgewicht, Lok + Tender	**137,5 t**
Kohlenvorrat	**8 t**
Wassermenge	**26 m³**
Höchste erreichte Geschwindigkeit	**154,5 km/h**
Treibraddrehzahl	**373 Upm**
Indizierte Leistung	**1600 kW (2150 PS)**
Mittlere Kolbengeschwindigkeit	**7,95 m/s**
Vergleichsgeschwindigkeit (Reihe 01 DRG)	**140,5 km/h**

Die S 2/6 besaß einen von vorne bis hinten durchlaufenden Barrenrahmen. Jedoch bestanden die Rahmenwangen nicht, wie später allgemein üblich, aus einem Stück. An das hohe, zweistegige Mittelstück, in dem die Treibachsen gelagert waren, wurden die anschließenden niedrigeren Stücke angeschraubt. Dieser zusammengesetzte Rahmen wurde später auch für die S 3/6 übernommen. Gemeinsam mit der etwa gleichzeitig entwickelten pfälzischen Atlantic-Schnellzuglokomotive der Gattung P 4 (Bild 71), wurde hier erstmalig in Deutschland die später allgemein übliche Kombination aus Barrenrahmen und breitem, hinter den Treibrädern liegendem Stehkessel angewendet. Wegen der großen Treibräder betrug die Höhe der Kesselmitte über Schienenoberkante 2950 mm – 200 mm mehr als bei den preußischen Schnellfahrlokomotiven –, was ebenfalls zum ruhigen Lauf der Lokomotive beigetragen haben mag. Erst die mehr als zehn Jahre später entwickelten modernen preußischen Lokomotiven hatten noch etwas höher liegende Kessel, und zwar 3000 mm bei der P 10, G 12 und G 8^2/G 8^3 und sogar 3100 mm bei der T 20.
Riesig, wie fast alles an dieser Lokomotive, war auch ihre Rostfläche. Sie betrug 4,71 m², ein Maß, das nicht einmal von der Einheitslokomotive der Baureihe 01 erreicht und bei den Länderbahnlokomotiven nur von der schon erwähnten badischen IVh und bei den Reichsbahn-Einheitslokomotiven nur von der Baureihe 45 übertroffen wurde. Offenbar stand der Bayrischen Staatsbahn nicht so gute Kohle mit hohem Heizwert wie etwa in Preußen zur Verfügung und dieser Mangel mußte durch eine größere Rostfläche wettgemacht werden.
Dagegen war der Überhitzer etwas klein geraten. Seine Heizfläche betrug nur 17,7 % der Verdampfungsheizfläche. Bei den Einheitslokomotiven lag dieser Wert zwischen 35 und 45 %. Vielleicht traute man dieser »preußischen« Erfindung noch nicht so recht über den Weg und wollte kein Risiko eingehen. Immerhin war die Frage eines geeigneten und beständigen Heißdampföles noch nicht vollständig gelöst und man hatte in Bayern grade erst angefangen, sich dem Heißdampf zuzuwenden. Kurz zuvor hatte man einige kleinere Tenderlokomotiven versuchsweise mit Heißdampfkessel ausgerüstet, aber die S 2/6 war die erste »große« Lokomotive, die einen Überhitzer erhielt.
Bevor die Lokomotive von der Bahnverwaltung abgenommen

Bild 77: 2 B 2 h4v, Gattung S 2/6, der Bayrischen Staatsbahn. Gebaut 1906 von Maffei in München. Treibraddurchmesser 2200 mm. Im Sommer 1907 erreichte die Lokomotive bei Versuchsfahrten 154,5 km/h. Eine der schönsten Lokomotiven, wie manche behaupten (Verkehrsmuseum Nürnberg).

wurde, war sie in vollem Glanz auf der Bayrischen Jubiläums-Landesausstellung in Nürnberg zu sehen und bildete hier einen hervorragenden und vielbestaunten Anziehungspunkt. Anton Hammel hatte nicht nur – wie sich später zeigte – eine technisch gelungene, sondern auch eine formal sehr ausgewogene Maschine geschaffen. Zweifellos gehört sie zu den elegantesten Lokomotiven, die in Deutschland gebaut worden sind, manche halten sie sogar für die schönste, die je auf den Schienen dieser Erde gelaufen ist. Nun, darüber ließe sich lange streiten. Doch sehen wir uns unseren »Star« einmal ein wenig genauer an.

Beide Drehgestelle lagen im »richtigen« Abstand, die Lokomotive wirkte weder zu sehr in die Länge gezogen, noch zu sehr zusammengedrängt. Durch den kleineren Radstand des hinteren Drehgestells wurde eine formale Überbetonung des Lokomotiv-Endes unterbunden. Der seitlich weit herausragende Aschkasten überbrückte zwanglos den Abstand zwischen der zweiten Kuppelachse und der ersten Achse des rückwärtigen Drehgestells. Innenrahmen an beiden Drehgestellen und der freie Durchblick zwischen Rahmen und Kessel trugen wesentlich zur Eleganz des Anblicks und dem Eindruck der Leichtigkeit bei. Die geringen und noch unvollkommenen Versuche, eine strömungsgünstige Form zu finden, vermochten den Gesamteindruck kaum zu stören. Die Verkleidung der Frontpartie wirkte längst nicht so klobig, wie die der 50 Jahre jüngeren Baureihe 10 der Deutschen Bundesbahn.

Oberhalb des Umlaufbleches wurden die glatten Linien kaum unterbrochen. Durch die Zusammenfassung von Dampfdom und Sandkasten unter einer gemeinsamen Haube war die Silhouette weniger zerklüftet als später bei der S 3/6. Die gemeinsame Haube für Dom und Sandkasten übernahmen aber später Baden und Württemberg für ihre Schnellzuglokomotiven. Der Übergang vom Kessel zu dem sehr geräumigen, aber nicht zu groß wirkenden Führerhaus – übrigens dem ersten vierfenstrigen in Bayern –, war ebenfalls gut gelungen. Die Kontur der grade in Mode gekommenen »Windschneiden«-Form verlief nicht in einer Stufe, wie bei den preußischen Lokomotiven und bei den ersten S 3/6, sondern das Führerhausdach fiel zum Kesselscheitel ab und ging stufenlos in diesen über. Eine ähnliche Form des Führerhauses hatte in Deutschland nur die drei Jahre später von der Maschinenfabrik Esslingen für die Württembergische Staatsbahn gebaute leichte Pacific-Schnellzuglokomotive, Gattung C.

Daß nicht alles stimmte, was machte es. Die Wirkung der Frontverkleidung konnte nicht groß sein, angesichts von Puffern, Kupplung, Vorreibern, Trittblechen und vor allem dreier dicker Stirnlampen, alles Teile, die für eine beträchtliche, widerstandserhöhende Verwirbelung sorgen (Bild 78). Die Abschrägung an der Domverkleidung und am Schornstein be-

fand sich an der falschen Seite und die glatte Dachlinie des Führerhauses wurde durch Lüftungsaufsatz und Lampenstutzen unterbrochen. Doch all das minderte den harmonischen Gesamteindruck nur wenig. Selbst heute besticht die S 2/6 immer noch durch ihre ausgewogenen Proportionen und könnte in einer Schönheitskonkurrenz für Dampflokomotiven sicher einen der ersten Plätze erringen.
Nach Beendigung der Ausstellung sollte nun die Lokomotive zeigen, was in ihr steckte und ob sie in der Lage war, das vorgesehene Programm zu erfüllen. Es begannen die planmäßigen Versuchsfahrten, die zum Teil auf der Strecke München–Augsburg, zum Teil zwischen München und Nürnberg stattfanden. Langsam steigerte man Leistung und Geschwindigkeit, bis das gesamte Triebwerk richtig eingelaufen war und man sicher sein konnte, daß die Lokomotive auch bei hohen Geschwindigkeiten anstandslos lief. Am 2. Juli 1907 war dann endlich der große Tag gekommen, an dem die Höchstleistung zum Vorschein kommen sollte. An diesem Tag erreichte die Lokomotive mit einem aus 4 Schnellzugwagen bestehenden Zug von 150 t ihre höchste Geschwindigkeit. Sie betrug 154,5 km/h. Diese Rekordfahrt erregte damals nicht nur in Deutschland allgemeines Aufsehen. Zwar waren auch vorher schon einige schnelle Fahrten bekannt geworden, z. B. in Amerika durch die 999 der Ney York Central Railroad, die in Kapitel V beschrieben ist, und in Europa zwei Jahre zuvor durch die »City of Truro« der Great Western Railway in England, auf die wir im nächsten Kapitel zurückkommen, doch teilweise waren diese Fahrten durch Gefällestrecken begünstigt, die näheren Umstände waren etwas undurchsichtig und die Geschwindigkeitsmessungen wohl auch nicht sonderlich genau. Wenn die Geschwindigkeit der S 2/6 also vielleicht keinen Weltrekord darstellte, so blieb sie doch zumindest in ihrem Heimatland für 29 Jahre, nämlich bis zu der Weltrekordfahrt der 05 002 im Mai 1936, die schnellste Dampflokomotive überhaupt.
Schauen wir uns die Rekordfahrt einmal etwas näher an. Die 2200 mm großen Treibräder erreichten eine Drehzahl von 373 Umdrehungen in der Minute, das sind mehr als 6 Umdrehungen in einer Sekunde. Für einen an der Strecke stehenden Beobachter hätten die 25 Auspuffstöße, die der Schornstein der Maschine in jeder Sekunde abgab, wohl nur wie lautes Rauschen geklungen, und das Auge hätte vom Triebwerk kaum irgendwelche Einzelheiten wahrgenommen. Da der zurückgelegte Weg etwa 43 Meter in der Sekunde betrug, war der ganze Zug in wenig mehr als zwei Sekunden vorbeigerast. Leider konnte man damals derartige Ereignisse noch nicht mit der Filmkamera verfolgen und Fotoaufnahmen sind offenbar leider auch nicht gemacht worden, es wären höchst interessante Dokumente gewesen.
Welche Leistung mußte die Lokomotive nun bei ihrer Rekordfahrt aufbringen? Rechnet man überschlägig nach, so sieht man, daß die indizierte, d. h. die in den Zylindern aufzubringende Leistung etwas unter 2200 PS (1600 kW) betragen haben muß; eine gewaltige Leistung für eine zweifach gekuppelte Lokomotive mit einer Reibungsachslast von nur 157 kN (16 Mp). Diese Leistung entspricht etwa derjenigen der 20 Jahre jüngeren schweren Einheits-Schnellzuglokomotive der Baureihe 01, wobei man natürlich berücksichtigen muß, daß dieses die Dauerleistung, jenes aber nur eine kurzzeitige Höchstleistung war. Dennoch war die Überlastung des Kessels nur mäßig, die rechnerische Heizflächenbelastung lag bei etwa 68 kg Dampf je m² und Stunde. Das sind nur rund 15 % mehr, als der Wert, den man der Dauerleistung eines Lokomotivkessels zugrunde legt. Ein Anzeichen für die ausreichende Abstimmung des Kessels ist darin zu erkennen, daß die Strahlungsheizfläche der Feuerbüchse den recht guten Wert von 7,7 % der Verdampfungsheizfläche erreichte, und das trotz des kurzen breiten Stehkessels mit nahezu quadratischem Rost. Die Baureihe 01 mit ihrem in dieser Beziehung ungünstigeren Langrohrkessel kam hierbei nur auf 6,9 %.
Von Beobachtern wird erwähnt, daß die Lokomotive bei allen Geschwindigkeiten bemerkenswert ruhig lief, ein Beweis für die gute Abstimmung von Trieb- und Laufwerk. Ein wichtiger Punkt war auch die ausreichende Bemessung der Bremsen, denn die in dem fahrenden Zuge enthaltene Energie, die durch die Bremse vernichtet werden muß, steigt bekanntlich mit den Quadrat der Geschwindigkeit. Sämtliche Räder der Lokomotive waren daher mit einer Bremse versehen, wobei die Räder des hinteren Drehgestells sogar doppelseitig gebremst wurden.
Nach Beendigung der Versuchsfahrten zeigte sich – was man bei vielen, speziell für höchste Geschwindigkeiten entwickelten Lokomotiven beobachten konnte und wie wir es bereits bei der 999 der New York Central kennengelernt haben –, daß die S 2/6 zwar ein hervorragender Renner, dem Alltagsdienst jedoch weniger gut gewachsen war. Ein Bedürfnis für derart schnelle Züge, wie sie sie zu ziehen imstande war, lag noch gar nicht vor. Das Auto steckte noch in den Kinderschuhen, das Flugzeug war grade erst erfunden. Eine Konkurrenz für die Eisenbahn bestand also noch nicht, wer verreisen wollte, war im wesentlichen – sofern es sich um weitere Strecken handelte – auf die Bahn angewiesen. Hinzu kam die Frage der Betriebssicherheit. Mit Recht gingen die Eisenbahnen bei der Erhöhung der Fahrgeschwindigkeiten äußerst vorsichtig zuwege und setzten schnellere Züge erst nach gründlicher Erprobung von Lokomotiven und Wagen und nach sorgfältiger Vorbereitung der Strecke und aller Sicherheitseinrichtungen ein. Manche Fachleute hielten sogar höhere Geschwindigkeiten gar nicht einmal für wünschenswert. So schreibt Robert Garbe* noch 1920: (Um durchschnittliche Geschwindigkeiten

* Robert Garbe, »Die Dampflokomotiven der Gegenwart«, 2. Auflage, 1920, Deutschland.

Bild 78: 2 B 2 h4v, Gattung S 2/6, der Bayrischen Staatsbahn. Eindrucksvolles Bild der großen Maschine (Verkehrsmuseum Nürnberg).

von 100 km/h mit Schnellzügen im Flachlande sicher zu fahren) . . . »bedarf es gelegentlicher Höchstgeschwindigkeiten von 120 bis 130 km/st auf übersichtlicher, gerader Strecke, die ich für einen allseitig sicheren Betrieb für die äußerste Grenze halte, die für die allerschnellsten Züge schon aus Gründen der Betriebssicherheit gegenüber der menschlichen Unvollkommenheit niemals überschritten werden sollte«. Dies war speziell an die Adresse der S 2/6 gerichtet.
So bemühten sich die Bahnverwaltungen, den steigenden Ansprüchen der Reisenden auf andere Weise entgegenzukommen und beschafften komfortablere und damit schwerere Wagen, die wiederum leistungsfähigere und zugleich zugkräftigere Lokomotiven erforderten, und das hieß also dreifach gekuppelte Schnellzuglokomotiven. Im Jahre der Rekordfahrt der S 2/6 erschien die erste Pacific-Lokomotive in Deutschland, die badische IVf (Bild 126). Ein Jahr später kam die bayrische S 3/6. Und in Preußen liefen seit einem Jahr dreifach gekuppelte Schnellzuglokomotiven der Gattung S 10. Da konnte natürlich die S 2/6 mit ihren zwei Kuppelachsen nicht mehr mithalten. Doch wie sollte nun die große Maschine eingesetzt werden? Als Einzelstück mußte sie in Laufplänen mit anderen, etwa gleichartigen Lokomotiven zusammenarbeiten. Denn den Luxus, die Lokomotive sogleich in ein Museum zu stellen, konnte und wollte die Bayrische Staatsbahn sich nicht leisten. Doch wem hätte man sie an die Seite stellen können? Die aus den zwei Kuppelachsen herrührende Reibungslast genügte nur zum Anfahren leichterer Züge, wie sie etwa auch die Atlantic-Schnellzuglokomotive der Gattung S 2/5 beförderte. Doch konnte hierbei ihre hohe Leistung kaum ausgenutzt werden. Andererseits war sie zwar mühelos in der Lage, schwere Schnellzüge in Fahrt zu halten – ihre Leistung übertraf sogar noch diejenige der S 3/6 – doch was nützte das,

wenn sie diese Züge nur schwer oder gar nicht in Gang setzen konnte. Denn die Anhängelast, die man einer bestimmten Lokomotive zumuten konnte, wurde so bemessen, daß der Zug selbst dann noch aus eigener Kraft wieder anfahren konnte, wenn er im ungünstigsten Streckenabschnitt anhalten mußte.

Hinzu kam eine gewisse Empfindlichkeit gegen nicht einwandfreie Lage der Gleise, wie sie im Bereich der Bahnbetriebswerke schon mal vorkommt. Denn die Lokomotive war in 6 Punkten abgestützt, d. h. alle Federn waren in 6 unabhängigen Gruppen zusammengefaßt. Diese Abstützungsart ist hauptsächlich in England verbreitet, wo sich wegen des schon immer sehr guten Oberbaues hiermit keine Schwierigkeiten ergaben. In Kontinental-Europa bevorzugte man dagegen die 4-Punkt-Abstützung, während in Nordamerika traditionell die 3-Punkt-Abstützung vorherrschte. Dieses ist leicht verständlich, wenn man an den anfangs sehr schlechten Oberbau denkt, auf dem sich die amerikanischen Lokomotiven halbwegs entgleisungssicher bewegen mußten. Abweichungen von dieser Regel bewährten sich nicht; ein markantes Beispiel dafür geht indirekt auf die S 2/6 zurück. Die Philadelphia & Reading Railroad stand immer in heftigem Wettbewerb mit der großen Pennsylvania Railroad. Als die letztere im Jahre 1914 ihre neue riesige »Super«-Atlantic, die E 6s (Kapitel XV), einsetzte, ließ das natürlich die andere Bahn nicht ruhen. Chefkonstrukteur Edward Elliott entwarf eine Atlantic mit annähernd gleichen Abmessungen und Leistungen wie die E 6s. Da man aber bei der Reading die Anthrazit-Feuerung bevorzugte, erhielt die Lokomotive auch die sehr große und schwere Wootten-Feuerbüchse. Hinzu kam, daß zum ersten Male bei einer Reading-Atlantic das Führerhaus nicht in der Mitte des Langkessels, sondern in seiner normalen Position hinter dem Stehkessel angeordnet werden sollte. Durch all dies wäre aber die Belastung der Schleppachse so groß geworden, daß es Elliott nicht mehr tragbar erschien.

Nun hatte er kurz zuvor bei einer Europa-Reise die S 2/6 kennengelernt und offenbar Gefallen an der schönen Maschine gefunden. Wenn er auch die Eleganz der bayrischen Lokomotive an seiner eigenen nicht wiederholen konnte, so fand er doch in der Achsanordnung 2 B 2 ein geeignetes Mittel für die Lösung des Schleppachsenproblems. Und so erschienen im Jahre 1915 die vier Lokomotiven der Klasse C-1a mit den Nummern 110–113 (Bild 138) als erste amerikanische 2 B 2. Im Gegensatz zur S 2/6 waren bei der C-1a aber die beiden Drehgestelle völlig gleich, d. h. sie besaßen nicht nur Innenrahmen und Mitteldrehzapfen, sondern auch den gleichen Achsstand und, nebenbei gesagt, auch die gleiche Bremse. Der Aschkasten erhielt durch seitliche Taschen genügend Volumen und ausreichende Luftzutrittsmöglichkeiten. Da wegen dieser Form der Drehgestelle eine 3-Punkt-Abstützung anscheinend nicht mehr untergebracht werden konnte, sah Elliott eine symmetrische 4-Punkt-Abstützung vor. Leider bekam das den Lokomotiven gar nicht gut. Im Betriebe zeigte sich bei höheren Geschwindigkeiten ein derartig unruhiger Lauf, daß man Entgleisungen befürchten mußte und gezwungen war, schleunigst etwas zur Abhilfe zu tun. So wurden die vier Lokomotiven bereits nach einem Jahr umgebaut, wobei das hintere Drehgestell durch eine normale Schleppachse mit Außenrahmen-Deichselgestell ersetzt wurde. Durch ausreichend bemessene Lager ließ sich die Last des Stehkessels auch von nur einer Achse aufnehmen. Nun stand natürlich der üblichen 3-Punkt-Abstützung nichts mehr im Wege und als Atlantics – umbezeichnet in Klasse P-7sb mit den Nummern 350 bis 353 – zeigten sie sich als brauchbare Schnellzuglokomotiven, die sogar noch den zweiten Weltkrieg überdauerten.

Doch zurück zur S 2/6. Bei der großen Länge des Fahrzeuges konnte es infolge der 6-Punkt-Abstützungen zu gefährlichen Entlastungen und damit der Möglichkeit von Entgleisungen kommen. Und jede Entgleisung, sei sie auch noch so harmlos, ist für den Betrieb ein sehr ärgerliches Ereignis, denn sie verursacht Kosten und die Lokomotive fällt für einige Zeit aus, da sie stets genau untersucht werden muß, ob nicht doch versteckte Schäden aufgetreten sind.

Da man also in München keine rechte Freude an der Lokomotive fand und auch nicht genau wußte, was man mit ihr anfangen sollte, war man froh, sie an das kurz zuvor übernommene pfälzische Netz abgeben zu können und am 1. Oktober 1910 wurde die S 2/6 nach Ludwigshafen überstellt. Offenbar war man dort nicht so anspruchsvoll wie in Bayern, denn die Pfälzer waren recht zufrieden mit ihr. Zusammen mit den schon erwähnten P 4-Atlantics und in Ludwigshafen stationierten S 2/5 fuhr sie hauptsächlich Schnellzüge von und nach Straßburg, wobei auch hier ihr ruhiger Lauf gerühmt wurde. Dabei erreichte sie Laufleistungen bis zu 100 000 km im Jahr – in München waren es unter 70 000 km gewesen – und die Pfälzer nannten sie liebevoll »Zeppelin«. Zwölf Jahre blieb sie dort und erhielt dabei auch den bei der Pfälzischen Eisenbahn üblichen braunvioletten Anstrich. Die notwendigen Fristuntersuchungen wurden im Ausbesserungswerk Kaiserslautern vorgenommen, wovon Bild 79 einen Eindruck vermittelt.

Inzwischen waren, nach Beendigung des ersten Weltkrieges am 1. April 1920 die Ländereisenbahnen von der neugegründeten Deutschen Reichsbahn-Gesellschaft übernommen worden. Infolge der geänderten Grenzziehung kamen die Läufe nach Straßburg nicht mehr in Frage. Andererseits herrschte durch die Reparationslieferungen ein akuter Mangel an Lokomotiven in Bayern, so daß die S 2/6 im Jahre 1922 wieder nach Bayern zurückverlegt wurde. Nach dem endgültigen Nummernplan der Deutschen Reichsbahn vom Jahre 1925 sollte sie noch die Nummer 15 001 und das Betriebsgattungszeichen S 26.16 erhalten, jedoch kam es nicht mehr zur

Bild 79: 2 B 2 h4v, Gattung S 2/6, der Bayrischen Staatsbahn. Sommer 1921 zur Hauptausbesserung im Ausbesserungswerk Kaiserslautern, während der Zugehörigkeit der Lokomotive zum pfälzischen Netz (Sammlung H. Trautner, Deutschland).

Umzeichnung. Denn für die schwereren und zugleich langsameren Züge der Nachkriegszeit war die S 2/6 eigentlich noch weniger geeignet als vorher, und so entschloß man sich bald, sie auszumustern. Zum Glück hat man sie aber nicht, wie später so manche unersetzliche Rarität, sogleich verschrottet, sondern erhielt sie für die Nachwelt. Im Jahre 1925 wurde die Lokomotive bei Maffei ein letztes Mal aufgearbeitet, erhielt ihren ursprünglichen grünen Anstrich wieder und rollte am 14. Oktober 1925 nach Nürnberg zum Verkehrsmuseum.

Hier kann sie heute noch bewundert werden. Neben der noch schnelleren und 29 Jahre jüngeren 05 001 steht sie in einem besonderen Raum. Leider lassen sich wegen des sehr beengten Aufstellungsortes ihre harmonischen Proportionen und ihre elegante Erscheinung kaum richtig erkennen, doch beim Betrachten der riesigen Treibräder und des geräumigen Führerhauses kann man sich vielleicht noch ausmalen, wie das gewesen ist, vor mehr als 70 Jahren, als die Lokomotive mit über 150 km/h über die Schienen gedonnert ist, ein aufregendes Schauspiel für die wenigen Zeitgenossen, die das Glück hatten, Zeuge dieses Ereignisses zu sein.

XI. Triumph der Great Western

2 B n2, Nr. 3440, »City of Truro«, Great Western Railway, England

Als im Jahre 1892 die Great Western Railway ihren Betrieb auf Normalspur umstellte, mußte sie natürlich eine große Anzahl neuer Lokomotiven beschaffen. Allerdings konnte sie schon vor dem Stichtag damit beginnen, denn das Netz war bereits seit einiger Zeit Stück für Stück mit einer dritten Schiene versehen worden, so daß Breit- und Normalspurfahrzeuge auf derselben Strecke und, wenn nötig, sogar im selben Zuge fahren konnten. Aber nach dem 20. Mai 1892 standen alle 23 restlichen »8-Fuß-Singles«, die Nachbauten, wenn auch nur mit geringen Änderungen, der alten »Iron Duke«-, »Courier«- und »Alma«-Klassen waren, auf den Gleisen der Hauptwerkstätte Swindon herum und hatten nur noch Schrottwert. (Nebenbei bemerkt, für so einen alten »Flyer« würde heutzutage von manchen Liebhabern gerne mehr bezahlt werden, als damals der Neupreis betragen hatte.)
Die Great Western benötigte also dringend neue Schnellzuglokomotiven. Zu dieser Zeit war William Dean Leiter des Maschinenwesens (Locomotive, Carriage and Wagon Superintendent, wie dieses Amt seinerzeit benannt wurde), der 1877 Nachfolger von Joseph Armstrong geworden war. Deans Entwürfe waren hauptsächlich gekennzeichnet durch seine Doppelrahmen-Konstruktionen. Die einzelnen Rahmenwangen hatten dabei »Sandwich«-Form, d. h. sie bestanden aus einem Holzkern – zunächst Eichenholz, das jedoch später, wegen der Korrosion der Schrauben, durch Teakholz ersetzt wurde – der innen und außen mit Blechplatten beplankt war. Ahrons* führt das lange Festhalten am »Sandwich«Rahmen darauf zurück, daß diese auf den Streckenabschnitten mit Längsschwellen, die bei der Great Western eine zeitlang in Mode waren, wesentlich vibrationsärmer liefen, als einfache Blechrahmen. Den Doppelrahmen bevorzugte Dean deshalb, weil bei ihm, sofern die Federspannung der Achslager richtig eingestellt war, die Achse zwischen den Innenlagern frei von Biegemomenten war. Das hielt man für besonders wichtig in einer Zeit, als die Herstellung langlebiger Kropfachsen den Fabriken noch Schwierigkeiten bereitete und man diese hochbeanspruchten und empfindlichen Maschinenelemente, die die gesamten Kolbenkräfte zu übertragen hatten, nicht noch durch zusätzliche Biegespannungen belasten wollte. Natürlich genügte es, nur die Treibachse mit vier Lagern zu versehen; alle anderen Achsen waren, um die Kosten niedriger zu halten, nur im Innen- oder nur im Außenrahmen gelagert.
Als nun die Normalspur-Ära bei der Great Western begann, besaß die Bahn zwar bereits einige 1 A 1- und 1 B-Schnellzuglokomotiven von den normalspurigen Netzteilen, doch das genügte natürlich nicht. Um die angespannte Lage bei der Beschaffung neuer Lokomotiven etwas zu entschärfen, hatte Dean zu einem Trick gegriffen. Das waren die sogenannten »Convertibles«, frei übersetzt, könnte man etwa »Wechsel-Lokomotiven« sagen. Es waren 1 A 1- aber auch 1 B-Schnellzuglokomotiven, die einen vierfachen Innenrahmen besaßen, wobei das Triebwerk zwischen den beiden inneren Rahmenwangen angeordnet war. Beim Umbau auf Normalspur brauchten lediglich die Achsen entsprechend gekürzt zu werden, die Räder rutschten zwischen innere und äußere Rahmenwange, und man hatte in kurzer Zeit und für wenig Geld normalspurige Schnellzuglokomotiven mit Außenrahmen erhalten. Zwar war das nur ein Notbehelf, denn, wie man sich denken kann, ganz ohne Kompromisse geht natürlich solch eine Konstruktion auch nicht. Doch die Bahn hatte damit fürs erste einige recht brauchbare Schnellzugmaschinen. Zu den 8 »Convertibles« kamen noch 22 sonst gleiche Lokomotiven hinzu, die jedoch von vornherein normalspurig gebaut waren.
Im Jahre 1892 entgleiste die »3021«, eine der umgebauten 1 A 1-Maschinen, was auf zu großes seitliches Spiel der Vorderachse zurückgeführt wurde. Eine Rückstellvorrichtung war nicht vorhanden. Da die Vorderachse zudem eine sehr hohe Achslast aufwies, entschloß sich Dean zu einem größeren Umbau, indem er die führende Laufachse durch ein Dreh-

* E. L. Ahrons, »The British Steam Railway Locomotive, Volume 1 from 1825 to 1925«, England, 1927.

Bild 80: 2 B h2, »City of Truro«, der Great Western Railway. Gebaut 1903 in der Bahnwerkstatt Swindon. Treibraddurchmesser 6 Fuß, 8½ Zoll (2045 mm). Soll im Mai 1904 eine Geschwindigkeit von 102.3 mph (164,6 km/h) erreicht haben. Im Jahre 1911 auf Heißdampf umgebaut. Das Bild zeigt die Lokomotive im jetzigen Zustand (British Rail).

gestell mit Außenrahmen ersetzte. Die Laufeigenschaften verbesserten sich dadurch so merklich, daß alle anderen Lokomotiven in gleicherweise umgebaut wurden. Man war mit dem Umbau so zufrieden, daß Dean sogleich weitere 50 mit nur geringfügigen Änderungen nachbauen ließ. Mit diesen achtzig 2 A 1-Schnellzuglokomotiven besaß die Great Western eine große Anzahl leistungsfähiger und auch schneller Maschinen. Zwar erreichten sie nicht ganz die Eleganz von Patrick Stirlings »8-Fuß-Singles« der Great Northern Railway (Kapitel III), doch vor den schnellen Zügen zwischen London und Bristol boten auch sie einen prachtvollen Anblick. Die letzte wurde im Jahre 1915 ausgemustert und einer von ihnen werden wir etwas später noch wiederbegegnen.

Doch wenn auch diese schönen Lokomotiven noch lange vor den wichtigsten Expreßzügen zu sehen waren und ihre riesigen Treibräder von 7 Fuß 8½ Zoll (2350 mm) Durchmesser ruhigen Lauf auch bei höchsten Geschwindigkeiten gewährleisteten, so machte sich doch die niedrige Reibungslast zunehmend unangenehm bemerkbar. Zwar wurde im Laufe der Zeit die Reibungslast durch den Einbau neuer Churchward-Kessel und verschiedener kleinerer Umbauten bis auf 194 kN (19,8 Mp) erhöht, aber dieses reichte schließlich auch nur für einigermaßen ebene Strecken. Was die Bahn also dringend benötigte, waren zweifach gekuppelte Schnellzuglokomotiven. Besonders angespannt war die Lage auf den steigungsreichen Strecken westlich von Newton Abbot, in Devon und Cornwall. Die ersten der neuen und stärkeren Lokomotiven, die Dean 1895 entwickelte, waren daher speziell für dieses Gebiet bestimmt. Zweifach gekuppelte Lokomotiven besaß natürlich die Bahn bereits eine ganze Anzahl. Teilweise waren es Personenzuglokomotiven mit kleineren Kuppelrädern, teilweise aber auch großrädrige Schnellzuglokomotiven, die hauptsächlich auf den nördlichen Streckenabschnitten mit ihren stärkeren Steigungen eingesetzt waren. Dazu gehörten z.B. die zwanzig Maschinen der berühmten »Barnum«-Klasse, 1 B mit Außenrahmen, Innentriebwerk und Treibraddurchmessern von 6 Fuß (1829 mm), die 1889 gebaut waren und eine lange Lebensdauer erreichten. Doch hatte Dean offenbar Bedenken, nach dem Unfall mit der »3021«, eine schnellfahrende Lokomotive mit nur einer führenden Laufachse auszurüsten. So hielt er sich mehr an das Vorbild der »Armstrong«-Klasse. Diese vier 2 B waren 1894 durch

Bild 81

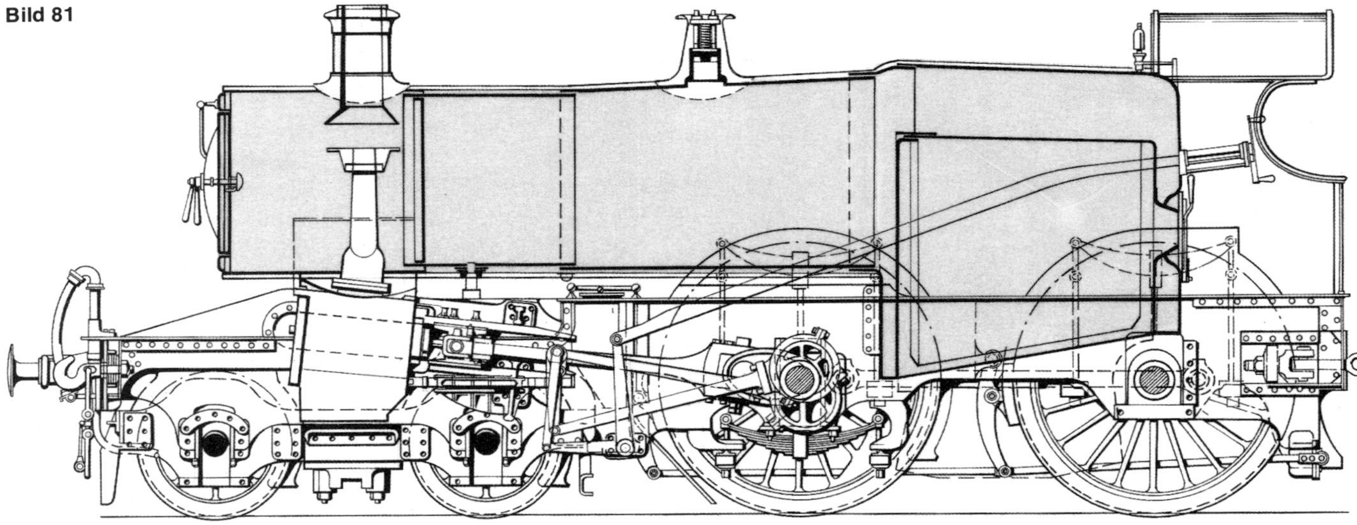

Bild 81: Querschnitt durch eine Lokomotive der »City«-Klasse. Diese Lokomotiven bildeten den Höhepunkt in der Entwicklung der 2 B mit Vierfach-Rahmen der Great Western Railway in England. Churchward hatte hierbei das Untergestell der vorangegangenen »Atbara«-Klasse mit dem neuen, von ihm entwickelten Standard-Kessel Nummer 4 kombiniert. Die durch eine innenliegende Stephenson-Steuerung betätigten waagerechten Flachschieber befanden sich unterhalb der geneigt angeordneten Zylinder. Nur die Treibachse war in allen vier Rahmenwangen gelagert. Die gegenläufig zum Innentriebwerk rotierenden Kuppelstangen ergaben einen gewissen Massenausgleich, mit ein Grund für den bemerkenswert ruhigen Lauf dieser Lokomotiven. Zu den 10 neuerbauten »Cities« kamen später noch 10 hinzu, die durch Umbau aus »Atbaras« entstanden. Die »Cities« konnten es in Leistung und Zugkraft mit zeitgenössischen kontinentaleuropäischen Atlantics aufnehmen.

2 B n2, »City of Truro«, Great Western Railway, England.

Bild 82: Die »City of Truro« war nicht nur die berühmteste ihrer Schwestern, sondern gehört zu den bekanntesten aller 2 B überhaupt, weil sie als erste englische Lokomotive die »magische« 100-mph-Grenze überschritt. Am 9. Mai 1904 beschleunigte sie den »Ocean Mail« auf der Wellington Bank bis auf 102.3 mph (164,6 km/h). Allerdings war die Stoppuhr-Messung ihrer Geschwindigkeit – wie alle derartigen Messungen – mit einer gewissen Unsicherheit behaftet und ist daher nicht offiziell anerkannt. Die Lokomotive erhielt später einen Heißdampfkessel mit Einspeisung auf dem Kesselscheitel (top feed) – ursprünglich saßen die Speiseventile an der Stehkesselrückwand –, neue Zylinder mit Kolbenschiebern und höherliegende Sandkästen. Sie steht heute im Eisenbahnmuseum der ehemaligen Great Western Railway – heute British Rail / Western Region – in Swindon. Der Treibraddurchmesser beträgt 6 Fuß, 8 1/2 Zoll (2045 mm).

Bild 82

Bild 83: 2 B h2, »City of Truro«, der Great Western Railway. Das Bild zeigt die Lokomotive mit der Nummer 3717, die sie von 1912 bis 1931 trug (Railway Museum York).

Umbau älterer Maschinen entstanden. Von den »Singles« unterschieden sie sich lediglich durch den kleineren Treibraddurchmesser von 7 Fuß, 1½ Zoll (2172 mm) und – natürlich – durch die zweite Kuppelachse anstelle der Schleppachse. In Bezug auf Eleganz und Ausgewogenheit der Proportionen werden sie übrigens von manchen Beobachtern noch den »Singles« vorgezogen.

Die neuen 2 B-Lokomotiven der »Duke«-Klasse – so benannt nach der ersten von ihnen, Nummer 3252 »Duke of Cornwall«, gelegentlich aber auch als »Pendennis Castle«- oder als »Devon«-Klasse bezeichnet – besaßen den geschwungenen Außenrahmen der »Armstrongs« mit Außenrahmen-Drehgestell und Innentriebwerk. Ebenso wie diese trugen sie einen hohen Dampfdom (mit blankpolierter Messingverkleidung) auf dem letzten Langkesselschuß. Der Stehkessel hatte jedoch nicht die leicht erhöhte, runde Decke, wie die Kessel der älteren Maschinen, sondern eine durchlaufende (Crampton-)Decke. Bei den Treibraddurchmessern war Dean mit 5 Fuß, 8 Zoll (1727 mm) noch unter dem Maß der »Barnums« geblieben – für steigungsreiche Strecken sicher nicht unzweckmäßig – und die Tragfedern der Kuppelachsen lagen jetzt, wie bei allen späteren 2 B, über den Lagern. Auffallend war noch die stark nach vorn verlängerte Rauchkammer der »Dukes«. Damit hatte es folgende Bewandtnis. Das Jahr 1894 war unverhältnismäßig trocken gewesen und der Funkenflug aus den hart arbeitenden Lokomotiven auf den Steigungsstrecken in Devon, hatte mehr Brände als sonst verursacht. Die Bauern, die davon wenig erfreut waren, konnten schließlich durchsetzen, daß die neuen Lokomotiven mit geeigneten Funkenfängern ausgerüstet wurden. Dazu mußte aber die Rauchkammer um ein erhebliches Stück nach vorne verlängert werden, was den »Dukes« ihr etwas unharmonisches Aussehen verlieh.

Bis 1898 wurden 60 »Dukes« in Swindon gebaut. Die letzten fünf unterschieden sich von den vorausgegangenen durch die Kesselbauart. Vier davon besaßen einen schwach überhöhten Belpaire-Stehkessel, die letzte hingegen, Nummer 3312 »Bulldog«, hatte einen großvolumigen, stärker überhöhten Belpaire-Stehkessel sowie einen geneigten Rost, der über die Hinterachse hinausragte. Hier machte sich der zunehmende Einfluß eines Mannes bemerkbar, der zu den hervorragendsten Lokomotivkonstrukteuren Englands, wenn nicht der ganzen Welt zählte, und der eine Reihe aufsehenerregender Lokomotivkonstruktionen für die Great Western schuf. Dieser Mann war George Jackson Churchward.

Bild 84: 2 A 1 n2, »Duke of Connaught«, der Great Western Railway. Bekannteste Lokomotive der 80 Normalspur-»Singles« der Great Western. Treibraddurchmesser 7 Fuß, 8 Zoll (2337 mm) (British Rail).

Geboren im Jahre 1857 in Devonshire, Südwestengland, ging Churchward mit 16 Jahren zur South Devon and Cornwall Railway in Newton Abbot. 1876, als diese Bahn von der Great Western übernommen wurde, zog er nach Swindon, wo er in den Konstruktionsbüros der so viel größeren Bahn weit bessere Möglichkeiten fand, seine Fähigkeiten zu entwickeln. Technischer Leiter war damals noch Joseph Armstrong. Doch schon ein Jahr später starb er und William Dean wurde sein Nachfolger. Dieser erkannte bald die Begabungen des jungen Mannes und betraute ihn zunehmend mit verantwortungsvolleren Aufgaben. Schließlich ernannte er ihn zu seinem Stellvertreter und als Dean seinerseits starb, wurde Churchward im Jahre 1902 dessen Nachfolger mit dem neugeschaffenen Titel eines Chief Mechanical Engineer. Doch schon mehrere Jahre vorher war er maßgebend an Neuentwürfen beteiligt, da Dean immer häufiger durch längere Krankheit ausfiel.

Churchward hatte zwei Hauptideen. Erstens wollte er eine Reihe von »Einheitslokomotiven« schaffen, wobei der Betrieb mit möglichst wenig unterschiedlichen Typen möglichst lange auskommen sollte. Dabei stellte er jedoch nicht sofort ein fertiges Programm auf, wie etwa die United States Railroad Administration (USRA) am Ende des ersten Weltkrieges oder die Deutsche Reichsbahn 1924, sondern versuchte schrittweise zu einem brauchbaren Ergebnis zu gelangen. Dazu kam nun seine zweite Grundidee, nämlich einen Kessel mit besonders guten Wärmeübergangswerten und hoher Dampfleistung zu entwickeln; denn das schien ihm das wichtigste an einer guten Lokomotive zu sein. Aus Versuchen und Überlegungen hatte er erkannt, daß die stärkste Verdampfung im Bereich der Feuerbüchsrohrwand stattfindet. Hier mußte also, um das Aufsteigen der Dampfblasen zu erleichtern, der Kessel seinen größten Querschnitt erhalten. Er erreichte dieses Ziel hauptsächlich durch zwei Maßnahmen. Zum einen wählte er die Belpaire-Bauart des Stehkessels, bei der Wasseroberfläche und Dampfvolumen über der Feuerbüchse wesentlich größer als bei der Crampton-Bauart sind, zum anderen erweiterte er später den Stehkessel nach vorne und machte den Langkessel entweder auf seiner ganzen Länge oder zumindest in seinem hinteren Teil kegelförmig. Einen Dom hielt er nicht für nötig. Der Dampf wurde an der höchsten Stelle, vor der Feuerbüchsrohrwand, entnommen und durch ein innerhalb des Langkessels liegendes Rohr zum Regler geführt. Sicherheitsventile und obenliegende Speiseventile (top feed) waren in einem gemeinsamen Gehäuse auf dem letzten

Langkesselschuß untergebracht.
Mit diesen Merkmalen konstruierte Churchward zunächst eine Serie von fünf Standard-Kesseln (Nr. 1 bis 5), denen später weitere folgten. Sie waren, so weit es ging, aus gleichartigen Elementen zusammengesetzt und erhielten weitgehend einheitliche Ausrüstungsteile. Diese Kessel sollten aber nicht nur für Neuentwürfe geeignet sein, bei denen dann lediglich ein passendes Trieb- und Laufwerk zu einem vorhandenen Standard-Kessel zu entwerfen war, sondern er wollte damit gleichzeitig ältere Lokomotiven modernisieren. Denn Churchward hatte keineswegs die Absicht, alles was er von seinen Vorgängern ererbt hatte, einfach auf den Schrott zu werfen. Manche Lokomotive mit noch gut erhaltenem Untergestell und brauchbaren Laufeigenschaften konnte so durch den Einbau eines neuen Kessels leistungsfähiger gemacht und mit erheblich geringeren Kosten, als sie für einen Neubau erforderlich gewesen wären, noch längere Zeit verwendet

Technische Daten

Bahnverwaltung	**Great Western Railway, England**
Achsanordnung:	
Deutsche Bezeichnung	**2 B n2**
White classification	**4–4–0 (American)**
Bahnnummer	**3440**
Name	**City of Truro**
Erbauer	**Swindon Works, Great Western Railway**
Werksnummer	
Baujahr	**1903**
Treibraddurchmesser	**6 ft, $8\frac{1}{2}$ in = 2045 mm**
Laufraddurchmesser	**3 ft, 6 in = 1067 mm**
Zylinderdurchmesser	**18 ft = 457 mm**
Kolbenhub	**26 ft = 660 mm**
Rohrlänge	**11 ft, $4\frac{3}{16}$ in = 3459 mm**
Verdampfungsheizfläche (wasserber.)	**1818.12 sq.ft. = 168,9 m^2**
Feuerbüchsheizfläche (wasserber.)	**128.3 sq.ft = 11,9 m^2**
Rostfläche	**20.56 sq.ft. = 1,91 m^2**
Kesseldruck	**200 psi = 13,8 bar (14,1 kp/cm^2)**
Reibungslast	**359 kN (36,6 Mp)**
Dienstgewicht, Lokomotive	**56,4 t**
Dienstgewicht, Lok + Tender	**93,7 t**
Kohlenvorrat	**4 t**
Wassermenge	**3000 Imp. gal. = 13,6 m^3**
Höchste erreichte Geschwindigkeit	**102.3 mph = 164,6 km/h**
Treibraddrehzahl	**427 Upm**
Indizierte Leistung	**ca. 1000 kW (1350 PS)**
Mittlere Kolbengeschwindigkeit	**9,39 m/s**
Vergleichsgeschwindigkeit (Reihe 01 DRG)	**161 km/h**

werden. Übrigens wurde das System der Standard-Kessel von seinem Nachfolger, Charles B. Collett, fortgeführt und erweitert.
Mitte der 90er Jahre begann Churchward seine Versuche mit den neuen Kesseln, und so kamen die letzten »Dukes« zu ihrer abweichenden Gestalt. Aus der letzten, der Nummer 3312 »Bulldog«, entstand dann eine neue Klasse, die auch deren Namen erhielt. Die Maschinen der »Bulldog«-Klasse waren etwas größer und schwerer als die »Dukes« und hatten daher, bei gleichem Treibraddurchmesser, etwas höhere Zugkraft. Natürlich besaßen alle einen Belpaire-Kessel, der bei den ersten noch einen Dom trug, während die letzten bereits mit dem domlosen Standard-Kessel Nummer 2 ausgerüstet wurden. In einem Zeitraum von etwa 10 Jahren wurden 122 »Bulldogs« gebaut. Anfangs hatten sie noch den geschwungenen Rahmen der »Dukes«, später erhielten sie Rahmen mit gerader Oberkante (»Camel«-Klasse). Nach 1909 kamen noch 15 ähnliche Maschinen, die »Bird«-Klasse, hinzu. Alle diese Lokomotiven hatten eine besonders lange Lebensdauer, da sie, als sie für die Hauptstrecken zu schwach geworden waren, wegen ihres niedrigen Gewichtes und ihrer verhältnismäßig kleinen Treibraddurchmesser, noch erfolgreich auf Nebenstrecken verwendet werden konnten. Als in den 30er Jahren die Ausmusterungen zunahmen, baute die sparsame Bahn »neue« 2 B-Lokomotiven und mischte dabei noch brauchbare Teile von »Dukes« und »Bulldogs« miteinander. Die Maschinen, die treffend »Dukedogs« genannt wurden, erlebten noch die Verstaatlichung der British Railways und verschwanden erst in den 50er Jahren.
Für schnellere Züge auf den mehr ebenen Strecken wurden natürlich ebenfalls zweifach gekuppelte Lokomotiven benötigt und so entstand zwei Jahre nach den ersten »Dukes«, im Jahre 1897, eine ausgesprochene 2 B-Schnellzuglokomotive, die »Badminton«-Klasse. Mit ihrem geschwungenen Rahmen und der verlängerten Rauchkammer ähnelten die Maschinen den »Dukes«, waren jedoch größer, hatten außerdem von Anfang an einen Belpaire-Kessel mit Dom und, vor allem, Treibräder mit einem Durchmesser von 6 Fuß, $8\frac{1}{2}$ Zoll (2045 mm). 20 »Badmintons« wurden bis 1899 gebaut. Die vorletzte von ihnen, die 3310 »Waterford«, erhielt einen domlosen Belpaire-Kessel mit stark überhöhter Stehkesseldecke, ähnlich dem der »Bulldog«. Diese Maschine leitete zur nächsten Gruppe über, der »Atbara«-Klasse, die sich von ihr äußerlich im wesentlichen lediglich durch den Rahmen mit gerader Oberkante unterschied, wie ihn von da an auch die »Camel«-Klasse erhielt. Bis zum Jahre 1902 entstanden 40 »Atbaras«; eine von ihnen leitete wiederum den nächsten Schritt in der Entwicklung der 2 B-Schnellzuglokomotive der Great Western ein. Denn alle diese Lokomotiven können als Entwicklungsstationen zur endgültigen Form betrachtet werden. Sie besaßen zwar bereits den domlosen Belpaire-Kessel, jedoch noch ei-

Bild 85: 2 B h2, »City of Truro«, der Great Western Railway. Die 20 Lokomotiven der »City«-Klasse waren die größten und stärksten aller 2 B mit Außenrahmen der Great Western (British Rail).

nen zylindrischen Langkessel, in dem 277 Heizrohre mit 1 7/8 Zoll (47,625 mm) Außendurchmesser untergebracht waren. Der Kesseldruck betrug 180 psi (12,4 bar = 12,7 kp/cm²). Noch im Jahre ihrer Entstehung, 1902, wurde jedoch eine der letzten Maschinen dieser Klasse, die 3405 »Mauritius«, mit dem neuen Standard-Kessel Nummer 4 ausgerüstet, der sich erheblich von dem bisherigen unterschied. Das lag nicht allein an dem kegeligen zweiten Langkesselschuß, der den äußeren Kesseldurchmesser an der Feuerbüchsrohrwand von 4 Fuß, 6 1/4 Zoll, auf 5 Fuß, 6 Zoll (von 1378 mm auf 1676 mm) vergrößerte, sondern im Langkessel waren nunmehr 350 Rohre untergebracht. Diese wesentlich größere Rohrzahl wurde nicht nur durch deren kleineren Außendurchmesser – er war auf 1 5/8 Zoll (41,275 mm) verringert worden – erreicht, sondern auch durch eine Vergrößerung des Außendurchmessers für den vorderen, zylindrischen Kesselschuß auf 4 Fuß, 10 3/4 Zoll (1492 mm) beim Nummer-4-Kessel, der beim »Atbara«-Kessel nur 4 Fuß, 5 Zoll (1346 mm) betragen hatte. Darüber hinaus hatte auch die Rohrlänge von bisher 11 Fuß (3353 mm) noch 4 3/16 Zoll (106,4 mm) hinzugewonnen, so daß alles in allem die Rohrheizfläche um 9,7 % auf 1689.82 sq.ft. (157 m²) gestiegen war.

Jedoch auch dem Stehkessel hatte man Änderungen angedeihen lassen. Die Decke verlief nicht mehr waagerecht, sondern fiel zum Führerhaus hin leicht ab. Außerdem hatten die bei den bisherigen Kesseln oberhalb der Kesselmitte genau senkrechten Stehkesselseitenwände nunmehr eine schwache Krümmung nach innen. Zumindest war das bei der endgültigen Ausführung der Fall, bei der »Mauritius« hatte er noch oberhalb der Mitte gerade Seitenwände. Darüberhinaus waren die Seitenwände nicht parallel, sondern liefen nach hinten zusammen. Diese Stehkesselkonstruktion, die Churchward bei all seinen Standard-Kesseln vorsah, hatte er während seines Amerika-Aufenthaltes bei der Pennsylvania Railroad kennengelernt, bei der diese Bauart ebenfalls zum Standard zählte. Sie verringert ein wenig das Gewicht des Stehkessels und verbessert die Sichtverhältnisse für den Lokomotivführer, was natürlich bei den großen amerikanischen Kesseln, aber auch bei dem engen Lichtraum englischer Bahnen, von besonderer Bedeutung war, ohne aber das Volumen über der Feuerbüchse an der Stelle größter Dampfentwicklung merklich zu beeinträchtigen.
Im ganzen gesehen betrug die Verdampfungsheizfläche nunmehr 1818.12 sq.ft. (168,91 m²) – 9,2 % mehr als vorher –,

während die Rostfläche geringfügig um 3,4 % auf 20.56 sq.ft. (1,91 m²) abgenommen hatte. Der Kesseldruck war auf 200 psi (13,8 bar = 14,1 kp/cm²) angehoben. Manche Quellen nennen allerdings auch den Wert von 195 psi (13,4 bar = 13,7 kp/cm²). Zum Vergleich sei erwähnt, daß die zur gleichen Zeit entstandene deutsche 2 B 1 n4v, die preußische S 7 (Bild 73), etwa die gleiche Verdampfungsheizfläche besaß, wenn man die des englischen Kessels auf die feuerberührte Seite, wie in Kontinental-Europa üblich, umrechnet. Allerdings war die Rostfläche der S 7 – wohl wegen der schlechteren Kohle – erheblich größer. Wegen der zulässigen Achslast von etwa 180 kN (18,5 Mp) konnte man in England diesen großen Kessel aber noch auf 4 Achsen unterbringen, wobei die Lokomotive nur wenig leichter als die S 7 war.

Höhepunkt und Abschluß der Entwicklung der 2 B mit Außenrahmen der Great Western Railway bildeten dann die im folgenden Jahre, 1903, gebauten zehn Maschinen der »City«-Klasse, benannt nach bedeutenden Städten im Streckennetz dieser Bahn. Es waren nichts anderes als »Atbaras« mit dem Standard-Kessel Nummer 4. Später kamen noch, außer der »Mauritius« mit ihrem geringfügig abweichenden Stehkessel, neun weitere Maschinen der »Atbara«-Klasse hinzu, die den Standard-4-Kessel durch Umbau erhalten hatten, so daß die »City-Klasse schließlich 20 Lokomotiven umfaßte.

Sie stellten wohlproportionierte und recht elegante Maschinen dar, mit den klaren, glatten Linien, die bei englischen Lokomotiven üblich waren (Bild 82). Außenrahmen, auch beim Drehgestell, und Radschutzkästen über dem Umlauf verdeckten den größten Teil der Räder, so daß man während der Fahrt, außer dem Federspiel, kaum mehr Bewegung wahrzunehmen vermochte, als das Rotieren der Kuppelstange. Diese war übrigens gegenläufig zu den zugehörigen Treibstangen angeordnet – im Gegensatz zu den Triebwerken der älteren 2 B mit Innenzylindern, bei denen Gleichlauf herrschte –, so daß sie einen Teil der hin- und hergehenden Massen ausgleichen konnten.

Das äußere Bild der Lokomotiven bot viele glatte Flächen und ruhige Linien. Der Rahmen wies keine Durchbrüche auf, war aber nicht so weit heruntergezogen, wie bei den etwas schwereren Maschinen der »Flower«-Klasse, die mit dem kleineren Standard-Kessel Nummer 2 ausgerüstet waren. Die zahlreichen Nieten, die – wie auf den Photographien zu erkennen ist – heute auf dem Rahmen der »City of Truro« zu sehen sind (Bild 85), bilden die äußeren Merkmale von Umbauten, denen die Lokomotive im Laufe der Zeit unterzogen wurde. Die Kesselaufbauten bestanden nur aus dem mit einer eleganten Krone verzierten Schornstein, den Sicherheitsventilen am Ende des Langkessels, die durch eine Haube verdeckt waren, und der Dampfpfeife vor dem Führerhaus. Die Kesselspeiseventile befanden sich an der Stehkesselrückwand und die Sandkästen lagen unter dem Umlauf. Später wurden die Speiseventile auf den Kesselrücken in Höhe der Sicherheitsventile verlegt und die Sandkästen auf den Umlauf gesetzt. Die Kesselmittenhöhe von etwa 2590 mm verlieh den Maschinen ein recht modernes Aussehen. Das Führerhaus hatte – wie bei der Great Western noch bis nach dem ersten Weltkrieg üblich – keine Seitenfenster, sondern nur den charakteristischen Ausschnitt.

Wie bereits erwähnt, war nur die Treibachse auch im Innenrahmen gelagert. Die geneigt angeordneten Zylinder besaßen untenliegende, waagerechte Flachschieber, die durch eine Stephenson-Steuerung bewegt wurden. Die Lokomotiven waren anfangs mit einer dampfbetätigten Umsteuerung ausgerüstet. Wie in Amerika der vierachsige Drehgestelltender, so bildete in England der dreiachsige Steifrahmentender die Normalausführung. Die älteren Tender der Great Western, wie sie auch mit der »City«-Klasse liefen, wirkten sehr niedrig, so daß man ihnen ihr Fassungsvermögen von 3000 Gallonen (13,6 m³) und 4 t Kohle nicht sogleich ansah. Wegen der üblichen Wasserschöpfeinrichtungen aus Schienentrögen genügte diese Wassermenge für die längsten Strecken.

Nachdem die ersten »Cities« das Herstellerwerk, die Bahnwerkstatt Swindon, verlassen hatten, wurden sie eingehenden Erprobungen unterzogen. Kurz zuvor hatte Churchward einen neuen Meßwagen für die Great Western angeschafft, der mit allen Errungenschaften seiner Zeit ausgestattet war, und einer seiner ersten Einsätze fand hinter der 3435 »City of Bristol« statt. Dabei wurde eine maximale Zughakenleistung von 920 HP (686 kW) gemessen, für eine Naßdampf-2 B kein schlechter Wert.

Noch vor diesem Test absolvierte jedoch die erste »City«, die 3433 »City of Bath«, eine bemerkenswerte Fahrt, die einiges Aufsehen erregte. Am 14. Juli 1903 reiste der Prinz von Wales, der spätere König Georg V., mit seiner Frau, der späteren Queen Mary, zu einem Besuch nach Cornwall. Da er noch nicht der regierende Monarch war, stand ihm auch nicht der königliche Hof-Sonderzug zu, sondern die drei Salonwagen, in denen das Paar reiste, wurden an den fahrplanmäßigen Expreß, den »Cornishman«, angehängt. Dieser Zug wurde, wegen der großen Nachfrage, normalerweise in mehreren Teilen gefahren, wobei der erste Teil, an den die königlichen Salonwagen angekuppelt waren, von London, Paddington Station, bis Plymouth, North Road Station, ohne Halt durchfuhr, eine Strecke von 245.6 Meilen (395,3 km). Irgendjemand an höchster Stelle hatte nun das Gerücht verbreitet, daß der Prinz von Wales eine »flotte Fahrt« wünsche und die Bahn beeilte sich, diesem Wunsche nachzukommen. Hier war einmal die Gelegenheit, in einer großen Schau zu zeigen, wessen die neuen Lokomotiven fähig seien. So kam es, daß die »City of Bath« mit ihrem Zug von 132 t die Reise mit solcher Bravour hinter sich brachte, daß der Zug zur Überraschung der Ehrengäste 36 Minuten zu früh in Plymouth einlief. Für die fast 400

Bild 86: 2 B h3, Nr. 905 »Tonbridge«, der Southern Railway. 1930 erbaut, waren die 40 Lokomotiven der »School«-Klasse die modernsten, größten und leistungsfähigsten 2 B außerhalb Nordamerikas (Railway Museum York).

km lange Strecke hatte der Zug weniger als 4 Stunden benötigt, die Durchschnittsgeschwindigkeit betrug 101,6 km/h. Das ist für einen derartig langen Weg ein beachtlicher Wert, vor allem, wenn man die Langsamfahrstellen und die langen Rampenstrecken in Devon berücksichtigt. Da die Bahn sich von dieser spektakulären Fahrt eine besondere Publizität versprach, hatte sie dazu auch Charles Rous-Marten, den bekanntesten Berichter über schnelle Züge in England, eingeladen. Wir haben bereits in Kapitel III von ihm vernommen. Die von ihm gemessenen Geschwindigkeiten lagen in der Ebene zwischen 70 und 77 mph (113 bis 124 km/h) und fielen auch auf der stärksten Steigung, Wellington Bank, nicht unter 50 mph (etwa 80 km/h). Die höchste Geschwindigkeit erzielte die »City of Bath« auf der Gefällestrecke von Dauntsey mit 87½ mph (141 km/h).

Dies war jedoch nur der Auftakt. Die große Stunde der »Cities« schlug im folgenden Jahre beim sogenannten »Ocean-Mail«-Wettbewerb. Es ging dabei um die Beförderung von Post und Gepäck von den Ozean-Dampfern der Nord-Atlantik-Route. Bereits seit längerer Zeit stand die Great Western Railway im Wettbewerb mit der London & North Western Railway um den Zubringerverkehr zu den englischen Schiffen der »Cunard«- und der »White-Star«-Linie, die in Liverpool anlegten. Doch nachdem der Norddeutsche Lloyd zu Anfang des Jahrhunderts neue und größere Dampfer eingesetzt und den Engländern das Blaue Band entrissen hatte, bevorzugten immer mehr Reisende die komfortablen und schnellen deutschen Schiffe. Für diese wäre aber die Fahrt nach Liverpool ein zu großer Umweg gewesen, denn für sie war die Reise in England noch nicht zu Ende, wie für die englischen Schiffe. Sie bevorzugten daher den günstiger gelegenen Hafen von Plymouth, der dadurch ständig an Bedeutung zunahm.

Während die Passagiere in Sonderzügen, den »Boat Trains«, von und nach London über die Strecken der London & South Western Railway fuhren, entbrannte der Wettbewerb zwischen dieser Bahn und der Great Western um die Beförderung der Post und des Gepäcks. Auch hierfür wurden besondere Züge, die »Ocean Mails« eingesetzt. Die Züge von rund 150 t bestanden aus 5 Wagen, von denen in Bristol ein oder zwei Wagen mit der Post nach Norden abgehängt wurden.

Für diese schnellen Züge waren die »Cities« natürlich hervorragend geeignet. Normalerweise fand in Bristol, wo die Kurswagen abgehängt wurden, Lokwechsel statt. Es gab aber auch Züge, bei denen die Lokomotive ohne Wechsel bis London durchlief, wobei die Züge nur ganz kurz an der Abzweigung Pylle Hill Junction in Bristol anhielten, um die Kurswagen abzukuppeln. Bei diesen Fahrten wurden mehrmals für die rund 400 km lange Strecke Fahrzeiten von unter 4 Stunden eingehalten, wobei also die Durchschnittsgeschwindigkeit über 100 km/h lag, und einmal hat Rous-Marten eine Höchstgeschwindigkeit von 95½ mph (153,7 km/h) gemessen. Doch die Bahn wollte noch mehr.

Für die Eisenbahnen in den Ländern mit englischem Maßsystem gab es für die Geschwindigkeit zwei »magische« Grenzen, die zu erreichen oder gar zu überschreiten ein stets mit großem Eifer verfolgtes Ziel darstellte. Die eine war der »Mile-a-Minute«-Zug, also der Zug, für den man vom einen Endpunkt bis zum anderen eine mittlere Geschwindigkeit von einer Meile in einer Minute – das entspricht 96,6 km/h – errechnen kann. Diese Grenze hatten die Postzüge also bereits überschritten. Doch »Mile-a-Minute«-Züge hatte es schon früher gegeben, z. B. in den berühmten »Races to the North«, über die wir in Kapitel III berichtet haben. Dort war die Strecke sogar noch länger als hier gewesen, doch im allgemeinen stellten derartig hohe Reisegeschwindigkeiten, vor allem für eine so lange Strecke zu Anfang des Jahrhunderts aber auch noch lange danach, vielbeachtete Ausnahmen dar.

Die zweite, schwerer zu erreichende Grenze war die Höchstgeschwindigkeit von 100 mph (161 km/h). So schnell war bisher in England noch keine Lokomotive gefahren, und die Great Western hätte natürlich gerne den Ruhm für sich gewonnen, als erste diese »Traumgrenze« überschritten zu haben. Daher setzte sie für den 9. Mai 1904 eine besonders schnelle Fahrt an, für den die Fahrzeit des »Ocean Mail« auf 3 Stunden 46¾ Minuten gekürzt wurde, was einer Reisegeschwindigkeit von 65 mph (104,6 km/h) entspricht. Als Zuglokomotive hatte man die 3440 »City of Truro« ausersehen, die sich allerdings in nichts von ihren Schwestern unterschied. Um die Fahrt zu protokollieren, hatte die Great Western wiederum Charles Rous-Marten eingeladen, der seine Instrumente in einem der Packwagen aufbaute.

Die Fahrt mit Lokführer Clements am Regler verlief auf ihrem ersten Abschnitt in Süd-Devon kaum schneller, als frühere Fahrten mit anderen Lokomotiven der »City«-Klasse, obwohl der Zug mit bemerkenswertem Elan zur Hemerdon-Höhe und 34 km weiter zur Dainton-Höhe hinaufraste. Hinter Exeter erfolgte dann der Anstieg zum Whiteball-Tunnel, dem Gipfelpunkt der Strecke. Auf der anschließenden leichten Gefällestrecke, der »Wellington Bank«, wurde schließlich die höchste Geschwindigkeit erreicht. Rous-Marten berichtet, daß die Lokomotive mit außerordentlicher Ruhe fuhr, es sei wie Gleiten auf Eis gewesen (»The motion resembled a sliding along the smoothest ice . . .»), und nichts habe auf eine ungewöhnlich hohe Geschwindigkeit hingedeutet. Wegen einiger unvorsichtiger Streckenarbeiter mußte der Lokführer schließlich eine kurze Bremsung einleiten, doch noch davor hatte Rous-Marten für eine Viertelmeile eine Zeit von 8,8 Sekunden gemessen, was einer Geschwindigkeit von 102.3 mph oder 164,6 km/h entspricht.

Damit wäre die »City of Truro« bis dahin und auch noch bis in die 20er Jahre die schnellste Lokomotive in England gewesen, doch sind von Anfang an Zweifel an der Messung aufgetreten. Zwar war Rous-Marten ein erfahrener und sorgfältiger Beobachter und auf seine Messungen kann man sich bis zu einem gewissen Grade durchaus verlassen. Doch selbst noch so exakt scheinende Messungen mit Stoppuhren können nie die Genauigkeit einer Meßwagen-Aufschreibung erreichen. Und auf einer so kurzen Strecke wie einer Viertelmeile – rund 400 m – können sich die Einflüsse, die die Genauigkeit einer Stoppuhr-Messung beeinträchtigen, natürlich besonders stark auswirken. Allerdings würde selbst eine Zeitabweichung um ²/₁₀ Sekunden immer noch eine Geschwindigkeit von genau 100 mph ergeben, womit der angestrebte dreiziffrige Geschwindigkeitswert auch schon erreicht wäre. Jedenfalls hat die Great Western Railway diesen Rekord oft und gerne publiziert und in zahlreichen Veröffentlichungen tauchte er immer wieder auf. Doch wenn es auch nicht feststeht, ob die »City of Truro« diese hohe Geschwindigkeit tatsächlich erreicht hat, viel weniger kann es auch nicht gewesen sein. Die Leistung könnte bei dieser Fahrt kurzzeitig etwa 1350 PS (rund 1000 kW) erreicht haben, was mit einer Heizflächenbelastung von etwa 95 kg/m^{2}h verbunden wäre.

An sich sollte die »City of Truro« bis London vor dem Zuge bleiben. Doch bei einer so angespannten Fahrt ist der Kohleverbrauch höher als es bei normalen Geschwindigkeiten der Fall ist. Wenn auch die vier Tonnen Kohle üblicherweise noch einen gewissen Überschuß ließen, so wollte man doch bei dieser Fahrt kein Risiko eingehen und sich nicht der Gefahr aussetzen, daß der Zug kurz vor dem Ziel wegen Kohlenmangel liegen bleibt. Daher wurde beschlossen, in Bristol die Lokomotive zu wechseln. Die zweite Zuglokomotive auf dieser denkwürdigen Fahrt war aber nun nicht irgendeine andere »City«, sondern eine der schönen Außenrahmen-Singles, die 2 A 1 n2, 3065 »Duke of Connaught« (Bild 84) mit 7 Fuß, 8 Zoll (2337 mm) Treibraddurchmesser, die zu dieser Zeit etwa 7 Jahre alt war. Mit dem auf 4 Wagen und rund 120 t verringerten Zug stellte die Lokomotive einen Rekord für die Strecke Bristol–London auf, indem sie die 118.4 Meilen (190,5 km) in 99 Minuten und 46 Sekunden abspulte, was einer Reisegeschwindigkeit von 114,6 km/h entspricht. Die erreichte Höchstgeschwindigkeit betrug immerhin 87 mph (140 km/h).

Nach diesem aufsehenerregenden Ereignis blieb die »City of Truro» wie auch die anderen »Cities» im Expreßzugdienst, bis die Zuglasten zu schwer wurden und dreifach gekuppelte Lokomotiven die kleinen Renner ablösten und, wie üblich, in untergeordnete Dienste verdrängten. Im Jahre 1911 erhielt sie einen Heißdampfkessel. Allerdings war die Überhitzerheizfläche recht klein, sie betrug nur 14,4 % der Verdampfungsheizfläche; bei modernen Heißdampflokomotiven überschreitet dieser Anteil meist 40 %. Im Jahre 1915 wurden neue Zylinder mit Kolbenschiebern eingebaut. In dieser Form und mit der Nummer 3717, die sie im Jahre 1912 erhalten hatte, lief sie bis 1931 und wurde dann ausgemustert. Natürlich konnte man eine so berühmte Lokomotive nicht verschrotten und so stellte man sie in das Eisenbahnmuseum in York, wobei man ihr auch die ursprüngliche Nummer, 3440, wiedergab. Doch das ist noch nicht das Ende. Im Jahre 1957 wurde sie aus dem Museum geholt, in Swindon generalüberholt und lief danach noch vier Jahre nicht nur vor zahlreichen Sonderzügen, sondern auch einige Zeit im regulären Plandienst. Endlich, im Jahre 1961, 58 Jahre nach ihrer Entstehung, wurde sie endgültig ausgemustert und im Great Western Museum in Swindon aufgestellt (Bild 80).

Die 2 B-Lokomotiven der Great Western mit Vierfachrahmen, zu denen die »City-Klasse gehörte, waren wahrscheinlich die letzten Schnellzuglokomotiven überhaupt, die mit dieser aufwendigen Rahmenkonstruktion gebaut wurden. Es ist nicht ganz verständlich, warum Churchward diese Bauart, die noch von seinem Vorgänger William Dean stammte, ohne wesentliche Änderungen weiterverwendete. Denn der erhoffte Schutz vor Treibachsenbrüchen bestand offenbar nicht, im Gegenteil, grade von den Lokomotiven mit Vierfachrahmen sind verhältnismäßig viele derartige Vorfälle bekannt geworden, wobei allerdings nicht ganz klar ist, ob sie alle auf die Rahmenbauart zurückzuführen sind. Da jedoch wegen der vier Treibachslager die inneren Lager sehr schmal gehalten werden konnten, ließen sich die Kurbelwangen recht kräftig ausführen. Außerdem ermöglichte dies den Zylindermittenabstand zu vergrößern, wodurch der Dampfzutritt zu den unter den Zylindern liegenden Schieberkästen verbessert wurde.

Churchwards eigene Entwürfe sahen jedenfalls ganz anders aus. Ein Jahr nach dem Erscheinen der »City«-Klasse, im Jahre 1904, entwarf er eine 2 B nach seinen eigenen Ideen. Sie erhielten den gleichen Standardkessel Nummer 4, den gleichen Treibraddurchmesser und ähnliche Hauptabmessungen, wie die »Cities«. Mit Außenzylindern und Innenrahmen zeigte diese »County«-Klasse – nicht zu verwechseln mit der 2 C-»County«-Klasse, die erst nach dem zweiten Weltkrieg als letzte Neukonstruktion der Great Western entstand – ein gänzlich anderes und wesentlich moderneres Aussehen und schien eine verkleinerte Ausgabe der 2 C-»Saint«-Klasse zu sein. 31 dieser Maschinen, die für Expreßzüge auf den Strekken bestimmt waren, für die die 2 C zu schwer waren, entstanden bis 1912. Eigenartigerweise gab es schließlich auch noch eine Version dieser einzigen 2 B mit Innenrahmen der Great Western als Tenderlokomotive, die »County-Tanks«. Bei dieser wirkte natürlich der riesige Treibraddurchmesser von 6 Fuß, 8½ Zoll (2045 mm) etwas deplaziert.

Diese Lokomotiven waren jedoch keineswegs die letzten 2 B. In keinem Land hat sich diese Bauart derart lange gehalten, wie in England. Noch in den 20er Jahren entstanden zwei hochmoderne und schwere 2 B h3. Die eine war Gresleys »Shire«-Klasse, die natürlich mit seiner patentierten Steuerung (Kapitel XIV) ausgerüstet war, die hier ausnahmsweise hinter den Zylindern lag. Eine sonst gleiche Version mit Ventilsteuerung war die »Hunt«-Klasse. Die letzte und zugleich größte und schwerste aller Americans außerhalb Nordamerikas war die erst 1930 von R. E. L. Maunsell für die Southern Railway geschaffene »School«-Klasse (Bild 86). Mit 6 Fuß, 7 Zoll (2007 mm) Treibraddurchmesser und einer Reibungslast von 418,6 kN (42,7 Mp) waren sie in der Lage, auch schwere Expreßzüge auf den Strecken von London zur Kanalküste zu befördern. Sie besaßen drei unabhängige Walschaerts-(Heusinger)-Steuerungen. Für englische Verhältnisse ungewohnt waren die im oberen Teil schrägen Seitenwände von Führerhaus und Tender, die wegen des besonders engen Profils einiger Strecken erforderlich waren. 40 dieser bemerkenswerten Lokomotiven wurden insgesamt gebaut.

Von all den zahlreichen 2 B-Lokomotiven, die in England entstanden, hat jedoch kaum eine die Berühmtheit der »City of Truro« erlangt und trotz ihres etwas veralteten Aussehens kann sie sicherlich mit Recht für sich in Anspruch nehmen, die schnellste dieser Lokomotiven gewesen zu sein.

XII. Camel Backs zeigen, was sie können

2 B 1 n3, Nr. 303, Klasse P-6a, Philadelphia & Reading Railroad, USA

Auf dem, vor allem im Osten, dichten Schienennetz der Vereinigten Staaten von Amerika standen die einzelnen Bahngesellschaften seit jeher in einem ständigen Wettbewerb miteinander. Dies führte im Personenverkehr dazu, daß jede Bahn versuchte, auf den wichtigsten Strecken die Fahrzeiten der Konkurrenz zu unterbieten. Das bedeutete, daß man in den Konstruktionsbüros gezwungen war, ständig stärkere und schnellere Lokomotiven zu entwickeln und dabei alle technischen Errungenschaften zu nutzen.

Hauptkonkurrent der mächtigen Pennsylvania Railroad in deren südöstlichem Netz war die kleine, aber fortschrittliche Philadelphia & Reading Railroad. Vor allem auf der Hauptstrecke zwischen New York und Philadelphia und auf der Seebäderstrecke zwischen Camden und Atlantic City im Südteil des Staates New Jersey versuchte sie – oft mit Erfolg – ihre große Gegenspielerin zu überflügeln. Einen frühen Triumph erzielte sie im Jahre 1896, als sie von der Firma Baldwin zwei große Atlantics bezog – wir erwähnten sie bereits in Kapitel VIII –, die zu den allerersten dieser Bauart zählten und die den kleineren Americans der Pennsylvania auf der Atlantic City Railroad spielend davonliefen. Aus diesen beiden Lokomotiven, Nummer 1026 und 1027 (Bild 87), entwickelte Baldwin dann später die Klasse P-4a der Reading. Sie ähnelten ihren Vorläuferinnen – es waren ebenfalls »Camel back«-Atlantics – und besaßen, wie diese, den ungewöhnlich großen Treibraddurchmesser von 84¼ Zoll (2140 mm). Natürlich waren sie mit 80 t wesentlich schwerer, als die 1026/27, die nur 64,8 t auf die Waage brachten. Außerdem hatte man inzwischen das Vauclainsche Vierzylinder-Verbund-Triebwerk wieder verlassen, so daß die P-4a mit zwei konventionellen Außenzylindern mit obenliegenden Flachschiebern ausgerüstet waren. Diese wuchtigen Maschinen wurden für die Expreßzüge zwischen Philadelphia und Jersey City eingesetzt und stellten die Antwort der P & R auf die Atlantics der Klasse E2 der Pennsylvania dar.

Denn man hatte bei dieser Bahn natürlich nicht geschlafen und war ebenfalls zur 2 B 1 übergegangen. Nach anfänglichen Versuchen mit drei »Camel backs« (Klasse E1) für die Strecke nach Atlantic City, erschien im Jahre 1901 die erste Maschine der später so erfolgreichen Klasse E2. (Wir werden sie im nächsten Kapitel noch näher kennenlernen.) Sie besaßen ziemlich genau die gleiche Größe wie die P-4a der Reading, hatten aber natürlich einen normalen Kessel und Endführerhaus. Der Treibraddurchmesser betrug 80 Zoll (2032 mm), das Standardmaß der Pennsylvania für ihre Schnellzuglokomotiven. Doch die Entwicklung ging weiter. Nachdem die Bahn im Jahre 1905 vier Atlantics mit Vierzylinder-Verbund-Triebwerk – zwei von Baldwin, Klasse E 28, und zwei von der American Locomotive Company (Alco), Klasse E29, – bezogen hatte, lieferte die Alco im gleichen Jahre eine weitere Versuchslokomotive, die 2761, Klasse J28, genannt »Big Liz«. Sie war eine 1 C 1 und daher, obwohl ebenfalls fünfachsig, mit drei statt zwei Kuppelachsen weitaus zugkräftiger, als die Atlantics, zumal sie auch bedeutend schwerer war und eine um 35 % größere Kesselheizfläche besaß. (Eine ganz ähnliche Prairie wurde den westlichen Linien der Pennsylvania zugeteilt.) Und zwei Jahre später tauchte die erste Pacific auf, die mächtige K28; ebenfalls von der Alco geliefert.

Nun war natürlich wieder die Reading am Zuge. Chefkonstrukteur der Bahn war zu der Zeit Edward O. Elliott. Seine Antwort auf die Herausforderung durch die Pennsylvania bestand in vier riesigen Atlantics, Klasse P-6a, die er im Jahre 1909 konstruierte. Hersteller war jedoch diesmal nicht der Hauslieferant der Bahn, die Firma Baldwin, sondern die neuen Maschinen entstanden in den bahneigenen Werkstätten in Reading, Pennsylvania.

Hierzu muß man wissen, daß nur die wenigsten amerikanischen Dampflokomotiven von den Bahnen selbst gebaut wurden, sondern in der überwiegenden Mehrzahl von den kommerziellen Herstellern kamen, wie es auch in Kontinental-Europa und vielen anderen Staaten der Erde üblich war. Lange Zeit war Baldwin die größte Lokomotivfabrik im Lande; erst

Bild 87: 2 B 1 n4v, Nr. 1027, der Atlantic City Railroad (Philadelphia & Reading). Eine der ersten Atlantics, erbaut 1896. Treibraddurchmesser 84½ Zoll (2140 mm). Im Mai 1897 bei einem Aufenthalt in Winslow Junction, N.J. (Sammlung H.K. Vollrath, U.S.A.).

als sich im Jahre 1901 acht bedeutendere Fabriken zur American Locomotive Company (Alco) zusammenschlossen, konnten sie Baldwin vom ersten Platz verdrängen. Im Gegensatz dazu pflegten nahezu alle englischen Bahngesellschaften ihre Lokomotiven in bahneigenen Werkstätten herzustellen. Die einzelnen Entwürfe wiesen dabei häufig sehr individuelle Merkmale auf, so daß man einer englischen Dampflokomotive meist auf den ersten Blick ansehen konnte, von welcher Bahn sie stammte. Die englischen Lokomotivfabriken lieferten daher auch wenig an inländische Bahnen und konzentrierten sich hauptsächlich auf das Exportgeschäft. Demgegenüber blieb die Zahl der in Nordamerika von den Bahnen in eigener Regie erbauten Lokomotiven verhältnismäßig gering. Zwar besaßen etwa 70 Eisenbahnen eigene Werkstätten, in denen Lokomotiven neu gebaut und nicht nur ausgebessert werden konnten, doch von den knapp 180 000 Dampflokomotiven, die insgesamt für Bahnen der USA erbaut worden sind, entstanden nur etwa 13 000 in bahneigenen Werken. Der größte Teil gehörte zudem der Pennsylvania Railroad, die nicht nur die einzige war, die, von wenigen Ausnahmen abgesehen, alle ihre Lokomotiven selbst anfertigte, sondern die auch als größte Bahn des Landes den zahlenmäßig umfassendsten Lokomotivpark besaß. In der riesigen Fabrik in Altoona, Pennsylvania, die sogar im Jahre 1904 einen eigenen Rollenprüfstand erhielt, entstanden fast alle Lokomotiven dieser Bahn. Bei den wenigen Lieferungen von Baldwin und der Alco handelte es sich hauptsächlich um Versuchstypen, die dann von der Bahn entweder weiterentwickelt oder kopiert wurden. Jedoch traten in Amerika individuelle Unterschiede der Lokomotiven weitaus weniger hervor, da sich hier allgemeine Baugrundsätze viel stärker eingebürgert hatten und viel eingehender befolgt wurden, als in Europa und dort vor allem in England.

Eine der wenigen anderen Bahnen, die einen verhältnismäßig großen Teil ihrer Lokomotiven selbst baute, war die Philadelphia & Reading. Das ist insofern etwas erstaunlich, als nämlich mitten im Gebiet dieser Bahn, in der Industriestadt Philadelphia, die Firma Baldwin ansässig war. Warum die Bahn nicht ihre sämtlichen Maschinen von dort bezog, ist nicht ganz verständlich. Vielleicht glaubte man, sie selbst billiger herstellen zu können oder war in der Anfangszeit mit den Lieferungen dieser Firma nicht ganz zufrieden. Tatsache ist, daß die Hauptwerkstätte in Reading bereits 1848 von Lewis Kirk

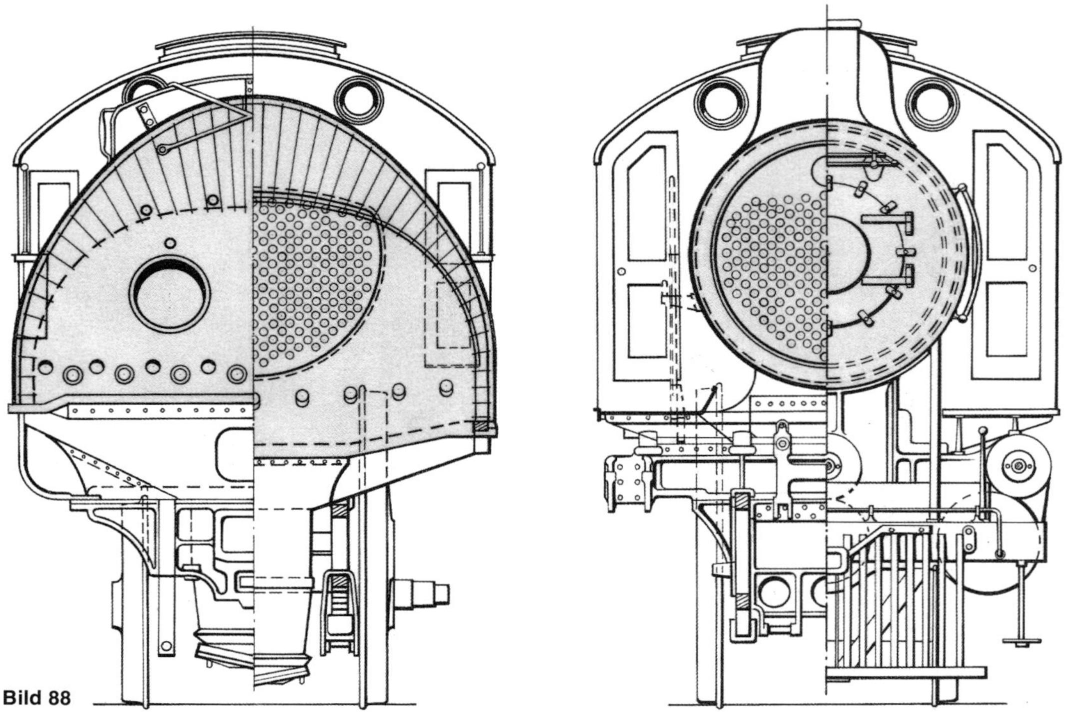

Bild 88

Bild 89

Bild 88: Der Querschnitt durch den Stehkessel der 303 der Philadelphia & Reading Railroad zeigt die gewaltige Breite der Wootten-Feuerbüchse. Wootten hatte diesen Kessel entwickelt, um die billige, feinkörnige Anthrazit-Kohle verfeuern zu können, die ein niedriges Feuerbett und geringe Gasgeschwindigkeiten erforderte. Die Rostfläche war etwa doppelt so groß wie für einen konventionellen Rost gleicher Leistung. Das vor dem Stehkessel liegende Führerhaus verlieh der nur in Nordamerika bekannten »Camel Back«-Lokomotive ein eigenartig gedrungenes Aussehen. Der zweite Querschnitt zeigt, wie wenig Platz dem Lokomotivführer neben dem Kessel noch übrig blieb. Die linke Seite des Führerhauses war normalerweise unbesetzt.

Bild 89: Die Philadelphia & Reading Railroad besaß wahrscheinlich die meisten aller »Camel Back«-Lokomotiven. Schnellste von allen war die 303, die im Jahre 1909 auf der ebenen Seebäder-Bahn, der Atlantic City Railroad, eine Geschwindigkeit von 120 mph (193 km/h) erreicht haben soll. Außer ihren 80 Zoll (2032 mm) großen Treibrädern kam ihr dabei vor allem ihr Drillingstriebwerk zugute. Die 303 gehörte zu den ersten Lokomotiven der Philadelphia & Reading, die die Walschaerts-(Heusinger)-Steuerung erhielten. Das innere Triebwerk war jedoch mit einer Joy-Steuerung versehen, deren untere Lenkerstange zwischen der zweiten Laufachse und der vorderen Treibachse zu sehen ist. Später wurde die Lokomotive umgebaut und erhielt einen Heißdampfkessel und ein normales Zwillingstriebwerk. Leider hat die Bahn diese interessante Maschine nach dem zweiten Weltkriege ausgemustert und verschrottet.

2 B 1 n3, Klasse P–6a, Nummer 303, Philadelphia & Reading Railroad, USA.

erbaut wurde. Im Laufe der Jahre ständig erweitert, ersetzte man sie in den Jahren 1900 bis 1905 durch einen wesentlich größeren Neubau. Zwischen 1845 und 1948 wurden hier insgesamt 627 Lokomotiven nach eigenen Entwürfen neu gebaut, neben zahlreichen Umbauten, den üblichen Reparaturen und routinemäßigen Fristuntersuchungen. Als letzte Maschinen entstanden 10 Pacifics, Klasse G-3, die erst 1948 das Werk verließen.

Doch kehren wir zurück in das Jahr 1909. Obwohl also die Pennsylvania bereits die ersten dreifach gekuppelten Schnellzuglokomotiven eingesetzt hatte, glaubte man bei der Reading, auf den verhältnismäßig ebenen Strecken noch mit zwei Kuppelachsen auskommen zu können. Tatsächlich erschien erst 7 Jahre später, 1916, die erste Pacific bei dieser Bahn. Dafür hatte Elliott seinen Atlantics aber auch besonders mächtige Dimensionen gegeben. An Größe, Leistung und

Technische Daten

Bahnverwaltung	**Philadelphia & Reading Railroad, USA**
Achsanordnung:	
Deutsche Bezeichnung	**2 B 1 n3**
White classification	**4–4–2 (Atlantic)**
Klasse	**P-6a**
Bahnnummer	**303**
Erbauer	**Bahnwerkstatt Reading, Pennsylvania**
Werknummer	
Baujahr	**1909**
Treibraddurchmesser	**80 in = 2032 mm**
Laufraddurchmesser, vorn	**36 in = 914 mm**
Laufraddurchmesser, hinten	**54 in = 1372 mm**
Zylinderdurchmesser	**18½ in (3) = 470 mm (3)**
Kolbenhub	**24 in = 610 mm**
Rohrlänge	**15 ft, 3 in = 4648 mm**
Verdampfungsheizfläche (wasserber.)	**3272 sq.ft. = 304 m²**
Feuerbüchsheizfläche wasserber.)	**280 sq.ft. = 26 m²**
Rostfläche	**90 sq.ft. = 8,36 m²**
Kesseldruck	**225 psi = 15,5 bar (15,8 kp/cm²)**
Reibungslast	**126 925 lbs = 565 kN (57,6 Mp)**
Dienstgewicht, Lokomotive	**226 700 lbs = 102,8 t**
Dienstgewicht, Lok + Tender	**373 210 lbs = 169,3 t**
Kohlenvorrat	**10 t**
Wassermenge	**7000 gal = 26,5 m³**
Höchste erreichte Geschwindigkeit	**120 mph = 193 km/h**
Treibraddrehzahl	**500 Upm**
Indizierte Leistung	**1620 kW (2200 PS)**
Mittlere Kolbengeschwindigkeit	**10,19 m/s**
Vergleichsgeschwindigkeit (Reihe 01 DRG)	**190 km/h**

Zugkraft übertrafen sie alle vorhandenen bei weitem. Lediglich die Atlantics, Klasse I, der New York Central konnten mit einer etwas größeren Kesselheizfläche aufwarten, doch auch sie blieben in Zugkraft und Leistung weit hinter den Reading-Atlantics zurück.

Als die gewaltigen Maschinen durch das Werktor rollten, boten sie zweifellos einen faszinierenden Anblick (Bild 90). Das auffallendste und für europäische Betrachter zunächst irritierende Merkmal war das in der Mitte des Kessels, noch vor dem Stehkessel liegende Führerhaus, das den Lokomotiven ein sehr gedrungenes Aussehen verlieh. Diese merkwürdige Bauform gab es nur in Amerika und nirgendwo sonst und wegen ihres seltsamen Profils wurden diese Lokomotiven »Camel Backs« genannt. Gelegentlich findet man auch den Namen »Mother Hubbard«. Genau besehen müßten sie natürlich »Dromedar-Rücken« und nicht »Kamel-Rücken« heißen. Doch so genau nahm man es in Amerika nicht und der letztere Name ließ sich leichter aussprechen.

Diese Lokomotivform entstand aus dem Wunsch, eine bestimmte Kohlensorte zu verbrennen, die einen derartig breiten Stehkessel erforderte, daß daneben kein Platz für das Führerhaus blieb. Hinter dem Stehkessel ließ sich das Führerhaus damals auch nicht unterbringen, die Lokomotiven wären zu lang geworden. So blieb nur der Platz vor dem Stehkessel. Erst im Jahre 1912, mit der ersten 1 D 1, fand sich eine konstruktive Möglichkeit, das Führerhaus in seiner üblichen Position hinter dem Stehkessel anzuordnen.

»Camel Backs« dürfen nicht mit den »Camels« verwechselt werden. Letztere entstanden bereits in den 40er und 50er Jahren des vorigen Jahrhunderts, als Ross Winans von der Baltimore & Ohio Railroad und James Milholland von der Philadelphia & Reading ihre Versuche zur Verfeuerung von Anthrazit-Kohle machten. Diese harte, gasarme Kohle, die in den Gruben im südlichen Teil des Staates Pennsylvania gefördert wurde, benötigte eine sehr geräumige Feuerbüchse, die man damals nur hinter den Rädern unterbringen konnte. Um aber den so entstandenen erheblichen Überhang nicht noch mehr zu vergrößern, setzte man den Führerstand einfach *auf* den Kessel. Bei der niedrigen Kessellage, wie sie in jenen Jahren üblich war, fand sich dort oben noch Raum genug. Als 2 C-Güterzuglokomotiven liefen diese »Camels« bei der Baltimore & Ohio noch bis gegen Ende des Jahrhunderts.

Inzwischen hatten die Kohlengruben herausgefunden, daß sich die Anthrazit-Kohle um so besser verkaufen ließ, je weniger feinkörnige Bestandteile sie enthielt. Da die Kohle sehr brüchig ist, entsteht bei der Förderung ein hoher Prozentsatz mit kleiner Korngröße. Man ging also dazu über, die Kohle zu sieben und schüttete den feinkörnigen Abfall auf Halden. Was man damit anfangen sollte, wußte man zunächst nicht. Die Eisenbahnen, bei denen die Brennstoffkosten einen hohen Anteil der Gesamtbetriebskosten ausmachten, hätten das

Bild 90: 2 B 1 n3, Nr. 303, der Philadelphia & Reading Railroad. Erbaut 1909 in der Bahnwerkstatt in Reading. Treibraddurchmesser 80 Zoll (2032 mm). Soll bei Versuchsfahrten 120 mph (193 km/h) erreicht haben. Später in h2 umgebaut (Sammlung H. K. Vollrath, U. S. A.).

»Zeug« gerne genommen, denn es kostete nicht viel. Doch man hatte zunächst keine große Freude daran; Versuche, diese Staubkohle in normalen Lokomotivkesseln zu verfeuern, verliefen enttäuschend. Doch nach langem Experimentieren fand John E. Wootten, Chefingenieur der Philadelphia & Reading schließlich eine brauchbare Lösung und erhielt im Jahre 1877 ein Patent auf seinen Kessel. Er hatte erkannt, daß zwei Voraussetzungen nötig waren, um die Kohle erfolgreich zu nutzen. Zum einen mußte sie in sehr dünner Schicht verfeuert werden, zum anderen war die Gasgeschwindigkeit niedrig zu halten, damit die Schicht nicht aufgerissen wird. Um beides zu erreichen, machte er den Rost so breit, wie es das Profil nur zuließ. So konnte er den benötigten Rost unterbringen, der ungefähr doppelt so groß sein mußte, wie ein vergleichbarer Rost für normale Kohle. Da das Volumen der Feuerbüchse wegen der gasarmen Kohle nicht größer als sonst zu sein brauchte, ließ sich bei der großen Breite die Feuerbüchse niedrig halten. So konnte der Stehkessel über den Rädern – sofern sie nicht zu groß waren – angeordnet und dadurch der hintere Überhang verringert werden. Meist war an die Feuerbüchse noch eine Verbrennungskammer angesetzt, um die Rohrwand etwas von der glühenden Kohleschicht zu entfernen. Die dadurch bedingte Verringerung der Rohrheizfläche wurde durch die größere und hochwirksame Strahlungsheizfläche der Feuerbüchse ausgeglichen.
Doch die Sache hatte einen Haken: wohin mit dem Führerhaus? Zur damaligen Zeit ragte bei der Normalbauart der Stehkessel noch mindestens zur Hälfte in das Führerhaus hinein. Ein Wootten-Kessel hätte das Führerhaus ausgefüllt. Daher rückte man es zunächst nach oben und setzte es rittlings auf den Stehkessel. Eine solche Lokomotive, die 2 A 1 »Lovett Eames«, haben wir bereits in Kapitel III kennengelernt (Bild 19). Doch diese Lage des Führerhauses war nur möglich, so lange die Kessel noch kleine Durchmesser besaßen und niedrig lagen. Später, als der Platz dort nicht mehr ausreichte, setzte man das Führerhaus vor den Stehkessel und so entstand das bekannte Bild der »Camel Backs«.
Doch nun waren Lokführer und Heizer auf der Lokomotive räumlich getrennt und konnten sich während der Fahrt nicht mehr gegenseitig unterstützen und kaum noch miteinander verständigen. Der Heizer, der es ohnehin schwerer hatte, den großen Rost durch die zwei Feuertüren zu beschicken, bekam anfangs nicht einmal ein Schutzdach. Spätere Lokomotiven zeigten wenigstens die Andeutung einer Kabine, doch gab es auch welche, die mit verhältnismäßig geräumigen Schutzhäusern, entweder an der Stehkesselrückwand oder auf dem vorderen Teil des Tenders, ausgerüstet waren. Dafür hatte es der Lokführer um so wärmer und, vor allem bei größeren Kesseln, nicht viel Bewegungsfreiheit. Darüberhinaus bestand für ihn die nicht grade angenehme Aussicht, bei einem Stangenbruch von den durch den Führerhausboden schlagenden Treib- oder Kuppelstangen zumindest schwer verletzt zu werden.
Doch diesen Nachteilen wurde offensichtlich keine große Bedeutung beigemessen, Angesichts der erfreulichen Tatsache, daß man nun die billige Abfallkohle verwenden und damit die Betriebskosten drastisch senken konnte. Und so breiteten sich die »Camel Backs« fast lawinenartig aus, hauptsächlich

natürlich bei den Bahnen, deren Streckennetz im oder nahe bei dem Gebiet lag, in dem diese Kohle gefördert wurde. Das waren die sogenannten Anthrazit-Bahnen (Anthracite Roads), von denen die Reading zwar nicht die größte war, jedoch die weitaus meisten »Camel Backs« besaß.

Nahezu alle Achsanordnungen, die Ende des 19., Anfang des 20. Jahrhunderts auf amerikanischen Bahnen zu finden waren, sind auch mehr oder weniger häufig als »Camel Backs« aufgetreten. Verschiebelokomotiven, angefangen bei zweiachsigen bis zur fünfachsigen waren bei allen Anthrazit-Bahnen zu finden. Von den Streckenlokomotiven sah man besonders häufig Consolidation (1 D) und Ten-Wheeler (2 C) mit Mittelführerhaus, es fehlten aber auch nicht Mogul (1 C), Twelve-Wheeler (2 D) und – bei der Erie Railroad – Decapod (1 E). Diese Bahn beschaffte auch die einzigen Mallets in »Camel Back«-Ausführung, drei riesige D D, 1907 von Alco geliefert und 1921 von Baldwin in (1 D) D 1 mit Endführerhaus umgebaut. Die Lehigh Valley Railroad hingegen besaß die einzigen Mikados (1 D 1) in dieser Bauform, sieben Maschinen, die die Alco im Jahre 1907 für diese Bahn baute.

Bei den Personenzug- und Schnellzug-Lokomotiven waren es vor allem Americans (2 B) und großrädrige Ten-Wheeler (2 C). Unter den Merkwürdigkeiten tat sich auch hier wieder die Lehigh Valley hervor, indem sie sich die einzigen »Camel Back«-Pacifics zulegte. Baldwin lieferte 1905 und 1906 acht dieser seltsamen Maschinen, Klasse K-1, mit 76½ Zoll (1943 mm) Treibraddurchmesser. Nicht weniger seltsam waren 10 Prairie-(1 C 1)-Schnellzuglokomotiven mit dem gleichen Treibraddurchmesser, die Baldwin einige Jahre zuvor für dieselbe Bahn gebaut hatte. 1906/7 wurden sie ebenfalls in Pacifics, Klasse K-2, umgebaut. Und die Reading schließlich besaß 2 A1 (Bild 20) und 1 B 1 mit Mittelführerhaus und dann die noblen Atlantics, von denen die P-6a vielleicht die elegantesten waren.

Trotz ihrer ungewöhnlichen Form besaßen die »Camel Back«-Lokomotiven aber kaum schlechtere Laufeigenschaften, als gleichwertige Maschinen mit Normalkesseln. Die größere Masse des Wooten-Stehkessels wurde zum Teil durch das nach vorn verlegte Führerhaus und die davor konzentrierten Kesselarmaturen ausgeglichen und die von Natur aus höhere Lage des Schwerpunktes dieser Kessel konnte sich nur positiv auf die Laufeigenschaften auswirken. Die große Strahlungsheizfläche der Feuerbüchse begünstigte die Fähigkeit des Kessels, sich Überlastungen anzupassen, so daß bei geeigneter Triebwerksauslegung auch für sehr schnelle Fahrten mit entsprechend hoher Leistung eine ausreichende Dampferzeugung erwartet werden konnte. Demgegenüber wogen die erschwerten Bedingungen, unter denen die Lokmannschaft ihren Dienst versehen mußte, offensichtlich geringer; zumal sicherlich ein gewisser sozusagen sportlicher Ehrgeiz oder eine materielle Anerkennung in Form einer Prämie manche Anstrengung und Unbequemlichkeit vergessen ließ.

Bereits am 27. August 1891 hatte eine »Camel Back«-American der Reading (Bild 91) einen sensationellen Erfolg errungen. Bei Versuchsfahrten wurde an diesem Tage die erstaunliche Geschwindigkeit von 90.5 mph (145,6 km/h) erreicht. Wenn der Zug auch nur leicht war und das Streckenstück, auf dem die Rekordgeschwindigkeit gefahren wurde, in einem 5 ‰-Gefälle lag, so muß man sich doch vor Augen halten, daß die Lokomotive – Nummer 206, später Klasse D-4f – nicht etwa eine spezielle Hochgeschwindigkeits-Maschine, sondern nur eine serienmäßige Schnellzuglokomotive darstellte. Noch dazu konnte sie nach unseren Begriffen mit ihrem Treibraddurchmesser von 68½ Zoll (1740 mm) lediglich als Personenzuglokomotive eingestuft werden. Um so beachtlicher zeigte sich natürlich die Leistung dieses kleinen Renners und die Rekordfahrt erregte nicht nur in Fachkreisen beträchtliches Aufsehen.

Die beiden großen 2 A 1-Maschinen (Bild 20), die Baldwin 1895 für die Reading geliefert hatte, und die bei Probefahrten 110 Meilen in der Stunde (177 km/h) gelaufen sein sollen, haben wir bereits in Kapitel III kennengelernt. Auch die ein Jahr später auf der Atlantic City Railroad in Dienst gestellten allerersten »Camel Back«-Atlantics, die bei Probefahrten spielend 90 mph (145 km/h) schafften, erwähnten wir schon. Noch schneller waren ihre Nachfolgerinnen, die Klassen P-4 und P-5. Eine der ersteren erreichte im Jahre 1906 bei einer Versuchsfahrt mit einem Zuge von 250 t Gewicht eine Höchstgeschwindigkeit von über 152 km/h. Noch besser konnten es die P-5, die mit dem in Amerika kaum überbotenen Treibraddurchmesser von 86 Zoll (2184 mm) fast auf das Maß der bayrischen Schnellfahrlokomotive S 2/6 (2200 mm) kamen. Im Jahre 1907 fuhr eine von ihnen mehr als 170 km/h. Übrigens besaß die Central Railroad of New Jersey den P-4-Atlantics der Reading nahezu identische Maschinen, ebenfalls mit den ungewöhnlich großen Treibraddurchmessern von 84¼ Zoll (2140 mm). Von diesen sind jedoch keine besonderen Spitzenleistungen bekannt geworden. Vielleicht war das Streckennetz der CRofNJ weniger für höchste Geschwindigkeiten geeignet.

Alle diese Erfolge wurden aber von einer »Camel Back«-Atlantic weit überboten, und das war die Lokomotive, mit der wir uns in diesem Kapitel besonders beschäftigen, Reading Nummer 303, letzte der vier Maschinen der Klasse P-6. Nachdem die Maschine das Werk verlassen hatte, wurden sogleich ausgedehnte Probefahrten veranstaltet; immerhin hatte sich Ed Elliott allerhand von ihr versprochen und man wollte nun sehen, ob sie die Erwartungen auch erfüllte. Doch ihre Erbauer wurden nicht enttäuscht und bald kam der Augenblick, wo die Lokomotive zeigen konnte, was in ihr steckte. Bei einer dieser Versuchsfahrten, die auf der Atlantic City Railroad, zwischen Camden und Atlantic City, stattfanden, schoß die 303

Bild 91: 2 B n2, Nr. 206, der Philadelphia & Reading Railroad. Trotz Treibrädern von nur 68½ Zoll (1740 mm) Durchmesser soll die kleine Maschine im Jahre 1891 schon 90.5 mph (145,6 km/h) gelaufen sein (Sammlung H.K. Vollrath, U.S.A.).

mit nie vorher erreichter Geschwindigkeit über die Strecke und soll dabei 2 Meilen in einer Minute zurückgelegt haben, was einer Geschwindigkeit von 193 km/h entspricht.

Wohl hatte sie nicht viel zu ziehen, zudem lag der Streckenabschnitt in einem leichten Gefälle von 7 ‰, doch auch so wäre die Leistung erstaunlich. Sie hätte eine Triebwerksdrehzahl von etwa 500 Umdrehungen pro Minute erfordert und eine Einheits-Schnellzuglokomotive der Deutschen Reichsbahn z. B. hätte schon mit 190 km/h dahinrasen müssen, um auf diese Drehzahl zu kommen, und das hätte dem Triebwerk gar nicht gut getan. Die Frage erhebt sich natürlich: ist die 303 tatsächlich so schnell gefahren? Schon einmal hatten wir uns – in Kapitel 6 – mit einer Lokomotive beschäftigt, der die »Traum«leistung von zwei Meilen in der Minute zugesprochen wurde. Bei dem kleinen Ten-Wheeler der Savannah, Florida & Western Railroad mußten wir aber feststellen, daß wohl Beobachtungsfehler ein Ergebnis herbeigezaubert hatten, für das die Maschine gar nicht die Voraussetzungen mitbrachte.

Anders sah es jedoch hier aus. Die für kurze Zeit in den Zylindern aufzubringende Höchstleistung von etwa 1620 kW (2200 PS) ist der Lokomotive durchaus zuzutrauen. Die dafür benötigte Dampfmenge von etwa 26 t/h zu liefern, wäre der Kessel wohl in der Lage gewesen, denn dies ergibt eine Heizflächenbelastung von 86 kg/m²h und das konnte der Kessel aus den weiter vorne erläuterten Gründen sicher eine zeitlang ohne Schaden überstehen. Offen bleibt allerdings die Frage, wie der Heizer die riesige Kohlenmenge auf den Rost bekommen hatte. Man muß wohl unterstellen, daß bei diesen Fahrten zwei Heizer tätig waren, einer für jedes Feuerloch; aber auch das war bei dem beengten Platz nicht ganz einfach.

Doch nicht nur war der Kessel für die hohen Leistungen geeignet, sondern Elliott hatte auch das Triebwerk so ausgelegt, daß es mit den erwarteten hohen Geschwindigkeiten gut fertig werden konnte. Zwar war die geführte Länge nicht sehr groß, weil die Schleppachse ziemlich dicht hinter der zweiten Kuppelachse saß. Bei einer Gesamtlänge von 12 840 mm (ohne Tender) betrug die geführte Länge nur 7112 mm, das Verhältnis zu Gesamtlänge lag also bei etwa 0.55, während der entsprechende Wert z. B. für die bayrische S 2/6 wesentlich höher lag, nämlich bei etwa 0.73. Doch hatte Elliott ein anderes Mittel angewandt, um ihre Laufeigenschaften zu verbessern. Er rüstete sie nämlich mit einem Dreizylinder-Triebwerk aus, in der richtigen Überlegung, daß dieses wegen seines gleichmäßigeren Drehmomentverlaufs und seiner geringeren Kolben- und Massenkräfte für schnellfahrende Lokomotiven besonders günstig ist.

Dreizylinder-Lokomotiven sind in Amerika relativ selten gebaut worden. Zu den allerersten gehören drei Mogul-(1 C)-Güterzugmaschinen, die Baldwin im Jahre 1894 an die kleine Erie & Wyoming Valley Railroad lieferte. Sie wogen – ohne Tender – nur 54,4 t und entsprachen damit ungefähr der preußischen G 5[4]. Warum man einer so kleinen Lokomotive ein derart aufwendiges Triebwerk gab, bleibt unerfindlich. Da die Treibstange über die erste Kuppelachse hinweggehen mußte, war der Innenzylinder stark geneigt und außerdem die Treibachse etwas zurückgeschoben. Merkwürdigerweise hatte man den Außenzylindern die gleiche Neigung gegeben. Natürlich besaßen alle drei Zylinder die übliche innenliegende Stephenson-Steuerung. Übrigens waren die Lokomotiven ebenfalls »Camel Backs« und zogen einen europäisch anmutenden, dreiachsigen Tender. Als die Bahn von der Erie Railroad übernommen wurde, hatte diese nichts eiligeres zu tun,

Bild 92: Die berühmte 303 nach Umbau auf Heißdampfkessel und Zwillingstriebwerk. Das Bild zeigt die Lokomotive im April 1940 in Cape May, N.J. (Sammlung H.K. Vollrath, U.S.A.).

als das fremdartige Triebwerk auszubauen und die Lokomotiven mit zwei normalen, waagerecht liegenden Außenzylindern sowie dem gewohnten vierachsigen Tender zu versehen.

Außer dem Experiment der Reading mit Dreizylinder-Lokomotiven, auf das wir gleich noch etwas näher eingehen, hat man dieses Triebwerk, abgesehen von einigen Versuchsausführungen bei verschiedenen Bahnen, in größeren Stückzahlen nur bei einer Anzahl Mountains (2 D 1) der Denver & Rio Grande Western und der Delaware, Lackawann & Western und vor allem bei den großen 2 E 1-Güterzuglokomotiven der Southern Pacific und der Union Pacific benutzt sowie schließlich bei den riesigen 2 F 1 der Union Pacific, bei denen wegen der ungeheuren Kolbenkräfte eine Aufteilung auf drei Zylinder wohl kaum zu umgehen war.

Bei der Dreizylinder-Lokomotive sind es im wesentlichen drei Probleme, die ihre Verwendung vor allem in den Vereinigten Staaten stark begrenzten. Das geringste Problem stellt noch die Kropfachse dar, aber sie ist in der Herstellung teurer und außerdem stärker beansprucht, als eine glatt durchlaufende Achse. Ein weiteres Problem liegt in der Steuerung des Innenzylinders. Er muß entweder eine eigene Steuerung besitzen oder sie muß von den beiden Außensteuerungen abgeleitet werden. Das bedeutet aber einen größeren Aufwand an Hebeln und Gelenken, als er selbst für ein Vierzylinder-Triebwerk der in Amerika üblichen Bauarten (dort kannte man das de Glehn-Triebwerk mit vier getrennten Steuerungen nicht) erforderlich ist. Am unangenehmsten aber schien für amerikanische Vorstellungen die schlechte Zugänglichkeit und die erheblichen Wartungskosten des Innentriebwerks zu sein. Und da man es später lernte bis zu etwa 3000 PS (rund 2200 kW) in einen Zylinder hineinzupacken und auch den Massenausgleich bei hohen Drehzahlen beherrschte, wie wir in späteren Kapiteln noch sehen werden, verzichtete man auch bei Lokomotiven für höchste Geschwindigkeiten gerne auf einen so komplizierten Mechanismus und nahm das etwas ungleichförmigere Drehmomentverhalten der normalen Zwillingstriebwerke in Kauf.

Doch diese Erkenntnis war späteren Datums. Zu Anfang des Jahrhunderts wurde, aus ähnlichen Gründen wie in Europa, in Amerika viel experimentiert. Und so versah Elliott zwei Maschinen der Klasse P-6, die 300 und die 303, mit drei Zylindern (Klasse P-6a). Sie lagen waagerecht und daher mußte der Innenzylinder auf die erste Kuppelachse arbeiten. Da sie außerdem in einer Ebene angeordnet waren, wurde die innere Treibstange sehr kurz, was zu hohen Gleitbahndrücken führte und eine besonders sorgfältige Schmierung erforderte. Zwischen den Rädern fehlte der Platz für die normalen Innensteuerungen, so daß Elliott sich etwas anderes einfallen lassen mußte. So gab er den Außenzylindern Walschaerts-(Heusinger)-Steuerungen. Es waren die ersten Lokomotiven der Reading, die mit dieser Steuerung ausgerüstet waren. Sie war erst 5 Jahre zuvor, im Jahre 1904, mit der ersten amerikanischen Mallet-Lokomotive, der C C, Nummer 2400 – genannt »Old Maude« – der Baltimore & Ohio Railroad, in Amerika auf

Hauptbahnen eingeführt – obwohl sie bereits seit den 80er Jahren durch die »Mason-Fairlies« für Vorortstrecken bekannt war –, setzte sich danach aber sehr rasch durch, wenn auch nicht so vollständig wie etwa in Europa, da ihr in der Baker-Steuerung ein gewichtiger Konkurrent entstand.
Da bei der 300 und der 303 ein Innenexzenter nicht mehr unterzubringen war, eine Ableitung von außen aber zu kompliziert erschien, entschied sich Elliott für die Joy-Steuerung. Bei dieser wird die Schwingenbewegung von einem Punkt der Treibstange abgenommen. Zwar spart man dadurch den Exzenter, doch wird die Treibstange geschwächt und zusätzlich durch Massenkräfte belastet. Dennoch ist diese Steuerung häufig für Innentriebwerke verwendet worden; besonders in England war sie stärker verbreitet.
So war also die 303 für hohe Geschwindigkeiten gut ausgerüstet und wir können annehmen, daß sie tatsächlich einmal so schnell gefahren ist, wie man es ihr nachsagt, wenn wir auch keine Angaben darüber machen können, wie die Geschwindigkeit gemessen worden ist.
Im Betriebe bewährte sich die 303 genau so gut, wie ihre normalen Schwestern, denn sie stellte keine speziell für Rekordfahrten gebaute Maschine dar, wie etwa die bayrische S 2/6 oder die 999 der New York Central. Sie besaß jedoch einen entscheidenden Mangel: es war eine Naßdampf-Lokomotive. Obwohl die Maschine bereits mit Kolbenschiebern ausgerüstet war und auch der Heißdampf in Amerika schon Fuß gefaßt hatte, traute man sich offenbar noch nicht so recht an diese Neuerung heran und wollte erst abwarten, wie andere mit den Problemen der hohen Dampftemperaturen fertig wurden. Dabei wäre gerade bei dieser Maschine der Heißdampf besonders angebracht gewesen, da bei drei Zylindern, wegen des ungünstigeren Verhältnisses von Oberfläche zu Volumen, die Wandverluste größer als bei zwei Zylindern sind. Im Jahre 1916 allerdings wurde im Zuge eines allgemeinen Modernisierungsprogramms auch die 303 mit einem Heißdampfkessel versehen (sie erhielt die Klassenbezeichnung P-6sb). Da man diese Gelegenheit aber mit einer allgemeinen Angleichung der einzelnen Klassen untereinander verband – so erhielten z. B. ein Teil der großrädrigen P-4 und P-5 normale Treibräder mit 80 Zoll (2032 mm) Durchmesser –, ersetzte man das verwickelte und in der Unterhaltung teure Drillingstriebwerk durch zwei normale Außenzylinder (Bild 92). So unterschied sich die 303 schließlich durch kaum mehr als die Nummer von den übrigen Atlantics; und die Bahn besaß eine große »Herde« dieser stolzen Renner. Doch im Laufe der Zeit wurden alle jene schönen Maschinen durch Pacifics verdrängt und zum Schluß bekam die 303 leider auch keinen Museumsplatz, sondern landete, wie alle anderen, vor dem Schneidbrenner.
Die Reading jedoch unternahm noch zweimal einen Versuch mit Dreizylinder-Triebwerken. Im Jahre 1911 entstand die 675, Klasse L-10b, eine »Camel Back«-Ten-Wheeler, die der 303 sehr ähnlich war. Tatsächlich war bei ihr nur das geändert, was durch den Ersatz der Schleppachse durch eine dritte Kuppelachse erforderlich geworden war. Ein Jahr später wurde dann noch die damals 6 Jahre alte 344, eine »Camel Back«-Atlantic in eine Drillings-Lokomotive umgebaut. Hierbei gab man ihr zweckmäßigerweise auch gleich einen Kessel mit Schmidt-Überhitzer; sie war die erste Heißdampflokomotive der Reading überhaupt, Klasse P-5sc. Doch obwohl beide Maschinen bei Versuchsfahrten hohe Geschwindigkeiten in Verbindung mit bemerkenswert ruhigem Lauf erzielten, befriedigte das aufwendige Triebwerk auf die Dauer nicht und ein paar Jahre später wurden beide in normale Zwillings-Maschinen zurückgebaut.
Die 675 stellte wahrscheinlich die einzige 2 C mit Drillings-Triebwerk in Amerika überhaupt dar und die drei Atlantics blieben die einzigen Dreizylinder-Maschinen dieser Bauart in den Vereinigten Staaten. Doch auch im übrigen Teil der Welt blieb diese Spielart äußerst selten, lediglich in England gab es eine größere Menge davon. Denn neben fünf Maschinen der Great Central Railway – vier davon sogar mit Verbund-Triebwerk –, von John G. Robinson erbaut, waren es vor allem fünfzig 2 B 1 h3, die nach den Entwürfen von Sir Vincent Raven zwischen 1911 und 1917 von der Great Eastern Railway beschafft wurden.
Vergleicht man die 303 mit zeitgenössischen europäischen Lokomotiven, so muß man feststellen, daß hier schon der Zug ins Riesenhafte begann, der den späteren amerikanischen Lokomotivbau charakterisierte. In der Kesselheizfläche von 304 m² übertraf sie z. B. die preußische S 9 (Bild 67), die im gleichen Jahre entstanden und eine der größten europäischen Atlantics war, noch um 32 %. Rechnet man die Rostfläche von 8,36 m² auf die Größe für Normalkohle um, so ergibt sich etwa 4,2 m². Auch damit wurden alle europäischen Atlantics weit übertroffen. Und die Reibungslast erreichte mit 565 kN (57,6 Mp) einen Wert, der höher lag, als bei der mehr als 30 Jahre jüngeren Einheits-Schnellzuglokomotive der Deutschen Reichsbahn, Reihe 03, die es bei drei Kuppelachsen nur auf 520 kN (53 Mp) brachte.
Es muß ein faszinierendes Bild gewesen sein, diese interessanten, aber seltsamen Maschinen vor einem Expreß-Zug nach Philadelphia oder einem vollbesetzten Urlauberzug nach Atlantic City dahinrasen zu sehen. Diese Zeit ist längst dahin, doch die schnellen »Camel Backs«, die einstmals die Strecken des amerikanischen Ostens bevölkerten, sollten wenigstens in der Erinnerung weiterleben.

XIII. Pennsy's Wunder

2 B 1 n2, Nr. 7002, Klasse E 2, Pennsylvania Railroad, USA

Wir wollen uns jetzt wieder einmal mit einer recht unglaubhaften Geschichte beschäftigen und uns eine Lokomotive ansehen, der nachgesagt wird, sie habe am 12. Juni 1905 mit dem »Pennsylvania Special« eine Geschwindigkeit von 127.1 mph (205 km/h) erreicht. Diese Rekordfahrt erscheint um so erstaunlicher, als es sich nicht etwa um ein sorgfältig vorbereitetes Experiment mit einer speziellen Hochgeschwindigkeits-Lokomotive handelte, sondern um ein eher zufälliges Ergebnis, hervorgerufen durch eine Verspätung des Spitzenzuges der Pennsylvania Railroad, die unbedingt wieder aufgeholt werden sollte. Schon einmal, 4 Jahre früher, war ein ähnliches Ereignis Anlaß einer abenteuerlichen Schnellfahrt gewesen, bei der die 2 C, Nummer 111, der Savannah, Florida & Western Railroad die unwahrscheinliche Geschwindigkeit von 120 mph (193 km/h) gefahren sein soll (Kapitel VI). Anders als damals war jedoch die Lokomotive 7002 des »Pennsylvania Special«, eine – für die Zeit kurz nach der Jahrhundertwende – schwere Atlantic mit 80 Zoll (2032 mm) Treibraddurchmesser, wesentlich besser für schnelle Fahrten geeignet, als die kleine Ten-Wheeler aus dem Süden. Ob sie jedoch einer so gewaltigen Leistung fähig war, erscheint doch recht zweifelhaft, wenn man sich vor Augen hält, daß dabei die Triebwerksdrehzahl den ungeheuren Wert von 535 Upm betragen haben muß. Die Vorstellung, daß die riesigen Treibräder fast neunmal in der Sekunde rotieren sollten oder – um bei dem uns schon bekannten Vergleich zu bleiben – daß eine Einheits-Schnellzuglokomotive der Deutschen Reichsbahn mit 202 km/h dahinzurasen hätte, um auf dieselbe Drehzahl zu kommen, gibt vielleicht einen kleinen Eindruck von dieser extremen Geschwindigkeit. Wie kam es nun zu dieser herausragenden Fahrt, die sogleich von der Bahn publiziert wurde und die seitdem immer wieder erwähnt wird, wenn von schnellen Lokomotiven die Rede ist. Versetzen wir uns in das Jahr 1905 zurück und schauen wir uns die Sache einmal etwas genauer an.

Zweifellos die wichtigste Eisenbahnverbindung der Vereinigten Staaten war die Strecke zwischen den beiden mächtigsten Städten des Landes, New York und Chicago. Hauptkonkurrenten auf dieser lukrativen Verbindung waren die größte Eisenbahngesellschaft des Landes, die Pennsylvania Railroad, oft einfach »Pennsy« genannt, und die nur wenig kleinere New York Central Railroad (NYC). Während die Gleise der letzteren auf ihrem 960 Meilen (1545 km) langen Wege zunächst neben dem Hudson und dann an den Südufern des Erie- und des Michigan-Sees entlangliefen, was sie gerne mit dem Slogan »Water Level Route« kennzeichnete, hatte erstere den steigungs- und krümmungsreichen Weg durch das Allegheny-Gebirge gewählt. Zwar brauchten die Züge so nur 911 Meilen (1466 km) – von Jersey City gerechnet – zurückzulegen, doch die gesparten rund 50 Meilen reichten gerade, um die schwierigeren Streckenverhältnisse auszugleichen. Daher wiesen die Fahrpläne beider Gesellschaften immer auch etwa die gleichen Fahrzeiten zwischen den beiden Endpunkten auf und wenn eine Bahn Fahrzeitverkürzungen ankündigte, zog die andere, schon aus Wettbewerbsgründen, sogleich mit. Zu Anfang des Jahrhunderts betrugen diese Fahrzeiten noch etwa 28 Stunden, doch im Jahre 1902 setzte die NYC einen Paukenschlag, als sie mit einem 20-Stunden-Fahrplan einen neuen Zug, den »Twentieth Century Limited« einführte. Geistiger Vater des »Century«, wie er meist genannt wurde, war der rührige George H. Daniels, der auch die Anregung zu der berühmten Rekordfahrt der 999 – die wir in Kapitel V kennengelernt haben – gegeben hatte. Schon damals hatte Daniels gezeigt, daß man zwischen New York und Chicago durchaus schneller fahren konnte. Anläßlich der »Columbian Exposition«, die im Jahre 1893 zum Andenken an die 400. Wiederkehr des Jahrestages der Entdeckung Amerikas in Chicago stattfand, startete Daniels den »Exposition Flyer«, der für die gesamte Entfernung nur 20 Stunden benötigte. Das sind immerhin über 77 km/h Reisedurchschnitt, ein für eine so lange

Bild 93: 2 B 1 n2, Klasse E 1, der Pennsylvania Railrod. Erste der drei »Camel Back«-Atlantics, erbaut 1899, im Jahre 1907 in Jesey City, N. J. (Sammlung H. K. Vollrath, U. S. A.).

Strecke zur damaligen Zeit sensationeller Wert. Jedoch wurde der Zug nach Beendigung der Ausstellung wieder eingestellt; wahrscheinlich waren weder Oberbau noch Fahrzeuge der großen Beanspruchung auf die Dauer gewachsen. Doch als 9 Jahre später der »Century« erschien, sah alles schon viel besser aus und er entwickelte sich sehr rasch zum wohl bekanntesten und luxuriösesten Expreßzug der ganzen Welt.
Merkwürdigerweise gelang es der Pennsy trotz größter Anstrengung niemals, mit ihrem Gegenstück zum »Century« eine ebensolche Berühmtheit zu erlangen, obwohl ihr Zug dieselben Abfahrts- und Ankunftszeiten besaß und auch etwa den gleichen Komfort und Luxus vorweisen konnte. Möglicherweise lag es daran, daß die Bahn keinen so zugkräftigen Namen gefunden hatte, wie ihn der phantasiereiche Daniels erdachte. Der Spitzenzug der Pennsy hieß zunächst »Pennsylvania Special«. Da dieser Name jedoch später zu ständigen Verwechselungen mit dem »Pennsylvania Limited« führte, wurde der Zug im Jahre 1912 in »Broadway Limited« umbenannt, eine Anspielung auf den »Breiten Weg«; die Strecke von New York bis Philadelphia war sechsgleisig. Am 15. Juni 1902 – am gleichen Tage wie der »Twentieth Century Limited« – begann der »Pennsylvania Special«, Zug Nummer 28 und 29, seine 20-Stunden-Fahrten zwischen den beiden Metropolen. Doch im Februar 1904 wurde der Zug wieder eingestellt; wie es hieß, wegen ständiger Streckenüberlastung durch Güterzüge in der Umgebung von Pittsburgh. Doch damit gab sich natürlich die Bahn nicht geschlagen. Offensichtlich gelang es, die Engpässe zu beseitigen, denn am 8. Juni 1905 kündigte eine große Anzeige in der New Yorker Zeitung »Daily Tribune« die Wiedereinsetzung des »Pennsylvania Special« für Sonntag, den 11. Juni an. Eine besondere Überraschung stellte die vorgesehene Reisedauer von nur 18 Stunden dar. Das sind mehr als 81 km/h Reisegeschwindigkeit auf einer Strecke von fast anderthalbtausend Kilometern, mit mehreren Lokwechseln und zusätzlichen Unterwegshalten zur Ergänzung der Vorräte.
Was das in der damaligen Zeit bedeutete, kann man sich in unserer Zeit kaum mehr vorstellen. Denn selbst heute, nach über 70 Jahren benötigt ein Schnellzug z. B. für die knapp 900 km von Hamburg bis Basel etwa 10¼ Stunden, das entspricht einem Reisedurchschnitt von 87,5 km/h. Zwar sind die heutigen Züge wesentlich schwerer, doch das wird mehr als ausgeglichen durch die hohen Zugkräfte und Leistungen moderner Elektrolokomotiven, die sich an der Spitze dieser Züge befinden. So kann man etwa für einen Schnellzug von 11 bis 12 Wagen mit einer Masse von rund 480 bis 500 t (ohne Lokomotive) rechnen. Dafür bringt aber die E-Lok der Reihe 103 auch eine Anfahrzugkraft von 315 kN (32 Mp) auf, die es ihr erlaubt, den Zug sehr rasch auf die Höchstgeschwindigkeit zu beschleunigen. Und mit einer Leistung von etwa 7300 kW (ungefähr 10 000 PS) kann sie auch Steigungen mit fast unverminderter Geschwindigkeit hinaufrasen. Trotzdem muß die zur Zeit zulässige Höchstgeschwindigkeit für Schnellzüge – 140 km/h – so lange wie möglich eingehalten werden, um die vor-

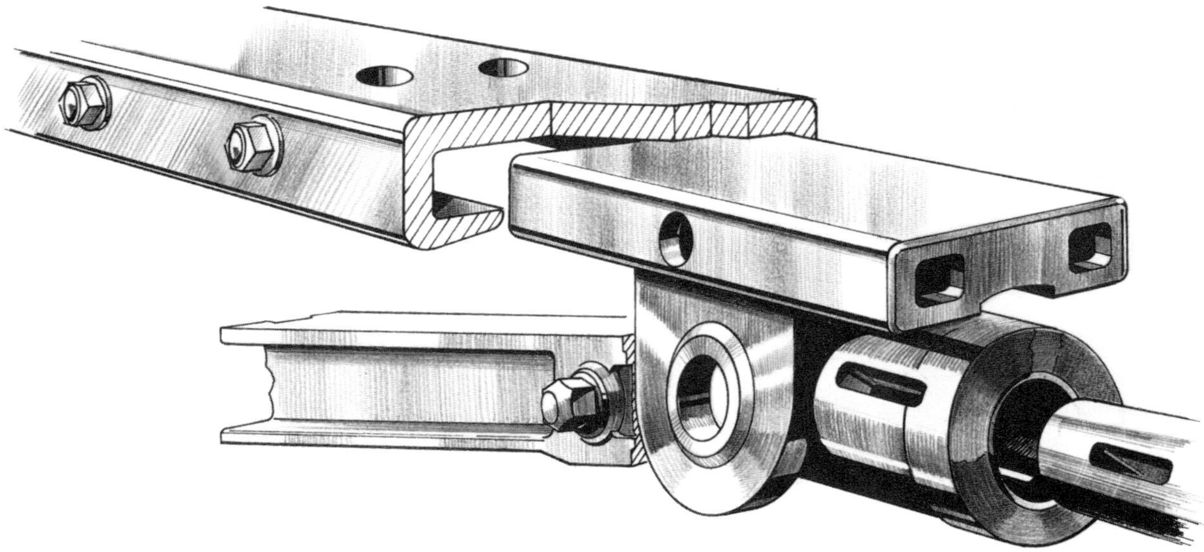

Bild 94

Bild 94: Der »Vogt«-Kreuzkopf. Zur Zeit der Entstehung der Atlantic-Lokomotiven der Pennsylvania Railroad gab es in Amerika vier Kreuzkopf-Formen. Am weitesten verbreitet waren der »Alligator«-Kreuzkopf – mit oberer und unterer Gleitbahn –, sowie der »Laird«-Kreuzkopf – mit zwei obenliegenden Gleitbahnen. Seltener sah man den in Europa weit verbreiteten einschienigen Kreuzkopf und den bereits veralteten sehr flachen vierschienigen Kreuzkopf. Bei allen Bauarten sind die offenliegenden Gleitbahnen Verschmutzung und starkem Verschleiß ausgesetzt. Axel Vogt, der Konstrukteur der »leichten« Pennsylvania-Atlantics hatte nun eine Kreuzkopfbauart erfunden, die diesen Nachteil vermied. Bei ihr lagen die Gleitbahnen innerhalb eines kastenartigen Gehäuses, was die Verschmutzungsgefahr stark verringerte. Alle »leichten« Atlantics der Bahn waren mit dem »Vogt«-Kreuzkopf ausgerüstet. In abgewandelter Form wurde er später zum allgemeinen Standard.

Bild 95: Zwar wurde die Rekordgeschwindigkeit von 127.1 mph (205 km/h), die die 7002 am 12. Juni 1905 auf der Eröffnungsfahrt des »Pennsylvania Special« erreicht haben soll, von der stolzen Pennsylvania Railroad mehrfach publiziert, doch erscheint es aus verschiedenen Gründen mehr als unwahrscheinlich, daß die Lokomotive jemals so schnell gefahren ist. Dennoch war sie zweifellos ein ausgezeichneter Renner, wenn sie sich auch kaum von der großen Menge der übrigen Pennsylvania-Atlantics unterschied, die durch

2 B 1 n2, Klasse E2, Nummer 7002, Pennsylvania Railroad, USA.

Naßdampfkessel, einfaches Zwillingstriebwerk – teils mit Flach-, teils mit Kolben-Schiebern –, 80 Zoll (2032 mm) große Treibräder und innengelagerte Schleppachse gekennzeichnet waren. Als nach dem zweiten Weltkrieg die Bahn einige bemerkenswerte Lokomotiven für ein zukünftiges Museum bewahren wollte, erinnerte man sich auch wieder an die damalige Rekordfahrt, aber man mußte leider feststellen, daß die einstmals so berühmte Lokomotive inzwischen verschrottet war. Doch fand man schließlich einen Ersatz in der 8063, einer etwa gleichaltrigen Atlantic, und versah diese nach der Aufarbeitung mit der bedeutungsvollen Nummer 7002. Von der Original-7002 unterschied sie sich hauptsächlich durch den Belpaire-Kessel, der zwar Standard-Bauart bei der Pennsylvania war, bei den älteren Atlantics jedoch aus Gewichtsgründen zunächst nicht verwendet wurde.

Bild 95

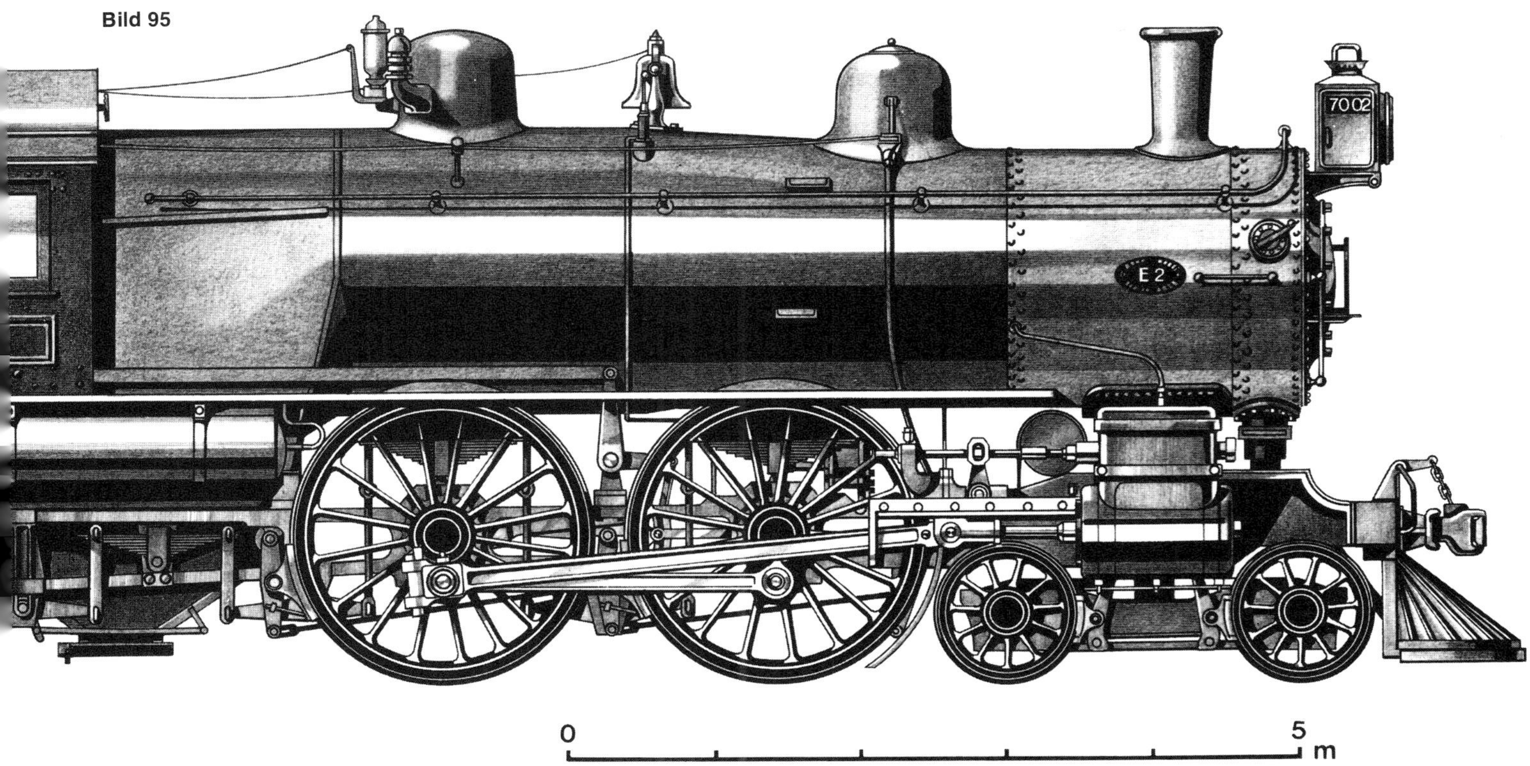

geschriebenen Fahrzeiten nicht zu überschreiten.
Da hatte es im Jahre 1905 die Atlantic-Lokomotive mit dem »Pennsylvania Special« doch wesentlich schwerer. Zwar bestand der Zug nur aus 4 Wagen, doch waren es 6achsige Salonwagen, von denen es jeder auf etwa 50 t brachte, so daß die Lokomotive rund 200 t zu schleppen hatte. Mit ihren 2 Kuppelachsen besaß sie jedoch nur eine Anfahrzugkraft von 104 kN (23 400 lbs = 10,6 Mp), weniger als ein Drittel von dem, was heute die 103 aufbringen kann. In der Leistung stand die Atlantic gar noch weiter hinter der 103 zurück, so daß auf den krümmungsreichen Steigungsstrecken in die Alleghenys die Geschwindigkeit zeitweilig bis auf 20 mph (32 km/h) absank. Allerdings wurde auf dem steilsten Stück, den 18 km von Altoona bis Gallitzin, auf der ein Höhenunterschied von etwa 300 m zu überwinden ist, was einer durchschnittlichen Steigung von 17,5 ‰ entspricht, mit Vorspann gefahren. Alles in allem erforderte der vorgesehene 18-Stunden-Fahrplan aber, daß der Zug auf günstigen Strecken bis zu 160 km/h erreichen mußte, um die Fahrzeit einhalten zu können. Und das war eine ganz gewaltige Leistung – auch für den Heizer.
Natürlich war die Bahn darauf bedacht, daß besonders beim Eröffnungszug alles glatt lief und keine unvorhergesehenen Aufenthalte den sorgsam errechneten Fahrplan durcheinanderwarfen. Denn aufgrund der großen Reklame, die die Bahn gemacht hatte, waren auf zahlreichen Unterwegs-Bahnhöfen größere Menschenmengen zusammengeströmt, um das Schauspiel des vorbeirasenden Luxus-Zuges zu genießen oder, bei bedeutenderen Stationen, an denen ein Aufenthalt vorgesehen war, um den neuen Star der Schiene eingehender zu betrachten. Eine Verspätung – aus welchen Gründen auch immer – hätte in der Öffentlichkeit einen äußerst ungünstigen Eindruck hinterlassen und das Prestige der Bahn wäre nur sehr schwer wiederherzustellen gewesen. So erhielt denn der Zug äußersten Vorrang, die Strecke mußte lange vorher geräumt und alle Fahrstraßen gelegt sein. Die modernsten Lokomotiven und die erfahrensten Lokpersonale wurden eingesetzt, damit nur alles glatt lief.
Und dann passierte doch etwas. Der von New York aus nach Westen fahrende Zug, Nummer 29, hatte etwa zwei Drittel des Weges zurückgelegt und befand sich auf seiner drittletzten Etappe. Noch rund 60 km waren bis zum nächsten Lokwechsel zu fahren, da bemerkte der Lokführer zu seinem Schreck einen Heißläufer an der Maschine. Obwohl er sofort die Geschwindigkeit verminderte, gelang es nicht, das Lager zu kühlen. Nach etwa 30 km wurde Mansfield, Ohio, erreicht. In aller Eile – bereits waren wertvolle Minuten verloren – kuppelte man die beschädigte Lokomotive vom Zuge und die Maschine eines dort zufällig wartenden Güterzuges wurde an die Spitze des »Pennsylvania Special« gesetzt. Doch wenn es vielleicht auch eine moderne Klasse H 6a-Consolidation war, in der Geschwindigkeit konnte sie es keinesfalls mit den Atlantics aufnehmen, und als der Zug nach weiteren 30 km die nächste Lokwechselstation, Crestline in Ohio, erreichte, war die Verspätung bereits auf 26 Minuten angewachsen und die Verantwortlichen wurden immer nervöser. Dort wartete die Lokomotive 7002, eine Atlantic der Klasse E 2, die erst wenige Monate zuvor das Werk in Altoona verlassen hatte.
In wenigen Augenblicken waren die Lokomotiven ausgewechselt und der Zug setzte sich wieder in Bewegung. Am Regler der 7002 stand Lokführer Jerry McCarthy. Er hatte die Anweisung erhalten, so viel Zeit aufzuholen wie es nur irgend möglich war, und das tat er denn auch. Die nächste Lokwechselstation war Fort Wayne in Indiana und bis dahin betrug die Entfernung 131.4 Meilen, das sind 211.5 km. Bald schoß der Expreß mit höchster Geschwindigkeit dahin und als er schließlich in Fort Wayne anhielt, hatte er für die gesamte

Technische Daten

Bahnverwaltung	**Pennsylvania Railroad, USA**
Achsanordnung:	
Deutsche Bezeichnung	**2 B 1 n2**
White classification	**4–4–2 (Atlantic)**
Klasse	**E 2**
Bahnnummer	**7002**
Erbauer	**Juniata-Shops, Altoona, Pennsylvania**
Werknummer	
Baujahr	**1902**
Treibraddurchmesser	**80 in = 2032 mm**
Laufraddurchmesser, vorn	**36 in = 314 mm**
Laufraddurchmesser, hinten	**50 in = 1270 mm**
Zylinderdurchmesser	**20$^{1}/_{2}$ in = 521 mm**
Kolbenhub	**26 in = 660 mm**
Rostfläche	**55,5 sq.ft. = 5,16 m^2**
Rohrlänge	**15 ft = 4572 mm**
Verdampfungsheizfläche (wasserber.)	**2640 sq.ft. = 245,3 m^2**
Feuerbüchsheizfläche (wasserber.)	**157 sq.ft. = 14,6 m^2**
Kesseldruck	**206 psi = 14,1 bar (14,4 kp/cm^2)**
Reibungslast	**118 280 lbs = 526 kN (53,7 Mp)**
Dienstgewicht, Lokomotive	**186 480 lbs = 84,6 t**
Dienstgewicht, Lok + Tender	**320 500 lbs = 145,4 t**
Kohlenvorrat	**13 t**
Wassermenge	**5800 gal = 22 m^3**
Höchste erreichte Geschwindigkeit	**127.1 mph = 205 km/h (?)**
Treibraddrehzahl	**535 Upm (?)**
Indizierte Leistung	**(ca. 1550 kW = ca. 2100 PS)**
Mittlere Kolbengeschwindigkeit	**11,77 m/s (?)**
Vergleichsgeschwindigkeit (Reihe 01 DRG)	**202 km/h**

Bild 96: 2 B 1 n2, Klasse E 3d, der Pennsylvania Railroad. Gegenüber der Ursprungsausführung, der E 3, hatte die Lokomotive außenliegende Walschaerts-(Heusinger)-Steuerung, einen Belpaire-Stehkessel, einen kleinerern Bahnräumer (Pilot) und das Ausgleichsgestänge zwischen Treib- und Schleppachse war durch einen langen Hebel – mit Aussparung zur Verminderung des Gewichtes – ersetzt. Zweifellos gehörten die »leichten« Atlantics der Pennsylvania zu den wohlproportioniertesten Maschinen dieser Bauart in Nordamerika, darüberhinaus waren sie auch sehr leistungsfähig, was sich nach Einbau eines Überhitzers noch steigerte. 1916 in Point Pleasant, N.J. (Sammlung H.K. Vollrath, U.S.A.).

Strecke nur eine Stunde und 55 Minuten benötigt. Das ergibt eine Durchschnittsgeschwindigkeit von über 110 km/h. Schon das war für die damalige Zeit ein phantastischer Wert; doch wurde darüberhinaus berichtet, daß der Zug ein 3 Meilen langes Streckenstück bei Elida, Ohio, in nicht mehr als einer Minute und 25 Sekunden durchfahren hatte und daraus errechnete sich die ungeheure Geschwindigkeit von 127.1 mph oder 204.5 km/h, die in Amerika häufig als höchste Geschwindigkeit, die je ein dampflokbespannter Zug erreicht hat, angegeben wird.

Schauen wir uns die »Wunder«-Lokomotive einmal etwas genauer an, um zu erkennen, was in ihr steckte und wessen sie fähig war. Wie wir schon in früheren Kapiteln gezeigt haben, erscheint die Atlantic für hohe Geschwindigkeiten gradezu prädestiniert. Alle Voraussetzungen, die dafür erforderlich sind, ließen sich bei ihr in besonders günstiger Kombination verwirklichen. Ein hoher Anteil der geführten Länge an der Gesamtlänge ermöglichte, in Verbindung mit dem Drehgestell, ruhigen Lauf auf grader Strecke und sanfte Einfahrt in Kurven; Treibräder mit großem Durchmesser ließen die Drehzahlen nicht allzu sehr anwachsen; geringe Triebwerksmassen und, damit im Zusammenhang, geringe Reibungsverluste im Triebwerk, ergaben niedrige Massenkräfte und hielten die Laufwiderstände auch bei hohen Geschwindigkeiten in Grenzen; und ein großer, leistungsfähiger Kessel sorgte für ausreichende Dampferzeugung.

So war denn die Atlantic das ideale Zugpferd für schnelle und leichte Züge, solange die Reibungslast der zwei Kuppelachsen noch für die zu beschleunigende Masse des Wagenzuges ausreichte. Da in dieser Zeit die zulässigen Achslasten in den USA bereits beträchtlich über den in Europa üblichen Werten lagen, ist es verständlich, daß die Atlantic auf nordamerikanischen Bahnen weitaus angesehener und auch brauchbarer war, als auf dem alten Kontinent. Denn die höheren zulässigen Lasten ergaben nicht nur einen Anstieg der Zugkräfte, sondern führten auch, da sie zum überwiegenden Teil der Vergrößerung des Kessels zugute kamen, zu leistungsfähigeren Lokomotiven. In Europa hingegen trat die Atlantic weniger hervor. Von den hier beliebten Kombinationsentwürfen für 2 B 1 und 2 C, mit möglichst vielen, für beide Bauarten gemeinsamen Teilen, die es übrigens in Amerika – mit der einzigen Ausnahme der Drillings-Atlantic und -Ten-Wheeler von Edward Elliott für die Philadelphia & Reading Railroad – nie gegeben hat, wurden stets wesentlich mehr 2 C als 2 B 1 beschafft. Die Great Western Railway in England hatte sogar alle ihre 2 B 1 von vornherein so konstruiert, daß sie mit möglichst geringem Aufwand in 2 C umgebaut werden konnten – und schließlich auch wurden. In vielen europäischen Ländern ist niemals eine 2 B 1 gelaufen und selbst die preußische Staatsbahn, bis 1920 die größte Eisenbahn dieser Erde, besaß unter ihren mehr als 15 000 Dampflokomotiven (1912) nur 337 Atlantics, das sind wenig über 2 %, dagegen 593 Schnellzuglokomotiven mit der Achsanordnung 2 C. Und bei der Deutschen Reichsbahn waren alle 2 B 1 bereits Mitte der 20er Jahre verschwunden.

Ganz anders sah es jedoch in Amerika aus. Nach Bruce* sind etwa 1900 Atlantic-Lokomotiven in den Vereinigten Staaten entstanden und eine ganze Anzahl von ihnen überlebte sogar den zweiten Weltkrieg. Selbst unbedeutende und wenig bekannte Bahnen beschafften für den (vielleicht) einzigen Expreß, der über ihre Gleise lief, einige prächtige Atlantics und verliehen ihm damit einen Hauch der großen Welt.

Die meisten Atlantics besaß zweifellos die Pennsylvania Railroad. 601 Lokomotiven dieser Bauart sind zwischen 1899 und 1914 für jene Bahn gebaut worden, das sind etwa 9 % ihrer rund 6600 Lokomotiven, die sie im Jahre 1910 besaß. Und selbst am 1. Juli 1947 liefen immer noch 86 Atlantics auf den Schienen der Pennsy – wenn auch mehr oder weniger sporadisch. In weitem Abstand folgte die New York Central Railroad. Für alle in ihrem System vereinigten Bahnen wurden 278 Atlantics beschafft. Und auch andere Bahnen hatten einen nennenswerten Bestand dieser Renner. So liefen z. B. 178 bei der Atchison, Topeka & Santa Fe, 83 bei der Southern Pacific, 66 bei der Union Pacific und 63 bei der Baltimore & Ohio, um nur einige zu nennen.

Ausgesprochene Ten-Wheeler-Schnellzuglokomotiven hat es dagegen in Nordamerika nur sehr wenige gegeben. Bei aller Großzügigkeit kann man nämlich nur diejenigen in diesen Kreis einbeziehen, deren Treibraddurchmesser mindestens 70 Zoll (1778 mm) beträgt. Die Pennsy besaß lediglich die von 1899 bis 1900 gebauten 30 Exemplare der Gattungen G 4, mit 72 Zoll (1829 mm) Treibraddurchmesser, sowie zwei ebenfalls fünfachsige, dreifach gekuppelte Schnellzugmaschinen, die beiden Prairie-Versuchslokomotiven J 28 und J 29 mit 80 Zoll (2032 mm) großen Kuppelrädern. B & O, S P und U P zählten überhaupt keine zu ihrem Bestand und die A T & S F besaß ganze 29 Stück. Lediglich die NYC konnte eine etwas größere Anzahl, nämlich 76 Stück vorweisen. Allerdings muß man zugeben, daß auch Ten-Wheeler mit noch kleineren Rädern staunenswerte Leistungen vollbrachten, wie wir in Kapitel VI gesehen haben.

Es erscheint etwas paradox, daß die Pennsy so lange ihre Spitzenzüge auf den bergigen Strecken durch die Alleghenys mit Atlantics bespannte, während die NYC auf der nahezu ebenen »Water Level Route« Ten-Wheeler und dazu die 81 ausgezeichneten und schnellen Prairies der Lake Shore & Michigan Southern Railroad (teilweise mit 81 Zoll großen Treibrädern) vor ihren Expreßzügen laufen ließ. Zwei Gründe kann man dafür in Betracht ziehen. Sicherlich lag es mit an den höheren Achslasten, die die Pennsy-Lokomotiven aufwiesen. So besaßen die ab 1901 gebauten E 3 eine Kuppelachslast von 257 kN (26 Mp), die etwa gleichaltrige NYC-Atlantic, Klasse I, aber nur 211 kN (22 Mp) und die 1903 entstandene erste Pacific der NYC, die Klasse K, brachte es auch nur auf 223 kN (23 Mp). Hinzu kam die recht vorsichtige Beschaffungspolitik der Bahn. Die Pennsy, die sich gerne als »The Standard Railroad of the World« bezeichnete, war in gewisser Hinsicht mit der preußischen Staatsbahn vergleichbar. Wie diese die größte deutsche Länderbahn darstellte, so jene die größte Bahn der Vereinigten Staaten; allerdings nicht mit so einem gewaltigen Übergewicht. So wurde sie in der Streckenlänge z. B. von einigen westlichen Bahnen übertroffen, andere wiederum standen ihr in der Fahrzeugzahl nur wenig nach. Ähnlich der preußischen Staatsbahn beschaffte die Pennsy von neuen Lokomotivmodellen meist mehrere Prototypen, möglichst in verschiedener Ausführung und unterzog sie einer gründlichen Erprobung. Und das nicht nur auf der Strecke. Die Bahn hatte in ihrem Hauptwerk in Altoona einen eigenen Rollenprüfstand installiert, auf dem die Lokomotiven noch genauer untersucht werden konnten. Die Ausführung der Prototypen, die sich am besten bewährt hatte, wurde dann in vergleichsweise großen Stückzahlen nachgeschafft. Und natürlich hielt die Bahn verhältnismäßig lange an erprobten Modellen fest.

So kam es, daß bei der Pennsy Atlantics noch lange die Hauptlast des Schnellzugverkehrs tragen mußten, während bei der NYC ab 1903 Pacifics in ständig steigender Zahl vor den Zügen erschienen. Es ist daher auch kein Wunder, daß bei keiner anderen Bahn so viel mit Vorspann gefahren werden mußte, wie bei der Pennsy. Doch man nahm offenbar lieber diese umständliche und teure Betriebsart in Kauf, als sich auf Experimente mit unerprobten Lokomotiven einzulassen – wenigstens zur damaligen Zeit. Erst im Jahre 1907 erschien die erste Pacific auf der Bildfläche, natürlich eine Probelokomotive, die K 28 von der Alco. Und es dauerte noch einmal 3 Jahre, bis man mit der Serienproduktion der K 2 begann.

Ähnlich war es einige Jahre früher mit den Atlantics gewesen. Im Jahre 1896 hatte die Reading auf der Atlantic City Railroad mit ihren beiden »Camel Back«-Atlantics 1026 und 1027 (Bild

* Alfred W. Bruce, »The Steam Locomotive in America«, USA, 1952.

Bild 97: 2 B 1 n2, Klasse E 7s, der Pennsylvania Railroad. Die Lokomotive trug ursprünglich die Nummer 8063. Da die 7002 längst verschrottet war, nahm man diese und gab ihr die Nummer des berühmten Renners. Die echte 7002 hatte einen Naßdampfkessel mit runder Stehkesseldecke besessen. Sie soll 127.1 mph (205 km/h) gelaufen sein, was wenig glaubhauft erscheint. Das Bild zeigt die Lokomotive für das Museum hergerichtet in den 50er Jahren in Northumberland, Pennsylvania (Sammlung H. K. Vollrath, U. S. A.).

87) den Durchbruch für diese Bauart erzielt. Aber es dauerte drei Jahre, ehe auch die große Pennsy mit Atlantics hervortrat. Die ersten drei, im Jahre 1899 gebauten Maschinen, waren »Camel Backs«, ähnlich den Reading-Atlantics, jedoch mit einem durchaus eigenen Pennsy-»Look« (Bild 93) Wie bei nahezu allen Atlantics mit Wootten-Kessel, war die – nicht seitenverschiebliche – Schleppachse dicht an die 2. Kuppelachse herangeschoben. Eigenartig erscheint es, daß die Bahn den Lokomotiven dreiachsige Tender gab; offenbar glaubte man, hier noch Gewicht sparen zu können, zumal an einigen Stellen des Netzes Schienentröge eingebaut waren, aus denen während der Fahrt Wasser genommen werden konnte.

Auf der Atlantic City Railroad zeigten die neuen Maschinen sehr bald, daß sie den Reading-Atlantics zumindest gleichwertig waren. Doch obwohl die Bahn ein eigenes Kommunikations-System erfunden hatte, mit dem sich Lokführer und Heizer während der Fahrt miteinander verständigen konnten, hielt sie, im Gegensatz zu den meisten anderen »Anthrazit-Bahnen«, die räumliche Trennung der beiden auf die Dauer für zu gefährlich. Die »Camel Back«-Bauart wurde daher nicht weiterentwickelt und die Pennsy gab die drei Lokomotiven später an die von ihr kontrollierte Long Island Railroad ab, wo man, vielleicht wegen der kürzeren Streckenlängen, nicht so starke Bedenken gegen die betriebliche Sicherheit von »Camel Backs« hegte.

So wurde denn erst die vierte Atlantic, die im Jahre 1900 gebaute 269, zunächst E 2, später E 1a klassifiziert, zur eigentlichen Stamm-Mutter vieler Hunderter von Pennsy-Atlantics. Das Führerhaus lag wieder in seiner normalen, rückwärtigen Position, die Rostbreite des vollständig hinter den Kuppelrädern liegenden Stehkessels war von über 2,4 m auf etwa 1,8 m zurückgegangen und die Schleppachse bis fast an die Hinterkante des Stehkessels geschoben. Das Federausgleichssystem bestand aus mehreren kurzen Hebeln, die aber zusammen leichter waren, als der später übliche lange Hebel. Dabei lag die hintere Feder nicht über, sondern hinter dem Lager der Schleppachse, wodurch sie besser zugänglich und weniger der Hitze der Feuerung ausgesetzt war. Das Triebwerk wurde nahezu unverändert von der E 1 übernommen, doch durch einen größeren Kessel – die Heizfläche war um fast 14 % von 2320 sq.ft. (216 m²) auf 2640 sq.ft. (245 m²) angewachsen – und höheren Kesseldruck – Steigerung von 185 psi (12,8 bar) um knapp 11 % auf 205 psi (14,1 bar) – brachte die 269 mehr Zugkraft und Leistung, als ihre Vorgängerinnen auf. Obwohl die E 1 eine Belpaire-Stehkesseldecke besaßen, hatte man bei der 269 aus Gewichtsgründen darauf

verzichtet und ihr eine runde (Crampton)-Decke gegeben. Der dreiachsige Tender mit seinem Fassungsvermögen von nur 4000 Gallonen (etwa 15 m²) Wasser und 6 t Kohle wurde jedoch beibehalten.
Schöpfer dieser vier Lokomotiven war Axel S. Vogt, zu der Zeit Chef-Ingenieur der Bahn. Er war ein sehr fähiger Konstrukteur, vergleichbar etwa Anton Hammel von Maffei in München oder G. J. Churchward von der Great Western Railway in England. In seinen Atlantics hatte er nicht nur sehr leistungsfähige und technisch ausgereifte Maschinen geschaffen, sondern auch manche eigene Erfindung verwirklicht. So besaßen z. B. alle »leichten« Atlantics der Pennsy eine von ihm entwickelte Kreuzkopf-Führung, bei der der obere Teil des Kreuzkopfes von der Gleitbahn kastenförmig umschlossen war. Die innenliegenden Gleitflächen waren auf diese Weise viel besser vor Verschmutzung geschützt, als bei den üblichen offenen Gleitbahnen.
Vogt hatte jedoch bei seiner 269 nicht nur auf technische Perfektion geachtet, sondern darüberhinaus auch ästhetische Gesichtspunkte berücksichtigt. Ihre klaren, glatten Linien stellten eine geglückte Synthese aus englischen und amerikanischen Merkmalen dar. Dampfdom und Sandkasten waren in einem gemeinsamen Gehäuse untergebracht, wodurch die Zahl der Kesselaufbauten so gering wie möglich gehalten wurde und darüber hinaus verliefen die Sandfallrohre innerhalb der Kesselbekleidung. Der elegante, schwach kegelige Gußeisenschornstein mit dem kräftigen Ringwulst an seiner Oberkante, lag, wie es sein soll, in der Zylindermittelebene. Das vom Schieberkasten bis zum Führerhaus ohne Absatz durchgehende Laufblech befand sich in gleicher Höhe, wie die Führerhausunterkante. Da diese Höhe genau 2 m betrug, ragten die 80 Zoll (2032 mm) großen Kuppelräder noch etwas über das Laufblech hinaus und waren mit kleinen Radschutzkästen abgedeckt; ein weiteres Merkmal aller »leichten« Pennsy-Atlantics. Etwas störend machte sich lediglich das über dem Kessel entlanglaufende Verbindungsrohr vom Dampfdom zum Entnahmestutzen für die Hilfseinrichtungen, der im Führerstand lag, bemerkbar. Bei der späteren Serienausführung verschwand dieses Rohr daher auch im Stehkessel.
Nachdem die 269 ausreichend erprobt und für gut befunden war, begann im Jahre 1901 die Serienproduktion der E 2, im Juniata-Werk in Altoona. Von der E 1a unterschied sie sich nur geringfügig, jedoch hatte man sie endlich mit einem vierachsigen Tender versehen, der 5800 Gallonen (22 m²) Wasser und 13 t Kohle mitnehmen konnte, was schon besser dem Bedarf dieser nicht grade kleinen Maschine entsprach. Gleichzeitig baute man für die steigungsreichen Strecken der Pittsburgh-Division eine zugkräftigere Ausführung, bei der der Zylinderdurchmesser von 20½ Zoll (521 mm) auf 22 Zoll (559 mm) vergrößert, die im übrigen aber mit der E 2 nahezu identisch war, die Klasse E 3. Das waren die beiden Grundmodelle, die dann im Laufe der Zeit mit einigen konstruktiven Variationen versehen wurden. So nahm man ab 1902 den Sandkasten aus der gemeinsamen Verkleidung mit dem Dampfdom heraus und setzte ihn nach vorne, auf den ersten Kesselschuß. Dadurch erhielt er ein größeres Fassungsvermögen und außerdem konnten die Fallrohre nun senkrecht laufen, was die Verstopfungsgefahr verminderte. Ebenfalls ab 1902 gelang es endlich, den bei der Pennsy so beliebten Belpaire-Stehkessel unterzubringen. Diese Lokomotiven erhielten die Bezeichnung E 2a bzw. E 3a. Ab 1906 wurde die Stephenson-Steuerung zugunsten der außenliegenden Walschaerts-(Heusinger)-Steuerung verlassen, Klasse E 2d bzw. E 3d (Bild 96). Und als sich schließlich auch bei der Pennsy der Heißdampf durchgesetzt hatte, baute sie eine große Zahl ihrer Atlantics in Heißdampfausführung um. Unabhängig von der Ausgangsbauart wurden sie mit E 7s bezeichnet.
Gewisse konstruktive Besonderheiten gab es dann noch bei den Lines West, den Linien westlich von Pittburgh. Dieser Netzteil besaß eine gewisse Selbständigkeit gegenüber der Hauptverwaltung, vergleichbar etwa der Gruppenverwaltung Bayern der Deutschen Reichsbahn. Ihre Lokomotiven waren durch kleine Unterschiede zu denen der Lines East gekennzeichnet. Z. B. hatten sie etwas andere Tender und merkwürdigerweise lag die Schornsteinmittellinie 5¼ Zoll (133 mm) vor der Zylindermittelebene. Eine Serie von 45 Atlantics der Lines West erhielt innenliegende Kolbenschieber und die Klassenbezeichnung E 2b. Und bei einer weiteren Serie bestand der Zylindersattel nicht wie üblich aus drei Teilen, nämlich mittlerem Rauchkammerträger mit seitlich angeflanschten Zylindern, sondern nur aus zwei gleichen Gußstücken, die in der Mitte miteinander verschraubt waren. Das war die Klasse E 2c.
Zu dieser gewaltigen Herde, die schließlich bis zum Jahre 1910 auf 477 Exemplare angewachsen war, die sich auf den ersten Blick kaum voneinander unterschieden, gesellten sich noch ein paar Außenseiter. 19 Maschinen wurden von der Vandalia Line übernommen, 1905 beschaffte die Pennsy 4 Versuchslokomotiven mit Vierzylinder-Verbund-Triebwerk und Zweiachsantrieb, 2 von Baldwin (Klasse E 28) und 2 von Alco (Klasse E 29), die sich aber im übrigen kaum von der E 2a unterschieden und im Jahre 1910 erschien eine verstärkte Ausführung mit außengelagerter Schleppachse, Klasse E5. Von ihr wurden jedoch nur 12 Stück gebaut, denn dann kam die »Super«-Atlantic, Klasse E 6s. Von ihr wird in Kapitel XV die Rede sein.
Wie wir sehen, gehörte unsere Rekord-Lokomotive zu den Atlantics mit dem kleineren Zylinderdurchmesser, getrenntem Dampfdom und Sandkasten, aber noch mit runder Stehkesseldecke. Obwohl sie, durch das sehr geräumige Führerhaus nicht so groß wirkte, wie sie tatsächlich war, stellte sie, vor al-

lem, wenn man sie mit europäischen Lokomotiven vergleicht, eine recht massige Maschine dar. Zwar war die 7002 etwa einen halben Meter kürzer als die größte deutsche Atlantic, die preußische S 9 (Bild 67), doch was war auf dieser Länge untergebracht! Der Kessel, der mit seiner Mitte rund 100 mm höher lag, als derjenige der S 9, hatte einen größten Durchmesser – an der Feuerbüchsrohrwand – von 1857 mm, gegenüber nur 1704 mm bei der S 9. Wenn auch die Gesamtheizfläche der 7002 nur etwa 7 % größer war, als diejenige der preußischen Lokomotive, so kann man sich doch vorstellen, daß der Kessel noch besser Dampf machte und unempfindlicher gegen Überlastungen war, angesichts einer Feuerbüchsheizfläche, die so groß, wie die der preußischen S 10^1 war und diejenige der schweren Reichsbahnlokomotive Reihe 01 noch übertraf.

Ein wesentlicher Nachteil aller europäischen Atlantics, der schließlich auch zu ihrem frühen Aussterben führte, die niedrige Reibungslast, war bei den amerikanischen Atlantics, wie wir schon gesehen haben, weit weniger ausgeprägt. Dank der höheren zulässigen Achslasten konnte Axel Vogt die Gesamtlast seiner Atlantics so verteilen, daß über 63 % davon auf die Kuppelachsen entfielen und damit für die Zugkraft genutzt werden konnten. Demgegenüber mußte man sich z. B. bei der S 9 mit etwas über 44 % begnügen. So kam es, daß bereits im Jahre 1901 die Pennsy-Atlantics eine höhere Reibungslast besaßen, als 17 Jahre später die größte deutsche Länderbahn-Pacific, die badische IVh. Natürlich konnten sie damit wesentlich schwerere Züge in Gang setzen oder gleichschwere besser beschleunigen, als ihre europäischen Schwestern.

Doch einen Zug auf 205 km/h zu beschleunigen, ist eine andere Sache. Wenn auch der »Pennsylvania Special« nur aus 4 Wagen bestand, so muß man doch, selbst bei den verhältnismäßig leichten Holzwagen, mit mindestens 180 t rechnen. Um jedoch diesen Zug auf 205 km/h auch nur zu halten, also ohne die zum Beschleunigen nötige Leistung, wären auf ebener grader Strecke mindestens 3300 kW, das sind fast 4500 PS, erforderlich gewesen, und das konnte die 7002 unter keinen Umständen aufbringen. Nun muß man sich natürlich zunächst fragen, wie ist die Messung vorgenommen. Eine Messung von außen setzt zwei Beobachter mit auf die Sekunde gleichlaufenden Uhren voraus, was mehr als unwahrscheinlich ist. Doch auch ein Beobachter im Zuge wird, wegen der starken Schwankungen und heftigen Erschütterungen bei rascher Fahrt Schwierigkeiten mit der Zeitmessung haben, zumal bei einer Meßstrecke von nur drei Meilen. Wenn aber der Zug für drei Meilen tatsächlich nur 85 Sekunden benötigt hatte – und die Bahn stellte diese oft publizierte Zahl als gesichert hin –, dann konnte das nur auf einer Gefällestrecke erreicht worden sein, die die benötigte Zugkraft so weit herabsetzte, daß die Leistung der Lokomotive ausreichte, um den Zug auf die angegebene Geschwindigkeit zu beschleunigen. Die Rechnung zeigt, daß dies schon bei einem Gefälle von etwa 10 ‰, was selbst für Hauptstrecken nicht besonders viel ist, der Fall gewesen wäre. Dabei hätte die Lokomotive etwa 1550 kW (rund 2100 PS), entsprechend einer Heizflächenbelastung von rund 100 kg Dampf pro m^2 und h aufbringen müssen, wozu sie für kurze Zeit sicherlich imstande war. Was allerdings das Triebwerk zu einer Drehzahl von nahezu 9 Umdrehungen in der Sekunde sagt, ist eine andere Frage. Vielleicht ist es realistischer, eine Geschwindigkeit von nur 120 mph (193 km/h) und ein Gefälle von etwa 7,5 ‰ anzunehmen, was annähernd zu den gleichen Leistungswerten führt.

Doch ob 127.1 mph oder 120 mph, die Bahn machte große Reklame mit dieser Rekordfahrt, aber die 7002 tat unverändert weiter ihren Dienst vor dem »Pennsylvania Special«, dem »Pennsylvania Limited« oder ähnlichen Expreßzügen. Einige Jahre später wurde sie umgebaut und erhielt unter anderem einen Heißdampfkessel, wobei die runde Stehkesseldecke beibehalten wurde (Klasse E 7sa), neue Zylinder mit Kolbenschiebern, jedoch ohne Änderung der innenliegenden Stephenson-Steuerung, und ein vereinfachtes Ausgleichshebel-System. Außerdem wurde ihr ein größerer Tender mit einem Fassungsvermögen von 7250 Gallonen (27,4 m^2) Wasser und 16 t Kohle angehängt. Und irgendwann zwischen dem ersten und zweiten Weltkrieg wurde sie ausgemustert.

Dann kam das Jahr 1947 und bei der Pennsy tauchte der Gedanke auf, einige Dampflokomotiven für die Nachwelt in einem Eisenbahnmuseum zu erhalten, das im ehemaligen Lokschuppen von Northumberland, zwischen Harrisburg und Williamsport im Staate Pennsylvania an der Strecke nach Buffalo gelegen, vorgesehen war. Dabei erinnerte man sich auch wieder an die Rekordfahrt vor 42 Jahren, doch man mußte leider feststellen, daß die berühmte Lokomotive sang- und klanglos verschwunden war. Doch die Initiatoren des Museums wußten sich zu helfen und fanden unter den noch vorhandenen »leichten« Atlantics eine Maschine, die der 7002 ziemlich ähnlich war. Hauptsächlich unterschied sie sich von ihr durch den Belpaire-Kessel. Es war die 8063. Sie verließ im Jahre 1902 – dem gleichen Jahre, in dem auch die 7002 gebaut worden war – das Juniata-Werk, als ein Mitglied der Klasse E 2a. Im Jahre 1916 war auch sie, in ähnlicher Weise, wie ihre berühmte Schwester, in eine Heißdampflokomotive umgebaut worden und erhielt folglich die Klassenbezeichnung E 7s.

Die Lokomotive wurde aufgearbeitet, neu gestrichen und erhielt die Nummer 7002 (Bild 97), und so kann man in ihr noch heute das bewundern, was einmal, nach offiziellen Angaben der Bahn, die schnellste Dampflokomotive war, die die Pennsylvania Railroad jemals besessen hatte.

XIV. Auf Anhieb Erfolg

2 C 1 h3, Nr. 2750, »Papyrus«, London & North Eastern Railway, England

Alle Rekordlokomotiven die uns bisher begegnet sind, waren höchstens zweifach gekuppelt – mit Ausnahme einer kleinen 2 C aus dem Südosten der Vereinigten Staaten, deren Rekord allerdings einer genauen Prüfung nicht standhält. Doch zu Anfang dieses Jahrhunderts setzte ein grundlegender Wandel im Schnellzugverkehr ein. Neue, komfortablere und größere Wagen wurden angeschafft, und aus Sicherheitsgründen ersetzte man dabei das Holz als Werkstoff der Wagenkästen zunehmend durch Stahlblech. Anfangs beplankte man nur die Kästen von außen mit Blechen, später ging man dann zur Ganzstahl-Bauweise über. Natürlich waren diese modernen Wagen noch wesentlich schwerer als die veralteten Holzwagen, und sehr schnell rückte der Zeitpunkt heran, an dem die zweifach gekuppelte Schnellzuglokomotive mit den hohen Zuggewichten nicht mehr fertig wurde und drei Kuppelachsen nötig waren, sollte der Bahnbetrieb einigermaßen reibungslos weiterlaufen. Abgesehen von der 2 C oder Ten-Wheeler, die bei einigen Bahnen eine mehr oder weniger kurze Blütezeit erlebte, war es vor allem die 2 C 1 oder Pacific, die sich zur klassischen Schnellzuglokomotive herauskristallisierte und es – fast auf der ganzen Welt – bis zum Ende der Dampflokzeit auch blieb. Die Entwicklung verlief diesseits und jenseits des Atlantik nahezu gleichzeitig, jedoch, wie so oft, mit einem kleinen zeitlichen Vorsprung der nordamerikanischen Bahnen.

Beim Vergleich der Pacific mit ihrer kleineren Vorgängerin, der Atlantic, erhebt sich die Frage, ob nicht die Steigerung von Leistung und Zugkraft, die mit drei Kuppelachsen und einem entsprechend vergrößerten Kessel verwirklicht werden konnten, die Eignung für hohe Geschwindigkeiten verschlechterte. Tatsächlich war das in gewissem Maße der Fall und es bedurfte vermehrter konstruktiver Anstrengungen, um mit den auftretenden Problemen fertigzuwerden. So versuchte man etwa, die größeren Massenkräfte des Triebwerks durch Leichtbau-Konstruktionen abzubauen oder durch Mehrzylinder-Anordnungen besser zu verteilen. Wegen der verstärkten Triebwerksreibung mußten die Lagerabmessungen vergrößert und die Schmierung verbessert werden. Andererseits war zwar das Verhältnis der geführten Länge zur Gesamtlänge der Lokomotive besser als bei der Atlantic, doch dafür waren die beim Einlauf in Kurven und beim Sinuslauf auf grader Strecke quer zur Fahrtrichtung zu beschleunigenden Massen auch größer. Ein besonderes Problem bildete der infolge des großen, schweren Stehkessels verhältnismäßig weit hinten liegende Schwerpunkt der Lokomotive, der stets Schwierigkeiten mit der Lastverteilung mit sich brachte und vor allem die Gefahr einer Überlastung der Schleppachse heraufbeschwor. Hierzu schreibt Jahn*: (Die Anordnung des Stehkessels hinter den Kuppelachsen) ». . . führt zu einer ganzen Reihe von Schwierigkeiten, deren Lösung den Aufbau der 2 C 1 entscheidend beeinflußt«. Wir werden gleich an einigen Beispielen zeigen, mit welchen Einfällen die Konstrukteure dieser Schwierigkeiten Herr zu werden versuchten. Aber eine durchgreifende und auch für höchste Geschwindigkeiten geeignete Lösung brachte erst der Ersatz der Schleppachse durch ein Drehgestell, d. h. die 2 C 2 oder Hudson, von der in einem späteren Kapitel noch die Rede sein wird.

Wie nicht anders zu erwarten, entstand auch die Pacific zuerst in den Vereinigten Staaten und die Entwicklung verlief anfangs ganz ähnlich, wie die der Atlantic. Den Anfang machte auch hier George S. Strong mit seiner Doppelwellrohr-Feuerbüchse. Bereits im Jahre 1886 baute Alexander Mitchell nach seinen Plänen eine recht seltsame 2 C 1. Die Lokomotive entstand in den bahneigenen Werkstätten der Lehigh Valley Railroad in Wilkes-Barre im Staate Pennsylvanien. Diese Bahn, mit etwa 1229 Meilen (1977 km) Streckenlänge nicht grade zu den großen zählend, gehörte ebenfalls zu den »Anthrazit-Bahnen«, die wir in Kapitel XII kennengelernt haben. Doch scheint sie außerdem stets mit sehr phantasiereichen Konstruktionschefs gesegnet gewesen zu sein. Denn nicht nur,

* J. Jahn, »Die Dampflokomotive in entwicklungsgeschichtlicher Darstellung ihres Gesamtaufbaues«, Deutschland, 1924.

Bild 98: 2 C 1 h4, Nr. 111 »The Great Bear«, der Great Western Railway. Erste und 14 Jahre lang einzige englische Pacific. Erbaut 1908 in Swindon (Railway Museum York).

daß in den Konstruktionsbüros dieser Bahn im 19. Jahrhundert vier neue Achsanordnungen entwickelt wurden, nämlich Consolidation (1 D), Decapod (1 E), Twelve-Wheeler (2 D) und schließlich Pacific, sie besaß später auch die einzigen je gebauten »Camel Backs« der Achsanordnung Mikado (1 D 1) und Pacific.

Auch die Lokomotive, von der hier die Rede ist, war eine »Camel Back«, wenn auch die Wootten-Feuerbüchse, mit der diese Bauform sich später so weit verbreitete, erst ein Jahr danach erfunden wurde. Doch hatte Strong im Gegensatz zu John E. Wootten, nicht die Verbrennung von Anthrazit-Kohle im Sinn, sondern er wollte die umständliche Stehbolzen-Verankerung der Feuerbüchse umgehen. Daher verwendete er die bei Schiffsdampfkesseln übliche Wellrohrfeuerbüchse. Doch sind die Feuerbüchsheizflächen und die Rostflächen, die man mit dieser Bauform beim Lokomotivdampfkessel erreichen kann, wesentlich kleiner, als sie die normale Feuerbüchse mit geraden Seitenwänden zuläßt. Um diesen Nachteil wenigstens etwas auszugleichen, legte er zwei dieser Wellrohre nebeneinander, die in eine gemeinsame Verbrennungskammer mündeten. Natürlich konnte man nun den sehr breiten Stehkessel nicht mehr zwischen den Kuppelrädern unterbringen, wie man das von der Ten-Wheeler gewohnt war. Man wagte aber auch noch nicht, ihn über den Kuppelrädern anzuordnen. Da es also mit dazwischen und darüber nichts war, blieb nur noch der Ausweg: dahinter. Dann war aber eine zusätzliche Laufachse nötig, um den schweren Überhang abzufangen und das Führerhaus mußte rittlings über den Kessel gesetzt werden. Und so war die erste Pacific entstanden, seltsamerweise noch ein Jahr vor der Atlantic.

Doch die Lokomotive, die die Nummer 444 und den Namen »Duplex« – von der doppelten Feuerbüchse – erhalten hatte, besaß kaum etwas von dem, was man mit dem Begriff einer Schnellzuglokomotive verbindet; sie war eher ein Monstrum. Abgesehen von dem merkwürdigen Kessel und dem hoch darüber thronenden Führerhaus, hatte sie Treibräder von nur 62 Zoll (1575 mm) Durchmesser, aber den ungewöhnlich großen Kolbenhub von 35 Zoll (889 mm); auch eine von Strongs seltsamen Ideen. Die Bahn beabsichtigte, mit der »Duplex« den Schnellzugverkehr auf der schwierigen, steigungs- und krümmungsreichen Hauptstrecke, die aus dem Tale des Lehigh hinausführte, zu beschleunigen, doch, wie nicht anders zu erwarten, erlebte sie keine große Freude mit diesem Experiment. Denn, abgesehen von allem anderen, war auch die Zugkraft, bei einer Reibungsachslast von etwa 120 kN (rund 12,5 Mp) nur so groß, wie die zeitgenössischer Ten-Wheeler. Und so ist es denn kein Wunder, daß die erste Pacific schon nach sehr kurzer Zeit wieder verschwand und durch Ten-Wheeler ersetzt wurde. Übrigens erlitten die beiden Strong-Atlantics, die ein Jahr später erschienen und der Strong-Paci-

Bild 99: 2 C 1 h4, Nr. 6201 »Princess Elisabeth«, der London, Midland & Scottish Railway. Die zweite von 12 Maschinen der »Princes Royal«-Klasse. Erbaut 1933 in der Bahnwerkstatt Crewe (Railway Museum York).

fic sehr ähnlich waren, verständlicherweise das gleiche Schicksal.
Etwas besser erging es der nächsten Pacific. Sie wurde 3 Jahre später, 1889, von Schenectady für die Chicago, Milwaukee & St. Paul Railroad geliefert. Die Bahn wollte die Fahrzeiten der Schnellzüge auf der Hauptstrecke zwischen Chicago und Milwaukee verkürzen und eine Ausschreibung sollte ihr zu einer geeigneten Lokomotive verhelfen. Da von der erforderlichen Zugkraft her drei Kuppelachsen nötig waren, schien die 2 C die geeignete Bauart zu sein, und eine solche hatten die Rhode Island Lokomotivwerke auch vorgeschlagen. Im Grunde war auch die von Schenectady gebaute Lokomotive nur eine 2 C. Der lange, schmale Stehkessel lag auf seiner ganzen Länge zwischen den Kuppelrädern und seine Vorderkante reichte bis fast an die Treibachse heran. Und die Laufachse, die man dicht hinter der dritten Kuppelachse hinzugefügt hatte, um unter keinen Umständen die vorgeschriebene Achslast zu überschreiten – eine Vorausberechnung des Gewichtes und der Lastverteilung ist immer mit gewissen Fehlern behaftet und kann leicht zu unliebsamen Überraschungen führen, denen man mit Sicherheit aus dem Wege gehen wollte –, wirkte eher wie nachträglich angeflickt. Wir sehen hier wieder, wie schon bei den Strong-Lokomotiven, eine Parallelentwicklung von 2 B 1 und 2 C 1. Auch jene war einmal – wie in Kapitel VIII beschrieben – in ganz ähnlicher Weise aus einer 2 B entstanden, wobei die zusätzliche Laufachse hier tatsächlich erst nachträglich angebaut worden war.
Die Lokomotive, die die Nummer 796 erhalten hatte, bewährte sich verständlicherweise wesentlich besser, als die Strong-Pacific. Zwar konnte man mit nur 69 Zoll (1753 mm) großen Treibrädern keine hohen Geschwindigkeiten erreichen, was wahrscheinlich aber auch gar nicht beabsichtigt war, doch als später der Oberbau verstärkt wurde und die zulässige Achslast heraufgesetzt werden konnte, entfernte man einfach die nun nicht mehr benötigte Laufachse – sie hatte sowieso nicht einmal 10 % der Gesamtlast getragen – und hatte eine normale und noch lange Zeit brauchbare Ten-Wheeler.
Doch der Gedanke »2 C mit zusätzlicher Laufachse« wurde weiterentwickelt und diesmal waren es die Rhode Island Lokomotivwerke, die damit zum Zuge kamen. Im Jahre 1893 lieferten sie für dieselbe Bahn drei der 796 sehr ähnliche, aber etwas größere Lokomotiven. Das Gesamtgewicht war von 60 t bei der 796 auf etwa 65 t gestiegen und das Mehrgewicht kam zum größten Teil der Kesselheizfläche zugute, denn man hatte den Stehkessel ein ganzes Stück nach hinten verschoben. Durch den größeren Überhang bekam nun auch die Laufachse eine erhöhte Bedeutung, hatte sie doch nun immerhin schon etwa ein Achtel der Gesamtlast zu tragen. Durch den Treibraddurchmesser von 78 Zoll (1981 mm) bekam die Maschine auch noch mehr das Aussehen einer Schnellzugloko-

Bild 100: 2 C 1 h3, Nr. 2750 »Papyrus«, der London & North Eastern Railway. Erbaut 1929 in der Bahnwerkstatt Doncaster. Treibraddurchmesser 80 Zoll (2032) mm. Schnellste von Gresleys A 3-Klasse. Erreichte 108 mph (174 km/h). Trug zuletzt die Nummer 60 096 und wurde 1963 ausgemustert (British Railways Board).

motive. Eine der drei Maschinen war auf der Weltausstellung 1893, der »Columbian Exposition«, in Chicago zu sehen und wurde dort gebührend bestaunt. Doch unglücklicherweise hatte der Erbauer die Lokomotiven, einem Trend der Zeit folgend, mit einer weiteren Neuerung versehen, nämlich einem Zweizylinder-Verbund-Triebwerk. Dieses ist jedoch, wegen der ungleichen Massenverteilung, für schnellfahrende Lokomotiven nicht besonders geeignet.

Tatsächlich war denn auch die Bahn mit den neuen Maschinen nicht zufrieden und gab sie nach kurzer Erprobung an die Erbauerfirma zurück. Zufällig benötigte zu der Zeit die Savannah, Florida & Western Railway, die später durch die Rekordfahrt der 111 (Kapitel VI) bekannt wurde, dringend neue Schnellzuglokomotiven und kaufte kurzentschlossen die drei zurückgegebenen Maschinen zu einem Vorzugspreis. Da das Verbundtriebwerk inzwischen durch ein normales Zwillingstriebwerk ersetzt war, kam man auch wesentlich besser mit ihnen zurecht, und die drei Lokomotiven wurden schließlich im Jahre 1902 von der Atlantic Coast Line Railroad übernommen. Dort erhielten sie zunächst die Klassenbezeichnung J, jedoch wurden sie später in Ten-Wheeler (Klasse K-13) umgebaut, wobei gleichzeitig der Treibraddurchmesser auf 73 Zoll (1854 mm) verringert wurde. So erhielt die Bahn drei recht brauchbare Lokomotiven, die noch bis 1934 im Dienst standen.

Nun trat eine Pause von acht Jahren ein, in der von der 2 C 1 nicht mehr die Rede war. Erst zu Anfang des 20. Jahrhunderts tauchte sie wieder auf; diesmal jedoch in einer Form, die den in ihr steckenden Möglichkeiten besser entsprach, nämlich mit breitem, vollständig hinter den Kuppelrädern liegendem Stehkessel, der durch eine weit zurückgeschobene Laufachse getragen wurde.

Im Jahre 1901 lieferte Baldwin 13 derartige Lokomotiven mit allerdings noch sehr bescheidenen Abmessungen an die neuseeländische Staatsbahn (New Zealand Government Railways). Die schmalspurigen Maschinen – die Spur betrug 3½ Fuß (1067 mm) – mit nur 49⅛ Zoll (1248 mm) Treibraddurchmesser und einer Heizfläche von 1683 Quadratfuß (156,4 m²) wogen samt ihrem vierachsigen Tender lediglich 73,3 t; und das ist ziemlich genau die Hälfte des Gewichtes der bayrischen Pacific-Schnellzuglokomotive der Gattung S 3/6. Dennoch stellten sie für ihre Zwecke recht brauchbare Maschinen dar und bildeten den Grundstock der später in Neuseeland so weit verbreiteten Pacific-Bauart. Gehörten doch fast 34 % der von der NZGR beschafften 708 Dampflokomotiven (die der Wellington & Manawatu Railway nicht mitgerechnet) zu dieser Bauart.

Es gab wohl wenig Bahnen, die einen so hohen Prozentsatz an Pacifics besaßen.

Ein Jahr später erschien dann die moderne 2 C 1 auch in den

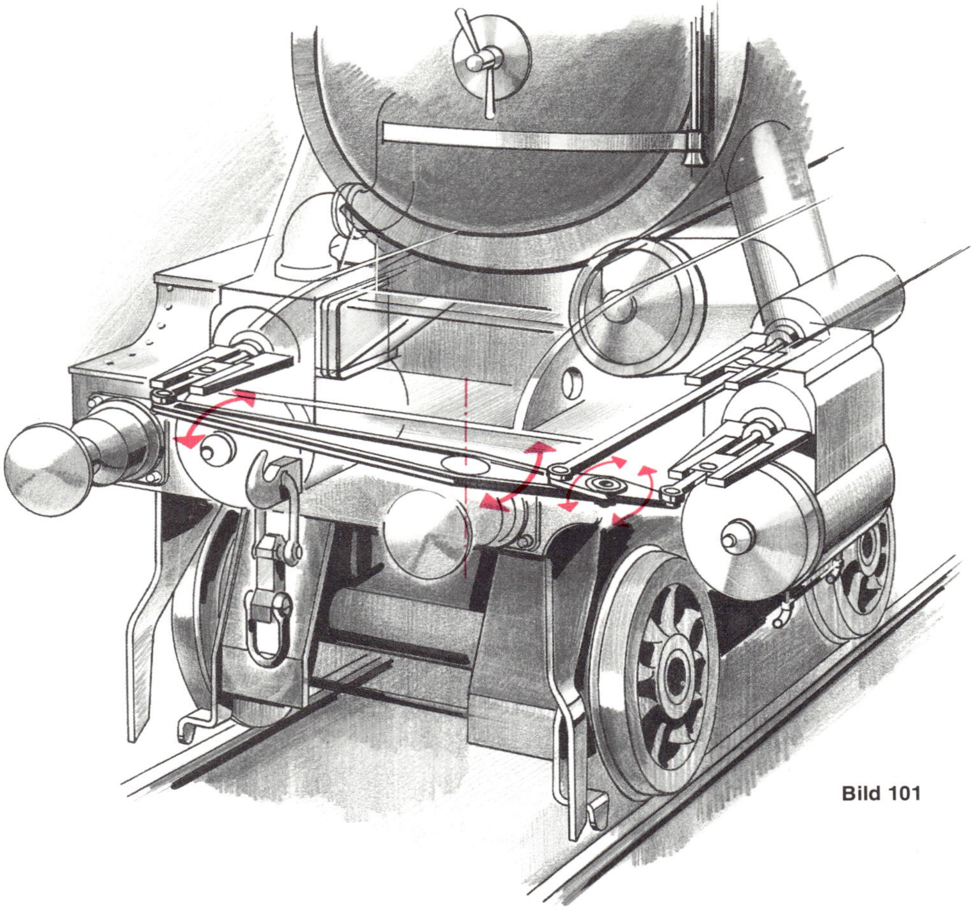

Bild 101

Bild 102

2 C 1 h3, Klasse A3, »Papyrus«, London & North Eastern Railway, England.

Bild 101: Dreizylinder-Steuerung von Gresley. Zwar ermöglichte eine völlig unabhängige Steuerung für den Innenzylinder von Dreizylinder-Lokomotiven die genaueste Einstellung und damit völlig gleiche Leistungsverteilung auf alle drei Zylinder, doch bestand der Nachteil der Unzugänglichkeit der innerhalb des Rahmens liegenden Steuerungsteile. Es hat daher zahlreiche Vorschläge gegeben, die Steuerung des inneren Zylinders von der der beiden äußeren abzuleiten. Die einfachste Lösung fand Nigel Gresley, er benötigte nur zwei unterschiedliche, waagerechte Hebel. Diese lagen außerdem noch vor dem Zylinderblock, so daß sie leicht zugänglich waren. Gresley verwendete diese Steuerung für alle seine Dreizylinder-Lokomotiven. Später erwarb die American Locomotive Company die Lizenz und baute Lokomotiven mit Gresley-Steuerung sowohl für die USA, als auch für den Export. Bei den englischen Lokomotiven beobachtete man, daß bei nicht genauer Einstellung der mittlere Zylinder mehr Leistung als die beiden äußeren erhielt, während bei den großen amerikanischen Maschinen Fälle bekannt wurden, in denen – bei etwas ausgeschlagenen Gelenken und einer bestimmten Füllungseinstellung – der mittlere Zylinder überhaupt keinen Dampf mehr bekam, was den Lokomotiven einen eigenartigen, asynchronen Auspuffschlag verlieh.

Bild 102: Gresleys A 1-(später A 3-)-Pacifics gehörten zu den bekanntesten Lokomotiven in England. Bis zum Erscheinen der verkleideten A 4 versahen sie den gesamten hochwertigen Expreßzugdienst der London & North Eastern Railway. Trotz ihres etwas »hecklastigen« Aussehens besaßen sie eine ausgewogene Lastverteilung. Dies, in Verbindung mit dem Drillingstriebwerk, Treibrädern von 6 Fuß, 8 Zoll (2032 mm) Durchmesser und einem sehr leistungsfähigen Kessel, befähigte sie, hohe Geschwindigkeiten lange durchzuhalten. Die »Papyrus« erreichte am 5. März 1935 bei Versuchsfahrten eine Höchstgeschwindigkeit von 108 mph (174 km/h). Damit war sie die schnellste unverkleidete Dampflokomotive in England und bleibt es auch für immer. Bekannteste aller A 3-Lokomotiven ist aber sicher die 4472 »Flying Scotsman«. Erbaut 1923, ging sie nach ihrer Ausmusterung im Januar 1963 in Privatbesitz über, wurde völlig renoviert, in den alten Farben gestrichen und erhielt ihre LNER-Nummer 4472 wieder. In dieser Form absolvierte sie in den 60er und 70er Jahren zahlreiche Sonderfahrten, unter anderem auch in den Vereinigten Staaten.

Vereinigten Staaten. Im Jahre 1902 lieferten die Brooks-Lokomotivwerke in Dunkirk, New York, die sich grade mit acht anderen Firmen zur American Locomotive Company zusammengeschlossen hatten, 10 Lokomotiven an die Missouri Pacific Railway (Mopac). Dem Namen dieser Bahn wird meistens die Entstehung der Gattungsbezeichnung »Pacific« zugeschrieben. Andere jedoch leiten ihn von den ein Jahr älteren Baldwin-Lokomotiven ab, die »über den Pacific« nach Neuseeland gingen. Daß diese Ansicht nicht ganz von der Hand zu weisen ist, zeigt die Herkunft eines anderen Gattungsnamens. Im Jahre 1897 wurde eine Serie wenn auch kleiner, so doch moderner 1 D 1-Lokomotiven von Baldwin nach Japan verschifft und von dieser Lieferung erhielt diese Gattung ihren Namen »Mikado«. Wie dem auch sei, der Name »Pacific« für die 2 C 1 setzte sich, genau wie die Bauart selbst, sehr schnell allgemein durch.

Technische Daten

Bahnverwaltung	**London & North Eastern Railway, England**
Achsanordnung:	
Deutsche Bezeichnung	**2 C 1 h3**
White classification	**4–6–2 (Pacific)**
Klasse	**A 3**
Bahnnummer	**2750 (96)**
Erbauer	**Bahnwerkstatt Doncaster**
Werknummer	
Baujahr	**1929**
Treibraddurchmesser	**80 in = 2032 mm**
Laufraddurchmesser, vorn	**38 in = 965 mm**
Laufraddurchmesser, hinten	**44 in = 1118 mm**
Zylinderdurchmesser	**3 × 19 in = 483 mm**
Kolbenhub	**26 in = 660 mm**
Rohrlänge	**18 ft, 11¾ inl = 5785 mm**
Verdampfungsheizfläche (wasserber.)	**2689 sq.ft. = 249,8 m²**
Feuerbüchsheizfläche (wasserber.)	**215 sq.ft. = 20,0 m²**
Überhitzerheizfläche	**703 sq.ft. = 65,3 m²**
Rostfläche	**41,25 sq.ft. = 3,83 m²**
Kesseldruck	**220 psi = 15,2 bar (15,5 kp/cm²)**
Reibungslast	**66.15 tons = 659,3 kN (67,2 Mp)**
Dienstgewicht, Lokomotive	**96.25 tons = 97,8 t**
Dienstgewicht, Lok + Tender	**154.15 tons = 156,5 t**
Kohlenvorrat	**8 t**
Wassermenge	**5000 mp. gal. = 22,7 m³**
Höchste erreichte Geschwindigkeit	**108 mph = 174 km/h**
Treibraddrehzahl	**454 Upm**
Indizierte Leistung	**1650 kW = 2250 PS**
Mittlere Kolbengeschwindigkeit	**9,99 m/s**
Vergleichsgeschwindigkeit (Reihe 01 DRG)	**171 km/h**

Die Mopac-Pacifics waren noch verhältnismäßig kleine Maschinen, die mit einem Gewicht von 78,5 t (ohne Tender) und einer Reibungslast von etwa 513 kN (52 Mp) die gleichaltrigen E 2-Atlantics der Pennsylvania Railroad kaum übertrafen. Doch schon bei ihnen mußte man der Gefahr einer Überlastung der Schleppachse aus dem Wege gehen. Trotz der dicht aneinandergerückten Kuppelräder von nur 69 Zoll (1753 mm) Durchmesser waren daher die unterhalb des Langkessels liegende Vorderwand und die Rückwand des Stehkessels nach vorne geneigt. Dieses war das später am häufigsten angewandte Konstruktions-Merkmal, um die Lastverteilung der Lokomotive zu verbessern und einer Überlastung des Hinterendes zu begegnen.
Schon die noch im gleichen Jahre erfolgende nächste Lieferung an die Missouri Pacific und an die von ihr kontrollierte St. Louis, Iron Mountain & Southern Railway bestand aus, wenn auch nahezu identischen, so doch schon schwereren Maschinen, als es die Erstlinge waren, und bei den nur wenige Monate jüngeren ersten beiden Pacifics der Chesapeake & Ohio Railway war das Gewicht bereits auf 90 t geklettert. Interessanterweise bezeichnete die C & O ihre Pacifics anfangs als »Ten-Wheeler mit Schleppachse« – eine Bezeichnung, die eigentlich nur für die alten 2 C 1 der CM & StP paßte – und gab ihnen konsequenterweise auch den Gattungsbuchstaben F der Ten-Wheeler. Und so liefen die 5 verschiedenen Pacific-Bauarten der C & O mit den Bezeichnungen F-15 bis F-19. (F-12 und F-14 waren von der Pere Marquette geerbt, die F-20 nach dem 2. Weltkrieg von der Richmond, Fredericksburg & Potomac gekauft), da F-14 im Jahre 1902 die letzte Ten-Wheeler-Gattung bezeichnete.
All diese frühen Pacifics besaßen innenliegende Kolbenschieber, die von der üblichen, ebenfalls innenliegenden Stephenson-Steuerung betätigt wurden, und natürlich Naßdampfkessel. Um das Gewicht niedrig zu halten, hatte die Schleppachse Innenlagerung.
Im folgenden Jahre erschienen dann die ersten Pacifics bei der New York Central, die Klassen K und K-1. Die höheren zulässigen Achslasten erlaubten es nun schon, auf ihren 6 Achsen 94 t unterzubringen und die Reibungslast auf 600 kN (61 Mp) zu steigern. Aus dem gleichen Grunde konnte die Schleppachse in einem schwereren Außenrahmen-Deichselgestell untergebracht werden, wodurch deren Lager der Einwirkung von Hitze und umherfliegender Asche weniger ausgesetzt sowie besser zugänglich waren, und darüber hinaus die konstruktive Durchbildung des Aschkastens erleichtert wurde.
Jetzt nahmen die Bestellungen neuer Pacifics sprunghaft zu und bald waren sie auf nahezu allen Strecken des Landes zu finden. In immer größeren und leistungsfähigeren Ausführungen rollten sie aus den Montagehallen, bis hin zur mächtigen K 4s der Pennsylvania (Bild 107), die zwar in Abmessun-

gen und Leistung noch von einigen anderen übertroffen wurde, die aber mit 425 Stück die meistbeschaffte und wahrscheinlich die bekannteste und berühmteste Pacific-Schnellzuglokomotive überhaupt gewesen ist. 240,3 t Gesamtgewicht (mit vierachsigem Tender 100-P-75), 898 kN (91,5 Mp) Reibungslast, 375,4 m² Verdampfungs- + 87,6 m² Überhitzerheizfläche, 6,5 m² Rostfläche und Zylinderleistungen von über 2900 kW (über 4000 PS), waren Zahlen, mit denen sie selbst europäische Mountains weit in den Schatten stellte. Und mit dem riesigen, sechsachsigen »Coast-to-coast«-Tender 250-P-75, der über 92 m³ Wasser und 25 t Kohle faßte, brachte sie es sogar auf 321,6 t, fast das doppelte Gewicht der Reichsbahn-Einheitslokomotive Reihe 03.

Bruce* gibt die Zahl aller in den Vereinigten Staaten gebauten Pacifics mit 6800 an, während Haas** sogar 10 500 (allerdings für USA und Kanada gemeinsam) nennt. Nicht nur vor Schnellzügen waren sie zu sehen, sondern standen auch im Personenzugdienst, und bei manchen Bahnen wurden sie, mit kleineren Treibrädern, speziell für Eilgüterzüge beschafft. Wie bei der in Amerika weit verbreiteten und beliebten Umbaupraxis nicht anders zu erwarten, wurden in späteren Jahren zahlreiche ältere Pacifics durch neue Heißdampfkessel – teilweise auch mit Oberflächen- oder Mischvorwärmern –, neue Zylinder oder ganze Stahlgußrahmen (Locomotive bed), Walschaerts-(Heusinger)-Steuerung, »Delta«-Stahlguß-Schleppgestell, verstärkte Bremse, größere Tender und viele zusätzliche kleinere Verbesserungen aufgewertet und ihren moderneren Schwestern angepaßt. So konnten sie noch bis zum Ende der Dampflokzeit mit großem Nutzen verwendet werden.

In Europa erschien die Pacific zuerst im Jahre 1907 nahezu gleichzeitig in Frankreich und Deutschland. Den Anfang machte die Paris-Orléans-Bahn (PO) mit den beiden Lokomotiven 4501 (Bild 168) und 4502, geliefert von der Elsässischen Maschinenbaugesellschaft, Werk Belfort. Nach wenigen Monaten folgte die zwar früher bestellte, jedoch später abgelieferte IVf (Bild 126) der badischen Staatsbahn, hergestellt bei Maffei in München. Mit 90 t Dienstgewicht (ohne Tender) und 513 kN (52,3 Mp) Reibungslast für die 4501 bzw. 88,3 t und 486 kN (49,5 Mp) für die IVf waren beide, verglichen mit zeitgenössischen amerikanischen Pacifics, verhältnismäßig leichte Maschinen; doch weit dringender als in Amerika war bei den geringen zulässigen Achslasten in Europa die Notwendigkeit, die Belastung gleichmäßig zu verteilen und einer Überlastung der Schleppachse vorzubeugen. Anton Hammel, der Schöpfer der IVf, hatte es nicht nur verstanden, dieses Ziel durch stark geneigte Stehkesselwände und eine besonders lange und schwere Rauchkammer zu erreichen, sondern der Lokomotive dabei auch noch ein bemerkenswert harmonisches Aussehen gegeben. Bei der PO hatte man einen anderen Weg beschritten. Der ganze Kessel saß weiter vorn und der Stehkessel war in seinem vorderen Teil eingezogen, so daß er zwischen die Räder der letzten Kuppelachse paßte. Auch diese recht teuere Konstruktionsmaßnahme ist, genau wie die erstere, später noch öfter verwendet worden. Zusätzlich war jedoch auch hier die Stehkesselrückwand geneigt.

Aber es gab noch mehr Möglichkeiten, um mit dem Problem der Lastverteilung fertig zu werden. Bei der ersten belgischen Pacific, der späteren Reihe 10 – zufällig trug übrigens die erste Lokomotive anfangs dieselbe Nummer, 4501, wie die erste französische 2 C 1 –, ging Flamme der Schwierigkeit, die Kessellänge an den beträchtlichen Radstand der großen Kuppelräder anzupassen, »in sehr einfacher Weise aus dem Wege, indem er auf diese Anpassung verzichtete«, wie Jahn so treffend schreibt. Den Ausgleich suchte er in einem sehr weit nach vorn geschobenen Vierlingstriebwerk, dessen Innenzylinder noch die erste Laufachse des Drehgestells überragten. Dafür nahm er die sehr langen Ein- und Ausströmwege und eine gewisse Überlastung der Schleppachse in Kauf. Trotzdem scheint man mit den Lokomotiven zufrieden gewesen zu sein, denn, nach kleineren Umbauten standen sie bis in die zweite Hälfte der 50er Jahre im Schnellzugdienst, und die letzte wurde erst 1959 – immerhin 49 Jahre nach der Erstlieferung – ausgemustert.

Eine gänzlich andere Lösung fand die Elsässische Maschinenfabrik bei der S 12 für die Reichseisenbahn Elsaß-Lothringen. Sie legte den Stehkessel weit nach vorne zwischen die Kuppelräder, so daß seine Vorderkante bis fast an die Mittelachse heranreichte. Die Schleppachse hatte von der letzten Kuppelachse nur einen Abstand von 1900 mm. Hier tauchte also das Konzept »Ten-Wheeler mit Schleppachse« von 1889 nach zwanzig Jahren wieder auf. Im übrigen waren auch die Abmessungen der S 12 kaum größer, als die einer schweren 2 C-Schnellzuglokomotive der damaligen Zeit. Doch anders als in Amerika wurde diese Bauform weiterentwickelt. Aus ziemlich genauen Kopien der S 12, die 1912 an die Compagnie des Chemins de Fer du Nord (Nord-Bahn) geliefert wurden, entstanden in den 20er Jahren die wohl berühmtesten 2 C 1-Schnellzuglokomotiven Europas, die 90 »Super-Pacifics«, 3.1201 bis 3.1290. Mit bis zu 2900 PS (2130 kW) Zylinderleistung gehörten sie zu den stärksten europäischen Pacifics. Dank des langen, schmalen Stehkessels betrug die hochwirksame Feuerbüchsheizfläche 9,5 % der Gesamtheizfläche; bei der Reichsbahn-Einheitslokomotive Reihe 01 lag dieser Wert nur bei 6,9 %.

Wieder eine andere Variante schuf Borsig bei den Einheitslokomotiven für Jugoslawien. Die 110 Maschinen, die 1929 und 1930 geliefert wurden – 40 Decapod (1 E h3), 30 Mikado (1 D 1 h2) und 40 Pacific (2 C 1 h2) –, hatten alle den gleichen Kessel, der mit breiter Feuerbüchse den Kesseln der Reichs-

* Alfred W. Bruce, »The Steam Locomotive in America«, USA 1952.

** Arnold Haas, »Grundzüge der Entwicklung der Dampflokomotive in Nordamerika«, Lok Magazin 76, Deutschland 1976.

bahn-Einheitslokomotiven sehr ähnlich war. Das Problem der Anpassung des Kessels an den Radstand der gekuppelten Achsen hatte man bei der Pacific (Reihe 05) in sehr eleganter Weise umgangen. Eine solche Anpassung war nämlich hier gar nicht mehr nötig, da es durch die sehr hohe Kessellage von 3300 mm und den Treibraddurchmesser von nur 1850 mm gelang, den Stehkessel vollständig *über* den Rädern anzuordnen. Daher bereitete es keine Schwierigkeiten, daß bei dem verhältnismäßig kurzen Kessel die Feuerbüchsrohrwand noch 450 mm vor der dritten Kuppelachse lag.

Eine der wohl eigenartigsten Pacifics baute Maffei 1913 für die rumänische Staatsbahn. Bei diesen 2 C 1 h4-Lokomotiven hatte man den Gewichtsausgleich auf eine wiederum andere Art erreicht. Alle 4 Zylinder waren bis zur Rauchkammervorderkante vorgeschoben und saßen genau über der führenden Achse des Drehgestells. Sie wirkten gemeinsam auf die erste Kuppelachse. Um der führenden Laufachse genügend seitliche Bewegungsmöglichkeit zu geben, war der Zylinderblock geneigt angeordnet. Trotz ihrer merkwürdigen Form hatten sie eine lange Lebensdauer und einige von den insgesamt 40 Exemplaren, die bis 1917 entstanden, sind als Museumslokomotiven, z.T. sogar betriebsfähig, erhalten geblieben. Einachsantrieb auf die erste Achse hat es bei einer Pacific übrigens nur noch zweimal gegeben, und zwar bei Vincent Ravens 2 C 1 h3 für die englische North Eastern Railway und bei 20 Vierzylinder-Verbund-Maschinen, die die Firma Werkspoor in Amsterdam von 1917 bis 1922 für die kapspurige niederländische Staatsbahn auf Java lieferte. Jedoch saßen die die Zylinder konventionell waagrecht zwischen den Drehgestellachsen.

In England setzte sich die Pacific erst sehr spät durch, denn die erste Lokomotive dieser Bauart auf der Insel, die 111 der Great Western Railway, mit dem Namen »The Great Bear« (Bild 98), 1908 von Churchward in Swindon gebaut, blieb nicht nur die einzige 2 C 1, die die Great Western je besaß, sondern 14 Jahre lang die einzige im Lande überhaupt. Wegen der hohen zulässigen Achslasten kam man hier länger als anderswo mit Ten-Wheelern zurecht. Übrigens wurde die 111 im Jahre 1924, als größere Reparaturen erforderlich wurden, in eine 2 C der »Castle«-Klasse umgewandelt, wobei sie zwar ihr Nummer behielt, jedoch den Namen »Viscount Churchill« bekam.

Der Durchbruch für die Pacific kam erst 4 Jahre nach dem 1. Weltkrieg. Im April 1922 rollte die 1470 »Great Northern« aus der Halle der Bahnwerkstatt Doncaster der Great Northern Railway. Es war die erste einer langen Reihe erfolgreicher, leistungsfähiger und schneller 2 C 1-Lokomotiven und geschaffen hatte sie Herbert Nigel Gresley, Lokomotiv-Dezernent (Locomotive superintendent) dieser Bahn und einer der fähigsten und ideenreichsten Konstrukteure. Er hatte nach seiner Ausbildungszeit bei der London & North Western Railway in Crewe zunächst 8 Jahre bei der Lancashire & Yorkshire Railway unter John Aspinall gearbeitet. Mit 29 Jahren, im Jahre 1905, begann er seine Laufbahn bei der Great Northern und wurde 1911 Nachfolger von H. A. Ivatt. Nach dem »Grouping« von 1923 wurde er Leiter des Maschinenwesens (Chief Mechanical Engineer) der London & North Eastern Railway, mit 10 325 km Streckenlänge und 7385 Lokomotiven zweitgrößte der 4 Gruppen, und behielt dieses Amt bis zu seinem Tode im Jahre 1941.

Bild 103: A 3, Nr. 2750 »Papyrus« vor einem Versuchszug aus teakholz-getäfelten Wagen. Hinter der Lokomotive sieht man den Meßwagen der LNER, der später auch bei der Rekordfahrt der »Mallard« mitwirkte (British Railways Board).

Die größten Schnellzuglokomotiven, die Gresley bei seiner Amtsübernahme vorfand, waren die 93 Atlantics mit großem Kessel, die Ivatt ab 1902 beschafft hatte. Mit ihnen wurden auch die schweren anglo-schottischen Expreßzüge zwischen London und Edinburgh befördert. Den immer länger werdenden Zügen und vor allem der gewaltigen Verkehrszunahme während des ersten Weltkrieges waren diese Maschinen jedoch schließlich nicht mehr gewachsen, obwohl Gresley ihre Leistung durch Einbau von Überhitzern und größeren Zylindern mit Kolbenschiebern erheblich gesteigert hatte. Irgend etwas mußte also geschehen. Daß man mit zwei Kuppelachsen nicht mehr auskam, war klar, doch alles weitere bedurfte noch sorgfältiger Überlegungen. Bereits 1915 skizzierte Gresley eine 2 C 1 h4, doch dieser Entwurf wurde nicht weitergeführt. 1920 entstand dann eine Prairie (1 C 1), doch auch sie kam über das Reißbrettstadium nicht hinaus, denn die Rechnung zeigte, daß 6 Achsen erforderlich waren, um einen genügend leistungsfähigen Kessel unterzubringen. Und so begann im Jahre 1922 mit der 1470 und der wenig später folgenden 1471 »Sir Frederick Banbury« eine neue Ära für die britischen Eisenbahnen, nämlich die Verwendung schwerer und leistungsfähiger Lokomotiven im hochwertigen Schnellzugsdienst. Doch mit der Pacific folgten die übrigen Bahngesellschaften nur zögernd. Erst 11 Jahre später, 1933, erschien die 2 C 1 bei der London, Midland & Scottish Railway (LMS), der »Princess Royal«-Klasse von William Stanier (Bild 99). Weitere 8 Jahre später, 1941, folgte die Southern Railway mit Bulleids »Merchant Navy«-Klasse. Und die Great Western Railway schließlich konnte sich überhaupt nicht mehr zu einer neuen Pacific durchringen; sie hatte allerdings auch in den mächtigen 2 C der »King«-Klasse genügend leistungsfähige Lokomotiven. Erst in den 50er Jahren konnte man auf den Gleisen der nunmehrigen »Western Region« wieder Pacifics sehen, nämlich die Einheitslokomotiven der »Britannia«-Klasse.

Verständlicherweise erregten Gresleys neue Lokomotiven großes Aufsehen, vor allem, nachdem sie bei den Versuchsfahrten gezeigt hatten, was in ihnen steckte. So legte z. B. die 1471 am 9. September 1922 die 105.5 Meilen (169,8 km) zwischen London, Kings Cross, und Grantham mit einem 620 t schweren Zug, der aus zwanzig Drehgestellwagen bestand, in 122 Minuten zurück, was einer Durchschnittsgeschwindigkeit von 83,5 km/h entspricht. Dabei wurde eine Höchstgeschwindigkeit von 123 km/h erreicht. Weitere Versuche bestätigten die gewaltige Leistung dieser Lokomotiven und nach Beseitigung einiger Kinderkrankheiten erschienen sie dann vor den Ostküsten-Expreßzügen. Außerdem wurden sogleich 10 weitere Maschinen in Auftrag gegeben; bei ihrer Ablieferung war aber die Great Northern bereits in der LNER aufgegangen. Die erste dieser 10, die 1472, später 4472, »Flying Scotsman«, erreichte 1934 als erste englische Lokomotive offiziell 100 mph (161 km/h), ein Rekord der inoffiziell seit 1904 von der »City of Truro« der Great Western gehalten wurde (Kapitel XI).

Bis 1924 folgten nochmal 40 Maschinen, so daß der Bestand dann 52 Stück betrug. Von der zwölften Lokomotive angefangen wurde übrigens der Schornstein und die Höhe des Führerhauses um 3 Zoll (76 mm) gekürzt, um sie auch auf den Strecken der ehemaligen North British Railway, deren Profil um dieses Maß niedriger war, verwenden zu können. Die ersten elf wurden später entsprechend umgebaut.

Zu diesen 52 Lokomotiven, die bei der LNER die Klassenbezeichnung A 1 erhalten hatten, kamen bis 1935 noch 27 hinzu, die gegenüber den ersten einige Verbesserungen aufwiesen und als Klasse A 3 bezeichnet wurden (Klasse A 2 war schon vorher an die 5 Pacifics von Vincent Raven für die ehemalige North Eastern Railway vergeben). Diese Verbesserungen ergaben sich aus den Erfahrungen der »Exchange trials« Mitte der 20er Jahre, bei denen mehrere Lokomotiven zwischen den verschiedenen Gesellschaften ausgetauscht und ihr Betriebsverhalten auf den fremden Strecken genau untersucht und mit den eigenen Maschinen verglichen wurde. Die Auswertung dieser Testfahrten führte im wesentlichen zu einer Verlängerung von Schieberweg und Einströmüberdeckung, der Vergrößerung des Überhitzers um 34 % und der Erhöhung des Kesseldruckes von 180 psi (12,7 kp/cm² = 12,4 bar) auf mehr dem Stand der Technik entsprechende 220 psi (15,5 kp/cm² = 15,2 bar). Da bei dem größeren Überhitzer der

Dampfsammelkasten nicht mehr in die Rauchkammer paßte, erhielt diese seitliche Durchbrüche, die durch Kappen verschlossen waren. Diese, hinter dem Schornstein liegenden, quadratischen Deckel sind das äußerlich am besten zu erkennende Unterscheidungsmerkmal zwischen A 1 und A 3. Hauptsächlich durch den schwereren Kessel stieg die Reibungsachslast der Lokomotiven auf fast 220 kN (22,4 Mp), so daß sie nicht mehr auf allen Strecken verwendet werden konnten. Andererseits zeigten die A 3 sehr viel günstigere Werte für Kohle- und Wasserverbrauch und erreichten höhere Leistungen, so daß man sich vernünftigerweise dazu entschloß, nach und nach alle A 1 in A 3 umzubauen.

Betrachtet man die Lokomotive in der Seitenansicht, so fällt als erstes eine gewisse Disharmonie auf. Der in seinem rückwärtigen Teil kegelförmige Kessel, dessen größter Durchmesser über der Feuerbüchsrohrwand lag, sowie die etwas zurückgesetzte Rauchkammer – der Schornstein befand sich rund 83 mm hinter der Mitte der Außenzylinder und 165 mm hinter der Drehgestellmitte – lassen die Maschine ein wenig »hecklastig« erscheinen. Es war Gresley jedoch gelungen, durch geschickte konstruktive Maßnahmen das Problem der Gewichtsverteilung zu lösen und eine Überlastung der Schleppachse zu vermeiden. Die wichtigste dieser Maßnahmen bestand in der besonderen Form der Feuerbüchse. Natürlich waren beide Stehkesselquerwände nach vorne geneigt, doch endete die Neigung der Vorderwand nicht, wie sonst üblich, an der Kesselunterkante, sondern setzte sich bis zur Kesselmitte fort. Dadurch wurde die Rohrwand in den Langkessel geschoben – sie lag nur 215 mm hinter der letzten Kuppelachse – und im unteren Teil der Feuerbüchse entstand eine kleine Verbrennungskammer. Durch diesen Kunstgriff wurde nicht nur der Schwerpunkt des Kessels nach vorn gedrückt, sondern auch die Feuerbüchsheizfläche vergrößert. Sie betrug (bei der A 3) 8 % der Verdampfungsheizfläche; das ist sehr viel für einen Kessel, dessen Rost breiter als lang ist, und wesentlich mehr als die schon erwähnten 6,9 % der etwa gleichaltrigen Reichsbahn-Einheitslokomotive Reihe 01.

Hinter der dritten Kuppelachse war der Rahmen nach außen gekröpft, so daß die Schleppachse Außenlagerung besaß. Es war eine radial einstellbare Achse mit ideellem Drehpunkt, Bauart »Cartazzi«. Da eine Deichsel also nicht vorhanden und außerdem auf einen Federausgleich verzichtet war, konnte auch hier Gewicht gespart werden. Dagegen erhielt die Lokomotive vorne durch das Drillingstriebwerk, das schwere Rahmenmittelstück und das vor den Zylindern liegende Hebelgestänge für den Antrieb des Innenschiebers, zusätzlich Gewicht.

Das Drillingstriebwerk war ein Lieblingskind Gresleys und er verwendete es nicht nur bei seinen Schnellzuglokomotiven. Im Gegensatz zur anderswo üblichen Praxis, baute er es stets in der Form »Einachsantrieb auf die zweite Kuppelachse«, um die erste, die schon durch die Führungskräfte beansprucht war, nicht noch mehr zu belasten. Das erforderte aber, um mit der Treibstange über die Achse des vorderen Kuppelradsatzes hinwegzukommen, einen stark geneigten und um 900 mm zurückgesetzten Innenzylinder. Da der Schieber wegen des Antriebs waagrecht und in gleicher Höhe wie die Außenschieber sitzen mußte, entstand ein recht kompliziertes und schweres Gußstück. Bequeme Anordnung der Einströmleitungen und möglichst gleichlange Ausströmwege waren andererseits die Gründe für die Zurücksetzung der Rauchkammer.

Den Antrieb des Innenschiebers durch zwei unterschiedlich lange, waagrechte, liegende Hebel, mit insgesamt nur 5 Gelenkpunkten, hat Gresley zum ersten Male 1920 bei der 1 C-Eilgüterzuglokomotive Klasse H 3 (Klasse K 3 der LNER) angewendet. Die Steuerung der preußischen G 12 war übrigens ähnlich, jedoch mit hinter den Zylindern liegenden kurzen, senkrechten Hebeln. Obwohl es nie gelang, die Leistung völlig gleichmäßig auf alle 3 Zylinder zu verteilen, hat Greysley stets an seiner Steuerung festgehalten und sie auch nicht geändert. Außer seinen Pacifics und der schon erwähnten K 3 waren u. a. die beiden Güterzuglokomotiv-Klassen O 2 (1 D) und P 1 (1 D 1), die beiden Schnellzuglokomotivklassen V 2 »Green Arrow« (1 C 1) und P 2 (1 D 1) sowie die 1 C 1-Tenderlokomotiven, Klasse V 1, damit versehen.

Später erwarb die American Locomotive Company die Lizenz und rüstete die riesigen 2 E 1-Drillingslokomotiven der Union Pacific und der Southern Pacific sowie die ungeheuren 2 F 1-Maschinen, Klasse 9000, der UP damit aus. Obwohl es hier bei etwas ausgeschlagenen Gelenken möglich war, die Steuerung so einzustellen, daß der Mittelzylinder überhaupt keinen Dampf bekam, behielten die SP-Maschinen die Gresley-Steuerung bis zu ihrer Ausmusterung, während die UP ihre – wesentlich kleineren – 2 E 1 auf Zwillingstriebwerk umbaute und einige der 2 F 1 auf der rechten Seite mit einer kompletten dritten Außensteuerung versah. Gresley-Steuerung besaßen übrigens auch einige japanische Pacifics, und zwar die von der Alco gebauten C 52 und deren japanische Kopie, die C 53.

Durch den recht kurzen Kessel – Rohrlänge 19 Fuß (5791 mm) gegenüber 6800 mm der DRG-01 –, die gedrungene Form – die A 1 war ohne Tender fast 3 m kürzer als die 01 – und die übrigen, schon beschriebenen Konstruktions-Merkmale, hatte es Gresley erreicht, eine Lokomotive zu schaffen, die die 3 Jahre später gebaute 01 der Deutschen Reichsbahn in der Leistung fast erreichte, dabei jedoch, bei etwa gleicher Reibungslast, 15 t leichter war. Dank der guten Gewichtsverteilung betrug ihre Schleppachslast nur 153,5 kN (15,6 Mp); bei der A 3 war es noch etwas weniger. Gresley konnte daher mit einem Raddurchmesser von 3 Fuß, 8 Zoll (1118 mm) auskommen. Bei der 01 dagegen hatte die Schleppachse mit 1250 mm Raddurchmesser bei einigen Ausführungen sogar eine hö-

here Last als die Kuppelachsen zu tragen.
Man kann verstehen, daß die A 1 bei ihrem Erscheinen beträchtliches Aufsehen erregten und bald zu den bekanntesten englischen Lokomotiven gehörten. Alle 79 erhielten, englischem Brauch entsprechend, auch einen Namen; doch ist es für Nicht-Engländer nicht leicht verständlich, daß 74 davon mit den Namen berühmter Rennpferde ausgezeichnet wurden, obwohl die bekannte poetische Bezeichnung »Dampfroß« eine solche Benennung nahelegt. Die neuen Renner brachten eine erhebliche Entlastung des Betriebes; Fahrzeiten konnten gekürzt werden und für schwerere Züge und zum Aufholen von Verspätungen waren endlich genügend Reserven vorhanden.
Eine besondere Sensation ereignete sich am 1. Mai 1928, als die LNER mit fahrplanmäßigen Non-Stop-Fahrten des Ostküsten-Expreßzuges »Flying Scotsman« über die gesamte, 392.7 Meilen (632 km) lange Strecke zwischen London und Edinburgh begann. Technisch wäre das mit den A 3-Maschinen schon eher möglich gewesen, da der Kohlenvorrat gerade ausreichte und die Lokomotiven während der Fahrt aus Schienentrögen Wasser nehmen konnten, doch mußte bis dahin ein Betriebsaufenthalt zum Personalwechsel vorgesehen werden. Um auch dieses letzte Hindernis zu umgehen, hatte Gresley heimlich – um der Konkurrenz keine Hinweise zu geben – fünf A 3 mit Korridor-Tendern ausgerüstet, bei denen durch einen schmalen Seitengang der Führerstand mit den Wagen des Zuges verbunden war, und so einen Personalwechsel während der Fahrt erlaubte.
Gresleys A 1- bzw. A 3-Pacifics waren sehr schnelle Maschinen und Geschwindigkeiten von über 90 mph (145 km/h) sind häufig beobachtet worden. Als schnellste von allen zeigte sich die A 3, Nummer 2750 »Papyrus« (Bild 102). Am 5. März 1935 erreichte sie auf einer Langstrecken-Versuchsfahrt von Newcastle nach London mit einem 220 t-Zuge eine Geschwindigkeit von 108 mph (174 km/h). Die Durchschnittsgeschwindigkeit über die ganze 268,3 Meilen (431,7 km) lange Strecke betrug 109 km/h. Da sich im Zuge ein Meßwagen befand (Bild 103), sind die Fahrzeiten genau belegt. Mit diesem Rekord war »Papyrus« die bis dahin schnellste Lokomotive in England und da später noch höhere Geschwindigkeiten nur mit stromlinienverkleideten Lokomotiven – A 4 bei der LNER und »Coronation«-Klasse bei der LMS – gefahren wurden, bleibt ihr für immer der Ruhm, die schnellste unverkleidete Dampflokomotive auf britischen Schienen zu sein. Bei ihrer Rekordfahrt, die auf einem Streckenstück mit leichtem Gefälle stattfand, betrug die Zylinderleistung rechnerisch etwa 1650 kW (ca. 2250 PS). Dazu mußte der Kessel ungefähr 19,2 t Dampf in der Stunde erzeugen, was eine Heizflächenbelastung von 71 kg/m²h ergibt, ein Wert der nicht einmal besonders hoch ist. Zweifellos wären die anderen A 3-Maschinen genauso imstande gewesen, diese hohe Geschwindigkeit zu erreichen.
Wie ging es weiter? Die stärkeren und schnelleren A 4 drängten die A 3 zwar etwas in den Hintergrund, doch ihre Bedeutung für den schweren Schnellzugdienst der LNER blieb nahezu unverändert. Alle 79 Maschinen überlebten den 2. Weltkrieg und gelangten bei der Verstaatlichung 1948 ebenfalls komplett zu den British Railways. Schon vorher hatte Edward Thompson, der Nachfolger Gresleys, für die Bahn ein neues Numerierungssystem eingeführt und darin den A 3 unmittelbar hinter den A 4 die Nummern 35 bis 113 zugeteilt. Merkwürdigerweise richtete er sich dabei nicht nach der Reihenfolge der Beschaffung, denn die allererste der 79, die »Great Northern« erhielt die Nummer 113, während die erst 1934 entstandene A 3 »Windsor Lad« mit der Nummer 35 versehen wurde. Im Nummernschema der British Railways wurde den vorhandenen Nummern einfach 60 000 hinzuaddiert, so daß die »Papyrus« von da an als 60 096 zu sehen war.
Thompson versuchte aber außerdem, die Lokomotiven durch Umbauten aufzuwerten. Er rüstete die »Great Northern« mit einem A 4-Kessel mit verlängerter Rauchkammer und Doppelschornstein aus, rückte das Drehgestell über 800 mm nach vorn, die Außenzylinder dafür hinter die zweite Laufachse, dicht an die erste Kuppelachse und versah die Maschine mit drei getrennten Steuerungen. Das Ergebnis sah recht merkwürdig aus und es blieb auch bei diesem einen Umbau. Bei den British Railways jedoch erhielten eine große Zahl der A 3 einen Doppelschornstein, um die Dampferzeugung bei der schlechteren Kohle, mit der die Bahn nach dem Kriege auskommen mußte, zu verbessern. Dieser Umbau rentierte sich und Gresleys Pacifics blieben bis zuletzt leistungsfähige und beliebte »Zugpferde«, die – bis auf die 60 104 »Solario« – erst in den 60er Jahren ausgemustert wurden. Als letzte verschwand im Januar 1966 die 60 052 »Prince Palatine« nach immerhin 42 erfolgreichen Betriebsjahren.
Leider ist auch die schnellste von allen nicht erhalten geblieben. »Papyrus« wurde im September 1963, 34½ Jahre nachdem sie das Herstellerwerk verlassen hatte, sang- und klanglos ausgemustert. Weit bekannter als diese Lokomotive war jedoch die dritte von allen, Great Northern Ry. 1472, LNER 4472 und 103 sowie schließlich BR 60 103, »Flying Scotsman«. Als ihre Zeit im Januar 1963, nach nahezu 40 Betriebsjahren abgelaufen war, wurde sie von Alan Pegler gekauft. Er ließ sie nicht nur vollständig aufarbeiten, sondern gab ihr auch den schönen grünen Anstrich der LNER und ihre alte Nummer 4472 zurück. Außerdem beschaffte er einen zweiten Tender, damit längere Strecken ohne allzu häufiges Wassernehmen zurückgelegt werden konnten. In dieser Form wurden mit ihr zahlreiche Sonderfahrten unternommen, unter anderem auch in den Vereinigten Staaten. Und bei diesen Fahrten haben möglicherweise mehr Menschen diese großartige Lokomotive bewußt gesehen und bewundert, als in den ganzen 40 Jahren ihrer regulären Betriebszeit.

XV. Lindbergh Special

2 B 1 h2, Nr. 460, Klasse E 6s, Pennsylvania Railroad, USA

Im Jahre 1927 war die Eisenbahn noch das vorherrschende Verkehrsmittel. Weder in Europa, noch in Nordamerika konnte eines der anderen – Auto und Flugzeug – ihr diese Vorrangstellung streitig machen. Zwar hatte Henry Ford mit der Fließbandproduktion seines T-Modells, von dem bis Mitte jenes Jahres fast 15 1/2 Millionen hergestellt wurden, die Massenmotorisierung eingeleitet, die nach dem Kriege auch über Europa hereinbrach. Doch auf weiten Entfernungen konnte das Auto noch nicht mit der Eisenbahn konkurrieren. Weder war es selbst betriebssicher, schnell und bequem genug, noch besaß das Land ein ausreichendes Fernstraßennetz. Sicherheit, Schnelligkeit, Bequemlichkeit und ein dichtes Streckennetz aber besaß die Eisenbahn. Es war die Blütezeit der Luxuszüge, die das ganze Land durchquerten und alle nur halbwegs bedeutenden Städte miteinander verband. Auch das Flugzeug bildete noch keine ernsthafte Konkurrenz. Die langsamen und niedrig fliegenden Propellermaschinen waren zu sehr von den Launen des Wetters abhängig und auch mit der Flugsicherheit haperte es noch beträchtlich. Doch die Entwicklung ging weiter und zahlreiche wagemutige – oder auch waghalsige – Piloten versuchten, die Grenzen, die dem Flugzeug gesetzt schienen, zu überfliegen. Einer der bekanntesten war sicherlich Charles Lindbergh, der im Mai 1927 mit dem einmotorigen Flugzeug »Spirit of St. Louis« in 33 Stunden als erster den Atlantic von West nach Ost überquerte. Sein Flug erregte großes Aufsehen und riesige Begeisterung in der ganzen Welt. Doch von dem ganzen Spektaktel soll uns hier nur ein kleines, wenig beachtetes Ereignis am Rande interessieren, weil sich dabei eine Lokomotive durch eine außergewöhnliche Schnellfahrt hervortat.

Die Lokomotive war die Atlantic der Klasse E 6s mit der Nummer 460 (Bild 106) der Pennsylvania Railroad und der Zug nannte sich »Lindbergh Special«. Was hatte es mit diesem Zuge für eine Bewandtnis? Als Lindbergh am 11. Juni 1927 an Bord des Kreuzers »Memphis« aus Europa zurückkehrte, wurde er in Washington vom damaligen Präsidenten Coolidge empfangen; und die halbe Stadt war auf den Beinen, um sich das Schauspiel anzusehen. Natürlich waren auch die verschiedenen Filmgesellschaften, die die Tagesgeschehnisse für die Wochenschauen in den Kinos aufnahmen, vollständig vertreten, denn dieses historische Ereignis konnte sich niemand entgehen lassen. Wichtig für die Gesellschaften war es nun, die Filme möglichst schnell nach New York zu bringen, denn auch die New Yorker wollten den großen Augenblick im Bilde sehen. Da es noch kein Fernsehen gab, war man auf die Film-Theater angewiesen, die sich verständlicherweise von diesen interessanten Bildern eine große Anziehungskraft auf das Publikum und gute Einnahmen versprachen. Und wer als erster den Film vorführte, konnte natürlich den Rahm abschöpfen. Darum versuchte jede Wochenschau-Gesellschaft, ihren Film auf dem schnellsten Wege nach New York zu bringen, und der schnellste Weg war selbstverständlich das Flugzeug. Doch eine Gesellschaft, die »International News Reel Company«, dachte etwas weiter. Was nützte die gewonnene Zeit, wenn der Film entweder vor dem Abflug oder nach der Ankunft noch entwickelt werden mußte? Im Flugzeug war das nicht möglich, doch die Eisenbahn bot genügend Raum. In einem, zur rollenden Dunkelkammer umgebauten Packwagen, konnten die Filme während der Fahrt entwickelt, für die Vorführung vorbereitet und sofort nach Ankunft des Zuges in New York von bereitstehenden Boten direkt zu den Kinos gebracht werden, ohne daß wertvolle Zeit verloren ging. Die Gesellschaft schloß daher einen Vertrag mit der Pennsylvania Railroad, die ihr an diesem Tage einen Sonderzug zur Verfügung stellte.

Natürlich mußte auch der Zug sein möglichstes hergeben; immerhin hatte er zwischen Washington, Union Station, und New York, Pennsylvania Station, eine Strecke von 224.8 Meilen (361,8 km) zurückzulegen und man wollte doch die Bilder von der Zeremonie, die mittags in der Bundeshauptstadt vor sich gegangen war, noch am selben Tage in New York zeigen. Die Dampflokomotive hatte von dieser Strecke allein 216 Mei-

Bild 104: 2 B 1 h2, Klasse E 6s, Nr. 460, der Pennsylvania Railroad. Gebaut 1914 in den bahneigenen Juniata-Werken in Altoona, Pennsylvania. Treibraddurchmesser 80 Zoll (2032 mm). Eindrucksvolles Bild der großen Maschine, die 114 mph (183 km/h) gelaufen sein soll. Auffallend ist der niedrige Tender, der Belpaire-Stehkessel, der tief heruntergezogene Rahmen des »KW«-Schleppgestells und das zierlich wirkende Steuerungsgestänge. 1950 in Ocean City, N.J. (Sammlung H.K. Vollrath, U.S.A.).

len (348 km) bis zum Bahnhof Manhattan Transfer zu bewältigen; dort wurde sie für die Tunnelstrecke durch eine Elektro-Lokomotive ersetzt. Natürlich hatte die Pennsylvania in Verbindung mit der Filmgesellschaft das ganze Unternehmen sorgfältig vorbereitet, wobei ihr zugute kam, daß eine ähnliche Fahrt bereits zwei Jahre zuvor, anläßlich der Vereidigung von Präsident Coolidge, stattgefunden hatte. Der »Lindbergh Special«, wie der Zug genannt wurde, bestand, genau so wie der Sonderzug von 1925, aus einem umgebauten Packwagen und einem normalen Standard-Schnellzugwagen, Klasse P 70, der Pennsylvania. Und in beiden Fällen wurde der Zug von einer E 6s-Atlantic aus der letzten Serie, gebaut im August 1914, gezogen. 1925 hatte der Zug mit der 231 – der drittletzten aller E 6s – für die 216 Meilen bis Manhattan Transfer 203 Minuten benötigt, was einer Durchschnittsgeschwindigkeit von fast 103 km/h entspricht. Dies ist schon ein ganz beachtlicher Wert, doch der »Lindbergh Special« war noch erheblich schneller.

Die 460 an der Spitze des Zuges war nicht nur die allerletzte der 83 E 6s, sie befand sich auch in sehr gutem Pflegezustand und man sah ihr ihre fast 13 Lebensjahre in keiner Weise an. Eine gut gepflegte Maschine war aber auch nötig, denn als Lokführer Warren um 12 Uhr 14 den Regler öffnete und der »Special« aus der Union Station donnerte, lag eine Fahrt vor ihm, die keiner der Beteiligten so bald vergessen sollte. Zwar war die Beschleunigung der 2 Wagen, deren Gesamtgewicht bei etwa 100 t gelegen haben mag, für die gewaltige Maschine nur ein Kinderspiel, doch eine Strecke von fast 350 km in knapp drei Stunden zurückzulegen, bedeutete wesentlich mehr. Einige der Hindernisse, die die beabsichtigte rasche Fahrt hätten stören können, wurden von der Bahn rechtzeitig aus dem Wege geräumt; dennoch blieben genug übrig. Alle Güterzüge waren lange vor der erwarteten Durchfahrtszeit auf Ausweichgleise verwiesen, Personen- und Schnellzüge wurden so geleitet, daß der rasende Sonderzug immer ein freies Gleis vorfand und auf 6 Streckenabschnitten, für die eine Höchstgeschwindigkeit vorgeschrieben war, wurde dem Zuge gestattet, diese, wenn nötig, zu überschreiten. Jedoch erforderten mehrere Bahnhofsdurchfahrten, betriebliche Langsamfahrstellen, der Tunnel in Baltimore, eine Dreh-

Bild 105

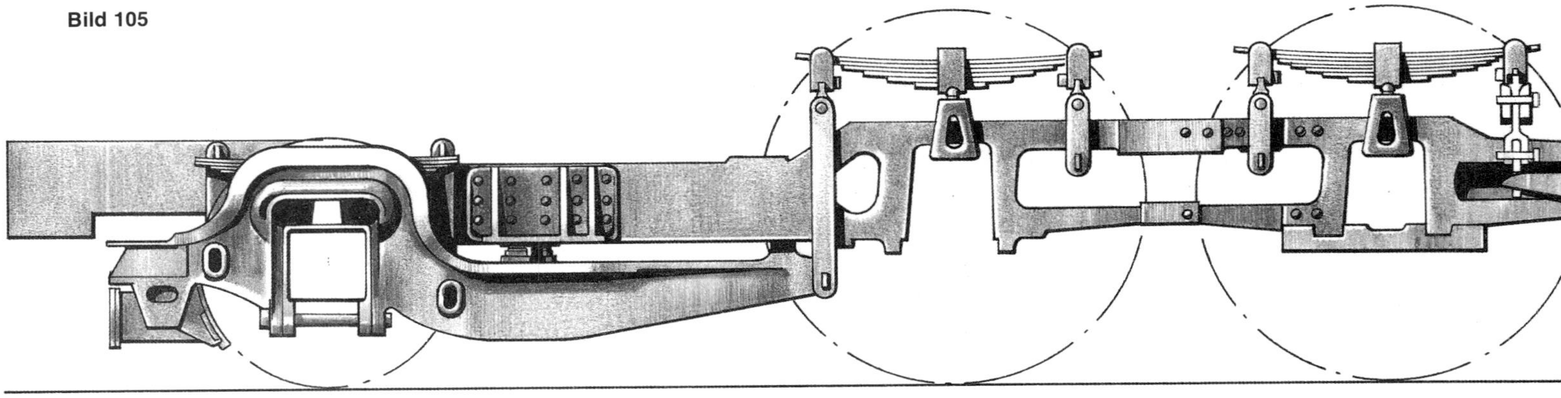

Bild 105: Federanordnung der E 6s. Nahezu alle nordamerikanischen Lokomotiven besaßen Dreipunktabstützung. Das teilweise recht verwickelte System von Federn und Ausgleichshebeln nahm man in Kauf, um eine gleichmäßige, statisch bestimmte Lastverteilung zu erhalten, die entgleisungssicheren Lauf auch auf nicht ganz einwandfreiem Oberbau ermöglichte. Das Mehrgewicht des Ausgleichssystems spielte bei den hohen zulässigen Achslasten – auf Hauptbahnen bis weit über 30 Mp (rund 300 kN) – keine Rolle. Das Bild zeigt das Federsystem der Serienausführung. Beim Prototyp bestand der vordere Stützpunkt zunächst nur aus dem Drehgestell, während die beiden anderen Stützpunkte sich über die drei hinteren Radsätze erstreckten. Die Lastverteilung befriedigte hierbei aber nicht, so daß die Lokomotive später umgebaut wurde.

Bild 106

2 B 1 h2, Klasse E6s, Nummer 460, Pennsylvania Railroad, USA.

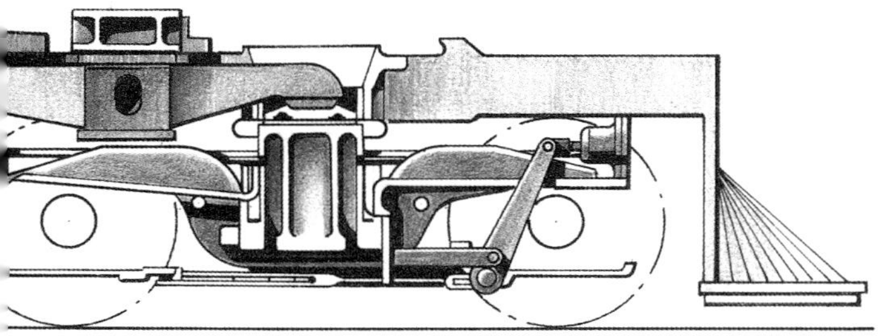

Bild 106: Die E 6s der Pennsylvania Railroad entstand in dem Bestreben, mit einer nur zweifach gekuppelten Schnellzuglokomotive in den Leistungsbereich der dreifach gekuppelten (Pacific) vorzustoßen. Einen gewissen Ausgleich gegenüber der größeren Lokomotive sollte das leichtere Triebwerk der Atlantic mit seinen niedrigeren Massenkräften und seiner geringeren Triebwerksreibung ergeben. Das Ergebnis war wohlgelungen und im ganzen kann man die E 6s wohl zu den besten Atlantics zählen. Zwar erreichten sie nicht die Wirtschaftlichkeit europäischer Vierzylinder-Verbund-Atlantics, doch legte die Bahn darauf auch weniger Wert. Wichtiger war die hohe Zugkraft, die bei einer Reibungslast von 605 kN (61,7 Mp) aufgebracht werden konnte, und der sehr leistungsfähige Kessel. Die Brauchbarkeit der E 6s zeigte sich vor allem darin, daß der größte Teil der 83 Maschinen, die – bis auf drei Prototypen – alle im Jahre 1914 erbaut wurden, noch bis nach dem zweiten Weltkrieg eingesetzt war. Daß die guten Laufeigenschaften die Lokomotiven auch zu hohen Geschwindigkeiten befähigten, zeigte sich am 11. Juni 1927, als die 460 mit einem – allerdings recht leichten – Sonderzug die 348 km zwischen Washington und New York in 3 Stunden, 23 Minuten bewältigte und dabei eine Strecke von etwa 9 km in 3 Minuten zurücklegte, was 114 mph oder 183 km/h entspricht. Die Rekordlokomotive mit der Nummer 460 ist als Museums-Lokomotive erhalten geblieben. Ihr Treibraddurchmesser von 80 Zoll (2032 mm) war Standardmaß für die Schnellzuglokomotiven der Pennsylvania.

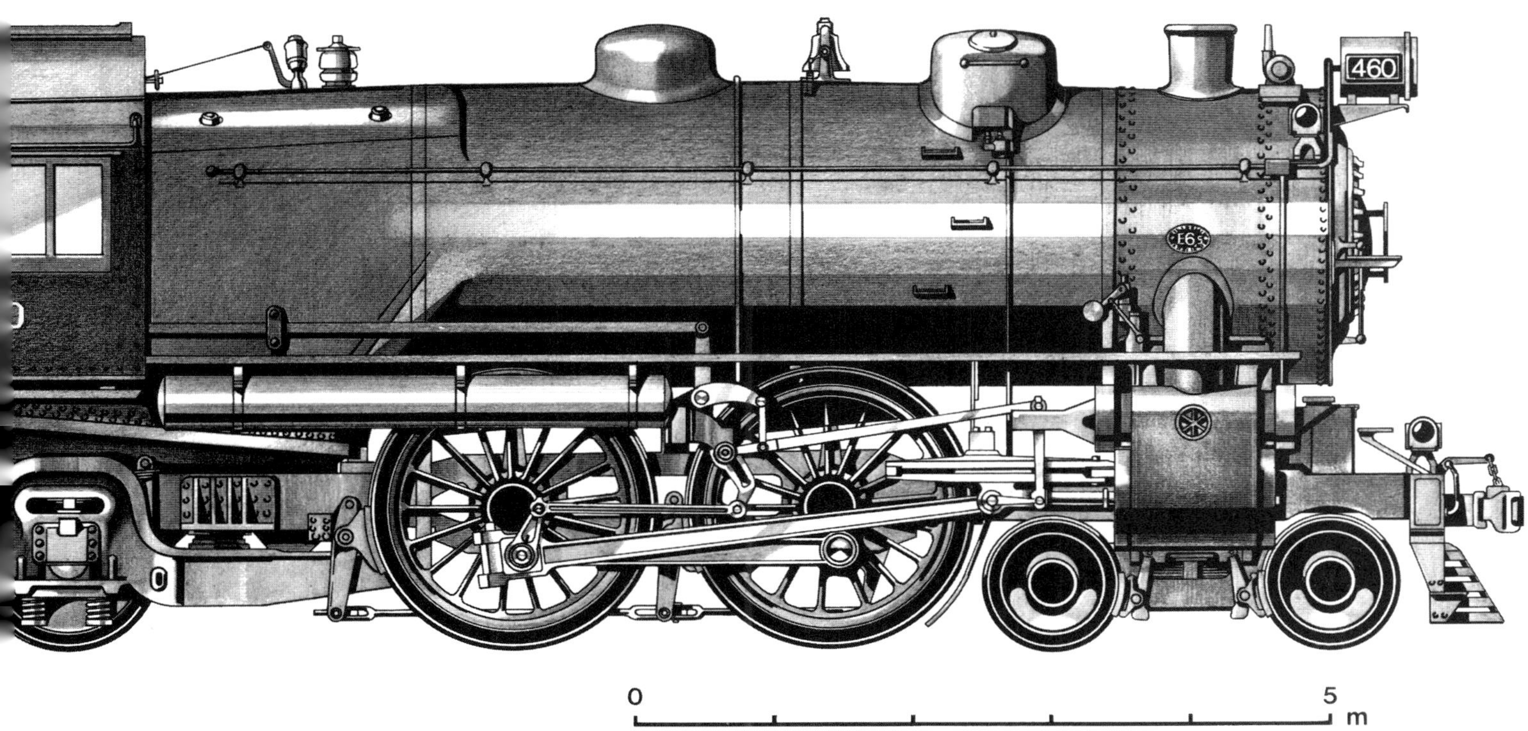

brücke und das Wassernehmen während der Fahrt aus den Schienentrögen jedesmal eine erhebliche Reduzierung der Geschwindigkeit. Übrigens gab es nach der ersten Wassernahme lange Gesichter auf dem Führerstand. Es war kaum Wasser in den Tender gelangt. Irgendetwas schien mit der Schaufel nicht in Ordnung zu sein, wahrscheinlich klemmte das Absenkgestänge. Wohl oder übel mußte man in Wilmington, West Yard, auf etwa der Hälfte der Strecke, zum Wassernehmen anhalten. Zum Glück konnte bei der Gelegenheit die Störung an der Wasserschaufel beseitigt werden, doch es kostete über 4 Minuten.
Als der Zug schließlich um 15 Uhr und 9 Minuten in Manhattan Transfer hielt, hatte er für die ganze Strecke keine 3 Stunden benötigt. Dort wartete bereits die Elektro-Lokomotive, eine DD1; in drei Minuten war der Lokwechsel vollzogen, der Zug schoß davon, unterquerte den Hudson, und stand 12 Minuten später am Bahnsteig der Pennsylvania Station, wo sofort mit dem Ausladen der inzwischen fertigen Filmrollen begonnen wurde.

Die Zeit von 2 Stunden und 55 Minuten, die die 460 für die 348 km lange Strecke brauchte, ergibt eine Durchschnittsgeschwindigkeit von 119 km/h; wenn man den Zwangsaufenthalt in Wilmington nicht berücksichtigt, sind es sogar 122 km/h. Man kann sich leicht ausmalen, wie schnell der Zug auf freier Strecke gefahren sein muß, um diesen Durchschnitt zu halten. Es läßt sich schätzen, daß es mindestens 150 km/h gewesen sein müssen. Tatsächlich war er auf einzelnen Abschnitten noch weitaus schneller. So wurde ziemlich zu Anfang der Fahrt eine 10.3 Meilen lange Strecke zwischen Bowie und Severn in 6 Minuten durcheilt, was 166 km/h ergibt, und für die 3.7 Meilen zwischen Marcus Hook und Chester, kurz vor Philadelphia, brauchte er nur 2 Minuten, und daraus errechnet sich fast 178 km/h. Seine wahrscheinlich höchste Geschwindigkeit erreichte der Zug jedoch im letzten Drittel der Fahrt, als er die 5.7 Meilen (etwas über 9 km) zwischen dem Stellwerk CD, bei Princeton Junction, und dem Stellwerk MK, bei Monmouth Junction, in genau 3 Minuten durchschoß, und damit die Geschwindigkeitsmarke auf 114 mph oder mehr als 183 km/h hochschraubte.
Dies ist mit Abstand die höchste Geschwindigkeit, die je von einer E 6s bekannt geworden ist, doch waren natürlich im Normalbetrieb die Zuglasten wesentlich höher und die vorgesehenen Fahrzeiten länger. Andererseits unterschied sich die 460, abgesehen davon, daß sie die jüngste war, in nichts von den anderen Mitgliedern dieser Klasse, so daß jede andere diese Fahrt genau so hätte vollbringen können. Selbstverständlich sind die Angaben über die Rekordgeschwindigkeit mit einer gewissen Vorsicht zu betrachten, angesichts der Tatsache, daß über Art und Genauigkeit der Zeitmessung nur spärliche Informationen vorliegen. Doch die Maschine war eine durchaus gesunde Konstruktion, ausgelegt für mindestens 100 mph (etwa 160 km/h) und, im Gegensatz zu der etwas mysteriösen Rekordfahrt der 7002 vom Juni 1905 (Kapitel XIII), sprechen die ganzen Umstände dieser Fahrt viel eher dafür, daß der Zug an die genannte Geschwindigkeit von 114 mph zumindest dicht herangekommen ist.
Die zwei Wagen, die die Lokomotive zu ziehen hatte, erscheinen im ersten Augenblick als sehr geringe Last, im Vergleich zu den 8 bis 10 schweren Schnellzugwagen, die die E 6s in ihren normalen Plänen zu schleppen hatten. Doch muß man berücksichtigen, daß das gesamte Zuggewicht, also Lokomotive und die beiden Wagen zusammen, etwa 285 t betrug, und das ist ziemlich genau das Gewicht eines heutigen Schnellzuges der Deutschen Bundesbahn, der aus einer Elektrolokomotive der Reihe 110 und 5 Wagen besteht. Hinzu kommt nun aber

Technische Daten

Bahnverwaltung	**Pennsylvania Railroad, USA**
Achsanordnung:	
Dtsch. Bezeichnung	**2 B 1 h2**
White classification	**4-4-2 (Atlantic)**
Klasse	**E 6s**
Bahnnummer	**460**
Erbauer	**Juniata-Werke, Altoona, Pennsylvania**
Werknummer	**2860**
Baujahr	**1914**
Treibraddurchmesser	**80 in = 2032 mm**
Laufraddurchmesser, vorn	**36 in = 914 mm**
Laufraddurchmesser, hinten	**50 in = 1270 mm**
Zylinderdurchmesser	**23 1/2 in = 597 mm**
Kolbenhub	**26 in = 660 mm**
Rohrlänge	**13 ft = 4572 mm**
Verdampungsheizfläche (wasserber.)	**2896 sq.ft. = 269.1 m²**
Feuerbüchsheizfläche (wasserber.)	**218 sq.ft. = 20.3 m²**
Überhitzerheizfläche	**613 sq.ft. = 56.9 m²**
Rostfläche	**55.19 sq.ft. = 5,13 m²**
Kesseldruck	**205 psi = 14,1 bar (14,4 kp/cm²)**
Reibungslast	**136000 lbs = 605 kN (61,7 Mp)**
Dienstgewicht, Lokomotive	**243600 lbs = 110,5 t**
Dienstgewicht, Lok + Tender	**411250 lbs = 186,5 t**
Kohlenvorrat	**16 t**
Wassermenge	**7150 gal (US) = 27,1 m³**
Höchste erreichte Geschwindigkeit	**114 mph = 183 km/h**
Treibraddrehzahl	**479 Upm**
Indizierte Leistung	**ca 2000 kW = ca 2700 PS**
Mittlere Kolbengeschwindigkeit	**10,5 m/s**
Vergleichsgeschwindigkeit (Reihe 01 DRG)	**181 km/h**

Bild 107: 2 C 1 h2, Klasse K 4s, der Pennsylvania Railroad. Größere und berühmtere Schwester der E 6s. Dreh- und Schleppgestell waren gleich und das äußere Triebwerk unterschied sich nur in der Form des Kreuzkopfes und der Gegenkurbel. 1948 in Chicago (Sammlung H. K. Vollrath, U. S. A.).

der höhere Laufwiderstand der damaligen Eisenbahnfahrzeuge, die erhebliche Triebwerksreibung der Dampflokomotive und vor allem der mit dem Quadrat der Geschwindigkeit steigende und daher bei über 180 km/h schon beträchtliche Luftwiderstand, der sich damals natürlich weit stärker auswirkte, als bei den heutigen glatten Formen der Elektrolokomotiven, aber auch der modernen Schnellzugwagen. So gesehen wäre der Zug eher mit einem heutigen Intercity-Zug, bestehend aus 6 bis 7 Wagen und einer 103 an der Spitze vergleichbar. Es ist einleuchtend, daß ein solcher Zug bei so hohen Geschwindigkeiten eine erhebliche Leistung benötigt, und so ist es nicht verwunderlich, daß die Rechnung für den »Lindbergh Special« eine Höchstleistung von etwa 2000 kW (ungefähr 2700 PS) ergibt. Diese Leistung konnte die E 6s wohl für kurze Zeit aufbringen, zumal die dafür erforderliche rechnerische Heizflächenbelastung von 80 kg/m²h, dank des gewaltigen Kessels, nicht einmal besonders hoch ist. Während des größten Teiles der Fahrt war natürlich die benötigte Leistung wesentlich geringer und die Lokomotive fuhr die meiste Zeit mit nicht voll geöffnetem Regler. Auch das sorgfältig durchkonstruierte Triebwerk vertrug die ungeheure Belastung durch die Drehzahl von nahezu 8 Umdrehungen pro Sekunde und die mittlere Kolbengeschwindigkeit von über 10 m/s ohne Schaden und ohne daß sich auch nur das kleinste Anzeichen eines Heißläufers bemerkbar machte.

Betrachtet man sich die Lokomotiven der Klasse E 6s genauer, so muß man feststellen, daß ihre Leistungen – und natürlich besonders die Leistung der 460 – keineswegs ein Wunder waren, sondern daß in ihr eine ideale Synthese aus einem für höchste Geschwindigkeit geeigneten Triebwerk und einem reichlich bemessenen, leistungsfähigen Kessel gelungen war. Zweifellos kann man die 83 E 6s als die erfolgreichsten Atlantics überhaupt bezeichnen, und manche Fachleute stellen sie noch über ihre berühmte »große Schwester«, die Pennsylvania-Pacific, Klasse K 4s (Bild 107), in deren Schatten sie zeitlebens stand.

Wie war es nun zu dieser gelungenen Konstruktion gekommen? Weit länger als bei anderen Bahnen, und vor allem auch als in Europa, stellte bei der Pennsylvania Railroad die Atlantic die wichtigste Schnellzuglokomotive dar, mit der nahezu alle Züge bespannt wurden. Die Gründe dafür sind bereits in Kapitel XIII erläutert worden. Im Jahre 1910 besaß die Bahn 477

dieser stolzen Renner, mehr als jemals irgendeine andere Bahn aufzuweisen hatte. Doch langsam geriet die Pennsylvania in Bedrängnis. Durch die neuen Stahlwagen waren die Züge inzwischen so schwer geworden, daß die Atlantics immer häufiger beim Anfahren und auf Steigungsstrecken in Schwierigkeiten kamen und immer öfter mit Vorspann gefahren werden mußte. Das komplizierte und verteuerte aber den Betrieb erheblich und irgendetwas mußte geschehen.
Man fragt sich vielleicht, warum die Pennsylvania nicht sogleich, wie andere Bahnen auch, zur Pacific überging, die dank der zusätzlichen Kuppelachse und dem größeren Kessel genügend Reserven bot, um mit den anstehenden Problemen fertig zu werden. Doch die Pacific hatte zu der Zeit noch ihre Haken und bei der Pennsylvania, die seit drei Jahren eine Probelokomotive von der Alco, die K 28, testete und die grade begann, ihre Serien-Pacific, die K 2, zu produzieren, erkannte man das recht klar. Westing zitiert in seinem Buch* den damaligen Lokomotivdezernenten (Chief of Motive Power) Theodore N. Ely, der einmal sagte: »We think that every pair of drivers adds complications of machinery and friction« (»Wir meinen, daß jeder zusätzliche Kuppelradsatz die Maschine komplizierter macht und die Reibung erhöht«).
Der Ausweg aus diesem Dilemma schien eine »Super-Atlantic« zu sein, die die Vorteile der Atlantic – geringe Baulänge, kleine Triebwerksmassen, Eignung für höchste Geschwindigkeiten – mit den Vorteilen der Pacific – hohe Zugkraft, leistungsfähiger Kessel – miteinander verknüpfte. Der wichtigste Verfechter dieser Idee war Alfred W. Gibbs, und er baute schließlich auch eine solche Lokomotive. Gibbs bekleidete von 1903 bis 1911 das Amt des Leiters des Maschinenwesens (General Superintendent of Motive Power) der Lines East und wurde dann erster und einziger Chief Mechanical Engineer der Pennsylvania bis zu seinem Tode im Jahre 1922.
Voraussetzung für die neuen Lokomotiven waren natürlich die außerordentlich hohen zulässigen Achslasten auf den Hauptstrecken der Pennsylvania, die inzwischen auf fast 70000 Pfund (über 300 kN, bzw über 30 Mp) gestiegen waren. Damit konnte einerseits auch noch mit zwei Kuppelachsen eine Anfahrzugkraft erreicht werden, die für nicht allzu schwere Züge ausreichte, und andererseits auf einer nur fünfachsigen Lokomotive ein Kessel untergebracht werden, der fähig war, die benötigte Dampfmenge zu liefern.
Beim Lauf- und Triebwerk lehnte sich Gibbs an die vorhandenen Bauarten E 2 bzw E 3 mit ihren Unterbauarten an, die sich bewährt hatten und hohe Geschwindigkeiten zuließen. Der Treibraddurchmesser von 80 Zoll (2032 mm) war Standardmaß der Pennsylvania und auch die Maße von 36 Zoll (914 mm) für die vorderen, sowie 50 Zoll (1270 mm) für die hinteren Laufräder, waren gängige Werte. Bei den Achsabständen brauchte nur wenig geändert zu werden; der Drehgestellachsstand wurde geringfügig vergrößert und die Schleppachse rückte 14 Zoll (356 mm) näher an die Kuppelachsen heran, um einen größeren Anteil der Last des schweren Stehkessels übernehmen zu können.
Da die Gewichtsbeschränkungen, die bei den ersten Atlantics zur Innenlagerung der Schleppachse und zu einem leichten, dafür aber verwickelten Hebelgestänge für den Federausgleich gezwungen hatte, nun nicht mehr bestanden, konnte die Schleppachse in einem Deichselgestell mit Außenrahmen untergebracht werden. Das ergab besser zugängliche und weniger wärmebeanspruchte Lager, wobei gleichzeitig der Platz für den Aschkasten kaum eingeengt wurde. Ein solches Schleppgestell hatten schon die zwölf letzten der leichten Atlantics, die 1910 gebauten E 5, bekommen und man hatte gute Erfahrungen damit gemacht. Es war aus mehreren Bauteilen zusammengesetzt, doch bei den 1914 gebauten Maschinen wurde es durch das noch bessere »KW«-Schleppgestell ersetzt, das einen einteiligen Stahlgußrahmen besaß – es ähnelte dem bekannten »Delta«-Gestell – und das man später als Standardbauteil für alle Pennsy-Lokomotiven mit Schleppachse vorsah.
Der Kolbenhub von 26 Zoll (660,4 mm) – der übrigens ziemlich genau dem 15 Jahre später genormten Maß von 660 mm für die schweren Einheitslokomotiven der Deutschen Reichsbahn entspricht – blieb der gleiche, wie ihn die bisherigen Atlantics hatten, doch wegen der höheren Leistung stieg der Zylinderdurchmesser von 20 ½ Zoll (521 mm) bei der E 2 und 22 Zoll (559 mm) bei der E 3 auf 23 ½ Zoll (597 mm). Da der Zylinderdurchmesser der Reichsbahn-Einheitslokomotive Reihe 01 mit 600 mm kaum größer war, besaßen also die neuen Atlantics der Pennsylvania nahezu das gleiche Zylindervolumen, wie jene schweren Pacifics. Wenn auch der Kesseldruck der Pennsy-Atlantics 10 % unter dem der späteren 01 lag (14,1 bar gegen 15,7 bar), so zeigt dieser Vergleich doch, welch gewaltige Leistung in die neuen Lokomotiven installiert werden sollte.
Eine außenliegende Walschaerts-(Heusinger)-Steuerung – sie hatte sich inzwischen auch in Amerika eingebürgert – mit Schlitzschwinge, die wie bei den meisten Pennsy-Lokomotiven recht zierlich wirkte, trieb die Kolbenschieber von 12 Zoll (305 mm) Durchmesser an – auch hier wieder nahezu gleich mit 300 mm Schieberdurchmesser der 01.
Während alle vorherigen Atlantics einen Kreuzkopf Bauart »Vogt« mit gekapselten Laufflächen besaßen, hatten die ersten der neuen Atlantics einen »Alligator«-Kreuzkopf, also mit je einer Laufbahn oben und unten. Angefangen mit der vierten erhielten jedoch alle einen »Laird«-Kreuzkopf, der ebenfalls 2 Laufbahnen hat, die jedoch beide oberhalb des Kreuzkopfauges und daher dicht beieinander sitzen, wodurch die Justierung erleichtert wird.
Auch der Kessel der neuen Lokomotive stellte kein großes

* Frederick Westing, »Apex of the Atlantics«, USA, 1963.

Problem dar. Die Pennsylvania besaß eine beträchtliche Anzahl leistungsfähiger Consolidation-(1 D)-Güterzuglokomotiven, die hochliegende Kessel mit großem Durchmesser und breiter, über den Rädern stehender Feuerbüchse hatten. Da deren Heizrohre verhältnismäßig kurz waren, paßten diese Kessel gut auf die geplante Atlantic. Daß dieser Kessel gut Dampf machte, hatte er mehrfach bewiesen, besonders auf jener denkwürdigen Fahrt, als die H 8b-Consolidation Nummer 1221 ganz allein einen Zug von 120 Wagen mit einem Gesamtgewicht von 8030 t von Altoona zum Verschiebebahnhof Enola bei Harrisburg zog. Für die Strecke von 120.9 Meilen (194,6 km) benötigte der Zug 6 Stunden und 29 Minuten. Die Durchschnittsgeschwindigkeit betrug demnach 30 km/h; in anbetracht der notwendigen Zwischenhalte zum Ergänzen der Vorräte stellte das eine beachtliche Leistung dar.

Viel brauchte Gibbs an dem Kessel nicht zu ändern. Durchmesser, Anzahl der Rohre und Rohrteilung blieben gleich und auch die Rostfläche wurde nur eine Spur größer. Jedoch erhielt die Feuerbüchse eine Verbrennungskammer vorgesetzt, wodurch die Rohrlänge kürzer, aber der Stehkessel länger wurde. Der erste Kesselschuß war schwach kegelig, der zweite zylindrisch. Die Decke des Belpaire-Stehkessels fiel nach hinten ab. Auf einen Überhitzer wurde vorerst verzichtet.

Der Belpaire-Kessel war eines der auffälligsten »Markenzeichen« der Pennsylvania. Bereits im Jahre 1885, 21 Jahre nachdem Alfred Belpaire seinen Kessel bei der Belgischen Staatsbahn eingeführt hatte, rüstete sie ihre erste Lokomotive, eine kleine Consolidation, Klasse R, später H3, damit aus. Doch obwohl die Bahn in dieser Kesselform bedeutende Vorteile sah und konsequent an ihr festhielt, folgten der »Standard Railroad of the World« in Nordamerika hierin nur die Great Northern Railroad. Sonst tauchte sie in den USA nur gelegentlich auf. Außerhalb der Vereinigten Staaten waren die Meinungen geteilt. Weit verbreitet war der Belpaire-Kessel vor allem in Frankreich. Auch bei englischen Lokomotiven sah man ihn häufiger, doch in so weitgehendem Umfang wie bei der Pennsylvania wurde er nur bei der Great Western Railway angewendet, wo ihn Churchward zum Bestandteil seiner Standard-Kessel erhob, mit dem alle neuen und – durch Umbau – zahlreiche ältere Lokomotiven ausgerüstet wurden. Schließlich hatten auch die Einheitslokomotiven, die nach 1951 für die British Railways entstanden, Belpaire-Kessel. (Bild 119) Ihr Schöpfer, R.A. Riddles, war vor der Verstaatlichung Vizepräsident der London, Midland & Scottish Railway gewesen, einer Bahn, bei der diese Kesselbauart weit verbreitet war. In Deutschland wie auch in seinem Ursprungsland Belgien, war die Verwendung des Belpaire-Kessels uneinheitlich. Z.B. besaßen ihn besonders viele sächsische Lokomotiven, während bei der preußischen Staatsbahn bis 1914 nur wenige und etwas ausgefallene Lokomotiven – nämlich einige de-Glehn-Schnellzuglokomotiven von Grafenstaden, (Bild 60) die »geerbten« 1 B 1-Schnellzugmaschinen (Bild 31) der früheren Main-Neckar-Bahn (spätere Gattung S 2) und die verunglückte 2 C 2 h4v-Schnellzugtenderlokomotive von Henschel – damit ausgerüstet waren. Danach erschien er dann aber bei allen Neuentwürfen dieser Bahn, nämlich bei der bekannten »Familie« der P 10, G 8^2/G 8^3, G 12, T 20 und T 28. Die Deutsche Reichsbahn scheute offenbar die geringen Mehrkosten dieser Kesselform und übernahm sie für ihre Einheitslokomotiven nicht.

Doch zurück nach Amerika und zu der neuen Atlantic der Pennsylvania Railroad. Im Dezember 1910 verließ die Prototyp-Lokomotive die Montagehalle der bahneigenen Juniata-Werke in Altoona, Pennsylvania. Sie erhielt die Nummer 5075 und die Gattungsbezeichnung E 6. Der Buchstabe »s«, der der Gattungsbezeichnung später hinzugefügt wurde, und den alle anderen 82 sofort erhielten, bedeutete »superheated« (überhitzt) und kennzeichnete den Umbau in eine Heißdampflokomotive. Dieses Zusatz-»s«, das auch bei anderen Bahngesellschaften üblich war, bekamen bei der Pennsylvania alle Lokomotiven, die von vornherein oder durch Umbau Heißdampfkessel besaßen. Nach dem Jahre 1923 ließ man es jedoch wieder weg, da es danach nur noch Heißdampflokomotiven gab.

Die neue Lokomotive wurde zunächst der Philadelphia, Baltimore & Washington Railroad, der späteren Maryland Division, zugeteilt. Deswegen hatte sie auch ihre Nummer erhalten, denn alle Maschinen in diesem Netzteil trugen Nummern im 5000er Bereich. Nach einiger Zeit bemerkte man jedoch, daß der Oberbau dieser Strecke der schweren Maschine nicht gewachsen war, und sie tauschte Platz und Nummer mit der E 3d-Atlantic Nummer 1067 der New York Division. Ein solcher Nummerntausch war bei der Pennsylvania selten, bei einigen anderen Bahnen jedoch ein offenbar beliebtes Spiel, aus welchen Gründen auch immer.

Wie bei der Pennsylvania üblich, wurde die 5075 nicht nur ausgedehnten Betriebsversuchen unterzogen, sondern auch auf dem Rollenprüfstand in den Juniata-Werken eingehend geprüft. Diesen Prüfstand hatte Axel Vogt, der auch die ersten Pennsylvania-Atlantics gebaut hatte (Kapitel XIII), im Jahre 1904 geschaffen. Auf der Weltausstellung in St. Louis, der »Louisiana Purchase Exposition« – so benannt zur Erinnerung an die hundertste Wiederkehr des Tages, an dem Napoleon das damalige Louisiana Territory an die Vereinigten Staaten verkaufte –, die im gleichen Jahre stattfand, wurde er erstmalig im Betriebe vorgeführt und vor den Augen eines staunenden und interessierten Publikums insgesamt acht Lokomotiven getestet. Nach der Ausstellung baute man ihn ab und in Altoona, seinem endgültigen Standort, wieder auf. Die Bahn untersuchte auf diesem Prüfstand eine große Anzahl Lokomotiven, denn vor der Erfindung des Verfahrens mit

Bild 108: 2 B 1 h4v, Gattung S 8, der Preußischen Staatsbahn. Eine der beiden auf Heißdampf umgebauten S 9. Eine der sparsamsten Lokomotiven, doch mit der Zugkraft war es schlechter bestellt. Die Reibungslast betrug nur etwas mehr als die Hälfte derjenigen der E 6s (Lokomotiv-Archiv Bellingrodt).

Bremslokomotiven bot der Rollenprüfstand die einzige Möglichkeit, verläßliche und einigermaßen reproduzierbare Aussagen über Wasser- und Kohleverbrauch, Kessel- und Zylinderleistungen, sowie Zugkräfte bei verschiedenen Geschwindigkeiten, sprich Treibraddrehzahlen, zu erhalten, wenn auch einige Einflußgrößen, wie Luftwiderstand, Kurvenlauf usw. verständlicherweise nicht erfaßt werden konnten.
Eines der wichtigsten Ergebnisse der Strecken-Tests, die vor Zügen von 9 bis 15 Wagen unternommen wurden, war die Erkenntnis, daß die 5075 der Pacific, Klasse K 2, – ebenfalls eine Naßdampflokomotive – bis etwa 40 mph (rund 65 km/h) in Leistung und Zugkraft gleich, oberhalb dieser Geschwindigkeit jedoch deutlich überlegen war, und zwar umso mehr, je schneller gefahren wurde. Da aber eine andere, ebenfalls an den Versuchen beteiligte K 2, die probeweise mit einem Überhitzer ausgerüstet war, bei allen Geschwindigkeiten erheblich höhere Zugkraft- und Leistungswerte zeigte, lag die Überlegung nahe, ob nicht eine Heißdampf-E 6 im Vergleich mit der Heißdampf-K 2 genauso gut abschneiden würde, wie es bei den entsprechenden Naßdampfausführungen der Fall war. Also wurde beschlossen, zwei weitere Prototyp-Lokomotiven zu bauen; und das geschah im Jahrre 1912. Während die eine, Nummer 89, sich lediglich durch den Überhitzer von der 5075 unterschied, hatte man der anderen, Nummer 1092, noch zusätzlich eine Ventilsteuerung, Bauart Young-Mann-Averill, verpaßt. Um es vorwegzunehmen, an dieser Steuerung hatte die Bahn keine große Freude und sie verschwand auch ziemlich bald wieder.
Die Versuche mit der 89 auf dem Rollenprüfstand zeigten erwartungsgemäß den großen Vorteil des Überhitzers. Im Durchschnitt verbrauchte die Heißdampflokomotive rund 30 % weniger Kohle und Wasser bei gleicher Leistung oder, anders ausgedrückt, mit der gleichen Kohlen- und Wassermenge leistete sie 30 % mehr, als die Naßdampflokomotive; und das war es, was die Bahn hauptsächlich interessierte.
Im Anschluß an die Versuche wurde die 5075 auf Heißdampf umgebaut und gleichzeitig in 1067, Gattung E 6s, umgezeichnet. Um die größere Kesselleistung auch nutzen zu können, erhielt sie neue Zylinder, deren Durchmesser von 22 Zoll (559 mm) auf 23 ½ Zoll (597 mm) vergrößert war. Der Durchmesser der Kolbenschieber wurde gleichzeitig von 14 Zoll (356 mm) auf 12 Zoll (305 mm) verkleinert, da man wegen der größeren Viskosität des Heißdampfes mit engeren Strömungsquerschnitten auszukommen glaubte, die geringere Masse des Schiebers aber die Massenkräfte, denen die Steuerung besonders bei hohen Geschwindigkeiten ausgesetzt war, wirksam verringerte. Außerdem erhielten die Zylinder versuchsweise eine durchgehende Kolbenstange, wie man es in diesen Jahren bei zahlreichen amerikanischen Lokomotiven sehen konnte. Doch verschwand diese Einrichtung allgemein sehr rasch wieder und auch unsere E 6s besaß sie nicht lange. Daneben gab es noch einige weitere Verbesse-

Bild 109: Die Lokomotive des »Lindbergh Special« nach 41 Betriebsjahren. 1955 in Ocean City, N. J., und immer noch aktiv, wie sich an dem Dampfwölkchen am Zylinder erkennen läßt (Sammlung H. K. Vollrath, U. S. A.).

rungen, z. B. wurde die hölzerne Pufferbohle durch eine solche aus Stahlguß ersetzt, der »Alligator«-Kreuzkopf gegen einen der Bauart »Laird« ausgetauscht, das »Kiesel«-Schleppgestell machte dem bereits erwähnten »KW«-Gestell Platz und im Führerstand verdrängte eine moderne Schraubenumsteuerung den altertümlichen Umsteuerungshebel (Johnson bar), der nicht nur schwer zu bedienen war, sondern auch dem Lokführer durch aus der Steuerung zurückwirkende, beträchtliche Hebelkräfte gefährlich werden konnte.
Aufgrund dieser Umbauten wurden nun die Pläne für die Serienausführung überarbeitet, nach denen zwischen Februar und August 1914 achtzig Maschinen in den Juniata-Werken entstanden. Sie erhielten, als Ergebnis der Prüfstandsversuche, noch zusätzliche Verbesserungen. So hatte sich z. B. gezeigt, daß es in Bezug auf Kesselwirkungsgrad, Wärmeübergang und Strömungswiderstand in den Rohren ein optimales Verhältnis zwischen Rohrinnendurchmesser und -länge gab, das die Prototypen nicht ganz erreichten. Daher verlängerte man die Rohre, auf Kosten der Verbrennungskammer, von 13 Fuß, 8 5/8 Zoll (4181 mm) auf 15 Fuß (4572 mm). Es war die gleiche Rohrlänge, die bereits der H 8-Kessel besaß. Jedoch wurden die Kessel der drei Prototypen nicht mehr geändert. Eine weitere Änderung betraf die Abstützung. Bei der 5075 gab das Drehgestell den einen Stützpunkt ab, während die beiden anderen von den drei übrigen Rädern jeder Lokomotivseite gebildet wurden, deren Federn durch Ausgleichhebel miteinander verbunden waren. Bei der endgültigen Ausführung wurden jedoch die Ausgleichhebel zwischen den Kuppelrädern weggelassen und stattdessen ein langer, in Rahmenmitte liegender Längshebel eingebaut, über den sich die Federn der vorderen Kuppelachse auf die Mitte des Drehgestells abstützten. Der vordere Stützpunkt bestand also nun aus Drehgestell und erstem Kuppelradsatz, die beiden anderen aus den zwei restlichen Rädern jeder Maschinenseite. (Bild 105!)
Die neuen Riesen-Atlantics waren bald auf allen Hauptstrekken der Pennsylvania zu sehen und hatten nach kurzer Zeit die leichteren Atlantics aus den wichtigsten Schnellzugplänen verdrängt. Sie erbrachten fabelhafte Leistungen und tatsächlich zeigte sich auch die erhoffte Überlegenheit gegenüber der Heißdampf-Pacific, Klasse K 2s, wie sie schon bei den entsprechenden Naßdampfausführungen bestanden hatte. Vor allem bei hohen Geschwindigkeiten waren die E 6s unschlagbar. Dank der Verwendung von vergütetem, niedrig legiertem (0,55 %) Manganstahl, aus dem alle Triebwerksteile, mit Ausnahme des Kreuzkopfes, bestanden, konnte das Triebwerk so leicht gehalten werden, daß die Lokomotiven auch bei höchsten Drehzahlen noch bemerkenswert ruhig liefen. Das erklärt auch die zahlreichen bekannt gewordenen Schnellfahrten, von denen die des »Lindbergh Special« aber die bei weitem schnellste war.
Vergleichen wir die E 6s einmal mit einer zeitgenössischen

europäischen Atlantic, um zu erkennen, was in ihr steckte. Zu den größten und leistungsfähigsten deutschen Atlantics gehörten die beiden auf Heißdampf umgebauten S 9, die 2 B 1 h4v, Gattung S 8 (Bild 108), der preußischen Staatsbahn. Zwar waren sie in Bezug auf Wirtschaftlichkeit den E 6s weit überlegen, aber was nützte das, wenn sie wegen der niedrigen Reibungslast, dem Handicap aller europäischen Atlantics, schwere Züge nicht in Gang brachten. Denn sie mußten sich mit 340 kN (34,1 Mp) begnügen, wogegen den Amerikanerinnen 136000 Pfund, das sind 605 kN (61,7 Mp), zur Verfügung standen. Während aber bei der E 6s immerhin 55,8 % des Lokomotiv-Dienstgewichtes von 110,5 t als Reibungslast nutzbar waren, entfielen bei der S 8 lediglich 42,8 % der 79,6 t Dienstgewicht auf die Kuppelachsen. Nicht ganz so kraß war der Unterschied in der Kesselgröße. Die Verdampfungsheizfläche der E 6s lag mit 269,1 m^2 etwa 35 % über der der S 8, das entspricht ziemlich genau dem Mehrgewicht von knapp 39 %. Zudem war der Überhitzer der E 6s nur wenig größer als derjenige der S 8, so daß die »Qualität« des Dampfes bei letzterer höher war. Darüberhinaus wurde er natürlich durch die zweistufige Dehnung der S 8 besser ausgenutzt. Doch offenbar kam es der Pennsylvania darauf gar nicht so sehr an, sie war hautpsächlich an der gewaltigen Zugkraft der neuen Maschinen interessiert.
Die E 6s war – ohne Tender – etwa 1,3 m länger als die S 8, da sie jedoch einen kürzeren Tender besaß, hatten beide Maschinen annähernd die gleiche Gesamtlänge. Daß die E 6s selbst kürzer wirkte, lag hauptsächlich an drei Faktoren, nämlich dem fast 1,7 m kürzeren Gesamtachsstand der Lokomotive, dem größeren Führerhaus und – vor allem – an dem riesigen Kessel, der nicht nur mit seinem größten inneren Durchmesser von 83 ½ Zoll (2121 mm) die 1704 mm des S 8 – Kessels um beinahe 25 % übertraf (zum Vergleich: der lichte Durchmesser des Kessels der schweren Einheitslokomotive der Deutschen Reichsbahn betrug 1900 mm), sondern dessen Mittellinie zudem mit 2827 mm noch fast 150 mm höher lag. Der Kesselscheitel hatte damit eine Höhe von fast 4 Metern, 36 cm mehr als bei der S 8, was der E 6s ein äußerst gedrungenes Aussehen verlieh.
Natürlich fanden die »Super-Atlantics« der Pennsylvania bei allen amerikanischen Bahnen große Beachtung. Doch obwohl auch anderswo schnelle und große Atlantics liefen, erlangte doch keine andere nur annähernd die Leistungen und die Bedeutung der E 6s. Die Philadelphia & Reading Railroad, scharfer Konkurrent der Pennsylvania, vor allem auf der Seebäderstrecke Camden-Atlantic City, der Atlantic City Railroad (Kapitel XIII), versuchte jedoch die Pennsylvania noch zu übertrumpfen. Im Jahre 1915 baute sie 4 große Schnellzuglokomotiven mit der ungewöhnlichen Achsanordnung 2 B 2 (Bild 138), die hier zum ersten Male in Amerika auftaucht. Sie besaßen breite Wootten-Feuerbüchsen, jedoch mit Endführerhaus. Treibraddurchmesser, Zylinderabmessungen und Reibungslast waren genau so groß, wie bei der E 6s, und auch der Kessel entsprach ungefähr dem der Pennsylvania-Atlantic. Aus unerfindlichen Gründen wich die Reading jedoch in einem Punkt von der amerikanischen Praxis ab und rüstete die Lokomotive statt mit einer Dreipunkt-, mit der gänzlich unüblichen Vierpunktabstützung aus. Die Maschinen zeigten daraufhin so schlechte Laufeigenschaften, daß sie schleunigst in 2 B 1 umgebaut wurden (natürlich mit normaler Dreipunktabstützung). In dieser Form wurden es dann noch recht brauchbare Maschinen, doch an die E 6s kamen sie nicht heran.
Doch auch eine »Super-Atlantic« hatte schließlich ihre Grenzen, und selbst bei den hohen zulässigen Achslasten der Pennsylvania kam man nicht überall mit 2 Kuppelachsen zurecht. So entstand als logische Weiterentwicklung eine der bekanntesten amerikanischen Lokomotiven, die weltbekannte Pacific, Klasse K 4s (Bild 107). Sie stellte gewissermaßen eine vergrößerte E 6s dar und viele Konstruktionsmerkmale der Pacific waren von der Atlantic übernommen worden. Ob die Pacific auch so schnell fahren konnte, wie die Atlantic, ist niemals untersucht worden; es bestand wohl auch kaum Veranlassung dazu und so extreme Bedingungen, wie sie beim »Lindbergh Special« bestanden, hat die K 4s nie vorgefunden. Man kann allerdings vermuten, daß die größeren Treibwerksmassen dieser Maschine nicht so hohe Drehzahlen erlaubten, wie bei der im Vergleich dazu leichten Atlantic. Schnellste von allen war die 5399, die in den Lima-Lokomotivwerken umgebaut und mit einer Franklin-Ventilsteuerung versehen worden war. Auf einer Probefahrt zwischen Fort Wayne und Valparaiso im Staate Indiana im Jahre 1938 erreichte sie mit einem 1000 t-Zug, bestehend aus Meßwagen und 15 Schnellzugwagen, eine Höchstgeschwindigkeit von 94.7 mph (152,4 km/h), eine gewaltige Leistung für einen so schweren Zug.
Doch obwohl die K 4s nicht nur an Leistung, sondern mit 425 Stück auch zahlenmäßig der E 6s weit überlegen war, fanden sich für die Atlantic immer noch genug Einsatzmöglichkeiten. Vernünftigerweise hütete sich die Bahn daher, diese recht brauchbaren Maschinen früher als notwendig auszumustern, wie es etwa die Deutsche Reichsbahn mit den schönen und wirtschaftlichen Länderbahn-Atlantics gemacht hatte. So waren am 1. Juli 1947, nach fast 33 Betriebsjahren, immer noch 74 Maschinen vorhanden. Die letzten wurden erst in den 50er Jahren ausgemustert und zu diesen gehörte auch die 460 (Bild 109). Zum Glück wurde sie nicht verschrottet. In einem zukünftigen Eisenbahnmuseum soll sie zu sehen sein, nicht nur als die schnellste Atlantic der Pennsylvania, sondern auch als Beispiel der gelungenen Konstruktion einer leistungsfähigen und zugleich sehr schnellen Lokomotive.

XVI. Ein unerwartetes Talent

2 C h4v, Gattung S 10[1] (Bauart 1914), Preußische Staatsbahn, Deutschland.

Wie wir schon in Kapitel VI gesehen haben, brachte die 2 C manche Voraussetzungen für eine schnelle Lokomotive mit sich. Das vordere Drehgestell sorgte für gute Führung im Gleise und der verhältnismäßig weit zurückliegende Schwerpunkt ergab niedrige Anlaufkräfte bei der Kurvenfahrt. Probleme mit Schleppachsen waren nicht vorhanden, ein genügend leistungsfähiger Kessel ließ sich zur Not auf fünf Achsen noch unterbringen und der Anteil des Lokomotivgewichtes, der auf die Kuppelachsen entfiel und daher für die Zugkraft genutzt werden konnte, war größer, als bei den gängigen Schnellzuglokomotiven. Letzteres ist ohne weiteres zu sehen für alle Bauarten mit mehr als zwei Laufachsen, es trifft aber auch für die 1 C 1 zu, die in manchen Ländern als Schnellzuglokomotive beliebt war. Denn während die beiden Laufachsen des Drehgestells der 2 C immer eine niedrigere Achslast, als die Kuppelachsen aufwiesen, war dies bei der 1 C 1 meist nur für die führende Laufachse der Fall. Bei der Schleppachse hingegen, die die Last des schweren Stehkessels zu tragen hatte, war man fast immer gezwungen, die zulässige Achslast auszunutzen, so daß sie kaum niedriger, als die Kuppelachsen belastet war.

So konnte denn die 2 C die ihrer Größe entsprechenden Züge nicht nur schnell fahren, sondern auch ohne große Schwierigkeiten in Gang setzen. Es kam aber noch etwas hinzu. Zwischen den großen Rädern der Schnellzuglokomotive dieser Bauart ließ sich nur eine lange, schmale Feuerbüchse unterbringen. Eine solche Feuerbüchse besitzt aber eine größere Heizfläche, als eine mehr in die Breite gehende, deren Rostfläche, bei gleicher Größe, sich dem Quadrat nähert. Durch die, im Verhältnis zur Gesamtheizfläche wesentlich größere Strahlungsheizfläche der langen, schmalen Feuerbüchse, entstanden zwei bedeutende Vorteile derartiger Kessel. Einmal war die Dampferzeugung besser, da pro Flächeneinheit in der Feuerbüchse erheblich mehr Wärme, als in den Rohren übertragen wurde, zum anderen waren die heißen Gase, wenn sie die Rohrwand erreichten bereits stärker abgekühlt und belasteten diese weniger, als bei einem Kessel mit kurzer, breiter Feuerbüchse, und der Kessel wurde unempfindlicher gegen Überlastungen und konnte länger mit höherer mittlerer Heizflächenbelastung gefahren werden, ohne daß Schäden an der Feuerbüchsrohrwand befürchtet werden mußten.

Diese Zusammenhänge wurden anfangs von vielen Lokomotivkonstrukteuren mehr gefühlsmäßig erfaßt, als rechnerisch untermauert, obwohl die physikalischen Gesetze bekannt waren; andere wiederum nahmen die Tatsache, daß bestimmte Kessel gut Dampf machten, mit Freude zur Kenntnis, ohne sich über die Gründe große Gedanken zu machen. Bei manchen Bahnen dauerte es sehr lange, bis sich die Erkenntnis von der Wichtigkeit einer großen Strahlungsheizfläche durchsetzte, bei einigen machte man später sogar einen Rückschritt von der langen, schmalen zur kurzen, breiten Feuerbüchse – vielleicht um dem Heizer allzu lange Wurfweiten zu ersparen – und wunderte sich dann, warum die Dampfleistungen der Kessel nachließen und häufiger Schäden an den Rohren auftraten. Es darf aber auch nicht übersehen werden, daß man es im Laufe der Zeit lernte, auch breite Feuerbüchsen mit ausreichend großer Strahlungsheizfläche zu versehen, z. B. durch eine angesetzte Verbrennungskammer.

Die 2 C oder Ten-Wheeler war also eine Lokomotive, mit der ein brauchbarer Kompromiß zwischen einfachem Aufbau und damit niedrigen Anschaffungskosten, hoher Zugkraft und leistungsfähigem Kessel gefunden werden konnte. Ihre Weiterentwicklung zur Flachlandschnellzuglokomotive fand jedoch hauptsächlich in Europa statt, in Amerika gelang es ihr nur sehr selten, in diesen Bereich vorzudringen. Einerseits stand ihr dort, weit stärker als es in Europa der Fall war, die Konkurrenz der Atlantic entgegen. Diese war gerade zu dem Zeitpunkt erschienen, in dem durch die rapide Verstärkung des Oberbaues die zulässigen Achslasten so hohe Werte erreichten, daß man auch mit nur zwei Kuppelachsen noch eine ausreichende Anfahrzugkraft hervorbringen konnte. Darüberhinaus eignete sich die Atlantic durch ihre im allgemeinen größeren Kuppelräder, ihre kleineren Triebwerksmassen und die geringeren Reibungsverluste besser für hohe Geschwindigkeiten, als die Ten-Wheeler. Andererseits begann aber auch bereits kurz nach der Jahrhundertwende der Siegeszug der Pacific, die zwar im Aufbau komplizierter und – wie wir bereits in Kapitel XIV gesehen haben – mit Problemen der Lastverteilung zu kämpfen hatte, die bei der Ten-Wheeler nicht vorhanden waren, auf der sich jedoch ein weit leistungsfähigerer Kessel unterbringen ließ. Und dieser Vorteil überwog bei weitem die Nachteile, die man schließlich auch zu überwinden lernte.

So kam es, daß die Ten-Wheeler in Nordamerika, wo sie bereits 1847 entstanden war und im 19. Jahrhundert hauptsächlich als Güterzuglokomotive verwendet wurde, bei den großen Bahnen im Schnellzugdienst nur wenig in Erscheinung trat. Das herausragendste Beispiel sind die 16 großen Maschinen, Klasse I und I-1 (Bild 40), der Lake Shore & Michigan Southern Railroad – die wir schon in Kapitel VI kennengelernt haben –, die mit 81 Zoll (2057 mm) den größten Treibraddurchmesser aller amerikanischen Ten-Wheeler besaßen. Bei kleineren Bahnen hingegen war diese Bauart als einfache und billige Schnellzuglokomotive sehr beliebt, zumal sie sich auch im Personenzugverkehr und vor Eilgüterzügen als recht brauchbar erwies. Viel verwendet wurde sie aber besonders auf zwei Gebieten, die in Europa hauptsächlich der Tenderlokomotive vorbehalten waren: dem Betrieb von Nebenstrecken und dem Vorortverkehr. Bei ersterem schätzte man Billigkeit und universelle Verwendbarkeit, bei den häufig haltenden Zügen des Vorortverkehrs – den »Commuter Trains« – dagegen die hohe Anfahrzugkraft, die rasches Beschleunigen nach jedem Halt und damit kurze Gesamtfahrzeiten ermöglichte. Doch selbst hier wurde sie in späteren Jahren häufig durch Pacifics verdrängt, die ihrerseits wiederum ihren Platz im Fernschnellzugdienst an modernere Neubauten abtreten mußten, zum Verschrotten aber noch zu schade waren.

Anders dagegen war die Entwicklung in Europa verlaufen. Hier erschien die 2 C sogleich als Schnellzuglokomotive, wenn auch zunächst für Gebirgsstrecken und daher mit verhältnismäßig kleinen Treibrädern und kaum geeignet für höhere Geschwindigkeiten. Die erste europäische 2 C stammte aus Italien. Im Norden des Landes betrieb die Oberitalienische Eisenbahn, die »Società Ferrovie dell'Alta Italia« (SFAI), die wichtige Verbindung zwischen Turin und der Hafenstadt Genua, die Giovi-Linie. Diese sehr schwierige Strecke durchquerte den ligurischen Apennin über den Giovi-Paß mit Steigungen bis zu 35‰. Zur Entlastung wurde in den 80er Jahren eine zweite Linie, die »Succursale« (Hilfslinie), gebaut, auf der die Steigung bis maximal 15‰ herabgedrückt werden konnte. Für diese Strecke entwarf Cesare Frescot, Chefingenieur der SFAI, eine für die damalige Zeit sehr schwere 2 C, von der im Jahre 1884 ein Prototyp, die Nummer 1181, mit dem Namen »Vittorio Emanuele II«, in den bahneigenen Werkstätten in Turin, gebaut wurde.

Der Treibraddurchmesser dieser neuen viel beachteten Lokomotive betrug 1675 mm, die Zylinder mit außenliegender Gooch-Steuerung waren dicht an die erste Kuppelachse herangeschoben und das Drehgestell, das nur 1200 mm Achsstand besaß, lag vor den Zylindern. Die Kuppelachslast erreichte den für jene Zeit hohen Wert von 16 Mp (157 kN), die Gesamtlast des Drehgestells dagegen nur etwa 10 Mp (rund 100 kN). Von der Lastverteilung aus gesehen, wäre man also bequem mit einer Laufachse ausgekommen, doch wegen der besseren Führung wählte Frescot das Drehgestell. Allerdings können dessen Laufeigenschaften bei einem derartig kurzen Achsstand kaum überzeugend gewesen sein, doch wegen der verhältnismäßig niedrigen Geschwindigkeiten – die Höchstgeschwindigkeit betrug 80 km/h und wurde sicherlich nur selten erreicht – trat das vielleicht nicht allzu sehr in Erscheinung. Da andererseits der große Kessel, unter dessen leicht überhöhter Stehkesseldecke sich eine voluminöse Feuerbüchse mit Verbrennungskammer verbarg, offenbar befriedigte, wurden weitere 53 Maschinen – Reihe 650 der italienischen Staatsbahn (FS) – von verschiedenen Herstellern, unter anderem auch von der Firma Maffei in München, bezogen. Von 1899 bis 1901 wurden dann noch einmal 29 Lokomotiven in leicht verstärkter Ausführung und mit Zweizylinder-Verbund-Triebwerk (Reihe 656 der FS) hergestellt. Das Drehgestell erhielt dabei einen erheblich längeren Achsstand und die Zylinder lagen nun in ihrer normalen Position zwischen den Laufrädern. Diesen Verbundmaschinen folgten bis 1904 noch 51 ganz ähnliche Lokomotiven in wiederum etwas verstärkter Ausführung.

Eine der seltsamsten 2 C-Lokomotiven, die je gebaut wurde, war die Reihe 500 der Rete Adriatica, später Reihe 670 der FS. Auf den ersten Blick sieht sie wie eine herumgedrehte C 2 aus, doch bei genauem Hinsehen erkennt man, daß dem langachsständigen Drehgestell mit Außenrahmen und Mitteldrehzapfen ganz eindeutig die Führungsaufgabe zufiel, die Maschine also zu Recht als 2 C zu bezeichnen ist. Ganz vorn lag das große, allseitig geschlossene Führerhaus (es muß im Sommer recht warm darin gewesen sein), das gute Sicht nach allen Seiten gewährte, die auch nicht durch Rauch und Dampf behindert werden konnte. Der Stehkessel lag über dem Drehgestell und die Rauchkammer noch vor der letzten Kuppelachse. Am Ende der Lokomotive, hinter den 1920 mm großen Treibrädern befand sich das asymmetrische Vierzylinder-Verbund-Triebwerk, Bauart Plancher (zwei Hochdruck-Zylinder auf einer, zwei Niederdruck-Zylinder auf der anderen Seite), mit außenliegender Walschaerts-(Heusinger)-Steuerung. Am Schluß lief dann noch ein drei- oder vierachsiger Tender, der natürlich nur den Wasservorrat enthielt, die Kohle war in besonderen Behältern hinter dem Führerstand untergebracht.

Bild 110: 1 C 1 n4v, Reihe 110, der Österreichischen Staatsbahn, mit Reichsbahn-Nummer 35 003. Besaß ursprünglich Clench-Dampftrockner. Gölsdorf zog die vom Laufverhalten her ungünstigere 1 C 1 der 2 C vor (Aufnahme H. Maey, Sammlung des Verfassers).

In den 43 Lokomotiven dieser Reihe, die bis 1906 geliefert wurden, und die den Spitznamen »Mucca« (Kuh) erhielten, zeigte sich nun bereits die Weiterentwicklung der europäischen 2 C zur Hochgeschwindigkeitslokomotive. Die Höchstgeschwindigkeit war auf 110 km/h festgelegt und im Jahre 1901 erreichte eine dieser Maschinen bei Versuchsfahrten mit einem 10-Wagen-Zug, der allerdings nur ein Gesamtgewicht von 130 t besaß, die beachtliche Geschwindigkeit von 126 km/h. Eine der »Muccas« erhielt 1935 einen Franco-Crosti-Vorwärmer auf dem Tender und so etwas wie eine Stromlinienverkleidung, was ihr ein recht elegantes Aussehen verlieh; doch die italienische Staatsbahn bevorzugte als Schnellzuglokomotive die 1 C 1 (Prairie), von der sie schließlich 384 Stück besaß, gegenüber nur 33 Pacifics.
In Österreich beschafften die großen Privatbahnen eine ganze Reihe 2 C-Schnellzuglokomotiven mit verhältnismäßig bescheidenen Abmessungen und Treibraddurchmessern zwischen 1620 mm (Österreichische Nordwestbahn) und 1800 mm (Staatseisenbahn-Gesellschaft) und sowohl mit Heißdampf-Zwillings-Triebwerk, als auch mit Naßdampf-Vierzylinder-Verbund-Anordnung; die Nordwestbahn besaß sogar 4 Maschinen mit dem sehr seltenen Dreizylinder-Verbund-Triebwerk (Reihe XVIII der ÖNWB, später Reihe 309 der Staatsbahn).
Größte österreichische 2 C und zugleich die einzige dieser Bauart bei der K. u. K. Österreichischen Staatsbahn selbst, in der zu Anfang des Jahrhunderts alle Privatbahnen aufgingen, war die Reihe 9, eine Gölsdorf-Entwicklung von 1898. Wie die »Mucca« besaß auch sie einen Aufbau, der stark vom konventionellen abwich und nirgendwo sonst Nachahmung fand, wenn sie auch nicht derartig ausgefallen war, wie jene. Mit durchgehendem Außenrahmen, der die 1820 mm großen Treibräder fast vollständig verbarg, innenliegendem Zweizylinder-Verbund-Triebwerk (der Niederdruckzylinder hatte den selten überbotenen Durchmesser von 810 mm), dessen außerhalb des Rahmens angeordnete Heusinger-(Walschaerts)-Steuerung sich durch einen riesigen Exzenter und eine ungewöhnlich lange, von der Kuppelstange ausgehende Lenkerstange auszeichnete, und mit ihrem über dem Kessel liegenden großen Dampfsammler machte sie einen recht bizarren Eindruck und ließ einiges von der Eleganz der meisten Schöpfungen Gölsdorfs vermissen.
Von den 42 2 C-Schnellzuglokomotiven der Reihe 9 – 4 davon für die Südbahn – die bis 1903 geliefert wurden, baute die Bundesbahn Österreich (BBÖ) nach dem ersten Weltkriege 19 Stück in Heißdampf-Zwillings-Lokomotiven um, wobei am äußeren Erscheinungsbild wenig geändert, die Leistungsfähigkeit jedoch erheblich verbessert wurde. Die Österreichi-

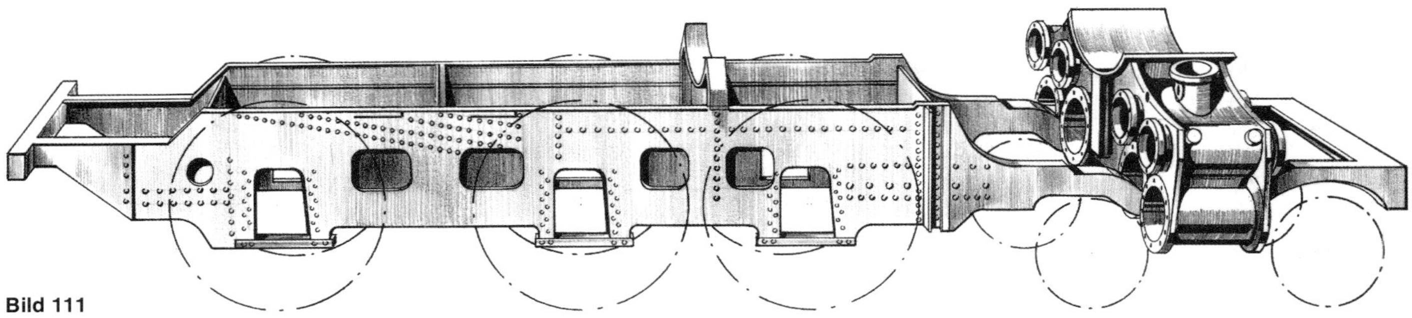

Bild 111

Bild 111: Rahmen der S 10^1. Obwohl die bayrische Staatsbahn schon seit Anfang des Jahrhunderts den Barrenrahmen verwendete, blieben die übrigen Länderbahnen beim altbewährten Blechrahmen. Erst bei der ersten deutschen (Quasi-)Einheitslokomotive – Bayern zog nicht mit –, der 1 E h3, Gattung G 12, sah man im allseitig bearbeiteten Barrenrahmen eine Voraussetzung für die gewünschte Austauschbarkeit. Von diesem Gedanken ließ sich auch die Deutsche Reichsbahn leiten, als sie den Barrenrahmen zum Standard für die Einheits-Lokomotiven vorsah. Eine Kombination aus Barren- und Blechrahmen hatte es jedoch bei der Preußischen Staatsbahn schon früher gegeben. August von Borries wählte diese Bauart bereits um 1900, um das Innentriebwerk seiner Vierzylinder-Verbund-Lokomotiven besser zugänglich zu machen. Dieser Gedanke tauchte bei der Überarbeitung der de Glehn-S 10^1, der Bauart 1911, wieder auf. Um den Zweiachsantrieb, der die Beanspruchung der Kropfachse erheblich verringerte, beibehalten zu können und dennoch die Zugänglichkeit des Innentriebwerks – die bei der de Glehn-Lokomotive von Hause aus schlecht ist – wesentlich zu verbessern, machte man äußere Treib- und Kolbenstangen so lang, daß man die Zylinder bis in die Ebene der Innenzylinder vorschieben konnte. Da nun die Zylinderblöcke fest miteinander verschraubt waren, ließen sich die vorderen Rahmenenden als niedrige Barren ausbilden, die vor der ersten Treibachse mit den Blechwangen verschraubt waren und auf die die Zylinder-Batterie aufgesetzt wurde. Auf diese Weise hatte man die bestmögliche Zugänglichkeit der innenliegenden Triebwerksteile gewonnen.

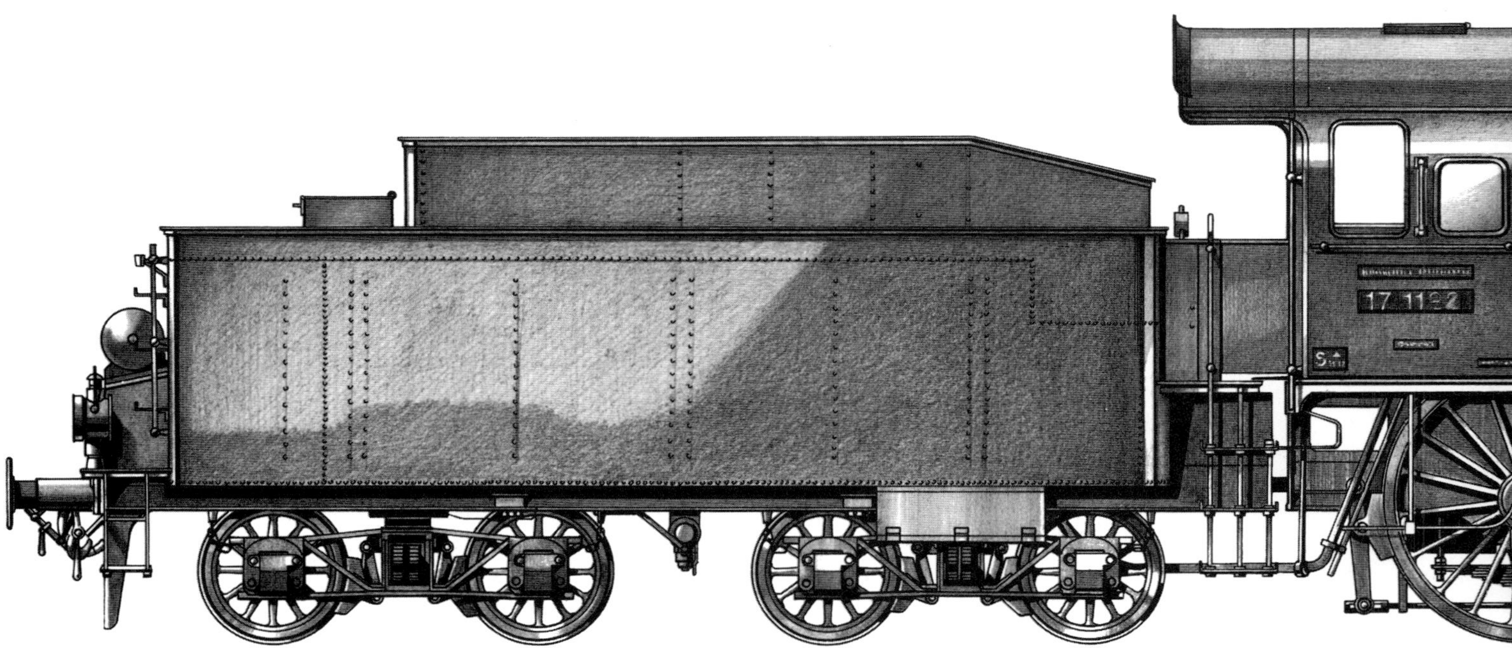

2 C h4v, Gattung S 10¹, Preußische Staatsbahn, Deutschland.

Bild 112: Die S 10¹ in der Bauart 1914 stellt Höhepunkte und Abschluß der Schnellzuglokomotiv-Entwicklung der Preußischen Staatsbahn dar. Im Gegensatz zu den übrigen größeren deutschen Länderbahnen vollführte man nicht mehr den Schritt zur Pacific. Allerdings konnte es die S 10¹ mit Vierzylinder-Verbund-Triebwerk, 1980 mm großen Treibrädern (Standardmaß der Preußischen Staatsbahn) und einem Kessel mit hohem Anteil der Strahlungsheizfläche, mit mancher Pacific aufnehmen. Wie schnell die Lokomotiven laufen konnten, zeigte sich aber erst viele Jahre nachdem die Preußische Staatsbahn aufgehört hatte zu existieren. Als die Deutsche Reichsbahn Ende der 20er, Anfang der 30er Jahre umfangreiche Versuche unternahm, sollen dabei Lokomotiven der Gattung S 10¹ mehrfach Geschwindigkeiten von weit über 150 km/h erreicht haben. Damit waren diese Maschinen tatsächlich die schnellsten der Preußischen Staatsbahn, weitaus schneller noch, als die seinerzeit eigens für Schnellfahr-Versuche gebauten 2 B 2 n3v-Kuhn-Wittfeld-Lokomotiven. Es ist bedauerlich, daß keine Lokomotive der Bauart 1914 erhalten geblieben ist, zumal sie einen recht harmonischen Anblick bietet; bei preußischen Lokomotiven nicht gerade häufig. Das Bild zeigt eine Maschine mit Speisedom und Reichsbahn-Windleitblechen.

Bild 112

schen Staatsbahnen bevorzugen aber, ähnlich der FS in Italien, Schnellzuglokomotiven mit nur einer führenden Laufachse, nämlich die 1 C 1 der Reihen 10 und 100 (Bild 110), sowie die 1 C 2 der Reihen 210 und 310. (Bild 52)
Auch in anderen Ländern erschien die 2 C zuerst auf Berg- und Hügellandstrecken, wo sich der Zugkraftgewinn gegenüber den bis dahin verwendeten zweifach gekuppelten Lokomotiven am stärksten auswirkte und die anfangs noch kleinen Treibräder kein Hindernis darstellten. Die Gotthardbahn in der Schweiz benötigte besonders dringend kräftigere Lokomotiven und im Jahre 1894 lieferte die Schweizerische Lokomotiv- und Maschinenfabrik (SLM) in Winterthur zwei Prototypen einer 2 C–Schnellzuglokomotive, von denen die Nummer 201 ein Dreizylinder-Verbund-, die 202 jedoch ein Vierzylinder-Verbund-Triebwerk besaß. Treibräder mit nur 1610 mm Durchmesser, Zweiachsantrieb ähnlich dem de Glehn-Triebwerk, jedoch mit äußeren Niederdruckzylindern und einem bzw. zwei inneren Hochdruckzylindern, sowie sehr niedrige Kessellage waren die hervortretenden Merkmale der Lokomotiven. Wegen des besseren Massenausgleichs entschied man sich für die Vierzylinder-Ausführung, von der die SLM bis 1905 noch 28 Stück lieferte. Drei Jahre später kamen noch je 4 Maschinen von Maffei und der SLM hinzu, die zwar den gleichen Treibraddurchmesser hatten, im übrigen aber erheblich größer waren und Maffei'schen Einachsantrieb besaßen (Bild 113). Sie ähnelten stark der bayrischen P 3/5. Die meisten 2 C der Schweiz liefen bei der Jura-Simplon-Bahn. 111 Maschinen lieferte die SLM zwischen 1902 und 1909, die größer als die Gotthard-Lokomotiven und mit de Glehn-Triebwerk und 1780 mm großen Treibrädern ausgerüstet waren. Eine dieser Maschinen, die 705, ist als Museumslokomotive erhalten geblieben. Schließlich bezogen die Schweizerischen Bundesbahnen selbst noch 51 Ten-Wheeler – natürlich wieder von der SLM –, bei denen der Einachsantrieb der großen Gotthard-Maschinen mit dem Treibraddurchmesser der Jura-Simplon-Maschinen und einem großen Heißdampfkessel kombiniert war. Die ersten beiden besaßen ein h3-, alle anderen ein h4v-Triebwerk. Mit diesen schönen Lokomotiven, von denen 1915 die drei letzten geliefert wurden, endete die Entwicklung der Dampf-Schnellzuglokomotive in der Schweiz, da bereits im ersten Weltkrieg die schrittweise Umstellung auf elektrischen Betrieb beschlossen wurde.
Werfen wir noch einen kurzen Blick nach England. Die erste englische 2 C entwarf David Jones im Jahre 1894 für die Highland Railway. Die Lokomotiv-Fabrik Sharp Stewart & Co. in Glasgow lieferte 15 dieser für ihre Zeit recht großen Maschinen, die mit ihren 5 Fuß, 3 Zoll (1600 mm) großen Treibrädern ausdrücklich als Güterzuglokomotiven bezeichnet waren. Bekannt als »Jones Goods«, waren es die einzigen europäischen 2 C-Güterzuglokomotiven überhaupt, obwohl sie, während der Touristik-Saison in Schottland, auch häufig im Personenzugdienst eingesetzt wurden. Die erste der »Jones Goods«, die 103, ist betriebsfähig erhalten geblieben und war auf Sonderfahrten und bei Filmaufnahmen zu sehen.
Aus diesem Anfang entwickelte sich die ungeheure Vielfalt der englischen 2 C, die alles übertraf, was in anderen Ländern vorhanden war. Nach dem »Grouping« von 1923, dem Zusammenschluß der meisten englischen Eisenbahnen zu vier großen Netzen, besaß jede dieser vier Bahnen ein mehr oder weniger buntes Gemisch verschiedenartigster Ten-Wheeler, denen sich dann noch weitere Neubauten hinzugesellten. Hierzu gehörte z. B. die »Sandringham«-Klasse der London &

Technische Daten

Bahnverwaltung	**Königlich Preußische Eisenbahn-Verwaltung, Deutschland**
Achsanordnung:	
Deutsche Bezeichnung	**2 C h4v**
White classification	**4–6–0 (Ten-Wheeler)**
Gattung	**S 10[1]** **S 35.17 (Deutsche Reichsbahn)**
Bahnnummer	**17 1124-1144 und 17 1154-1219 (DRG)**
Erbauer	**Henschel-Werke, Kassel und Linke-Hofmann-Werke, Breslau**
Baujahre	**1914 – 16**
Werknummern	**12600–13830 (Henschel), 1201–10 (LH)**
Treibraddurchmesser	**1980 mm**
Laufraddurchmesser	**1000 mm**
Zylinderdurchmesser	**400/610 mm**
Kolbenhub	**660 mm**
Rohrlänge	**4900 mm**
Verdampfungsheizfläche (feuerber.)	**164,7 m²**
Feuerbüchsheizfläche (feuerber.)	**17,6 m²**
Überhitzerheizfläche	**58,5 m²**
Rostfläche	**3,12 m²**
Kesseldruck	**14,7 bar = 15 kp/cm²**
Reibungslast	**522 kN = 53,2 Mp**
Dienstgewicht, Lokomotive	**84,17 t**
Dienstgewicht, Lok + Tender	**147,9 t**
Kohlevorrat	**7,5 t**
Wassermenge	**31,5 m³**
Höchste erreichte Geschwindigkeit	**152 km/h**
Treibraddrehzahl	**407 Upm**
Indizierte Leistung	**1325 kW = 1800 PS**
Mittlere Kolbengeschwindigkeit	**8,96 m/s**
Vergleichsgeschwindigkeit (Reihe 01 DRG)	**154 km/h**

Bild 113: 2 C h4v, Nr. 938, der Gotthard-Bahn. Erbaut 1908 als letzte von 8 Maschinen. Treibraddurchmesser 1610 mm (Schweizer Bundesbahn).

North Eastern Railway (LNER), eine 2 C h3 die Gresley 1928 für die Strecken der ehemaligen Great Eastern Railway geschaffen hatte, da die dort vorhandenen kurzen Drehscheiben für eine Pacific nicht ausreichten. Mit 80 Zoll (2032 mm) großen Treibrädern erreichten die Maschinen spielend 90 mph (145 km/h). Bei der London, Midland & Scottish Railway (LMS) liefen die berühmten 2 C h3 »Royal Scot«, von denen die North British Locomotive Company in Glasgow im Jahre 1927 fünfzig Stück geliefert hatte, denen 3 Jahre später noch zwanzig aus der Bahnwerkstatt Derby folgten. Sie waren die Antwort auf Gresleys A1/A3 der LNER (Kapitel XIV) und gehörten mit 81 Zoll (2057 mm) Treibraddurchmesser, 623 kN (63,5 Mp) Reibungslast und 193 m² Verdampfungsheizfläche (fast 20 % mehr als die S 10¹ hatte) zu den stärksten und schnellsten europäischen Ten-Wheelern. Am 20. September 1933 erreichte eine von ihnen, die 6129 »Comet«, mit einem 7 Wagen-Zug von 215 t bei Versuchsfahrten 148 km/h wie Vilain* berichtet.

Für die Southern Railway schuf R. E. L. Maunsell im Jahre 1926 die »Lord Nelson«-Klasse, eine 2 C h4 mit 79 Zoll (2007 mm) großen Treibrädern und Zweiachsantrieb, die im Zeitpunkt ihrer Entstehung die zugkräftigste englische Schnellzuglokomotive war. Um ein möglichst gleichmäßiges Drehmoment zu bekommen, hatte Maunsell die Kurbeln um 135° gegeneinander versetzt, so daß bei jeder Radumdrehung nicht wie normal 4, sondern 8 Aufpuffschläge zu hören waren. Und die Great Western Railway schließlich betrieb ihren gesamten Schnellzugdienst bis zur Verstaatlichung von 1948 nur mit 2 C-Lokomotiven, von denen die ältere »Saint«-Klasse ein Zwillings-Triebwerk, die anderen drei jedoch ein Vierlings-Triebwerk mit Zweiachsantrieb besaßen, das in seiner Zylinderanordnung dem de Glehn-Triebwerk glich. Da war zunächst die »Star«-Klasse von 1906, Churchwards berühmtester Entwurf, aus der sein Nachfolger, C. B. Collett, die noch berühmteren »Castle«- und »King«-Klassen entwickelte. Mehr als alles andere spricht die ungewöhnlich lange Beschaffungszeit von 27 Jahren für die Brauchbarkeit der »Castles«. Als erste der 171 Maschinen verließ die Nummer 4073 »Caerphilly Castle« im August 1923 das Werk Swindon; letzte war Nummer 7037 »Swindon«, die im August 1950 aus der Montagehalle rollte. Sie waren schnell und wirtschaftlich und fuhren bis zu 100 mph (rund 160 km/h). Die 30 »Kings« stellten dagegen die stärksten europäischen Ten-Wheeler dar. Mit 680 kN (69,3 Mp) hatten sie eine höhere Reibungslast, als die vierfach gekuppelte sächsische XX HV, die es nur auf 673 kN (68,6 Mp) brachte, und mit einem Dienstgewicht von 92 t kamen die fünfachsigen englischen Maschinen fast an die 99,9 t

* Lucien Maurice Vilain, »La Locomotive a Vapeur et les Grandes Vitesses«, Frankreich, 1972.

der sechsachsigen deutschen heran. Neben dem Belpaire-Kessel lag eine weitere Eigentümlichkeit der Great-Western-Lokomotiven darin, daß alle mit der schwer zugänglichen Innensteuerung ausgerüstet waren.
Ähnlich den vier großen englischen Bahnen, übernahm auch die Deutsche Reichsbahn-Gesellschaft, in der am 1. April 1920 die früheren deutschen Länderbahnen zusammengefaßt wurden, ein buntes Gemisch von Ten-Wheelern, davon allein neun verschiedene Typen von 2 C-Schnellzuglokomotiven, d.h. mit Treibrädern von mehr als 1800 mm Durchmesser. Obwohl anfangs gewisse Bestrebungen innerhalb der Reichsbahn vorhanden waren, einige moderne Länderbahn-Typen als Einheitslokomotiven weiterzubauen – zu diesen zählte auch die preußische S 10[1] –, ging die Reichsbahn dann doch einen anderen Weg: es wurde ein komplettes und nach einheitlichen Baugrundsätzen entwickeltes Lokomotiv-Programm aufgestellt, dessen Verwirklichung 1925 begann. Lediglich aus Zeit- und Kostengründen wurden einige Länderbahn-Lokomotiven noch eine zeitlang weiterbeschafft. Zum Unterschied von den englischen Bahnen hatte die Reichsbahn jedoch für den Schnellzugdienst ausschließlich Pacifics vorgesehen, eine Ten-Wheeler war im Programm nicht enthalten (trotz der hervorragenden preußischen P 8 auch nicht als Personenzuglokomotive). Dabei besaß die Reichsbahn in den zahlreichen »geerbten« 2 C h4v-Lokomotiven nicht nur verhältnismäßig leistungsfähige und schnelle, sondern auch recht sparsame Maschinen und eine nach neuesten Erkenntnissen und unter Ausnutzung aller vorhandenen Erfahrungen konstruierte Ten-Wheeler hätte vielleicht die gleichen Leistungen erbringen können, wie später die leichte Pacific-Schnellzuglokomotive der Reihe 03; sie wäre mit Sicherheit billiger und höchstwahrscheinlich auch wirtschaftlicher gewesen, als diese. Allerdings hätte der Kessel dann nicht zu den festgesetzten Baugrundsätzen gepaßt, in denen ausschließlich breite Feuerbüchsen vorgesehen waren, und eine derart starke Abweichung von diesen Grundsätzen konnte wohl nicht toleriert werden.
Als die Deutsche Reichsbahn entstand, war die älteste deutsche 2 C bereits 26 Jahre alt. Es war die Gattung IVe (Bild 144) der badischen Staatsbahn. Im Jahre 1894, dem gleichen Jahre, in dem die Gotthard-Bahn ihre ersten 2 C erhielt, lieferte die Elsässische Maschinenfabrik, Werk Grafenstaden, die erste IVe für die ebenfalls sehr steigungs- und krümmungsreiche badische Schwarzwaldbahn, Offenburg-Konstanz. Weitere 7 folgten im nächsten Jahre von derselben Firma und bis 1901 kamen noch 75 von der Maschinenbau-Gesellschaft Karlsruhe hinzu. Sie waren die allerersten 2 C mit de Glehn-Triebwerk überhaupt. Bei nahezu gleichem Treibraddurchmesser und Achsstand besaßen sie kleinere Kessel und hatten daher ein erheblich geringeres Gewicht, als die Gotthard-Maschinen.
Trotz ihrer geringen Größe stellte die IVe für die badische Staatsbahn offenbar eine recht brauchbare Maschine dar, was sich schon darin zeigte, daß die Bahn immerhin 83 Stück bestellte und sie auch auf anderen Strecken einsetzte. So ist es verständlich, daß die anderen deutschen Länderbahnen auf diese Konstruktion aufmerksam wurden und ähnliche Lokomotiven beschafften, die dann aber, dem allgemeinen Trend folgend, größer als die badischen Maschinen waren. Den Anfang machte die württembergische Staatsbahn, mit 14 Lokomotiven der Gattung D, die die Maschinenfabrik Eßlingen ab 1898 lieferte. Der Treibraddurchmesser betrug 1650 mm und mit ihren großen Belpaire-Kesseln erreichten sie schon fast die Gotthard-Lokomotiven. Gleichzeitig bezog die Reichseisenbahn Elsaß-Lothringen 5 etwas kleinere Lokomotiven – Gattung A 14, später P 5 –, natürlich vom Hauslieferanten Grafenstaden. Der Treibraddurchmesser war aber nun schon auf 1750 mm gestiegen. 18 sehr ähnliche Maschinen lieferte dieselbe Firma ein Jahr später an die preußische Staatsbahn, die Gattung P 7. Und schließlich kamen von 1899 bis 1901 von der Firma Maffei in München 43 Lokomotiven der Gattung CV für die bayrische Staatsbahn, die mit 1870 mm großen Treibrädern bereits ausgesprochene Flachland-Schnellzuglokomotiven darstellten. Übrigens waren bei ihnen, wie auch bei der württembergischen D, die Niederdruck-Zylinder so groß geworden, daß sie nicht mehr zwischen die Rahmenwangen paßten und daher ihre Plätze mit den Hochdruck-Zylindern tauschen mußten.
So liefen um die Jahrhundertwende in Deutschland eine große Anzahl 2 C n4v-Schnellzuglokomotiven – alle mit de Glehn-Triebwerk –, die vorwiegend auf Steigungsstrecken eingesetzt wurden, während auf den Flachlandstrecken noch die zweifach gekuppelten (2 B und 2 B 1) vorherrschten. Doch wenn auch die hohe Zugkraft, der gute Massenausgleich und der durch die Verbundwirkung sparsame Betrieb der Ten-Wheeler begrüßt wurden, so konnte man doch auch nicht die Nachteile übersehen. Hauptsächlich lagen sie in dem komplizierten Aufbau, der schwierigen Rahmenversteifung im Bereich der Außenzylinder und dem schwer zugänglichen Innentriebwerk. Man sann also auf Abhilfe und als erste erschien im Jahre 1903 die Bayrische Staatsbahn mit einer 2 C n4v, der Gattung S 3/5, in der ein neues Konzept verwirklicht war. Alle Zylinder saßen waagrecht in einer Reihe und wirkten auf die erste Achse. Die Bewegung der inneren Schieber wurde von den äußeren Schiebern durch senkrechte Hebel übertragen, so daß nur eine äußere Steuerung auf jeder Seite nötig war. Durch den Barrenrahmen, der hier zum ersten Male an einer in Deutschland gebauten Lokomotive angewendet wurde, war das Innentriebwerk recht gut zugänglich. Von den 69, bis 1907 gebauten Maschinen, erhielten die letzten 30 einen Überhitzer. Eine in möglichst vielen Bauteilen übereinstimmende Atlantic (S 2/5) entstand gleichzeitig, eine verkleinerte Ausfüh-

Bild 114: 2 C n4v, Gattung IVe, Nr. 111, der Badischen Staatsbahn. Erste 2 C mit de Glehn-Triebwerk. Aufnahme 1909 in Heidelberg (Sammlung Dr. Feißel, Deutschland).

rung als Personenzuglokomotive (P 3/5) zwei Jahre später. Übrigens entsprach die P 3/5 in Größe und Leistung zeimlich genau den Gotthard-Lokomotiven der älteren, im Aussehen jedoch denjenigen der neueren Ausführung.
Obwohl sich die S 3/5 gut bewährte, wurde sie von den anderen deutschen Länderbahnen nicht nachgeahmt, sondern man ging dort bei der Weiterentwicklung der Schnellzuglokomotive eigene Wege. Es sei dahingestellt, ob es die besseren waren. Baden und Württemberg behalfen sich zunächst noch eine Weile mit den vorhandenen Maschinen und gingen dann gleich zur Pacific über. Die Reichseisenbahn Elsaß-Lothringen aber blieb beim de Glehn-Triebwerk, offenbar unter dem beherrschenden Einfluß der Elsässischen Maschinenbau-Gesellschaft, die bis 1904 von Alfred de Glehn geleitet wurde. Dieses Triebwerk erhielten nicht nur die Ten-Wheeler der Gattung A 14, später P 7, (30 Stück) und S 5, später S 9, (80 Stück), sondern auch die 8 Pacifics der Gattung S 6, später S 12, die übrigens den Grundstein einer Entwicklung darstellten, die zu einer der berühmtesten europäischen Schnellzuglokomotiven führte, nämlich den »Super-Pacifics« der französischen Nordbahn.

In Sachsen hingegen und etwas später auch in Preußen begann man mit verschiedenartigen Triebwerken zu experimentieren. Die Sächsische Staatsbahn, die sich zunächst der 2 C gegenüber abwartend verhalten hatte, obwohl sie besonders dringend eine dreifach gekuppelte Schnellzuglokomotive benötigt hätte, begann mit einer Vierlings-Lokomotive, der XII H, von der die Firma Hartmann in Chemnitz im Jahre 1906 sechs Stück lieferte. Sie waren kleiner, als die bayrischen Maschinen, lediglich der Treibraddurchmesser lag mit 1905 mm – dem sächsichen Standardmaß – etwas über den in Bayern üblichen 1870 mm. Auffallend war die modische Windschneide an Führerhaus und Rauchkammer und der Belpaire-Kessel mit Doppeldom. Seltsamerweise lag der Regler im hinteren Dom und das Einströmrohr verlief nicht wie üblich durch den Langkessel, sondern durch das Verbindungsrohr, den vorderen Dom und den davorgesetzten Sandkasten bis zur Rauchkammer und von oben in diese hinein. Damit wurde aber die Wirkung des zweiten Dampfdomes, der an sich dem Regler möglichst trockenen Dampf zuführen sollte, nahezu illusorisch.
Wie bei der S 3/5 lagen die Zylinder waagerecht in einer ge-

Bild 115: 2 C h4v, Gattung S 10[1], der Preußischen Staatsbahn. Erbaut 1912, Henschel-Werksnummer 11184. Bahnnummer Breslau 1103. Kam als Reparationslieferung nach dem Ersten Weltkrieg nach Polen (Verkehrsmuseum Nürnberg).

meinsamen Querebene und die erste Kuppelachse war Treibachse für alle 4 Zylinder. An einen Barrenrahmen hatte man sich jedoch noch nicht herangewagt (erst nach dem ersten Weltkrieg erschien die erste sächsische Lokomotive mit einem derartigen Rahmen, die XX HV) und nahm die schlechte Zugänglichkeit des Innentriebwerks in kauf. Im Betrieb zeigten die Lokomotiven einen sehr hohen Dampfverbrauch, so daß die Bahn sie von 1908 an mit Vierzylinder-Verbund-Triebwerk weiterbaute. Bei den 42, bis 1914 entstandenen Maschinen wurde die Windschneide an der Rauchkammer von Anfang an, später auch die am Führerhaus weggelassen, vernünftigerweise, wie man sagen muß. Der Doppeldom wurde beibehalten, jedoch lag der Regler nun im vorderen Dom und das Einströmrohr verlief innerhalb des Kessels. Später verlegte man auch das Verbindungsrohr in den Kessel, um die Wärmespannungen zu beseitigen.
Außer dieser Gattung XII HV, gab es noch eine dritte Bauart, die XII H1. Sie war ein Kombinationsentwurf mit der Atlantic X H1, ähnlich den bayrischen S 3/5 und S 2/5, doch hatten die sächsischen Lokomotiven ein einfaches Zwillingstriebwerk. Die XII H1 war wesentlich größer, als die Vierzylindermaschinen, doch durch das Zweizylinder-Triebwerk zeigte sie schlechtere Laufeigenschaften, so daß es bei den 7, im Jahre 1909 gebauten Exemplaren blieb. In verkleinerter Ausführung, XII H2, wurde sie jedoch später als Personenzuglokomotive in verhältnismäßig großer Stückzahl (159) beschafft. Bei sämtlichen sächsischen 2 C-Schnellzuglokomotiven lagen übrigens die äußeren Treibstangen zwischen Radnabe und Kuppelstangen, wodurch die Biegebeanspruchung des Treibzapfens etwas herabgesetzt werden konnte.
Als letzte der deutschen Länderbahnen begann die preußische Staatsbahn, sich mit der dreifach gekuppelten Schnellzuglokomotive zu beschäftigen. Allerdings besaß die Bahn bereits seit 1906 eine 2 C h2, die berühmte P 8, später Reichsbahn-Baureihe $38^{10\ 40}$. Über diese hervorragende Lokomotive, die schließlich mit fast 3800 Stück die mit Abstand meistbeschaffte Personenzuglokomotive der Welt wurde, ist schon so viel geschrieben worden, daß sich weitere Worte hier erübrigen. Doch obwohl Robert Garbe, Lokomotivbeschaffungs-Dezernent der preußischen Staatsbahn, unter dessen beherrschendem Einfluß diese nicht besonders ästhetische, doch äußerst brauchbare Maschine entstanden war, sie als Schnellzuglokomotive bezeichnete, und obwohl sie tatsächlich, vor allem nach dem ersten Weltkriege, sehr häufig in Schnellzug-Dienstplänen eingesetzt wurde, für den Hochgeschwindigkeits-Verkehr waren ihre Treibräder mit 1750 mm zu klein und ihr Kessel zu schwach. Zwar konnte sie verständlicherweise die P 7 sehr schnell von den Bergstrecken verdrängen, doch auf den zahlreichen Flachlandstrecken Preußens eignete sie sich weniger gut; und mit den vorhandenen

Bild 116: 2 C h4v, Gattung S 10[1], der Preußischen Staatsbahn. Bauart 1914, leistungsfähigste und größte preußische Schnellzuglokomotive. Treibraddurchmesser 1980 mm. Erreichte bei Versuchsfahrten über 150 km/h. 1914 von Henschel mit Werksnummer 12605 erbaut. Kam zur Reichseisenbahn und erhielt die Nummer Elsaß-Lothringen 1110. Nach dem Ersten Weltkrieg AL 1110 und bei der SNCF 230 G 110 (Verkehrsmuseum Nürnberg).

zweifach gekuppelten Schnellzuglokomotiven von der S 3 bis zur S 9 kam die Bahn immer weniger zurecht.
So mußte also wieder einmal etwas geschehen und im Jahre 1910 schritt man schließlich zur Tat. Die Berliner Maschinenbau-AG, vorm. L. Schwartzkopff, lieferte zwei Prototypen der ersten wirklichen 2 C-Schnellzuglokomotive Preußens, der S 8. Im äußeren war sie eine etwas vergrößerte P 8 (natürlich der Bauart 1906, die ebenfalls von Schwartzkopff entwickelt worden war), jedoch hatte man das Triebwerk von der sächsischen XII H entlehnt, d. h. es war ein Vierlings-Triebwerk, dessen Zylinder waagerecht in einer gemeinsamen Querebene unter der Rauchkammer saßen und zusammen die führende Kuppelachse antrieben. Die Bewegung der inneren Schieber wurde dabei, anders als bei den sächsischen Maschinen, durch vor den Zylindern liegende waagerechte Hebel von den äußeren abgenommen. Der Treibraddurchmesser betrug – wie in Preußen üblich – 1980 mm. Obwohl die ungünstigen Erfahrungen mit der XII H bekannt waren und Sachsen sich bereits 1908 zur Verbundlokomotive entschlossen hatte, mußte man diese Erfahrungen in Preußen offenbar erst selber gewinnen. Denn Garbe, der sich so konsequent für die Heißdampf-Lokomotive einsetzte, wollte sie im übrigen so unkompliziert wie möglich machen und hielt das Verbund-Triebwerk dabei nicht für gerechtfertigt. Er schreibt selbst dazu*: »... bei Anwendung hoher Überhitzung kann selbst die größtmögliche Arbeitsleistung auch noch wirtschaftlich in einem Zylinder erfolgen.«
Nach Erprobung der neuen Schnellzuglokomotive wurde der Entwurf von der Stettiner Maschinenbau-AG Vulcan überarbeitet. Die Kesselleistung konnte vergrößert und die Überhitzung erhöht werden. Um das Innentriebwerk besser zugänglich zu machen, wurde der Rahmen in seinem vorderen Teil als Barrenrahmen ausgebildet, wie es schon von Borries an seinen Vierzylinder-Verbund-Lokomotiven S 5[1], S 7 und S 9 gezeigt hatte. Dadurch konnte auch der Umlauf hochgelegt werden, so daß die Kuppelräder nicht mehr oben durch Radkästen abgedeckt werden mußten. Die Bezeichnung wurde in S 10 geändert, da inzwischen zwei S 9-Atlantics probeweise Heißdampfkessel erhalten hatten und logischerweise mit S 8 (Bild 108) bezeichnet werden sollten. Bekanntlich waren im Bezeichnungs-Schema der preußischen Staatsbahn die graden Ziffern den Heißdampflokomotiven zugeordnet (S 6, P 8, G 10 usw).
Von der S 10 wurden bis zum Jahre 1914 insgesamt 202 Stück gebaut. Im Laufe der Zeit stellte man aber auch bei der preußischen Staatsbahn fest, daß der Dampfverbrauch des Vier-

* Robert Garbe, »Die Dampflokomotive der Gegenwart«, Deutschland, 1920.

Bild 117: 17 1161 im BW Berlin, Lehrter Bahnhof. 1915 von Henschel erbaut, zunächst Altona 1109. August 1950 ausgemustert (Sammlung A. Haas, U.S.A.).

lings-Triebwerks nicht gerade niedrig war und schon im Jahre 1911 wurde ein neuer Entwurf ausgearbeitet. Er entstand bei der Firma Henschel & Sohn in Kassel und war das Werk des damals 39jährigen Oberingenieurs Georg Heise. Natürlich mußte er sich dabei an das von der Bahn vorgegebene Konzept halten und dort machte sich der wachsende Einfluß Hinrich Lübkens bemerkbar, der ein Jahr später der Nachfolger Garbes wurde. Lübken war mehrere Jahre bei der Reichseisenbahn Elsaß-Lothringen tätig gewesen und schätzte offenbar das von dieser Bahn bevorzugte de Glehn-Triebwerk. Als daher die neue Lokomotive erschien – sie erhielt die Bezeichnung S 10^1 –, war sie nicht einfach eine S 10 mit Verbund-Maschine, sondern sie stellte die größte und gleichzeitig letzte deutsche 2 C mit de Glehn-Triebwerk dar (Bild 115). Abmessungen und Leistungen waren gegenüber der S 10 noch vergrößert, doch dank der Verbund-Wirkung zeigte sich die Lokomotive sparsamer, als ihre Vorgängerin.

Da die zulässige Achslast von 17 Mp (ca 170 kN) bei der S 10 für die Kuppelradsätze bereits voll ausgenutzt war, mußte das gesamte Mehrgewicht vom Drehgestell aufgenommen werden. Der Zweiachsantrieb verringerte die Biegebeanspruchung der vorderen Treibachse, außerdem wurden durch die längeren Treibstangen die Gleitbahndrücke herabgesetzt. Um diesen Vorteil auch dem Innentriebwerk zukommen zu lassen, hatte man die Niederdruckzylinder bis vor den Drehzapfen des Drehgestells vorgeschoben, mußte sie dabei jedoch geneigt anordnen. Abweichend von allen bisherigen Ausführungen des de Glehn-Triebwerks, die innen und außen je zwei Steuerungen besaßen, die bei französischen Lokomotiven auch noch getrennt einstellbar waren, hatten die S 10^1 nur eine Außensteuerung auf jeder Maschinenseite und die Schieberbewegungen der äußeren Schieber wurden durch ein Hebelsystem nach innen übertragen, ähnlich wie es bei den bayrischen und sächsischen Vierzylinder-Verbund-Lokomotiven der Fall war. Wegen der versetzten Zylinderlage erhielt dabei die innere Schieberschubstange der S 10^1 die außergewöhnliche Länge von 1650 mm. Um das Niederdruck-Triebwerk überhaupt zwischen den Rahmenwangen unterbringen zu können, war der Kolbenhub von 630 mm bei der S 10 auf 660 mm vergrößert, so daß man mit 610 mm Zylinderdurchmesser auskam.

Im ganzen gesehen überwogen beim de Glehn-Triebwerk aber die Nachteile, so daß die S 10^1 der Bauart 1911 gegenüber der bayrischen S 3/5, der sächsischen XII HV und den

Bild 118: 17 1136 um 1925 in Hannover mit dem D 24 Warschau – Paris. 1914 von Henschel erbaut. Trug zunächst die Nummer Halle 1114. August 1950 bei der Deutschen Bundesbahn ausgemustert (Sammlung A. Haas, U. S. A.).

von Borries'schen 4v-Lokomotiven als Rückschritt bezeichnet werden muß. Da war einmal die sehr schlechte Zugänglichkeit des Innentriebwerks, die nur wenig durch die, wegen der Triebwerksneigung etwas höher liegenden Kreuzköpfe gemildert wurde. Um überhaupt zwischen Rahmenoberkante und Kessel nach innen gelangen zu können, mußte der Umlauf wieder bis zur Rahmenoberkante herabgezogen werden, wie es schon bei den ersten beiden S 10 der Fall gewesen war. Dazu kam noch die notwendige Rahmenversteifung im Bereich der Außenzylinder, die das Gewicht so weit heraufsetzte, daß anfangs weder eine Drehgestellbremse, noch der 1912 bei der preußischen Staatsbahn eingeführte Oberflächenvorwärmer mit Kolbenspeisepumpe untergebracht werden konnte. Schließlich brachten die längeren Dampfwege Wärme- und Strömungsverluste, die einen Teil der Ersparnisse, die durch die Verbundwirkung erreichbar waren, wieder aufzehrten.
Diese ganzen Unzuträglichkeiten bewogen die Bahn dazu, den Entwurf nochmals umarbeiten zu lassen. Im Jahre 1914 verließ die erste Lokomotive der neuen Bauart das Henschel-Werk in Kassel (Werksnummer 12600). Sie trug die Nummer 1105 und war für die Reichseisenbahn Elsaß-Lothringen bestimmt (Bild 116). (Die preußische Staatsbahn hatte eine Art Reihen-Nummerierung, bei der für jede Direktion für gleiche Lokomotiv-Typen die gleichen Nummernreihen vorgesehen waren. Dieses System hatte auch die Reichseisenbahn übernommen.) Georg Heise war es gelungen, eine gute Synthese der beiden Systeme von Borries und de Glehn zu finden. Von ersterem stammte die in einer Querebene liegende Zylinder-Batterie und der vordere Barrenrahmen, von letzterem der Zweiachsantrieb. Gegenüber der Bauart 1911 war die innere Treibstange um 400 mm auf 2 m gekürzt die äußere hingegen um 500 mm auf 3,3 m verlängert. Trotzdem mußte die äußere Kolbenstange auf die ungewöhnliche Länge von 2140 mm gebracht werden, da die Zylindermittelebene noch 100 mm vor der Drehgestellmitte lag. Zur Abstützung gab man der Kolbenstange noch eine zusätzliche Führung, die an der Gleitbahn, etwa 500 mm hinter der Stopfbüchse angebracht war. Ob sie nötig war, ist fraglich. Immerhin lag die Knicksicherheit der Kolbenstange bei etwa 7,6 (ohne die zusätzliche Führung) und es gab später eine Lokomotive, deren Kolbenstange noch länger war und nur eine Knicksicherheit von etwa 5 erreichte, ohne daß eine zusätzliche Kolbenstangen-Führung vorgesehen war. Das waren die 1941 gebauten (2 D) D 2-Mallets »Big Boy« der Union Pacific Railroad, die

größten Dampflokomotiven der Welt. Die Kolbenstangen ihres vorderen Triebwerks waren noch 500 mm länger, als die der S 10^1, und die maximale Druck-Kraft, die sie übertragen mußten, mehr als dreimal so groß.
Auch der Kessel mußte sich, gegenüber der ersten Ausführung, Änderungen gefallen lassen. Rostfläche und Feuerbüchs-Heizfläche wurden vergrößert, ebenso der Überhitzer, dieser jedoch auf Kosten der Rohrheizfläche, da die Rohrlänge beibehalten wurde. Diese Maßnahmen, in Verbindung mit den kürzeren Dampfwegen zu den Zylindern, ließen eine noch leistungsfähigere und zugleich sparsamere Maschine erwarten, als es die erste Ausführung war, was sich im Betriebe dann schließlich auch bestätigte.
Von allen bis 1916 gebauten S 10^1, insgesamt 254 Stück, gehörten jedoch nur 105, d. h. etwa 43 %, zur verbesserten Bauart 1914, die merkwürdigerweise die gleiche Gattungsbezeichnung behielt, obwohl die Änderungen doch recht erheblich waren. Bis auf je 10 von jeder Spielart, die aus der Firma Linke-Hofmann in Breslau kamen, waren sie ausschließlich von Henschel geliefert. Zur preußischen Staatsbahn kamen jedoch nur 237, den Rest erhielt die Reichseisenbahn, da sie dringend Schnellzuglokomotiven benötigte und die S 10^1 leistungsfähiger als ihre eigenen Pacifics, die S 12, waren.
Als letzte Variante der Ten-Wheeler-Schnellzugkokomotive in Preußen entstand 1914 eine 2 C h3, die S 10^2. Man wollte für Steigungsstrecken und häufiger haltende Züge den gleichmäßigeren Drehmomentverlauf des Drillings-Triebwerks ausnutzen, doch unverständlicherweise griff man dabei auf die ältere und schwächere S 10 zurück, von der sich die S 10^2 dann lediglich durch das Triebwerk unterschied. Alle 3 Zylinder arbeiteten, wie bei der S 10, auf die erste Kuppelachse, und die Bewegung des Innenschiebers wurde durch ein kompliziertes und verschleißanfälliges Hebelsystem von den beiden äußeren Schieberstangen übertragen. Dennoch wurden bis zum Jahre 1916 für Preußen 127 Stück geliefert (davon 3 mit Gleichstrom-Zylindern, Bauart Stumpf, und Zweiachs-Antrieb), zu denen später noch 7 für die Lübeck-Büchener-Eisenbahn kamen.
Schließlich hatte Garbe, kurz vor seinem Ausscheiden, noch einen Entwurf einer 2 C h2 ausgearbeitet, der nichts anderes war, als eine vergrößete P 8 der Bauart 1911. Er hatte sogar den charakteristischen Schwingenträger der P 8 mit den zwei länglichen Durchbrüchen vorgesehen. In den Abmessungen entsprach der Entwurf etwa der S 10^1 der Bauart 1914, nur war das Drehgestell 500 mm näher an die Kuppelachsen herangeschoben. Doch zum Glück, wie man wohl sagen kann, wurde der Entwurf nicht verwirklicht. Sicherlich hätte die Lokomotive weder die Sparsamkeit noch die guten Laufeigenschaften der S 10^1 erreicht. Die guten Laufeigenschaften der letzteren führten jedoch viele Jahre später zu einigen recht bemerkenswerten Schnellfahrten.
Mit der S 10^1 endete die Entwicklung der Schnellzuglokomotive in Preußen; zu einer Pacific, wie bei den anderen großen Länderbahnen, kam es nicht mehr. Die 7, nach dem Kriege aus Österreich angekauften 1 C 2 h4v, Reihe 310.300 (mit Brotan-Kessel), wurden bereits nach ganz kurzer Zeit an Polen weitergegeben, und die P 10 war zwar eine äußerst zugkräftige Maschine, doch für höhere Geschwindigkeiten kaum geeignet.
Nach dem Kriege mußte eine große Anzahl Lokomotiven im Zuge der Reparations-Lieferungen abgegeben werden. Frankreich erhielt, zusätzlich zu den schon mit der Reichseisenbahn übernommenen 17 Maschinen, noch 3 Stück der Bauart 1911 und 2 der Bauart 1914, drei der letzteren Bauart erhielt Belgien und je 10 von jeder Bauart gelangten nach Polen. Offenbar war man auch im Ausland mit den Lokomotiven recht zufrieden, denn trotz der geringen Stückzahl, der ungewohnten Armaturen und der für den Linksverkehr in Belgien und Frankreich unpraktischen Steuerungsanordnung hatten sie dort eine recht lange Lebensdauer. So wurde noch 1954 im BW Thionville in Frankreich die 230 G 106 photographiert; das war die zweite S 10^1 der Bauart 1914 überhaupt, die ehemalige Elsaß-Lothringen 1106. Immerhin hatte sie schon 40 Betriebsjahre hinter sich.
Die Deutsche Reichsbahn übernahm bei ihrer Gründung im Jahre 1920 von den preußischen 2 C-Schnellzuglokomotiven 135 S 10, 132 S 10^1 (1911), 77 S 10^1 (1914) und 96 S 10^2. Im Reichsbahn-Nummernschema erhielten die S 10^1 als die modernsten und leistungsfähigsten die höchsten Ordnungsnummern, nämlich 17 1001-1123 und 17 1145-1154 für die Bauart 1911 und 17 1124-1144 und 17 1155-1209 für die Bauart 1914 (Bild 117). Sie trugen die Hauptlast des Schnellzugverkehrs auf den früheren preußischen Strecken, bis sie nach und nach durch die Einheitslokomotiven verdrängt wurden. (Bild 118)
Um das Betriebsverhalten ihrer Lokomotiven besser und genauer untersuchen zu können, entwickelte die Reichsbahn das Bremslok-Verfahren. Hinter der zu untersuchenden Maschine hängt dabei, statt der sonst üblichen Wagenlast, eine zweite Dampflokomotive, die mit einer Gegendruckbremse ausgerüstet ist. Diese leicht und schnell verstellbare Bremse erlaubt es, unabhängig von den Neigungs- und Krümmungsverhältnissen der Strecke eine stets konstante Anhängelast zu simulieren und damit lange Zeit im Beharrungszustand zu fahren, was für genaue Meßergebnisse sehr wichtig ist. Anfang der 30er Jahre untersuchte Professor Nordmann mit diesem Verfahren eine ganze Reihe modernerer Länderbahnlokomotiven vor dem Meßwagen des Lokomotiv-Versuchsamtes Grunewald. Hierbei zeigte sich in genauen Zahlenwerten, was vorher schon dem Betriebe bekannt war, daß nämlich die S 10^1 zu den sparsamsten Lokomotiven gehörten, wobei die Bauart 1914, wie zu erwarten, noch etwas günstiger abschnitt,

Bild 119: 2 C h2, Klasse 5 MT, der British Railways. Erbaut 1951 in der Bahnwerkstatt Derby. Treibraddurchmesser 6 Fuß, 2 Zoll (1880 mm). Letzte und vielleicht eleganteste aller 2 C-Lokomotiven (Railway Museum York).

als die Bauart 1911. Ihr thermodynamischer Wirkungsgrad, das ist das Verhältnis der in den Zylindern dem Dampf entnommenen, zu der in Nutzarbeit umgesetzten Wärmemenge, lag noch über dem der weit neueren Einheits-Lokomotiven. Neben der Messung von Zugkraft und Leistung, sowie Kohle- und Wasserverbrauch, wurden auch Schnellfahrversuche unternommen – diese natürlich ohne Bremslokomotive – um das Laufverhalten bei sehr hohen Geschwindigkeiten zu untersuchen. Auch hier zeigten sich die doch immerhin schon 15 Jahre alten S 10[1] den weit größeren Einheitslokomotiven überlegen. So schreibt Düring* daß eine Maschine der Bauart 1914 mit drei neuen Eilzugwagen eine Geschwindigkeit von 152 km/h erreicht habe. R. P. Wagner, Lokomotiv-Konstruktionsdezernent der Reichsbahn, nannte sogar 156 km/h und man sei nur deswegen nicht schneller gefahren, weil man Heißläufer an den Treibzapfenlagern befürchtete. Auch bei anderen Gelegenheiten erreichten diese Lokomotiven ähnliche Geschwindigkeiten, so z.B. bei der Lauferprobung der Wagen des Henschel-Wegmann-Zuges.

* Theodor Düring, »Schnellzugdampflokomotiven der deutschen Länderbahnen 1907–1922«. Deutschland 1972.

Wie die überschlägige Rechnung zeigt, mußte die Lokomotive dabei etwa 1325 kW (1800 PS) aufbringen und die theoretische Heizflächenbelastung stieg auf 83 kg/m²h. Dieser Wert stimmt gut mit dem tatsächlich erreichten Höchstwert überein, für den Nordmann 82 kg/m²h nennt. Wenn vielleicht nicht vom Triebwerk her, so war die S 10[1] doch vom Kessel her hervorragend für diese hohen Leistungen geeignet. Von allen deutschen Ten-Wheelern hatte ihre Feuerbüchse mit 10,7 % den höchsten Anteil an der Verdampfungs-Heizfläche. In der Feuerbüchse aber wird die Wärme im wesentlichen durch Strahlung übertragen – und zwar sowohl vom Feuerbett her, als auch durch die Kohlendioxyd- und Wasserdampfkomponenten des Rauchgases und die mitgeführten glühenden Kohlepartikel –, wobei die Wärmeübergangszahl mit der 4. Potenz der absoluten Temperatur ansteigt und damit, besonders bei hoher Belastung Werte erreicht, die die Wärmeübergangszahl durch Konvektion, die in den Rohren vorherrscht, erheblich überschreitet. Dadurch kann aber ein Kessel mit hohem Anteil der Feuerbüchs-Heizfläche, bei gleicher Beanspruchung, d.h. gleichen Wärmeübergangszahlen in der Feuerbüchse und in den Rohren gegenüber einem mit geringem Anteil, eine höhere mittlere Heizflächenbelastung aufweisen und somit – selbst bei kleinerer Verdampfungsheizfläche – mehr Dampf erzeugen, wobei die thermische Belastung im kritischen Bereich der Feuerbüchsrohrwand sogar niedriger sein kann, da die Gase dort bereits stärker abgekühlt sind. So ist es verständlich, daß die S 10^1 die von der Reichsbahn als rechnerische Norm festgesetzte Heizflächenbelastung von 60 – 5 % = 57 kg/m^{2}h ohne Schwierigkeiten weit überschreiten konnte, während die Einheitslokomotiven mit ihren kurzen, breiten Feuerbüchsen – bei der 01 z. B. erreichte der Heizflächenanteil kanpp 6,9 % – selbst bei geringerer Überschreitung zu Schäden an der feuerbüchsseitigen Rohrwand neigten. Diese günstigen Verhältnisse waren natürlich allen Ten-Wheelern mit ihren langen, schmalen Feuerbüchsen »angeboren«. Mit einer Ausnahme erreichten alle deutschen Heißdampf-2 C Feuerbüchs-Heizflächenanteile von über 8,8 %. Die Ausnahme war die sächsische XII H1, die dank ihres kleinen Überhitzers nur auf 7,6 % kam. Bezieht man die Feuerbüchsheizfläche auf die Gesamtheizfläche einschließlich des Überhitzers, so verschieben sich die Verhältnisse noch mehr zugunsten der Ten-Wheeler.

Natürlich gibt dies alles nur einen Hinweis auf die bessere Überlastungsfähigkeit der Kessel der älteren Länderbahn-Ten-Wheeler, die höhere »Qualität« des Dampfes bei den neueren Einheitslokomotiven mit ihren großen Überhitzern steht auf einem anderen Blatt. Doch derartig hohe Belastungen wurden im Normalbetrieb kaum gefordert, so hohe Geschwindigkeiten, wie bei den Versuchsfahrten schon gar nicht. Auf die Dauer wäre dem das Triebwerk auch nicht gewachsen gewesen. Dagegen machte sich die auf 120 km/h festgesetzte Höchstgeschwindigkeit der S 10^1 mehr und mehr als Hindernis bemerkbar, als die Reichsbahn von der Mitte der 30er Jahre an die Reisegeschwindigkeiten im Fernverkehr allmählich erhöhte. So wanderten die schönen Maschinen nach und nach aus dem Schnellzugsdienst ab und wurden für Eilzüge verwendet und nur gelegentlich zu Vorspannleistungen für Schnellzüge herangezogen. Sie erlebten noch eine kurze Blütezeit durch den allgemeinen Lokomotivmangel im Kriege, doch kurz nach Kriegsende war im Westen ihre Zeit abgelaufen. Alle 117 Maschinen, die zur Deutschen Bundesbahn kamen, davon 82 der Bauart 1914, waren bis Anfang der 50er Jahre ausgemustert, als letzte am 4. Februar 1952 die 17 1257, eine von Henschel gebaute Bauart 1914 (Baujahr ebenfalls 1914), die 19 Jahre als Reparationslokomotive in Polen mit der Nummer Pk 2–10 gelaufen war. Etwas länger hielten sich diese Lokomotiven im östlichen Teil Deutschlands. Einige – darunter 2 der Bauart 1914 – wurden noch auf Kohlenstaubfeuerung umgebaut und erst 1964 kam die Ausmusterung für die letzten zwei, die beide der Bauart 1911 angehörten und 51 bzw. 52 Betriebsjahre hinter sich hatten.

Leider ist kein Exemplar der Bauart 1914, die nicht nur die stärkste und technisch ausgereifteste, sondern auch die formal gelungenste Schnellzuglokomotive der damals größten Eisenbahn der Welt, der K.P.E.V. (Königlich Preußische Eisenbahn-Verwaltung) waren, erhalten geblieben. Lediglich eine Bauart 1911, die 17 1055, ist bei der Reichsbahn im östlichen Teil Deutschlands vor der Verschrottung bewahrt worden, teilweise in den Ursprungszustand zurückversetzt und unter ihrer zweiten Betriebsnummer »Osten 1135« für das dortige Eisenbahnmuseum vorgesehen. So kann man in ihr noch einen letzten Eindruck vom Höhepunkt der preußischen Schnellzuglokomotive erblicken, wenn sie auch nicht die Eleganz ihrer jüngeren Schwestern erreicht.

Im klassischen Lande der 2 C-Schnellzuglokomotive, in England, behielt diese Bauart jedoch ihre Bedeutung bis zum Ende der Dampflokzeit. Noch 1934 entwarf W. A. Stanier für die London Midland Scottish Railway (LMS) eine 2 C h2 – wegen ihrer Leistungsklasse 5 und ihres, zum Unterschied von anderen Schnellzuglokomotiven, schwarzen Anstriches »Black five« genannt –, die mit 6 Fuß, 2 Zoll, (1880 mm) Treibraddurchmesser durchaus als Schnellzuglokomotive anzusehen ist, wenn sie auch, englischen Gepflogenheiten entsprechend, ebenso oft im Schnellgüterzugdienst verwendet und als »Mixed traffic engine« (Lokomotive für gemischten Dienst) bezeichnet wurde. Von dieser hervorragenden und beliebten Lokomotive, die nur wenig kleiner, aber natürlich weitaus moderner, als die S 10^1 war, wurden bis 1951 nicht weniger als 842 Stück beschafft, womit sie die mit Abstand meistgebaute 2 C-Schnellzuglokomotive der Welt darstellte. Doch damit nicht genug, bildete sie auch die Grundlage für die Einheitslokomotive der British Railways, Klasse 5MT, Reihe 73000, mit 6 Fuß, 1 Zoll (1854 mm), Treibraddurchmesser auch noch eine Schnellzuglokomotive. (Bild 119) Bis 1957 wurde sie hergestellt und von den 12 Einheitslokomotiv-Typen der British Railways erreichte sie mit 172 die zweithöchste Stückzahl, nur überboten von der 1 E-Güterzuglokomotive, Klasse 9F (251 Stück). Sie gehörte zu den letzten Dampf-Schnellzuglokomotiven und war nicht nur die allerletzte Ten-Wheeler, sondern zweifellos auch eine der schönsten und elegantesten die je über die Schienen dieser Erde gelaufen sind.

Mit der englischen »Standard Class 5MT« endet die 110jährige Geschichte der 2 C, höchstwahrscheinlich der am längsten gebauten Achsanordnung überhaupt. Unter den vielen tausenden von Exemplaren – allein in Nordamerika waren es über 17000 – in der Kette ihrer Entwicklung, stellte die preußische S 10^1 sicherlich ein recht interessantes und bemerkenswertes Glied dar. Sie sollte in der Erinnerung bewahrt bleiben.

XVII. Königin der Atlantics

2 B 1 h2, Klasse A, Chicago, Milwaukee, St. Paul & Pacific Railroad, USA.

Im heutigen Personenfernverkehr in den Vereinigten Staaten spielt die Eisenbahn nur noch eine untergeordnete Rolle. Wer weite Strecken nicht im eigenen PKW zurücklegen will oder kann, benutzt entweder das Flugzeug oder den Omnibus. Die Konkurrenz dieser beiden Verkehrsmittel und eine etwas ablehnende Haltung, die zahlreiche Menschen der Eisenbahn gegenüber einnehmen – die von manchen Bahngesellschaften allerdings selbst verschuldet, von anderen sogar gewollt war –, hatten in den 50er und 60er Jahren zu einem rapiden Rückgang im Eisenbahn-Personenverkehr geführt. Immer mehr Bahnen richteten Einstellungsanträge für ihre Fernschnellzüge an die Interstate Commerce Comission (ICC), die zwischenstaatliche Aufsichtsbehörde, und wandten sich ausschließlich dem lukrativeren Güterverkehr zu. Schließlich war man allgemein froh, als man im Jahre 1971 das Verlustgeschäft abgeben konnte. Seit dem 1. Mai 1971 betreibt die halbstaatliche »Amtrak« (American Transportation on Track) den Personenfernverkehr auf den meisten Bahnen der Vereinigten Staaten – da der Beitritt zur Amtrak freiwillig war, gibt es ein paar Außenseiter, größter davon ist die Southern Railway –, jedoch in einem stark geschrumpften Streckennetz. Der Betrieb der Amtrak begann mit einem Sammelsurium verschiedener und mehr oder weniger klappriger Fahrzeuge, die die Vorbesitzer in den Pool eingebracht hatten. Die Wagen waren sowieso stark heruntergekommen und bei den Lokomotiven hatte man sich natürlich auch nicht gerade von den besten getrennt. Inzwischen ist die Tendenz langsam steigend. Wagen und Lokomotiven wurden überholt und aufgearbeitet, die Fahrzeuge erhielten einen einheitlichen, werbewirksamen Anstrich (für manchen Eisenbahnfreund mag allerdings die bunte Mischung, wie sie vorher bestand, wesentlich interessanter gewesen sein), neue Wagen und stärkere Lokomotiven sind bestellt und zum Teil bereits geliefert, man experimentiert mit Autoreisezügen, Thyristor-Lokomotiven aus Schweden, Gasturbinen-Triebwagen aus Frankreich und versucht, das Reisen mit der Eisenbahn auf den noch verbliebenen Strecken wieder attraktiver zu machen.

Doch es gab einmal eine Zeit, da sah das Bild ganz anders aus. Noch bis nach dem zweiten Weltkrieg bestanden zwischen fast allen großen Städten in Nordamerika schnelle Eisenbahnverbindungen mit schweren und komfortablen Zügen, die oft mehrmals am Tage und auch nachts fuhren. In vielen Fällen konnten die Reisenden dabei zwischen zwei oder noch mehr Bahngesellschaften wählen, die natürlich alles taten, um einen möglichst großen Teil der Fahrgäste an sich zu ziehen. Klangvolle und traditionsreiche Zugnamen, verbesserter Service »an Bord«, günstigere Tarife, kürzere Fahrzeiten, alle paar Jahre neue, modernere Wagen mit noch eleganterer Ausstattung, zu denen dann selbstverständlich auch schnellere und stärkere Lokomotiven gehörten, sind nur ein paar der Mittel, derer man sich dafür bediente. Bekannt sind hier vor allem die Verbindung zwischen New York und Chicago, zwischen dem Ballungsgürtel Washington-New York-Boston und den Ferienorten an der Küste Floridas und von Chicago bzw. St. Louis quer durch den Kontinent über die Rocky Mountains nach Kalifornien.

Zu den am dichtesten befahrenen Städteverbindungen gehörte aber zweifellos diejenige zwischen Chicago und den Zwillingsstädten Minneapolis und St. Paul am Oberlauf des Mississippi. Drei große Bahngesellschaften stritten hier um die Gunst des Publikums. Größte und zugleich älteste dieser drei war die Chicago, Burlington & Quincy Railroad, deren Streckennetz von etwa 11000 Meilen (17700 km) zur Hauptsache in den Bundesstaaten Illinois, Iowa, Missouri, Nebraska und Kansas lag. (Seit Mai 1970 ist diese Bahn mit den beiden nördlichsten Transkontinentalbahnen der USA, der Great Northern Railway und der Northern Pacific Railroad zur 26000 Meilen (etwa 42000 km) umfassenden Burlington Northern Railroad vereinigt.) Die 431 Meilen (694 km) lange Strecke dieser Bahn zu den Zwillingsstädten führte von Chicago zunächst ziemlich genau nach Westen. Bei Savanna, Illinois, erreichte sie den Mississippi und verlief von da ab am Ostufer dieses Flusses entlang. Dieser landschaftlich reizvollere Abschnitt war als »Burlington's Scenic Route« bekannt.

Mit je rund 10000 Meilen (etwa 16000 km) Streckenlänge besaßen die beiden anderen Bahnen nur wenig kleinere Netze, als die Burlington. Die Chicago & North Western Railway konzentrierte sich im wesentlichen auf die Staaten Illinois, Wisconsin, Iowa, Minnesota und South Dakota. Sie war aber auch am Transkontinental-Verkehr interessiert und betrieb gemeinsam mit der Union Pacific Railroad einen der bekanntesten und vornehmsten Züge des 20. Jahrhunderts, den »Overland Limited«, der von ihr zwischen Chicago und Omaha, Nebraska, geführt wurde. Im Gegensatz dazu erfreute sich die dritte Bahn, die Chicago, Milwaukee, St. Paul & Pacific Railroad (»The Milwaukee Road« lautete der einprägsame Kurzname) als einzige der drei einer eigenen Transkontinentalstrecke. Sie lag etwas weiter südlich, als diejenigen der Great Northern – der nördlichsten – und der Northern Pacific. Dafür mußten ihre Züge aber auch Steigungen bis zu 22‰ hinaufklettern (und in der anderen Richtung mit qualmenden Bremsen hinabschleichen) und bei Janney, Montana, – dem höchsten Punkt der Bahn – eine Höhe von knapp 6500 Fuß (fast 2000 m) erklimmen. Um sich hier etwas Erleichterung zu verschaffen, begann die Milwaukee schon im Jahre 1915 ein 440 Meilen (über 700 km) langes Stück zwischen Harlowton, Montana, und Avery, Idaho, zu elektrifizieren, dem 4 Jahre später ein zweiter, 210 Meilen (338 km) langer Abschnitt zwischen Othello und Tacoma in Washington folgte. Leider konnte man sich niemals dazu aufraffen, die 218 Meilen (348 km) lange Lücke zwischen beiden Abschnitten ebenfalls mit Fahrdraht zu versehen, was den Betrieb zweifellos vereinfacht hätte. So kam es schließlich dazu, daß in den 70er Jahren der elektrische Betrieb eingestellt und die interessanten, schweren Elektrolokomotiven verschrottet wurden.
Kehren wir zurück nach Chicago. Sowohl die Chicago & North Western als auch die Milwaukee beginnen ihren Weg zu den Zwillingsstädten zunächst in genau nördlicher Richtung am Ufer des Michigan-Sees entlang zum 85 Meilen (137 km) entfernten Milwaukee. Von dort wendeten sich beide Linien nach Nordwesten. Während die North Western über Wyeville und Eau Claire nach St. Paul gelangte, verlief die Strecke der Milwaukee etwas südlicher. Über Portage und New Lisbon wurde, 281 Meilen (452 km) von Chicago entfernt, bei La Crosse der Mississippi erreicht. Hier kreuzten die Gleise diejenigen der Burlington, überquerten den Fluß und begleiteten ihn auf seinem Westufer nach Nordwesten. Kurz vor St. Paul wurde der Mississippi dann bei Hastings ein zweites Mal überquert. 422 Meilen (680 km) hatten die Züge zurückzulegen – das entspricht etwa der Entfernung von Hamburg-Altona über Hannover, Fulda und Frankfurt nach Karlsruhe. Noch etwas kürzer war die Strecke der North Western. Sie hatte mit 419 Meilen (674 km) den kürzesten Weg aller drei großen Bahnen.
Doch man war durchaus nicht auf die drei Großen angewiesen. Wer die Abwechslung liebte, hatte – in der Blütezeit der amerikanischen Luxuszüge – noch weit mehr Auswahlmöglichkeiten. So konnte er z. B. einen Zug der Chicago, Rock Island & Pacific Railroad wählen, er konnte sich der Chicago Great Western Railroad anvertrauen oder in den »Winnipeger« der Minneapolis, St. Paul & Sault Sainte Marie Railroad – kurz »Soo-Line« genannt – steigen, der ihn vom Michigan-See nicht nur zu den Zwillingsstädten am Mississippi brachte, sondern mit dem er von da aus weiter nach Norden, über die Grenze nach Kanada bis Winnipeg, der größten Stadt der Provinz Manitoba, fahren konnte.
Doch den Hauptanteil am Personenverkehr teilten sich natürlich die drei großen Bahnen. Die Strecken waren zwar, wie wir gesehen haben, nicht gleich lang, doch betrug der Unterschied höchstens 3 %, so daß größere Fahrzeitunterschiede kaum zu erwarten waren. Außerdem gab es gewisse Absprachen (»Gentlemen Agreements«) zwischen den Bahnen, die einen allzu ruinösen Wettbewerb verhindern sollten. So bewegte man sich zunächst recht gemächlich. Während z. B. im Jahre 1886 der erste Zug der Burlington, der von Chicago aus St. Paul erreichte, die Strecke in 11 Stunden, 10 Minuten, zurücklegte, benötigte man Anfang der 30er Jahre für die Reise immer noch rund 10 Stunden; natürlich mit zahlreichen Zwischenhalten. Als aber die Weltwirtschaftskrise sich ihrem Ende zuneigte und gleichzeitig die Konkurrenz der anderen Verkehrsmittel stärker wurde, begannen auch die Eisenbahnen, sich zu regen.
Man hatte sich überlegt, daß es wohl möglich und mit vertretbarem Aufwand zu erreichen sei, die Fahrzeiten um rund ein drittel, also auf etwa 6 ½ bis 7 Stunden zu verkürzen. Das bedeutete, daß man auf günstigen Streckenabschnitten mit etwa 100 mph (rund 160 km/h) fahren mußte und es entspricht ziemlich genau dem, was heute, nach über 40 Jahren, die Intercity-Züge der Deutschen Bundesbahn auf einer vergleichbaren Strecke, z. B. Hamburg-Altona – Karlsruhe, mit ebenfalls 160 km/h Höchstgeschwindigkeit, erreichen.
Das Ziel, das alle drei Bahnen anstrebten, bestand also in einer beträchtlichen Erhöhung der Fahrgeschwindigkeit. Dazu mußte zunächst einmal der Oberbau verbessert und verstärkt, Kurven begradigt und die Signaleinrichtungen den höheren Geschwindigkeiten angepaßt werden. Sodann galt es, neue, komfortablere Züge einzusetzen und schließlich sollten diese Züge auffallende und einprägsame Namen tragen. Was dabei entstand, sah jedoch am Ende bei jeder Bahn anders aus.
Den ersten Akzent setzte die Burlington. Am 26. Mai 1934 überraschte sie die Öffentlichkeit mit einem Schnelltriebwagen, der die 1017 Meilen (1637 km) von Denver, Colorado, nach Chicago mit einer Durchschnittsgeschwindigkeit von 77.6 mph (124,9 km/h) zurücklegte. Man hatte sich beim Entwurf dieses Triebwagens etwas von dem deutschen Schnelltriebwagen »Fliegender Hamburger« inspirieren lassen, mit dem die Deutsche Reichsbahn, vom Jahre 1933 an, die Fahr-

Bild 120: 2 B 1 h2, Klasse A, Nr. 1, der Chicago, Milwaukee, St. Paul & Pacific Railroad. Erste der berühmten »Riesen«-Atlantics. Erbaut 1935 von der American Lokomotive Company. Treibraddurchmesser 84 Zoll (2134 mm). Soll angeblich 130 mph (209 km/h) erreicht haben. Das Bild zeigt die Lokomotive mit etwas geändertem Anstrich, einem zusätzlichen Stirnscheinwerfer unter der Nummer und in ein wenig heruntergekommenem Zustand im September 1950 in Milwaukee, Wisconsin. Kurze Zeit später wurde sie ausgemustert (Sammlung H. K. Vollrath, U. S. A.).

zeiten zwischen Berlin und Hamburg ganz wesentlich verkürzte und der der Ausgangspunkt eines umfassenden Schnelltriebwagen-Netzes wurde, das die Reichsbahn bis zum 2. Weltkrieg aufbaute. Doch die Gemeinsamkeiten zwischen dem »Fliegenden Hamburger« und dem Burlington-Triebwagen, der den Namen des Westwindes in der griechischen Mythologie, »Zephyr«, trug, beschränkten sich im wesentlichen auf Jakobs-Drehgestelle und dieselelektrischen Antrieb. Während nämlich der »Fliegende Hamburger« ein zweiteiliges Fahrzeug – mit 3 Drehgestellen – war, das mit zwei schnellaufenden, in die Enddrehgestelle eingebauten Dieselmotoren, zwei Endführerständen, verhältnismäßig vielen Sitzplätzen und einem auffallenden, crème-violetten Anstrich ausgestattet war, bestand der »Pioneer-Zephyr« aus drei Teilen – mit natürlich 4 Drehgestellen –, besaß nur einen großen, langsam laufenden Dieselmotor, der an einem Ende des Zuges in einem besonderen Abteil untergebracht und von den Fahrgasträumen, die sich nur in zweien der drei Teile befanden, durch ein weiteres großes Abteil für Post und Gepäck getrennt war, prangte mit Wagenkästen aus glänzendem, ober- und unterhalb der Fenster längsgeripptem, nichtrostendem Stahl und hatte nur am Motorende einen Führerstand. Letzteres genügte in Amerika, da dort an den Endbahnhöfen der Route Gleisdreiecke vorhanden waren, auf denen der Zug wenden konnte.

Ein Jahr später, 1935, kündigte die Burlington die Eröffnung einer Schnelltriebwagenverbindung zwischen Chicago und Minneapolis-St. Paul – den Twin Cities – an, die daher den Namen »Twin-Zephyr« erhielt.

Noch ehe jedoch der »Twin-Zephyr« auf der Bildfläche erschien, hatte ihm die Chicago & North Western ein wenig die Schau gestohlen. In aller Eile ließ sie im Herbst 1934 einige Garnituren schwerer, sechsachsiger Schnellzugwagen aufarbeiten und mit Rollenlagern versehen und dazu 4 Stück der 12 Pacific-Lokomotiven, Klasse E–2, die die Alco im Jahre 1923 an die Bahn geliefert hatte, in der eigenen Werkstatt in Chicago umbauen. Eine Ölfeuerung wurde eingebaut, Boxpok-Räder mit 79 Zoll (2007 mm) Durchmesser und Rollen-

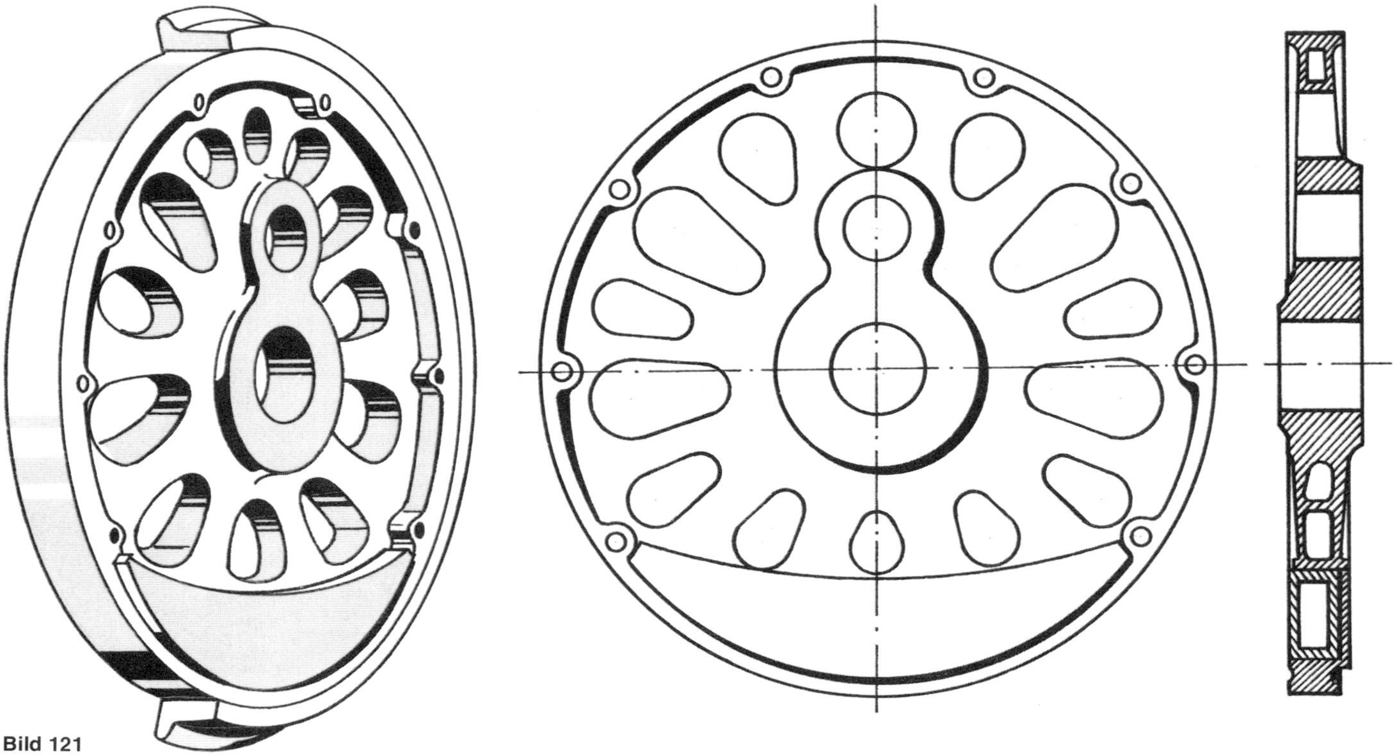

Bild 121

Bild 122

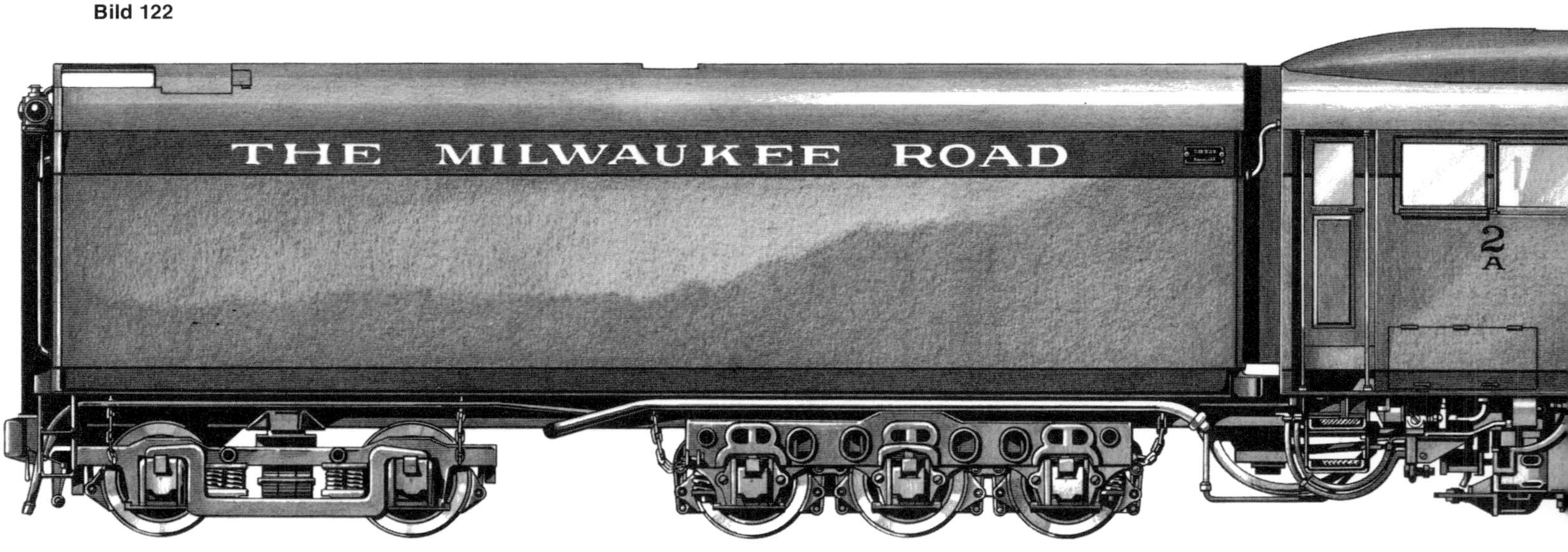

2 B 1 h2, Klasse A, Chicago, Milwaukee, St. Paul & Pacific Railroad, USA.

Bild 121: Über hundert Jahre war das Speichenrad die nahezu ausschließlich verwendete Norm des Lokomotiv-Treibrades gewesen, dessen Entwicklung – sieht man einmal von den zahlreichen und zum Teil recht skurrilen Formen der Gegengewichte ab – allenfalls darin bestand, daß man von grader zu ungrader Speichenzahl überging und gelegentlich Entlastungsrippen (»Schwimmhäute«) vorsah. In den 30er Jahren tauchten jedoch bei nordamerikanischen Lokomotiven neue Radformen auf, die die großen unabgefederten Massen verringern, gleichzeitig aber die Widerstandsfähigkeit der Räder erhöhen sollten. Am bekanntesten war das »Boxpok«-Rad, dessen kastenförmige Speichen – »Box Spokes«, verkürzt zu »Boxpok« – dem Rad zu seinem Namen verhalfen. Daneben gab es noch andere Formen (»Disc Driver«), teils mit zwei Scheiben, teils mit nur einer Scheibe und Verstärkungsrippen. Das Bild zeigt das Boxpok-Rad der großen Atlantic, Klasse A, der Milwaukee Road. Außerhalb Nordamerikas konnte man Boxpok-Räder vor allem bei japanischen und russischen Lokomotiven sehen. In Europa waren sie selten.

Bild 122: Die 4 Lokomotiven, Klasse A, der Chicago, Milwaukee, St. Paul & Pacific Railroad waren nicht nur die modernsten, größten und leistungsfähigsten, sondern auch die schnellsten aller je gebauten Atlantic-Lokomotiven. Wenn auch die mit dem Meßwagen ermittelte Höchstgeschwindigkeit »nur« 112,5 mph (181 km/h) betrug und damit etwas unter den 114 mph (183 km/h) lag, die die Pennsylvania-Atlantic Nummer 460 erreicht haben soll, so handelt es sich hier doch um einen exakten Meßwert, während es bei der 460 nur eine – stets etwas unsichere – Stoppuhr-Messung war. Darüberhinaus sollen die Milwaukee-Atlantics mehrfach die 200 km/h-Grenze überschritten haben und es werden Werte bis zu 130 mph (209 km/h) genannt. Die 84 Zoll (2134 mm) großen Treibräder, die sorgfältige und moderne Konstruktion, der riesige Kessel, der den mancher Pazifics in Größe und Leistung weit übertraf, und die strömungsgünstige Verkleidung lassen so hohe Geschwindigkeiten durchaus möglich erscheinen, zumal die Zuggewichte, wenigstens anfangs und vor allem für amerikanische Verhältnisse, recht niedrig waren. Leider wurden diese »Königinnen der Atlantics« nach dem Zweiten Weltkrieg alle verschrottet.

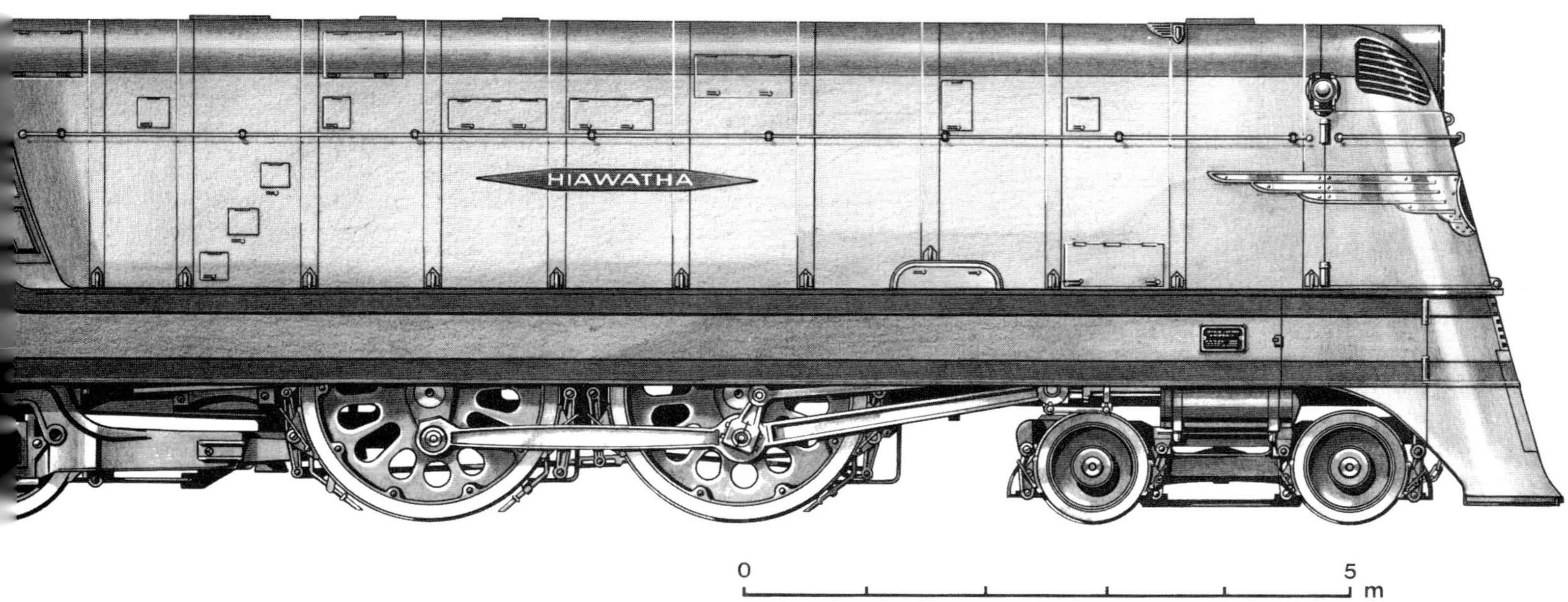

Bild 123: Die dritte »Hiawatha«-Atlantic, noch ganz neu, im Oktober 1936 in Chicago, Illinois. Deutlich ist der optisch gute Übergang zwischen Tender und dem ersten Wagen zu erkennen (Sammlung H. K. Vollrath, U. S. A.)

achslagern ersetzten die vorhandenen Speichen-Treibräder, die nur 75 Zoll (1905 mm) Durchmesser hatten, das vordere Rahmenende wurde durch ein komplettes, die Zylinder einschließendes Stahlgußteil erneuert, der Kesseldruck von 210 auf 225 psi (von 14,5 auf 15,5 bar) erhöht und statt des vierachsigen, ein riesiger sechsachsiger Tender mit 15000 Gallonen (56,8 m³) Wasserinhalt angehängt.

Die umgebauten Lokomotiven, Klasse E–2A, mit einer Reibungslast von 178500 Pfund (794 kN = 81 Mp) und 377100 Pfund (257 t) Gesamtgewicht, waren in der Lage, die schweren Züge längere Zeit mit 100 mph (rund 160 km/h) und mehr zu ziehen. Die planmäßige Durchschnittsgeschwindigkeit, einschließlich dreier Zwischenhalte von je 5 Minuten, betrug etwa 60 mph (knapp 100 km/h); die etwas über 400 Meilen wurden also in etwas über 400 Minuten durchfahren. Daher wählte die North Western als passenden Namen »Twin Cities 400« und gab den Zügen die Nummer 400 in südlicher und 401 in nördlicher Richtung.

Die Züge waren ein großer Erfolg und ständig gut besetzt und die Bahn übertrug später den Namen »400« auch auf andere Züge, obwohl er dort nur noch symbolische Bedeutung und keinen realen Zusammenhang mehr mit Fahrtstrecke und Fahrzeit hatte. Als jedoch einige Monate später die Burlington ihren »Twin-Zephyr« einsetzte, war dieser noch etwas schneller. Auf dem rund 100 km langen Abschnitt entlang des Mississippi zwischen Prairie Du Chien und La Crosse erreichte er sogar 84.7 mph (136 km/h) Reisegeschwindigkeit und war damit für Jahre Amerikas schnellster Zug. Der Zuspruch des Publikums zu den »Zephyrs« schwoll so gewaltig an, daß der Zug wenig später auf 4, nach nur zwei Jahren sogar auf 8 Wagen verlängert werden mußte.

Übrigens hielt die Bahn, ähnlich wie die Deutsche Reichsbahn, für Ausfälle durch Reparaturen und Planuntersuchungen einen dampflokbespannten Zug in Reserve. In seinem Äußeren war er soweit wie möglich den Triebwagen angeglichen und auch die Lokomotive – eine umgebaute und modernisierte Hudson, Klasse S-4A (Nummer 4000), mit dem Namen »Aeolus« – ähnelte mit ihrer Stromlinienverkleidung aus nichtrostendem Stahl mit Längsrippen im unteren Teil, ein wenig den Zephyrs.

Später kam noch eine zweite »Aeolus«-Lokomotive, die 4001, hinzu. Sie war von der Bahn selbst in ihrer Hauptwerkstatt

Bild 124: 2 C 2 h2, Klasse F 7, der »Milwaukee Road«. Nicht ganz so klare Linien, wie die Klasse A. Erbaut 1938 von der Alco, hier im selben Jahre in Chicago, Illinois (Sammlung H. K. Vollrath, U. S. A.).

West Burlington erbaut. Denn wie auch die Milwaukee und die North Western benutzte die Burlington ihre Hauptwerkstätten (außer West Burlington auch die in Aurora, in der Nähe von Chicago) nicht nur zu Fristuntersuchungen und Reparaturen, sondern auch zu umfangreichen Umbauten und, in kleinerem Maße, auch für Neubauten.

Das war also die Situation, die sich der Milwaukee im Herbst des Jahres 1934 bot: ein konventioneller Dampfzug auf der einen, ein moderner Dieseltriebwagen auf der anderen Seite; beide im Geschwindigkeitsbereich von 100 mph (160 km/h) operierend. Was war zu tun? Zunächst mußte man sich für die Art des Zuges entscheiden. Nach reiflicher Abwägung des Für und Wider gewann der dampflokbespannte Zug. Für die Dampflokomotive sprach hauptsächlich, daß zu jener Zeit der Lokomotiv-Dieselmotor noch nicht mit so hohen Leistungen zur Verfügung stand, wie sie ein Zug erforderte, der den Fahrgästen genügend Bequemlichkeit und Bewegungsfreiheit bot und in dem es nicht so beengt zuging, wie im Triebwagen. Außerdem ließ sich ein aus Einzelwagen bestehender Zug wesentlich besser einem schwankenden Bedarf anpassen, als der in seiner Zusammensetzung starre Gelenktriebwagen.

Diese Erkenntnis gewannen andere Bahngesellschaften später noch öfter – und nicht nur in Amerika. So begann z. B. das europäische Trans-Europ-Expreßzug-Netz im Jahre 1957 ausschließlich mit Dieseltriebwagen, doch nach und nach wurden die meisten Verbindungen auf lokbespannte Züge umgestellt.

Die Milwaukee sah als weitere Vorteile der Dampflokomotive, daß die vorhandenen Betriebswerke genutzt werden konnten, daß die Investitionskosten weit unter denen des damals noch recht teuren dieselelektrischen Antriebes lagen und schließlich, daß die schwere Dampflokomotive bei Zusammenstößen auf Bahnübergängen einen weitaus besseren Schutz bot, als der verhältnismäßig leichte Triebwagen, und das nicht nur für das Lokpersonal, sondern auch für die Fahrgäste.

Es wurden daraufhin in den bahneigenen Werkstätten in Milwaukee 12 vierachsige Wagen – für zwei Zuggarnituren – gebaut, die trotz großzügiger und aufwendiger Inneneinrichtung 35 % leichter waren, als die konventionellen, im Fernverkehr eingesetzten sechsachsigen Schnellzugwagen. Die beiden dazugehörigen Lokomotiven wurden bei der Alco bestellt, jedoch in enger Zusammenarbeit mit der Bahn entworfen. Doch

außerdem galt es noch, einen passenden und zugleich auffallenden Namen zu finden. Aus zahlreichen Vorschlägen, z.B. »Flash« (Blitz) oder »A-1«, wurde schließlich der Name »Hiawatha«, jenes legendären, flinkfüßigen (»swift of foot«) Indianerhäuptlings – aus dem bekannten Gedicht »The Song of Hiawatha« von Henry Wadsworth Longfellow – ausgewählt, der vier Bahnangestellten und gleichzeitig dem Vizepräsidenten der Alco eingefallen war.
Konstruktion und Bau der beiden Lokomotiven dauerten nur wenige Monate und am 30. April 1935 war es dann soweit. In einer kleinen Feier, bei der sogar von der Frau eines Alco-Direktors ein eigens dafür verfertigtes Gedicht, »The Song of the Speedlined Hiawatha«, verlesen wurde, begrüßte man die Fertigstellung und um 3 Uhr nachmittags durchbrach die erste Lokomotive eine Papierwand in einem Tor der Montagehalle, rollte, mit als Indianer verkleidetem Lokführer und Heizer im Führerstand, langsam auf den Werkshof und bot sich zum ersten Male – mehr als 1000 km von ihrem späteren Einsatzgebiet entfernt – den staunenden Blicken der Zuschauer dar.
Was sie zu sehen bekamen, war aber auch wirklich beachtenswert (Bild 122). Die – mit Tender – über 27 m lange, fast 4,4 m hohe und 252 t schwere Maschine machte mit ihrer glatten Stromlinienverkleidung und den leuchtenden, aber nicht zu knalligen Farben einen äußerst gefälligen Eindruck. Zweifellos zählte sie zu den elegantesten und harmonischsten Stromlinienlokomotiven, die je in Amerika gebaut wurden. Die Verkleidung lief in grader Linie vom Frontscheinwerfer über Schornstein, Dampfdom, Sandkasten, Sicherheitsventile und Entnahmestutzen hinweg und fiel am Ende des Führerhauses in sanftem Bogen auf die Tenderhöhe ab. Der obere Teil dieser Verkleidung war schwarz (die Verschmutzung durch den Rauch der Lokomotive fiel dabei weniger auf), der untere Teil, einschließlich der schräg nach hinten und zur Seite geneigten Führerhausvorderwand und des Führerhaus- und Tenderdachs, trug einen hellgrauen Anstrich. Unterhalb des Umlaufbleches, das etwas über 2 m hoch lag, lief ein kastanienbrauner Streifen bis um Führerhaus, stieg an dessen Vorderkante bis zum Dach hoch und setzte sich an der Dachkante und in gleicher Höhe über den Tender hinweg, fort. Ein gleicher Streifen erstreckte sich an der Unterkante der Verkleidung in grader Linie über Lokomotive und Tender, das Feld zwischen den beiden Streifen war orange, der traditionellen Farbe der Milwaukee. Am Vorderende der Lokomotive ging die Verkleidung ohne Stufe in den Bahnräumer (Pilot) über, der ebenfalls hellgrau war, schwang sich von dort im Bogen auf etwa 1,2 m Höhe und ließ einen Teil des Triebwerks offen. Blankgeputzte Stangen, Radreifen und -mitten bildeten einen wirkungsvollen Kontrast zu dem hellbraunen Anstrich von Rahmen und Rädern.
Der sonstige Zierat war – für amerikanische Verhältnisse – wohltuend sparsam. Vorne zogen sich zwei Schwingen aus nichtrostendem Stahl um die Verkleidung bis kurz hinter die Schornsteinmitte, in deren Zentrum auf rotem Grund die Lokomotivnummer »1« prangte. Dieselbe Nummer befand sich auch unter den Führerhausfenstern und darunter, etwas kleiner, die Klassenbezeichnung »A«. Seitlich in der Mitte der Lokomotive war auf einem spitz zulaufenden, roten Schild der Name des Zuges »Hiawatha« zu sehen und das obere Farbband des Tenders trug die Aufschrift »THE MILWAUKEE ROAD«. Alle Buchstaben und Zahlen waren golden.
Besonderen Wert hatte man auf einen guten Übergang zwischen Lokomotive und Wagen gelegt. Man hatte da weniger Schwierigkeiten, als die Deutsche Reichsbahn mit ihrem Henschel-Wegmann-Zug, der zur gleichen Zeit entwickelt wurde und etwa dem gleichen Zweck, nämlich einer schnellen Städ-

Technische Daten

Bahnverwaltung	**Chicago, Milwaukee, St. Paul & Pacific Railroad, USA**
Achsanordnung:	
Deutsche Bezeichnung	**2 B 1 h2**
White classification	**4-4-2 (Atlantic)**
Klasse	**A**
Bahnnummer	**1 bis 4**
Erbauer	**American Locomotive Company, Werk Schenectedy, New York**
Werknummer	
Baujahr	**1935 bis 1937**
Treibraddurchmesser	**84 in = 2134 mm**
Laufraddurchmesser, vorn	**36 in = 914 mm**
Laufraddurchmesser, hinten	**51 in = 1295 mm**
Zylinderdurchmesser	**19 in = 483 mm**
Kolbenhub	**28 in = 711 mm**
Rohrlänge	**19 ft. = 5791 mm**
Verdampfungsheizfläche (wasserber.)	**3245 sq.ft. = 301,5 m²**
Feuerbüchsheizfläche (wasserber.)	**294 sq.ft. = 27,3 m²**
Überhitzerheizfläche	**1029 sq.ft. = 95,6 m²**
Rostfläche	**69 sq.ft. = 6,4 m²**
Kesseldruck	**300 psi = 20,7 bar (21,1 kp/cm²)**
Reibungslast	**144300 lbs = 642 kN (65,5 Mp)**
Dienstgewicht, Lokomotive	**290000 lbs = 131,5 t**
Dienstgewicht, Lok + Tender	**556300 lbs = 252,3 t**
Ölvorrat	**4000 gal (US) = 15 m³**
Wassermenge	**13000 gal (US) = 49 m³**
Höchste erreichte Geschwindigkeit	**130 mph = 209 km/h (?)**
Treibraddrehzahl	**520 Upm (?)**
Indizierte Leistung	**ca 3300 kW = ca 4500 PS (?)**
Mittlere Kolbengeschwindigkeit	**12,3 m/s (?)**
Vergleichsgeschw. (Reihe 01 DRG)	**196 km/h**

Bild 125: 2 C h2, Klasse G, der Milwaukee. Die Verkleidung wurde ganz den großen Atlantics angepaßt, doch wie an den altmodischen Gegengewichten zu erkennen ist, steckte darunter nicht gerade das modernste. Wurde als B-3, Nr. 315, im Jahre 1900 von Baldwin erbaut, 1936 umgebaut. Hier im Mai 1939 in New Lisbon, Wisconsin (Sammlung H. K. Vollrath, U. S. A.).

teverbindung, diente (Kapitel XXII). Da die Reichsbahn eine Tenderlokomotive vorgesehen hatte, die an beiden Endstationen umgesetzt wurde, mußten sowohl die Lokomotive, als auch der Zug an beiden Enden gleich gestaltet werden. Bei der Milwaukee hingegen blieb die Lokomotive immer am gleichen Ende des Zuges, denn sowohl in Chicago, wie auch in Minneapolis, konnte der Zug über Gleisdreiecke gewendet werden. Deswegen konnte man dort den Übergang vom Tender zu den Wagen so gestalten, daß kaum ein Sprung zu erkennen war. Tender und Wagen besaßen genau den gleichen Querschnitt, Ober- und Unterkante der Kästen lagen in gleicher Höhe und die Farbgebung des Tenders setzte sich in gleicher Weise bei den Wagen fort.
Wie sorgfältig man die optische Verbindung an der Trennstelle zwischen Lokomotive und Zug bedacht hatte, zeigt ein interessantes Detail. Der Tender war nämlich mit zwei unterschiedlichen Drehgestellen ausgestattet. Der Lokomotive zugekehrt befand sich ein dreiachsiges »Commonwealth«-Drehgestell der General Steel Castings Corporation, mit durchlaufendem Stahlgußrahmen und innenliegenden Blattfedern, wie es am häufigsten für sechsachsige Tender verwendet wurde. (Weniger häufig sah man das »Buckeye«-Drehgestell mit Gelenk-Rahmen und Schraubenfedern). Das hintere Drehgestell hingegen besaß einen Schwanenhals-Träger mit 4 Schraubenfedern auf jeder Seite und querliegenden Wiegen-Blattfedern und ähnelte damit stark den Drehgestellen, wie sie bei vierachsigen Schnellzugwagen und damit auch beim »Hiawatha« verwendet wurden. Dadurch war auch in diesem Bereich ein fließender Übergang vorhanden.
Was verbarg sich nun unter der glänzenden Hülle dieses neuen Stars der Schienen? Auf den ersten Blick konnte man sofort erkennen, daß es sich um eine Atlantic handelte, trotz der gewaltigen Länge also nur zwei Kuppelachsen vorhanden waren. Jedoch übertraf sie in Größe und Leistung die bis dahin stärkste Atlantic, die 21 Jahre zuvor gebaute Klasse E 6s der Pennsylvania Railroad, noch beträchtlich. Da die Pennsylvania-Atlantic aber mit Zügen aus bis zu 15 schweren Schnellzugwagen fertig wurde, glaubte man bei der Milwaukee zu Recht, bei nur 6 Leichtbauwagen von etwa 320 t Gesamtgewicht, bequem mit dieser Bauart – die Bahn wollte sie als »Milwaukee«-Typ bezeichnen – auskommen zu können und auch keinen Booster für die Schleppachse zu benötigen. Immerhin standen 642 kN (65,5 Mp) Reibungslast zur Verfügung und das war mehr als die meisten europäischen Pacifics aufzuweisen hatten, die Zuggewichte in derselben Größenordnung ohne allzu große Mühe bewältigten.

Dafür erhielt man durch die eingesparte Kuppelachse den Vorteil der geringeren Triebwerksmassen und der niedrigeren Reibungsverluste einer nur zweifach gekuppelten Maschine, was bei den hohen Geschwindigkeiten, die der Zug fahren sollte, sicherlich ins Gewicht fiel. Doch man hatte noch mehr getan. Die »Boxpok«-Kuppelräder besaßen 84 Zoll (2134 mm) Durchmesser, wodurch die Drehzahlen, gegenüber den sonst für Schnellzuglokomotiven üblichen 80 Zoll (2032 mm) großen Rädern, bei gleicher Geschwindigkeit um 5 % niedriger lagen. Darüberhinaus waren nicht nur sämtliche Radsätze – auch die des Tenders –, sondern auch das Triebwerk mit Rollenlagern ausgestattet. Da außerdem Treib- und Kuppelstangen aus hochlegiertem Stahl bestanden, konnte bei ihnen weiter Gewicht gespart werden. Der hohe Kesseldruck von 300 psi (20,7 bar bzw. 21,1 kp/cm^2) erlaubte es ferner, mit nur 19 Zoll (483 mm) Zylinderdurchmesser auszukommen, womit sich auch die oszillierende Masse der Kolben verringerte.

Besonders wichtig für die über längere Zeit einzuhaltenden hohen Fahrgeschwindigkeiten, war aber ein sehr leistungsfähiger Kessel – und den hatte die Lokomotive zweifellos bekommen. Mit 3245 square feet (301,5 m^2) Verdampfungsheizfläche übertraf er manche amerikanische Pacific und besaß, bei nahezu gleicher Rohrlänge wie die deutschen Reichsbahn-Einheitslokomotiven der Reihe 01 – 19 Fuß (5791 mm) gegenüber 5800 mm bei den Kurzrohr-Kesseln der 01 –, 27 % mehr Verdampfungsheizfläche als diese. Von ausschlaggebender Bedeutung war aber, daß die hochwirksame Feuerbüchsheizfläche 9 % der Verdampfungsheizfläche ausmachte, was höhere Werte für die zulässige mittlere Heizflächenbelastung ermöglichte. Dabei enthielt die Feuerbüchse nicht einmal eine Verbrennungskammer. Der Anteil der Feuerbüchsheizfläche an der Verdampfungsheizfläche betrug demgegenüber bei der Reichsbahn-Reihe 01 lediglich 6,9 % und bei der Reihe 03 auch nur 7,8 %. Erst in den Neubau-Kesseln mit Verbrennungskammer, die die Bundesbahn in den 50er Jahren in die 01^{10} und teilweise auch in die 01 einbaute, kam man auf einen Wert von 10,7 %. Dafür ergaben diese Kessel, bei kleinerer Gesamtheizfläche, aber auch weit höhere Dampfleistungen, als die alten.

Auch in der Länge übertrafen die neuen Atlantics so manche Pacific. Sie war z. B. noch 1,7 m länger als die große K 4s-Pacific der Pennsylvania (Bild 107) – mit Tender 110-P-70 – und überragte die Pacific-Schnellzuglokomotive der Deutschen Reichsbahn, Reihe 01^{10}, die ebenfalls einen fünfachsigen, wenn auch weit kleineren Tender mit sich führte, um nahezu 3 m.

Hinter dem Dampfdom der Milwaukee-Lokomotive, der sich auf dem vorderen Kesselschuß befand, lag unter der Verkleidung ein riesiger rechteckiger Sandkasten. Beide Kuppelachsen wurden gesandet, die Treibachse zusätzlich noch von hinten. Das war notwendig, da beim Zurückdrücken des Zuges über die engen Krümmungen der Gleisdreiecke an den Endbahnhöfen doch erhebliche Zugkräfte aufzubringen waren, die bei feuchten Schienen leicht zum Durchdrehen der Treibräder führen konnten.

Natürlich besaß die Lokomotive – wie es sich für eine moderne amerikanische gehörte – einen durchgehenden Stahlgußrahmen (locomotive bed) mit angegossenen Dampf- und Bremszylindern, Luftbehältern und Trägern für die vor den Zylindern liegenden Pumpen. Der Rahmen für die Schleppachse, der Drehgestellrahmen und der Tenderboden waren ebenfalls Stahlgußteile.

Aus Gründen der Bedienungserleichterung und der besseren Regelbarkeit besaß die Lokomotive Ölfeuerung, wobei der Ölvorrat zwischen den Endstationen nicht aufgefüllt zu werden brauchte.

Zum ersten Male bei einer amerikanischen Lokomotive wurden sämtliche Räder – auch die des Tenders –, der hohen Geschwindigkeit entsprechend, doppelseitig gebremst.

Nach Beendigung der Zeremonie in Schenectedy rollte die Maschine nach Westen. Wenige Tage später folgte die zweite und Anfang Mai wurden beide von der Bahn abgenommen. Anschließend begannen umfangreiche Probefahrten, mit und ohne Meßwagen. Mit den Ergebnissen dieser Testfahrten konnte die Bahn durchaus zufrieden sein. Kinderkrankheiten tauchten kaum auf und die Lokomotiven erreichten mit den vorgesehenen Zügen mühelos die höchsten Geschwindigkeiten. Die Lokführer berichteten sogar, daß die Maschinen um so ruhiger liefen, je schneller man fuhr. Mehrfach wurde über längere Strecken mit mehr als 100 mph (160 km/h) gefahren und am 15. Mai 1935 zeigten kurz vor New Lisbon die Instrumente im Meßwagen 112.5 mph (181 km/h). Die hierfür benötigte Zylinderleistung von etwa 2500 kW (3500 PS), erforderte eine Dampfmenge von etwa 21 t/h, die der Kessel mit einer Heizflächenbelastung von 70 kg/m^{2}h ohne große Mühe aufbringen konnte. Vilain* schreibt aber, daß mit 300 t Anhängelast, sogar 209 km/h (130 mph) erreicht wurden; jedoch erscheinen die etwa 3300 kW (4500 PS), die die Lokomotive dabei zu leisten gehabt hätte, selbst als kurzzeitiger Extremwert reichlich hoch, wenn auch die Heizflächenbelastung dabei erst auf rund 90 kg/m^{2}h gestiegen wäre, was man dem Kessel ohne weiteres zutrauen könnte.

Nach Abschluß der Versuchsfahrten, die übrigens von zahlreichen Menschen an der Strecke mit großem Interesse und lebhafter Anteilnahme beobachtet wurden, stellte die Bahn den Zug in mehreren Städten zur Besichtigung aus und am 29. Mai 1935 begann der fahrplanmäßige Betrieb. Der »Hiawatha« stellte mit 6,5 Stunden Fahrzeit die schnellste Verbindung zwischen Chicago und Minneapolis-St. Paul dar, und die anderen Bahngesellschaften merkten an ihren sinkenden Fahr-

* Lucien Maurice Vilain, »La Locomotive a Vapeur et les Grandes Vitesses«, Frankreich, 1972.

gastzahlen bald, daß die Milwaukee mit dem Konzept dieses Zuges auf dem richtigen Wege war. Der straffe Fahrplan des Zuges erforderte Leistungen, die sich auch heute noch sehen lassen können. So betrug z. B. die Fahrzeit zwischen Chicago und dem 85 Meilen (137 km) entfernten Milwaukee nur 71 Minuten. Das ergibt eine Durchschnittsgeschwindigkeit von 115,6 km/h. Da jedoch im Bereich der Großstädte über längere Abschnitte mit stark reduzierter Geschwindigkeit gefahren werden mußte, hieß das, auf freier Strecke 160 km/h einzuhalten und oft noch zu überschreiten. Doch der »Hiawatha« schaffte das Tag für Tag mühelos; häufig kam der Zug sogar 1 bis 2 Minuten vor Plan in Milwaukee an.

Es ist daher kein Wunder, daß der »Hiawatha« ständig ausgebucht war, obwohl uns das Äußere des Zuges einen etwas seltsamen Eindruck macht. Die recht kleinen und in verhältnismäßig großem Abstand angeordneten Fenster, die dazu noch durch den oberen Rundbogen ein wenig altmodisch wirken, verleiten zu der Vermutung, die Bahn habe nur mit Fahrgästen gerechnet, die an allem anderen interessiert waren, nur nicht daran, während der Fahrt in die – vielleicht etwas eintönige – Landschaft Wisconsins zu schauen. Denn auch der Schlußwagen – mit seinem schräg abfallenden Dach von der Bahn »Beaver Tail« (Bieberschwanz) genannt–, der nach amerikanischer Sitte gut als Aussichtswagen hätte eingerichtet werden können, war nur spärlich mit Fenstern versehen.

Doch sei es wie es sei, die Zahl der Reisenden stieg und stieg. Zusätzliche Wagen wurden von der Bahn gebaut, 1936 kam eine dritte Atlantic (Bild 123) und ein Jahr später noch eine vierte hinzu. Aber durch die schwerer werdenden Züge zeigten sich schließlich Anfahrschwierigkeiten bei den Atlantics. Als daher die Bahn im Jahre 1937, nur 2 Jahre nach Einführung des »Hiawatha«, neue verstärkte Garnituren beschaffte, lieferte die Alco dazu auch stärkere Lokomotiven, nämlich die 336 t schweren Hudsons, Klasse F-7 (Bild 124). Mit einer Reibungslast ihrer drei Kuppelradsätze von 961 kN (98 Mp) konnten sie natürlich die Züge weit besser beschleunigen und liefen, mit ebenfalls 84 Zoll (2134 mm) Treibraddurchmesser, genau so schnell, wie die Atlatics. Doch zeigten sie sich bei höheren Geschwindigkeiten weit unruhiger als diese, was zweifellos auf die größeren Triebwerksmassen zurückzuführen ist.

Das Äußere der Maschinen war von dem bekannten Designer Otto Kuhler gestaltet. Dieser stammte aus Deutschland; im Jahre 1894 war er in Remscheid, im Ruhrgebiet, geboren. Nach dem ersten Weltkriege wanderte er, 29 Jahre alt, nach Amerika aus. Seit 1928 befaßte er sich mit der Verbesserung der äußeren Form der Eisenbahnfahrzeuge, vor allem natürlich der Lokomotiven. Bekannt sind aber auch seine zahlreichen und oft publizierten Radierungen aus dem Dampflokbetrieb. Für den neuen »Hiawatha« hatte er nicht nur die Lokomotive, sondern auch die Wagen entworfen und mit ihren Längsrippen und größeren Fensterflächen sahen sie bedeutend besser und moderner, als die ersten aus. Lediglich der Schlußwagen – der nun wirklich ein großes Aussichtsabteil besaß – war mit seinen merkwürdigen »Flügeln« am Heck vielleicht ein wenig zu sehr nach amerikanischem Geschmack geraten. Und auch die Lokomotiven – die übrigens eine Plakette mit der Aufschrift »Speedlined by Otto Kuhler« trugen – ließen etwas die schlichte Eleganz vermissen.

Doch die Bahn fand offenbar Gefallen an der Sache und versah auch einige ältere Pacifics mit einer Verkleidung, die stark der von Otto Kuhler entworfenen ähnelte. Sogar zwei Ten-Wheeler, Klasse G, die für den »North Woods Hiawatha« bestimmt waren, erhielten eine Stromlinienhaube (Bild 125). Diese sahen jedoch einer verkleinerten Ausgabe der Klasse A täuschend ähnlich. Nur die Hudsons, Klasse F-6, und die Northerns, Klasse S-3, erhielten keine Verkleidung.

Alle diese Lokomotiven wurden für das erweiterte »Hiawatha«-Netz, das sich mehr und mehr ausbreitete, benötigt. Schließlich gab es, außer der Hauptverbindung zwischen Chicago und den Zwillingsstädten, die in einen »Morning-Hiawatha« und einen »Afternoon-Hiawatha« aufgespalten war, noch den »Chippewa-Hiawatha« von Chicago nach Norden bis Ontonagono am Oberen See; von Chicago genau nach Westen fuhr der »Midwest Hiawatha« zu den Zielorten Omaha, Nebraska, und Sioux Falls in South Dakota; die kürzeste Strecke hatte der »North Woods Hiawatha«, der hauptsächlich ein Saisonzug für Urlauber war und mit Anschluß in New Lisbon an die »Twin Cities Hiawathas«, und von dort aus erholungssuchende Reisende nach Norden bis Minocqua und Woodruff in die Angler-Paradiese um Star Lake brachte; die längste Strecke hingegen befuhr der »Olympian Hiawatha«, der den Kontinent durchquerte und dessen lange Reise erst am Pacifik, in Tacoma, Washington, endete.

Die für die Hauptstrecke nicht mehr ausreichenden Atlantics wurden, samt den ersten Wagen, später im »Midwest Hiawatha« eingesetzt. Doch schließlich eroberte auch hier, wie an allen anderen Stellen, die Diesellokomotive das Feld. 1949 wurde die Nummer 3, 1951 die übrigen drei Maschinen ausgemustert und verschrottet.

So endete die ganze Herrlichkeit nach nur 16 Jahren und wenn auch der Traditionsname »Hiawatha« im Amtrak-Netz noch vorhanden ist, die ersten Lokomotiven, die diesen Namen trugen, sind längst Erinnerung. Doch man sollte sie nicht vergessen, denn nicht nur wegen ihrer gewaltigen Größe und ungeheuren Schnelligkeit, sondern mehr noch wegen ihrer modernen und wohldurchdachten Konstruktion, die sie zu ihren erstaunlichen Leistungen befähigte und vor allem wegen ihrer ästhetischen Erscheinung kann man die Lokomotiven der Klasse A der Chicago, Milwaukee, St. Paul & Pacific Railroad mit Recht als die »Königinnen der Atlantics« bezeichnen.

XVIII. Badens später Stolz

2 C 1 h4v, Gattung IVh, Badische Staatsbahn, Deutschland

Die größte deutsche Länderbahn-Schnellzuglokomotive, die 1 D 1 h4v, Gattung XXHV der sächsichen Staatsbahn, wird häufig als »Sachsenstolz« bezeichnet und das ist sicher nicht ohne Berechtigung. Denn es war nicht die Größe allein, die diese Lokomotiven auszeichnete. Mit Treibraddurchmessern von 1905 mm (dem sächsischen Standardmaß für Schnellzuglokomotiven), einem leistungsfähigen Kessel und einer Reibungslast von 673 kN (68,6 Mp), die diejenige der schweren Einheitsschnellzuglokomotive der Deutschen Reichsbahn, Reihe 01 noch um mehr als 14 % übertraf, war sie auf der einen Seite hervorragend für die schwierigeren Strecken des sächsischen Netzes geeignet, konnte sich aber auf der anderen Seite dank ihrer noch genügend großen Treibräder, des Vierzylinder-Verbund-Triebwerks und des Krauss-Helmholtz-Gestells auch in höheren Geschwindigkeitsbereichen auf Flachlandstrecken behaupten. So ist es verständlich, daß man in Sachsen, auch nachdem die sächsische Staatsbahn aufgehört hatte zu existieren, immer mit Bewunderung auf die großen Maschinen blickte und einige vorhandene Mängel gerne übersah.

Demgegenüber vermochte die ebenfalls vierfach gekuppelte preußische P 10, Reichsbahn-Baureihe 39° durch ihre höhere Reibungslast (741 KN = 75,5 Mp) und den gleichmäßigeren Drehmomentverlauf ihres Drillings-Triebwerks zwar beim Anfahren und auf ausgesprochenen Gebirgsstrecken, wie etwa der Schwarzwaldbahn, noch bessere Leistungen aufzuweisen, doch die nur 1750 mm großen Treibräder begrenzten die Höchstgeschwindigkeit auf 110 km/h, und eine Überschreitung dieses Wertes führte sehr schnell zu Drehzahlen, die dem Triebwerk nicht besonders gut bekamen. Im strengen Klassifizierungs-Schema der Reichsbahn wurde sie daher auch stets als Personenzuglokomotive bezeichnet – in anderen Ländern hätte man sie wohl eher Gebirgs-Schnellzuglokomotive genannt – und möglichst auch entsprechend eingesetzt, und wenn sie einmal vor Flachlandschnellzügen lief, so war das wohl eher ein Notbehelf.

So blieb der »Sachsenstolz« – die 23 Maschinen waren bei der Reichsbahn als Reihe 19° eingestuft – 20 Jahre lang die einzige vierfach gekuppelte Schnellzuglokomotive in Deutschland. Es ist merkwürdig, daß die Deutsche Reichsbahn diesen brauchbaren Lokomotiven so wenig Beachtung schenkte, und als sie schließlich selbst eine schwere Schnellzuglokomotive mit 4 Kuppelachsen entwickelte, so völlig andere Wege ging. Weder berücksichtigte man die Erfahrungen mit der XXHV, noch die ebenfalls vorzüglichen Leistungen der österreichischen 214 (Bild 173), einer 1 D 2 h2 mit 1900 mm Treibraddurchmesser (das war innerhalb der Abnützungstoleranz der gleiche, wie bei den sächsischen Lokomotiven), in deren Besitz die Reichsbahn 1938 durch politische Ereignisse, nämlich die Annektion Österreichs, gelangt war, ganz zu schweigen von den fast sensationellen Erfolgen von Chapelons Umbauten in Frankreich. Das Ergebnis, die Baureihe 06 – eine 2 D 2 h3 mit dem bei der Reichsbahn genormten Treibraddurchmesser für Schnellzuglokomotiven von 2 m –, besaß eine zu kleine Feuerbüchsheizfläche. Glücklicherweise – wie man wohl mit Recht sagen kann – verhinderte der Krieg eine Serienherstellung dieses verunglückten Entwurfes und die beiden Prototypen, die man nur durch den Einbau eines neuen Kessels mit Verbrennungskammer hätte retten können, wurden schon bald nach Kriegsende ausgemustert. Der »Sachsenstolz« aber fuhr noch viele Jahre auf den sächsischen Bergstrecken bei der Reichsbahn im östlichen Teil Deutschlands und erlebte sogar eine Renaissance durch den Einbau neuer Standard-Kessel mit Verbrennungskammer und Mischvorwärmer.

Wenn man also diesen Lokomotiven die Bezeichnung »Sachsenstolz« durchaus zuerkennen kann, so gebührte mit gleicher Berechtigung der badischen IVh die Bezeichnung »Badenstolz«. Denn diese Maschine war nicht nur die größte Länderbahn-Pacific, sondern sie brachte es schließlich auch zu dem Ruhm, die schnellste serienmäßige deutsche Dampflokomotive zu sein, nur übertroffen von den Versuchslokomoti-

Bild 126: 2 C 1 h4v, Gattung IVf, Nr. 753, der Badischen Staatsbahn. Erste deutsche Pacific, erbaut 1907 von Maffei, München. Vom Aussehen her besonders gut gelungene Lokomotive, doch für die Praxis weniger gut geeignet (Verkehrsmuseum Nürnberg).

von der Reihe 05 und den beiden Einzelstücken 61001 und 61002, die aber außerdem, im Gegensatz zur IVh, noch mit einer Stromlinienverkleidung versehen waren. Doch wurde den badischen Maschinen nie die Ehre einer ähnlichen krönenden Bezeichnung zuteil, wie man sie den sächsischen verlieh. Vielleicht war man in Baden bescheidener, ganz sicher aber bei der Reichsbahn nüchterner und weniger der Romantik zugeneigt, als bei anderen Bahnen. Vergleicht man zum Beispiel die oft fantasievollen, manchmal auch kuriosen Namen englischer Lokomotiven und englischer und amerikanischer Züge mit der Tatsache, daß die Deutsche Reichsbahn keine einzige Lokomotive mit einem Namen auszeichnete und sich mit Mühe zu einem einzigen Zugnamen – dem »Rheingold« – durchringen konnte, dann wird es verständlich, daß die IVh offiziell lediglich als Baureihe 18^3 bekannt war, und selbst ihre badische Herkunft fast in Vergessenheit geriet.
Hinzu kommt, daß die IVh erst viele Jahre, nachdem die Großherzoglich Badischen Staatseisenbahnen – so der offizielle Name – in der Deutschen Reichsbahn aufgegangen war, zeigen konnte, was in ihr steckte; und es war weitab von der Strecke, für die sie ursprünglich vorgesehen war, nämlich der oberen Rheintalstrecke von Heidelberg nach Basel. Eigentlich sollte sie sogar von Frankfurt bis Basel und umgekehrt durchlaufen, doch dazu hätte der alte Kopfbahnhof in Heidelberg durch einen Durchgangsbahnhof ersetzt werden müssen. Die Pläne dazu datieren auch schon aus der Zeit vor dem ersten Weltkrieg, doch man wurde sich nicht so recht einig und es dauerte schließlich noch bis zum Jahre 1955, ehe der neue Bahnhof in Heidelberg eingeweiht werden konnte. Und da war die Strecke bereits elektrifiziert und die wenigen noch vorhandenen Exemplare der IVh befanden sich weit weg von den Schienensträngen, für die sie einstmals entworfen waren. Aber es gab einmal eine Zeit, kurz vor dem ersten Weltkriege, da wurde diese Lokomotive dringend benötigt, um der badischen Staatsbahn aus einer von Jahr zu Jahr drückenderen Klemme zu helfen. Was die Bahn brauchte, war eine Maschine, die schnell, aber zugleich zugkräftig war. Zwar besaß sie sehr schnelle Renner, denen es jedoch für die ständig schwerer werdenden Züge an der nötigen Zugkraft mangelte, andrerseits hatte sie auch zugkräftige Lokomotiven, die jedoch höheren Geschwindigkeiten nicht gewachsen waren.
Wie sah es zu Anfang dieses Jahrhunderts bei der badischen Staatsbahn aus? Schon in Kapitel IX haben wir gesehen, daß die »Rennstrecke« Heidelberg-Karlsruhe-Offenburg-Basel, mit wenigen Krümmungen und nur geringen Neigungen versehen, hohe Geschwindigkeiten erlaubte und, wegen der Konkurrenz der linksrheinischen Nord-Süd-Strecke der Pfalzbahn und der Reichseisenbahn Elsaß-Lothringen, auch erforderte. Zunächst herrschte hier die IIc, eine 2 B n2 mit Innentriebwerk und 2100 mm großen Treibrädern, die schnellste deutsche »American« (Bild 63). Als sie mit den rasch steigenden Zuggewichten nicht mehr fertig wurde, kam die IId, die schnellste deutsche Atlantic (Bild 66). Der Treibraddurchmesser war der gleiche, wie bei der IIc, doch besaß sie ein Vierzylinder-Verbund-Triebwerk. Doch das geringe Mehr an Zugkraft, das durch die etwas höhere Achslast erreicht werden konnte, genügte nur für kurze Zeit und es war klar, daß man über kurz oder lang schließlich zur dreifach ge-

kuppelten Schnellzuglokomotive übergehen mußte.
Andrerseits besaß die Bahn schon seit den 90er Jahren eine dreifach gekuppelte Lokomotive, die »Schwarzwaldlok«, Gattung IVe (Bild 114). Sie waren die ersten 2 C, die mit einem Vierzylinder-Verbund-Triebwerk nach de Glehn ausgerüstet waren. Doch trotz des, gegenüber den bis dahin üblichen Zwillings-Triebwerken besseren Massenausgleichs dieser Maschinen, konnten sie mit nur 1600 mm großen Treibrädern, bei höheren Geschwindigkeiten auf Flachlandstrecken nicht mithalten. Schließlich geriet sie aber infolge ihrer geringen Größe auch auf der Schwarzwaldstrecke zunehmend in Schwierigkeiten.
Bei der Bahn verfiel man nun auf eine Idee, die bei verschiedenen Bahnverwaltungen und zu verschiedenen Zeiten immer wieder auftauchte, die jedoch selten mit bleibendem Erfolg verwirklicht wurde, nämlich eine »Universal«-Lokomotive zu schaffen. In diesem Falle hieß das, eine Lokomotive, die sowohl schwere Schnellzüge die Schwarzwaldbahn hinaufschleppen, als auch mit hoher Geschwindigkeit in der Ebene zu befördern vermochte. Ein Wettbewerb für die neue Lokomotive wurde ausgeschrieben, dessen Sieger die Firma Maffei in München wurde. In enger Zusammenarbeit zwischen Alexander Courtin, dem Lokomotivdezernenten der badischen Staatsbahn, und Chefkonstrukteur Anton Hammel sowie Oberingenieur Heinrich Leppla von der Firma Maffei wurde der Entwurf ausgearbeitet, und im August und September 1907 rollten die ersten drei Maschinen durch das Werktor in München (Bild 127). Das Ergebnis der guten, wenn auch etwas langwierigen Zusammenarbeit zwischen Bahn und Erbauerin war eine Pacific, die erste deutsche und, mit nur wenigen Monaten Abstand hinter der 4501 der Paris-Orléans-Bahn in Frankreich (Bild 168), die zweite europäische Lokomotive dieser Bauart. Sie besaß also die gleiche Anzahl Kuppelachsen, wie die Schwarzwaldlok, sowie ein führendes Drehgestell und eine Schleppachse, wie die große Atlantic. Doch darüber hinaus ähnelte sie keiner der beiden Maschinen, die sie ersetzen sollte.
Um die Lokomotive, die die Gattungsbezeichnung IVf erhielt, den beiden unterschiedlichen Verwendungszwecken anzupassen, hatte man sich für einen Treibraddurchmesser von 1800 mm entschieden. Doch wie es mit Kompromissen oft zu geschehen pflegt, so zeigte sich später auch hier, daß die IVf eigentlich für keine der beiden Aufgaben so recht geeignet war. Auf der Schwarzwaldbahn genügte die, gegenüber der nun schon 13 Jahre alten IVe um 18,7 % auf 486 kN (49,5 Mp) erhöhte Reibungslast bei den unaufhaltsam steigenden Zuggewichten schon bald nicht mehr, obwohl die IVf das Ausschreibungsprogramm spielend erfüllt hatte. Da nützte es auch nichts, daß die Lokomotiven anfangs mit einem Achslastverstärker ausgerüstet waren. Durch einen kleinen Dampfzylinder konnte die Hebellänge des vorderen Winkelhebels im Federausgleichsgestänge zwischen letzter Kuppelachse und Schleppachse so geändert werden, daß sich die Reibungslast auf 514 kN (52,4 Mp) erhöhte. Schließlich waren das aber auch erst 23 % mehr, als die IVe aufzuweisen hatte.
Übrigens war diese Einrichtung nichts Neues. In Amerika hatte sowohl die Firma Baldwin, wie auch die American Locomotive Company derartige »Traction Increaser« (Zugkraftverstärker) eingebaut, hauptsächlich bei Atlantics. Auch die in Kapitel III erwähnte 2 A 1 »Lovett Eames« (Bild 19) besaß einen derartigen Apparat. Bei Lokomotiven der Bauart Prairie (1 C 1) konnte man damit sogar beide Laufachsen zugunsten der Kuppelachsen entlasten. Die Traction Increaser wurden hier meist mit Druckluft betätigt und waren häufig so mit der Steuerung verbunden, daß sie nur oberhalb eines bestimmten Füllungsgrades, den man zum Anfahren und bei besonders starken Steigungen verwendete, eingeschaltet werden konnten.
Vielleicht wäre für die Schwarzwaldbahn eine Lokomotive ähnlich der acht Jahre später von der österreichischen Südbahn beschafften Reihe 570 zweckmäßiger gewesen. Es war eine 2 D h2 mit 1740 mm Treibraddurchmesser. Bei Versuchsfahrten schaffte die 570 eine Geschwindigkeit von 130 km/h, doch wurde die zulässige Höchstgeschwindigkeit später wegen ihres unruhigen Laufes auf 85 km/h begrenzt. Mit ihrer hohen Zugkraft eignete sie sich jedoch vorzüglich für Österreichs Bergstrecken, so daß im Jahre 1917 zunächst die Kaschau-Oderberger Bahn 5 fast gleiche Maschinen (Reihe It) bezog und daß sie nach dem ersten Weltkriege in größerer Stückzahl und mit geringfügigen Änderungen für die Österreichischen Bundesbahnen (Reihe 113, später 33) und die polnische Staatsbahn (Reihe Os 24) geliefert wurde.
Mit der damals bei der badischen Staatsbahn zulässigen Achslast hätte man eine derartige Lokomotive mit 628 kN (64 Mp) Reibungslast ausbilden und ihr mit einem Vierzylinder-Verbund-Triebwerk auch bei höheren Geschwindigkeiten einen ruhigen Lauf verleihen können. Doch wahrscheinlich war die Zeit dafür noch nicht reif. Erst 25 Jahre später zeigte Chapelon in Frankreich, wie man so etwas macht. Seine aus Pacifics umgebauten 2 D h4v – in Kapitel XXIII werden wir noch näher auf diese Kraftpakete eingehen – gehörten mit 4500 PS (etwa 3300 kW) Zylinderleistung zu den stärksten Dampflokomotiven Europas. Sie hätten auch auf der Schwarzwaldbahn sicherlich Leistungen vollbracht, mit denen sich keine andere Lokomotive auch nur im entferntesten hätte messen können. Doch die Deutsche Reichsbahn war mit der ebenfalls vierfach gekuppelten P 10 zufrieden, die in den 20er Jahren die IVf von der Schwarzwaldbahn verdrängte und die mit 743 kN (75,7 Mp) Reibungslast und einem Drillings-Triebwerk von etwa 1600 PS (1180 kW) Leistung bis zum Ende der Dampflokzeit ausreichte.

Bild 127: 2 C 1 h4v, Gattung IVh, Nr. 95, der Badischen Staatsbahn. Erbaut 1918 von Maffei in München. Erhielt die Reichsbahnnummer 18 303. Treibraddurchmesser 2100 mm. Bei Versuchsfahrten der Deutschen Bundesbahn in den 50er Jahren soll eine der Lokomotiven 170 km/h erreicht haben (Verkehrsmuseum Nürnberg).

Wie es der IVf aber am Berg an Zugkraft mangelte, so war es in der Ebene bei höheren Geschwindigkeiten schlecht um sie bestellt. Zwar lief sie dank ihres Vierzylinder-Verbund-Triebwerks bemerkenswert ruhig, doch grade das veranlaßte dazu, oft mit hohen Geschwindigkeiten zu fahren, und das wiederum nahmen die Lager übel. Der starke Verschleiß und die dadurch verursachten hohen Unterhaltungskosten werden denn auch meist als Hauptgrund für die frühzeitige Ausmusterung dieser Lokomotiven genannt. Doch kann man sich des Gedankens nicht erwehren, daß mit lediglich etwas reichlicher bemessenen Lagern das Ergebnis ganz anders hätte aussehen können. In Amerika liefen eine große Anzahl Pacific-Schnellzuglokomotiven mit 72 Zoll (1829 mm) großen Treibrädern – nur 1,6 % mehr als die 1800 mm der IVf –, ohne daß Klagen über erhöhten Verschleiß bekannt geworden sind. Noch dazu waren es Zwillings-Lokomotiven mit schon von Natur aus höherer Lagerbelastung. Als besonders eindrucksvolles Beispiel sei die Klasse P der Seabord Air Line Railway (SAL) genannt. Diese 20 Pacifics wurden 1911 (nur 4 Jahre nach der IVf) bis 1913 von Baldwin und der Alco geliefert. Es waren recht erfolgreiche Maschinen und die letzten wurden erst 1951 ausgemustert. Zwei von ihnen aber, die 865 und die 868, erhielten noch im Jahre 1940 – nach immerhin 27 Betriebsjahren – eine für amerikanische Verhältnisse bemerkenswert elegante Stromlinienverkleidung und hatten die Ehre, den »Silver Meteor« zu ziehen, der eine schnelle Anschlußverbindung an die Fernzüge New York-Miami auf der etwa 250 km langen Strecke von Wildwood nach St. Petersburg an der Westküste Floridas darstellte. Man kann annehmen, daß dabei häufig mit 130 km/h und mehr gefahren werden mußte, doch von vorzeitigem Lagerverschleiß oder gar Heißläufern hat man nie etwas gehört. Es ging also.

Und auch bei der badischen Staatsbahn ging es zunächst. Denn immerhin lieferte die Maschinenbaugesellschaft Karlsruhe von 1909 bis 1913 noch weitere 32 Lokomotiven der Gattung IVf an die Bahn. Alle besaßen den Maffei'schen Einachsantrieb, bei dem die mittlere Kuppelachse die Treibachse darstellte und die Zylinder in einer gemeinsamen Querebene angeordnet waren. Die Neigung der innenliegenden Hochdruck-Zylinder betrug etwa 7 Grad und die Bewegung der inneren Schieber wurde in bekannter Weise durch senkrechte Hebel von den äußeren abgeleitet. Um nicht auch noch die erste Kuppelachse kröpfen zu müssen, hatte man den Kolbenhub der Hochdruck-Zylinder von 670 auf 610 mm gekürzt und darüberhinaus die Zylinderachse so weit nach oben verschoben, daß sie 120 mm über die Treibachsmitte hinweglief. Der von vorne bis hinten reichende Barrenrahmen und der hochliegende Kessel verliehen den Lokomotiven ein sehr modernes Aussehen und machten das Innentriebwerk verhältnismäßig gut zugänglich. Die IVf war die erste kontinentaleuropäische Lokomotive außerhalb Bayerns, die einen Barrenrahmen besaß.

Diese Rahmenbauart war jedoch bereits sehr alt. Tatsächlich kann schon der Rahmen von Stephensons 1829 gebauter »Rocket«, der aus zusammengenieteten Flacheisen bestand, am besten als Barrenrahmen bezeichnet werden. Als neun

Bild 128

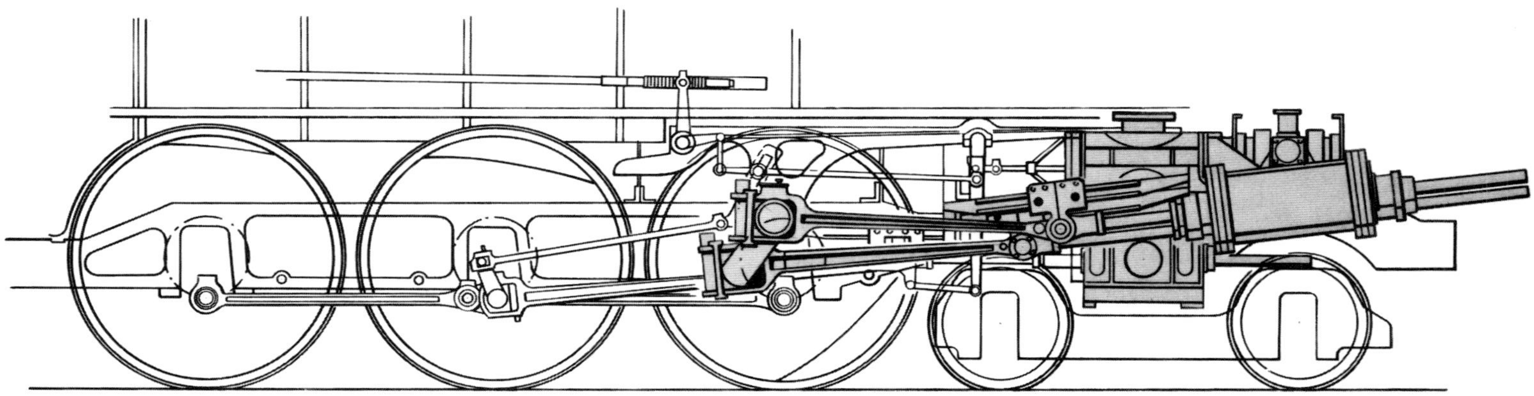

Bild 128: Entgegen dem sonst von der Firma J. A. Maffei bevorzugten Einachsantrieb, erhielt die badische IVh auf Vorschlag der Bahn einen Zweiachsantrieb. Man versprach sich davon eine geringere Beanspruchung der Kropfachse. Außerdem ergab das vorgezogene Innentriebwerk eine bessere Gewichtsverteilung, d.h. eine Entlastung der Schleppachse. Um dem Drehgestell die erforderliche Schwenkbewegung zu ermöglichen, waren die innenliegenden Hochdruck-Zylinder geneigt angeordnet. Außerdem mußte man sie in der Höhe gegeneinander versetzen – ein auffallendes Merkmal der Frontpartie der Lokomotiven, da der Querabstand dieser Zylinder, wegen der sehr kräftig ausgebildeten Kurbelarme der Kropfachse, sonst zu gering gewesen wäre. Der Innenzylinderblock ließ sich nach vorne herausziehen, ohne den Kessel abnehmen zu müssen. Dank der Schräglage und des Barrenrahmens war das Innentriebwerk nicht so schlecht zugänglich, wie man es von de Glehn-Triebwerken kannte.

Bild 129

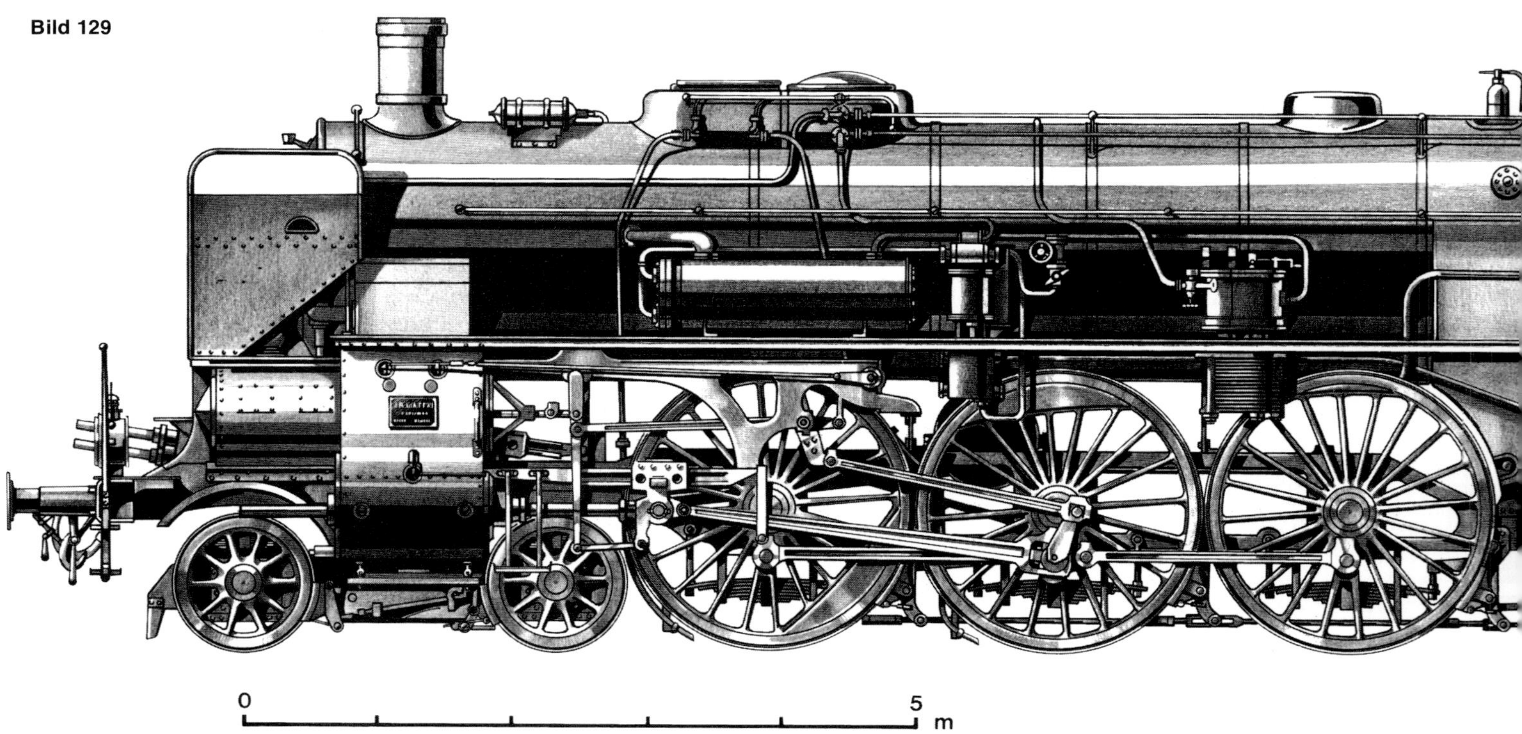

2 C 1 h4v, Gattung IVh, Badische Staatsbahn, Deutschland.

Bild 129: Die IVh der badischen Staatsbahn stand nicht nur in Leistung und Größe an der Spitze der deutschen Länderbahn-Pacifics, sondern ihre 2100 mm großen Treibräder waren die größten, die jemals an einer serienmäßigen Pacific verwendet wurden. Die Bahn erhoffte sich von diesen großen und schnellen Lokomotiven eine wesentliche Verbesserung ihrer Wettbewerbslage gegenüber der konkurrierenden linksrheinischen Nord-Süd-Strecke. Wegen konstruktiver und baulicher Verzögerungen wurden die Maschinen jedoch erst nach dem Ersten Weltkrieg von der Firma Maffei geliefert, und da hatten sich die Verkehrsverhältnisse grundlegend gewandelt. Die bei der Deutschen Reichsbahn mit den Nummern 18 301 bis 18 328 bezeichneten 20 Maschinen wurden nach und nach in nördlichere Direktionen verlegt. Im Laufe der Zeit konnten dabei auch eine Reihe kleinerer konstruktiver Mängel beseitigt werden. Vollständig gelang dies jedoch erst bei den letzten drei Exemplaren, die nach dem Zweiten Weltkrieg von der Deutschen Bundesbahn für Versuchszwecke wiederaufgearbeitet wurden. Dabei erwiesen sich die Lokomotiven nicht nur als leistungsfähig und sparsam, sondern auch als außerordentlich schnell. Bis zu 170 km/h soll eine von ihnen bei Versuchsfahrten gelaufen sein. Damit zeigten sie sich als die schnellsten deutschen Serien-Dampflokomotiven und werden es auch für immer bleiben.

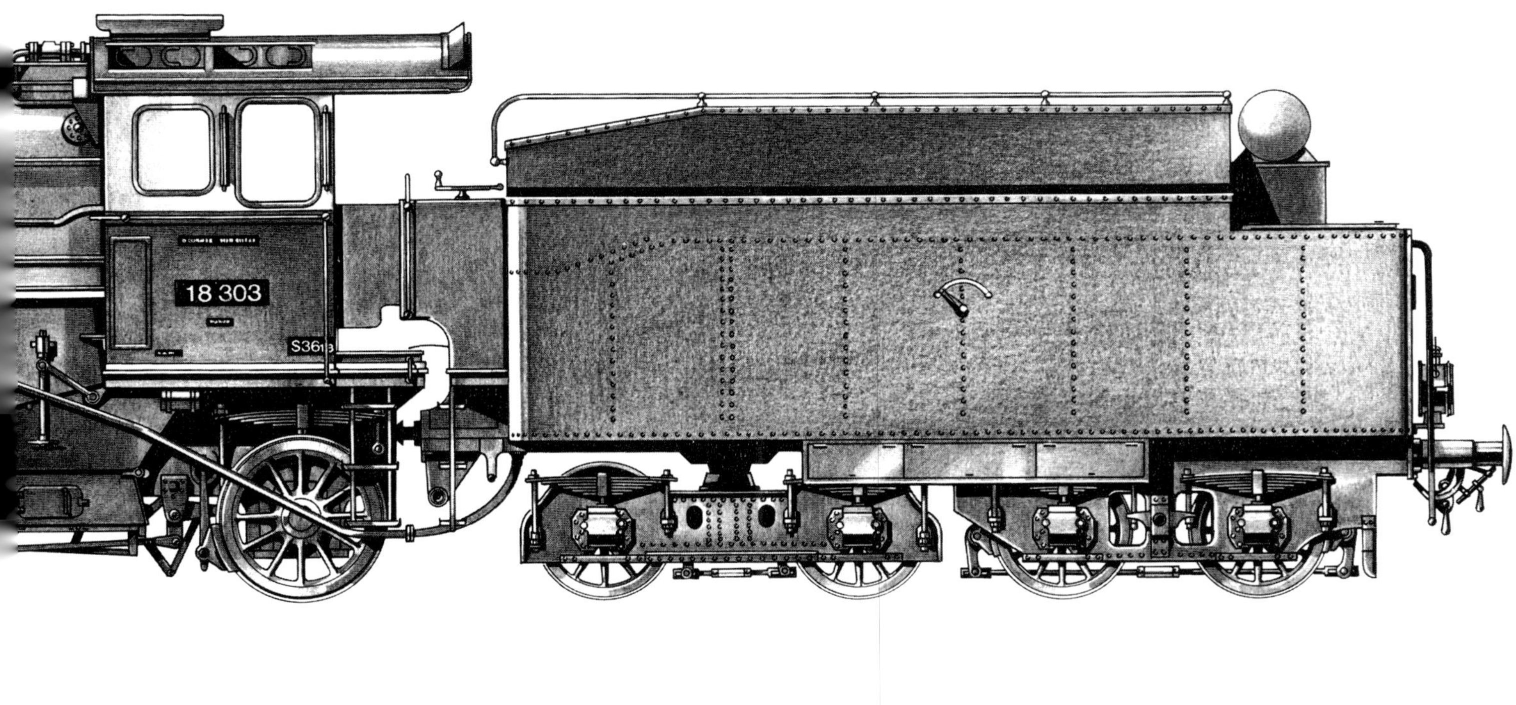

Jahre später die London & Birmingham Railway eröffnet wurde, begann sie ihren Betrieb mit ausschließlich zweiachsigen Lokomotiven. Sie stammten von Edward Bury, dem Lokomotiv-Dezernenten dieser Bahn, der gleichzeitig Mitinhaber und Chefkonstrukteur der Lokomotivfabrik Bury, Curtis & Kennedy war. Ein kennzeichnendes Merkmal seiner Maschinen war der Barrenrahmen. Vielleicht hat das schließliche Versagen der zweiachsigen Bury'schen Lokomotiven dazu geführt, auch den Barrenrahmen in England in Mißkredit zu bringen, denn niemals wieder erhielt eine in England für eine englische Bahn gebaute Lokomotive diese Rahmenbauart. In Amerika dagegen entwickelte sich der Barrenrahmen aus den Holzbalken-Rahmen der ersten, noch primitiven Lokomotiven zum alleinigen Standard. Man schätzte besonders die gute Zugänglichkeit der bis nach der Jahrhundertwende ausschließlich verwendeten Innensteuerung.

Im Jahre 1899 und 1901 bestellte die bayrische Staatsbahn je zwei Probelokomotiven von der Firma Baldwin, die rein amerikanischer Bauart waren und natürlich ebenfalls Barrenrahmen besaßen (Bild 70). Man fand bei der Bahn schnell Gefallen an dieser Form, so daß von da an sämtliche Schnellzug- und Personenzuglokomotiven sowie die vierzylindrigen Güterzuglokomotiven diese Rahmen erhielten. Die übrigen deutschen Länderbahnen folgten jedoch nur zögernd. Nach Baden kam Preußen erst im Jahre 1917 mit der »Kriegslokomotive« G 12 zum Barrenrahmen, der dadurch auch nach Sachsen und Württemberg gelangte. Schließlich übernahm die Deutsche Reichsbahn diese Rahmenbauart wegen der besseren Maßhaltigkeit der stabilen und allseitig bearbeiteten Rahmenwangen grundsätzlich für sämtliche Einheitslokomotiven. Von den übrigen europäischen Bahnen hat nur die schwedische Staatsbahn Barrenrahmen schon frühzeitig in größerem Umfang verwendet.

Übrigens stellte der Barrenrahmen nicht die Endform des Dampflokomotivrahmens dar. Sowohl in Amerika, wie auch in Europa entwickelte man gegen Ende der Dampflokzeit noch neue Formen, die sich jedoch grundsätzlich voneinander unterschieden. Während nach dem 2. Weltkriege die Neubaulokomotiven der Deutschen Bundesbahn, aber auch die Standard-Lokomotiven der British Railways, mit einem verhältnismäßig leichten, aber stabilen kastenartigen Rahmen in Schweißkonstruktion ausgerüstet wurden, verwendete man in Amerika seit den 30er Jahren mehr und mehr das sogenannte »Locomotive bed«. Dieses glich zwar äußerlich dem Barrenrahmen, stellte jedoch tatsächlich eine äußerst schwere und kräftige Kastenkonstruktion aus Stahlguß dar. Dabei waren Pufferbohle, Zugkästen, Zylinder mit hinteren Deckeln, Rauchkammerträger, Bremszylinder mit Hilfsluftbehältern, Gleitbahnträger, Pumpenkonsolen und Bremsgestängehalter gleich mit angegossen. Auf diese Weise reduzierte man den ständigen Ärger mit lockeren Schraubverbindungen auf ein Mindestmaß.

Doch zurück nach Baden. In Eleganz und Harmonie der Proportionen übertraf die IVf noch die aus ihr entwickelte bayrische S 3/6. Das trifft vor allem für die ersten drei, von Maffei gelieferten Maschinen zu. Bei den Karlsruher Lokomotiven störte ein wenig das zerklüftete Führerhaus. Um dem Lokführer eine bessere Streckenübersicht von einem geschützten Platz aus zu verschaffen, hatte man die Führerhausseitenwand im vorderen Teil oberhalb der Brüstung stark eingezogen und hinter dem Seitenfenster ein zweites schmales Frontfenster angeordnet. Offenbar waren jedoch die Vorteile, die

Technische Daten

Bahnverwaltung	**Großherzoglich Badische Staatseisen bahnen, Deutschland**
Achsanordnung:	
Deutsche Bezeichnung	**2 C 1 h4v**
White classification	**4-6-2 (Pacific)**
Bahnnummern. Bad. Staatsbahn	**49, 64, 95, 1000-1008, 1009-1016**
Deutsche Reichsbahn	**18301-303, 18311-319, 18321-328**
Erbauer	**J. A. Maffei, München**
Werknummern	**4627-4629, 5086-5094, 5107-5114**
Baujahre	**1918, 1919, 1920**
Treibraddurchmesser	**2100 mm**
Laufraddurchmesser, vorn	**990 mm**
Laufraddurchmesser, hinten	**1200 mm**
Zylinderdurchmesser: Hochdruck	**440 mm**
Zylinderdurchmesser: Niederdruck	**680 mm**
Kolbenhub	**680 mm**
Rohrlänge	**5200 mm**
Verdampfungsheizfläche (feuerber.)	**224,8 m^2**
Feuerbüchsheizfläche (feuerber.)	**15,6 m^2**
Überhitzerheizfläche	**77,6 m^2**
Rostfläche	**5 m^2**
Kesseldruck	**15 kp/cm^2 (14,7 bar)**
Reibungslast	**523,9 kN (53,4 Mp)**
Dienstgewicht, Lokomotive	**97,0 t**
Dienstgewicht, Lok + Tender	**160,3 t**
Kohlenvorrat	**9 t**
Wassermenge	**29,5 m^3 (2'2 T)**
Höchste erreichte Geschwindigkeit	**170 km/h**
Treibraddrehzahl	**429 Upm**
Indizierte Leistung (rechnerisch)	**1620 kW (2200 PS)**
Mittlere Kolbengeschwindigkeit	**9,73 m/s**
Vergleichsgeschwindigkeit (Reihe 01 DRG)	**162 km/h**

Bild 130: 18 315 mit Windleitblechen im Jahre 1928 in Mannheim. Ehemalige 1004 der Badischen Staatsbahn, 2. Lieferung, 1919 (Sammlung Dr. Feißel, Deutschland).

diese Form bot, nicht so überwältigend, denn niemals wieder tauchte eine derartige Führerhausbauart auf.
Bereits in Kapitel XIV haben wir auf die Notwendigkeit hingewiesen, bei der Pacific den Schwerpunkt nach vorn zu schieben, um eine Überlastung der hinteren Laufachse zu vermeiden. Bei der IVf hatte man mehrere konstruktive Maßnahmen kombiniert. Stark geneigte Stehkesselquerwände, eine fast 2,9 m lange Rauchkammer, eng zusammengerückte Kuppelräder, mit dem Drehgestell etwas nach vorn abgesetzte Zylinderbatterie und noch 200 mm hinter der Stehkesselhinterkante liegende Schleppachse waren die hauptsächlichen Mittel, die man angewendet hatte, um die Lastverteilung auszugleichen. Trotzdem betrug die Last, die die Schleppachse zu übernehmen hatte, immer noch fast 96 % der mittleren Kuppelachslast.
Zwei Jahre nach dem Erscheinen der IVf ging die Pfalzbahn in den Besitz der bayrischen Staatsbahn über, die dort mit S 3/6 und S 2/5 eine erhebliche Beschleunigung des Schnellzugverkehrs herbeiführte. Zur gleichen Zeit beschaffte die Reichseisenbahn Elsaß-Lothringen die S 12, eine Pacific mit 2040 mm Treibraddurchmesser, die gleichfalls höhere Geschwindigkeiten der Schnellzüge ermöglichte. Dieser Konkurrenz war die IVf bald nicht mehr gewachsen und man mußte sich bei der badischen Staatsbahn mit dem Gedanken befassen, eine weitere und noch größere Lokomotive zu beschaffen. Wiederum wurde eine Ausschreibung veranstaltet und wiederum erhielt Maffei den Zuschlag. Für die neue Lokomotive, die das Gattungszeichen IVh erhielt – die der IVf folgende Bezeichnung IVg war schon an eine in der Zwischenzeit beschaffte 1 C 1-Personenzuglokomotive vergeben –, konnte man die inzwischen auf 18 Mp (ca 180 kN) erhöhte zulässige Achslast ausnutzen und damit einen wesentlich leistungsfähigeren Kessel unterbringen (Bild 129). Die Achsanordnung – 2 C 1 – blieb die gleiche, wie bei der Vorgängerin, doch da die Lokomotive nun nicht mehr mit zwei unvereinbaren Aufgaben betraut zu werden brauchte, sondern als reine Flachland-Schnellzuglokomotive gebaut werden konnte, wählte man wieder den in Baden für die schnellsten Renner seit jeher üblichen Treibraddurchmesser von 2100 mm. Übrigens waren das die größten Treibräder, die jemals eine serienmäßige Pacific erhalten hat; nur ein Einzelstück die nach dem zweiten Weltkrieg durch Umbau aus der Stromlinien-Tenderlokomotive 61 002 entstandene 18 201 (Bild 166) hatte noch größere, nämlich mit 2300 mm Durchmesser.
Natürlich brachten die riesigen Treibräder einige Probleme mit sich, vor allem das der schon erwähnten Lastverteilung. Hinzu kam, daß durch die verhältnismäßig kurze Rohrlänge von 5200 mm der Kesselschwerpunkt ziemlich weit hinten lag. Denn die vordere Rohrwand befand sich genau über der Mitte der ersten Kuppelachse, während sie bei allen anderen deutschen Pacifics mehr oder weniger weit davor lag. Trotzdem war es den Konstrukteuren gelungen, durch geschickten kon-

struktiven Aufbau die Lastverteilung gegenüber der IVf noch zu verbessern.So hatte man zunächst die Kuppelräder so eng es nur irgend ging aneinander gerückt. Der gegenseitige Abstand der Spurkränze lag beim Nenndurchmesser der Räder nur zwischen 8 und 30 mm, entsprechend den zulässigen Toleranzen für die Spurkranzhöhe nach der BO (Bau- und Betriebsordnung). Beide Stehkesselquerwände waren stark nach vorn geneigt, die vordere aber außerdem abgerundet und dem Radius der hinteren Kuppelräder angepaßt. Durch den nahezu quadratischen Rost fiel der Stehkessel sehr kurz aus, was den Kesselschwerpunkt noch ein wenig nach vorn schob. Darüberhinaus lag der Dom sehr weit vorn, auf dem ersten Kesselschuß, wie schon bei der IVf, aber zusätzlich befand sich der, ebenfalls unter einer gemeinsamen Verkleidung angeordnete Sandkasten, bei der IVh noch *vor* dem Dom bereits auf der Rauchkammer. Diese sorgte mit ihrer außergewöhnlichen Länge von 3280 mm gleichfalls für eine Vorverlegung des Schwerpunktes.

Auf der anderen Seite fällt sofort die ungewöhnlich weit hinten liegende Schleppachse auf; ihr Abstand von der Hinterkante des Stehkessels betrug mehr als 500 mm. Den Hauptanteil an der guten Lastverteilung hatte jedoch das Vierzylinder-Verbund-Triebwerk mit den vorgeschobenen Innenzylindern. Denn aufgrund umfangreicher Studien war Heinrich Baumann, Fahrzeugdezernent der badischen Staatsbahn und Nachfolger Courtins, zu der Überzeugung gelangt, daß beim Zweiachsantrieb die Kropfachse geringer beansprucht wird, als bei dem seit etwa 10 Jahren bei Maffei üblichen Einachsantrieb, und auf seinen Vorschlag hin wurde daher die IVh mit einem auf zwei Achsen verteilten Antrieb ausgestattet, wie er vom de Glehn-Triebwerk her bekannt war. Zum Unterschied von der üblichen Ausführung dieses Triebwerkes, bei dem die Außenzylinder dicht vor der ersten Kuppelachse sitzen, hatten sie bei der neuen badischen Lokomotive ihre normale Lage, etwa in Drehgestellmitte, behalten und waren lediglich 110 mm nach hinten versetzt. Man hatte dafür eine 3 m lange Treibstange und eine verlängerte Kolbenstange in kauf genommen. Die Innenzylinder, die beim de Glehn-Triebwerk sonst in Drehgestellmitte liegen, waren hier bis über die führende Laufachse vorgerückt.

Diese Anordnung hatte jedoch mehrere Vorteile. Einmal war es die erwünschte Vorverlegung des Schwerpunktes. Tatsächlich hatte man hierdurch und in Verbindung mit den anderen, bereits erwähnten Maßnahmen erreicht, daß die Last der Schleppachse nur knapp 88 % der mittleren Kuppelachslast betrug. Bei allen anderen deutschen Pacifics lag dieser Wert höher, bei einigen der Einheitslokomotiven der Reichsbahn sogar über 100 %. Ein weiterer Vorteil lag darin, daß das Innentriebwerk nicht so unzugänglich war, wie bei der üblichen de Glehn-Anordnung. Dazu trug außerdem der sehr »durchsichtige« Barrenrahmen (Bild 131) und die Schräglage der Innenzylinder bei, die notwendig war, um die seitliche Schwenkung des Drehgestells nicht zu behindern. Lediglich die Stopfbüchsen der Innenzylinder lagen ziemlich versteckt und waren schwer zu erreichen. Ein weiterer Vorteil dieser Anordnung lag darin, daß man den inneren Zylinderblock, der noch vor der Rauchkammer lag – zwischen den Außenzylindern befand sich ein unabhängiger Stahlguß-Rauchkammersattel –, bei Reparaturen nach vorne herausziehen konnte, ohne den Kessel anheben zu müssen.

Natürlich lagen die Niederdruck-Zylinder außen, denn bei Innendurchmessern von 680 mm hätte man sie nicht innerhalb des Rahmens unterbringen können. Doch selbst bei den Hochdruckzylindern gab es Schwierigkeiten, die allerdings

Bild 131: Triebwerk der 18 323, aufgenommen bei einer Sonderfahrt im Jahre 1967 von Frankfurt nach Nürnberg. Gut zu erkennen ist der gabelförmige Voreilhebel, der Gleitbahn und Kolbenstange umfaßt (Aufnahme des Verfassers).

Bild 132: Eindrucksvolle Aufnahme der 18323 auf einer ihrer letzten Sonderfahrten. Lokomotive war ursprünglich Nr. 1011 der Badischen Staatsbahn, 3. Lieferung, 1920 (Aufnahme H. Strothjohann, Deutschland).

von der sehr sorgfältig konstruierten, äußerst kräftigen Kurbelachse herrührten. Die Kurbelwangen dieses hochbeanspruchten Maschinenteiles waren kreisrund (mit Frémont-Ausschnitten) und besaßen die ungewöhnliche Dicke von 160 mm. Dazu mußten aber die Zylindermitten bis auf 460 mm aneinander gerückt werden und bei 440 mm Durchmesser wäre der verbleibende Platz zwischen den Hochdruck-Zylindern zu knapp geworden. Man verschob daher den rechten Zylinder um 60 mm nach oben und den linken um das gleiche Maß nach unten, wodurch sich der kürzeste Abstand zwischen den beiden Zylindermitten auf 475,4 mm vergrößerte. Mit den versetzten »Stoßzähnen« der Kolbenstangenhülsen der beiden Innenzylinder bot die IVh eine ganz charakteristische Vorderansicht, aber die reichlich dimensionierten Kurbelachsen belohnten die Sorgfalt in Konstruktion und Werkstoffauswahl mit langer Lebensdauer. Sie erreichten Laufwege bis über 2 Millionen Kilometern und die meisten IVh hatten bei der Ausmusterung noch ihre erste Kropfachse.

Die Schieberkästen der Hochdruck-Zylinder waren so weit nach außen gesetzt, daß sie mit denen der Niederdruck-Zylinder fluchteten. Beide waren durch ein kurzes Zwischenstück miteinander verbunden und bildeten damit einen gemeinsamen Schieberkasten, in dem die beiden Rohrschieber auf der selben Schieberstange saßen. Durch die kurzen Strömungswege, ohne Zwischenschaltung eines Verbinders, wurden die Drosselverluste herabgesetzt und die Leistung bei allen Drehzahlen wesentlich gleichmäßiger auf Hoch- und Niederdruck-Triebwerk verteilt. Diese Anordnung war nicht neu. Im Jahre 1904 lieferte die American Locomotive Company an die New York Central Railroad eine Atlantic (Klasse I-1, Nummer 3000) mit Vierzylinder-Verbund-Triebwerk, System Cole, bei dem, wie bei der IVh, die innenliegenden Hochdruck- vor den außenliegenden Niederdruck-Zylindern – und ebenfalls vor der Rauchkammer – lagen und die Schieber auf einer gemeinsamen Schieberstange saßen. Zum Unterschied von der badischen Lokomotive hatten jedoch die beiden Schieber gleiche Durchmesser und die Schieberachse lag nicht so weit außen, sondern etwa in der Mitte zwischen den Hochdruck- und den Niederdruck-Zylindern. Das ergab gleich lange Dampfwege für alle Zylinder und war auch wegen der Innensteuerung zweckmäßiger. Doch weder bei der I-1, noch bei der IVh lag die Schieberachse in der Ebene der äußeren Steuerung, so daß beide mit Zwischenwellen auskommen mußten. Da man in Amerika Verbund-Lokomotiven sehr wenig schätzte, noch weniger solche mit Innentriebwerk, trotz des guten Massenausgleichs – daher der Name »balanced compound« –, wurde die I-1 bereits 1913 ausgemustert. Und das war zwei Jahre bevor die badische Staatsbahn den ersten Auftrag für die IVh erteilte.

Bedingt durch die Verhältnisse während des Krieges und durch verschiedene Konstruktionsänderungen, dauerte es jedoch noch fast drei Jahre, ehe im Juni 1918 die erste IVh, mit der Nummer 49, das Herstellerwerk verließ. Und erst 1920, als die badische Staatsbahn bereits aufgehört hatte zu existieren, wurde die letzte der insgesamt 20 Maschinen ausgeliefert.

Dem Betrachter boten die neuen Lokomotiven einen höchst eindrucksvollen Anblick und mit ihrer großen Länge, den gewaltigen Abmessungen und vor allem den riesigen Treibrädern, ließen sie etwas von den Leistungen und Geschwindigkeiten ahnen, deren sie fähig waren. Allerdings erreichten sie nicht die Harmonie ihrer kleineren Vorgängerinnen, der IVf und der daraus abgeleiteten bayrischen S 3/6. Das lag vor allem an der Frontpartie mit dem vorgezogenen Innenzylinderblock und den seitlich herausragenden großen, zylindrischen Schieberkästen. Besonders auffallend waren die sehr weit zurückgesetzte Schleppachse und der tief herunterreichende, fachwerkartige Gleitbahn- und Schwingenträger neben der ersten Kuppelachse. Wegen der erheblichen Länge der Lokomotive mußte der Tender etwas gestutzt werden, um mit den vorhandenen 20-m-Drehscheiben auskommen zu können. Er hatte nur ein Drehgestell und die beiden hinteren Radsätze waren mit geringem Abstand in einem festen Rahmen gelagert. Ähnliche Tender waren schon vorher für die bayrische Staatsbahn entwickelt worden und später erhielten einige der ersten Einheits-Schnellzuglokomotiven Tender mit der gleichen Achsanordnung, da noch nicht überall 23-m-Drehscheiben eingebaut waren. Mit dieser Maßnahme war es gelungen, den Gesamtachsstand auf knapp 19,4 m zu beschränken, doch man kann sich ausmalen, daß es jedesmal ein kleines Kunststück bedeutete, die Lokomotive auf die nur 60 cm längere Drehscheibe zu bugsieren.

Leider konnten jedoch die neuen und lange erwarteten Lokomotiven nicht so eingesetzt werden, wie man sich das bei ihrer Planung vorgestellt hatte. Die Änderung der politischen Verhältnisse und der schlechte Zustand der Bahnen nach dem Kriege ergaben ganz andere Bedingungen, als die, die der Ausschreibung zu Grunde gelegen hatte. Die Züge waren länger und schwerer, die Geschwindigkeiten jedoch erheblich herabgesetzt worden. Als sich aber die Zustände gegen Ende der 20er Jahre allmählich besserten, wurd en die badischen Renner durch die inzwischen erschienenen Einheits-Schnellzuglokomotiven der Baureihe 01 nach und nach verdrängt und in weiter nördliche Gebiete abgeschoben. Denn leider hatte es sich herausgestellt, daß das an sich gesunde Konzept der IVh durch einige konstruktive Mängel überschattet wurde und die Maschinen waren daher nicht sehr beliebt.

Nach verschiedenen Zwischenstationen landeten schließlich alle IVh, die bei der Deutschen Reichsbahn die Nummern 18 301-328 (Bild 130) (jede der drei Lieferungen mit einer eigenen Zehner-Reihe) erhalten hatten, in Bremen und für die norddeutschen Flachlandstrecken schienen sie auch mindestens so gut geeignet zu sein, wie für die badische »Rennstrecke«. Düring* schildert sehr anschaulich, wie dank sorgfältiger Pflege im Reichsbahn-Ausbesserungswerk Bremen-Sebaldsbrück und dank zahlreicher Detailverbesserungen die wahre Natur dieser hervorragenden Lokomotiven allmählich zum Vorschein kam. Tatsächlich zeigte sich am Ende, daß sie sogar den 15 Jahre jüngeren leichten Einheits-Schnellzuglokomotiven der Baureihe 03 überlegen waren. Doch dann kam der zweite Weltkrieg und wieder mußten die Lokomotiven Leistungen erbringen, die ihnen nicht entsprachen. Und nach dem Kriege wurden alle 19 noch vorhandenen Maschinen als immerhin schon 18 bis 20 Jahre alte Splittergattung (d. h. mit weniger als 20 Stück) von der Deutschen Bundesbahn im Herbst 1948 zunächst ausgemustert.

Doch damit ist die Geschichte noch nicht zu Ende. Denn erst danach gelangte die IVh zu spätem, aber nicht unverdientem Ruhme. Zunächst kam die 18 314 im Tausch gegen eine S 3/6 zur Reichsbahn im östlichen Teil Deutschlands, erhielt einen neuen Standard-Kessel, sowie eine Teilverkleidung, und wurde ein viel bewundertes Schmuckstück des dortigen Versuchsamtes Halle.

Bei der Bundesbahn aber geschah noch mehr. Als 1949 ein Lokomotiv-Versuchsamt als Nachfolger des Versuchsamtes

* Theodor Düring, »Schnellzug-Dampflokomotiven der deutschen Länderbahnen 1907–1922«, Deutschland 1972.

Grunewald gegründet wurde – anfangs in Göttingen stationiert, später nach Minden verlegt –, benötigte man auch einige Bremslokomotiven für hohe Geschwindigkeiten und Schnellfahrlokomotiven zur Erprobung neuer Fahrzeuge. Da alle neueren Schnellzuglokomotiven dringend für den Betrieb gebraucht wurden, schienen die bereits ausgemusterten, aber noch durchaus verwendbaren IVh für diese Aufgaben geradezu prädestiniert. Die drei besterhaltenen – die 18 316, 319 und 323 – wurden ausgesucht und vollständig aufgearbeitet. Neben einer Gegendruckbremse erhielten sie dabei noch weitere Detailverbesserungen. Die äußerlich am meisten ins Auge fallenden waren die »Caledonian«-Schornsteinkrone, Witte-Windleitbleche, eine neue, größere Rauchkammertür, Umsetzung des Sandkastens hinter den Dom, mit 3 Fallrohren, statt 2, wie bisher, und ein größerer geschweißter Kohlenaufsatz auf dem Tender. Die 18 319 bekam zusätzlich eine neue, längere Rauchkammer, da bei ihr das eine Einströmrohr durch zwei neue ersetzt war, die direkt zu den Hochdruck-Schieberkästen liefen.

In ihrer letzten Form boten die Lokomotiven nicht nur ein glanzvolles und beeindruckendes Bild, sondern sie zeigten auch erstaunliche Leistungen, bei niedrigem Verbrauch, und liefen selbst bei hohen Geschwindigkeiten bemerkenswert ruhig. Schon bei den Grunewalder Versuchen der 30er Jahre hatte die 18 328 Geschwindigkeiten bis zu 155 km/h erreicht. Wegen ihrer guten Laufeigenschaften wurde damals die zulässige Höchstgeschwindigkeit der IVh, die ursprünglich nur 110 km/h betragen hatte, auf 140 km/h heraufgesetzt. In ihrem letzten Stadium konnten es die Maschinen aber noch besser. Bei der Erprobung neuer Triebwagen brachte es die immerhin schon 37 Jahre alte 18 316 im Jahre 1956 auf 162 km/h. Vilain* berichtet sogar von 170 km/h. Ob nun der eine oder der andere Wert zutrifft, Tatsache bleibt, daß sich die IVh damit nicht nur als die schnellste Dampflokomotive der ehemaligen Länderbahnen erwies, die sogar die eigens für Schnellfahrversuche entstandene bayrische S 2/6 (Kapitel X) übertraf, sondern auch erheblich schneller, als die weit jüngeren Einheits-Schnellzuglokomotiven der Reichsbahn war.

Die überschlägige Rechnung zeigt, daß die Lokomotive bei ihrer Höchstgeschwindigkeit bis zu 1620 kW (2200 PS) Leistung aufbringen mußte, wofür sie für kurze Zeit durchaus fähig zu sein schien. Erstaunlich ist allerdings die Tatsache, daß die Strahlungsheizfläche des Kessels verhältnismäßig gering war, und bekanntlich sind derartige Kessel empfindlich gegen Überlastungen, da die Gastemperaturen an der Feuerbüchs-Rohrwand noch sehr hoch sind und diese daher stärker beansprucht wird, als bei einem Kessel mit relativ großer Strahlungsheizfläche. Infolge des nahezu quadratischen Grundrisses der Feuerbüchse, betrug der Anteil ihrer Heizfläche an der Verdampfungsheizfläche nur 6,9 %. Das ist genau der Wert, den auch der 01-Kessel hatte, den wir in den vorigen Kapiteln schon als in dieser Hinsicht nicht sehr günstig kennengelernt haben. Doch durch den großen Rost (5 m²) der IVh waren hier die Verhältnisse etwas anders. Gegenüber z. B. der Baureihe 03, die etwa die gleiche Leistung besaß, hatte sie eine 26 % größere Rostfläche. Das bedeutete aber niedrigere Rostbelastung bei gleicher Anstrengung, dadurch niedrigere Feuerraumtemperaturen und somit geringere thermische Beanspruchung der Rohrwand. Auch die Verdampfungsheizfläche der IVh war größer als die der 03, so daß bei gleicher Gesamt-Dampfmenge, die etwa gleicher Kessel-Leistung entspricht, auch die Heizflächenbelastung niedriger lag. So ergibt die Rechnung für die Höchstleistung nur wenig mehr als 60 kg/m²h, die der Kessel sicherlich ertragen konnte, ohne Schaden zu nehmen. Vielleicht hätte die IVh mit einem Verbrennungskammer-Kessel Leistungen erreichen können, die denen der nach dem Kriege umgebauten 01 nahegekommen wären. Den Weg dahin zeigte die im Osten rekonstruierte 18 314, doch bei der Bundesbahn hatte man nie an so etwas gedacht.

Mit fortschreitendem Strukturwandel bei der Deutschen Bundesbahn benötigte man diese Lokomotiven jedoch schließlich nicht mehr und im Jahre 1969 wurden die beiden letzten, die 18 316 und die 18 323 ausgemustert. Kurz vorher absolvierte die 18 323 – sie hatte noch die neue Nummer 018 323-6 erhalten – noch einige viel beachtete Sonderfahrten, bei der zahlreiche Eisenbahnfreunde diese schöne Lokomotive bestaunen konnten, die die letzte noch laufende Länderbahn-Schnellzuglokomotive und zugleich die einzige Vierzylinder-Verbund-Lokomotive, die sich noch in Betrieb befand, darstellte. Zum Schluß fuhr die IVh dabei wieder auf der Strekke, für die sie eigentlich vorgesehen war: Frankfurt – Heidelberg – Offenburg – Basel. 49 Jahre alt und doch in besserer Form als je zuvor, wäre nun sicherlich der Name »Badenstolz« eine zutreffende Bezeichnung für dieses Schmuckstück gewesen; doch seit genau so viel Jahren waren Großherzogtum Baden und badische Staatsbahn nur noch eine Erinnerung. (Bild 132)

Glücklicherweise wurden die beiden letzten IVh nicht verschrottet, sondern blieben als Denkmals-Lokomotiven erhalten, die 18 323 vor der Ingenieur-Schule in Offenburg, in der Nähe ihrer ersten Einsatzstelle, die 18 316 in einem Vergnügungspark bei Minden, in der Nähe ihrer letzten Einsatzstelle. So konnten diese interessanten und großartigen Lokomotiven, die leider immer etwas im Schatten gestanden hatten, auch noch nach ihrem Ausscheiden bewundert werden, und wahrscheinlich werden auch die meisten der älteren Betrachter sie erst dort zum ersten Male gesehen haben.

* Lucien Maurice Vilain, »La Locomotive a Vapeur et les Grandes Vitesses«, Frankreich 1972.

XIX. Prärie-Renner

2 B 2 h2, Klasse F–2a, Canadian Pacific Railway, Kanada

Obwohl Kanada Mitglied des British Commonwealth ist, hat es sich doch in seiner technischen Entwicklung stets am großen Nachbarn im Süden, den Vereinigten Staaten, orientiert. Das trifft besonders für die Eisenbahn zu, die in dem weiten Land ganz ähnliche Voraussetzungen fand, wie südlich der Staatsgrenze. Die erste kanadische Eisenbahn war die 1836 eröffnete Champlain & St. Lawrence Railway, die den St.-Lawrence-Strom bei Montreal mit der Nordspitze des Lake Champlain bei St. Johns verband. Als Spurweite wählte man aber nicht die später allgemein übliche Normalspur, sondern, ähnlich wie bei einigen frühen US-amerikanischen Bahnen, eine Breitspur. Mit 5 Fuß, 6 Zoll (1676 mm) glaubte man offenbar, das richtige Maß gefunden zu haben, denn auch die erste große Durchgangsbahn in Kanada, die 1856 zwischen Montreal und Toronto eröffnete Grand Trunk Railway, war in dieser Spur angelegt. Doch, obwohl man die 5 ½-Fuß-Spur heute noch auf der iberischen Halbinsel, in Indien und bei einigen südamerikanischen Bahnen finden kann, wurden bis zum Jahre 1874 alle kanadischen Breitspurstrecken auf Normalspur umgenagelt. Etwa um die gleiche Zeit begannen auch die noch vorhandenen Breitspurbahnen in den Vereinigten Staaten mit der Umspurung, die bei der bekanntesten von allen, der Erie Railroad – sie hatte sogar 6 Fuß (1829 mm) verwendet –, aber noch bis Anfang der 80er Jahre dauerte. Und bei der Louisville & Nashville Railroad endete diese Aktion sogar erst im Jahre 1886, als schlagartig, an einem einzigen Tage, die letzten 1500 Meilen (über 2400 km) ihres Netzes von 5 Fuß (1524 mm) auf die Normalspur – 4 Fuß, 8½ Zoll (1435 mm) – umgestellt wurden.

Mittlerweile hatten sich – wiederum ähnlich, wie in den USA – mehrere größere Privatbahnen gebildet, die sich teilweise gegenseitig Konkurrenz machten. Als diese jedoch zu Anfang dieses Jahrhunderts zunehmend in finanzielle Schwierigkeiten gerieten, begann der Staat sich um die Angelegenheit zu kümmern. Zunächst kauften die bereits staatlichen Canadian Government Railways die Aktien der Canadian Northern Railway und am 20. Januar 1923 wurden beide zu den Canadian National Railways (CNR) zusammengeschlossen. Dazu kam dann noch die Grand Trunk Pacific Railway und schließlich die Grand Trunk Railway of Canada. Ferner gehörten dazu die in den US-Bundesstaaten Michigan, Indiana und Illinois liegenden Netzteile der Grand Trunk, die unter dem Namen Grand Trunk Western liefen, sowie die von der Grand Trunk kontrollierte Central Vermont Railway, die beide ihre alten Namen behielten, da man den Amerikanern nicht zumuten wollte, Eisenbahnen auf ihrem eigenen Boden zu haben, an denen der Name »Canadian National« stand.

In der Streckenlänge von rund 25000 Meilen (über 40000 km) übertraf die CNR bei weitem die großen Privatbahnen der Vereinigten Staaten. Selbst die mit der größten Streckenlänge, die Atchison, Topeka & Santa Fe Railroad, kam mit etwa 13000 Meilen (über 21000 km) nur auf etwas mehr als die Hälfte. Und sogar die große preußische Staatsbahn erreichte mit knapp 36000 km nicht die Länge der CNR. Doch in dem dünnbesiedelten Lande fuhren natürlich wesentlich weniger Züge und das spiegelte sich unter anderem auch in der, im Verhältnis zur Streckenlänge, nur geringen Fahrzeugzahl. So besaß die CNR in ihrer Blütezeit wenig mehr als 3000 Lokomotiven, während es die preußische Staatsbahn immerhin auf über 15000 brachte. Andererseits liefen bei der CNR allein 203 mittelschwere 2 D 2-(Northern)-Lokomotiven, mit Lokgewichten (ohne Tender) bis zu über 180 t, weit mehr dieser Riesen als bei irgendeiner anderen Bahn Nordamerikas.

Neben diesem Staatsbahn-Giganten existierte in Kanada aber noch – außer einigen kleinen Bahnen von geringer Bedeutung – die mit etwa 21000 Meilen (knapp 34000 km) kaum weniger große, private Canadian Pacific Railway (CPR). Sie wurde offiziell im Jahre 1881 gegründet, doch ihre Geschichte begann schon früher. Nachdem im Jahre 1867 der Bundesstaat Kanada mit den 5 Provinzen Ontario, Quebec, New Brunswick, Nova Scotia und Manitoba errichtet war, bestanden starke Bestrebungen, das sehr weit im Westen gelegene Territorium

Bild 133: 2 B 2 h2, Klasse F-2a, der Canadian Pacific Railway. Erbaut 1936 von den Montreal Locomotive Works. Treibraddurchmesser 80 Zoll (2032 mm). Eine der 5 Lokomotiven, die 3003, war die schnellste Lokomotive Kanadas. Bei Versuchsfahrten erreichte sie 112.5 mph (181 km/h). Das Bild zeigt die erste der Klasse 1957 in Windsor, Ontario. Die Schornsteinverkleidung ist entfernt und die Eintrittsöffnung für die Luft in der Rauchkammertür durch ein Nummernschild ersetzt (Sammlung H. K. Vollrath, U. S. A.).

von British Columbia ebenfalls in den Bund einzubeziehen. Jedoch die Vereinigten Staaten interessierten sich ebenfalls für dieses Gebiet und hätten es gerne annektiert. Sicher war, daß demjenigen das Land gehörte, dem es als erstem gelang, eine Eisenbahn dorthin zu bauen. In den USA versuchte es die Northern Pacific Railroad, aber aus verschiedenen Gründen hatte sie keinen Erfolg. Doch die zu diesem Zweck ins Leben gerufene CPR erreichte ihr Ziel, wenn es auch sehr lange dauerte. Eine erste Expedition, Ende der 50er Jahre, hatte noch geglaubt, feststellen zu müssen, daß ein Bahnbau durch die sehr schwierigen Rocky und die Selkirk Mountains unmöglich sei. Doch einige Jahre später besah sich eine zweite Expedition die Sache etwas genauer und fand schließlich auch einen Weg, der für eine Eisenbahn geeignet erschien. Im Jahre 1875 begann endlich der Bahnbau, doch es dauerte noch bis zum Jahre 1885, ehe sich die vom Osten und vom Westen ausgehenden Strecken am Eagle Pass trafen, und damit Kanada auch – 16 Jahre nach den Vereinigten Staaten – eine transkontinentale Eisenbahn besaß.

Aus diesem Anfang wuchs die CPR zu ihrer jetzigen Größe und ist heute ein recht gut florierendes Unternehmen, das außerdem eigene Schiffahrts- und Fluglinien besitzt. Ähnlich der CNR kontrollierte die CPR aber auch einige US-amerikanische Bahnen, von denen die Minneapolis, St. Paul & Sault Sainte Marie Railroad – allgemein als »SOO-Line« bekannt – die größte darstellte. Durch diese Bahn erhielt die Canadian Pacific vom Westen Zugang nach Chicago, während die Canadian National durch die Grand Trunk Western vom Osten her in diesen größten Eisenbahn-Knotenpunkt gelangte. Die Dampflokomotiven waren bei der CPR jedoch noch dünner gesät, als bei der CNR. Sie erreichten selbst in der Blütezeit des Dampfbetriebes noch nicht einmal die Zahl von 2000; es waren kaum mehr, als bei der sächsischen Staatsbahn am Ende des ersten Weltkrieges liefen, deren Netzlänge nur ein Zehntel derjenigen der CPR betrug. Allerdings waren darunter auch solche Giganten, wie die Klasse T-1, 36 schwere 1 E 2 – sie trugen aber nicht den in den USA üblichen Gattungsnamen »Texas«, sondern die passendere Bezeichnung »Selkirk« –, die mit 330 t (einschließlich Tender) mehr als doppelt soviel auf die Waage brachten, wie die größten sächsischen Lokomotiven, die 1 D 1 h4v, Gattung XXHV.

Neben den schwersten, den Selkirks, liefen bei der Canadian Pacific aber auch die schnellsten kanadischen Lokomotiven, die 2 B 2 h2, Klasse F-2a (Bild 135). Diese schnellen und ele-

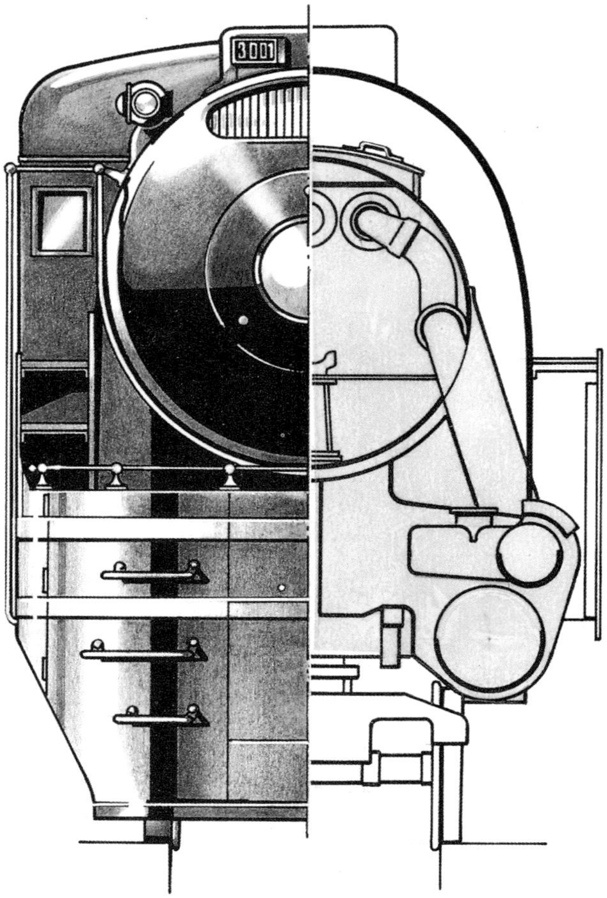

Bild 134: Der Querschnitt durch die kanadische 2 B 2-Lokomotive zeigt den großen Zwischenraum zwischen dem Kessel und dem Verkleidungsblech, der dank des großzügigeren kanadischen Profils eingehalten werden konnte. Obwohl der größte Kesseldurchmesser mit dem der Reichsbahn-Einheitslokomotive der Reihe 01 übereinstimmte, und der Kesselscheitel nur 100 mm niedriger lag, betrug der Abstand zum Verkleidungsblech an dieser Stelle noch 360 mm. Man konnte daher unter der Haube nicht nur bequem sämtliche Rohrleitungen, Armaturen, Anschlußstutzen und einen geräumigen Sandkasten verstecken, sondern über der Rauchkammer auch noch einen Luftkanal unterbringen, der von der Stirnseite bis hinter den Schornstein lief und Rauch und Dampf nach oben leiten sollte. Während oberhalb des Umlaufs die völlig glatte Außenfläche lediglich durch einen Handlauf unterbrochen wurde, hielt man eine Abdeckung des Triebwerks weder für erforderlich noch für wünschenswert. Die Verkleidung reichte daher seitlich zum größten Teil nur bis zur Oberkante der Treibräder herab.

Bild 134

2 B 2 h2, Klasse F–2a, Canadian Pacific Railway, Kanada.

Bild 135: Die fünf Lokomotiven der Klasse F-2a der Canadian Pacific Railway waren für den schnellen Kurzstreckenverkehr zwischen kanadischen Großstädten bestimmt. Die im Jahre 1936 von den Montreal Locomotive Works, einer Tochtergesellschaft der American Locomotive Company, gelieferten Maschinen stellten verkleinerte Kopien der großen Atlantics der Chicago, Milwaukee, St. Paul & Pacific Railroad dar. Der Treibraddurchmesser war auf 80 Zoll (2032 mm) herabgesetzt. Auffallend bei beiden Typen war der große Abstand zwischen der zweiten Laufachse und der Treibachse, der rund drei Meter betrug. Der Hauptunterschied lag im Ersatz der hochbelasteten Schleppachse – sie hatte bei der Atlantic 101% der Kuppelachslast aufzunehmen – durch ein Drehgestell, bei dem auf jeden der beiden Radsätze nur noch 61% der Kuppelachslast entfielen. Bei Versuchsfahrten am 18. September 1936 erreichte die 3003 eine Geschwindigkeit von 112,5 mph (181 km/h) und gewann damit die Ehre, die schnellste kanadische Dampflokomotive zu sein und zu bleiben. Die Canadian Pacific war die einzige Bahn, die ein erfolgreiches Konzept für die 2 B 2 gefunden hatte, denn in den beiden folgenden Jahren beschaffte sie weitere 20 Lokomotiven dieser Achsanordnung, Gattung F-1a, die verkleinerte und etwas abgewandelte Ausgaben der F-2a darstellten. Sie sollten schnelle Züge auf den im großräumigen Kanada recht langen Nebenstrecken befördern.

Bild 135

Bild 136: 2 C 2 h2, Klasse H-1c, der Canadian Pacific Railway, Nr. 2842, erbaut September 1937 in den Montreal Locomotives Works, ausgemustert im November 1958. Bild zeigt die 2842 in London, Ontario, im September 1956. Der Doppelschornstein war nur Attrappe. Die Krone am vorderen Ende der Umlaufschürze kennzeichnete die »Royal Hudsons«, Nr. 2820-2864 (Sammlung von H. K. Vollrath, U. S. A.).

ganten Maschinen wurden im Jahre 1936 beschafft und erhielten zu Ehren der 50jährigen Wiederkehr der Eröffnung der ersten kanadischen Transkontinentalbahn, die Bezeichnung »Jubilee«. Übrigens gab es auch in England eine »Jubilee«-Klasse, das waren die 2 C h3-Schnellzuglokomotiven der London, Midland & Scottish Railway, die in der selben Zeit entstanden, ihren Namen jedoch vom 25jährigen Thronjubiläum König Georgs V. herleiteten.

Wie war es nun zu diesen modernen, zweifach gekuppelten Hochgeschwindigkeits-Lokomotiven gekommen, in einem Lande, das durch die riesigen Entfernungen zwischen den Großstädten gekennzeichnet ist, bei dessen Eisenbahn-Fernpersonenverkehr man zunächst an schwere, komfortable Schnellzüge denkt, für die mindestens dreifach, wenn nicht gar vierfach gekuppelte Lokomotiven erforderlich sind. Wo ist hier der Platz für derartige, vergleichsweise leichte, Renner?

Um das zu verstehen, muß man sich die Beschaffungspolitik der beiden großen kanadischen Bahnsysteme ansehen, die anfangs annähernd gleich war, in der jedoch, spätestens nach dem ersten Weltkriege, zunehmend auseinanderlaufende Auffassungen zutage traten. Im 19. Jahrhundert bot die Eisenbahn auf dem ganzen nordamerikanischen Kontinent überall nahezu das gleiche Bild. Nach einigen wenigen Beschaffungen aus dem Mutterland England, wandten sich auch die kanadischen Bahnen schon bald den nordamerikanischen Herstellern zu und übernahmen deren Baugrundsätze so vollständig, daß bald kanadische Züge und Lokomotiven kaum mehr von US-amerikanischen zu unterscheiden waren, sofern man nicht auf die mehr oder weniger groß angeschriebenen Namen der Eigentums-Verwaltungen achtete.

Barrenrahmen, Drehgestell oder führende Laufachse im Deichselgestell für alle Streckenlokomotiven, Außenzylinder mit innenliegender Stephenson-Steuerung, Schornstein in der Mittelebene der Zylinder, voluminöser Dampfdom, Sandkasten auf dem Kesselscheitel, geräumiges Führerhaus, Mehrklang-Pfeife (chime-wistle), große Glocke, riesiger Front-Scheinwerfer, weit auslandender hölzerner Bahnräumer (pilot) und vierachsiger Drehgestell-Tender waren die äußerlichen Merkmale der Lokomotiven, die in gleicher Weise in den Vereinigten Staaten, wie auch bei deren nördlichem Nachbarn zu finden waren. Während anfangs weitgehend die

Bild 137: 2 B 2 h2, Klasse F-2a, der Canadian Pacific Railway. Die 3001, noch ganz neu, im August 1936 in St. Anne de Bellevien, Quebec (Sammlung H. K. Vollrath, U. S. A.).

2 B oder American vorherrschte, kamen später 1 C (Mogul) und 1 D (Consolidation) für den Güterzugbetrieb, sowie 2 C (Ten-Wheeler) für den schweren Personenzug-Verkehr oder als »Universal«-Lokomotive hinzu. Nahezu gleichzeitig setzte dann zu Beginn des 20. Jahrhunderts der Übergang zu immer schwereren Lokomotiven ein, der durch die rasche Verstärkung des Oberbaues und die damit schnell steigenden zulässigen Achslasten ermöglicht wurde.

Inzwischen hatte sich in Kanada eine eigene Lokomotiv-Industrie entwickelt, die nicht nur die einheimischen Bahnen mehr und mehr vom Ausland unabhängig machte, sondern schließlich auch selber Lokomotiven exportierte. Älteste kanadische Lokomotiv-Fabrik war die Canadian Locomotive Company in Kingston, Ontario, auf halbem Wege zwischen Toronto und Montreal, an der Nordspitze des Ontario-Sees, gelegen. Sie wurde bereits im Jahre 1850 gegründet und lieferte hauptsächlich an die Canadian National bzw. deren Vorläufer. Letzteres trifft ebenfalls für die kleinere Canadian Foundry Company in Toronto, Ontario, zu. 1904 entstanden in Montreal als Ableger der American Locomotive Company (Alco) die Montreal Locomotive Works (MLW), die sich bald zum größten kanadischen Lokomotiv-Hersteller entwickelten. Doch wie auch bei vielen US-Bahnen üblich, ließen es sich die kanadischen Bahnen gleichfalls nicht nehmen, Lokomotiven in eigener Regie zu bauen. So errichtete z. B. die Canadian Pacific in Angus bei Montreal im gleichen Jahre, in dem die MLW gegründet wurden, eine große Bahnwerkstatt, in der nicht nur Reparaturen und Fristuntersuchungen vorgenommen wurden, sondern die auch etwa 700 neue Lokomotiven für die Bahn erbaute.

Obwohl alle diese kanadischen Hersteller sich voll und ganz nach den amerikanischen Baugrundsätzen richteten, zeigten sich bald einige kleine äußerliche Merkmale kanadischer Lokomotiven, die sie von den meisten ihrer amerikanischen Schwestern unterschieden. Teilweise waren diese Unterschiede durch die geographische Lage des Landes begründet, wie etwa das allseitig geschlossene Führerhaus mit der großen Seitentür, das man bei allen modernen kanadischen Lokomotiven – jedoch auch bei einigen amerikanischen – findet. Ein unbedeutendes, aber charakteristisches Detail ist auch der abgerundete Übergang von der Führerhausvorderwand zu den Seitenwänden und zum Dach, der besonders bei vielen neueren CPR-Lokomotiven auffällt.

Vieles, was in den USA weit verbreitet war, schien für kanadische Verhältnisse weniger geeignet zu sein. Den vielen hunderten von Atlantics, die auf den Gleisen südlich der Staatsgrenze liefen, standen lediglich drei Lokomotiven dieser Bauart gegenüber, die die CPR im Jahre 1889 beschafft hatte. Vauclain-Triebwerk und Belpaire-Kessel, mit dem diese Maschinen ausgestattet waren, besaßen ebenfalls Seltenheitswert in Kanada. Auch die riesigen Mallet-Gelenklokomotiven, in den USA fast allgegenwärtig, suchte man beim nördlichen Nachbarn vergebens. Ganze fünf CC-Mallets baute die CPR in der bahneigenen Werkstatt für Schiebedienste über den Rogers-Pass in den Rocky Mountains, und die zeichneten sich noch durch die Eigentümlichkeit aus, daß die Niederdruck-Zylinder am rückwärtigen Ende des Drehgestells angebracht waren, unmittelbar den Hochdruck-Zylindern benachbart. Und schließlich sind auch in Kanada lediglich zwei der in den USA so zahlreichen modernen »Super-Power«-Berkshires (1 D 2) gelaufen, und zwar bei der kleinen Toronto, Hamilton & Buffalo Railway.

Doch auch die beiden großen kanadischen Bahnen selbst, hatten – wie schon gesagt – verschiedene Auffassungen über die zweckmäßigste Lokomotiv-Bauart. Solange man mit Ten-Wheelern und Pacifics auskam, waren die Unterschiede noch gering. Doch in der zweiten Dekade dieses Jahrhunderts wurden die Schnellzüge so schwer, daß die Schwierigkeiten überhand nahmen und etwas geschehen mußte. Als erste beschaffte die Canadian Pacific im Jahre 1914 zwei Mountains (2 D 1), aber es blieben ihre einzigen. Doch 9 Jahre später griff die Canadian National ebenfalls zu dieser Bauart, und hier schien man mehr von ihr zu halten. Auf dem weitverzweigten Netz dieser Bahn gab es viele Strecken mit leichterem Oberbau, und um die Lokomotiven überall verwenden zu können, mußte man die Achslast auf etwa 265 kN (27 Mp) beschränken. Um die nötige Zugkraft aufzubringen, war man dann aber auf vierfach gekuppelte Lokomotiven angewiesen. Zu den 79 Mountains kamen schließlich noch die schon erwähnten 203 Northerns, so daß 282 vierfach gekuppelte Lokomotiven für den schnelleren Verkehr vorhanden waren. Sie wurden als »dual service engines«, als Mehrzweck-Lokomotiven, bezeichnet, die auch für Eilgüterzüge, Postzüge usw. geeignet sein sollten und daher Treibraddurchmesser von 73 Zoll (1854 mm) bekommen hatten. Nur die letzten 11 (Klasse U-4-a und U-4-b) erhielten 77 Zoll (1956 mm) große Treibräder. Mit ihren Boxpok-Rädern, der breiten Laufblech-Schürze, der Frontverkleidung und der durchgehenden Verkleidung der Kesselaufbauten gehören sie zweifellos zu den schönsten Lokomotiven, die je in Kanada gelaufen sind.

Bei der Canadian Pacific dagegen, konnte man Achslasten bis zu fast 300 kN (30 Mp) zulassen und glaubte daher, mit dreifach gekuppelten Lokomotiven auskommen zu können. Abgesehen von den allgegenwärtigen Ten-Wheelern – ein viertel aller CPR-Lokomotiven besaß die Achsanordnung 2 C – waren es später vor allem Pacifics, die den Schnellzugverkehr beherrschten. 42 Jahre lang, von 1906 bis 1948, verließen fast Jahr für Jahr neue Maschinen dieser Bauart die Hersteller-Werke. Insgesamt waren es 498 Stück und die letzten unterscheiden sich äußerlich kaum von den ersten. Neben einer geringfügigen Vergrößerung waren hauptsächlich die Walschaerts-(Heusinger)-Steuerung und ein Elesco-Vorwärmer oder ein unästhetischer Mischvorwärmer als Errungenschaft der neueren Zeit zu erkennen.

Doch mit der Zeit führte die ungenügende Leistung der Pacifics bei den schnellsten Expreßzügen und den Transkontinental-Zügen zu immer größeren Schwierigkeiten. Die Lokwechselstationen lagen in dichtem Abstand und Vorspannbetrieb war an der Tagesordnung. Wieder einmal mußte etwas ge-

Technische Daten

Bahnverwaltung	**Canadian Pacific Railway, Kanada**
Achsanordnung:	
Deutsche Bezeichnung	**2 B 2 h2**
White classification	**4-4-4 (Jubilee)**
Bahnnummer	**3003**
Erbauer	**Montreal Locomotive Works, Montreal, Quebec**
Gattung	**F-2a**
Werknummer	
Baujahr	**1936**
Treibraddurchmesser	**80 in = 2032 mm**
Laufraddurchmesser, vorn	**33 in = 838 mm**
Laufraddurchmesser, hinten	**36 1/4 / 45 in = 921 / 1143 mm**
Zylinderdurchmesser	**17 1/4 in = 438 mm**
Kolbenhub	**28 in = 711 mm**
Rohrlänge	**19 ft. = 5791 mm**
Verdampfungsheizfläche (wasserber.)	**2833 sq.ft. = 263,2 m²**
Feuerbüchsheizfläche (wasserber.)	**232 sq.ft. = 21,6 m²**
Überhitzerheizfläche	**1100 sq.ft. = 102,2 m²**
Rostfläche	**55.6 sq.ft. = 5,2 m²**
Kesseldruck	**300 psi = 20,7 bar (21,1 kp/cm²)**
Reibungslast	**121 000 lbs = 538,4 kN (54,9 Mp)**
Dienstgewicht, Lokomotive	**263 000 lbs = 119,3 t**
Dienstgewicht, Lok + Tender	**384 000 lbs = 209,3 t**
Kohlenvorrat	**12 t**
Wassermenge	**7000 imp.gal. = 31,8 m³**
Höchste erreichte Geschwindigkeit	**112.5 mph = 181 km/h**
Treibraddrehzahl	**473 Upm**
Indizierte Leistung (rechnerisch)	**2000 kW (2700 PS)**
Mittlere Kolbengeschwindigkeit	**11,2 m/s**
Vergleichsgeschwindigkeit (Reihe 01 DRG)	**178 km/h**

Bild 138: 2 B 2 h2, Klasse C-1a, der Philadelphia & Reading Railroad. Lokomotive Nr. 110 nach der Fertigstellung im Oktober 1915 im Werkshof der Bahnwerkstatt Reading, Pennsylvania. Schon ein Jahr später wurden alle 4 Maschinen der Klasse C-1a in 2 B 1 umgebaut (Sammlung H. K. Vollrath, U. S. A.).

schehen. Den Anfang machten zwei riesige 2 D 2-Maschinen, die 1928 in der Bahnwerkstatt Angus erbaut wurden, Klasse K-1a, Nummer 3100 und 3101. Es waren die größten Lokomotiven dieser Achsanordnung, die je in Kanada liefen, und sie verbrachten fast ihre gesamte Betriebszeit vor den Nachtschnellzügen 21 und 22 auf der 335 Meilen (539 km) langen Strecke zwischen Montreal, Windsor Station, und Toronto, Union Station. Doch wiederum blieb es bei zwei Maschinen und dieser Weg wurde nicht weiter verfolgt; denn im gleichen Jahre vollzog sich ein Wechsel in der Leitung des Fahrzeugwesens der Bahn. Der bisherige »Chief of Motive Power and Rolling Stock«, C. H. Temple trat zurück und wurde durch H. B. Bowen abgelöst.

Der 44jährige Bowen, der gebürtiger Engländer und mit 21 Jahren nach Kanada gekommen war, hielt die dreifach gekuppelte Schnellzuglokomotive für zweckmäßiger, als eine mit 4 Kuppelachsen. Bei den hohen zulässigen Achslasten genügte, zumindest in der Ebene, die Zugkraft von drei Kuppelachsen. Dafür war aber der Dreikuppler billiger in der Anschaffung, zeigte besseres Laufverhalten in Kurven und eignete sich, infolge seiner geringeren Triebwerksmassen, besser für hohe Geschwindigkeiten. So setzte Bowen auf das Triebwerk der Pacifics einen beträchtlich vergrößerten Kessel mit reichlich bemessenem Überhitzer und dem für die damalige Zeit ungewöhnlich hohen Kesseldruck von 275 psi (19 bar) und unterstützte ihn hinten durch ein Drehgestell. Die erste dieser neuen 2 C 2 oder Hudsons verließ im November 1929 die Montagehalle der Montreal Locomotive Works. Bis 1940 folgten ihr weitere 64 Maschinen, von denen die letzten 45 eine Teilverkleidung und außerdem den Namen »Royal Hudson« erhielten (Bild 136), da zwei von ihnen, anläßlich der großen Rundreise des britischen Königspaares durch Kanada im Jahre 1939, dazu ausersehen waren, den königlichen Sonderzug zu ziehen.

Der Erfolg der Hudsons gab Bowens Anschauungen recht. Bald sah man diese ausgezeichneten Lokomotiven an der Spitze aller wichtigeren Schnellzüge. Die Zahl der Lokwechsel-Stationen konnte ganz erheblich vermindert und die Durchschnittsgeschwindigkeit der Züge beträchtlich heraufgesetzt werden. So erreichte Zug Nummer 38 »Royal York« auf dem 124 Meilen (200 km) langen Abschnitt von Smiths Falls nach Montreal West im Sommer 1931 eine fahrplanmä-

ßige Durchschnittsgeschwindigkeit von 68.9 mph (110,9 km/h) und war damit der schnellste Zug der Welt, vor dem »Cheltenham Flyer« der Great Western Railway in England. Danach verkürzte allerdings die Great Western die Fahrzeit ihres Zuges um 3 Minuten und setzte ihn wieder an die Spitze. Obwohl mehrfach von Lokführern berichtet wurde, daß die Hudsons die legendäre 100-Meilen-Marke – was etwa 160 km/h entspricht – überschritten hätten, legte die Bahn offensichtlich keinen Wert darauf, die tatsächlich erreichbare Höchstgeschwindigkeit genau ermitteln zu lassen, sondern war verständlicherweise mehr an den stets zuverlässigen Alltagsleistungen dieser Maschinen interessiert. Und so zogen die Hudsons tagaus, tagein die schweren Schnellzüge durch die Prärie, in den Bergen natürlich abgelöst von den gewaltigen Selkirks, die mit der Reibungslast ihrer 5 Kuppelachsen von 1389 kN (140,6 Mp) genug Zugkraft aufbringen konnten, um die Züge auch stärkere Steigungen hinaufzuschleppen.
Es gab jedoch ein Gebiet, wo man derartig hohe Zugkräfte und so riesige Leistungen gar nicht benötigte, und durchaus mit kleineren, aber schnellen Lokomotiven auskam. Das war der Inter-City-Verkehr im Bereich von unter 200 Meilen (rund 320 km), was in Kanada noch als erweiterter Nahverkehr angesehen werden kann. Da hierfür nur Tages-Schnellzüge infrage kamen, brauchte man keine schweren Schlafwagen mitzuschleppen. Nahm man dazu noch spezielle Leichtbau-Wagen, so ließe sich das Zuggewicht so weit reduzieren, daß man sogar mit zweifach gekuppelten Lokomotiven auskäme, was den Bestrebungen Bowens nach niedrigen Triebwerksmassen und damit geringen Anschaffungskosten entgegen kam. Wir können nicht sagen, seit wann derartige Projekte bei der Canadian Pacific untersucht wurden, der Hauptanstoß zu ihrer Verwirklichung kam jedoch eindeutig von außerhalb und zwar aus den USA.
Im Jahre 1935 hatte die Chicago, Milwaukee, St. Paul & Pacific Railroad einen Aufsehen erregenden Schnellverkehr zwischen Chicago und den Zwillingsstädten Minneapolis-St. Paul eröffnet. Sechs Leichtbau-Wagen wurden von, allerdings ungewöhnlich großen, Atlantics gezogen und benötigten dabei für die 422 Meilen (680 km) lange Strecke planmäßige Fahrzeiten von nur 6,5 Stunden (Kapitel XVII). Die »Hiawatha«-Züge waren beim Publikum sehr beliebt und die CPR sah offenbar hier ein Konzept, das ihren eigenen Vorstellungen entgegenkam. Und es dauerte denn auch nicht lange, bis die Bahn etwas ähnliches auf die Beine bzw. auf die Räder stellte.
Im September 1936 begannen 4 neuartige Züge ihren fahrplanmäßigen Betrieb, nachdem sie zuvor in ausgedehnten Besichtigungstouren von über einer halben Million Menschen bestaunt worden waren. Jeder der Züge bestand aus 4 dunkelroten, vierachsigen Wagen, mit glatten, leicht gewölbten Seitenwänden und einfach gehaltener Inneneinrichtung. Direkt hinter der Lokomotive lief ein Postwagen, danach kam ein Buffet-Wagen mit Gepäckabteil und als letzte 2 Erster-Klasse-Wagen in Großraumausführung mit Mittelgang. Am auffallendsten aber waren die neuen Lokomotiven, die man diesen Zügen vorgespannt hatte. Trotz ihrer nicht geringen Größe mit nur zwei Kuppelachsen versehen, noch dazu mit neumodischen Boxpok-Rädern, boten sie mit ihrem glatten, eleganten Äußeren sicherlich ein recht ungewöhnliches Bild. (Bild 137)
Es mag auch heute noch für viele erstaunlich sein, daß diese Züge, denen man ihre Abstammung von den »Hiawathas« deutlich anmerkte, so ganz anders als jene eingesetzt wurden. Während zumindest die ersten »Hiawathas« hochwertige Inter-City-Verbindungen darstellten, mit wenig Zwischenhalten und entsprechend hohen Durchschnittsgeschwindigkeiten, wie sie auch heute noch bei vielen Eisenbahnen der Erde an der Spitze des Personenverkehrs stehen, kann man ihre kanadischen Gegenstücke eher als »Hochgeschwindigkeits-Nahverkehrszüge« bezeichnen. Auf der 680 km langen Strecke von Chicago nach Minneapolis hielt der amerikanische Zug siebenmal, im Durchschnitt also nach mehr als 80 Kilometern. Bei den kanadischen Zügen waren dagegen die Stationsabstände so dicht angeordnet, wie man es vielleicht beim S-Bahn-Betrieb erwartet. Am günstigsten sah es noch für den »Royal York« aus, der täglich die 229 Meilen (369 km) zwischen Toronto und Detroit zurückzulegen hatte – wofür sogar zwei Lokomotiven vorgesehen waren –, und dabei 19mal halten mußte. Das bedeutete durchschnittlich 18,4 km zwischen 2 Stationen. Trotzdem erreichte der Zug immer noch 41 mph (66 km/h) Durchschnittsgeschwindigkeit. Ein zweiter Zug, der »Chinook« befuhr weit im Westen, in der Provinz Alberta, die 194 Meilen (312 km) zwischen Calgary und Edmonton. Bei 22 Zwischenhalten war er der langsamste, er kam nur auf einen Schnitt von 37 mph (knapp 60 km/h). Am schwersten hatten es jedoch die beiden Züge, die zwischen Montreal und Quebec eingesetzt waren. Für die 173 Meilen (278 km) sah der Fahrplan 4,5 Stunden Fahrzeit vor, jedoch mußten die Züge dabei sogar auf 32 Zwischenstationen anhalten, also im Mittel alle 8,4 km. Daß sie dabei immerhin noch 38.4 mph (61,9 km/h) erreichten, war eine beachtliche Leistung für die Lokomotiven.
Wie hatte es nun Bowen ermöglicht, daß seine Lokomotiven mit den gewaltigen Belastungen fertig wurden? Auf den ersten Blick sieht man, daß er sich im wesentlichen an das Konzept der Milwaukee-Atlantics gehalten hatte. Der auffälligste Unterschied lag darin, daß er die hochbelastete Schleppachse – ihre Achslast war bei den Atlantics höher als die der Treibachsen – durch ein Drehgestell ersetzt hatte, das dem der Hudsons entsprach, nur einen geringeren Achsstand besaß. Die Last der 4 Wagen, die eine F-2a zu ziehen und vor allem zu beschleunigen hatte, betrug kaum mehr als 200 t. Das war

Bild 139: 2 B 2 h2, Klasse F-1a, der Canadian Pacific Railway. 20 Maschinen dieser verkleinerten Ausgabe der F-2a entstanden 1937/38 in der Canadian Locomotive Company in Kingston, Ontario. April 1947 in Winnipeg, Manitoba (Sammlung H. K. Vollrath, U. S. A.).

weniger als zweidrittel der 320 t für eine der anfänglichen »Hiawatha«-Garnituren. Da aber die F-2a mit 538,4 kN (54,9 Mp) nur 16 % weniger Reibungslast, als die Milwaukee Klasse A besaß, erkennt man, daß ihre Beschleunigungsfähigkeit die der großen Atlantics noch übertraf. Die Verdampfungsheizfläche der Jubilees (263,2 m^2) lag sogar nur knapp 12 % unter der der Atlantics, so daß bei gleicher Kesselanstrengung – beide Lokomotiven hatten 300 psi (20,7 bar) Kesseldruck – die spezifische, d. h. auf die Anhängelast bezogene Leistung, bei ersterer wesentlich größer war und daher mehr Leistung für die Beschleunigung zur Verfügung stand. Zudem betrug die Feuerbüchsheizfläche 8,2 % der Verdampfungsheizfläche, wozu – genau wie bei der A – noch nicht einmal eine Verbrennungskammer benötigt wurde, so daß der Kessel sicherlich auch nicht sehr empfindlich gegen gelegentliche Überlastungen war.
Vergleicht man die F–2a mit europäischen Lokomotiven, so sieht man sofort, daß ihre Reibungslast diejenige vieler Dreikuppler noch übertraf. Es ist nicht schwer, sich vorzustellen, daß für eine Lokomotive mit einer größeren Reibungslast, als sie die Einheits-Schnellzuglokomotive Reihe 03 der Deutschen Reichsbahn besaß und mit einem Kessel mit einer größeren Heiz- und Rostfläche, als sie die Hochgeschwindigkeits-Lokomotive Reihe 05 aufwies, ein Zug von etwa 200 t nur eine geringe Last bedeutet; und man traut den Jubilees das unermüdliche, häufige Anfahren und scharfe Beschleunigen der »High Speed Locals« durchaus zu.
Auch sonst waren die Lokomotiven ihren Aufgaben gut angepaßt. Sämtliche Räder waren doppelseitig gebremst, so daß kurze Bremswege eingehalten werden konnten. Da bei den kurzen Stationsabständen sowieso keine so hohen Geschwindigkeiten erreicht werden konnten, brauchte man auch nicht die 7-Fuß-Treibräder der A-Atlantics, sondern kam mit 80 Zoll (2032 mm) aus, was immer noch fast 7 % mehr war, als der bei der CPR übliche Treibraddurchmesser für Schnellzuglokomotiven von 75 Zoll (1905 mm). Dennoch waren die Maschinen auch für höchste Geschwindigkeiten gut geeignet, wie sich schon bald zeigen sollte. Bei nur zwei Kuppelachsen sind schon »von Natur aus« die Triebwerksmassen geringer, als bei dreien. Der hohe Kesseldruck erlaubte es, mit nur 17 1/4 Zoll (438 mm) Zylinderdurchmesser auszukommen und damit die bei hohen Geschwindigkeiten besonders unangenehmen Massenkräfte niedrig zu halten. Durch den Antrieb auf die erste Kuppelachse und den verhältnismäßig großen

Abstand zwischen dieser und dem Drehgestell, konnte die Treibstangenlänge so gewählt werden, daß einerseits die Treibstange nicht zu schwer, andererseits aber die Kreuzkopfdrücke nicht zu hoch wurden. Auch das ziemlich leichte Steuerungs-Gestänge hielt die Massenkräfte in Grenzen.
Im Äußeren der Jubilees war ebenfalls einiges von den Milwaukee-Atlantics zu erkennen. Die ähnlich abgerundete Frontpartie endete allerdings in 2 m Höhe unterhalb der Rauchkammer. Seitlich war die Verkleidung hinter den Zylindern bis über die Kuppelräder hochgezogen, um Triebwerk und Pumpen besser zugänglich zu machen, so daß nur eine etwa 60 cm breite Schürze übrig blieb, auf der, wie bei der CPR üblich, die Loknummer in 35 cm hohen Ziffern angebracht war. Wie bei den Atlantics war die Führerhausvorderwand nach hinten geneigt, wenn auch nicht so stark. Der Kessel mit geneigten Stehkessel-Querwänden und mittlerem kegeligem Langkesselschuß lag unter einer etwa halbelliptischen Verkleidung, die Dampfentnahmestutzen, Pfeife, Sicherheitsventile, den großen Sandkasten über der Kesselmitte, Sandfallrohre, Kesselspeiseventile und den quer in der Rauchkammer, vor dem Schornstein, liegenden Elesco-Vorwärmer unter sich verbarg. Auch die Rauchkammertür war duch eine schwach gewölbte Verkleidung abgedeckt, in der zentral der fast vollständig versenkte Frontscheinwerfer untergebracht war. Eine ähnliche Verkleidung, jedoch ohne die abgerundete Front, erhielten von da an auch die Hudsons und die Selkirks. Sie wurde von Bowen als Halb-Stromlinienform (Semi-streamline) bezeichnet. Bei den Jubilees führte ein Luftkanal von der Rauchkammertür bis in die Schornsteinverkleidung hinter den Schornstein, um Rauch und Dampf nach oben zu drücken. Offenbar wollte man das schöne Aussehen der Lokomotiven nicht durch Windleitbleche verschandeln. Ähnliche Leitkanäle hat man bei verschiedenen Bahnen gelegentlich eingebaut, der Erfolg war jedoch stets zumindest nur mäßig. Übrigens hatten die Jubilees, wie auch die »Royal Hudsons« keinen Dampfdom. Ein im oberen Teil perforiertes Sammelrohr im Kesselscheitel sollte die Gefahr des Wasserüberreißens mindern.
Der vollständig genietete Tender mit 2 zweiachsigen Schwanenhals-Drehgestellen unterschied sich kaum von denen der Pacifics. Durch den hochgezogenen Wasserkasten mit den abgerundeten Kanten besaß er hinter dem Kohlenbehälter etwa die Kontur der Wagen. Dadurch hatte man einen guten optischen Übergang von der Lokomotive zu den Wagen geschaffen, allerdings nicht in der Perfektion, wie bei den »Hiawathas«.
Im Sommer 1936 verließen die 5 F-2a-Lokomotiven mit den Nummern 3000 bis 3004 das Herstellerwerk, die Montreal Locomotive Works. Schon bald danach, kurz vor Aufnahme des fahrplanmäßigen Betriebes, zeigte eine von ihnen, wessen diese Renner fähig waren. Bei Bremsversuchen erreichte die 3003 am 18. September 1936 mit einem 5-Wagen-Zug eine Geschwindigkeit von 112.5 mph (181 km/h). Vilain* nennt sogar 185 km/h, jedoch ist die erstere Zahl der von der Bahn offiziell angegebene Wert. Nach allem, was wir bis jetzt über die Lokomotive gehört haben, erscheint es durchaus wahrscheinlich, daß sie so schnell fahren konnte und auch tatsächlich gefahren ist, und wir haben keinen Grund, an den Angaben der Bahn zu zweifeln. Damit war sie aber die bei weitem schnellste Dampflokomotive, die jemals auf kanadischen Schienen gelaufen ist. Die rechnerische Leistung von etwa 2000 kW (2700 PS) und die Heizflächenbelastung von etwa 65 kg/m²h sind ebenfalls Werte, die man von der Maschine durchaus erwarten kann.
Wir sehen also, daß Bowen mit seinen großen 2 B 2 das geeignete Zugpferd für die »schnellen Vorortzüge« geschaffen hatte. Mit dieser Achsanordnung befanden sich die Jubilees in einer teils illustren, teils aber auch etwas zwielichtigen Gesellschaft. Es sind nur äußerst wenig 2 B 2-Lokomotiven gebaut worden, und die einzigen wirklich erfolgreichen davon waren eben diese Jubilees.
Es begann im Jahre 1904. Für die preußische Staatsbahn baute die Firma Henschel in Kassel zwei 2 B 2 n3v mit 2200 mm Treibraddurchmesser (Bild 72). Beide Maschinen, die die Gattungsbezeichnung S 9 erhielten, hatten, neben dem normalen, einen zweiten Führerstand vor der Rauchkammer. Eine der beiden war sogar vollständig verkleidet, einschließlich des Tenders – was ihr prompt den Spitznamen »Möbelwagen« einbrachte. Bei den Schnellfahrversuchen im gleichen Jahre auf der Militär-Eisenbahn Marienfelde-Zossen bei Berlin, waren sie zwar die schnellsten, erreichten jedoch, wahrscheinlich wegen ungeeigneter Triebwerksabstimmung, nur 137 km/h. Nach Abnahme von Verkleidung und Frontführerstand wurden beide bis 1918 mehr schlecht als recht im Schnellzugsdienst auf der Strecke Hamburg–Hannover eingesetzt. Besser schnitt die bayrische S 2/6 ab, eine höchst elegante 2 B 2 h4v, mit ebenfalls 2200 mm großen Treibrädern. Erbaut 1906 von Maffei in München fuhr sie ein Jahr später die Rekordgeschwindigkeit von 154,5 km/h (Kapitel X) und war damit für Jahrzehnte die schnellste deutsche Lokomotive. Doch auch sie war für den Alltagsbetrieb weniger geeignet und verschwand schon in den 20er Jahren im Verkehrsmuseum von Nürnberg, wo sie heute noch, als einzige erhaltene 2 B 2 besichtigt werden kann.
Im Jahre 1907 rüstete die französische Nordbahn eine ihrer Atlantics, die 2.741 mit einem Kessel mit Wasserrohrfeuerbüchse aus, wie sie von Schiffskesseln bekannt war. Da der Stehkessel schwerer als der übliche ausfiel, genügte die eine Schleppachse nicht mehr und man ersetzte sie durch ein Außenrahmen-Drehgestell. Obwohl diese 2 B 2 n4v (Treibrad-

* Lucien Maurice Vilain, »Le Locomotive a Vapeur et les Grandes Vitesses«, Frankreich 1972.

durchmesser 2040 mm) bei Versuchsfahrten 170 km/h erreicht haben soll, waren offenbar die Erfahrungen mit dem – für Lokomotiven – neuartigen Kessel nicht sehr zufriedenstellend, denn einige Jahre später wurde sie in eine 2 C mit normalem Heißdampfkessel »umgebaut«. Auch in England entstand einmal eine 2 B 2. Als die Zugkraft der im übrigen recht brauchbaren Dreizylinder-Atlantics, ehemals Klasse Z der North Eastern Railway, nicht mehr ausreichte, ersetzte die London & North Eastern Railway bei einer von ihnen die Schleppachse durch ein zweiachsiges Außenrahmen-Drehgestell mit Booster (Nr. 2171, Klasse C 9). Der Tender erhielt nur ein Drehgestell und stützte sich mit seinem vorderen Ende auf das Schleppgestell der Lokomotive ab. Jedoch scheint die Bahn nicht viel Freude an dem Experiment gehabt zu haben, denn es blieb bei dem einen Umbau.

In Nord-Amerika erschien die erste 2 B 2 im Jahre 1915. Als Antwort auf die »Super«-Atlantics, Klasse E 6s, der Pennsylvania Railroad (Kapitel XV), beschaffte die Philadelphia & Reading Railroad 4 schwere, zweifach gekuppelte Lokomotiven mit den gleichen Triebwerksabmessungen (Treibraddurchmesser 80 Zoll = 2032 mm) und annähernd gleicher Heizfläche und Reibungslast, wie sie die Pennsylvania-Atlantics aufwiesen (Bild 138). Daß es keine Atlantics waren, lag wahrscheinlich daran, daß man die Last des damals bei der Reading üblichen schweren Wootten-Stehkessels, zu der noch das zum ersten Male bei einem Wootten-Kessel hinten angeordneten Führerhaus kam, nicht einer einzelnen Schleppachse zumuten wollte. Eigenartigerweise hatte man für die so entstandenen 2 B 2 – sie trugen die Nummer 110 bis 113, Klasse C-1a – aber nicht ein Deichsel-Schleppgestell vorgesehen, sondern, vielleicht aus Ersparnisgründen, vielleicht aber auch vom Vorbild der bayrischen S 2/6 inspiriert, ein Innenrahmen-Drehgestell mit Mitteldrehzapfen. Bei der C-1a waren beide Drehgestelle identisch und damit blieben sie die einzigen amerikanischen Lokomotiven, die jemals ein zweiachsiges Schleppgestell mit Innenrahmen besaßen. Unglücklicherweise hatte man noch etwas für Amerika gänzlich Unübliches getan, nämlich die Maschinen mit einer Vierpunkt-Abstützung versehen. Wie sich bald zeigte, wurden ihre Laufeigenschaften dadurch so miserabel, daß man sie innerhalb eines Jahres schleunigst in normale Atlantics umbaute. In dieser Form (Klasse P-7sa) erwiesen sie sich als recht brauchbar und den E 6s ebenbürtig, wenn sie auch nie deren Ruhm erlangten.

Nur noch eine weitere 2 B 2 existierte in den USA, die »Lady Baltimore«, Nummer 1, Klasse J-1, der Baltimore & Ohio Railroad. In den 20er und 30er Jahren experimentierte diese Bahn mit Wasserrohrkesseln und auch diese schöne Lokomotive, die 1935 in der Bahnwerkstatt Mt. Clare in Baltimore entstand, war eines dieser Versuchsstücke. Auch hier also bildete der schwere Stehkessel offensichtlich den Anlaß für das zweiachsige Schleppgestell. Die »Lady« zeigte gute Leistungen und erreichte bei Versuchsfahren 94.5 mph (152 km/h). Doch, wie zu erwarten, war die Zugkraft der zwei Kuppelachsen im Dauerbetrieb zu gering; selbst der Booster im Schleppgestell genügte nicht. Sie wurde noch eine Zeit lang in untergeordneten Diensten verwendet, doch da waren wiederum die 7 Fuß (2134 mm) großen Treibräder hinderlich, so daß sie bald abgestellt und 1949 verschrottet wurde. Besser schnitt übrigens ihr größeres Gegenstück, die 2 C 2 »Lord Baltimore« ab.

Die Canadian Pacific hatte jedoch mit ihren Jubilees ganz offensichtlich genau das richtige Maß gefunden. Nicht nur hatten die großen Maschinen ein verhältnismäßig langes Leben, sondern die Bahn baute das Konzept auch noch aus. Für die zahlreichen langen Nebenstrecken wurde eine verkleinerte Ausführung der großen Jubilees entwickelt, Klasse F-1a (Bild 139), von der die Canadian Locomotive Company 1937 und 1938 insgesamt 20 Stück – Nummer 2910 bis 2929 – lieferte. Sie waren kürzer als ihre großen Schwestern und deswegen wurde die zweite Kuppelachse zur Treibachse. Das, die nur 75 Zoll (1905 mm) großen Treibräder und die einfachere Bremse unterschieden sie äußerlich am auffälligsten von den F-2a. Außerdem war ihre Frontpartie so wie bei den »Royal Hudsons« gestaltet. 495 kN (50,5 Mp) Reibungslast genügten offenbar für die leichteren Züge der Nebenstrecken.

Und so konnte man in Kanada eine zeitlang vor leichten Schnellzügen und schnellen Nahverkehrszügen hochmoderne und hochelegante 2 B 2-Schnellzuglokomotiven sehen, wie sie es nirgendwo sonst auf der Welt gab. Von alledem ist nichts geblieben, doch man sollte nicht vergessen, daß eine dieser schönen Lokomotiven auch die schnellste war, die je in Kanada gelaufen ist.

XX. Weltrekord

2 C 2 h3, Nummer 05002, Deutsche Reichsbahn, Deutschland

In der Mitte der 30er Jahre setzte bei den Eisenbahnen nahezu aller Länder der Erde eine Modernisierungswelle ein, die durch die zunehmende Konkurrenz der anderen Verkehrsmittel ausgelöst wurde. Die Massenmotorisierung hatte zwar in Amerika – vor allem durch Henry Fords legendäres »T«-Modell – bereits vor dem ersten Weltkriege angefangen, doch erst in den 20er Jahren, den »Roaring Twenties«, kam so richtig Schwung in die Sache. Und der zivile Luftverkehr, nach dem Kriege mit alten Militärmaschinen begonnen, entwickelte sich womöglich noch rascher. Dieser Entwicklung stand die Eisenbahn zunächst etwas fassungslos oder auch ungläubig gegenüber. Als bereits ein Jahrhundert bestehendes Verkehrsmittel, dessen überragende Bedeutung bis dahin von niemand angetastet worden war, konnte oder wollte sie nicht einsehen, wie schnell ihre Monopolstellung dahinschwand; zumal sie ebenfalls, wenn auch nicht in so starkem Maße, wie die Konkurrenz, vom wirtschaftlichen Aufschwung der Nachkriegszeit profitierte, wie z. B. die wachsende Zahl der amerikanischen Luxus-Züge zeigte. Dann kam die Weltwirtschaftskrise und die Aufwärtsentwicklung verlangsamte sich, wovon natürlich auch die Eisenbahn betroffen wurde.

Doch als die Krise überwunden war und der wirtschaftliche Trend wieder stärker nach oben zeigte, begann man sich auch bei der Eisenbahn Gedanken zu machen, wie man die steigende Abwanderung der Fahrgäste – aber auch der Güter – zum Straßen- und zum Luftverkehr bremsen und den Schienenverkehr wieder attraktiver machen könne. Neben dem Güter- und dem Nahverkehr, war es vor allem der Fern-Personenverkehr, das Aushängeschild aller Eisenbahnen, dem man seine besondere Aufmerksamkeit widmete. Das wichtigste Mittel, die Eisenbahn wieder anziehender werden zu lassen, war natürlich die Erhöhung der Reisegeschwindigkeit. Einmal konnte man die Leistung der Lokomotiven vergrößern und gleichzeitig durch Leichtbau das Gewicht des Wagenzuges vermindern, womit die auf die Anhängelast bezogene Leistung ganz erheblich gesteigert wurde. Der andere Weg bestand darin, die Antriebsmaschine auf engem Raum zu komprimieren, vielleicht sogar auf mehrere Einheiten aufzuteilen, und den Antrieb auf die Radsätze des Zuges – von denen jedoch nicht alle angetrieben werden mußten – zu verlegen. Das war der Triebwagen. Beide Zugarten, der lokbespannte und der Triebwagenzug haben Vorteile, aber auch Nachteile, und da Vor- und Nachteile immer wieder anders bewertet wurden und auch werden, bestehen beide Arten bis jetzt nebeneinander.

Obwohl der Triebwagen, vor allem im Nahverkehr, schon länger bekannt war, und bereits im Oktober 1903 ein sechsachsiger Drehstrom-Versuchstriebwagen auf der Militäreisenbahn Marienfelde-Zossen die erstaunliche Geschwindigkeit von 210,2 km/h erreichte, begann die Ära der eigentlichen Schnelltriebwagen erst im Jahre 1933 mit dem »Fliegenden Hamburger«. Diesen Zug setzte die Deutsche Reichsbahn zwischen Berlin und Hamburg ein und konnte damit die Fahrzeiten zwischen den beiden größten deutschen Städten ganz erheblich herabsetzen. Die Reisegeschwindigkeit auf der knapp 300 km langen Strecke betrug fast 125 km/h, wobei Höchstgeschwindigkeiten von 160 km/h gefahren wurden. Der Triebwagen bestand aus zwei annähernd gleichen, stromlinienförmigen und recht komfortabel eingerichteten Wagenkästen mit einem Führerstand an jedem Ende, die auf insgesamt drei Drehgestellen ruhten. In den beiden äußeren war ein Maybach-Dieselmotor mit Generator untergebracht, sie besaßen jedoch keinen Antrieb. Nur das mittlere Jakobs-Drehgestell war mit zwei Antriebsmotoren ausgestattet. Der neue Triebwagen schien den Wünschen des Reisepublikums zu entsprechen, denn die Reichsbahn baute in wenigen Jahren ein ganzes Netz von Schnelltriebwagen-Verbindungen zwischen Berlin und den wichtigsten deutschen Großstädten auf. Dabei wurden verbesserte zweiteilige, aber auch dreiteilige Triebwagen eingesetzt, und außer dem diesel-elektrischen auch der diesel-hydraulische Antrieb, den nach dem Kriege die Deutsche Bundesbahn weiterentwickelte, erprobt. Auch

Bild 140: 2 C 2 h3, 05002, der Deutschen Reichsbahn. Erbaut 1935 von den Borsig-Lokomotivwerken in Berlin-Tegel. Treibraddurchmesser 2300 mm. Erreichte 1936 bei einer Versuchsfahrt 200,4 km/h. Die Schwester-Lokomotive 05001 steht heute im Verkehrsmuseum in Nürnberg (Verkehrsmuseum Nürnberg).

im Ausland wurden die deutschen Schnelltriebwagen viel beachtet und mit mehr oder minder großem Erfolg nachgeahmt. Wir erwähnten in Kapitel XVII bereits die »Zephirs« der Chicago, Burlington & Quincy Railroad.

Doch so viel Beifall die neuen Glanzstücke der Reichsbahn auch bei den Reisenden fanden, die damalige politische Führung des Reiches war der Sache nicht so zugeneigt; denn die Triebwagen verbrauchten Dieseltreibstoff und der mußte aus importiertem Rohöl gewonnen werden. Da man aber damals aus bekannten Gründen die Rohstoff-Einfuhr so weit wie möglich drosseln wollte, hieß das, die Eisenbahn sollte gefälligst die flüssigen Treibstoffe dem Militär überlassen, das ohne sie nicht auskam, und für den eigenen Bedarf auf den Brennstoff zurückgreifen, den sie seit eh und je verwendet hatte, nämlich die Kohle. Das bedeutet aber, daß die Dampflokomotive bevorzugt weiterzuentwickeln war, denn der elektrische Antrieb, der seine Energie ebenfalls aus der Kohle – oder aus, gleichfalls einfuhrunabhängigen, Wasserkraftwerken – gewann, wurde aus militärischen Gründen abgelehnt. Im Falle eines Krieges könnte durch Bombardierung einiger weniger Kraftwerke der ganze Betrieb lahmgelegt werden. Und Dampftriebwagen schließlich hat es zwar gegeben, doch nur in verhältnismäßig kleinen Einheiten, die höchstens für Nahverkehr oder Nebenstrecken geeignet waren.

Ein Schnellverkehr mit Dampflokomotiven ließ sich auf zwei verschiedenen Wegen verwirklichen. Die eine Möglichkeit bestand darin, das Gewicht des Zuges durch Leichtbau und Beschränkung der Wagenzahl so weit »abzumagern«, daß man mit verhältnismäßig leichten Lokomotiven auskam. Damit näherte man sich aber dem Triebwagen-Konzept und mußte auch einige von dessen Nachteilen in kauf nehmen. Dazu gehörte z. B. die Starrheit des Platzangebotes. Da ein solcher Zug im allgemeinen als geschlossene Einheit konzipiert und in vielen Fällen auch konstruiert war, wobei die Leistung der Lokomotive genau dem Zuge und dem vorgesehenen Fahrplan angepaßt wurde, konnte man nicht so leicht, wie bei normalen Schnellzügen, in Zeiten geringer Nachfrage Wagen herausnehmen oder bei Hochkonjunktur hinzufügen. Außerdem stand den Passagieren derartiger Züge meistens weniger Raum zur Verfügung, als man es in ausgesprochenen Luxuszügen erwartet. Daher eignete sich dieser Weg mehr für kürzere Strecken. In Kapitel XXII werden wir uns noch etwas näher mit einem solchen Zug, dem »Henschel-Wegmann-Zug« der Deutschen Reichsbahn beschäftigen.

Auf dem anderen Wege sehen wir Wagen, die sich im Aufbau wenig von normalen Schnellzugwagen unterscheiden, bei denen man aber weniger Wert auf Leichtbau gelegt hatte, sondern mehr darauf, sie mit guten Laufeigenschaften und

Bild 141

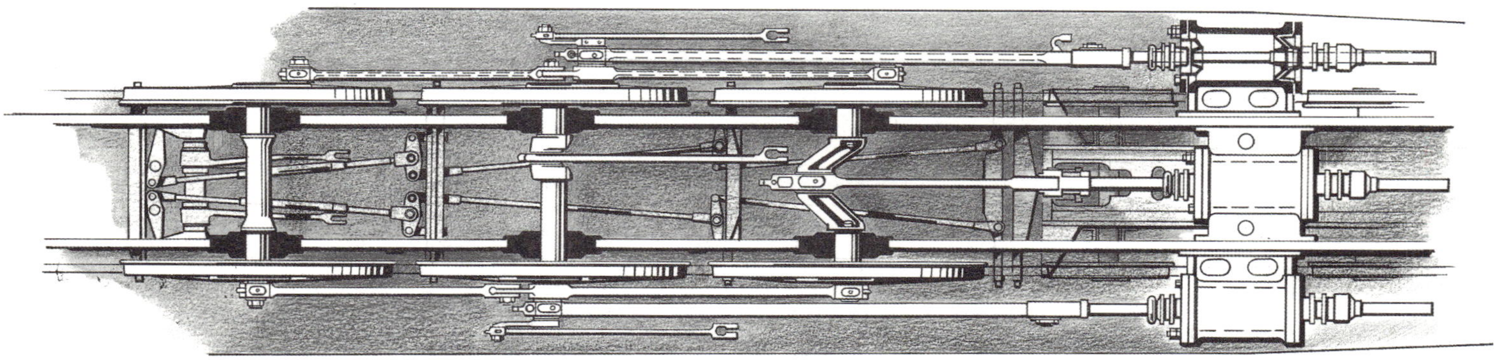

Bild 141: Um die Massenkräfte in Grenzen zu halten, teilte die Deutsche Reichsbahn bei der Entwicklung der Hochgeschwindigkeits-Lokomotive die Leistung auf drei Zylinder auf. Das Drillingstriebwerk hatte die Reichsbahn bis dahin nur für schwere Güterzuglokomotiven verwendet, um den Drehmomentverlauf gleichmäßiger zu gestalten und damit das Anfahren zu erleichtern. Der Zweiachsantrieb bei der 05 gestattete die waagerechte Lage für den Innenzylinder. Da dieser gegenüber den äußeren Zylindern nur wenig nach vorn verschoben war, fiel die Treibstange recht kurz aus, so daß ein sehr großer Kreuzkopf erforderlich war, um die hohen Gleitbahndrücke aufzunehmen. Das Bild zeigt eine Draufsicht auf das Triebwerk der 05, mit den drei um 120 Grad gegeneinander versetzten Antrieben. Die Reichsbahn hielt nichts von den mehr oder weniger verwickelten Hebelwerken zum Antrieb des Innenschiebers von den beiden äußeren Steuerungen, wie er von manchen anderen Bahnen bevorzugt wurde, sondern verwendete stets drei unabhängige Steuerungen. Um den großen Exzenter für die Schwingenstange, den die Innentriebwerke der Güterzuglokomotiven besaßen und bei der den erwarteten hohen Drehzahlen die Gefahr von Heißläufern befürchten ließ, zu vermeiden, wurde die Bewegung der Schwingenstange von einer seitlichen Kröpfung der mittleren Treibachse abgeleitet.

2 C 2 h3, Nummer 05 002, Deutsche Reichsbahn, Deutschland.

Bild 142: Im Jahre 1935 lieferten die Borsig-Lokomotivwerke in Berlin die beiden Schnellfahrlokomotiven 05 001 und 05 002 an die Deutsche Reichsbahn. Im Teilschnittbild treten besonders deutlich die ungewöhnlich großen Treibräder hervor. Um die Drehzahlen herabzusetzen, hatten sie 2300 mm Durchmesser erhalten, ein Maß, das außer bei den beiden Schnellfahrtenderlokomotiven der Reihe 61 nirgendwo sonst bei einer modernen Lokomotive erreicht wurde. Mit einer Geschwindigkeit von 200,4 km/h errang die 05 002 am 11. Mai 1936 den offiziellen Geschwindigkeits-Weltrekord für Dampflokomotiven. Zwei Jahre später verlor sie ihn jedoch an die englische A 4-Pacific »Mallard«, die noch geringfügig schneller war. Mit großer Wahrscheinlichkeit hätte die Deutsche Reichsbahn den Rekord zurückholen können, denn die 05 war von Haus aus für ein höheres Geschwindigkeitsniveau ausgelegt als die englische Lokomotive. Doch offenbar hielt die Bahn den Prestigewert des Geschwindigkeits-Weltrekordes nicht für so gravierend, daß er eine erneute kostspielige und den Betrieb störende Schnellstfahrt mit der Gefahr einer Beschädigung der teuren Lokomotive gelohnt hätte. Nach dem Kriege ließ die Deutsche Bundesbahn bei beiden Maschinen die Verkleidung entfernen und setzte sie – gemeinsam mit der umgebauten 05 003 – bis zum Ende der 50er Jahre im F-Zug-Dienst ein. Danach wurde die 05 001 in den Ursprungszustand zurückversetzt – wobei jedoch die Verkleidung nur zum Teil wieder angebracht wurde – und steht heute im Verkehrsmuseum in Nürnberg.

Bild 142

hohem Fahrkomfort zu versehen und mit einer luxuriösen, großzügigen Inneneinrichtung auszustatten. Um die Züge nicht zu schwer werden zu lassen, konnte man Post- und Gepäckbeförderung einschränken oder ganz weglassen und den Andrang zu diesen Luxus-Zügen durch Extra-Zuschläge und Beschränkungen auf die oberen Wagenklassen eindämmen. Bei nicht allzu hohen Geschwindigkeiten kam man dann zwar noch mit den vorhandenen Lokomotiven aus, wie das Beispiel des »Rheingold« zeigt, der vor dem zweiten Weltkriege – von Einheits-Schnellzuglokomotiven der Reihe 01 (Bild 1) gezogen - zwischen Freiburg im Breisgau und Baden-Oos mit 5 bis 6 Wagen einen Durchschnitt von 105 km/h erreichte.
Wollte man aber mit einem solchen Zuge in den Geschwindigkeitsbereich der Schnelltriebwagen vorstoßen, so erforderte

Technische Daten

Bahnverwaltung	**Deutsche Reichsbahn, Deutschland**
Achsanordnung:	
Deutsche Bezeichnung	**2 C 2 h3**
White classification	**4-6-4 (Hudson)**
Bahnnummer	**05 002**
Erbauer	**Borsig-Lokomotiv-Werke**
Werknummer	**14 553**
Baujahr	**1935**
Treibraddurchmesser	**2300 mm**
Laufraddurchmesser, vorn	**1100 mm**
Laufraddurchmesser, hinten	**1100 mm**
Zylinderdurchmesser	**3 x 450 mm**
Kolbenhub	**660 mm**
Rohrlänge	**7000 mm**
Verdampfungsheizfläche (feuerber.)	**256 m^2**
Feuerbüchsheizfläche (feuerber.)	**18,5 m^2**
Überhitzerheizfläche	**90 m^2**
Rostfläche	**4,7 m^2**
Kesseldruck	**20 kp/cm^2 (19,6 bar)**
Reibungslast	**559 kN (57 Mp)**
Dienstgewicht, Lokomotive	**127 t**
Dienstgewicht, Lok + Tender	**213 t**
Kohlenvorrat	**10 t**
Wassermenge	**37 m^3**
Höchste erreichte Geschwindigkeit	**200,4 km/h**
Treibraddrehzahl	**462 Upm**
Indizierte Leistung	**3400 PS (2500 kW)**
Mittlere Kolbengeschwindigkeit	**10,2 m/s**
Vergleichsgeschwindigkeit (Reihe 01 DRG)	**174,3 km/h**

das größere und leistungsfähigere Lokomotiven, als sie bis dahin vorhanden waren. Denn zu dem höheren Laufwiderstand, der ungefähr linear mit der Geschwindigkeit zunimmt, kommt der Luftwiderstand, der sich zwar erst ab etwa 120 km/h (ca. 75 mph) störend bemerkbar macht, jedoch mit dem Quadrat der Geschwindigkeit ansteigt und bei 160 km/h einen erheblichen Teil der Lokomotivleistung aufzehrt. Dabei ist es natürlich auf den ersten Blick klar, daß der weitaus größte Anteil des Luftwiderstandes an der Lokomotive selbst entsteht und daß der Wagenzug nur zu einem geringen Teil dazu beiträgt. Abgesehen von der geometrischen Querschnittfläche die direkt für die Größe des Widerstandes bestimmend ist, besitzt die Dampflokomotive – wie man sofort sieht – eine Unzahl von Stellen, an denen energieverbrauchende Wirbelbildungen und Strömungsumlenkungen auftreten. Schon einfache Überlegungen und Rechnungen zeigten, daß man bei hohen Geschwindigkeiten einige hundert Kilowatt sparen könne, wenn es gelänge, diese Störungsquellen zu beseitigen.
Der einfache und naheliegende Gedanke, der Lokomotive eine von den vorderen bis zu den rückwärtigen Puffern und vom Schornstein bis zu den Schienen reichende Haube überzustülpen, und dadurch der Luftströmung möglichst wenig Ansatzpunkte für Störungen zu geben, warf sogleich eine Anzahl neuer Fragen auf. Auch eine voll verkleidete Lokomotive mußte begangen werden können. Man konnte also auf das Umlaufblech über den Treibrädern und verschiedenen Trittstufen mit Geländern nicht verzichten. Wie war die Verkleidung in diesem Bereich zu gestalten? Die Streckensicht, die bei modernen Lokomotiven mit ihren riesigen Kesseln ohnehin für den Lokführer schlecht genug war, durfte nicht oder nur unwesentlich schlechter werden. Außer für den Schornstein mußten auch Öffnungen für Sicherheitsventile und Dampfpfeife gelassen werden, in den Tender mußten Kohle und Wasser eingefüllt werden können und Triebwerk und Pumpen mußten – zumindest im Stillstand – zugänglich sein. Wie erreicht man es, daß sich Rauch und Dampf von der Lokomotive lösten und nicht von der Strömung direkt vor die Führerhausfenster geleitet wurden? Man hatte doch gerade erst in langwierigen Versuchen die Windleitbleche erfunden (in Deutschland manchmal »Scheuklappen«, in Amerika »Elefantenohren« genannt). Konnte nicht durch den fehlenden Fahrtwind eine unzulässige Erwärmung des Triebwerks eintreten? Und schließlich, wie war die Frontpartie und das untere Ende der Verkleidung zu gestalten, damit der Strömungswiderstand möglichst gering blieb?
Als in den 30er Jahren in vielen Ländern dampflokbespannte Hochgeschwindigkeitszüge eingeführt wurden, hat man diese Fragen in ganz unterschiedlicher Weise beantwortet. Da die genaue Vorausberechnung der strömungsgünstigsten Verkleidung recht schwierig war – zumindest ohne Zuhilfe-

Bild 143: 2 C 2 h3, 05 001, der Deutschen Reichsbahn. Mit noch unvollständiger Verkleidung auf dem Werkshof der Firma Borsig, 1935. Wegen der Verkleidung mußte die Rauchkammertür oben abgeflacht und der Vorwärmer hinter dem Schornstein untergebracht werden (Verkehrsmuseum Nürnberg).

nahme von Computern, die es damals noch nicht gab –, da ferner Windkanalversuche nicht ohne weiteres zuverlässige Ergebnisse brachten, ganz abgesehen davon, daß Windkanäle nur an wenigen Stellen zur Verfügung standen, und da schließlich für ausgedehnte Vorversuche meist weder die Zeit noch das Geld vorhanden war, verließen sich viele Konstrukteure auf ihr Gefühl und entwarfen Verkleidungen nach eigenen Vorstellungen. Das Ergebnis konnte trotzdem sowohl in ästhetischer, wie auch in physikalischer Hinsicht zufriedenstellend sein, wie das Beispiel der »Hiawatha«-Züge der Chicago, Milwaukee, St. Paul & Pacific Railroad in den Vereinigten Staaten zeigt. In Amerika aber war es üblich, daß sich die Bahnen bekannte Industrie-Designer holten, und von diesen die äußere Form der schnellen Lokomotiven entwerfen ließen, wahrscheinlich in der Hoffnung, daß die Güte des Ergebnisses der Höhe des Honorars entspräche. Doch da diese Herren oft auch keine große Ahnung von der Materie hatten, sind manche dieser »Stromlinien«-Lokomotiven nichts anderes als ein Ausdruck des amerikanischen Zeitgeschmacks, von dem man bestenfalls sagen kann, er sei anders als der europäische; die widerstandsvermindernden Eigenschaften dieser Schöpfungen können nicht sehr bedeutend gewesen sein. Bei manchen dieser Formen hat man den Eindruck, ihr Erfinder sei der Meinung gewesen, wenn er nur die richtigen Stromlinien auf die »Karosserie« male, werde die Luft diesen Linien schon folgen, und alles sei gelaufen. Doch gerechterweise muß man sagen, auch von Designern gab es gute Entwürfe, und zwar sowohl ästhetisch, wie auch strömungstechnisch gesehen.
Zwischen einem nur angedeuteten »streamlining«, das vielleicht aus einer etwas verbreiterten Laufblechschürze und einer etwas stärker gewölbten Rauchkammertür – und einem auffallenden, bunten Anstrich – besteht, und einer voll ver-

kleideten Lokomotive gab es alle möglichen Übergangsformen. Von wenigen Ausnahmen abgesehen, blieb jedoch das Triebwerk zum größten Teil oder sogar vollständig frei. Einmal fürchtete man eine erhöhte Lagererwärmung und damit die Gefahr von Heißläufern, sowie die schlechte Zugänglichkeit bei Wartungsarbeiten. Besonders bei kurzen Unterwegshalten konnte man dem Lokpersonal nicht zumuten, zum Abschmieren der Lager erst umständlich mit Klappen und Rolladen hantieren zu müssen. Aber noch ein anderer Gedanke spielte eine Rolle. Bei vielen Eisenbahnen war man damals noch – im Gegensatz zur heute verbreiteten Einstellung – recht stolz auf die Dampflokomotive und auch einer verkleideten Dampflokomotive sollte man es ansehen, daß sie eine Dampflokomotive war. Also hatte zumindest das Triebwerk freizubleiben.

Als eine der ersten erhielt im Jahre 1934 die 5344 der New York Central eine Vollverkleidung. Diese Lokomotive, eine 2 C 2 (Hudson), die letzte der Klasse J-1e, war im Jahre 1931 von der Alco erbaut. Sie war die berühmteste aller NYC-Hudsons, nicht nur, weil sie als einzige einen Namen – »Commodore Vanderbilt« – trug, sondern auch, weil sich die Spielzeug-Hersteller mit Freuden ihrer annahmen. Die einfache, glatte Form dieser Verkleidung ließ sich nämlich im Modell leicht und billig erzeugen, und bald war das Land mit hunderttausenden von Nachbildungen überschwemmt; sogar die Firma Märklin hatte vor dem Kriege eine Spur-0-Ausgabe dieser Maschine in ihrem Katalog, wodurch sie auch in Deutschland bekannt wurde. Die Verkleidung der »Commodore Vanderbilt« – bei der übrigens ebenfalls der größte Teil des Triebwerks durch einen flachen, bogenförmigen Ausschnitt frei blieb – ähnelte auf den ersten Blick einer riesenhaften, umgedrehten Badewanne, jedoch hat man diese Bezeichnung (»upside down bathtub«) nicht ihr, sondern zwei im Jahre 1938 in ähnlicher Weise verkleideten Pacifics der Klasse K-5 verliehen.

Als sich die Deutsche Reichsbahn mit dem Projekt einer Dampflokomotive für höchste Geschwindigkeiten zu befassen begann, ging sie natürlich mit bekannter Gründlichkeit an die Sache heran. Bereits zu Anfang der 30er Jahre wurden vom Vereinheitlichungsbüro der Deutschen Lokomotivbauvereinigung die ersten Entwürfe ausgearbeitet und auch die Lokomotivfabriken selber aufgefordert, Vorschläge einzureichen. Das Programm sah die Beförderung eines 250 t schweren Schnellzuges mit 160 km/h vor, wobei zum Aufholen von Verspätungen etwa 10 % mehr, also rund 175 km/h erreicht werden sollten. Die einzelnen Studien enthielten viele interessante und zum Teil neuartige Ideen. Neben dem konventionellen Antrieb, bei dem vom einfachen Zwilling bis zum Vierzylinder-Verbund-Triebwerk alles vertreten war, wurden auch Dampfturbine und schnellaufende Dampfmaschine mit Vorgelege vorgeschlagen. Die meisten Einsender sahen eine 2 C 2 mit 2250 mm Treibraddurchmesser vor, nur die Firma Schichau in Elbing ging bis 2500 mm. Neben normalen Anordnungen hatten Krupp und Henschel auch Lokomotiven in »gedrehter« Anordnung, also Führerstand und Stehkessel vorn – ähnlich der späteren 05 003 –, jedoch mit Ölfeuerung, ausgearbeitet; Borsig sogar »rückwärts« laufende Tenderlokomotiven. Nicht bei allen Entwürfen hatte man eine Voll-Stromlinienverkleidung für nötig befunden, manche gingen kaum über stark gewölbte Rauchkammertür und Windschneiden-Führerhaus hinaus.

Die umfangreichsten Ausarbeitungen stammten von den Borsig-Lokomotiv-Werken in Berlin und diese wurden schließlich von der Reichsbahn auch beauftragt, zwei Prototypen zu bauen. Noch bevor sie fertig waren, wollte die Reichsbahn jedoch zwei besonders interessierende Fragen, nämlich die Lagererwärmung bei verkleidetem Triebwerk und die Leistungsersparnis durch strömungsgünstige Verkleidung, an einer wirklichen Lokomotive untersuchen. Daher erhielt die leichte Einheits-Schnellzuglokomotive 03 154, die zu der Zeit grade bei Borsig gebaut und im März 1934 fertig wurde, eine Vollverkleidung des Triebwerks, schräge Führerhausvorderwände und eine sehr stark gewölbte Rauchkammertür. Schon hierdurch ergaben sich bei den Versuchsfahrten bereits bei 140 km/h über 20 % Mehrleistung am Zughaken. Später wurden bei der vollverkleideten 03 193 bei ebenfalls 140 km/h sogar die fast anderhalbfache effektive Leistung einer unverkleideten 03 gemessen. Da die Lagertemperaturen nur einige Grad über den normalen lagen, ließen auch noch höhere Drehzahlen einen kritischen Temperaturanstieg nicht befürchten, und es wurde beschlossen, die neuen Lokomotiven mit einer vollständigen, bis fast zur Schienenoberkante herabreichenden Verkleidung zu versehen.

In der ersten Hälfte des Jahres 1935 verließen, im Abstand von 2 Monaten, die beiden Lokomotiven das Herstellerwerk in Berlin-Tegel. Sie trugen die Nummern 05 001 und 05 002 (Bild 140). In ihrem dunkelroten Anstrich boten die über 26 m langen Riesen zwar einen prächtigen, doch für Dampflokfreunde weniger erfreulichen Anblick. Alles, was für eine Dampflokomotive charakteristisch ist, war unter einer glatten Blechhülle verborgen, und aus der alles umschließenden Haube ragte kaum mehr als der Schornstein und die davor stehende Dampfpfeife heraus. Später wurden auch sie noch durch die kleinen Windleitbleche, die sich als notwendig herausgestellt hatten, verdeckt. Alle Teile der Lokomotive, die einer gelegentlichen, kurzfristigen Wartung bedurften, waren jedoch durch Rolladen und Klappen zugänglich, die das eintönige äußere Bild ein wenig auflockerten. Die genaue Form der Verkleidung hatten Windkanalversuche an der Technischen Hochschule in Berlin-Charlottenburg ergeben. Die Hauptschwierigkeit lag dabei in den Strömungsverhältnissen in Bodennähe, die sich nur schwer erfassen ließen und die man durch verschiedene Hilfsmittel zu simulieren versuchte, z. B.

Bild 144: 2 C 2 h3, 05003, der Deutschen Reichsbahn. Die Kohlenstaublokomotive bei der Firma Borsig im Bau. Im Gegensatz zu den beiden ersten 05 lag der Umlauf, wie deutlich zu sehen, später innerhalb der Verkleidung (Sammlung des Verfassers).

durch ein zweites Modell, das spiegelbildlich unter das erste gehängt war.
Was steckte nun unter dem glänzenden Äußeren der neuen Renner? Nichts grundsätzlich Neues jedenfalls (Bild 142). Ihr Schöpfer, der damals 41jährige Adolf Wolff, der zu den fähigsten Lokomotivkonstrukteuren gehörte und seine berufliche Laufbahn 15 Jahre zuvor bei der Hanomag in Hannover begonnen hatte, konnte bei der Konstruktion nur wenige seiner eigenen Gedanken verwirklichen. Die Richtlinien, die ihm vom Reichsbahn-Zentralamt gegeben wurden, bewegten sich in den engen Grenzen der Baugrundsätze der Einheitslokomotiven, in der an sich verständlichen Überlegung, daß man die bei diesem Projekt sowieso zahlreich vorhandenen konstruktiven Probleme nicht noch durch Verwendung bisher bei der Reichsbahn unerprobter Baugruppen vermehren solle. So war der Gesamtaufbau der Lokomotive eher konventionell, aber ob ihr das mehr Vor- oder mehr Nachteile eingebracht hat, läßt sich auch hinterher nur schwer sagen. Sicherlich wäre ihr aber z.B. eine Verbrennungskammer – in Amerika seit Jahrzehnten Stand der Technik – nicht schlecht bekommen. Stattdessen hielt man am bekannten Konzept des Langrohr-Kessels fest; die Rohrlänge erreichte 7 m. Dadurch fiel die Strahlungsheizfläche der Feuerbüchse, wie bei all diesen Kesseln, relativ klein aus, sie betrug nur 7,2 % der Verdampfungsheizfläche. Man kann annehmen, daß ein solcher Kessel bei länger dauernder Überlastung stärker gefährdet wird, als einer mit einem größeren Anteil der Strahlungsheizfläche.
Die Achsanordnung 2 C 2 oder Hudson ergab sich aus dem zu erfüllenden Leistungsprogramm und den unterzubringenden Massen. Der Gesamtschwerpunkt der Lokomotive lag ziemlich weit hinten, so daß die Achslast des Schleppgestells, trotz nach vorn geneigter Stehkessel-Querwände, noch fast an die der Kuppelachsen heranreichten. Ein gewisser Gewichtsausgleich kam jedoch durch die 4 m lange Rauchkammer, die weit vorgezogene Verkleidung und das Drillingstriebwerk zustande. Während das hintere Drehgestell 2 m Achstand und, wegen des Aschkastens, Außenrahmen besaß, entsprach das vordere dem normalen Drehgestell der Einheits-Schnellzuglokomotiven, nur war der Achstand auf 2350 mm vergrößert. Alle Laufräder hatten 1100 mm Durchmesser und bei der 001 waren alle Laufradsätze mit Pendelrollenlagern ausgestattet. Die 2300 mm großen Treibräder waren die größten, die jemals an einer Hudson verwendet wurden. Die riesigen amerikanischen Vertreter dieser Achsanordnung brachten es nur auf 84 Zoll (2134 mm), die bekanntesten, die Hudsons der New York Central, kamen sogar mit 79 Zoll (2007 mm) aus. Der große Treibraddurchmesser hielt zwar die Drehzahlen niedrig, vergrößerte aber auf der anderen Seite die unabgefeder-

Bild 145: 05002 nach Umbau in den 50er Jahren. In dieser Form kam sie weit besser zur Geltung, als mit der etwas eintönigen Stromlinienverkleidung (Lokomotivbild-Archiv Bellingrodt).

ten Massen. Man kann sich vorstellen, daß die rund 5 t jedes Kuppelradsatzes bei höheren Geschwindigkeiten erhebliche dynamische Kräfte hervorriefen und damit den Oberbau stark beanspruchten. Daher hatte man auch die zulässige Achslast von 20 Mp (196 kN) nicht voll ausgenutzt, sondern die Reibungsachslast auf 19 Mp (186 kN) begrenzt. Das erreichte man einerseits durch die 4 Laufradsätze, andererseits durch Gewichtseinsparungen, zu denen die Verwendung eines legierten Stahles höherer Festigkeit für die Kesselbleche gehörte, der geringere Wanddicken erlaubte.
Durch das Drillingstriebwerk wurden ebenfalls die Massenkräfte etwas verringert. doch führte das wieder zu neuen Problemen. Da alle drei Zylinder waagerecht und annähernd in einer Ebene lagen, ergibt sich ein Zweiachs-Antrieb mit stark unterschiedlichen Treibstangenlängen. Da die innere Treibstange nicht beliebig kurz sein konnte, mußte man sehr schwere äußere Treibstangen in kauf nehmen, die mit 4250 mm noch 550 mm länger als die der 01 waren. Anders sah es beim Innentriebwerk aus. Um dessen Zugänglichkeit nicht noch weiter zu verschlechtern, hatte man den Mittelzylinder nur um etwa 125 mm vorgeschoben, so daß die innere Treibstange nicht länger als 2 m wurde. Die daraus resultierenden hohen Kreuzkopfdrücke mußten durch einen sehr großen Kreuzkopf abgefangen werden. Eine geringe Erleichterung waren die Zylinderdurchmesser von nur 450 mm, die das Drillings-Triebwerk in Verbindung mit dem hohen Kesseldruck von 20 kp/cm^2 (19,6 bar) ermöglichte, und die zu entsprechend leichten Kolben führten.
Jedes der drei Triebwerke besaß eine eigene Heusinger-(Walschaerts)-Steuerung. Da man wegen der hohen Drehzahlen und damit der Gefahr von Heißläufern einen großen Exzenter – wie ihn die Güterzug-Lokomotiven der Reihe 44 hatten – nicht verwenden konnte, erhielt die mittlere Kuppelachse auf der linken Seite eine kleine Kröpfung zum Antrieb der inneren Schwingstange.
Besonders wichtig für eine so schnelle Lokomotive ist natürlich die Bremse. Mit Ausnahme der führenden Laufräder, die nur hinten einen Bremsklotz hatten, wurden sämtliche Räder, auch die des Tenders, beidseitig gebremst. Der führende Laufradsatz wurde mit 50 %, der zweite mit 80 %, alle anderen Radsätze mit 180 % der Achslast angebremst. Wegen der Zunahme des Gleitreibwertes bei abnehmender Geschwindig-

Bild 146: 05 003, die ehemalige Kohlenstaublokomotive, die bereits 1945 umgebaut worden war, hier nach ihrer Aufarbeitung und Umgestaltung der Frontpartie – Ersatz der großen Windleitbleche durch Wittebleche und Versetzung der Scheinwerfer – auf dem Werkshof von Krauss-Maffei in München. Vom Aussehen her wohl großartigste deutsche Schnellzuglokomotive (Verkehrsmuseum Nürnberg).

keit, wurde jedoch unterhalb 60 km/h durch einen Fliehkraftregler auf eine geringere Bremskraft umgeschaltet. Der Tender besaß darüberhinaus eine automatische Lastabbremsung, die die Bremskraft mit abnehmendem Wasservorrat herabsetzt.

Der Tender hatte, zum ersten Male bei einer deutschen Lokomotive, mehr als 4 Achsen. Er besaß jedoch nur ein Drehgestell, die letzten drei Radsätze waren fest im Rahmen gelagert. Außerdem waren sie möglichst dicht zusammengeschoben, damit man die Lokomotive noch auf die 23-m-Drehscheibe bekam. Der Kohlenkasten war durch verfahrbare Deckel verschlossen und eine druckluftbetätigte Kohlennachschubvorrichtung sollte die Arbeit des Heizers etwas erleichtern.

Kurz nach der Abnahme begannen mit der 05 001 die planmäßigen Versuchsfahrten mit dem Meßwagen des Lokomotiv-Versuchsamtes Grunewald. Bei den Versuchsfahrten zeigte sich, abgesehen von den üblichen, unbedeutenden Kinderkrankheiten, daß die Lokomotive das geforderte Betriebsprogramm spielend erfüllte und darüberhinaus hervorragende Laufeigenschaften aufwies. Auch die Bremse arbeitete zufriedenstellend, sie konnte den vorgesehenen Zug selbst aus der zulässigen Höchstgeschwindigkeit von 175 km/h noch innerhalb des auf 1200 m festgesetzten Vorsignalabstandes für Schnellfahrstrecken anhalten. Bei diesen Fahrten wurden bereits Geschwindigkeiten bis etwa 185 km/h erreicht, ohne daß besondere Anstrengungen unternommen wurden. Als durch die lange andauernden Versuchsfahrten mit ihren häufigen Abbremsungen ein Radreifen der Lokomotive beschädigt wurde, setzte man die Versuche mit der 002 fort.

Nachdem diese Meßfahrten etwa ein Jahr gedauert hatten, allerdings mehrfach durch Ausstellungen der Lokomotive unterbrochen, entschloß sich die Bahn, doch noch etwas für Prestige und Werbung zu tun, und setzte eine ausgesprochene Schnellfahrt ins Programm. Denn für das allgemeine Publikum war natürlich eine einzige Fahrt mit höchster Geschwindigkeit, wobei vielleicht sogar die magische Grenze von 200 km/h überschritten werden konnte, weit spektakulärer und eindrucksvoller, als noch so viele Fahrten, von denen lediglich brillante Laufeigenschaften und niedrige Verbrauchswerte vermeldet werden konnten, oder als noch so viele Bremsversuche, selbst wenn sie sich durch kurze Bremswege und einwandfreie Funktion aller Systeme aus-

Bild 147: 2 C 2 h3, 05 003, die ehemalige Kohlenstaub-Lokomotive, verläßt den Bahnhof Hamburg-Altona mit dem »Senator« zur Fahrt nach Frankfurt. Die Aufnahme entstand in den 50er Jahren (Aufnahme des Verfassers).

zeichneten. Die Fahrt wurde für den 11. Mai 1936 angesetzt und führte von Hamburg nach Berlin. Hinter der 05 002 befanden sich außer dem Meßwagen noch 3 Schnellzugwagen; das Zuggewicht betrug 197 t. Am Regler stand Oberlokführer Langhans, während Reserve-Lokführer Höhne als Heizer tätig war. Die besondere Bedeutung dieser Fahrt wurde dadurch unterstrichen, daß der damalige Reichsverkehrsminister Dorpmüller an ihr teilnahm. Doch die Öffentlichkeit wurde von der Rekordfahrt erst hinterher unterrichtet, so daß nur wenige Zuschauer den vorbeirasenden Zug beachteten; in anderen Ländern wäre das sicher anders gewesen.

Die Fahrt verlief planmäßig und ohne Störungen an der Lokomotive. Auch bei mehr als 6 Umdrehungen pro Sekunde der riesigen Treibräder lief sie erstaunlich ruhig. Bis Wittenberge, etwa auf halber Strecke gelegen, mußte die Geschwindigkeit wegen einiger Langsamfahrstellen und Bahnhofsdurchfahrten mehrmals gedrosselt werden; dennoch wurde eine Spitze von fast 180 km/h erreicht. Als eigentliche Rekordstrecke war ein etwa 20 km langer, ebener und nahezu krümmungsfreier Abschnitt zwischen Neustadt an der Dosse und Paulinenaue, im letzten Drittel der Gesamtstrecke, vorgesehen. Und hier wurde denn auch, zwischen den Bahnhöfen Friesack und Vietznitz, die höchste Geschwindigkeit gefahren. Die Aufzeichnung im Meßwagen zeigte 200,4 km/h. Damit war die 05 002 zweifellos die schnellste Dampflokomotive der Welt, und die Rekordgeschwindigkeit war einwandfrei durch den Meßstreifen belegt. Die höchste Zylinderleistung betrug hierbei 3400 PS (2500 kW) und die Heizflächenbelastung stieg bis auf 85,4 kg/m²h. Letzterer Wert hätte bei längerer Dauer dem Kessel möglicherweise gefährlich werden können, doch bei der relativ kurzen Zeit der Höchstleistung konnte sich ein kritischer Zustand noch nicht einstellen.

Nach Beendigung der Versuchsfahrten wurden die beiden schnellen Lokomotiven im Fernschnellzugdienst zwischen Berlin und Hamburg-Altona eingesetzt, wo sie mit ihrer weinroten Lackierung viel beachtet wurden. Das wesentliche Ergebnis der Versuchsfahrten zeigte sich vielleicht in der Tatsache, daß die nach 1939 beschafften Serien der Einheits-Schnellzuglokomotiven für 150 km/h zulässige Höchstgeschwindigkeit mit Drillingstriebwerk und Voll-Stromlinienverkleidung geliefert wurden (01^{10} und 03^{10}). Nach dem Jahre 1938 mußte die 05 002 den Ruhm, die schnellste Dampflokomotive zu sein, mit einer anderen Maschine teilen. Die 4468 »Mallard«, eine Pacific der Klasse A 4 der London & North Eastern Railway, erreichte bei einer Versuchsfahrt, ebenfalls mit Meßwagen, eine Geschwindigkeit von 126 mph (knapp 203 km/h). Im nächsten Kapitel werden wir uns eingehender mit dieser Lokomotive beschäftigen, und dabei beide Rekordlokomotiven und ihre Rekordfahrten miteinander vergleichen.

Bild 148: 2 C 2 h2, Klasse J-3a, der New York Central Railroad. Erbaut 1937 von der Alco, Treibraddurchmesser 79 Zoll (2007) mm. Juni 1953 in Niles, Michigan. Wie deutlich zu sehen, legte man in den Vereinigten Staaten weniger Wert auf ein glattes, äußeres Bild der Lokomotiven, als in anderen Ländern (Sammlung von H. K. Vollrath, U. S. A.).

Im Jahre 1937 gesellte sich zu den beiden »roten Riesen« eine dritte Hudson, die 05 003. Äußerlich wich sie erheblich von ihren beiden Schwestern ab und mit ihrem Frontführerstand mit den drei großen Fenstern gleich sie noch weit mehr einer Diesel-Lokomotive oder einem Triebwagen, als die beiden anderen 05er. Unter der Haube (Bild 144) waren die Unterschiede zwischen den beiden 05-Versionen jedoch gar nicht einmal so groß, sieht man von der Tatsache ab, daß die 003 mit dem Stehkessel voran lief, was allerdings für den Gesamtaufbau wenig Bedeutung hatte. Wichtigstes Merkmal der neuen Lokomotive war sicher die Verbrennungskammer, die hier zum ersten Male an einer deutschen Lokomotive erschien. Das Projekt einer Maschine mit Frontführerstand ohne räumliche Trennung von Lokomotivführer und Heizer ließ sich nur verwirklichen, wenn man auf die Kohleschaufelei verzichtete und einen flüssigen oder quasi-flüssigen Brennstoff verwendete. Da Öl aus den eingangs geschilderten Gründen nicht infrage kam – außerdem war Öl damals noch wesentlich teurer als Kohle – sollte Steinkohlenstaub verwendet werden, und zwar von einer Kohlensorte, die billig und in großer Menge vorhanden war. Da die Partikel dieses Brennstoffes jedoch einen sehr langen Brennweg benötigten, gelang es Adolf Wolff, der diese Lokomotive gleichfalls konstruierte, endlich, die Verbrennungskammer durchzusetzen.
Die Triebwerke aller drei 05-Lokomotiven waren gleich, nur die Drehgestelle unterschieden sich. Da die Kohlenstaub-Lokomotive keinen Aschkasten benötigte, war auch ein Außenrahmen-Drehgestell nicht erforderlich. Daher konnten beide Drehgestelle – bis auf die Bremse – identisch sein. Sie hatten jedoch nur 2200 mm Achsstand. Das schwächer abgebremste führende Drehgestell, mit gleichfalls nur einem Bremsklotz an den vorderen Rädern, lag natürlich unter dem Stehkessel. Da beim Frontführerstand die Verkleidung nicht mehr oberhalb des Umlaufbleches eingezogen sein muß, füllte sie den ganzen Profilquerschnitt aus, so daß ein innerer Durchgang am Kessel entlang entstand, was die Triebwagenähnlichkeit der Lokomotive noch vergrößerte.
Leider zeigten die Versuche mit der Kohlenstaub-Feuerung nicht den erhofften Erfolg. Das hatte hauptsächlich drei Gründe. Einmal war die Mahlfeinheit der Kohle nicht ausreichend, zweitens – der am meisten ins Gewicht fallende Grund – traten auf dem langen und krümmungsreichen Wege vom Tender zur Feuerbüchse starke Entmischungen des Staub-Luft-Stromes auf und drittens blieb die Zweitluftzufuhr ungenügend. Dennoch erreichte auch die 05 003 Geschwindigkeiten bis zu etwa 180 km/h. Ehe jedoch eine geeignete Lösung für die Probleme mit dieser Lokomotive gefunden werden konnten, brach der Krieg aus, die Versuche wurden abgebrochen und die Maschine abgestellt. Als aber gegen Ende des Krieges der Lokomotivmangel immer mehr zunahm, ent-

schloß man sich – was im Falle eines Mißlingens der Versuche von vornherein geplant war –, die 05003 auf normale Stückkohlefeuerung umzubauen. Nachdem die Verkleidung abgenommen war, tauschten Pufferbohle und Zugkasten, sowie die beiden Drehgestelle ihren Platz, die Steuerungsbetätigung wurde geändert, ein neues Führerhaus hinzugefügt und – natürlich – Rost und Aschkasten eingesetzt. Obwohl der Platz für letzteren recht beengt war, beließ man es bei dem Innenrahmen-Drehgestell. Lediglich der vordere Bremszylinder des Drehgestells wurde versetzt, um dem Aschkasten Platz zu machen. Jedoch sorgten vier große seitliche Taschen für ausreichende Luftzufuhr zum Rost. Beim Tender wurden Gebläse und Staubbunker entfernt und durch einen normalen Kohlenkasten ersetzt. Mit einem Fassungsvermögen von 38,5 m^3 Wasser und 12 t Kohle war er der größte Tender, der je hinter einer deutschen Lokomotive gelaufen ist.
In dieser Form wurde die 05003 bereits kurz nach dem Kriege beim BW Hamm wieder eingesetzt, war jedoch wegen Schäden am Dampfsammelkasten und am Mittelzylinder häufig abgestellt oder zur Reparatur im Ausbesserungswerk Braunschweig. Auch die beiden anderen 05er hatten den Krieg überstanden, und da sie noch verhältnismäßig neu waren, beschloß die Bahn, alle drei nochmals aufzuarbeiten. Das geschah bei der Firma Krauss-Maffei in München, bei der ihr Erbauer, Adolf Wolff, inzwischen tätig war. Bei den beiden ersten wurde ebenfalls die Verkleidung entfernt, und alle drei erhielten Witte-Windleitbleche, eine schräge Stirnplatte und nach außen versetzte Frontscheinwerfer (Bild 145). 1950/51 verließen die drei in neuem Glanz das Münchner Werk. Nun kamen diese großartigen Lokomotiven erst richtig zur Geltung. Zweifellos die eleganteste war die 003 mit ihrem Innenrahmen-Schleppgestell, dem einzigen, das je eine Hudson besessen hat. Außerdem trug sie als einzige der drei keinen Sandkasten auf dem Kesselrücken, sondern sechs kleine Kästen in Höhe des Umlaufes (Bild 146).
Da aus Sicherheitsgründen wegen der schlechten Schweißbarkeit des verwendeten Kesselbleches der Kesseldruck auf 16 kp/cm^2 (15,7 bar) herabgesetzt war, erreichten sie natürlich ihre einstigen Leistungen nicht mehr, jedoch genügte der Rest immer noch für den Fernschnellzug-Dienst. Bis 1958 fuhr das Trio F-Züge zwischen Hamburg und Frankfurt (Bild 147), dann wurden alle drei ausgemustert. Zum Glück konnte sich die Bundesbahn dazu durchringen, eine von ihnen der Nachwelt zu erhalten. Die 05001 wurde in ihren ursprünglichen Zustand zurückversetzt, wobei jedoch die Verkleidung auf der rechten Seite zum größten Teil nicht wieder angebracht wurde, so daß man die riesigen Treibräder ungestört bewundern kann. Sie steht heute im Verkehrsmuseum Nürnberg neben einem anderen »Renner«, der bayrischen S 2/6, die ihren Rekord 30 Jahre früher aufstellte. Leider ist der Standort beider Lokomotiven etwas beengt, so daß ihre wahren Proportionen nur schwer zu erfassen sind.
Die Achsanordnung 2 C 2 für ihre Höchstgeschwindigkeits-Lokomotiven war von der Reichsbahn gut gewählt. Von allen Bauarten ergibt wahrscheinlich die Hudson die beste Synthese aus Eignung für höchste Geschwindigkeit, hoher Zugkraft und gewaltiger Kesselleistung. Bekanntestes Beispiel dafür sind wahrscheinlich die Hudsons der New York Central Railroad (Bild 148). Diese Bahn führte die Bauart nicht nur in Amerika ein und gab ihr den Gattungsnamen, sondern besaß auch die weitaus meisten Exemplare und entwickelte sie zu wahren Kraftpaketen. Schon die erste, die 1927 gelieferte 5200, Klasse J-1a, erreichte bei Versuchsfahrten Zylinderleistungen bis zu 4300 PS (3160 kW) und die letzten – Klasse J-3a – der insgesamt 275 Exemplare umfassenden Flotte brachten es sogar auf 4800 PS (über 3500 kW). Trotz ihrer nur 79 Zoll (2007 mm) großen Treibräder fuhren sie Geschwindigkeiten von weit über 100 mph (etwa 160 km/h), und das mit Zügen von 1000 t und darüber. Für die letzten 10 der Klasse J-3a, die 1938 geliefert wurden, entwarf Henry Dreyfuss ein »Kleid«, das zwar in strömungstechnischer Hinsicht nicht eben viel, das Aussehen dieser Maschinen jedoch ganz erheblich verbesserte. Die stark gewölbte Rauchkammertür mit der großen Mittelrippe erinnerte etwas an einen antiken griechischen Helm, doch muß man Dreyfuss zugestehen, daß er es verstanden hat, den Charakter der mächtigen Lokomotive hervorzuheben und sie ihrer Aufgabe, die neue Garnitur des vornehmen »Twentieth Century Limited« zu ziehen, äußerlich hervorragend anzupassen.
Doch wenn auch die New York Central für den hochwertigen Schnellzugverkehr auf die Hudson setzte und das – wie wir gezeigt haben – mit einiger Berechtigung, die anderen Bahnen folgten ihr darin nicht. Lediglich die Canadian Pacific Railway verfuhr ähnlich und beschaffte 65 Hudsons (Bild 136), die allerdings etwas kleiner als die der NYC waren und nur 75 Zoll (1905 mm) große Treibräder besaßen. Wir erwähnten die Maschinen bereits in Kapitel XIX. Bei der größten amerikanischen Eisenbahn, der Pennsylvania Railroad, hat es dagegen niemals eine Hudson gegeben. Sie hielt an der Pacific fest, bis sie – sehr spät – zur vierfach gekuppelten Lokomotive mit Doppeltriebwerk, der T 1, überging. Bei allen anderen nordamerikanischen Bahnen liefen insgesamt nicht mehr als 150 Hudsons. Jedoch waren sie zum Teil noch größer, als die J–3a der NYC. Besonders eindrucksvoll wirkten z. B. die 6 riesigen, über 31 m langen Maschinen der Klasse 3460, die die Atcheson, Topeka & Santa Fe Railroad 1937 beschaffte. Wenn auch diese großen Lokomotiven, die im östlichen Netzteil, zwischen Chicago und La Junta, Colorado, liefen, trotz ihrer 84 Zoll (2134 mm) großen Treibräder, nicht durch besondere Schnellfahrten auffielen, so stellte doch eine von ihnen einen bemerkenswerten Langstrecken-Rekord auf. Im Dezember 1937 legte die 3461 mit dem »Fast Mail« die Strecke von Los

Bild 149: 2 C 2 h2, Klasse 3460, der Atchison, Topeka & Santa Fe Railroad. Erbaut von der Firma Baldwin 1937, Treibraddurchmesser 84 Zoll (2134 mm). Februar 1947 in Streator, Illinois. Die »Blue Goose« hat hier schon einiges von ihrem einstigen Glanz verloren. Ein Vergleich mit Bild 140 zeigt besser, als es Worte vermögen, die Unterschiede in der Auffassung von »Stromlinienverkleidung«. Ausgemustert 1965 (Sammlung H. K. Vollrath, U. S. A.).

Angeles nach Chicago – eine Entfernung von 2227.3 Meilen (3584,5 km) – in 2 Tagen, 5 Stunden und 40 Minuten ohne Lokwechsel zurück. Die reine Fahrzeit betrug 49 Stunden und 5 Minuten und die Lokomotive hatte dabei einen Meßwagen und 10 bis 12 schwere Stahlwagen mit einem Maximalgewicht von knapp 1000 t zu ziehen. Zwar wurde keine besondere Schnellfahrt angestrebt, doch erreichte der Zug zeitweise immerhin 90 mph (145 km/h). Natürlich war diese Fahrt nur möglich, weil die Lokomotive mit Ölfeuerung ausgerüstet war. Ob die 05, wenn sie ebenfalls Ölfeuerung gehabt hätte, auch zu einer solchen Leistung fähig gewesen wäre, läßt sich nur schwer sagen. Zwar absolvierte sie nach dem Kriege ohne große Schwierigkeiten Langläufe von Hamburg über Köln nach Frankfurt (704 km), doch auf einer fünfmal so langen Strecke besteht viel eher die Gefahr, daß plötzlich unzulässige Lagererwärmungen, unerwarteter Verschleiß irgendwelcher Teile, Rostverschlackung, Zusetzen der Rohre mit Verbrennungsrückständen oder andere Störungen auftreten und niemand kann sagen, wie anfällig eine Lokomotive gegen derartige Erscheinungen ist.

Die erste der großen Santa Fe-Hudsons – die Bahn besaß noch 10 etwas kleinere – erhielt für den Einsatz vor dem »Super Chief«, als einziger aller Lokomotiven dieser Bahn, eine Stromlinienverkleidung (Bild 149). Wegen des hellblauen Anstrichs verlieh man ihr den Spitznamen »The Blue Goose«. Ein Vergleich dieser Maschine mit der Ursprungsausführung der 05 zeigt deutlich den Unterschied zwischen der deutschen Konstruktion, die auf reine Zweckmäßigkeit bedacht war, und der amerikanischen, die es mehr auf äußerliche Wirkung angelegt hatte.

Zweifellos waren die NYC-Hudsons die bekanntesten, sie waren jedoch nicht die ersten. Bereits 16 Jahre vor ihrem Erscheinen, baute im Jahre 1911 die französische Nordbahn 2 gewaltige 2 C 2 h4v nach den Plänen ihres maschinentechnischen Leiters Gaston du Bousquet. Da die riesigen Niederdruck-Zylinder des de Glehn-Triebwerks nicht mehr nebeneinander im Rahmen Platz fanden, ordnete man sie hintereinander an; der rechte Zylinder lag vor dem linken. Während die eine Maschine, die 3.1101, einen normalen Belpaire-Kessel besaß, war der Kessel der 3.1102 mit einer Wasserrohr-Feuerbüchse ausgestattet. Wie schon bei einer früheren 2 B 2, hatte man jedoch auch diesmal keine Freude an der ausgefallenen Konstruktion und tauschte den Kessel bald gegen einen konventionellen mit der üblichen Belpaire-Feuerbüchse aus. Wie bei der 05003 waren beide Drehgestelle der Lokomotiven gleich, sie besaßen jedoch Außenrahmen. Die beiden interessanten Lokomotiven waren ihrer Zeit weit voraus und da sie außerdem wegen verschiedener Mängel nie recht befriedigten, musterte man sie bereits 1924 aus. Glücklicherweise blieb die 3.1102 erhalten und ist heute – teilweise aufgeschnitten – im französischen Eisenbahn-Museum in Mulhouse im Elsaß zu sehen.

Erst sehr viel später erschienen nochmals 8 Hudsons auf französischen Schienen. 1940/41 baute die Elsäßische Maschinenbau-Gesellschaft in Belfort drei 2 C 2 h3 (Gattung 232 R) und vier 2 C 2 h4v (Gattung 232 S). 2000 mm Treibraddurchmesser, Ventilsteuerung, 23 Mp (226 kN) Kuppelachslast und Teil-Verkleidung kennzeichneten diese hochmodernen Maschinen, die bei Versuchsfahrten Zylinderleistungen von über 4000 PS (über 3000 kW) erreichten. Als letzte französische Schnellzuglokomotive erschien schließlich im Jahre 1949 die 232.U.1, gebaut von der Firma Corpet-Louvet in La Corneuve bei Paris. Im Gegensatz zu ihren 7 Schwestern besaß ihr Vierzylinder-Verbund-Triebwerk normale Kolbenschieber-Steuerung. Auch die 232.U.1 war eine sehr schnelle Maschine, obwohl extreme Geschwindigkeits-Leistungen nicht bekannt geworden sind. Ganz sicher aber gehörte sie zu den schönsten Dampflokomotiven überhaupt, und mit ihren schwungvollen Linien bildete sie einen höchst eindrucksvollen Kontrast zu den ruhigen Konturen der deutschen Hudsons.

Nur eine einzige, jedoch höchst merkwürdige Lokomotive der Achsanordnung 2 C 2 lief in England. Im Jahre 1929 beschaffte Gresley für die London & North Eastern Railway die 10000, Klasse W 1. Sie besaß einen Yarrow-Wasserrohr-Kessel mit 450 psi (31 bar) Kesseldruck. Das Vierzylinder-Verbund-Triebwerk war zwar konventionell, jedoch lagen die inneren Hochdruck-Zylinder ungewöhnlich weit vorn. Ungewöhnlich war auch die Lagerung der beiden hinteren Laufachsen, die nicht in einem Drehgestell untergebracht waren. Während für die dritte Laufachse, eine deichsellose Radialachse, Bauart Cartazzi, wegen des Aschkastens ein Außenrahmen vorgesehen war, lief die vierte Laufachse in einem Deichselgestell, Bauart Bissel, mit Innenlagerung. Da der Kessel, nach anfänglichen Erfolgen, erhebliche Mängel zeigte, wurde er 1938 durch einen normaler Bauart ersetzt, wobei die Lokomotive eine Verkleidung, die der der Pacifics der Klasse A 4 ähnlich war, erhielt. In dieser Form erlebte die Lokomotive noch die Verstaatlichung, bei der ihr die Nummer 60700 zugeteilt wurde.

Außer zwei 1948 gebauten 2 C 2 h2, Reihe 303, der ungarischen Staatsbahn, gab es in Europa keine weiteren Hudsons. Ähnlich der Deutschen Reichsbahn unternahm vor dem Kriege auch die russische Staatsbahn Schnellfahrversuche mit Dampflokomotiven und baute dazu ebenfalls drei Hudson-Prototypen, die K1, die K2 und die W. Die beiden ersten hatten 2000 mm große Treibräder, bei der etwas größeren W waren es 2200 mm. Am 29. Juni 1938 erreichte die K1 mit einem Vierwagenzug 170 km/h. Noch 1957 soll die 1938 erbaute W mit einem Sonderzug 175 km/h gefahren sein. Wie bei moderneren russischen Lokomotiven üblich lehnten sie sich in ihren Baugrundsätzen stark an amerikanische Vorbilder an. Und auch die Stromlinienverkleidung der 3 Versuchsmaschinen hätte amerikanischen Lokomotiven entstammen können.

Nur zwei größere Gruppen von Hudson-Lokomotiven hat es außerhalb Nordamerikas gegeben, eine schmalspurige und eine breitspurige. Die größte Anzahl von Lokomotiven dieser Achsanordnung außerhalb der USA gab es in Japan, dessen Bahnen in Kap-Spur (3 ½ Fuß = 1067 mm) angelegt waren. Zwischen 1941 und 1947 entstanden insgesamt 129 Maschinen der drei Klassen C 60, C 61 und C 62 für die japanische Staatsbahn. Das ist insofern erstaunlich, da auf Schmalspurstrecken im allgemeinen keine sehr hohen Geschwindigkeiten gefahren werden und man daher, falls siebenachsige Schnellzug-Lokomotiven erforderlich werden, wegen der höheren Zugkraft die Mountain (2 D 1) vorzieht. In Japan liefen jedoch einige »Super-Expreßzüge«, für die man nicht nur leistungsfähige, sondern auch schnelle Lokomotiven benötigte, für die offenbar die Bauart Hudson geeigneter erschien. Größte von allen waren die 49 Stück der Klasse C 62. Wenn auch der Treibraddurchmesser von 1750 mm, Standardmaß für Schnellzuglokomotiven in Japan, keine sehr hohen Geschwindigkeiten erwarten ließ, so waren es doch recht brauchbare und leistungsfähige Maschinen. Mit ihrem Verbrennungskammer-Kessel, der in seiner Größe fast dem der Reichsbahn-Baureihe 03 entsprach, den Boxpok-Rädern und dem modernen Äußeren, sah man ihnen ihre schmale Spur nicht sofort an.

Die letzten Hudson-Lokomotiven überhaupt erhielten die Victorian Railways in Australien. Im Rahmen eines Nachkriegs-Wiederaufbau-Programms für diese Bahn, bekannt unter dem Namen »Operation Phoenix«, lieferte die North British Locomotive Company – neben 50 Mikados (1 D 1) – im Jahre 1951 70 Hudsons. Die Spurweite betrug 5 Fuß, 3 Zoll (1600 mm), doch die Lokomotiven waren für einen eventuellen Umbau auf Normalspur konstruiert. Sie hatten nur 73 Zoll (1854 mm) Treibraddurchmesser und litten auch etwas unter Kinderkrankheiten. Zudem waren sie bei der Bahn nicht sonderlich willkommen, da man sich schon entschlossen hatte, zum Diesel-Betrieb überzugehen.

Mit der Klasse R der Victorian Railways endet die Geschichte der 2 C 2-Lokomotive. Wenn auch die meisten von ihnen nordamerikanische Gleise befuhren und hier außerdem die leistungsfähigsten und größten Exemplare dieser Bauart zu finden waren, so gehörten die deutschen 05er zweifellos zu den hervorragendsten Vertretern dieser Bauart. Auf jeden Fall aber waren sie die schnellsten.

XXI. Welche ist die schnellste?

2 C 1 h3, Nr. 4468, »Mallard«, Klasse A 4, London & North Eastern Railway, England

Als Mitte der 30er Jahre die große Weltwirtschaftskrise abflaute, die Ende der 20er Jahre begonnen hatte, bemühten sich die Eisenbahnen in vielen Ländern der Erde, ihren Betrieb attraktiver zu gestalten. Auto und Flugzeug breiteten sich immer mehr aus und entzogen der Bahn Fahrgäste, während der LKW sich im Güterverkehr als unliebsame Konkurrenz bemerkbar machte. Die Bahnen versuchten dem durch Beschleunigung und andere Verbesserungen des Zugverkehrs zu begegnen. Dazu wurde der Oberbau verstärkt, Kurven begradigt oder der Krümmungsradius wesentlich vergrößert, Fortschritte, die in der Signaltechnik erreicht wurden – z. B. Lichttagessignale, Indusi in Deutschland, cab-lights in den Vereinigten Staaten – auf den Hauptstrecken eingeführt und Verbesserungen an den Bremsen vorgenommen. Größere Güterwagen und bequemere Personenwagen, die auch für höhere Geschwindigkeiten geeignet waren, ersetzten nach und nach – zumindest bei den wichtigeren Zügen – die teilweise noch aus der Vorkriegszeit stammenden und schon recht klapprigen älteren Fahrzeuge, und sollten von leistungsfähigeren und schnelleren Lokomotiven gezogen werden.

Um der Verbindung zwischen wichtigen Städten einen noch höheren Glanz zu verleihen, verfiel man auf die Idee des Schnelltriebwagens, eines meist mehrteiligen, komfortabel eingerichteten Triebwagens, der mit hoher spezifischer Leistung ausgestattet war. Damit konnte man nicht nur Höchstgeschwindigkeiten erreichen, die alle bisher bekannten übertrafen, sondern, durch höhere Beschleunigung, auch auf einem längeren Teil der Strecke ausnutzen, so daß beträchtliche Fahrzeitverkürzungen zu erwarten waren. Den Anfang machte die Deutsche Reichsbahn mit dem »Fliegenden Hamburger« – wir erwähnten ihn bereits im vorigen Kapitel –, einem zweiteiligen, diesel-elektrischen Schnelltriebwagen, der nur die 2. Wagenklasse (heute wäre es die erste) führte und zwischen Berlin und Hamburg mit einer Reisegeschwindigkeit von etwa 125 km/h verkehrte.

Ähnliches Aufsehen, wie der »Fliegende Hamburger« in Deutschland, erregten in den Vereinigten Staaten der aufgrund des Erfolges des ersteren gebaute »Pioneer Zephyr« der Chicago, Burlington & Qunicy Railroad und, etwas später, der »M-10000« der Union Pacific Railroad. Beides waren dreiteilige Triebwagen mit 4 Drehgestellen, 2 davon Jakobs-Drehgestelle. Da die amerikanischen Triebwagen an den Endstationen auf Gleisdreiecken gewendet werden konnten, brauchten sie nicht – wie die deutschen – symmetrisch aufgebaut zu sein. Sie hatten daher nur an einem Ende einen Führerstand und auch nur einen Motor, dessen Leistung bei etwa 600 PS (rund 440 kW) lag. Die Kraftübertragung erfolgte elektrisch, über Generator und Fahrmotoren. Wegen der geringen Motorleistung – größere Motoren, die betriebssicher in Eisenbahnfahrzeugen verwendet werden konnten, standen zur damaligen Zeit noch nicht zur Verfügung – war man gezwungen, so weit wie möglich Gewicht zu sparen. So bestanden z. B. die Wagenkästen des »M-10000« aus Aluminium und auch die »Zephyrs« waren leichte Fahrzeuge.

Obwohl die Union Pacific noch weitere Triebwagen der M-10000-Reihe in Dienst stellte, die größer und mit stärkeren Motoren ausgestattet waren, und auch die Burlington eine ganze Flotte ebenfalls verstärkter Zephyrs beschaffte, konnte sich der Schnelltriebwagen in den Vereinigten Staaten nicht durchsetzen. Einmal bestanden betriebliche Nachteile. Das Platzangebot eines Triebwagens kann wesentlich schwerer variiert werden, als das eines lokbespannten Zuges mit bequem an- und abzukuppelnden Wagen. Tritt ein Schaden an der Antriebsanlage auf – und das war anfangs gar nicht so selten –, dann fällt gleich der ganze Zug aus, und nur aus diesem, unvorhersehbaren Grunde einen Ersatzzug bereitzustellen, war doch wohl allzu unwirtschaftlich. Außerdem waren die Schnelltriebwagen, infolge des Leichtbaues, offenbar nicht so bequem, wie die schweren, amerikanischen Schnellzugwagen. Nach nicht sehr langer Zeit wurden die Schnelltriebwagen wieder durch lokbespannte Züge ersetzt. In anderen

Bild 150: 2 C 1 h4, Nr. 6200 »The Princess Royal«, der London Midland & Scottish Railway. Erbaut 1933, erste Pacific von William A. Stanier (Railway Museum York).

Ländern verlief die Entwicklung ähnlich. Und obwohl die Deutsche Reichsbahn eine ganze Reihe noch komfortablerer Schnelltriebwagen (z. B. Sitzteilung 2 + 1, statt 3 + 1, wie im »Fliegenden Hamburger«) mit höherer Leistung zwischen Berlin und zahlreichen großen Städten des Reiches laufen ließ, behielt der gewohnte Schnellzug mit der Lokomotive an der Spitze durchaus seine Bedeutung. Im internationalen Verkehr wurden damals nie Schnelltriebwagen eingesetzt.
So sah man also weiterhin S 3/6, 01 und 03 vor dem »Rheingold«, vor schweren Fernschnellzügen und vor internationalen Luxus-Zügen. Obwohl die Dampflokomotive noch lange nicht am Ende ihrer Leistungsfähigkeit angelangt war (sie war es 20 Jahre später immer noch nicht, wie unter anderen Chapelon gezeigt hat; ihr Verschwinden hatte andere Gründe, hauptsächlich betriebliche), entwickelten sich daneben noch zwei andere Antriebsarten, der Elektromotor und der Dieselmotor zu immer größerer Vollendung. Der eine von beiden, der elektrische Antrieb, war schon über das Stadium des Experiments hinaus. In Kontinental-Europa wurden bereits mehr oder weniger lange Strecken elektrisch betrieben, besonders in den an die Alpen grenzenden Ländern, in denen als »weiße Kohle« die Wasserkraft genutzt werden konnte. Bei den Elektro-Lokomotiven ersetzte inzwischen der Einzelachsantrieb mehr und mehr den noch vom Dampflokbau übernommenen Stangenantrieb.
In England war es jedoch nur die Southern Railway, die sich mit dem elektrischen Antrieb beschäftigte und auf den verhältnismäßig kurzen Strecken von London nach Süden zur Kanalküste Triebwagenzüge mit Stromzuführung durch seitliche dritte Schiene einsetzte. Ebenfalls sehr geringes Interesse zeigten die amerikanischen Eisenbahnen. Lediglich im Ballungsgürtel Boston-New York-Washington war die Hauptstrecke mit Fahrdraht versehen, auf der die New York, New Haven & Hartford Railroad östlich von New York und die Pennsylvania nach Westen Elektro-Lokomotiven, darunter die berühmte GG1, einsetzten. Darüberhinaus wurden im Einzugsbereich von New York die Fernzüge sämtlicher Bahnen elektrisch befördert, da auf den teilweise in Tunneln geführten Strecken die Dampflokomotive gesetzlich verboten war. Sonst konnte man in den Vereinigten Staaten aber nur an sehr wenigen Stellen der Elektro-Lokomotive begegnen. Sie schleppte die Transkontinental-Züge der Chicago, Milwaukee, St. Paul & Pacific Railroad über zwei längere Abschnitte mit besonders starken Steigungen in den Rocky Mountains im Nordwesten des Landes, zog schwere Kohlenzüge der Virginian Railway durch die Südausläufer des Allegheny-Gebirges, und einige kleinere Industrie-Bahnen mit kürzeren, aber dicht befahrenen Strecken – z. B. die bereits 1913 von Dampf auf Strom umgestellte Butte, Anaconda & Pacific Railroad, die in Montana Kupfererz beförderte – waren sogar vollständig elektrifiziert. Doch damit sind wir auch schon ziemlich am Ende. Für die allermeisten amerikanischen Bahnen waren die Vor-

Bild 151: 2 C 1 h4, Nr. 6220 »Coronation«, der London, Midland & Scottish Railway. Erbaut 1937 in Crewe. Treibraddurchmesser 6 Fuß, 9 Zoll (2057 mm). Erhielt bei den British Railways die Nummer 46220 (Railway Museum York).

aussetzungen für elektrischen Betrieb zu ungünstig. Die Strecken waren zu lang, der Verkehr zu dünn und die teuren Investitionen hätten sich kaum gelohnt.
Dafür versuchte man es in Amerika mit der anderen Antriebsart, dem Dieselmotor, mit am Ende durchschlagendem Erfolg, wie wir wissen. Der Dieselmotor hat jedoch gegenüber der Dampflokomotive einen großen Nachteil: er kann nicht unter Last anlaufen. Der Arbeitsdruck, der die Dampfmaschine – auch mit der größtmöglichen Anhängelast – in Bewegung setzt, steht nach dem Anheizen des Kessels in jedem Augenblick in nahezu konstanter Größe zur Verfügung. Um jedoch den Arbeitsdruck im Zylinder des Motors zu erzeugen und ihn damit anlaufen zu lassen, ist *vorher* ein Kompressionsdruck aufzubringen, d. h. der Dieselmotor benötigt einen Anlasser. Da dieser aber nicht genau so groß, wie der Motor selber sein kann, vermag er ihn nur in Gang zu setzen, wenn dabei nicht noch zusätzlich Zugkraft aufzubringen ist, also in der Leerlaufstellung. Außerdem wirkt der Arbeitsdruck nur während eines verhältnismäßig kleinen Abschnitts der Kurbelwellenumdrehung. Daher ist für den Drehmomentausgleich, obwohl Dieselmotoren für Lokomotiven bis zu 16 Zylinder haben, ein Schwungrad erforderlich, das wiederum eine gewisse Mindestdrehzahl benötigt, um sich überhaupt bemerkbar machen zu können.
Anlasser und Mindestdrehzahl erfordern also eine elastische und abschaltbare Drehzahl- und Drehmoment-Übertragung zwischen Motor und Antriebsrädern. In Amerika wählte man dafür die einfache, aber schwere elektrische Übertragung, mit Generator und Elektro-Motoren an den Antriebsrädern. Eine solche Diesellokomotive ist also nichts anderes, als eine Elektro-Lokomotive, die ihr Kraftwerk immer mit sich herumschleppt, während es bei den eigentlichen Elektro-Lokomotiven weit von diesen entfernt und, für alle gemeinsam, an einem festen Ort stationiert ist. In den Augen der Amerikaner ist daher eine Elektro-Lokomotive gar keine richtige (vollständige) Lokomotive und sie nennen sie auch nur »motor«, allenfalls »electro-motive«.
Einen anderen Weg beim Dieselmotor-Antrieb ging man in Deutschland. Nachdem Versuche mit direktem Antrieb und mit Druckluft-Übertragung fehlgeschlagen waren, entwikkelte man den hydraulischen Antrieb mit hydrodynamischen Kupplungen und Wandlern nach dem Föttinger-Prinzip, der sich dann nach dem Kriege allgemein durchsetzte.
In England verhielt man sich diesen ganzen Neuentwicklungen gegenüber zunächst vorsichtig und abwartend. Schnelltriebwagen? Elektro-Lokomotive? Dieselmotor? Schön und gut, aber sollte doch erstmal die Dampflokomotive zeigen, was sie zu leisten vermochte. Sie war in England erfunden und in mehr als 100 Jahren ausgereift; sie hatte schon allerhand geleistet und konnte gewiß noch mehr. Es gab Männer genug, die fähig waren, das zu beweisen.
Greifen wir nur zwei aus der großen Zahl dieser Männer her-

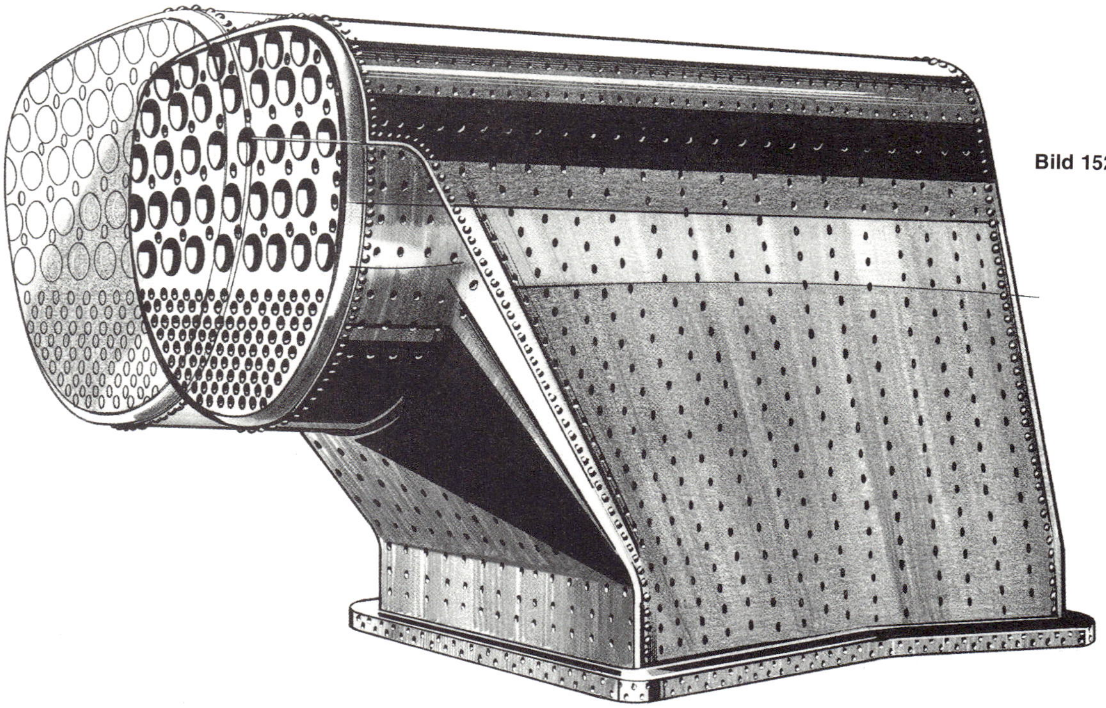

Bild 152

Bild 153

2 C 1 h3, Klasse A4, »Mallard«, London & North Eastern Railway, England.

Bild 152: Vergleich der Feuerbüchsen von Gresleys A 3- und A 4-Pacific-Lokomotiven. Ein schwacher Punkt der Pacific war die im allgemeinen hohe Belastung der Schleppachse, deren Achslast bei manchen Lokomotiven die der Kuppelachsen überschritt. Durch verschiedene konstruktive Kunstgriffe versuchte man, den Schwerpunkt möglichst weit nach vorne zu schieben und damit die Schleppachse zu entlasten. Gresley gelang dies in wirksamer Weise, unter anderem durch die besondere Form der Feuerbüchse. Er setzte nämlich die Neigung der vorderen Stehkesselquerwand, die normalerweise an der Kesselunterkante endete, bis zur Kesselmitte fort. Dadurch rückte die Feuerbüchsrohrwand etwa einen halben Meter nach vorn, was einmal zu der gewünschten Gewichtverlagerung führte, zum anderen aber auch die Strahlungsheizfläche erhöhte. Im Bild erkennt man deutlich die durch die besondere Konstruktion entstandene Andeutung einer Verbrennungskammer. Bei der A 4, die sich im übrigen konstruktiv nur sehr wenig von der A 3 unterschied, rückte die Rohrwand der Feuerbüchse noch um einen Fuß (305 mm) nach vorn, wie im Bild zu erkennen. Durch die so entstandene Verbrennungskammer erhöhte sich noch die Strahlungsheizfläche, während die thermische Belastung der Rohrwand herabgesetzt wurde. Außerdem war es gelungen, die Schleppachslast auf 77,3% der Kuppelachslast zu begrenzen.

Bild 153: Im Februar 1938 wurde die 4468 »Mallard« (Wildente) in der Bahnwerkstatt Doncaster der London & North Eastern Railway erbaut. Sie war die 29. der 35 A 4-Maschinen. Abgesehen von der auffallenden Stromlinienverkleidung mit dem stark geschwungenen Umlauf, unterschieden sich diese Lokomotiven nur wenig von ihren Vorgängerinnen, der Klasse A 3. So besaßen sie auch das gleiche Drillingstriebwerk und den gleichen Treibraddurchmesser von 6 Fuß, 8 Zoll (2032 mm). Die »Mallard« war die erste A 4, die mit einer Kylchap-Doppelschornstein-Anlage ausgerüstet wurde. Am 3. Juli 1938 errang diese Lokomotive den Geschwindigkeits-Weltrekord für Dampflokomotiven mit 126 mph (202,8 km/h), wenig mehr als zwei Jahre früher die deutsche 05 002 erreicht hatte. Nach dem Kriege wurde der untere Teil der Verkleidung entfernt und nach der Verstaatlichung der britischen Eisenbahnen 1948 erhielt die Lokomotive einen grünen Anstrich und die Nummer 60022. Im April 1963 wurde sie ausgemustert, anschließend in ihren alten Zustand zurückversetzt und zunächst im Clapham-Eisenbahnmuseum in London ausgestellt. Nach Schließung des Londoner Museums bekam sie ihren jetzigen Platz im Nationalen Britischen Eisenbahnmuseum in York.

aus, Herbert Nigel Gresley (später Sir Nigel Gresley), Fahrzeug-Dezernent (Chief Mechanicel Engineer) der London & North Eastern Railway (LNER) und William Arthur Stanier, der das gleiche Amt bei der London, Midland & Scottish Railway (LMS) bekleidete und später ebenfalls geadelt wurde. Auf den Linien dieser zwei Gesellschaften, den beiden größeren der 4 großen Bahnen, die nach dem 1. Weltkriege durch den Zusammenschluß der meisten englischen Eisenbahnen – dem »grouping« – entstanden waren, liefen die anglo-schottischen Expreßzüge. Sie verbanden London mit den beiden bedeutendsten Städten im Norden des Landes, Glasgow und Edinburgh, und stellten die wichtigsten und am meisten beachteten Züge in ganz England dar. Schon Ende des 19. Jahrhunderts spielten sich auf den beiden Hauptstrecken wahre

Technische Daten

Bahnverwaltung	**London & North Eastern Railway, England**
Achsanordnung:	
Deutsche Bezeichnung	**2 C 1 h3**
White classification	**4-6-2 (Pacific)**
Klasse	**A 4**
Bahnnummer	**4468; 22; 60022**
Erbauer	**Bahnwerkstatt Doncaster**
Werksnummer	**1870**
Baujahr	**1938**
Treibraddurchmesser	**80 in = 2032 mm**
Laufraddurchmesser, vorn	**38 in = 965 mm**
Laufraddurchmesser, hinten	**44 in = 1118 mm**
Zylinderdurchmesser	**3 x 18 ½ in = 470 mm**
Kolbenhub	**26 in = 660 mm**
Rohrlänge	**17 ft., 11 ¾ in = 5480 mm**
Verdampfungsheizfläche (wasserber.)	**2576 sq.ft. = 239,3 m²**
Feuerbüchsheizfläche (wasserber.)	**231.2 sq.ft. = 21,5 m²**
Überhitzerheizfläche	**749 sq.ft. = 69,6 m²**
Rostfläche	**41.25 sq.ft. = 3,83 m²**
Kesseldruck	**250 psi = 17,2 bar (17,6 kp/cm²)**
Reibungslast	**66 tons = 657,8 kN (67,1 Mp)**
Dienstgewicht, Lokomotive	**102.95 tons = 104,6 t**
Dienstgewicht, Lok + Tender	**168.4 tons = 171,1 t**
Kohlenvorrat	**9 t**
Wassermenge	**5000 Imp. gal. = 22,7 m³**
Höchste erreichte Geschwindigkeit	**126 mph = 202,8 km/h**
Treibraddrehzahl	**529,5 Upm**
Indizierte Leistung	**über 2000 kW = über 2700 PS**
Mittlere Kolbengeschwindigkeit	**11,65 m/s**
Vergleichsgeschwindigkeit (Reihe 01 DRG)	**199,6 km/h**

Eisenbahn-»Rennen« ab, die berühmten »Races to the North« – wir haben sie bereits in Kapitel III kennengelernt –, deren Erfolgsberichte in den Zeitungen mit großem Interesse gelesen und oft mit wahrer Begeisterung aufgenommen wurden. Nach dieser hektischen Zeit trat eine ruhigere Periode ein, die Fahrzeiten wurden durch ein gegenseitiges Abkommen geregelt und die Konkurrenz zeigte sich mehr in wachsendem Komfort und besser ausgestatteten und damit schwereren Zügen.

Etwa gleichzeitig mit dem Ende der Fahrzeit-Vereinbarungen im Jahre 1932 begann die weltweite Verkehrsbeschleunigung, die zur »Stromlinien«-Zeit führte, zeigten sich erste Erfolge der neuen Antriebsformen bei der Eisenbahn, zwar weniger in England, doch auch dort aufmerksam verfolgt, und zwang schließlich die wachsende Konkurrenz des Luft- und des Autoverkehrs die Eisenbahn zu erhöhten Anstrengungen. Das Publikum erwartete komfortablere Züge mit kürzeren Fahrzeiten und die Eisenbahnen mußten diese Erwartungen erfüllen. Noch schnellere und noch leistungsfähigere Lokomotiven als man sie bis dahin kannte, waren nötig, vor allem natürlich für die herausragenden Spitzenzüge, und das waren in England vor allem die Expreßzüge der Nord-Süd-Strecken. Gresley und Stanier waren die geeigneten Persönlichkeiten, diese Lokomotiven zu entwerfen, und dank ihrer konstruktiven Fähigkeiten führten sie die Dampflokomotive zum Höhepunkt ihrer Entwicklung in Großbritannien.

Wie sah es nun im Schnellzugverkehr dieser beiden Bahnen zu Beginn der 30er Jahre aus? Auf der 393 Meilen (632 km) langen Ostküsten-Strecke der LNER zwischen London, Kings Cross, und Edinburgh liefen schon seit Anfang der 20er Jahre die 2 C 1 h3 der Klasse A 1. Gresley hatte diese erste serienmäßige Pacific in England bereits im Jahre 1922 bei der Great Northern Railway eingeführt. Als diese Bahn ein Jahr später in der LNER aufging, erhielt Gresley das Amt des Fahrzeug-Dezernenten der neuen Gesellschaft, das er bis zu seinem Tode im Jahre 1941 behielt. Seine ausgezeichneten und schnellen Pacifics – aus der A 1 war durch Detailverbesserungen die A 3 (Kapitel XIV) entstanden – beherrschten den schweren Schnellzugsdienst dieser Bahn. 78 der eleganten, schwarzgrünen Maschinen wurden bis zum Jahre 1935 gebaut und die älteren (A 1) nach und nach in die verbesserte Ausführung (A 3) umgewandelt.

Bei der LMS bot sich jedoch ein anderes Bild. Obwohl der Weg der Westküsten-Route von London, Euston, bis Glasgow nicht nur 14 km weiter als die Ostküsten-Route nach Edinburgh war, sondern dabei auch noch zwei schwierige Steigungsabschnitte mit Neigungen bis zu 13,5 ‰ zu überwinden waren, wobei die Züge die für englische Verhältnisse ungewöhnlichen Höhen von 280 m (Shap) und 310 m (Beattock) zu erklimmen hatten, herrschte bei der Bahn zunächst die Politik der leichten Lokomotiven. Eine bereits 1902 von Johnson für die Midland Railway entworfene 2 B n3v, von Deely zur

Bild 154: 2 C 1 h3, Nr. 4468 »Mallard« (Wildente), Klasse A 4. Nigel Gresleys berühmteste Lokomotive. Erreichte im Jahre 1938 eine Geschwindigkeit von 126 mph (203 km/h). Erbaut 1938 in der Bahnwerkstatt Doncaster. Treibraddurchmesser 6 Fuß, 8 Zoll (2032 mm). In dieser Form und mit blauem Anstrich ist die Lokomotive im Eisenbahnmuseum in York zu sehen (Railway Museum York).

2 B h3v (»Midland Compound«) weiterentwickelt, wurde etwas geändert und geringfügig verstärkt, die Standard-Schnellzuglokomotive der LMS. Obwohl man hätte voraussehen können, daß die Reibungslast von rund 400 kN (etwas über 40 Mp) bei den ständig steigenden Zuggewichten selbst für mittelschwere Züge in kurzer Zeit zu knapp wird, wurden die »Standard Compounds« in verhältnismäßig großer Stückzahl nachgebaut, und zogen selbst die schwersten Schnellzüge, dann natürlich in Doppel- oder sogar Dreifach-Traktion. Es dauerte jedoch nicht lange, bis man merkte, wie unwirtschaftlich dieses Verfahren war, und als die Lage schließlich unhaltbar wurde, beschaffte Henry Fowler, damaliger Fahrzeug-Dezernent der Bahn, in aller Eile 70 schwere 2 C h3, die »Royal Scots«, die dem Betrieb eine erhebliche Entspannung brachten.

Diese Verhältnisse und im übrigen ein buntes Sammelsurium verschiedenster Lokomotiven der Vorgänger-Bahnen fand William Stanier vor, als er im Jahre 1932 die Nachfolge Fowlers antrat. 40 Jahre war er zuvor bei der Great Western Railway in verschiedenen Positionen tätig gewesen, war vertraut mit der von Churchward eingeleiteten Standardisierung und schätzte die vorzüglichen und wirtschaftlichen Vierlings-Ten Wheeler der »Star«-, »Castle«- und »King«-Klassen. Sofort nach seinem Amtsantritt begann er mit einem umfangreichen Modernisierungs-Programm, von dem uns hier natürlich vor allem die Schnellzuglokomotiven interessieren. Er sah bald, daß für die schwersten Züge selbst die Ten-Wheeler nicht mehr ausreichte, und so erschienen im Jahre 1933 die ersten beiden Pacifics der LMS, die spätere »Princess Royal«-Klasse, benannt nach der ersten Maschine, Nummer 6200 »The Princess Royal«. (Bild 150) Bei seinem Entwurf hatte sich Stanier eng an die »Kings« der Great Western angelehnt. Raddurchmesser und Achsstand im vorderen Teil, Anordnung und Abmessungen der Zylinder, aber auch der kleine Überhitzer waren von diesen mächtigen Ten-Wheelern übernommen. Die neuen LMS-Pacifics waren also Vierlings-Lokomotiven mit Zweiachs-Antrieb – Treibraddurchmesser 6 Fuß, 6 Zoll (1981 mm), – deren Außenzylinder dicht an der ersten Kuppelachse und den Innenzylinder über der führenden Laufachse lagen. Stanier hatte die Zylinder jedoch schwach geneigt angeordnet, wodurch er auf die bizarre Drehgestellkonstruktion der »Kings« – halb Außen-, halb Innenrahmen – verzichten konnte und mit einem normalen Innenrahmen-Drehgestell auskam. Abweichend von den »Kings« waren 4 getrennte Walschaerts-(Heusinger)-Steuerungen und – natürlich – ein wesentlich größerer Belpaire-Kessel vorgesehen. Die Schleppachse war in einem Bisselgestell mit Außenrahmen gelagert.

Als Ergebnis der ausgedehnten Versuchsfahrten mit den beiden ersten Lokomotiven wurden die restlichen 10 Maschinen dieser Klasse mit einem verbesserten Kessel ausgerüstet, den dann auch die ersten zwei erhielten. Die Feuerbüchse wurde durch eine Verbrennungskammer verlängert, unter entsprechender Verkürzung der Rohrlänge. Auf Kosten der Rohrheizfläche vergrößerte sich damit die hochwirksame Strahlungsheizfläche. Gleichzeitig wurde aber auch der Überhitzer vergrößert und die Kessel bekamen einen Dom. Mit diesen 12 Maschinen, die zu den leistungsfähigsten im ganzen Lande gehörten, konnten die schwersten Expreßzüge ohne Vorspann über die schwierige Strecke befördert und die Fahrzeiten sogar noch gekürzt werden.
So war die Lage am Anfang der 30er Jahre. Bei beiden Bahnen liefen eine Anzahl hochwertiger und auch schneller Lokomotiven, geeignet für alle Anforderungen des derzeitigen Betriebes. Doch sowohl Gresley, als auch Stanier wußten, daß diese Maschinen für die kommenden Hochgeschwindigkeits-Züge nicht ausreichten, selbst wenn diese Züge leichter als die vorhandenen waren. Es mußten also wieder neue, noch leistungsfähigere Lokomotiven entworfen werden, wobei die vorgesehenen Geschwindigkeiten eine strömungsgünstige Verkleidung unbedingt erforderten, weil, wie Berechnungen und Windkanalversuche zeigten, der Luftwiderstand schließlich einen so großen Leistungsanteil verschlingen würde, daß am Zughaken zu wenig übrig bliebe. Die größeren Investitionskosten und das höhere Gewicht der verkleideten Lokomotive spielten demgegenüber nur eine untergeordnete Rolle. Verständlicherweise entstanden die neuen Entwürfe auf der Konstruktions-Grundlage der vorhandenen Lokomotiven, doch es ist interessant, zu sehen, was dabei geändert wurde, und wieweit die Änderungen gingen.
Den Anfang machte die LNER mit dem »Silver Jubilee«, benannt nach dem 25jährigen Thronjubiläum von König George V. Der ganze Zug war völlig neu und erregte schon allein durch sein Aussehen beträchtliches Aufsehen. Passend zum Namen erstrahlten nicht nur die Wagen, sondern auch die Lokomotive in silbrigem Anstrich. Die Garnitur, ebenfalls von Gresley entworfen, bestand aus mehreren Gelenkwagen, d. h. jeweils zwei zusammengehörige Wagenkästen saßen auf nur drei Drehgestellen. Die komfortabel eingerichteten Wagen hatten die üblichen, leicht nach außen gewölbten Seitenwände moderner britischer Schnellzugwagen, besaßen jedoch zusätzlich zwischen den Drehgestellen Schürzen, die bis fast zur Schiene herabreichten. Den auffälligsten Anblick boten aber die 4 neuen Pacific-Lokomotiven, Klasse A 4, die für den Zug vorgesehen waren. Sie besaßen eine Verkleidung, deren Vorder- und Oberkante in der Seitenansicht einen riesigen, vorne stärker, hinter dem Schornstein nur noch schwach gekrümmten Bogen bildete, der von der Pufferbohle bis zur Hinterkante des Führerhausdaches reichte, und aus dem lediglich der Schornstein und die davor stehende Dampfpfeife herausragten. Besonders auffallend war, daß der Umlauf ebenfalls in einem weiten Bogen verlief, der zunächst anstieg, etwa an der Vorderkante des ersten Kuppelrades seinen höchsten Punkt erreichte und von da bis zur hinteren, unteren Ecke des Führerhauses abfiel. Nur die Unterkante der Verkleidung war grade. Sie verlief vorne unterhalb der Zylinder, hob sich jedoch dahinter auf 1,2 m Höhe und bildete von da eine grade Linie, die bis zur Tenderhinterkante reichte und sich in der Unterkante der Wagenkästen fortsetzte.
Schauen wir unter die seltsame Verkleidung der neuen Lokomotiven, so stellen wir mit Erstaunen fest, daß Gresley gegenüber der bewährten A 3 (Bild 100) nur sehr wenig geändert hatte. Achsstände, Raddurchmesser, Triebwerk, Lage der Zylinder – mit dem stark geneigten, weit zurückgeschobenen Innenzylinder – und auch der patentierte Antrieb des Innenschiebers durch zwei unterschiedliche Hebel waren unverändert übernommen. Lediglich der Zylinderdurchmesser war um $\frac{1}{2}$ Zoll auf 18 $\frac{1}{2}$ Zoll (470 mm) verringert, da Gresley den Kesseldruck von 220 psi (15,2 bar) auf 250 psi (17,2 bar) angehoben hatte. Zweckmäßigerweise wurde gleichzeitig der

Bild 155: Nachbildung der Plakette, die an der Verkleidung der »Mallard« zur Erinnerung an ihre Rekordfahrt angebracht wurde. Ebenfalls im Eisenbahnmuseum zu sehen (British Railways Board).

Bild 156: 2 C 1 h4, Nr. 46235, der British Railways, ehemalige Nr. 6235 der »Coronation«-Klasse. Die Rauchkammer zeigt noch die abgeplattete Form, die nach dem Abbau der Verkleidung hervortrat. Später durch normale, kreisrunde Form ersetzt. Die 46235 trägt den Namen »City of Birmingham« (British Rail).

Schieberdurchmeser von den etwas knappen 8 Zoll (203 mm) auf 9 Zoll (229 mm) heraufgesetzt und die Dampfwege etwas strömungsgünstiger gestaltet. Auch am Kessel wurde so wenig wie möglich geändert. Abgesehen vom höheren Druck, blieben die Hauptmaße, die Rohrteilung und die Rostfläche gleich, doch in zwei Punkten konnte der Kessel noch verbessert werden. Die Überhitzerheizfläche wurde vergrößert und, durch eine einen Fuß (305 mm) lange Verbrennungskammer, auch die Feuerbüchsheizfläche. (Bild 152) Da bei der A 3 die zulässige Achslast von etwa 219 kN (rund 22,4 Mp) schon voll ausgenutzt war, mußte das Mehrgewicht, das hauptsächlich durch die Verkleidung entstand und 6,8 t betrug, von den Laufachsen aufgenommen werden. Trotzdem stieg die Last der Schleppachse erst auf den Wert von 77,3% der Kuppelachslast, ein Beweis für die ausgewogene Lastverteilung der Lokomotiven.

Die 4 Lokomotiven, in deren Namen übrigens ebenfalls das Wort »Silber« wiederkehrte, erfüllten voll die in sie gesetzten Erwartungen. Nur drei Wochen, nachdem die erste Maschine, die 2509 »Silver Link«, das Herstellerwerk, die Bahnwerkstatt Doncaster, verlassen hatte, erreichte sie am 27. September 1935 mit einem Probezug von 235 t eine Höchstgeschwindigkeit von 112.5 mph (181 km/h). Noch bemerkenswerter vielleicht ist aber die Tatsache, daß sie bei dieser Probefahrt eine Strecke von 43 Meilen (69 km) mit 100 mph (161 km/h) Durchschnitt zurücklegte.

Nach dem großen Erfolg des »Silver Jubilee« und seiner bemerkenswerten Lokomotiven, entstanden zwischen Dezember 1936 und Juli 1938 noch 31 weitere A 4-Maschinen, alle im Werk Doncaster erbaut. Nachdem die Lokomotiven zunächst die grüne Farbe der LNER-Schnellzuglokomotiven erhalten hatten, wurden später, als ein neuer Expreßzug mit dem Namen »Coronation« und dunkelblauem Anstrich eingeführt war, alle Maschinen mit dieser Farbe – dem »Garter blue« – versehen. Die vierachsigen, steifrahmigen Tender faßten 9 t Kohle und 5000 imp. gal. (22,7 m³) Wasser; wegen der Wasserschöpfeinrichtung genügte das selbst für die längsten Strecken. Obwohl alle Tender auf den ersten Blick gleich aussahen, existierten für die A 4s tatsächlich 7 verschiedene Tender-Typen, teils mit, teils ohne Seitengang.

Diesen 35 Rennern der Klasse A 4, die an der Spitze der insgesamt 118 Pacifics der LNER standen, hatte die größere LMS zunächst lediglich die 12 Pacifics der »Princess Royal«-Klasse entgegenzusetzen. Doch als im Krönungsjahr Georgs VI., 1937, die LNER mit dem »Coronation« die Fahrzeit von London nach Edinburgh auf 6 Stunden herabdrückte, erschien auch bei der LMS ein neuer Hochgeschwindigkeits-Expreß, an dessen Spitze nun ebenfalls eine mächtige Stromlinien-Lokomotive lief. (Bild 151) Der Name der ersten Lokomotive, 6220 »Coronation«, und der Name des Zuges, »Coronation Scot«, können leicht mit dem »Coronation« der LNER verwechselt werden, doch außer der Namensähnlichkeit bestanden wenig Gemeinsamkeiten. Der »Coronation Scot« war zwar auch blau, doch war es das etwas dunklere Preußisch blau, und von der Spitze der Lokomotive zogen sich Silberstreifen in Höhe der Fenster entlang des gesamten Zuges. Die Wagen waren normale Vierachser – mit allerdings sehr eleganter Innenausstattung – und sie hatten keine Schürze zwischen den Drehgestellen. Auch die Lokomotiven – fünf Stück waren, englischem Brauch entsprechend, in der eigenen Bahnwerkstatt, das war in diesem Falle Crewe, erbaut worden – unterschieden sich erheblich von denen der Konkurrenz.

Vergleicht man die neue »Coronation«-Klasse mit ihrer Vorgängerin, der »Princess Royal«-Klasse, dann sieht man, daß die Unterschiede zwischen beiden wesentlich größer waren, als zwischen den entsprechenden Klassen der LNER, der A 4 und der A 3. Stanier hatte die Treibräder auf 6 Fuß, 9 Zoll (2057 mm), vergrößert, sie jedoch so eng wie möglich aneinander gerückt und den Gesamtachsstand der Maschinen etwas verkleinert; sie wirkten dadurch kompakter. Die Außenzylinder waren bis fast zur Drehgestellmitte vorgerückt, wodurch die Dampfwege günstiger gestaltet werden konnten. Daß die inneren und die äußeren Treibstangen nun nicht mehr gleich lang waren, spielte demgegenüber keine große Rolle. Eine beträchtliche Verbesserung bedeutete es jedoch, daß die inneren Steuerungen weggefallen und nur noch die beiden äußeren vorhanden waren, von denen in üblicher Weise durch Hebel die inneren Schieber mitbetätigt wurden. Das wärmetechnisch ungünstige Vierlings-Triebwerk hatte Stanier jedoch beibehalten. Das kann verschiedene Gründe gehabt haben. Möglicherweise bestand in England eine allgemeine Abneigung gegen das Verbundtriebwerk, die von Francis Webbs merkwürdigen und wenig erfolgreichen Dreizylinder-Verbund-Maschinen herrührte. Es kann aber auch sein, daß man die Schwierigkeit der gleichmäßigen Leistungsverteilung auf Hoch- und Niederdruck-Triebwerk oder die zusätzliche Komplikation durch die notwendige Anfahrvorrichtung befürchtete. Schließlich besteht noch eine dritte Möglichkeit. Bei den hohen Leistungen wären die Niederdruck-Zylinder so groß geworden, daß sie nicht mehr zwischen den Rahmen gepaßt hätten, wegen des knappen englischen Profiles jedoch auch außerhalb des Rahmens kein ausreichender Platz mehr gewesen wäre.

Ein größerer Kessel verlieh den Lokomotiven eine noch höhere Leistung, als sie ihre Vorgängerinnen aufbringen konnten, wenn auch die Anfahrzugkraft, trotz etwas größerer Zylinderdurchmesser und bei gleichem Kesseldruck (250 psi = 17,2 bar), wegen der größeren Treibräder ein klein wenig niedriger war. Wie Gresley bei seinen Lokomotiven, hatte Stanier ebenfalls die Kolbenschieber auf 9 Zoll (229 mm) vergrößert.

Es ist interessant zu sehen, daß Stanier bei der Verkleidung der Lokomotiven einen ganz anderen Weg als Gresley gegangen war. Die »Coronations« ähnelten etwas den späteren verkleideten Lokomotiven der Reihe 01^{10} der Deutschen Reichsbahn, und zwar der Ausführung, bei der die Verkleidung im Bereich der Treibräder hochgezogen war. Auch bei den »Coronations« lagen die Treibräder zum größten Teil frei, die Unterkante der Verkleidung war hier sogar bis etwa 1,6 m hochgezogen. Der größte Unterschied zu Gresleys A 4 lag jedoch in der Frontpartie. Im Gegensatz zur mehr keilförmigen Front der A 4 hatten Staniers Pacifics eine allseitig abgerundete Haube. Welche die bessere war, ist allerdings nie genau untersucht worden.

Die LMS beschaffte insgesamt 24 Lokomotiven der »Coronation«-Klasse, von denen allerdings nur die ersten 5 den blauen Anstrich trugen; die restlichen erhielten das normale rot, das die Bahn für ihre Schnellzuglokomotiven vorgesehen hatte. Dazu kamen noch 14 unverkleidete, im übrigen aber genau gleiche Maschinen, die »Duchess«-Klasse. Diese 38 großen Lokomotiven waren die leistungsfähigsten englischen Pacifics überhaupt. Bei einer Versuchsfahrt mit einem 20-Wagen-Zug von über 600 t im Februar 1939 erreichte die 6234 »Duchess of Abercorn« Zylinderleistungen von über 3300 PS (fast 2500 kW). Doch darüberhinaus waren die Lokomotiven auch recht schnell. Gleich bei der Vorführungsfahrt des neuen »Coronation Scot« am 29. Juni 1937 stellte die 6220 »Coronation« mit 114 mph (183 km/h) einen neuen Geschwindigkeits-Rekord für die Insel auf.

Natürlich versuchte die LNER das »Blaue Band der Schiene« zurückzuholen, doch es dauerte über ein Jahr, bis es gelang. So gut nämlich die A 4-Maschinen waren, sie hatten einen schwachen Punkt: das innere Treibstangenlager neigte zum Heißlaufen. Bei der Gresley-Steuerung konnte es vorkommen, daß der innere Zylinder mehr Leistung, als die beiden äußeren erhielt und dieses Zuviel an Leistung nahmen, vor allem natürlich bei hohen Drehzahlen, die Lager übel. Man mußte also schon etwas vorsichtig sein. Doch am 3. Juli 1938 war es endlich so weit. Bei der an diesem Tag angesetzten Rekordfahrt hoffte man nicht nur den britischen Rekord zurückholen zu können, sondern beabsichtigte auch einen Angriff auf den offiziellen Geschwindigkeits-Weltrekord für Dampflokomotiven, den seit über 2 Jahren die deutsche 05 002 hielt (Kapitel XX). Man hatte für die Fahrt die Lokomotive 4468 »Mallard«

Bild 157: 2 C 1 h3, Klasse A 4, Nr. 60022 »Mallard«, der British Railways. Letzter Zustand der berühmten Lokomotive mit teilweise abgenommener Verkleidung. Ausgemustert im April 1963. Über dem Treibrad ist die Plakette zu erkennen (British Railways Board).

(Wildente; die meisten A 4-Lokomotiven hatten Namen aus der Ornithologie erhalten) vorgesehen (Bild 153). Sie war erst etwas über ein viertel Jahr alt und besaß als erste A 4 eine Kylchap-Doppelschornstein-Anlage, von der man sich eine bessere Dampferzeugung und höhere Kesselleistung versprach. Darüberhinaus unterschied sie sich nicht von den Serien-Maschinen, doch war sie natürlich besonders sorgfältig vorbereitet worden. Der Zug bestand aus dem Meßwagen und drei Doppelwagen, zusammen 244 t. Am Regler der Lokomotive stand Lokführer Duddington, die Arbeit des Kohleschaufelns vollführte Heizer Bray, der ab und zu von Inspektor Jenkins abgelöst wurde, der als dritter auf dem Führerstand mitfuhr. Die Fahrt begann in Grantham, 170 km nördlich von London. Von hier steigt die Strecke mit 5 ‰, bis zum 5.4 Meilen (8,7 km) entfernten Gipfel von Stoke. »Mallard« beschleunigte kräftig und hatte am Gipfel bereits 74.5 mph (120 km/h) erreicht. Im anschließenden Gefälle stieg die Geschwindigkeit rasch weiter und kurz vor Essendine, bei Meilen-Pfosten 90, fuhr der Zug ein kurzes Stück mit der Höchstgeschwindigkeit von 126 mph, das sind 202,8 km/h. Kurz danach schloß Lokführer Duddington den Regler und ließ den Zug auslaufen. Das war gut so, denn als der Zug in Peterborough, 46,8 km südlich von Grantham, anhielt, stellte man fest, daß auch diesmal das mittlere Treibstangenlager heißgelaufen war, und die Lokomotive mußte abgekuppelt werden. Und so wurde der Weltrekordzug, als er nachmittags in London, Kings Cross, einlief, zum Erstaunen des Publikums von einer Great Northern-Atlantic gezogen.

Man hat den Rekord der »Mallard« häufig abgewertet, da er in einem leichten Gefälle von etwas mehr als 4 ‰ erreicht wurde. Doch muß man gerechterweise einige Punkte berücksichtigen, die die Sache in einem anderen Licht erscheinen lassen. Die Anhängelast der »Mallard« war höher als die 197 t, die die 05 002 zu ziehen hatte; das gleicht einen Teil der Gefällevorteile schon wieder aus. Darüberhinaus war die englische Lokomotive wesentlich kleiner, als die deutsche; sie war sogar kleiner als die deutsche Pacific, Reihe 01^{10}. Daher sind die über 2000 kW (mehr als 2700 PS) Zylinderleistung, die die »Mallard« nach der Rechnung aufzubringen hatte, zwar wenig gegenüber den 2500 kW (3400 PS) der 05, doch eine 01^{10} hätte diese Leistung mit Sicherheit nicht erreichen können. Abgesehen vom Triebwerk, das schon weit unterhalb 200 km/h seinen Geist aufgegeben hätte, war auch der Kessel der deutschen Lokomotiven, mit der relativ kleinen Feuer-

büchse, wesentlich schlechter für derartig hohe Leistungen geeignet. Dank der Verbrennungskammer, durch die die Feuerbüchsheizfläche der A 4 auf 9 % der Gesamtheizfläche heraufgesetzt wurde – bei der 01^{10} waren es nur 6,8 % –, konnte die »Mallard« viel besser mit Heizflächenbelastungen fertig werden, für die die Rechnung Werte von über 80 kg/m²h ergibt. Verglichen mit der 05 muß man ferner das höhere Drehzahlniveau der englischen Maschine in Betracht ziehen. 230 km/h hätte die erstere fahren müssen, um auf die Drehzahl von 529,5 Upm zu kommen, die die »Mallard« bei ihrer Rekordfahrt erreichte. Und schließlich war die 05 als reine Versuchslokomotive wesentlich besser den extremen Geschwindigkeiten angepaßt, als die Klasse A 4, deren konstruktive Grundlage in der Beförderung schneller Züge lag, wobei die Geschwindigkeiten jedoch im allgemeinen unter 100 mph (rund 160 km/h) blieben.
Andererseits läßt sich aber auch erkennen, daß die »Mallard« bei ihrer Rekordfahrt offenbar – zumindest vom Triebwerk her – ihre Belastungsgrenze erreicht hatte, während das bei der Fahrt der 05 allem Anschein nach nicht der Fall war. Sicherlich hätte die deutsche Lokomotive noch schneller fahren können, doch man gab sich mit der knappen Überschreitung von 200 km/h zufrieden, hauptsächlich wohl aus Sicherheitserwägungen, zumal bei der damaligen Rekordfahrt der Verkehrsminister an Bord des Zuges war und man schon deswegen jedes Risiko vermeiden mußte. Es erhebt sich natürlich die Frage, warum die Deutsche Reichsbahn nicht den Versuch machte, den Weltrekord für die schnellste Dampflokomotive zurückzuerobern, was ihr mit großer Wahrscheinlichkeit gelungen wäre. Die naheliegende Antwort ist, daß man keinen Wert darauf legte. Der Geschwindigkeitsbereich, für den sich die Bahn interessierte, lag zwischen etwa 140 und 180 km/h, und hier hatte man in zahlreichen Versuchsfahrten genug wertvolle Erkenntnisse gewonnen. Wozu also die teure Lokomotive durch unnötige »Raserei« einem kaum vorhersehbaren Risiko aussetzen? Denn außer ein wenig Prestige war kaum etwas zu gewinnen, aber die Lokomotive konnte Beschädigungen davontragen, die mit hohen Folgekosten verbunden waren. Doch selbst wenn dieser Fall nicht eintrat, jede Höchstgeschwindigkeitsfahrt erforderte nicht nur erhebliche Kosten, sondern brachte auch den Betrieb durcheinander, da die vorgesehene Strecke, abgesehen davon, daß sie in einwandfreien Zustand versetzt werden mußte, auch lange vorher von jeglichem Zugverkehr zu räumen war. Und da sich für diese Versuche nur die Hauptstrecken eigneten, die meistens mit regulären Zügen dicht belegt waren, kann man sich leicht ausmalen, daß so manche Dienststelle von diesen Fahrten wenig erbaut war.
So blieb die »Mallard« die offiziell schnellste Dampflokomotive der Welt, was ihr 10 Jahre später durch eine Plakette (Bild 155) bescheinigt wurde, die man oberhalb der mittleren Treibräder an ihrer Kesselverkleidung anbrachte. Nach der Rekordfahrt und der Reparatur des Treibstangenlagers, lief sie, zusammen mit ihren Schwestern, weiter im Plandienst der schnellsten Züge der LNER. Nach dem Kriege kamen 34 Maschinen bei der Verstaatlichung, 1948, zu den British Railways; die 4469 »Sir Ralph Wedgewood« war 1942 durch einen Bombentreffer in York so schwer beschädigt, daß sie ausgemustert wurde. Während man aber bei den »Coronations« der LMS – genau wie bei sämtlichen deutschen Stromlinienlokomotiven – die Verkleidung entfernte (Bild 156), behielten alle Maschinen der Klasse A 4 die ihre, lediglich die Seitenbleche unterhalb des Umlaufs wurden abgenommen. Manche Beobachter meinen, daß das dem Aussehen der Maschinen nicht zum Nachteil gereichte. Übrigens scheint die merkwürdige keilförmige Verkleidung der A 4 die Eigenschaft gehabt zu haben, Rauch und Dampf in die richtige Richtung zu lenken, denn niemals hat es an einer A 4, wie an so vielen anderen Lokomotiven, irgendeine Form von Windleitblechen gegeben.
Nachdem die »Mallard« zunächst im Jahre 1946 die Nummer 22 erhalten hatte, wurde daraus bei den British Railways 60022. (Bild 157) Mit dieser Nummer wurde sie dann im April 1963, nach etwas über 25 Betriebsjahren und einer Laufleistung von mehr als 1.3 Millionen Meilen (über 2,1 Million km), ausgemustert. Danach wurde sie in ihren Ursprungszustand zurückversetzt und einige Jahre im Clapham-Eisenbahnmuseum in London ausgestellt. Man hat sie jedoch nicht einseitig aufgeschnitten, auch nicht die Verkleidung, wie bei der 05001 in Nürnberg. Nach Schließung des Clapham-Museums kam sie in das neue Museum in York. Dort kann man heute die einstmals schnellste Dampflokomotive der Welt bewundern, deren elegante, schwungvolle Linien immer wieder zahlreiche Besucher, und unter diesen auch sehr viele junge, faszinieren.

XXII. Noch eine schnelle Tenderlokomotive

2 C 2h2t, 61001, Deutsche Reichsbahn, Deutschland

An einem Frühlingstag des Jahres 1935 rollte langsam eine Lokomotive durch das Werkstor der Firma Henschel & Sohn in Kassel, überquerte den Holländischen Platz und verschwand über die Wolfhager Straße, hinauf in Richtung Güterbahnhof. Zwar war, vor allem für die in der Umgebung wohnenden Kasseler Bürger, ein solches Schauspiel nichts besonderes, doch diesmal unterschied sich die Lokomotive so sehr vom gewohnten Bild, daß mehr Zuschauer als sonst stehen blieben und sich diese merkwürdige Maschine betrachteten. Sie glich so gar nicht dem gewohnten Bild der Dampflokomotive, wie man sie schon unzählige Male aus dem Fabrikhof hatte kommen sehen. Alles was dazu gehörte – der Kessel mit seinen Rohrleitungen und Aufbauten, die Zylinder, das Triebwerk, die Räder, die Pumpen und sonstigen Hilfseinrichtungen – verdeckte eine vom einen bis zum anderen Ende reichende Stromlinienverkleidung, die lediglich oberhalb der Führerhausfenster etwas eingezogen war; und nur der Dampf, der an dem Ende der »Karosserie« aufstieg, an dem der Schornstein zu vermuten war, und das typische Geräusch einer langsam fahrenden Dampflokomotive, ließen darauf schließen, daß es sich tatsächlich um eine solche handeln könne. Denn zu der weit herabreichenden Verkleidung, bei der von den Rädern kaum etwas zu erkennen war, geschweige denn ihre Größe erahnt werden konnte, kam noch der gänzlich ungewohnte, farbenprächtige Anstrich hinzu.
Von der Unterkante der ebenfalls verkleideten Puffer bis zur Oberkante der versenkt angeordneten Scheinwerfer, zog sich ein etwa ein Meter breiter, violetter Streifen entlang der gesamten Lokomotive. Darüber befand sich ein goldgelbes Feld, das bis zur Unterkante der Führerhausfenster reichte, und oben durch ein ebenfalls violettes, schmales Band begrenzt wurde, das jedoch an den beiden Enden der Lokomotive schräg nach unten verlief. Ober- und unterhalb dieser Farbstreifen war die Verkleidung silbergrau. Zwar kannten einige eine derartige Farbgebung bereits vom »Rheingold«, aber da waren es nur die Wagen, die einen so auffälligen Anstrich trugen, die Lokomotiven dieses luxuriösesten Zuges der Reichsbahn – normale Pacific-Schnellzuglokomotiven der Baureihen 01 oder 18 – waren nach wie vor schwarz, sieht man von der im allgemeinen nur noch in Resten vorhandenen roten Farbe ab, die am Triebwerk noch zu erkennen war. Hier aber trug die Lokomotive selbst zum ersten Male ein prächtiges, buntes Farbenkleid. Nur wenige wußten jedoch, daß zur gleichen Zeit bei der Wagenbau-Firma Wegmann, die ebenfalls in Kassel ansässig ist, ein aus 4 Wagen bestehender Zug entstand, der in den gleichen Farben prangte und mit der Lokomotive zusammen eine triebwagenähnliche Einheit bilden sollte.
Betrachtete man die neue Lokomotive von beiden Seiten, so fiel auf, daß sich die Führerhaustür stets an der linken Seite des Führerstandes befand, die Fenster also auf der einen Seite zwischen der Tür und dem langen Ende, auf der anderen Seite aber zwischen Tür und kurzem Ende angeordnet waren. Da auch die beiden Enden der Maschine fast gleich waren, fiel es auf den ersten Blick nicht ganz leicht, zu sagen, wo nun vorne und wo hinten sei.
Natürlich ließ sich aus der vollständigen Verkleidung der fast 18,5 m langen Lokomotive schließen, daß sie für hohe Geschwindigkeiten vorgesehen war.Eine zusätzliche Information gaben ferner die Nummer »61 001« und die damals noch übliche Betriebsgattungs-Bezeichnung am Führerstand »St 37.18«. Sie besagten, daß es sich um eine siebenachsige Schnellzug-Tenderlokomotive handelte, deren drei Kuppelachsen eine mittlere Achslast von etwa 18 Mp (rund 180 kN) besaßen.
Die Zugkomposition aus der Lokomotive und den 4 kurzgekuppelten und ebenfalls strömungsgünstig gestalteten Wagen, zu der der offenbar wenig fantasievollen Bahnverwaltung kein anderer Name einfiel, als »Henschel-Wegmann-Zug«, stellt den Versuch der Deutschen Reichsbahn dar, ein dampfbetriebenes Gegenstück zu den dieselelektrischen Schnelltriebwagen zu schaffen. Man wollte ebenfalls mit bis zu

160 km/h fahren, ohne auf den teuren und einfuhrabhängigen Dieseltreibstoff angewiesen zu sein.
Die Idee einer Schnellfahr-Tenderlokomotive war an sich schon recht alt. Eine der frühesten Hochgeschwindigkeits-Lokomotiven, die berühmten breitspurigen 2 A 2 der englischen Bristol & Exeter Railway von 1848, die wir in Kapitel I kennengelernt haben, zeigte sich in der damals noch sehr seltenen Bauart der Tenderlokomotive. Doch dieses Experiment wurde nicht wiederholt, die Zeit war noch nicht reif für eine derartige Maschine. Als die Tenderlokomotive sich später durchzusetzen begann, wurde sie für solche Zwecke verwendet, bei denen die geringen Vorräte, die sie mit sich führen konnte, keine große Rolle spielten, gegenüber ihren beiden Hauptvorteilen, nämlich einmal den niedrigen Anschaffungskosten und zum anderen der Tatsache, daß sie nicht gewendet zu werden brauchte. Ihre Einsatzgebiete blieben daher hauptsächlich der Verschiebedienst, der Vorortverkehr der Großstädte und der Nebenbahnbetrieb. Eine weitere Möglichkeit für die Tenderlokomotive bot der schnelle Pendelverkehr zwischen großen Städten, weil hierfür ihre Fähigkeit, in beiden Richtungen gleich gut fahren zu können, besonders bestechend war und erhebliche betriebliche Vorteile erwarten ließ. Das setzte jedoch voraus, daß die Entfernung zwischen den betreffenden Städten gerade so groß war, daß die knappen Vorräte der Lokomotive für die gesamte Strecke ausreichten – eine entsprechende Sicherheitsreserve natürlich eingeschlossen – und nicht unterwegs aufgefüllt werden mußten. Da eine solche günstige geographische Lage vor allem im dichtbesiedelten England zu finden war, erschienen hier auch zuerst ausgesprochene Schnellzug-Tenderlokomotiven.
Da gleich gute Laufeigenschaften in beiden Richtungen für eine derartige Lokomotive besonders wichtig waren, sollte sie an jedem Ende ein Drehgestell mit großem Achstand und einwandfreier Lastübertragung besitzen. Außerdem mußte eine genügend große Anfahrzugkraft aufgebracht werden können und ein hinreichend leistungsfähiger Kessel vorhanden sein. Damit war aber die Zahl von drei Kuppelachsen ziemlich festgelegt, denn bei einer Fahrgastzahl, die aus Gründen der Wirtschaftlichkeit erforderlich war, und bei dem Komfort, den man den Fahrgästen gewähren mußte, entstanden Zuggewichte, für die zwei Kuppelachsen zu wenig waren. Vier Kuppelachsen machten hingegen, wegen der notwendigen großen Raddurchmesser, die Lokomotive unnötig lang, mit den Nacheilen hoher Investitionskosten, schlechter Kurvenlaufeigenschaften wegen der gewaltigen Länge und unruhigen Laufs bei höheren Drehzahlen wegen der schweren Triebwerke. Alles dies läßt uns die 2 C 2 als die Achsanordnung erblikken, die am besten für eine Hochgeschwindigkeits-Tenderlokomotive geeignet ist und die in der 61 001 ihre höchste Entwicklung erreichte.
Dabei ist die 2 C 2-Tenderlokomotive durchaus nicht so neu, wie es auf den ersten Blick aussieht. Auch sie stammt, wie so manches, aus Amerika. Bereits im Jahre 1873 beschaffte die Mahoning Coal Company im mittleren Westen der Vereinigten Staaten vier 2 C 2 T von der Firma Schenectedy. Was diese Kohlenbahn mit den Lokomotiven, die nur 48 Zoll (1219 mm) große Treibräder besaßen, vorhatte, ist nicht ganz klar, eines jedoch wollte man sicherlich nicht, nämlich Schnellfahrten veranstalten. Als die Bahn ein Jahr später von der Lake Shore & Michigan Southern Railroad übernommen wurde, hatte diese Bahn nichts eiligeres zu tun, als die merkwürdigen Lokomotiven sogleich in Ten-Wheeler umzubauen. Doch irgendetwas schien an der Sache zweckmäßig zu sein, denn später liefen kleinrädrigere 2 C 2-Tenderlokomotiven in größerer Zahl in Südafrika und Neuseeland.
Die 2 C 2 T für höhere Geschwindigkeiten tauchte zuerst in Europa auf. Im Jahre 1903 lieferte die Firma Maffei in München 12 derartige Lokomotiven an die spanische Madrid-Zaragoza-Alicante-Bahn. 76 t Gewicht und 1544 mm Treibraddurchmeser waren noch recht bescheidene Abmessungen. Die Bahn verwendete sie hauptsächlich im schnellen Vorortverkehr von Madrid, und da man offenbar mit ihnen zufrieden war, kamen 1911 noch 10 geringfügig schwerere hinzu. Als nächste tat die preußische Staatsbahn einen großen Schritt nach vorn. Die Firma Henschel lieferte im Jahre 1904 eine 2 C 2 h4v, die nicht nur durch ihre gewaltigen Abmessungen, sondern auch durch zwei Endführerstände auffiel, die ihr ein triebwagenähnliches Aussehen verliehen. Sie war von Oberingenieur Kuhn entworfen und man kann gewisse Gemeinsamkeiten zwischen ihr und den ebenfalls von Kuhn konstruierten 2 B 2 n3v-Schnellfahrlokomotiven (Bild 72) erkennen, die im gleichen Jahre entstanden. Der große Kessel der Tenderlokomotive mit einer Rostfläche von 4,1 m^2 – es war übrigens die einzige 2 C 2 T mit breitem, vollständig hinter den Kuppelrädern liegendem Stehkessel – erzeugte eine beträchtliche Leistung und mit 1750 mm großen Treibrädern wurden bei Probefahrten ohne Schwierigkeit 100 km/h erreicht. Doch leider war der Schritt in die Zukunft ein wenig zu groß geraten, bei der Konstruktion hatte sich offenbar ein verhängnisvoller Fehler eingeschlichen. Die Kuppelachslast betrug 20 Mp und dafür war zu der Zeit höchstens amerikanischer Oberbau geeignet. So war das 123 t schwere und entsprechend teure Stück denn plötzlich leider nur noch zum Verschrotten zu brauchen. Und die preußische Staatsbahn mußte noch 8 Jahre warten, ehe sie in der vorzüglichen 2 C 2 h2, Gattung T 18, eine Lokomotive erhielt, die sich nicht nur durch einen leistungsfähigen Kessel auszeichnete und dank ihrer Kuppelachslast von 17 Mp (rund 170 kN) überall verwendet werden konnte, sondern die auch, trotz ihrer nur 1650 mm großen Treibräder, noch bei 100 km/h bemerkenswert ruhig lief, so daß ihr die Ehre zuteil wurde, gelegentlich vor Schnellzügen verwendet zu werden. Es ist bekannt, daß diese ausge-

Bild 158: 2 C 2 h2, Nr. 327 »Charles C. Macrae«, der London, Brighton & South Coast Railway. Erbaut 1914 in der Bahnwerkstatt Brighton. Treibraddurchmesser 81 Zoll (2057 mm). Leistungsfähige und sehr schnelle Tenderlokomotive für die Expreßzüge von London zur Südküste Englands. Nach der Streckenelektrifizierung wurden die Lokomotiven in 2 C-Schnellzuglokomotiven umgebaut. Die Bewegung der außenliegenden Walschaerts-(Heusinger)-Steuerung wird durch Zwischenwellen auf die innerhalb der Zylinder angeordneten Schieber übertragen (Railway Museum, York, England).

zeichnete und darüberhinaus sehr harmonische und elegante Maschine sogar – als eine der wenigen Länderbahntypen – bis 1925 von der Deutschen Reichsbahn weitergebaut wurde, so daß schließlich 535 Exemplare vorhanden und fast überall im Reichsgebiet zu finden waren. Bis in die Türkei drang ihr Ruhm, denn 1925 erhielt die Chemin de Fer Ottoman Anatolie (CFOA), die 2 Jahre später in der türkischen Staatsbahn aufging, acht nahezu identische Kopien der T 18. Am 31. Dezember 1974 wurde als eine der letzten Länderbahn-Lokomotiven die 78 246, nach über 52 Betriebsjahren ausgemustert.

Auch in anderen Ländern war die 2 C 2 T als schnelle und kräftige Kurzstrecken-Lokomotive recht beliebt. Schon 1905 lieferte die Elsässische Maschinenbau-Gesellschaft an die Reichseisenbahn Elsaß-Lothringen eine kleinere 2 C 2 n4v. Treibraddurchmesser und Vorratsmengen (12 m³ Waser, 4,5 t Kohle) waren die gleichen, wie sie die spätere T 18 besaßen, doch der Kessel und die Gesamtabmessungen reichten natürlich nicht an die preußische Maschine heran. Das de Glehn-Triebwerk, die beiden Außenrahmen-Drehgestelle und die um den Kessel herumgeführten Einströmrohre lassen die hübschen Lokomotiven als typische Erzeugnisse der Grafenstadener Fabrik erkennen, obwohl 5 von ihnen der Maschinenbau-Anstalt Humboldt in Köln entstammten. Zwar traute man sich an den Heißdampf noch nicht recht heran, doch ihre Höchstgeschwindigkeit von 90 km/h war ein für die damalige Zeit beachtlicher Wert. So war man offenbar mit den Maschinen – sie erhielten die Gattungsbezeichnung D 33, die nach 1910 in T 17 geändert wurde – ganz zufrieden, denn bis 1913 bezog die Bahn immerhin 66 Stück. Doch danach ging auch die Reichseisenbahn zur stärkeren T 18 über.

Eine größere Anzahl 2 C 2-Tenderlokomotiven liefen in Frankreich bei der Paris-Lyon-Mittelmeer-Bahn und der Nordbahn; teils als h4 und h4v (PLM), teils als h2 (Nord). 6 Maschinen vom Nordbahn-Typ lieferte die belgische Firma Cockerill 1911 an die Compagnie du Nord Belge, das waren die von der französischen Nordbahn gepachteten belgischen Strecken im Südosten des Landes. Sie kamen erst im Mai 1940 zur SNCB, der belgischen Staatsbahn, wobei die 2 C 2-Tenderlokomotiven als Type 94 eingereiht wurden. Die belgische Staatsbahn selbst besaß vorher nur zwei derartige Lokomotiven – 4701 und 4702, später Type 13, gebaut 1913 in der Maschinenfabrik Tubize –, dafür waren es aber auch die damals schwersten überhaupt, in Europa erst 15 Jahre später durch die Baureihe 62 der Deutschen Reichsbahn übertroffen. Die eindrucksvollen, 16 m langen Heißdampfmaschinen brachten 117 t auf die Waage, womit sie der T 18 um 1,2 m und 12 t voraus waren. Vierlings-Triebwerk und 1800 mm große Treibräder ermöglichten anstandslos Geschwindigkeiten bis zu 110 km/h, und damit bildeten diese Renner einen weiteren – und diesmal erfolgreichen – Schritt von den alten Kohlenbahn-Maschinen

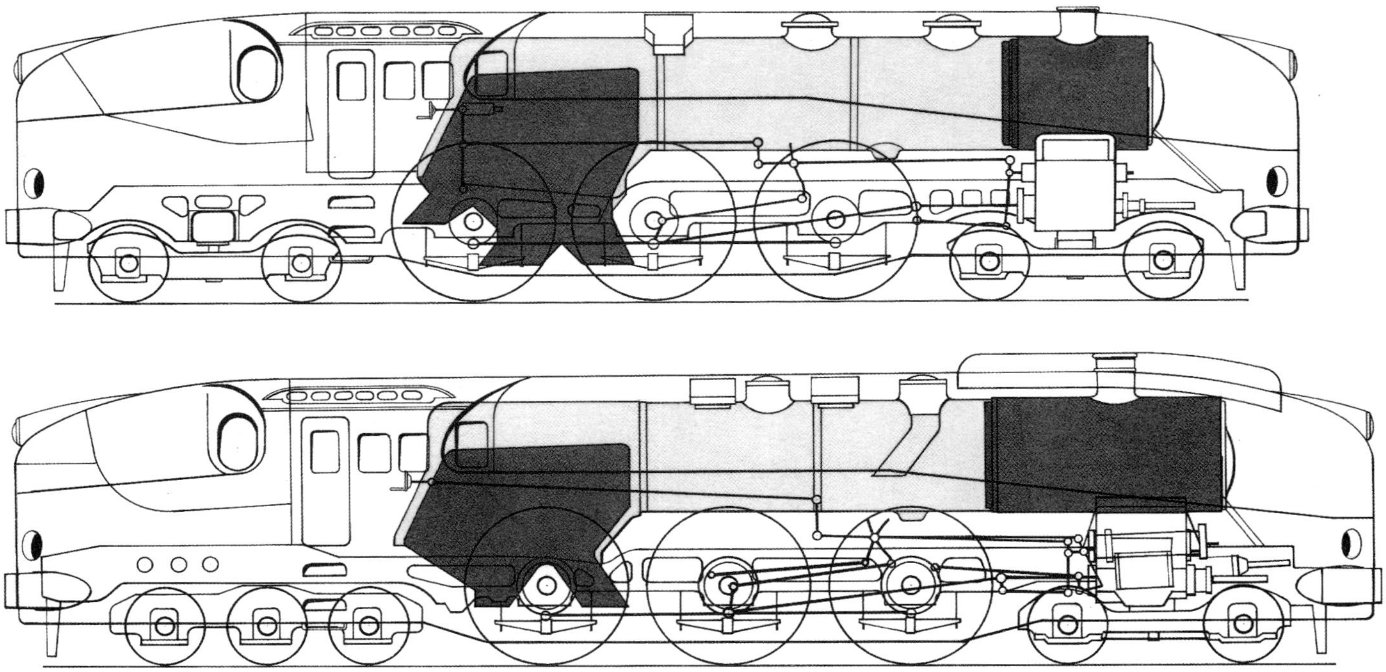

Bild 159

Bild 160

Bild 159: Die Unterschiede zwischen den beiden Schnellfahrtenderlokomotiven 61001 und 61002 waren größer, als es auf den ersten Blick scheint. Die 15 t Mehrgewicht der 61002, die auf die zusätzliche Laufachse im hinteren Drehgestell entfielen, entstammten nur zu einem Drittel aus der Vergrößerung der Vorräte um 4m ^{3} Wasser und eine Tonne Kohle. An den restlichen Zweidritteln des Mehrgewichtes war – abgesehen von dem zusätzlichen Radsatz selbst, dem schwereren Drehgestellrahmen, dem längeren Lokomotivrahmen und der ebenfalls etwas verlängerten Verkleidung – hauptsächlich das höhere Gewicht des Drillingstriebwerks beteiligt. Um dieses auszugleichen und das vordere Drehgestell nicht zu überlasten, mußte der Kessel um etwa 1,3 m zurückverlegt werden, was in den Bildern besonders hervorgehoben ist. Das erforderte einmal eine stark verlängerte Rauchkammer, zum anderen konnte die größere Wassermenge im wesentlichen nur durch Verlängerung der seitlichen Behälter untergebracht werden, beides trug ebenfalls zum Mehrgewicht bei. Auffallend ist, daß bei der 61001 die vordere Pufferbohle erheblich weiter über den ersten Laufradsatz hinausragt, als die hintere über den letzten, während es bei der 61002 gerade umgekehrt ist.

Bild 160: Die Hochgeschwindigkeits-Tenderlokomotive 61001 wurde im Jahre 1935 von der Firma Henschel in Kassel erbaut. Sie sollte mit einem ebenfalls strömungsgünstig gestalteten Vierwagenzug im Geschwindigkeitsbereich der neuen Diesel-Schnelltriebwagen verkehren. Der Zug wurde zwischen Berlin und Dresden eingesetzt und brachte erhebliche Fahrzeitverkürzungen. Die in der Achsanordnung symmetrische Tenderlokomotive, deren Führerstand mit Bedienungsarmaturen für beide Fahrtrichtungen versehen war, brauchte an den Endbahnhöfen nicht gedreht, sondern nur umgesetzt zu werden. Die von der Verkleidung fast vollständig verdeckten Treibräder besaßen den gleichen Durchmesser – 2300 mm –, wie die der Baureihe 05. Bei Versuchsfahrten sollen mindestens 170 km/h erreicht worden sein, jedoch lief die Lokomotive bei hohen Geschwindigkeiten sehr unruhig. Deshalb erhielt die zweite Maschine, die 1939, ebenfalls von Henschel, gelieferte 61002 ein Drillingstriebwerk. Ob sie schneller war, als die erste, ist nie genau untersucht worden, da wegen des Kriegsausbruches keine Versuchsfahrten mehr unternommen wurden. Nach Kriegsende blieb die 61001 im westlichen, die 61002 im östlichen Teil Deutschlands. Während erstere bald verschrottet wurde, verwendete man Triebwerk und Rahmen der letzteren zum Bau einer Pacific-Lokomotive, der 18201 – zweite Nummernbesetzung –, die dem Versuchsamt Halle an der Saale zugeteilt wurde. Diese Lokomotive besaß nicht nur die größten Treibräder, die jemals eine Pacific erhalten hat, sondern soll auch bei Versuchsfahrten in der Tschechoslowakei mit Geschwindigkeiten bis zu 183 km/h gefahren sein, so daß sie von der Mitte der 60er Jahre an die schnellste in Betrieb stehende Dampflokomotive der Welt war.

2 C 2 h2t, Nummer 61001, Deutsche Reichsbahn, Deutschland.

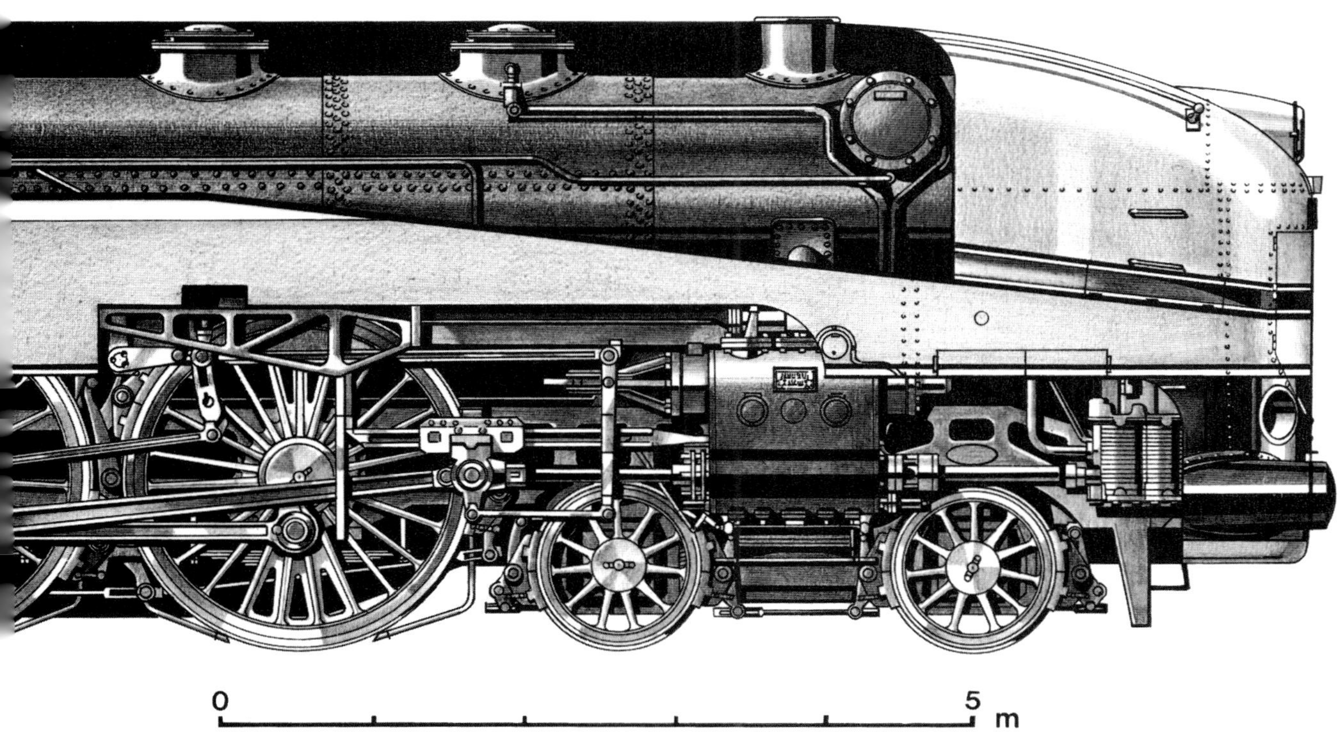

Bild 161: 2 C 2 h2, Reihe 62, Einheits-Lokomotive der Deutschen Reichsbahn. 62006 im Jahre 1934 auf Rügen (Sammlung Dr. Feißel, Deutschland).

zur schnellsten Tenderlokomotive der Welt, der Reihe 61. Die 13er sollten hauptsächlich schnelle Pendelzüge zwischen Brüssel-Nord und dem 50 km entfernten Antwerpen befördern. Leider verhinderte der Ausbruch des ersten Weltkrieges den Weiterbau dieser schönen Lokomotiven.

Von den beiden einzigen 2 C 2-Tenderlokomotiv-Bauarten mit Innentriebwerk lief die eine in Holland, die andere bei der Furness Railway in England. Von 1913 bis 1916 lieferte die Firma Beyer, Peacock & Co. in Manchester 26 Heißdampf-Lokomotiven, die spätere Reihe 6000, an die Niederländische Staatseisenbahn-Gesellschaft (S.S.). Die innenliegenden Zylinder besaßen Kolbenschieber mit dem ungewöhnlich großen Durchmesser von 250 mm, die durch eine, ebenfalls innenliegende Walschaerts-(Heusinger)-Steuerung betätigt wurden. Die sehr britisch aussehenden Maschinen – nur der hohe Schornstein verriet, daß sie nicht für das enge Profil auf der Insel bestimmt waren – können, mit 1850 mm Treibraddurchmesser, bereits als ausgesprochene Schnellzuglokomotiven bezeichnet werden; besonders geeignet für die relativ kurzen Strecken in Holland. Da der Wasservorrat anfangs offenbar etwas knapp war, wurden die seitlichen Wasserkästen später um etwa 1 m verlängert.

Eine interessante Konstruktion erschien 1929. Von den beliebten, schon in 115 Exemplaren vorhandenen, 2 C h4-Schnellzuglokomotiven der Reihe 3700 hatte die Holländische Staatsbahn eine letzte, leicht geänderte Serie von 5 Stück bei Schwartzkopff in Berlin bestellt. Aus dieser Maschine entwickelte man höchst einfach eine 2 C 2-Schnellzug-Tenderlokomotive, indem man das gesamte Vorderteil mit Kessel – nur die Feuerbüchse wurde etwas verkleinert –, Triebwerk, Kuppelrädern, Drehgestell und Rahmen nahezu unverändert verwendete und lediglich den Rahmen entsprechend länger ausbildete, sowie hinteres Drehgestell, Vorratsbehälter und das Führerhaus der Reihe 6000 hinzufügte. Von der so entstandenen Reihe 6100 wurden 10 Stück beschafft.

Obwohl die Verhältnisse in England für die Verwendung von Schnellzug-Tenderlokomotiven prädestiniert erscheinen, ist es auf den ersten Blick erstaunlich, daß es dort nur wenige 2 C 2 T gegeben hat. Die Gründe liegen z. T. in den hohen zulässigen Achslasten, die es erlaubten, länger als anderswo mit weniger als sieben Achsen für eine große Tenderlokomotive auszukommen. Nach dem ersten Weltkriege bevorzugte man aber die Bauart 1 C 2 T, trotz – vielleicht – etwas schlechterer Laufeigenschaften in der einen Richtung. Wer die Buntheit der englischen Eisenbahn-Szene, vor allem in den ersten beiden Jahrzehnten dieses Jahrhunderts, kennt, den wird es nicht wundern, daß sich die nur 36 2 C 2-Tenderlokomotiven, die es auf der Insel gab, auf immerhin 5 verschiedene Typen verteilten. Zuerst erschien eine solche Maschine bei der London, Tilbury & Southend Railway, die Vorortstrecken östlich von London betrieb. Den Personenzugverkehr besorgten an-

Bild 162: 2 C 2 h2, 61 001, der Deutschen Reichsbahn. Mit Henschel-Wegmann-Zug auf der Jahrhundert-Ausstellung im Sommer 1935 in Nürnberg. Lokomotive 61 001 wurde 1935 von der Firma Henschel erbaut, Werksnummer 22 500. Treibraddurchmesser 2300 mm. Erreichte bei Versuchsfahrten 170 km/h (Verkehrsmuseum Nürnberg).

fangs ausschließlich 2 B 1 n2-Tenderlokomotiven, doch als sie in Bedrängnis gerieten, bestellte die Bahn im Jahre 1911 bei Beyer, Peacock acht 2 C 2 h2. Sie ähnelten etwas der holländischen Reihe 6000, besaßen jedoch Außenzylinder. Englischer Sitte gemäß lag die Steuerung innen, und sie war noch schwerer zugänglich, als sonst, angesichts der bis fast zur Rauchkammer reichenden Wasserkästen. Die Lokomotiven wurden erst 1913 geliefert, und da die »Tilbury« in der Zwischenzeit von der Midland Railway absorbiert worden war, erhielten sie nicht die vorgesehenen Nummern 87 bis 94, sondern die Midland-Nummern 2100-7. Sie hatten die größten Treibräder – 75 Zoll (1905 mm) – aller bis dahin gebauten 2 C 2 T, doch in England hatte das geringere Bedeutung, als auf dem Kontinent; immerhin hatten die kleineren »Tilbury Tanks« 78 Zoll (1981 mm) Treibraddurchmesser, und tatsächlich wurden die großen Maschinen später meist vor Kohlenzügen – wie ihre Urahnen von 1873 – verwendet. Denn leider erhielten sie keine Genehmigung, das letzte Streckenstück bis zum Endbahnhof »Fenchurch Street« in London, das der Great Eastern Railway gehörte, zu benutzen, und so waren sie für den Betrieb nur von geringem Wert. Da die Midland auch sonst wenig mit ihnen anzufangen wußte, begann ihre Ausmusterung bereits nach 16 Betriebsjahren.

Ein Jahr nach der Lieferung dieser etwas verunglückten Lokomotiven, verließ die erste wirkliche englische 2 C 2-Schnellzug-Tenderlokomotive, die 327 »Charles C. Macrae« die Bahnwerkstatt Brighton der London, Brighton & South Coast Railway (Bild 158). Im gleichen Jahr folgte eine zweite, 5 weitere jedoch erst nach dem Kriege. Entworfen waren sie von Lawson B. Billinton, Chef-Ingenieur der Bahn, und ihre Treibräder von 81 Zoll (2057 mm) Durchmesser blieben 21 Jahre die größten bei einer modernen Tenderlokomotive. Davon abgesehen war sie aber kaum größer, als die preußische T 18. Für die kurzen Strecken der »Brighton Line« von London zur Kanalküste stellte sie die ideale Schnellzuglokomotive dar und mit Belpaire-Heißdampfkessel und Außentriebwerk mit ebenfalls außenliegender Walschaerts-(Heusinger)-Steuerung – nur die Schieber lagen wie bei vielen englischen Lokomotiven innen – war sie eine durchaus moderne Maschine. Leider wurde sie durch den zunehmenden elektrischen Betrieb der Southern Railway bald verdrängt und zwischen 1934 und 1936 ließ Maunsell alle 7 in Ten-Wheeler-Schnellzuglokomotiven umbauen, Klasse N 15X.

Robert Whitelegg war Chef-Ingenieur der London, Tilbury & Southend Railway gewesen und hatte dort die erste 2 C 2 T entworfen. Als die Bahn von der Midland Railway übernommen wurde, übernahm er das gleiche Amt bei der Glasgow & South Western Railway in Schottland. Für diese Bahn entwarf er eine noch größere 2 C 2 T, die auf der Küstenstrecke eingesetzt wurde. 6 Stück lieferte die North British Locomotive Company in Glasgow im Jahre 1922. Doch auch diesen Lokomotiven war kein Glück beschieden. 1923 ging die

G & SWRy in der London, Midland & Scottish Railway auf, Whitelegg wurde Generaldirektor von Beyer, Peacock und, da die großen Tenderlokomotiven nicht in das Standardisierungs-Schema der LMS paßten, musterte man sie relativ früh aus. Nicht viel besser erging es den 5 Maschinen der Furness Railway, die auch nach kurzer Zeit bei der LMS landeten – mit den gleichen Folgen. Sie waren nicht nur die kleinsten britischen 2 C 2 T, sondern auch die einzigen mit Innentriebwerk und ebenfalls die einzigen Naßdampf-Maschinen. Die letzte der fünf 2 C 2 T-Bauarten entstand in gleicher Weise, wie später die Reihe 6100 in Holland. George Hughes, erster Chef-Ingenieur der LMS, kam von der Lancashire & Yorkshire Railway, deren dichtbefahrenes Netz mit knapp 1000 km Streckenlänge im mittelenglischen Industriegebiet lag. Aus seinen großen Ten-Wheelern, den »Lanky Dreadnoughts« entwickelte er eine 2 C 2 h4-Tenderlokomotive mit gleichem Kessel, Triebwerk, Rädern, Drehgestell und Rahmenvorderteil. Die 10 massigen Maschinen wurden jedoch erst 1924, ein Jahr nach Gründung der LMS fertig. Obwohl ihnen der große Kessel, die Kuppelräder mit 75 Zoll (1905 mm) Durchmesser und die Reibungslast von 573 kN (58,4 Mp) ausreichende Geschwindigkeit, bei hoher Anfahrzugkraft, verliehen, zeigte sich das Vierlings-Triebwerk auf die Dauer doch als zu kompliziert für diese Maschinen, so daß auch ihnen kein langes Leben beschieden war. So erwiesen sich schließlich alle englischen 2 C 2 T aus dem einen oder anderen Grunde als Fehlentwicklungen, im krassen Gegensatz zu der überaus erfolgreichen T 18 in Deutschland.

Sehen wir uns außerhalb Europas um, so entdecken wir nur wenige 2 C 2-Schnellzug-Tenderlokomotiven. Zu den bemerkenswertesten gehören eine breitspurige und eine schmalspurige. Die Lokomotiv-Fabrik R. Stephenson in Newcastle lieferte 1930 einige 2 C 2 h3 mit einer Spurweite von 5 Fuß, 6 Zoll, (1676 mm) nach Argentinien an die Buenos Aires Pacific Railway. Abgesehen von den amerikanischen Bahnräumern und dem Stirnscheinwerfer war alles an ihnen britisch. Das Drillingstriebwerk mit den nur 67 Zoll (1702 mm) großen Treibrädern in Verbindung mit der Reibungslast von 638 kN (64 Mp) verliehen ihnen eine gewaltige Beschleunigunsfähigkeit und es muß beeindruckend gewesen sein, die Maschinen mit voll geöffnetem Regler und ausgelegter Steuerung vor einem schweren Vorortzug losdonnern zu sehen und zu hören. Die bekanntesten schmalspurigen Schnellzug-Tenderlokomotiven liefen hingegen auf Java, Spurweite 3 Fuß, 6 Zoll, (1067 mm, Kapspur). 3 deutsche Fabriken hatten die 58 Heißdampflokomotiven der späteren Reihe C 28 im Jahre 1921 hergestellt. Sie wiesen zwar nur 1503 mm Treibraddurchmesser und 78,5 t Gesamtgewicht auf, doch gehörten sie zu den größten und beliebtesten Lokomotiven in Indonesien. Ihre Kesselgröße wurde – außer natürlich von den Mallets – nur von einer 1 D 1 aus dem Jahre 1951 übertroffen. Noch 1971 zählte Durrant* 48 dieser fast 14 m langen Maschinen in verschiedenen Betriebswerken auf Java im Einsatz. Sie hatten teilweise sogar noch Windleitbleche erhalten.

Zum Schluß werfen wir noch einen Blick nach Nordamerika, wo die Tenderlokomotive an sich schon eine Rarität darstellte, und finden zu unserem Erstaunen zwei 2 C 2 T, die sich verblüffend ähnlich sehen, obwohl sie von verschiedenen Herstellern zu verschiedenen Zeiten für verschiedenen Bahnen erbaut wurden. 6 Maschinen bezog die Grand Trunk Railway in Kanada im Jahre 1914 von den Montreal Locomotive Works, ebenfalls 6 kamen 9 Jahre später aus der Fabrik von Baldwin zur Central Railroad of New Jersey. Abgesehen von der allgemeinen »Familienähnlichkeit« nordamerikanischer Lokomotiven, war beiden Typen ferner noch gemeinsam:

* A. E. Durrant. »PNKA Power Parade, Indonesian Steam Locomotives«, England, 1972

Technische Daten

Bahnverwaltung	**Deutsche Reichsbahn, Deutschland**
Achsanordnung:	
Deutsche Bezeichnung	**2 C 2 h2**
White classification	**4-6-4 T**
Bahnnummer	**61001**
Erbauer	**Henschel & Sohn AG, Kassel**
Werknummer	**22500**
Baujahr	**1935**
Treibraddurchmesser	**2300 mm**
Laufraddurchmesser, vorn	**1100 m**
Laufraddurchmesser, hinten	**1100 mm**
Zylinderdurchmesser	**460 mm**
Kolbenhub	**750 mm**
Rostfläche	**2,75 m^2**
Rohrlänge	**5000 mm**
Verdampfungsheizfläche, (feuerber.)	**151,9 m^2**
Feuerbüchsheizfläche (feuerber.)	**14,2 m^2**
Überhitzerheizfläche	**69,2 m^2**
Kesseldruck	**20 kp/cm^2 (19,6 bar)**
Reibungslast	**545 kN (55,6 Mp)**
Dienstgewicht, Lokomotive	**128,3 t**
Dienstgewicht, Lok + Tender	**128,3 t**
Kohlenvorrat	**5 t**
Wassermenge	**17 m^3**
Höchste erreichte Geschwindigkeit	**ca. 170 km/h**
Treibraddrehzahl	**392 Upm**
Indizierte Leistung	**1300 kW (1800 PS)**
Mittlere Kolbengeschwindigkeit	**9,8 m/s**
Vergleichsgeschwindigkeit (Reihe 01 DRG)	**148 km/h**

Bild 163: Lokomotive 61 001 während der Montage bei der Firma Henschel in Kassel. Auffallend ist der fachwerkartige Schwingen- und Gleitbahnträger. Vor dem seitlichen Wasserkasten ist einer der beiden Turbo-Dynamos für die Stromversorgung des Zuges zu erkennen (Verkehrsmuseum Nürnberg).

Heißdampf-Zwillings-Triebwerk – natürlich mit Kolbenschiebern –, 63 Zoll (1600 mm) Treibraddurchmesser, außenliegende Walschaerts-Steuerung, mittlere Kuppelachse als Treibachse, Alligator-Kreuzkopf, hohe Kessellage, breiter Stehkessel über der dritten Kuppelachse, Dampfdom auf dem letzten Kesselschuß, davor sitzender Sandkasten, vor dem Schornstein quer in der Rauchkammer angeordneter Elesco-Vorwärmer, Stirnscheinwerfer in der Mitte der Rauchkammertür, Innenrahmen-Drehgestell vorn, hinteres Drehgestell mit Außenrahmen und Schwanenhalsträger, sowie Vorratsbehälter nur hinter dem Führerhaus. Für deutsche Beobachter hätten die Maschinen eine vorweggenommene Mischung aus den Baureihen 62 und 64 sein können.

Zu den letzten Vertretern dieser interessanten Bauart gehören schließlich noch die Baureihe 62 der Deutschen Reichsbahn (Bild 161) und die österreichische Reihe 729, später 78^6. Außer dem breiten Stehkessel und den verhältnismäßig großen Vorratsmengen hatten beide allerdings kaum etwas gemeinsam. Trotz ihrer nur 1574 mm großen Treibräder lief die 729 noch bei über 100 km/h außerordentlich ruhig und war für die kurzen Strecken Österreichs recht gut geeignet. Mit 16,8 m^3 Wasser konnte sie es mit mancher Schlepptender-Lokomotive aufnehmen. 26 Stück wurden zwischen 1931 und 1938 von der Wiener Lokomotivfabrik in Floridsdorf gebaut. Man konnte sie eine Zeit lang sogar vor dem Arlberg-Expreß sehen. 15 Einheitslokomotiven der Baureihe 62 baute die Firma Henschel im Jahre 1928. Wie die niederländische Reihe 6100 und die großen Maschinen der Lancashire & Yorkshire waren auch sie Kombinations-Entwürfe mit einer 2 C-Schlepptender-Lokomotive. Während die Ten-Wheeler bei den beiden ersteren jedoch schon vorher vorhanden waren, kam die zur 62 passende 2 C-Einheitslokomotive über ein paar Entwurfs-Skizzen nicht hinaus. Anfangs waren noch genügend P 8 vorhanden, später bevorzugte die Reichsbahn die 1 C 1. Obwohl es an Eleganz keine andere Einheitslokomotive mit der 62 aufnehmen konnte, nützte ihr das wenig, denn die Reichsbahn wußte nicht recht, was sie mit ihr anfangen sollte. Zudem war wegen der erforderlichen Höhenlage des Kessels das Feuerloch höher angeordnet, als bei der Mehrzahl der Lokomotiven, was ihre Bedienung nicht gerade erleichterte. Mit 1750 mm Treibraddurchmesser wäre sie zwar noch gut für Kurzstrecken-Schnellzüge einzusetzen gewesen, doch wo gab es die? Und grade wegen ihrer hohen Leistung erwiesen sich die 14 m^3 Wasser dann meistens als zu knapp, um die Ma-

Bild 164: 2 C 3 h3, 61 002, der Deutschen Reichsbahn. Diese Lokomotive besaß wesentlich größere Vorratsmengen, als die erste, deswegen das hintere dreiachsige Drehgestell (Verkehrsmuseum Nürnberg).

schinen sinnvoll nutzen zu können. So wanderten sie von einer Direktion zur anderen. Nach dem Kriege blieben 7 im Westen, die restlichen 8 im Osten. Während sie bei der Bundesbahn bis 1956 ausgemustert wurden, liefen sie bei der Reichsbahn noch etwas länger (Bild 161).

Abschluß und Höhepunkt dieser bunten Folge von 2 C 2-Tenderlokomotiven war also die 61 001. (Bild 162) Obwohl im Aufbau durchaus konventionell und den Baugrundsätzen der Einheitslokomotiven entsprechend, mußte doch manches den besonderen Bedürfnissen einer Schnellfahr-Lokomotive angepaßt werden. Die von der 05 übernommenen 2,3 m großen Treibräder erforderten sogar die Abkehr von der bei der Reichsbahn so geschätzten breiten Feuerbüchse. Was bei den kleineren Rädern der 62 noch möglich war, nämlich durch Achsstand-Spreizung Platz für einen breiten Stehkessel zu gewinnen, ließen die riesigen Räder der 61 nicht mehr zu. Sie wurde so die einzige Reichsbahn-Konstruktion mit schmalem, zwischen den Rädern liegendem Stehkessel; bei 2,7 m Rostlänge schien das wohl noch vertretbar zu sein. Doch stieg dadurch, sehr zum Vorteil des Kessels, die Strahlungsheizfläche auf 9,3 % der Verdampfungsheizfläche, das war mehr als bei irgendeiner Einheitslokomotive. Im übrigen stimmte keines der Hauptmaße des Kessels mit denen der 62 überein. Das Triebwerk entsprach etwa dem der 05, jedoch ohne den inneren Zylinder; in Anbetracht der geringeren Leistung glaubte man auf das teure Drillings-Triebwerk verzichten zu können. Weil das Drehgestell jedoch näher an der ersten Kuppelachse saß, fiel die Treibstange zum Glück 450 mm kürzer und entsprechend leichter aus. Die beiden identischen Drehgestelle entsprachen – bis auf die unterschiedliche Bremse – dem vorderen Drehgestell der 05. Der große Speisewasser-Vorrat ließ sich nicht mehr, wie bei der 62, in einem einzigen Behälter hinter dem Führerhaus unterbringen, es waren zusätzlich zwei seitliche Kästen erforderlich (Bild 163). Die Minderung der Reibungslast durch die abnehmenden Vorräte spielte jedoch keine große Rolle, da der Zug zwischen den Endbahnhöfen nicht hielt und daher das Anfahren normalerweise immer nur einmal und mit vollen Wasserbehältern erfolgte. Wie bei der 05 war der Kesseldruck auf 19,6 bar (20 kp/cm²) heraufgesetzt.

Besonderer Wert mußte natürlich bei einer so schnellen Lokomotive auf ausreichende Sicherheits- und Bremseinrichtungen gelegt werden. Damit der Lokführer in beiden Fahrtrichtungen annähernd gleich gute Bedingungen vorfand, waren Regler, Umsteuerung, Bremsventile und die wichtigsten Instrumente auch an der Führerhausrückwand vorhanden. Das erklärt auch die eingangs erwähnte merkwürdige Fensterverteilung. Sämtliche Räder wurden natürlich doppelseitig gebremst, wobei die Bremskraft oberhalb 60 km/h für die Kuppelräder und den ersten Radsatz des jeweils nachlaufenden Drehgestells 180 %, für den zweiten Radsatz 120 %, der Radlast im Ruhezustand betrug. Beim jeweils voranlaufenden Drehgestell wurde jedoch, unabhängig von der Geschwindigkeit, der erste Radsatz zu 50 %, der zweite zu 75 % gebremst. Die automatische Bremskraftumstellung war nicht nur geschwindigkeits- und fahrtrichtungsabhängig, sondern berücksichtigte auch den Wasserstand in den Vorratsbehältern. Selbstverständlich war die Lokomotive mit induktiver Zugsicherung (Indusi) ausgerüstet.

Die 4, knapp 22,5 m langen Wagen waren durch Kurzkupp-

lung zu einer geschlossenen Einheit verbunden. Drei der Wagen enthielten Abteile der (damaligen) zweiten und dritten Klasse, während sich in dem einen Endwagen nur Post- und Gepäckabteil, sowie Küche und Anrichte befanden. Ein kleines Aussichtsabteil »verzierte« den anderen Endwagen. Da die Reichsbahn es noch nicht wagte, einen Zug mit derartig hoher Geschwindigkeit in einer Richtung schieben zu lassen, mußte die Lokomotive an den Endbahnhöfen umgesetzt werden.Erst ein Jahr später erschien der Doppelstock-Zug der Lübeck-Büchener Eisenbahn, bei dem die Maschine in einer Richtung schob, dessen Höchstgeschwindigkeit allerdings auch nur 120 km/h betrug. Um die Prozedur des Umsetzens zu erleichtern besaß der »Henschel-Wegmann-Zug« Scharfenberg-Kupplung, die außerdem automatisch Bremsleitung, Dampfheizung und Kabel für die Stromversorgung mit anschloß. Wegen des Umsetzens und der unterschiedlichen Fahrzeughöhen, mußten bei der konstruktiven Gestaltung der Enden von Lokomotive und Zug natürlich Kompromisse geschlossen werden, doch muß man sagen, daß der optische Übergang halbwegs gelungen ist. Warum man allerdings das obere violette Band an den Enden der Maschine nicht in gleicher Höhe wie das entsprechende, oberhalb der Wagenfenster verlaufende Band der Wagen, auslaufen ließ, bleibt unverständlich.
Nach der Abnahme des neuen Zuges erfolgten natürlich die üblichen Probefahrten und dabei zeigte sich die 61 001, wie nicht anders zu erwarten, tatsächlich als die schnellste Tenderlokomotive der Welt. 170 km/h sollen bei den Versuchsfahrten erreicht worden sein und man kann das dieser Lokomotive auch schon zutrauen. Allerdings soll sie dabei bereits recht unruhig gelaufen sein, was angesichts einer Triebwerksdrehzahl von 392 Upm, das sind mehr als 6,5 Umdrehungen in einer Sekunde, durchaus verständlich ist. Wenn man sich vor Augen hält, daß eine Einheitsschnellzuglokomotive 148 km/h, die 62 immerhin noch 129 km/h hätten laufen müssen, um auf dieselbe Drehzahl zu kommen, kann man sich unschwer ausmalen, wie es um die Laufruhe dieser Lokomotiven bei derartigen Geschwindigkeiten bestellt war. Die Zylinderleistung der 61 001 müßte bei ihrer Höchstgeshwindigkeit etwa 1300 kW (etwas über 1800 PS) betragen haben, wobei die Heizflächenbelastung für kurze Zeit bis auf fast 80 kg/m²h gestiegen sein könnte. Dem Kessel mit seiner großen Strahlungsheizfläche dürfte das keine Schwierigkeiten bereitet haben, ausreichende Blasrohrwirkung vorausgesetzt.
Im Normalbetrieb wurde jedoch mit dem »Henschel-Wegmann-Zug« 140 km/h nur selten überschritten. Beginnend mit dem Sommerfahrplan 1936 fuhr er zweimal täglich – als D 53/54 und D 57/58 – zwischen Berlin, Anhalter Bahnhof, und Dresden Hauptbahnhof. Immerhin verkürzte er die Fahrzeit auf dieser Strecke von 2 Stunden 8 Minuten auf eine

Bild 165: 2 C 3 h2, Klasse D-1a, der Boston & Albany Railroad. Erbaut 1928 von der American Locomotive Company. Bei gleicher Achsanordnung ein äußerst krasser Gegensatz zur 61 002 (Sammlung H. K. Vollrath, U. S. A.).

Bild 166: 2 C 1 h3, 18201, der Deutschen Reichsbahn (Ost). Entstanden 1961 im RAW Meiningen unter Verwendung des Triebwerks der 61002. Treibraddurchmesser 2300 mm, die größten Räder, die je eine Pacific besessen hat (Sammlung M. Baumberg, DDR).

Stunde 42 Minuten, also um über 20 %. Für die 176 km zwischen den beiden Städten bedeutete das eine planmäßige Reisegeschwindigkeit von 104 km/h, wobei Höchstwerte bis zu 111 km/h erreicht wurden.
Um bei den notwendigen Werkstattaufenthalten der 61001 von einer »unpassenden« Ersatzlokomotive unabhängig zu sein und um das Geschwindigkeits-Potential der schnellen Maschine besser ausnutzen zu können, bestellte die Reichsbahn eine zweite Lokomotive, die 1939 von Henschel geliefert wurde und die Nummer 61002 (Bild 164) erhielt. Da sich inzwischen herausgestellt hatte, daß die Vorräte der 001 etwas knapp bemessen waren, wurden sie bei der 002 erheblich vergrößert, und zwar das Wasser von 17 auf 21 m³ und die Kohle von 5 auf 6 t. Das Mehrgewicht wurde von dem hinteren Drehgestell aufgenommen, das zu diesem Zweck einen dritten Radsatz bekam. Außerdem versah man die neue Lokomotive mit einem Drillings-Triebwerk, um Anfahr- und Laufverhalten zu verbessern. Die zusätzlichen Wasservorräte wurden jedoch nicht in einem vergrößerten rückwärtigen Behälter aufgenommen, sondern man hatte nur die seitlichen Kästen entsprechend verlängert. Um nämlich auf allen fünf Laufachsen die gleiche Last von etwa 180 kN (rund 18 Mp) zu erhalten, mußte der Kessel – und mit ihm der Führerstand – um ein beträchtliches Stück zurück-, oder, anders gesehen, die Triebwerksgruppe nach vorn geschoben werden. Die Hinterkante des Stehkessels, die bei der 61001 etwa 900 mm hinter der dritten Kuppelachse lag, rückte um rund 1300 mm zurück. Dafür wurde die Rauchkammer, die bei der 001 etwa 1,9 m lang war, auf ungefähr 3 m verlängert. Im übrigen hatte man den Kessel nur geringfügig geändert. Von den weiteren Änderungen sei nur noch die verbesserte Abbremsung erwähnt. Für die Treibsradsätze betrug sie bei über 60 km/h nun 200 % der Achslast, für die inneren Laufradsätze blieb es bei 180 % und nur die beiden Endradsätze erhielten die schwache – und von der Geschwindigkeit unabhängige – 50 %ige Bremsung. Damit konnte die fahrtrichtungsabhängige Umschaltung der Bremskraft entfallen. Äußerlich war die 61002 leicht an den kleinen Windleitblechen zu erkennen, sowie an den Ausschnitten in der Verkleidung, die für die Achslagerkästen des hinteren Drehgestells erforderlich waren, da dieses einen Außenrahmen erhalten hatte.
Übrigens hatte die Achsanordnung 2 C 3 T auch schon eine Vorläuferin. Fünf bullige 2 C 3 h2 lieferte die American Locomotive Company 1928 an die Boston & Albany Railroad, eine Tochter der New York Central, für die rund 15 Meilen (etwa 25 km) lange Vorortstrecke Boston–Riverside (Bild 165). Die Maschinen – Klasse D-1a, Nummern 400 bis 404 – mit 63 Zoll (1600 mm) Treibraddurchmeser und Baker-Steuerung, können als amerikanische Version der deutschen Reihe 62 angesehen werden. Wie bei dieser lagen alle Vorratsbehälter hinter

Bild 167: 2 B 2 h2, 242.003, der Ungarischen Staatsbahn. Lokomotive mit teilweise abgenommener Verkleidung im Juni 1961 in Püspökladany, Ungarn (Sammlung H. Griebl, Österreich).

dem Führerstand, doch besaßen sie, wie die 61 002, hinten ein dreiachsiges Außenrahmen-Drehgestell. Ihre Rostfläche war doppelt so groß, wie die der 61er, die Verdampfungsheizfläche immer noch 70 % größer. In Anbetracht der gewaltigen Leistung mußten selbst für eine so kurze Strecke erhebliche Vorratsmengen mitgenommen werden, doch war es gelungen, 6 tons (5,4 t) und 5000 gal (18,9 m³) hinter dem Führerstand unterzubringen. 16,5 m Länge – 2,3 m weniger als die 61 002 – erreichte das Kraftpaket nur, doch mit 801 kN (81,6 Mp) Reibungslast vermochte sie die Vorortzüge wahrhaft raketengleich zu beschleunigen, ein mitreißendes Schauspiel für Auge und Ohr.
Ganz so viel wurde natürlich von der 61 002 nicht verlangt, doch hätte sie sicherlich die 61 001 noch unterbieten können, die fähig war, ihren Zug in 6 Minuten auf 160 km/h zu bringen. Auch wäre sie wahrscheinlich, dank des Drillings-Triebwerks, noch schneller, als ihre 4 Jahre ältere Schwester gewesen. Doch weder über das eine, noch über das andere, sind genaue Werte bekannt geworden, die ganze Herrlichkeit dauerte sowieso nur ein halbes Jahr und mit Kriegsausbruch war alles vorbei. Aus den farbenprächtigen Wagen wurde ein Lazarett-Zug, während die beiden Lokomotiven Personenzüge im Raum Dresden beförderten. Da sich die 61 001 bei Kriegsende zufällig im RAW Braunschweig befand, blieb sie im Westen, die 002 dagegen im Osten. Die Wagen erlebten das Ende des Krieges ebenfalls im Westen; sie wurden später aufgearbeitet, mit völlig neuer und veränderter Inneneinrichtung – unter anderem einem großen Aussichtsraum – versehen und durch einen fünften Wagen ergänzt. In dieser Form liefen sie, mit blauem Anstrich, einige Jahre im Plan des »Blauen Enzian« zwischen Hamburg und München.
Mit der Lokomotive dagegen konnte die Deutsche Bundesbahn nicht mehr allzu viel anfangen. Einige Jahre wurde sie noch – mit abgenommener Triebwerksverkleidung und ohne den bunten Anstrich – vor Personenzügen verwendet, doch war sie dafür natürlich nur wenig geeignet, zumal der auf 16 kp/cm² (15,7 bar) herabgesetzte Kesseldruck ihre Leistung und Zugkraft noch verminderte. So wurde sie bereits 1952 ausgemustert und kurze Zeit später verschrottet.
Anders erging es der 61 002. Nachdem auch sie zunächst, ebenfalls mit abgenommener Triebwerksverkleidung und herabgesetztem Kesseldruck, Personenzüge gefahren hatte, erlebten wenigstens Teile von ihr eine bemerkenswerte Renaissance. Die Versuchsanstalt Halle der Deutschen Reichsbahn benötigte für die Erprobung neuer Reisezugwagen, für die bisher nur die umgebaute 18 314, ehemalige badische IVh, vorhanden war, eine zweite schnelle Lokomotive. Das Triebwerk der 61 002 schien für diesen Zweck besonders gut geeignet zu sein, jedoch war der Kessel zu klein und ihre Vorräte als Tenderlokomotive zu gering. So entfernte man Kessel, Füh-

rerstand, Vorratsbehälter und hinteres Rahmenende. Von der grade ausgemusterten Hochdruck-Versuchslokomotive H 45024, einer 1 E 1 h3, nahm man das Rahmenende samt der Schleppachse und die beiden Außenzylinder, ein neuer Innenzylinder wurde in Schweißkonstruktion hergestellt. Darauf kam der neue Verbrennungskammer-Kessel, der für die Reihe 22 – ein Umbau aus der P 10 – entwickelt worden war und auch für die »Rekonstruktion« mehrerer anderer Lokomotivtypen verwendet wurde. Das Ganze garnierte man durch Einheitsführerhaus, vierachsigen Tender, vom vorderen Sandkasten bis zum Führerhausdach reichende Kesselscheitel-Verkleidung, Giesl-Schornstein, Oberflächenvorwärmer, Windleitbleche und eine schmale Seitenverkleidung vor den Zylindern und unterhalb des Umlaufbleches, die jedoch den interessanten, fachwerkartigen Schwingenträger freiließ. Der Umbau, der fast einem Neubau gleichkam, erfolgte 1961 im Reichsbahn-Ausbesserungswerk Meinigen und das neue Glanzstück erhielt die Nummer 18 201. (Bild 166)
Die formal wohlgelungene Lokomotive war nicht nur sehr leistungsfähig, sondern auch recht schnell. Tatsächlich sollen auf Versuchsfahrten 183 km/h erreicht worden sein. Damit war sie die weitaus schnellste unverkleidete Lokomotive in Deutschland – denn die Verkleidung stellte nicht viel mehr als eine »Verzierung« dar. Außerdem besaß sie, mit 611 kN (62,3 Mp), nach der Reihe 10 der Deutschen Bundesbahn, die zweithöchste Reibungslast aller deutschen Pacifics, und sie hatte die größten Räder, die jemals irgendwo auf der Welt an einer 2 C 1 verwendet wurden. 1969 erhielt sie die neue Nummer 020201-0 und war noch bis in die 70er Jahre im Plandienst zu sehen, wenn sie nicht für Versuchsfahrten benötigt wurde.
Damit endet die Geschichte der Schnellfahr-Tenderlokomotive in Deutschland, die den Höhepunkt der Entwicklung der schweren Tenderlokomotive für Schnellzüge darstellte. Zwar arbeitete die Firma Henschel noch einen Entwurf für eine 2 C 2 h3-Schnellzug-Tenderlokomotive aus, bei der der Kessel der 61001 mit einem Drillings-Triebwerk – Zweiachsantrieb mit vorgeschobenem Innenzylinder – und Treibrädern von 2000 mm Durchmesser kombiniert war, und mit Vorratsmengen von 5,5 t Kohle und fast 20 m³ Wasser sicherlich mehr Einsatzmöglichkeiten, als die Reihe 62 geboten hätte, aber verständlicherweise zeigte niemand mehr dafür ein weitergehendes Interesse und der Entwurf verschwand in der Schublade.
Nur eine einzige andere Eisenbahn, nämlich die ungarische Staatsbahn (MAV), machte noch einmal ein Experiment mit einer Hochgeschwindigkeits-Schnellzugtenderlokomotive. 1936 beschaffte diese Bahn zwei stromlinienverkleidete 2 B 2 T, die von der MAVAG in Budapest gebaut wurden. 1940 kamen noch zwei gleiche Maschinen hinzu. Die vier Lokomotiven – Reihe 242 – waren für leichte, aber schnelle Züge im Inter-City-Verkehr zwischen Budapest und dem etwa 160 km nordöstlich gelegenen Miskolc, der zweitgrößten Stadt Ungarns, bestimmt. 2000 mm Treibraddurchmesser, zwei identische Drehgestelle mit 2400 mm Achsstand, 110 m² Verdampfungsheizfläche und 2,75 m² Rostfläche kennzeichnen die verhältnismäßig kleinen Lokomotiven. Das Gesamtgewicht von 85,4 t betrug ⅔ desjenigen der 61001 und die Reibungslast von 286,5 kN (29,2 Mp) erreichte wegen der geringen zulässigen Achslasten nur wenig mehr als die Hälfte der 545 kN (55,6 Mp) der deutschen Lokomotive. Die Bauart der Tenderlokomotive war bei der 242 offenbar nur gewählt, um Gewicht zu sparen, denn sie wurde nicht, wie die 61, im Umsetzbetrieb verwendet, sondern stets gedreht, so daß sie vor dem Zuge immer mit dem Schornstein voran lief. Man konnte daher auf doppelte Instrumentierung im Führerstand verzichten und auch die Verkleidung war der Betriebsform angepaßt. Während die Frontpartie ein wenig der 61 ähnelte, bildete das rückwärtige Ende eine glatte, senkrechte Wand mit hinter dem Führerstand etwas abgerundetem Dach. Außerdem war die Verkleidung hinter den Zylindern auf etwa 1 m hochgezogen und verlief in dieser Höhe bis zum Ende der Lokomotive. Durch diese beiden Maßnahmen erreichte man einen guten optischen Übergang zu den Wagen.
Die Lokomotiven, die, wie die 1 B 1 T der Lübeck-Büchener Eisenbahn, für 120 km/h Geschwindigkeit vorgesehen waren, zeigten sich als recht schnell. Bei Probefahrten liefen sie bis zu 160 km/h. Übrigens besaßen sie ebenfalls, wie die 61001, eine verstärkte Abbremsung von 180 % der Achslast mit automatischer, von der Geschwindigkeit und der Wassermenge abhängiger, Bremskraftverstellung. Im Gegensatz zu den, doch erheblich schnelleren deutschen Lokomotiven, waren jedoch bei der 242 alle Räder nur einseitig gebremst. Die kleinen Maschinen bewährten sich vor leichten Schnellzügen recht gut. Später entfernte man auch bei ihnen einen Teil der hinter den Zylindern liegenden Seitenverkleidung, um das Triebwerk besser zugänglich zu machen, erhöhte den Schornstein, setzte kleine Windleitbleche auf den Umlauf und verbesserte die Führerhaus-Lüftung. Gelegentlich liefen sie auch vor wichtigen Zügen, z.B. dem »Orient-Expreß«, dann natürlich in Doppeltraktion (Bild 167).
Wenn es auch nur wenige ausgesprochene Schnellzug-Tenderlokomotiven gab und deren Lebensdauer im allgemeinen nur kurz war, so sollte diese interessante »Seitenlinie« in der Entwicklung der Hochgeschwindigkeits-Dampflokomotive doch nicht übersehen werden. Leider ist auch von der schnellsten Tenderlokomotive der Welt, der 61001 der Deutschen Reichsbahn nicht mehr erhalten geblieben, als von den meisten anderen Rennern, nämlich einige Bilder in Büchern, Zeitschriften und Museen.

XXIII. Chapelons Meisterwerk

2 D h4v, Nummer 4707, Compagnie d'Orléans (PO), Frankreich

Eine bei den französischen Eisenbahnen offenbar beliebte Methode, den Lokomotivpark zu renovieren, war der Umbau älterer Maschinen. Bereits in Kapitel IV haben wir die radikalen Umbauten der Paris-Lyon-Mittelmeer-Bahn erwähnt, die 1 B 1-Schnellzuglokomotiven teilweise in 2 B, teilweise aber sogar in vierfach gekuppelte, laufachslose Verschiebe-Tenderlokomotiven »verwandelte«. Wenn auch an den auf diese Weise entstandenen Lokomotiven nicht mehr viel von den ursprünglich vorhandenen zu erkennen war, so scheint man dennoch genügend brauchbare Teile gefunden zu haben, die weiter verwendbar waren und diese Methode rechtfertigten. Und es ist ein durchaus anerkennswertes Verfahren, ältere Lokomotiven, die durch neuere Entwicklungen unmodern geworden, aber noch durchaus brauchbar sind, in geänderter Form wiederauferstehen zu lassen.

Nicht ganz so radikal, wie die PLM, ging die PO vor. Hier sehen wir Umbauten zunächst von 1 A 1 in 1 B, sodann von 1 B in 1 B 1, später von 1 B 1 in 2 B 1, oder auch den Ersatz älterer Kessel durch neuere mit Doppeldom nach Polonceau mit Ten-Brinck-Feuerbüchse. Diese Umbauten dienten teils dem Zweck, die Laufeigenschaften der Lokomotiven zu verbessern, teils dazu, die Leistung zu erhöhen, schließlich aber auch der Erzielung günstigerer Verbrauchswerte, z. B. durch Einbau eines Verbund-Triebwerkes.

Keine dieser frühen Umbauten führte jedoch zu einer so gewaltigen und fast unvorstellbaren Leistungssteigerung, wie die, die von André Chapelon ausgingen. Zu seinen bekanntesten Taten gehören die Verbesserungen, die er an den älteren Pacifics der PO vornahm, und mit denen er aus diesen alten und etwas lahmen Maschinen Lokomotiven machte, die zu den leistungsfähigsten Europas gehörten.

Diese Bahn hatte im Juli und September 1907 die ersten beiden Pacifics in Europa, die 4501 (Bild 168) und 4502 in Dienst gestellt. Bis 1910 kamen weitere 98 Maschinen – 4503 bis 4600 – hinzu. Sie entstanden im Werk Belfort der Elsässischen Maschinenfabrik, die sie, gemeinsam mit der Bahn, entworfen hatte. Sowohl äußerlich als auch vom inneren Aufbau her bildeten sie einen äußerst krassen Gegensatz zur nur wenige Monate später erschienenen ersten deutschen Pacific, der badischen IVf (Bild 126). Während letztere mit dem Maffei'schen Einachsantrieb, dem hochliegenden Umlauf, dem Barrenrahmen, dem breiten, vollständig hinter den Kuppelrädern liegenden Crampton-Stehkessel, der weit zurückgeschobenen Laufachse, dem Windschneiden-Führerhaus, der stark kegeligen Rauchkammertür und der gemeinsamen Verkleidung für Dampfdom und Sandkasten einen recht eleganten und auch modernen Eindruck machte, wirkte erstere eher antiquiert und unharmonisch. Natürlich besaßen sie de Glehn-Triebwerk mit äußeren Hochdruck-Zylindern und um bei dem hohen Blechrahmen das Innentriebwerk noch halbwegs zugänglich zu machen, lag der Umlauf sehr tief, so daß die Kuppelräder im oberen Teil durch Radschutzkästen verdeckt werden mußten. Um die Laufachse nicht zu überlasten – das alte Leiden der Pacific – war die Belpaire-Feuerbüchse im vorderen Teil zwischen die letzten Kuppelräder eingezogen, eine nicht grade einfache und recht teure Konstruktion. Dennoch ragte der Stehkessel um 800 mm über die Schleppachse nach hinten hinaus. Obwohl auf den beiden vorderen Radschutzkästen (nach englischer Art) Sandkästen für die erste Treibachse angebracht waren, befand sich merkwürdigerweise ein dritter – zylindrisch und mit flachem Deckel – auf dem Kesselrücken hinter dem Dampfdom. Er diente der Sandung der mittleren Treibräder. Stark gewölbte Rauchkammertür, hoher Dom, dessen Verkleidung im oberen Teil halbkugelförmig gestaltet war, das kurze PO-Führerhaus mit den schmalen Fenstern und der übliche dreiachsige Tender rundeten das äußere Bild ab, trugen jedoch nicht grade zu seiner Verbesserung bei.

Da man offenbar anfangs Probleme mit der Schmierung befürchtete – wie es bei vielen anderen Bahnen auch der Fall war –, wurden die ersten 70 als Naßdampfmaschinen geliefert und nur die letzten dreißig erhielten Heißdampfkessel. Es war jedoch geplant, auch die ersten später auf Heißdampf umzubauen, daher wurden sämtliche Hochdruckzylinder von Anfang an mit Kolbenschiebern ausgerüstet. Die beiden innenliegenden Walschaerts-(Heusinger)-Steuerungen wurden durch große Exzenter von der mittleren Kuppelachse aus angetrieben. Dabei war jedoch die Schwingenstange nicht direkt an der Schwinge angelenkt, sondern an einem Schwinghebel, der auf dem inneren, verlängerten Drehzapfen der Schwinge saß.

Die Lokomotiven waren etwas größer, als die IVf, und erreichten mit 257 m² Verdampfungsheizfläche und einer Reibungslast von 513 kN (52,3 Mp), gegenüber nur 471 kN (48 Mp) der badischen Maschine, höhere Leistungen und Anfahrzugkräfte, als diese. So wurden am Meßwagen Zylinderleistungen bis zu fast 2100 PS (ca. 1550 kW) festgestellt. Da sie für schwere Schnellzüge auf langen Rampenstrecken mit 10 ‰ Steigung gedacht waren, für die die Ten-Wheeler der 4000er Reihe allmählich zu schwach geworden waren, hatten sie nur 1850 mm große Treibräder. Die Bahn beging jedoch nicht den Fehler der badischen Staatsbahn, die die IVf mit nur 1800 mm Treibraddurchmesser vor den schnellen Zügen der Oberrheinstrecke einsetzte und mit Geschwindigkeiten laufen ließ, deren hohen Drehzahlen das Triebwerk auf die Dauer nicht gewachsen war, sondern sie beschaffte für Strecken in der Ebene die Lokomotive in sonst völlig gleicher Ausführung mit 1950 mm großen Treibrädern. Von dieser Reihe 3500 wurden vom Jahre 1909 an 89 Stück – Nummer 3501 bis 3589 – gebaut, auch hier zunächst als Naßdampfmaschinen, und zwar die ersten 20, der Rest sogleich mit Heißdampfkessel.

Zu diesen 189 Schnellzuglokomotiven kam nach dem Kriege noch eine Serie von 50 Pacifics, die die American Locomotive Company lieferte und die natürlich weitgehend amerikanischen Baugrundsätzen entsprachen, also z. B. Barrenrahmen, Heißdampf-Zwillings-Triebwerk, Hodges-Schleppgestell usw. besaßen, und schließlich wurden von der Staatsbahn (Etat) noch 40 Maschinen übernommen, die, bis auf geringfügige Änderungen, Kopien der PO-Reihe 3500 waren. Von diesen hatte die Etat übrigens 283 Stück bezogen, wesentlich mehr als die PO selbst.

Im Laufe der Zeit wurden die Lokomotiven mehr oder weniger großen Umbauten und Verbesserungen unterzogen. Äußerlich am auffälligsten war ein Schornstein mit Krempe und Windleitbleche neben der Rauchkammer. Die Flachschieber der inneren Niederdruckzylinder wurden bei den Heißdampflokomotiven durch Kolbenschieber ersetzt. Auch erhielten die Lokomotiven Speisewasservorwärmer, aber nicht etwa alle den gleichen, sondern man experimentierte mit drei unterschiedlichen Systemen, und zwar ACFI, Worthington und Dabeg. Doch das war nur der Anfang. Später nahm sich Chapelon ihrer an, und die Umbauten wurden radikaler, aber die Erfolge auch umso größer.

André Chapelon wurde am 26. Oktober 1892 in einem kleinen Ort an der Loire geboren. Nach dreijähriger Tätigkeit bei der Paris-Lyon-Mittelmeer-Bahn trat er Anfang 1925 in die Forschungs- und Entwicklungsabteilung der PO ein. Hier beschäftigte ihn vor allem die Leistungssteigerung der Schnellzuglokomotiven, denn die älteren Maschinen der 3500er und 4500er Reihen gingen auf die 20 Jahre zu und waren den in der Nachkriegszeit erheblich schwerer gewordenen Zügen nicht mehr gewachsen. Da man jedoch in naher Zukunft zum elektrischen Betrieb überzugehen beabsichtigte, lohnte es sich nicht mehr, neue, stärkere Lokomotiven zu beschaffen, und man mußte sich mit den vorhandenen so gut es ging behelfen. Chapelon erkannte nun, daß sich an den vorhandenen Lokomotiven durch zweckmäßige Umbauten noch allerhand verbessern ließ. Dabei konzentrierte er sich vor allem auf drei Schwerpunkte, weil hier Verbesserungen am wirksamsten erschienen. Das waren einmal die Drosselverluste in den Dampfleitungen und den Zylindern, zweitens die mangelhafte Dampferzeugung des Kessels und schließlich die zu geringe Überhitzung, die zu hohen Wärmeverlusten, vor allem in den Niederdruck-Zylindern führte. Zwar waren Erkenntnisse über leistungssteigernde Maßnahmen nicht neu, und in der langen Vergangenheit der Dampflokomotive hatten zahlreiche Konstrukteure mehr oder weniger brauchbare Vorschläge gemacht, die auch zum Teil erprobt worden waren. Chapelon gebührt jedoch das Verdienst, die geeignetsten Ideen ausgewählt und durch konzentrierte und konsequente Anwendung gradezu sensationelle Ergebnisse erreicht zu haben.

Im einzelnen sah Chapelon den folgenden Maßnahmen-Katalog vor: um die Drosselverluste herabzusetzen, wurden nicht nur Dampfleitungen mit größeren Durchmessern und geringeren Krümmungen eingebaut, sondern auch die Querschnitte von Regler, Verbinder, Überhitzer, sowie der Ein- und Ausströmkästen der Zylinder vergrößert. Hinzu kam, statt der normalen Kolbenschieber, eine Ventilsteuerung, und zwar die Bauart Lentz-Dabeg mit schwingenden Nocken, da hierbei die äußere Walschaerts-(Heusinger)-Steuerung nicht geändert zu werden brauchte. Diese Ventilsteuerung wurde vor allem in Österreich bei zahlreichen Lokomotiven – teils von vornherein, teils bei späteren Umbautaen – mit guten Ergebnissen verwendet.

Der Verbesserung der Dampferzeugung diente einmal eine Änderung der Rohrteilung und der Einbau eines Nicholson-Thermosyphons in die Feuerbüchse, vor allem aber eine neuartige Saugzuganlage. Der finnische Ingenieur Kylälä hatte kurz nach dem Kriege eine Auspuffanlage mit vier Düsen erfunden, wodurch die Strahloberfläche erheblich vergrößert und damit die Wirkung verbessert wurde. Chapelon entwikkelte das System weiter und erreichte durch verschiedene Zwischendüsen eine noch bessere Verteilung der Saugzugwirkung über den Rohrquerschnitt. Aus den Anfangsbuch-

Bild 168: 2 C 1 n4v, Nr. 4501, der Paris-Orléans-Bahn. Erste europäische Pacific. Erbaut 1907 von der Elsäßischen Maschinenfabrik, Werk Belfort. Treibraddurchmesser 1850 mm (La Vie du Rail, Paris).

staben der Namen beider Männer ist die Bezeichnung Kylchap-Auspuff abgeleitet. Tatsächlich ergab dieser Auspuff erstaunliche Wirkungen. Bei niedrigerem Gegendruck konnte die Dampfleistung der Kessel um mindestens 25 %, unter günstigen Umständen sogar bis zu 50 % gesteigert werden. Wegen der zu erwartenden großen Leistungen wurden zwei Kylchap-Anlagen hintereinander angeordnet. Übrigens erhielten später auch zahlreiche englische Lokomotiven Kylchap-Auspuffanlagen, unter anderen die schnellste Dampflokomotive der Welt, die A 4 »Mallard« der London & North Eastern Railway, wie bereits in Kapitel XXI erwähnt.
Um die Heißdampftemperatur zu erhöhen, sollte nicht nur die Zahl der Rauchrohre gegenüber den vorhandenen Kesseln von 24 auf 28 vermehrt, sondern auch ein Houlet-Überhitzer eingebaut werden. Bei dieser von dem Ingenieur Houlet der Ostbahn erfundenen Überhitzerbauart ist der vom Verteilerkasten kommende erste Strang als Ringrohr ausgebildet, das konzentrisch im Rauchrohr sitzt und den rückkehrenden Strang umschließt. Da das Ringrohr einerseits einen größeren Querschnitt als das normale Rohr besitzt, andererseits aber eine im Verhältnis zu seinem Querschnitt wesentlich größere Oberfläche aufweist, wird mehr Wärme übertragen, gleichzeitig jedoch der Strömungswiderstand herabgesetzt, also genau das erreicht, was Chapelon anstrebte. Die gleiche Überhitzerbauart ist übrigens in Amerika als Typ H-A bekannt.
Nach einigen Vorversuchen wurde im November 1929 in der Bahnwerkstatt Tours als erste die 3566 in der besprochenen Weise umgebaut, behielt allerdings zunächst den vorhandenen Robinson-Überhitzer. Zusätzlich wurde die Lokomotive mit einem ACFI-Vorwärmer ausgerüstet und erhielt, wegen der zu erwartenden höheren Lagerbelastungen durch die größere Leistung, eine Bosch-Hochdruckschmierpresse, ferner einen größeren Sandkasten, mit dem nun auch die dritte Kuppelachse gesandet wurde, seitliche Windleitbleche, und schließlich einen großen vierachsigen Tender vom Nordbahn-Typ, da Langstreckenversuche zwischen Paris und Bordeaux geplant waren.
Gleich die ersten Versuchsfahrten zeigten die Richtigkeit von Chapelons Vorstellungen und ergaben Leistungen, die kaum jemand für möglich gehalten hätte. Ohne Mühe zog die Lokomotive die schwersten Züge mit der zulässigen Höchstgeschwindigkeit von 120 km/h und selbst auf Steigungen war der Kessel nicht zu erschöpfen. Unbeirrt schien die Nadel des Manometers am roten Strich zu kleben. Der Meßwagen zeigte indizierte Leistungen bis über 3000 PS (mehr als 2200 kW), trotzdem war der Verbrauch bei normalen Leistungen um 25 % geringer als bei den nicht umgebauten Maschinen. Aufgrund der hervorragenden Ergebnisse wurde beschlossen, die 20 Naßdampfmaschinen 3501 bis 3520 in gleicher Weise umzubauen. Diese erhielten dabei außerdem noch den Houlet-Überhitzer und zusätzlich wurde der Kesseldruck von 16 auf 17 kp/cm² (von 15,7 auf 16,7 bar) heraufgesetzt. Der Umbau erfolgte im Jahre 1932, ebenfalls in der Bahnwerkstatt Tours, und die Lokomotiven erhielten die neuen Nummern

Bild 169

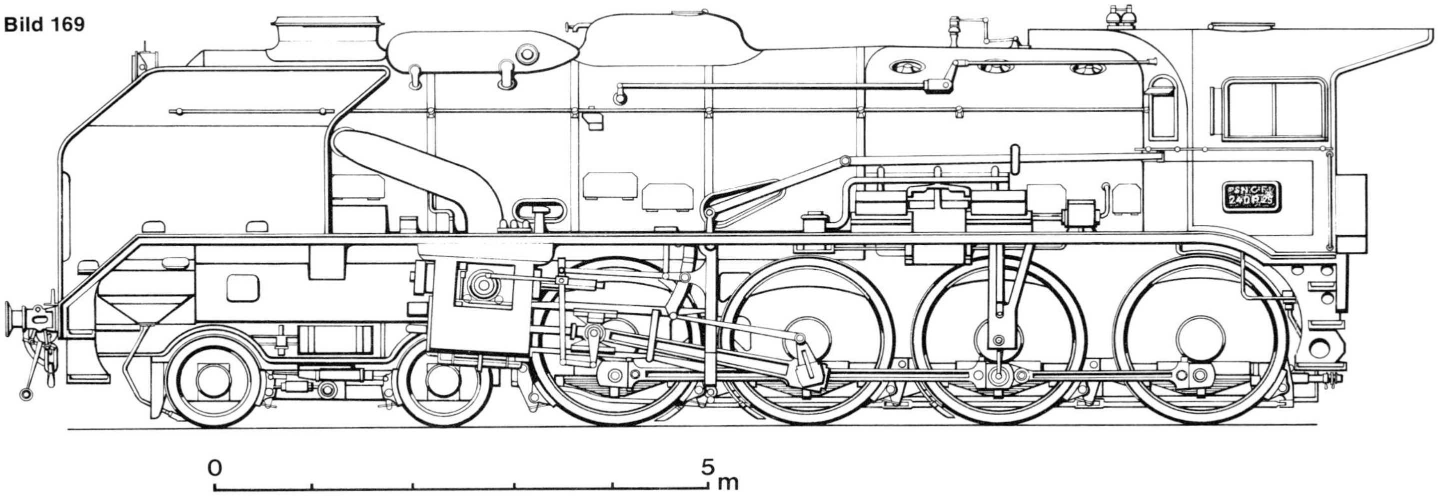

Bild 169: Französische Lokomotivbauer legten offenbar auf das glatte, ästhetische Aussehen der Lokomotiven weniger Wert, als ihre englischen Kollegen. Oder sie hatten andere Vorstellungen von dem Bild, das die Dampflokomotive dem Beschauer bieten sollte. Während man in England Rohrleitungen möglichst unter der Kesselbekleidung und Triebwerke, zumindest aber die Steuerung, hinter den Rahmenblechen verschwinden ließ, auf dem Kesselrücken außer dem Schornstein und den Sicherheitsventilen oft nicht einmal einen Dampfdom duldete und die Sandkästen entweder unter dem Umlaufblech oder in den großen Radschutzkästen versteckte, hielt man es in Frankreich offensichtlich für wichtiger, alles gut zugänglich und sichtbar zu haben. So haben französische Dampflokomotiven zuweilen ein etwas alptraumhaftes Aussehen, besonders solche mit ACFI-Vorwärmer, dessen zahllose Rohrleitungen und die zwei großen Trommeln hinter dem Schornstein das Bild noch verwirrender machten. Auch Chapelons Umbau-Lokomotiven bilden da keine Ausnahme. Bei der zweiten Umbau-Serie, der 240 P, hatte man jedoch endlich auch einmal etwas fürs Auge getan. Rohrleitungen und ein Teil der Aufbauten verschwand unter der voluminöserenn Kesselbekleidung, der elegant hochgeschwungene Umlauf gab einen ungestörten Blick auf das Triebwerk, das Führerhaus erhielt eine gefälligere Form und die neuen Windleitbleche gaben der Lokomotive ein »schnelles« Aussehen.

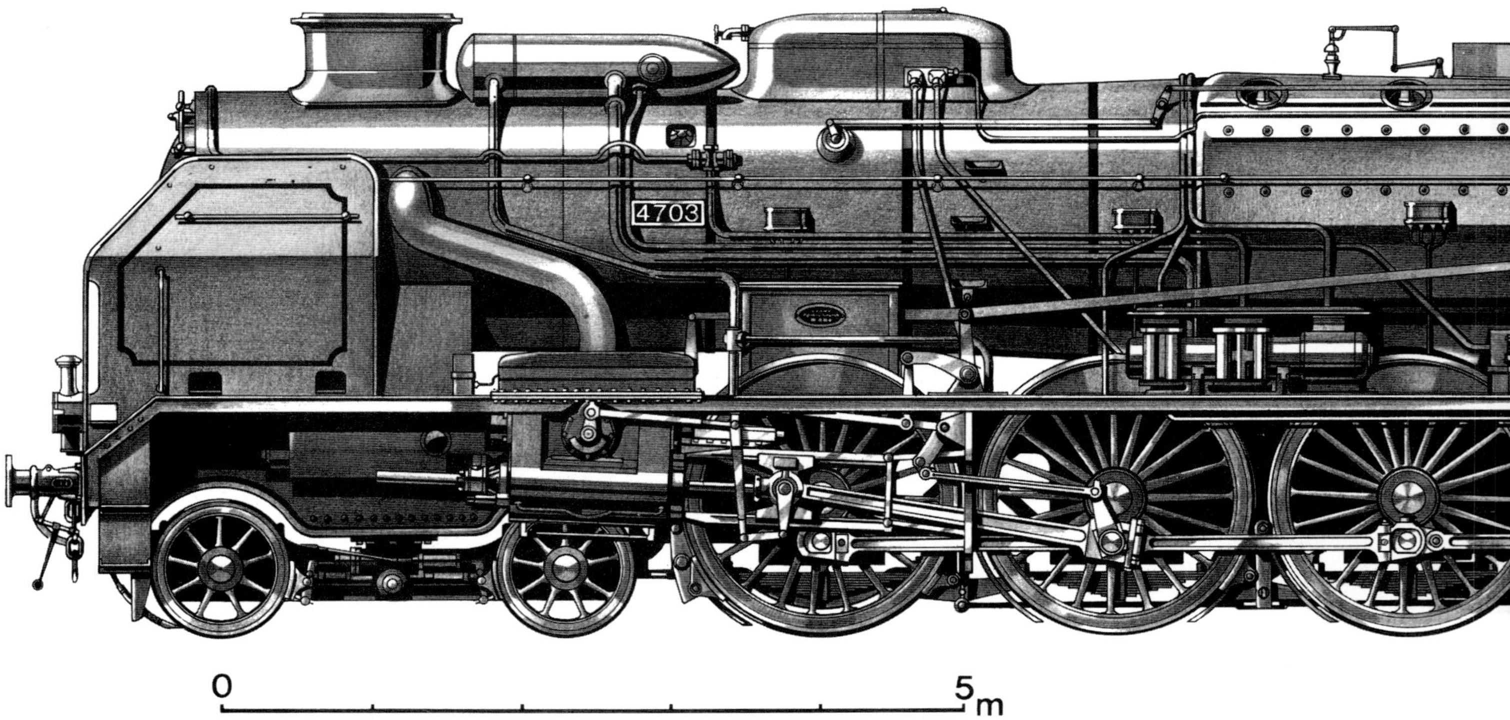

2 D h4v, SNCF-Klasse 240 A, Compagnie d'Orléans (PO), Frankreich.

Bild 170: Die erste der neuen 2 D h4v entstand im Jahre 1932 in der Bahnwerkstatt Tours durch Umbau aus einer 2 C 1. Dieser Umbau war das Werk von André Chapelon, der sich besonders der Verbesserung älterer PO-Pacifics angenommen hatte. Sein Konzept bestand im wesentlichen in einer Steigerung der Dampferzeugung und Überhitzung, Verringerung der Strömungswiderstände der Dampfwege durch Erweiterung und Begradigung der Leitungen, sowie Einbau einer Ventilsteuerung, und schließlich Verstärkung des Saugzuges durch Installierung einer Kylchap-Anlage, z. T. mit Doppelschornstein. Während die großrädrigen Pacifics der 3500er Serie mit 1950 mm großen Treibrädern ihre Achsanordnung behielten, wurden aus den kleinrädrigen Pacifics der 4500er Serie mit 1850 mm Treibraddurchmesser 2 D h4v-Maschinen. Die Ergebnisse dieser Umbauten waren sensationell. Die 2 D entwickelten Zylinderleistungen von über 4000 PS (über 3000 kW), mehr als das Doppelte der Ursprungsausführung. Bei Versuchsfahrten lief die 4707 mit bis zu 158 km/h, für eine vierfach gekuppelte Lokomotive mit so kleinen Rädern, die noch dazu in Teilen bereits 27 Jahre alt war, ein erstaunlicher Wert. Während die ersten Umbauten bei der SNCF die Reihenbezeichnung 240 A erhielten, wurde eine spätere, noch etwas verbesserte Umbauserie als 240 P eingereiht.

Bild 170

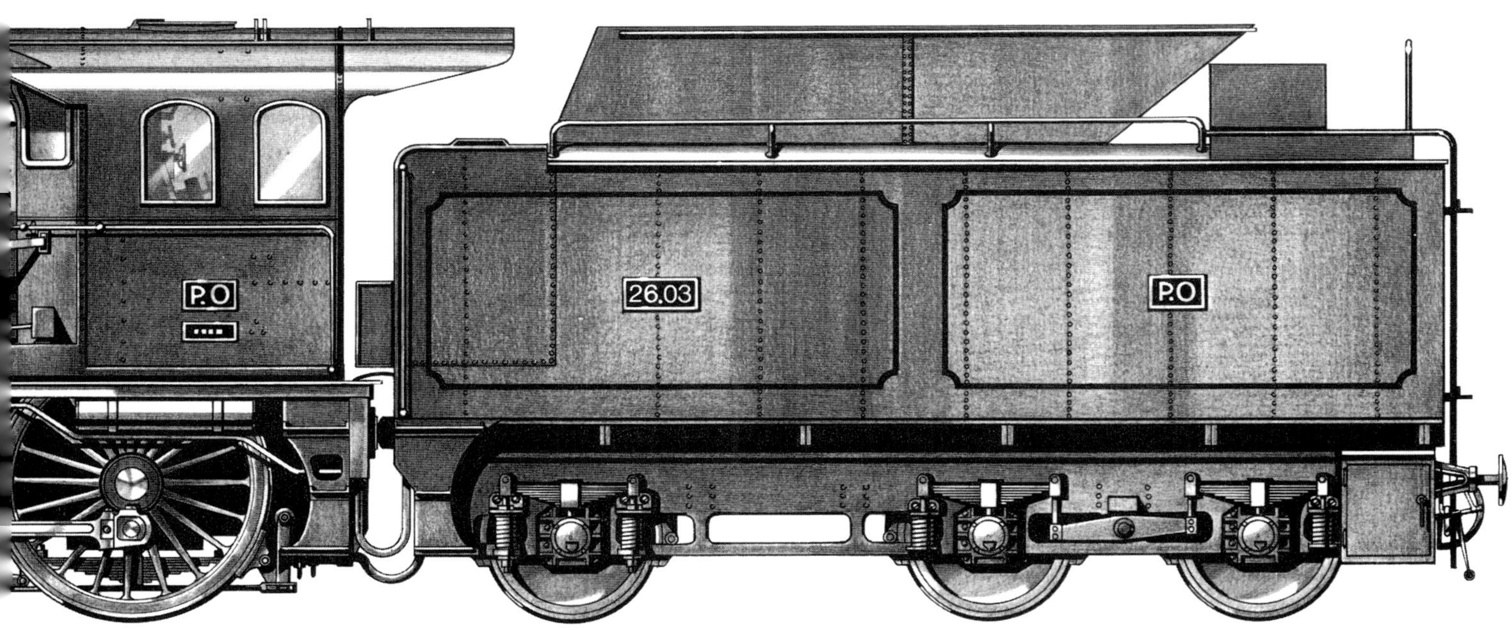

3702 bis 3721, während die 3566 in 3701 geändert wurde. Die Ergebnisse waren noch besser und es wurden Leistungen bis zu 3400 PS (2500 kW) gemessen. Die Lokomotiven liefen vor den schnellsten Expreßzügen und schweren Schnellzügen auf den Strecken Orléans-Bordeaux und Tours-Nantes. Im Jahre 1938, nach Gründung der Société Nationale des Chemins de Fer Francais (SNCF), erhielten sie die Bezeichnung 231 F 701-721. Eine zweite Serie von 10 Stück der Reihe 3500 wurde im Jahre 1934 umgebaut. Durch weitere Verbesserungen der Dampfwege und vor allem Vergrößerung der Niederdruck-Zylinder wurde die Leistung schließlich bis auf 3700 PS (2720 kW) hochgeschraubt, ein Wert, der selbst für amerikanische Pacifics außergewöhnlich war. Diese 10 Maschinen wurden bei der SNCF als 231 H 722-731 bezeichnet.
Die gewaltigen Leistungen von Chapelons Umbauten beeindruckten auch die anderen französischen Bahngesellschaften. Außer der Ostbahn, die 23 umgebaute 3500er von der PO übernahm – SNCF 231 C 51-73 –, interessierte sich vor allem die Nordbahn für diese Lokomotiven. Diese Bahn besaß zwar die hervorragenden »Super-Pacifics« der Reihe 3.1201-1290, doch als man Mitte der 30er Jahre wegen der starken Verkehrszunahme neue Schnellzuglokomotiven benötigte, wurde nicht etwa eine neue Serie dieser Maschinen aufgelegt, sondern man entschied sich für die so unerhört leistungsfähigen PO-Umbauten. Zunächst gab 1934 die PO 20 Umbau-Maschinen ab, sie erhielten bei der Nord-Bahn die Nummern 3.1171-1190, zwei Jahre später beschaffte die Nord-Bahn noch 28 nahezu identische Maschinen, die sich äußerlich nur geringfügig von den ersten 20 unterschieden. Sie kamen von 3 verschiedenen Herstellern und erhielten die Nummern 3.1111-1130 und 3.1191-1198. Alle 48 wurden von der SNCF als 231 E 1-48 eingereiht. Die Lokomotiven zeigten nicht nur die bekannten hohen Leistungen, sondern waren auch außerordentlich schnell. So wurden z. B. im Jahre 1956 Hochgeschwindigkeitsversuche mit neuen BoBo-Elektrolokomotiven unternommen, die für die Strecke Valenciennes-Thionville vorgesehen waren, die mit 25 kV, 50 Hz elektrifiziert werden sollte. Dabei wurde die Elektrolokomotive von der Dampflokomotive geschoben und zusätzlich waren noch einige Schnellzugwagen angehängt. Die Maschine 231 E 19 absolvierte 70 dieser Fahrten, jeweils mit Geschwindigkeiten zwischen 160 und 180 km/h, ohne die geringsten Beanstandungen. Man darf nicht vergessen, daß die Lokomotive in ihren wesentlichen Teilen mindestens 42 Jahre alt war, und auch seit ihrer Erneuerung schon wieder 22 Jahre verstrichen waren.
Wir wollen uns nun eine Serie noch bemerkenswerterer Umbauten ansehen, deren Grundlage die kleinrädrige Reihe 4500 bildete. Diese Maschinen waren auf der Strecke Brive-Toulouse eingesetzt, deren lange Rampenabschnitte mit Steigungen von 10 ‰ nicht nur die Zuggewichte auf 500 t beschränkten, sondern auch die Geschwindigkeiten der schweren Züge stark herabdrückten. Anfang der 30er Jahre beschloß die Bahn, neue Lokomotiven zu beschaffen, die auf dieser Strecke nicht nur schwerere Züge zu befördern vermochten, sondern auch merkliche Fahrzeitverkürzungen ermöglichen sollten. Natürlich kam dafür nur eine vierfach gekuppelte Schnellzuglokomotive infrage. Edmond Epinay, seit 1929 Chef-Ingenieur (Ingénieur en Chef du Matérial et de la Traction), dachte zunächst daran, Mountain-Lokomotiven (2 D 1), entsprechend der Reihe 241 A der PLM, zu beschaffen.Von diesen 145 Maschinen mit Vierzylinder-Verbund-Triebwerk, 1790 mm Treibraddurchmesser und einer Reibungslast von 726 kN (74 Mp) waren die letzten soeben geliefert worden. Ein anderer Plan sah den Umbau einiger Maschinen der PO-Reihe 5800 vor. Von dieser Mikado (1 D 1) wurden

Technische Daten

Bahnverwaltung	**Compagnie d'Orléans (PO), Frankreich**
Achsanordnung:	
Deutsche Bezeichnung	**2 D h4v**
White classification	**4–8–0 (Twelve-Wheeler, Mastodon)**
Bahnnummer	**4707, 240–707, 240 A 7**
Erbauer	**Bahnwerkstatt Tours (Umbau)**
Baujahr	**1934**
Werknummer	
Treibraddurchmesser	**1850 mm**
Laufraddurchmesser	**960 mm**
Zylinderdurchmesser	**440/640 mm**
Kolbenhub	**650 mm**
Rohrlänge	**4250 mm**
Verdampfungsheizfläche (feuerber.)	**188 m^2**
Feuerbüchsheizfläche (feuerber.)	**ca. 24 m^2**
Überhitzerheizfläche	**68,08 m^2**
Rostfläche	**3,76 m^2**
Kesseldruck	**19,6 bar (20 kp/cm^2)**
Reibungslast	**749,5 kN (76,4 Mp)**
Dienstgewicht, Lokomotive	**109 t**
Dienstgewicht, Lok + Tender	**166,5 t**
Kohlevorrat	**9 t**
Wassermenge	**26 m^3**
Höchste erreichte Geschwindigkeit	**158 km/h**
Treibraddrehzahl	**453 Upm**
Indizierte Leistung	**3071 kW (4172 PS). Maximalwert.**
Mittlere Kolbengeschwindigkeit	**9,82 m/s**
Vergleichsgeschwindigkeit (Reihe 01 DRG)	**171 km/h**

Bild 171: 2 D h4v, Nr. 4703, der Paris-Orléans-Bahn. Umgebaut in der Bahnwerkstatt Tours. Treibraddurchmesser 1850 mm. Erzielte Zylinderleistungen von über 3000 kW (über 4000 PS). Lief bei Versuchsfahrten bis zu 158 km/h. Erhielt bei der SNCF die Nummer 240 A 3 (La Vie du Rail, Paris).

– nach zwei in Paris gebauten Prototypen – zwischen 1917 und 1919 von der American Locomotive Company 150 Stück geliefert. Der Treibraddurchmesser von 1650 mm sollte nicht geändert werden, doch mit einem größeren Kessel, einem Drillings- anstelle des vorhandenen Zwillings-Triebwerks und Ersatz der vorderen Laufachse durch ein Drehgestell, hätte man zweifellos eine sehr zugkräftige, wenn auch nicht eben schnelle Lokomotive erhalten.

Doch nun legte André Chapelon einen Entwurf vor, der einen ganz anderen Weg ging. Er schlug vor, einige 4500er in der gleichen Weise umzubauen, die sich bereits bei den 3500ern so glänzend bewährt hatte. Zusätzlich sollte jedoch die Schleppachse durch eine vierte Kuppelachse ersetzt werden. Natürlich bedeutete das auch den Einbau eines neuen Stehkessels, der jetzt auf seiner ganzen Länge tief zwischen die Kuppelräder hinabreichte. Doch wenn auch die Einsparung der Schleppachse die Umbaukosten herabsetzte, die vier Kuppelradsätze eine ausreichende Reibungslast gewährleisteten und schließlich die 1850 mm großen Treibräder sicherlich auch etwas höhere Geschwindigkeiten zuließen, so war doch die Frage, ob sich auf nur 6 Achsen ein genau so leistungsfähiger Kessel unterbringen ließ, wie auf einer siebenachsigen Mountain. Doch Chapelon, der bereits bei den 3500ern gezeigt hatte, daß die Leistung einer Lokomotive nicht allein von der zahlenmäßigen Größe ihrer Hauptabmessungen abhängt, berechnete für die neue Lokomotive eine Leistung, die noch größer war, als die der umgebauten Pacifics. Tatsächlich stellte es sich später heraus, daß die Leistung der Maschinen nicht nur die aller vorhandenen, sondern auch die sämtlicher danach gebauten europäischen Mountains – einschließlich der erst nach dem Kriege entstandenen 241 P der SNCF –, sowie selbst zahlreicher nordamerikanischer übertraf. Epinay war beeindruckt und stimmte Chapelons Vorschlägen zu.

Als erste der neuen 2 D h4v (Bild 170) verließ am 16. August 1932 die 4521 die Hauptwerkstatt Tours, in der auch diese Umbauten vorgenommen wurden. Außer den bereits beschriebenen Verbesserungen – weite Dampfwege, Lentz-Dabeg-Ventilsteuerung, Nicholson-Thermosyphon, Doppel-Kylchap-Auspuff, Houlet-Überhitzer, ACFI-Vorwärmer, größerer Sandkasten und Bosch-Hochdruckschmierpresse – erhielt die Lokomotive eine lange schmale Stahlfeuerbüchse. Um den 3,78 m langen Rost beschicken zu können, war er im Verhältnis 1 : 5 geneigt, so daß es genügte, die Kohle im hinteren Teil aufzuwerfen; während der Fahrt rutschte sie dann durch die Erschütterungen selbsttätig nach vorn. Trotz des

ungewöhnlich langen Rostes betrug die Rostfläche nur 3,76 m², 12 % weniger, als bei der Reihe 4500. Die wegen der viel höheren Leistung wesentlich größere Rostbelastung hoffte Chapelon durch das größere Volumen der Feuerbüchse, vor allem aber durch die erheblich vergrößerte Oberfläche auszugleichen. Um über der Feuerbüchsdecke mehr Dampfraum zur Verfügung zu haben, erhielt der Langkessel einen kegeligen dritten Schuß, der den Kesseldurchmesser vor der hinteren Rohrwand von 1728 auf etwa 1920 mm erweiterte. Um trotz höherer Leistung und Zugkraft mit den vorhandenen Niederdruck-Zylindern von 640 mm Durchmesser auskommen zu können – größere Zylinder hätten ohne umfangreiche und schwierige konstruktive Änderungen kaum mehr zwischen dem Rahmen Platz gefunden –, wurde der Kesseldruck von 16 auf 20 kp/cm² (15,7 auf 19,6 bar) heraufgesetzt und zugleich die Hochdruck-Zylinder von 390 auf 440 mm vergrößert. Natürlich erhielt die Lokomotive Windleitbleche, außerdem wurde das Führerhaus etwas verlängert und mit einer modischen Windschneide versehen, doch behielt sie zunächst den dreiachsigen PO-Tender mit 26 m³ Fassungsvermögen.
Sogleich nach ihrer Ablieferung unternahm man mit der Lokomotive zahlreiche Versuchsfahrten, wobei mit den schwersten Zügen die Steigungsstrecken anstandslos bewältigt wurden. Mit 650-t-Zügen raste sie die 10-‰-Steigung mit Geschwindigkeiten bis zu 90 km/h hinauf, während die Pacifics mit Zügen von weniger als 500 t mit Mühe 50 km/h halten konnten. Als höchste Zylinderleistung wurden bei einer dieser Versuchsfahrten 4172 PS (3071 kW) bei 134 km/h gemessen.
Damit übertraf die 4521 nicht nur alle europäischen Dampflokomotiven – und auch danach gab es nur ganz wenige, dann aber viel größere Maschinen, mit größeren Leistungen –, sondern sie erreichte darüberhinaus mit 38,28 PS/kg (28,17 kW/kg) die bei weitem höchste spezifische, d. h. auf die Masse bezogene Leistung aller jemals gebauten Dampflokomotiven. Zum Vergleich sei erwähnt, daß die absolut stärkste Dampflokomotive der Welt, die 1944/45 von der Pennsylvania Railroad gebaute 2 B C 2 h4, Klasse Q 2, die auf dem Prüfstand in Altoona immerhin 8000 PS (fast 5900 kW) abgab, es nur auf 28,49 PS/kg (20,97 kW/kg) brachte. Zu diesen außerordentlich hohen Leistungen kam aber noch ein äußerst sparsamer Betrieb unter normalen Verhältnissen. So wurden im mittleren Leistungsbereich Kohleersparnisse zwischen 22 und 48 % und Wasserersparnisse zwischen 33 und 40 % gegenüber der Ursprungsausführung festgestellt.
Aufgrund dieser hervorragenden Ergebnisse wurden 11 weitere 4500er in gleicher Weise ebenfalls in Tours umgebaut. Sie erhielten die Nummern 4702 bis 4712, während die 4521 in 4701 umgezeichnet wurde. Als 1934 die Midi-Bahn mit der PO zur PO-Midi vereinigt und gleichzeitig ein neues Nummern-System eingeführt wurde, hießen sie 240-701 – 240-712 und schließlich im Jahre 1938, bekamen sie von der SNCF die Nummern 240 A 1—12 zugeteilt.Sie waren im Betriebswerk Brive in Südwestfrankreich stationiert und beförderten besonders schwere Schnellzüge auf der Strecke Vierzon-Narbonne. Später wurde ihr Betrieb auf den Abschnitt Brive-Montauban, bzw. Toulouse beschränkt, da die restliche Strecke inzwischen elektrifiziert war.

Bild 172: **2 D h4v, umgebaute 2 C 1, mit Tender vom Nordbahntyp. Lokomotive 4707 hier mit Versuchszug mit Meßwagen (hinter der Lokomotive). 1935 bei der Nordbahn (La Vie du Rail, Paris).**

Die Achsanordnung 2 D oder Twelve-Wheeler – gelegentlich auch »Mastodon« genannt – war schon recht alt und, wie so manche andere auch, in Amerika entstanden. Bereits Ross Winans hatte 1855 für die Baltimore & Ohio Railroad eine 2 D gebaut, die »Centipede«. Sie war noch recht primitiv und erinnerte mit überhängendem Stechkessel und *auf* dem Langkessel sitzenden Führerhaus an seine »Camels«, doch auch sie war schon für die Beförderung von »Schnellzügen« über schwierige Steigungsstrecken bestimmt. Die erste »moderne« 2 D entstand 1869 bei der Lehigh Valley Railroad. Zunächst bildete diese Achsanordnung eine Alternative zur Consolidation (1 D) – die übrigens ebenfalls zuerst bei der LV erschienen war –, die es gestattete, einen größeren, leistungsfähigeren Kessel unterzubringen und, dank der besseren Führungseigenschaften des Drehgestells, etwas schneller zu fahren, als mit der Consolidation. Doch wenn anfangs die Lage zwischen den Kuppelrädern eine großvolumige Gestaltung der Feuerbüchse verhinderte, so konnte man später, als man die Scheu vor der tiefen Kessellage verlor und den Stehkessel einfach über die Kuppelräder stellte, diese kaum größer als 1500 mm machen, wollte man noch eine ausreichende Feuerbüchstiefe behalten.

So blieb die Twelve-Wheeler in Amerika stets Güterzuglokomotive und wurde später durch die leistungsfähigere und universeller verwendbare Mountain verdrängt. In größerer Stückzahl liefen 2 D vor allem bei der Southern Pacific Railroad, merkwürdigerweise viele davon als Zweizylinder-Verbund-Maschinen (cross compounds). Eine aus einer frühen Serie, die noch bei der Central Pacific entstanden war, hieß »Mastodon«, woraus der zweite gebräuchliche Gattungsname dieser Bauart wurde. Das Mastodon, ein vorweltliches, mammutähnliches Tier, sollte ein Symbol für die gewaltige Kraft dieser Lokomotiven sein und in der Tat stellten 2 D-Lokomotiven verschiedentlich, wenn auch jeweils nur für kurze Zeit, die stärksten Lokomotiven der Welt dar.

Beließ man es jedoch bei einem verhältnismäßig kleinen Kessel, so bot die 2 D den Vorteil, daß das Lokomotivgewicht über eine größere Länge verteilt werden konnte, und die Maschine trotzdem besser durch scharfe Krümmungen zu bringen war, als die fünffach gekuppelte 1 E (Decapod) oder die noch längere Mountain. Diese Vorteile waren besonders für Bahnen in Entwicklungsländern, deren häufig krümmungsreiche Strekken meist nur mit recht schwachem Oberbau ausgerüstet waren, ausschlaggebend. So ist es verständlich, daß die 2 D besonders in Afrika – ausgehend von der berühmten und viel kopierten Klasse 7 der Cape Government Railway –, aber auch in Australien und Südamerika weit verbreitet war. In Südamerika entwickelte sie sich schließlich sogar zur ausgesprochenen Schnellzuglokomotive. Etwa bei der Buenos Aires Great Southern Railway – die heute Ferrocarril National General Roca heißt –, zunächst in der Form 2 D h3 mit 55 ½ Zoll (1410 mm) Treibrädern, interessanterweise wurden diese Maschinen später nach Chapelons Plänen umgebaut, und endlich als 2 D h2 mit 68 Zoll (1727 mm) Rädern.

In Europa erschien die erste 2 D in Italien. Die Mittelmeerbahn, Rete Mediteranea, beschaffte sie im Jahre 1902 als 2 D n2v mit 1400 mm Treibrädern für die schwierige Giovi-Linie, auf der auch schon die erste europäische 2 C (Kapitel XVI) gelaufen war. Die europäische 2 D war von Anfang an und fast ausschließlich Gebirgs-Schnellzuglokomotive, daher war sie vor allem in Ländern mit Bergstrecken zu finden. In Norwegen gab es fünf verschiedene Reihen, teils als h4, teils als h4v, mit 1350 mm großen Rädern; die Paris-Lyon-Mittelmeer-Bahn beschaffte von 1907 bis 1910 insgesamt 289 Stück 2 D n4v mit 1500 mm großen Rädern – sie begannen merkwürdigerweise mit der gleichen Nummer (4701), wie Chapelons 2 D – für Schnellzüge auf den Voralpen-Strecken; die eleganten 113er der Österreichischen Staatsbahn, später Reihe 33 der Österreichischen Bundesbahn, Heißdampf-Zwillings-Maschinen, deren Treibräder bereits 1740 mm erreichten, beförderten noch Anfang der 60er Jahre Schnellzüge über den Semmering; und schließlich die Reihe 424 der ungarischen Staatsbahn, ebenfalls h2, Treibräder jedoch nur 1606 mm, aber extrem hohe Kessellage (3300 mm), in großer Stückzahl gebaut, war sie auch in der Tchechoslowakei als Reihe 465.0, in Jugo-

Bild 173: 1 D 2 h2, Reihe 214, der Österreichischen Bundesbahn. Mit Reichsbahn-Nummer 12010 in Wien, Westbahnhof, im Jahre 1938 (Aufnahme H. Maey, Sammlung des Verfassers).

slawien als Reihe 11 zu sehen und tauchte nach dem zweiten Weltkriege sogar als Exportlieferung aus Ungarn in China auf. Weder in England, noch in Deutschland, noch in der Schweiz hat es je 2 D gegeben, obwohl sie wahrscheinlich z. B. für die Schwarzwald- oder die Gotthardbahn ein durchaus geeigneter Lokomotivtyp gewesen wäre.

Die Domäne der europäischen 2 D war jedoch zweifellos Spanien. Nicht weniger als 785 Maschinen dieser Achsanordnung, in 12, teilweise recht unterschiedlichen Ausführungen, liefen in diesem Lande, angefangen von der Reihe 1100 der Bahn mit dem klangvollen Namen »Compañia de los Ferrocarriles de Madrid a Zaragoza y a Alicante« oder prosaischer auf deutsch Madrid-Zaragoza-Alicante-Bahn, abgekürzt MZA, bis zur Reihe 240-2400 der spanischen Staatsbahn, der RENFE – ausgeschrieben ebenfalls sehr wohllautend: Red Nacional de los Ferrocarriles Españoles –, von der noch nach dem Kriege 167 Stück geliefert wurden. Während anfangs die Lokomotiven aus dem Ausland kamen, so etwa die ersten, die MZA 1100er, im Jahre 1912 von Henschel geliefert, wurden nach dem Jahre 1928 alle Maschinen bei fünf Lokomotivfabriken in Spanien selbst hergestellt. Als letzte verließ im Jahre 1953 die 240-2717 das Werk der Compañia Euskalduna de Construcción y Reparación de Buques, S.A., in Bilbao. Mit Treibraddurchmessern zwischen 1410 und 1750 mm, wobei 1600 und 1630 mm bevorzugt wurden, und Kuppelachslasten von 118 kN (12 Mp) bei den ersten, bis zu 180,6 kN (18,4 Mp) bei den letzten, waren sie für die spanischen Gebirgsstrecken hervorragend geeignet und bis zum Ende der Dampflokzeit vor schweren Schnellzügen und Eilgüterzügen überall auf Spaniens Schienen zu finden.

Doch keine andere 2 D erreichte auch nur im entferntesten die Leistungen von Chapelons Maschinen. Darüberhinaus waren sie aber auch sehr schnell. Das zeigte sich besonders bei den ausgedehnten Versuchen, die mit der 4707 unternommen wurden. Dabei erreichte die Lokomotive bei Bremsversuchen, die zu Anfang des Jahres 1935 bei der Nordbahn stattfanden (Bild 172), vor dem Meßwagen ihre höchste Geschwindigkeit von 158 km/h. Zwar kam sie damit nicht an die schnellen Pacifics heran, doch für eine vierfach gekuppelte Lokomotive mit ihrer großen Triebwerksreibung war das zweifellos ein sehr guter Wert. Allerdings kam ihr die ebenfalls vierfach gekuppelte österreichische Reihe 214, eine 1 D 2 h2 (Bild 173), mit 155 km/h, die bei einer Probefahrt erreicht wurden, ziemlich nahe, doch besaß sie 1940 mm große Treibräder und die Drehzahl lag daher um 6,5 % unter der der 4707 und man muß berücksichtigen, daß es sich bei der 214 um eine neue und moderne Maschine handelte, während Chapelons Maschine aus der 1908 gebauten 4557 entstanden war und, wenigstens zum Teil, bereits 27 Betriebsjahre hinter sich hatte. Die Triebwerksdrehzahl der 4707 kletterte bei dieser Fahrt auf über 7,5 Umdrehungen in der Sekunde und man muß sich vor Augen halten, daß eine Einheits-Schnellzuglokomotive der

Deutschen Reichsbahn mit 171 km/h hätte fahren müssen, um auf diese Drehzahl zu kommen.
Die gewaltigen Leistungen, die die 240 A hervorbrachten, bewog die SNCF eine weitere Serie von 25 Stück 4500er umzubauen. Der Umbau erfolgte zwischen 1940 und 1942, wiederum in Tours. Die Maschinen erhielten die Nummern 240 P 1-25 (Alle von der SNCF entwickelten Reihen begannen mit dem Buchstaben »P«, übernommene Lokomotiven wurden davor eingereiht). Im inneren Aufbau wichen sie kaum von den älteren 240 A ab, doch endlich hatte man bei diesen Maschinen auch einmal etwas für das Aussehen getan, das bei den ersten Umbauten doch ein wenig vernachlässigt worden war. Die Kesselbekleidung verlief nicht etwa wie üblich entlang der Kesselkontur, sondern besaß den größeren Durchmesser, den der hintere, kegelige Langkesselschuß an seinem rückwärtigen Ende aufwies. Unter der weiteren Bekleidung verschwand nicht nur ein Teil der Kesselaufbauten, die dadurch niedriger erschienen, als sie in Wirklichkeit waren, sondern auch sämtliche Rohrleitungen, mit Ausnahme der riesigen Einströmrohre. Hinzu kam, daß der Umlauf so hoch gelegt wurde, daß die Kuppelräder vollständig frei lagen, allerdings war das innere Triebwerk nun wohl noch schwerer zu erreichen. Auch die Windleitbleche und die Rauchkammertür wurden etwas anders gestaltet. Alles in allem machte die 240 P einen sehr eleganten Eindruck (Bild 174) im Gegensatz zu dem etwas bizarren Aussehen der 240 A.
Die 240 P erhielten von Anfang an den großen 38-m³-Tender vom Nordbahntyp, zusätzlich aber, zur Entlastung des Heizers, einen Stoker. Sie wurden im Betriebwerk Laroche stationiert, um schwere Schnellzüge auf der Strecke Laroche–Lyon und Dijon–Vallorbe zu befördern.
Dank der langen, schmalen Form der Feuerbüchse und des Thermosyphons erreichte der Anteil der Feuerbüchsheizfläche den ungewöhnlich hohen Wert von 13 % der Verdampfungsheizfläche, so daß dem Kesel auch Heizflächenbelastungen von über 100 kg/m²h nichts anzuhaben vermochten. Doch die riesigen Leistungen, die die Lokomotiven hervorbringen konnten – die ein wenig schweren 240 P erreichten noch etwas höhere Werte als die 240 A – forderten schließlich ihren Tribut. Im Laufe der Zeit machte es sich leider bemerkbar, daß man für die Umbauten Lokomotiven verwendet hatte, die nur für die halbe Leistung ausgelegt waren. Verschiedene Teile, die noch von den alten Maschinen stammten und nicht geändert werden sollten oder konnten, vor allem der Rahmen, waren den gewaltigen Kräften auf die Dauer nicht gewachsen. Verschiedentlich traten Rahmenbrüche auf und das war mit ein Grund dafür, daß diese sonst so vorzüglichen Maschinen rascher wieder verschwanden, als ihre schnellen Schwestern, die Pacifics. Zwar hätten sich diese Mängel bei einem vollständigen Neuau sicherlich beheben lassen, es waren auch

Bild 174: 2 D h4v, 240 P 16, der Société Nationale des Chemins de Fer Français. Wesentlich gefälligere Form als die ersten Umbauten (La Vie du Rail, Paris).

Bild 175: 2 D 2 h3v, 242.A.1., der SNCF. Entstanden 1946 durch Umbau der 241.101, einer 2 D 1 h3 der Staatsbahn. Wahrscheinlich beste aller Lokomotiven Chapelons. Einzige französische Northern und eine der beiden einzigen Northern mit Dreizylinder-Verbund-Triebwerk. Die zweite war eine Versuchs-Hochdruck-Lokomotive der New York Central Railroad (Sammlung Prof. Dr. R. Roosen).

Weiterentwicklungen in dieser Richtung geplant, doch zu einer 240 R kam es nicht mehr.

Chapelons Ideen aber wurden noch an zahlreichen anderen Lokomotiven verwirklicht, z. B. an den beiden Neubauten der SNCF, der 141 P und der 241 P. Die 141 P, von der 318 Stück gebaut wurden, war eine Eilgüterzuglokomotive mit der Achsanordnung 1 D 1 h4v. Sie war etwa mit der deutschen Reihe 41 vergleichbar, jedoch etwas größer und schneller und wesentlich leistungsfähiger, als diese. Außerdem gehörte sie aber zu den sparsamsten Dampflokomotiven überhaupt. Noch leistungsfähiger waren die 35 Maschinen der Reihe 241 P, einer 2 D 1 h4v, wenn sie auch nicht die Leistungen der 240 P erreichten. Sie gehörten zu den letzten noch vorhandenen Schnellzuglokomotiven Frankreichs. Zwischen 1948 und 1952 gebaut, wurden die letzten Exemplare erst 1970 ausgemustert.

Den wahrscheinlich am besten gelungenen Umbau stellte jedoch die riesige 242 A 1 dar, eine 2 D 2 h3v, die einzige französische Northern (Bild 175). Sie war aus einer 2 D 1 h3 mit Renaud-Ventilsteuerung entstanden, die die Staatsbahn (Chemins de Fer de l'Etat) im Jahre 1932 als Versuchslokomotive beschafft hatte, und die sich als ziemlicher Mißerfolg herausgestellt hatte. Chapelon wandelte das Drillings-Triebwerk in ein Dreizylinder-Verbund-Triebwerk mit drei unabhängigen Walschaerts-Steuerungen um und die Ventilsteuerung, deren Querschnitte zu eng bemessen waren, wurde durch Kolbenschieber ersetzt. Natürlich erhielt die Maschine die bekannten Verbesserungen, z. B. weite Dampfwege, Dreifach-Kylchap-Blasrohr, Houlet-Überhitzer und zwei Nicholson-Thermosyphons in der Feuerbüchse. Um das höhere Gewicht aufzufangen, wurde die Schleppachse durch ein kurzachsständiges Außenrahmen-Deichsel-Drehgestell ersetzt. Die Leistungen der 242 A 1 waren äußerst beeindruckend. Bei zahlreichen Versuchsfahrten wurde immer wieder der ruhige Lauf, selbst bei höchsten Geschwindigkeiten, und das vorzügliche Anfahrverhalten, ohne die geringste Schleuderneigung festgestellt. Die Zylinderleistung erreichte Werte bis zu 5700 PS (4200 kW) und am Zughaken wurden bis zu 4100 PS (3000 kW) gemessen.

Die Ergebnisse dieser interesssanten und im übrigen auch recht formschönen Lokomotive benutzte Chapelon, der bei der SNCF Chef der Abteilung für Lokomotiventwicklung geworden war, um ein ganzes System von Einheitslokomotiven für Schnellzug- und Güterzugverkehr für Leistungen bis zu 8000 PS (knapp 6000 kW) und Geschwindigkeiten bis zu 200 km/h auszuarbeiten. Leider entschloß die Bahn sich jedoch, der allgemeinen Entwicklung folgend, zum elektrischen und Diesel-Betrieb überzugehen, so daß keine der zahlreichen Ideen mehr verwirklicht werden konnte, obwohl einige der Lokomotiven bereits im Bau waren. Heute sind von den nach Chapelons Vorschlägen gebauten Lokomotiven nur noch wenige in Museen zu finden, doch von der stärksten und schnellsten Twele-Wheeler der Welt – Chapelons Meisterwerk – ist leider keine dabei.

XXIV. Die Schnellste auf schmaler Spur

2 C 1 h2, Klasse 16 E, South African Railways, Südafrika

Die heute in Europa, Nordamerika und vielen anderen Ländern der Erde bekannte Normal- oder Regelspur, gemessen als lichtes Maß zwischen den Schienenköpfen, ist mehr zufällig entstanden und nicht etwa das Ergebnis technischer oder physikalischer Berechnung. Diese Spurweite stammte von George Stephenson, der sie schon bei seinen ersten großen Bahnbauten verwendete. Obwohl er nämlich am bekanntesten durch den Entwurf der ersten brauchbaren Lokomotive mit Heizrohrkessel, der »Rocket« von 1829, geworden ist, war er in erster Linie Bauingenieur, und bei zahlreichen frühen Bahnbauten als beratender Ingenieur tätig. Die Lokomotiven – außer, selbstverständlich, den frühen – stammten dagegen von seinem Sohn Robert, der auch schon an der Herstellung der »Rocket« maßgeblich beteiligt war; er war zu der Zeit 26 Jahre alt. Bei den allerersten »eisernen Bahnen«, die noch mit Pferden betrieben wurden, hatte man einfach das Spurmaß der Kutschwagen genommen und sie auf Winkeleisen als Schienen laufen lassen. Als George Stephenson die Spurführung durch den Spurkranz in das Rad verlegte, behielt er den seitlichen Abstand der Räder bei und die Schienenköpfe rückten nach außen. Da man außerdem den Radsätzen noch einen gewissen Spielraum zubilligen mußte, ergab sich so schließlich das bekannte Maß von 4 Fuß, 8½ Zoll (1435 mm). Dieses Maß, dem keinerlei physikalische Notwendigkeit zugrunde liegt, paßte weder so recht in das Zoll-, noch in das Metersystem. Da das offenbar für die Franzosen, die als erstes Land das metrische Maßsystem eingeführt hatten, ärgerlich war, verfiel man dort auf den Trick, nicht das lichte Maß zwischen den Schienenköpfen, sondern den Abstand der Schienenmitten zugrunde zu legen, und das waren praktischerweise grade 1500 mm. So fügte es sich besser ins metrische System ein und trotzdem brauchte nichts geändert zu werden und man war nicht isoliert von anderen Bahnen. Denn durch die vielen Exportlieferungen und Erstausstattungen neuer Bahnen, die aus der Lokomotivfabrik Robert Stephenson kamen, verbreitete sich auch die dabei verwendete Spurweite rasch über die Industrieländer.

Doch gab es daneben auch Leute, die nicht mit der Spur der Stephensons einverstanden waren und eine breitere Spur – aus welchen Gründen auch immer – für vorteilhafter hielten, und es entstanden an vielen Stellen andere Bahnsysteme mit abweichender Spurweite. Z. T. verschwanden diese Systeme im letzten Drittel des 19. Jahrhunderts wieder, wie die 7-Fuß-Spur (2134 mm) der Great Western Railway in England, die Spur von 1600 mm der badischen Staatsbahn (umgebaut 1854/55) in Deutschland und die zwischen 5 und 6 Fuß (1524–1829 mm) liegenden Spurweiten einiger Bahnen in den Vereinigten Staaten und Kanada, um nur einige zu nennen. Andere haben sich jedoch bis auf den heutigen Tag gehalten, wie z. B. die 5-Fuß-Spur (1524 mm) Rußlands, sowie 5 Fuß, 3 Zoll, (1600 mm) und 5 Fuß, 6 Zoll, (1676 mm) in Irland, der iberischen Halbinsel und einiger Bahnen in Südamerika, Indien und Australien.

Wesentlich später hingegen ist die Schmalspur entstanden. Das ist auf den ersten Blick etwas erstaunlich, da die Investitionskosten eines Bahnbaues umso niedriger sind, je schmäler die Spurweite ist, und bei der anfänglichen Kapitalknappheit vieler junger Bahngesellschaften die Möglichkeit mit schmälerer Spur auch billiger zu bauen, sicher mit Freuden begrüßt worden wäre. Außerdem hätte bei den in der Frühzeit noch sehr leichten und kleinen Lokomotiven eine Spurweite mit einem geringeren Maß als dem der Stephensons durchaus genügt. Doch man war damals noch sehr ängstlich in Bezug auf die Standsicherheit der Lokomotive und glaubte, den Schwerpunkt möglichst tief legen zu müssen. Eine gewisse Berechtigung kann man dem auch nicht absprechen, wenn man an den anfangs schwachen und wenig stabilen Oberbau denkt, bei dem die Fahrzeuge bereits bei geringer Geschwindigkeit wesentlich stärker zu schwanken pflegten, als man das heutzutage selbst bei den höchsten Geschwindigkeiten gewohnt ist. Also zwängte man den Kessel zwischen die Räder, was bei Normalspur grade noch, bei Breitspur natürlich leicht möglich war. Bei schmälerer Spur hätte man aber den Kessel über den Rädern anordnen müssen und das hätte, vor allem bei den Schnellzuglokomotiven mit ihren großen Rädern, eine so hohe Kessellage erfordert, wie sie nach den derzeitigen Anschauungen völlig unannehmbar war.

Die ersten Schmalspurlokomotiven hatten denn auch so kleine Treibräder, daß die niedrigstmögliche Kessellage, die wegen des Stehkessels und des daruntersitzenden Aschkastens erreichbar war, eingehalten werden konnte. Zu den frühesten Schmalspurbahnen gehören die walisischen Bahnen in England, mit denen der Schiefer aus den Steinbrüchen zu den Häfen transportiert wurde und die später auch Personen beförderten. Die bekanntesten sind die Talyllyn Railway und die Festiniog Railway, die noch heute als Museumsbahnen einen Betrieb mit Dampflokomotiven aufrecht erhalten. Sie wurden in 2-Fuß-Spur (610 mm) angelegt.

Gegen Ende des 19. Jahrhunderts entstanden in vielen Ländern Europas eine große Anzahl von Kleinbahnen für Gebiete, die von den Hauptbahnen schlecht oder gar nicht erschlossen waren. Das Verkehrsaufkommen dieser Bahnen war bescheiden, die Strecken kurz und das Kapital knapp. So baute man sie meist als Schmalspurbahnen mit Spurweiten von 750 und 1000 mm. Die Entstehung dieser Bahnen wurde durch Erleichterungen in der Gesetzgebung (Kleinbahn-Gesetze) gefördert. Der Lokomotivpark bestand im allgemeinen aus zweifach oder dreifach gekuppelten Tenderlokomotiven. Die weitaus meisten dieser Bahnen verschwanden jedoch nach dem 2. Weltkrieg wieder. Ein besonders interessantes Netz stellten die Schmalspurbahnen in den Provinzen Bosnien und Herzegowina der österreichisch-ungarischen Monarchie, im heutigen Jugoslawien, dar. Ursprünglich aus strategischen Gründen angelegt, leisteten sie später viel bei der Erschließung des Landes. Die Spurweite betrug 760 mm und es liefen dort nicht nur verhältnismäßig schwere Maschinen, z.T. auch mit Schlepptender, sondern es gab sogar »Schnellzuglokomotiven«. Die 23 Lokomotiven der Reihe 73, einer 1 C 1 h2 mit Außenrahmen, Krauss-Helmholtz-Gestell, 1080 mm Treibraddurchmeser und zweiachsigem Schlepptender konnten mit

Bild 176: Ventilsteuerungsgestänge der 2 D 1 h2, Nr. 2878 »Bethlehem«. Der Antrieb war im Prinzip der gleiche wie für die 16 E, doch wegen des größeren Achsstandes durch die höheren Räder war die Antriebswelle bei letzterer etwa 490 mm länger. Sehr gut sind die Kardan-Gelenke der Antriebswelle zu erkennen, mit denen aber nicht nur der hintere, bewegliche Abschnitt, sondern – zum Schutz vor Verspannungen – auch der vordere, an sich starre Abschnitt ausgerüstet war (Aufnahme H. A. Edmondson, U. S. A.).

Bild 177: 2 D 1 h2, Klasse 16 E, Nr. 856, der Südafrikanischen Staatsbahn. Treibraddurchmesser 6 Fuß (1829 mm), der größte, den je eine Schmalspurlokomotive besessen hat. Das Geschwindigkeitspotential dieser hochentwickelten und leistungfähigen Schnellzuglokomotive konnte jedoch kaum genutzt werden (Werksaufnahme Henschel & Sohn).

Leichtigkeit schneller laufen, als die zulässigen 50 km/h, und waren ausgesprochene »Renner«. Leider ist auch von diesen bemerkenswerten Bahnen nicht viel übrig geblieben.

Auch in den Vereinigten Staaten hat es einmal zahlreiche Schmalspurbahnen gegeben. Abgesehen von einigen Bahnen im Bundesstaat Maine, im äußersten Nordosten des Landes, die in 2-Fuß-Spur (610 mm) angelegt waren, bevorzugte man dort die 3-Fuß-Spur (914 mm). Bekannteste Schmalspurbahn war die Denver & Rio Grande Western Railroad, die aus der alten Denver & Rio Grande Railway hervorgegangen war. Um mit den besonders großen Geländeschwierigkeiten in den Rocky Mountains im Bundesstaat Colorado besser fertig werden zu können, hatte man sie als reine Schmalspurbahn angelegt. Aus Wettbewerbsgründen stellte die Bahn zwar später ihre Hauptstrecken auf Normalspur um, doch blieben große Teile in Schmalspur erhalten. Zuletzt liefen dort hauptsächlich recht moderne 1 D 1 h2 mit Außenrahmen und Reibungslasten – bei der Klasse K-37 – bis zu 659,8 kN (rund 67,3 Mp). Heute sind von diesen Strecken nur noch einige Touristikbahnen übrig geblieben. Doch einstmals gab es auf der Schmalspurstrecke sogar einen Luxus-Zug mit komfortablen Speise- und Schlafwagen, den »San Juan«. Und im Jahre 1880 wurde ein Plan ausgearbeitet, eine durchgehende Schmalspurbahn, unter Verwendung und Ausdehnung bereits bestehender Linien, von Toledo an der Ostspitze des Erie-Sees bis Laredo, Texas, am Golf von Mexico, herzustellen. Mit 1628 Meilen (2630 km) hätte sie eine wahrhaft gigantische Länge erreicht. Doch am Ende zerschlugen sich die Pläne, hauptsächlich aus finanziellen Gründen.

Daß die Bedenken hinsichtlich der Standsicherheit der Schmalspurlokomotiven nicht ganz von der Hand zu weisen sind, zeigt übrigens ein Vorfall aus dem Jahre 1877, als ein kompletter Personenzug der Denver & Rio Grande Railway einschließlich der 1 C-Lokomotive in der Nähe des Palmer-Sees in Colorado durch einen scharfen Wintersturm von den Schienen geweht wurde und umkippte. Noch lange danach wurde dieses Ereignis, bei dem zum Glück niemand ernstlich verletzt wurde, von den Bewohnern der näheren Umgebung bespöttelt.

All diese Schmalspurbahnen in Europa und Amerika standen im Schatten der sehr viel größeren Normalspurnetze. Geringe Streckenlänge, leichte Lokomotiven und niedrige Geschwindigkeiten kennzeichneten diese Bahnen. Anders sah es jedoch in den Ländern aus, in denen das Hauptnetz in Schmalspur angelegt war und daneben allenfalls in kleinerem Umfang noch schmälere Spurweiten existierten. Hier finden wir nicht nur ausgedehnte Strecken und, am Ende der Entwicklung, Expreßzüge, die mit verhältnismäßig hoher Geschwindigkeit verkehrten, sondern auch Riesen-Lokomotiven, die manche normalspurigen weit übertrafen.

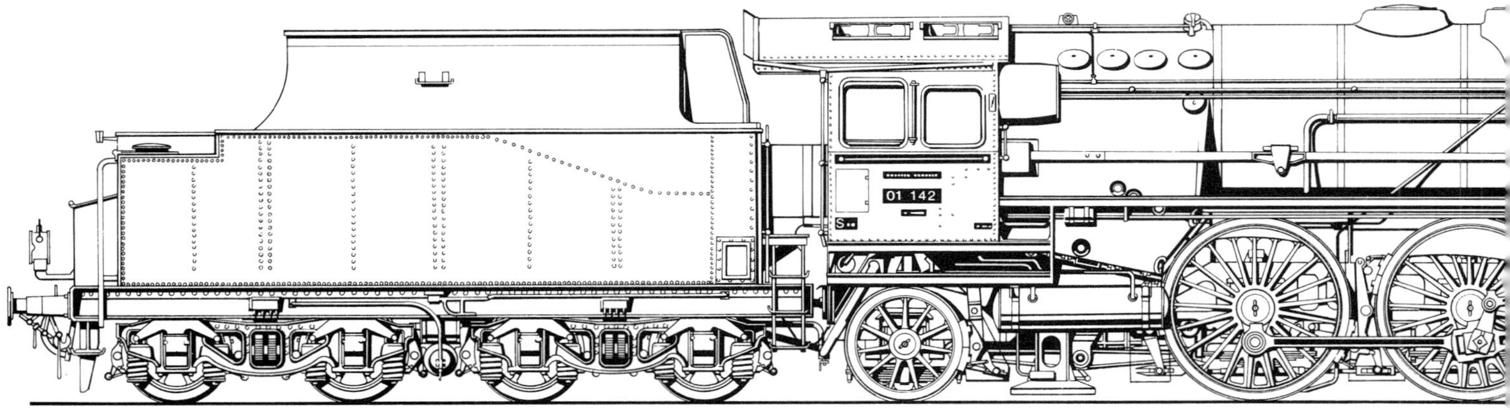

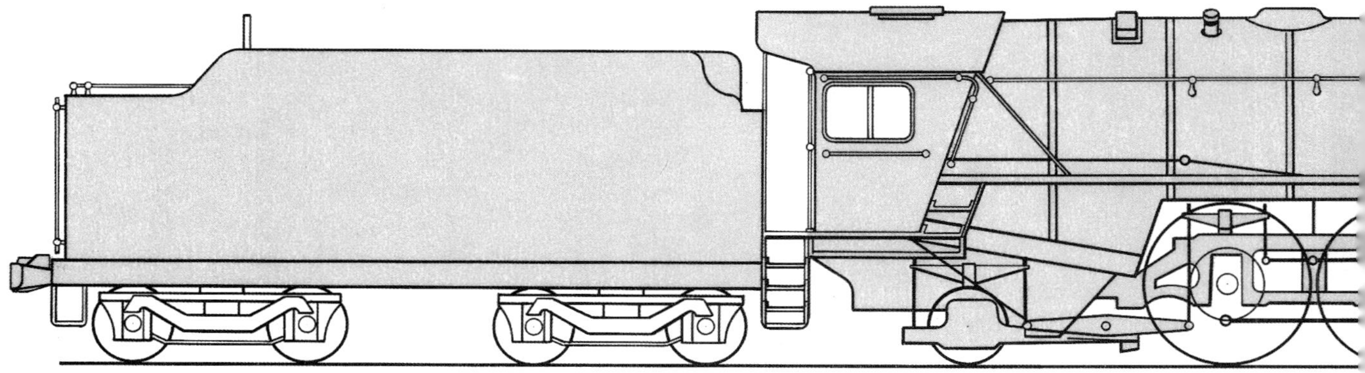

Bild 178

Bild 179

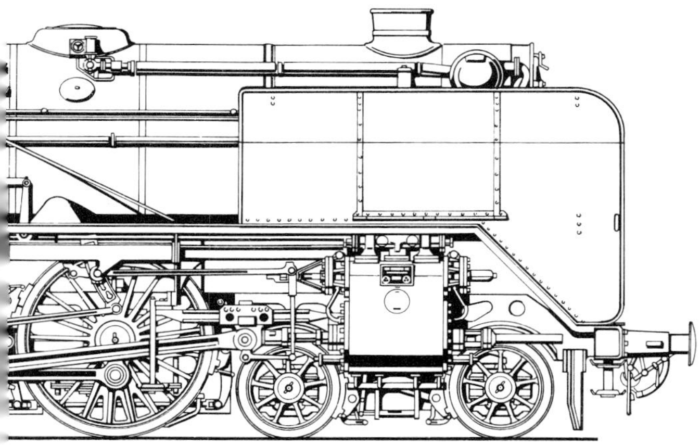

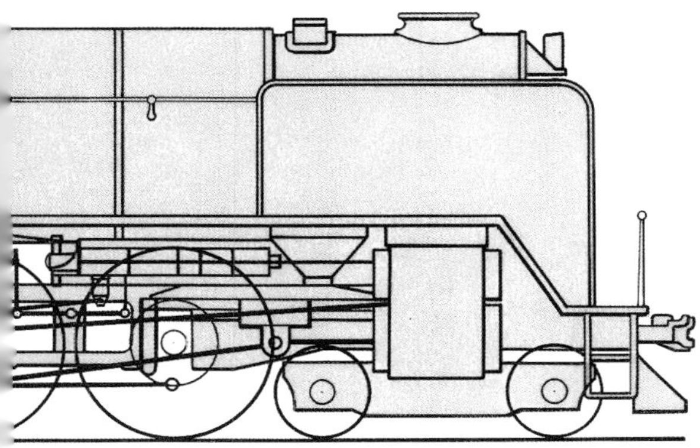

2 C 1 h2, Klasse 16 E, South African Railways, Südafrika.

Bild 178: Es ist erstaunlich, bis zu welch bemerkenswerter Größe Schmalspurlokomotiven konstruiert wurden, in Ländern, deren Hauptnetz in kleinerer als der europäisch-nordamerikanischen Normalspur angelegt war. Die meisten derartigen Giganten liefen auf dem $3^{1}/_{2}$-Fuß-Spur-Netz (1067 mm) – auch Kapspur genannt – der Südafrikanischen Staatsbahn. Das Bild zeigt einen Vergleich der Klasse 16 E mit der normalspurigen deutschen schweren Schnellzuglokomoitve der Baureihe 01. Wie man sieht, steht die Schmalspur-Pacific ihrer »großen« Schwester nicht viel nach. Tatsächlich besaß sie sogar, dank etwas kleinerer Treibräder, höherer Reibungslast und größerer Kesselheizfläche, mehr Leistung und Zugkraft als die 01. Die Tender hatten etwa das gleiche Fassungsvermögen, wenn auch etwas anders verteilt, nämlich 32 m^3 Wasser und 10 t Kohle beim deutschen, gegenüber 27,3 m^3 Wasser und 14,2 t Kohle beim 16 E-Tender.

Bild 179: 6 Lokomotiven der Klasse 16 E lieferte die Firma Henschel & Sohn im Jahre 1935 an die Südafrikanische Staatsbahn. Es waren die größten und leistungsfähigsten Pacifics, die jemals auf einer Schmalspurstrecke gelaufen sind. Ihr Treibraddurchmesser von 6 Fuß (1829 mm) wurde von keiner anderen Schmalspurlokomotive erreicht. Es dauerte allerdings nicht sehr lange, bis die 16 E durch noch größere und stärkere, vierfach gekuppelte Lokomotiven der Klassen 23 (2 D 1) und 25 (2 D 2) verdrängt wurde. In der Geschwindigkeit konnten es diese Riesen aber nicht mit der 16 E aufnehmen. Eine dieser Pacifics soll nach dem Kriege bei einer Versuchsfahrt nach Unfall-Reparatur mit bis zu 92 mph (148 km/h) gelaufen sein, und wäre damit die schnellste Schmalspurlokomotive der Welt. Einem damaligen Trend bei der Bahn entsprechend, besaßen die Maschinen Ventilsteuerung mit rotierenden Nocken.

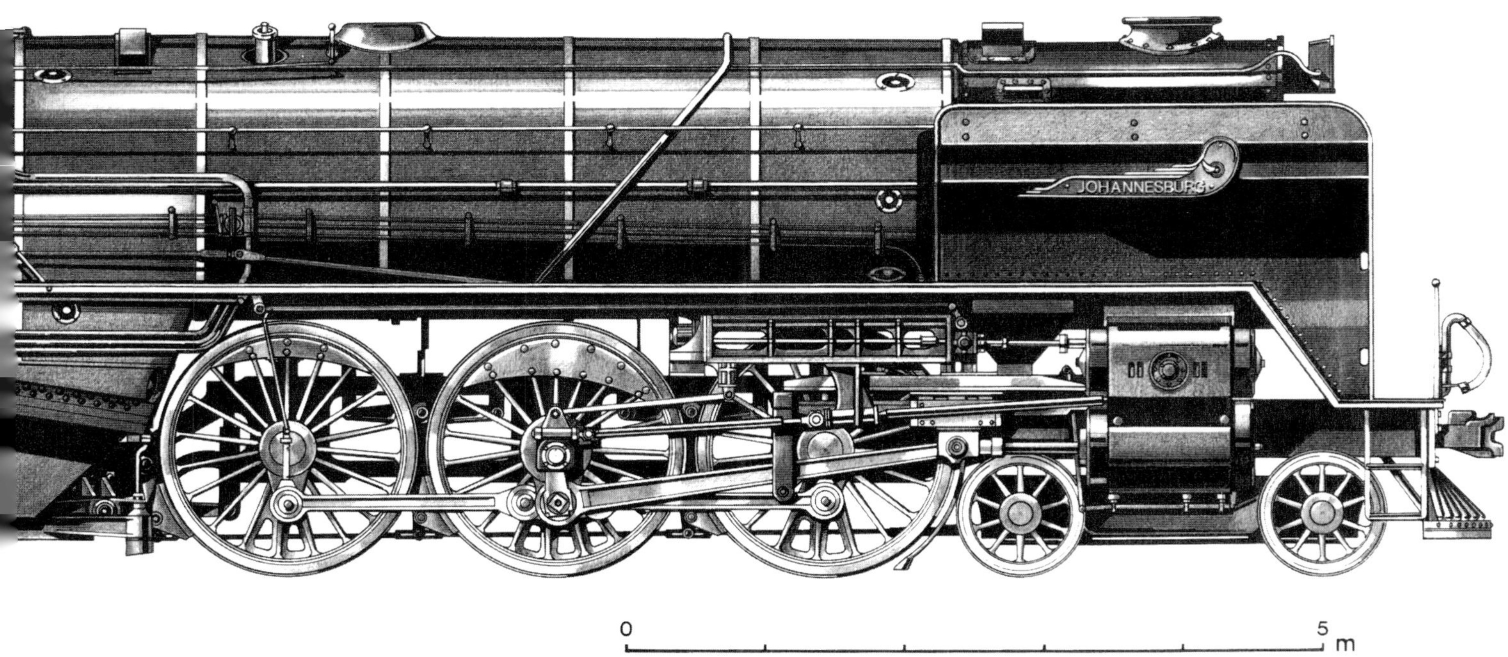

Die drei bekanntesten dieser Netze sind die beiden Inselbahnen: japanische Staatsbahn – Japanese National Railways (JNR) – und neuseeländische Staatsbahn – New Zealand Government Railways (NZGR) –, sowie die südafrikanische Staatsbahn – South African Railways (SAR). Alle drei benutzen die 3 ½-Fuß-Spur (1067 mm), auch Kap-Spur genannt, nach ihrem ersten Auftreten bei der Cape Government Railway in der heutigen südafrikanischen Kap-Provinz. Doch der erste Zug, der am 26. Juni 1860 in Südafrika seine kurze Reise begann, lief noch auf der Normalspur, und erst Jahre später wurden alle bis dahin vorhandenen Linien auf die billigere Kapspur umgebaut. Am 1. Dezember 1863 fuhr der erste Zug in Neuseeland, hier sogar auf Breitspur, 5 Fuß, 3 Zoll (1600 mm). Auch hier wurde erst einige Jahre später die Kapspur eingeführt. Noch fast 9 Jahre mußte Japan warten, ehe

Technische Daten

Bahnverwaltung	**South African Railways, Süd-Afrika**
Achsanordnung:	
Deutsche Bezeichnung	**2 C 1 h2**
White Classification	**4–6–2 (Pacific)**
Klasse	**16 E**
Bahnnummern	**854 – 859**
Erbauer	**Henschel & Sohn GmbH, Kassel, Deutschland**
Werksnummern	**22583 – 22588**
Baujahr	**1935**
Treibraddurchmesser	**6 ft. = 1829 mm**
Laufraddurchmesser, vorn	**2 ft., 10 in = 864 mm**
Laufraddurchmesser, hinten	**2 ft., 10 in = 864 mm**
Zylinderdurchmesser	**24 in = 610 mm**
Kolbenhub	**28 in = 711 mm**
Rohrlänge	**19 ft., ½ in = 5804 mm**
Verdampfungsheizfläche (wasserber.)	**2914 sq.ft. = 270,7 m²**
Feuerbüchsheizfläche (wasserber.)	**232 sq.ft. = 21,6 m²**
Überhitzerheizfläche	**592 sq.ft. = 55,0 m²**
Rostfläche	**63 sq.ft. = 5,85 m²**
Kesseldruck	**210 psi = 14,5 bar (14,8 kp/cm²)**
Reibungslast	**59.7 tons = 595 kN (60,7 Mp)**
Dienstgewicht, Lokomotive	**97.75 tons = 99,3 t**
Dienstgewicht, Lok + Tender	**167.15 tons = 169,8 t**
Kohlenvorrat	**14 t**
Wassermenge	**6000 Imp. gal. = 27,3 m³**
Höchste erreichte Geschwindigkeit	**92 mph = 148 km/h**
Treibraddrehzahl	**429,3 Upm**
Indizierte Leistung	**ca. 1600 kW (ca. 2200 PS)**
Mittlere Kolbengeschwindigkeit	**10,17 m/s**
Vergleichsgeschwindigkeit (Reihe 01 DRG)	**162 km/h**

am 14. Oktober 1872 auch in diesem Lande das Eisenbahn-Zeitalter begann – diesmal gleich mit der Kapspur. Dafür wird hier z. Zt. ein großzügiges und von den vorhandenen Strecken unabhängiges Normalspurnetz für Triebwagen-Züge bis zu 250 km/h geschaffen, dessen erster Abschnitt, die »New Tokaido Line« im Jahre 1964 in Betrieb genommen wurde.
Die ersten Lokomotiven in Japan kamen aus den Vereinigten Staaten, England und Deutschland. Von 1893 an wurden jedoch auch Lokomotiven im Lande selbst hergestellt, und daraus entwickelte sich schließlich ein großer Industriezweig, der nicht nur alle Lokomotiven für die JNR baute, sondern nach dem zweiten Weltkrieg auch in verschiedene Länder exportierte und noch 1962 einige Maschinen nach Indonesien lieferte. Während die ersten Eigenbauten noch sehr den entsprechenden ausländischen Vorbildern ähnelten, entwickelte sich später ein durchaus eigener Stil, der eine Mischung aus amerikanischen und europäischen Elementen darstellte. Moderne japanische Dampflokomotiven hatten Boxpok-Treib- und Scheiben-Laufräder, Barrenrahmen, Dreipunkt-Abstützung, Schleppachsen im Außenrahmen, Verbrennungskammer-Kessel, hochliegenden Umlauf, geräumiges Führerhaus, automatische Kupplung und großen, oberhalb der Rauchkammertür sitzenden Stirnscheinwerfer, wie ihre größeren amerikanischen Schwestern. Anderes wiederum, wie z. B. die durchgehende Kolbenstange mit vorderer Tragbuchse, die an den Rauchkammersattel angeschraubten Zylinder, die Rauchkammertür mit Zentralverschluß, die Windleitbleche nach deutschem Vorbild, und die allgemein geringen Abmessungen erinnerten mehr an europäische Vorbilder. Ein eigenes Merkmal bildete die große Haube auf dem Kessel, unter der Dampfdom und Sandkasten gemeinsam verborgen waren.
Auf den rund 20000 km des japanischen Schmalspurnetzes liefen einige hundert Pacific-Schnellzuglokomotiven, wozu noch 129 Hudsons kamen, von denen einige durch Umbau aus Pacifics entstanden waren. Der Treibraddurchmesser dieser Maschinen war einheitlich 1750 mm und die größte zulässige Achslast betrug rund 16 Mp (157 kN). Größte und modernste Schnellzuglokomotiven stellten die erst 1948 gebauten 49 Hudsons der Klasse C 62 dar. Schwere Schnellzüge mit 100 km/h zu befördern, bedeutete für sie keine große Schwierigkeit. Mit 161,1 m² Verdampfungsheizfläche, 77,4 m² Überhitzerheizfläche, 3,85 m² Rostfläche, 477,1 kN (48,23 Mp) Reibungslast, 21,5 m Gesamtlänge und einem Dienstgewicht, einschließlich Tender, von rund 143 t konnten sie sich durchaus mit vielen normalspurigen Maschinen messen.
Wesentlich kleiner, als das japanische war das Netz der NZGR. Auf den etwa 270000 km² der beiden Hauptinseln – etwas mehr als die Fläche der Bundesrepublik Deutschland, aber rund 100000 km² weniger als Japan – lagen nur etwa 5500 km Eisenbahnstrecken, das sind nur ungefähr 15 % des Netzes

Bild 180: 2 D 1 h2, Klasse 15 E, Nr. 2878 »Bethlehem«, die erste Lokomotive der Henschel-Lieferung. Sie stellte eine verstärkte Version der 16 E, jedoch mit kleineren Rädern dar. Der Treibraddurchmesser betrug 5 Fuß (1524 mm), die Zylinderabmessungen waren aber die gleichen wie bei der 16 E, Drehgestellachsstand und vorderer Laufräder hingegen kleiner. Die Aufnahme entstand 1966 und der gutgepflegten Lokomotive sieht man ihre 30 Betriebsjahre kaum an (Aufnahme H. A. Edmonson, U. S. A.).

der Deutschen Bundesbahn in den 50er Jahren. Die Lokomotiven der NZGR kamen hauptsächlich aus England, und nur bis zum Anfang dieses Jahrhunderts wurden auch Maschinen aus den Vereinigten Staaten bezogen, zum weitaus überwiegenden Teil von der Firma Baldwin. Daneben aber fertigte die Bahn, englischen Vorbildern entsprechend, einen großen Teil ihrer Lokomotiven in eigenen Bahnwerkstätten. Obwohl im allgemeinen kleiner als die japanischen, lehnten sich die neuseeländischen Lokomotiven noch stärker an amerikanische Vorbilder an, als jene. Von den allgegenwärtigen Pacifics – 239 Maschinen der Achsanordnung 2 C 1 gab es bei den NZGR, das sind mehr als $1/3$ aller Lokomotiven, die die Bahn besessen hat – wiesen die meisten einen Treibraddurchmesser von 54 Zoll (1372 mm) auf, einige sogar nur 49 Zoll (1245 mm). Im Jahre 1938 lieferte Beyer, Peacock 3 riesige Garratt-Lokomotiven, Klasse G – die einzigen, die je in Neuseeland liefen, die ersten Doppel-Pacific-Garratts der Welt und eine der beiden einzigen Garratt-Typen mit Drillings-Triebwerk – die schwere Expreß- und Eilgüterzüge ziehen sollten. Sie waren ein kompletter Mißerfolg. 9 Jahre später entstanden aus den Triebgestellen 6 neue 2 C 1 h3, ebenfalls Klasse G, mit 57 Zoll (1448 mm) großen Treibrädern, 418,6 kN (42,6 Mp) Reibungslast und 101 t Gesamtgewicht (mit Tender) die schwersten Pacifics der NZGR, jedoch auch nicht besonders erfolgreich. Den größten Treibraddurchmesser aller neuseeländischen Lokomotiven, nämlich 58 Zoll (1473 mm), besaßen 2 Ten-Wheeler, die Baldwin 1904 an die Wellington & Manawatu Railway geliefert hatte. 1908 wurde diese Privatbahn von den NZGR übernommen und die beiden Renner erhielten die Klassenbezeichnung U_D.

Die größten Lokomotiven Neuseelands – abgesehen von den mißlungenen Garratts – waren 71 schwere 2 D 2, die zwischen 1932 und 1950 in den eigenen Bahnwerkstätten entstanden und wie verkleinerte Ausgaben nordamerikanischer Northerns aussahen. 54 Zoll (1372 mm) Treibraddurchmesser, 4,4 m^2 Rostfläche, 180 m^2 Verdampfungsheizfläche, 540,2 kN (55,1 Mp) Reibungslast und 144,8 t Gewicht (mit Tender) geben einen ungefähren Eindruck ihrer Größe. 65 Maschinen der Klassen K und Ka liefen auf der Nordinsel, 6 der Klasse Kb, zum Unterschied von den anderen mit Ölfeuerung und Boostern versehen, auf der schwächer besiedelten Südinsel. Die modernsten neuseeländischen Lokomotiven waren jedoch die 91 Maschinen der Klassen J und Ja. Diese 2 D 1 h2 waren für leichtere Strecken verwendbar, weshalb die Reibungslast nur 442,5 kN (45,1 Mp) und das Gesamtgewicht 111 t betrug. Der Treibraddurchmeser war der gleiche, wie der der K. Die ersten 40 Lokomotiven – Klasse J – kamen 1939 von der North British Locomotive Company und sahen noch »amerikani-

Bild 181: 2 D 1 h2, Klasse 15 F, Nr. 2919. Zwischen 1938 und 1948 wurden 255 Maschinen in Deutschland und England hergestellt, die größte Stückzahl irgendeiner Klasse in ganz Afrika. Außer durch die Walschaerts-Steuerung unterschieden sie sich von der 15 E noch durch einen Stoker, den die ersten 21 nachträglich, alle anderen von vornherein erhielten (Werksaufnahme Henschel & Sohn).

scher« aus, als die Klasse K. Frontteil und Verkleidung der Kesselaufbauten schienen direkt von den 10 Hudsons, Klasse I5, den »Shoreliners«, der New York, New Haven & Hartford Railroad zu stammen, sie hatten die außerhalb Nordamerikas selten verwendete Baker-Steuerung und der Tender mit seinem zylindrischen Wasserbehälter erinnerte an die Vanderbildt-Tender. 35 weitere – Klasse Ja – bauten die NZGR zwischen 1946 und 1956 in eigenen Werkstätten, dazu kamen noch 16 von North British. Sie hatten nicht mehr die auffällige Verkleidung der J. Diese Maschinen waren flotte Renner. Eine Ja soll mit einem Schnellzug 67 mph (108 km/h) erreicht haben.

All dieses verblaßte jedoch gegen das, was es bei der Südafrikanischen Staatsbahn zu sehen gab. Die Lokomotiven dieser Bahn waren nicht nur größer und schneller, als die der vorher beschriebenen, sondern viele von ihnen zeichneten sich auch durch eine, für Schmalspurlokomotiven ungewöhnliche Harmonie der Formen und auffallende äußere Eleganz aus. Im großen und ganzen hielt man sich zuletzt auch hier an amerikanische Vorbilder, und moderne SAR-Lokomotiven besaßen Barrenrahmen, Dreipunkt-Abstützung, Außenrahmen-Deichselgestelle für die Schleppachse, hochliegenden Umlauf, große Stirnscheinwerfer, automatische Kupplung und amerikanische Bahnräumer. Die größeren Maschinen erreichten bereits derartig hohe Leistungen, daß Stoker-Feuerung erforderlich war, und die allerletzten erhielten sogar amerikanische Stahlguß-Rahmen (locomotive bed) mit angegossenen Zylindern. Die Führerhäuser mit der nach vorn geneigten Vorderwand scheinen Kopien derjenigen zu sein, die wir bei einigen Lokomotiven der Chesapeake & Ohio Railroad finden. Andererseits zeigen Windleitbleche und geneigte Querwand unter der Rauchkammer nach deutschem Muster, Rauchkammertür mit Zentralverschluß, die Dampf- und Vakuum-Bremse und andere Details einen deutlichen europäischen Einfluß.

Die Südafrikanischen Staatsbahnen entstanden erst 1910 durch Zusammenschluß der drei großen Bahnen Cape Government Railway (CGR), Natal Government Railways (NGR) und Central South African Railways (CSAR), denen sich noch einige kleinere hinzugesellten. Das Streckennetz von etwa 22000 km – dazu gehörten auch einige »Schmalspurbahnen« mit 2-Fuß-Spur (610 mm) – war zwar größer als das der japanischen Staatsbahn, erstreckte sich jedoch über ein Gebiet von der fünffachen Größe der Bundesrepublik Deutschland. Auf den Hauptstrecken mit ihrem kräftigen und gut unterhaltenen Oberbau waren Achslasten bis zu 200 kN (rund 20 Mp) zulässig und entsprechend massig waren denn auch die Lokomotiven.

Bild 182: 2 D 2 h2, Klasse 25, der Südafrikanischen Staatsbahn. Prototyp Nr. 3451 der Kondenslokomotive mit weißem Anstrich für den Fotografen im Jahre 1953 auf dem Werkshof der Firma Henschel in Kassel. Unter der Rauchkammer ist die Gebläseturbine zu erkennen (Aufnahme des Verfassers).

Doch es hatte auch hier ziemlich klein angefangen. Die ersten »Schnellzuglokomotiven«, die ab 1878 an die CGR gelieferte 1st class, später Klasse 01, waren 2 B Maschinen mit 4 Fuß (1219 mm) Treibraddurchmesser und wogen samt dreiachsigem Tender ganze 24,6 t und die Reibungslast betrug lediglich 159,5 kN (16,3 Mp). In der Frühzeit der südafrikanischen Eisenbahnen bestand der Lokomotiv-Park in den englischen Kolonien hauptsächlich aus Export-Modellen der britischen Lokomotiv-Industrie, wie sie in gleicher oder ähnlicher Form auch in anderen britischen Kolonien zu finden waren, während in den holländischen Kolonien auch deutsche Lieferanten – vor allem Keßler in Eßlingen – auftraten. Später prägten fähige Lokomotiv-Dezernenten (Chief Mechanical Engineers) mehr und mehr das Bild der südafrikanischen Lokomotiven und gaben ihnen ein eigenes, unverwechselbares Äußeres; wobei kleine Unterschiede bestanden, weil der eine CME mehr dem amerikanischen System mit Barrenrahmen, hochliegendem Umlauf und innenliegender Stephenson-Steuerung zugeneigt war, während der andere die englisch-europäischen Linie mit Blechrahmen, tiefliegendem Umlauf und außenliegender Walschaerts-(Heusinger)-Steuerung vorzog. A. G. Watson, CME von 1929 bis 1936 entwickelte – ähnlich wie vor ihm Churchward von der Great Western Railway in England (Kapitel XI) – eine Serie von Standard-Kesseln, die vor allem in schon ältere Maschinen nachträglich eingebaut wurden, womit diese mit erträglichen Kosten modernisiert werden konnten. So verschwanden viele der alten Belpaire-Kessel, aber es verschwand auch die Individualität so mancher Lokomotive. Es gab drei Grundmodelle, die durch verschiedene Rohrlängen variiert werden konnten. Die Standard-Kessel besaßen breite Feuerbüchse mit runder Decke, Speiseventile auf dem ersten, den Dampfdom auf dem mittleren und zwei Sicherheitsventile auf dem letzten Kesselschuß, Überhitzer und Ventilregler in der Rauchkammer mit außenliegender Betätigungsstange.

Hauptlieferanten für die Lokomotiven der SAR waren zunächst natürlich englische Firmen, mit geringer Beteiligung der amerikanischen Hersteller Baldwin und der American Locomotive Company. Der erste Auftrag nach Deutschland ging 1914 an die Firma Maffei in München und betraf zehn (1 C) C n4v-Mallet-Lokomotiven, Klasse MJ. Wegen des Kriegsausbruchs konnten jedoch nur die ersten beiden geliefert werden, der Rest folgte erst 1921. Später erhielt vor allem die Firma Henschel in Kassel größere Aufträge der SAR und entwickelte schließlich sogar neue Modelle in Zusammenarbeit mit der Konstruktionsabteilung der Bahn. Zu diesen Maschinen gehörten auch die schnellsten Lokomotiven der SAR und wahrscheinlich die schnellsten Schmalspurlokomotiven

überhaupt, die 2 C 1 h2, Klasse 16 E. Sechs dieser vielleicht elegantesten Lokomotiven, die je auf Schmalspurstrecken liefen, traten im Jahre 1935 die Schiffsreise von Deutschland über den Atlantik nach Südafrika an. (Bild 177)
Hier seien ein paar Worte zur Klassen-Einteilung südafrikanischer Lokomotiven eingeflochten. Alle Schlepptender-Lokomotiven für den Streckendienst erhielten Zahlen als Haupt-Klassenbezeichnung, die durch Buchstaben weiter unterteilt wurden. An weiteren Zusatzbuchstaben konnten z. B. angehängt werden: R (reboilered) für Umbauten mit dem neuen Standard-Kessel, M (main) für Lokomotiven, die für Hauptbahnstrecken geeignet waren, und B (branch) für leichtere Versionen für Nebenstrecken. Alle anderen Lokomotiven erhielten Buchstaben zur Klassenkennzeichnung und zwar S (shunting) für Verschiebelokomotiven, die Anfangsbuchstaben des Alphabets für steifrahmige Tenderlokomotiven – diese beiden Gruppen wurden durch Ziffern weiter unterteilt –, sowie G für Garratts, M für Mallets, F für modified Fairlies, sowie U und GH für die beiden Garratt-Union-Typen. Diese Gruppen wurden durch Buchstaben weiter unterteilt, wie die Ziffern-Klassen. Außerdem trugen alle SAR-Lokomotiven Nummern, die für die einzelnen Lieferungen in Blöcken vergeben wurden.
Die ersten Pacific-Lokomotiven erschienen in Südafrika bereits im Jahre 1903, vier Jahre bevor in Europa die 2 C 1 auftauchte. Die Firma Kitson in Leeds, England, lieferte 2 Maschinen an die CGR, die sogenannte »Karoo«-Type, weil sie für den Dienst in der Karoo-Region bestimmt waren. Später erhielten sie die Klassenbezeichnung 5 A. Der Treibraddurchmesser betrug 5 Fuß (1524 mm), das spätere Standardmaß für Schnellzuglokomotiven. Mit Barrenrahmen, der allerdings um den Stehkessel herumgekröpft war, Außenrahmen-Deichselgestell für die Schleppachse, innerer Stephenson-Steuerung, über den Zylindern liegenden Flachschiebern – es waren natürlich Naßdampfmaschinen –, Alligator-Kreuzkopf, geräumigem Führerhaus und elegantem Krempen-Schornstein scheinen sie zeitgenössische nordamerikanische Pacifics in 2/3 der natürlichen Größe zu sein. Die mit ihrem dreiachsigen Tender 93,6 t schweren Maschinen wiesen 132,6 m² Verdampfungsheizfläche und eine mittlere Kuppelachslast von 127 kN (13 Mp) auf und dürften damit kaum die Leistung europäischer Atlantics erreicht haben.
Doch dabei blieb es natürlich nicht. Schon die ein Jahr später von Beyer, Peacock gelieferten 4 »Karoo«-Maschinen waren etwas größer und noch größer war die 1907 von der North British Locomotive Company erbaute 2 C 1 n3v. Diese Versuchsmaschine brachte zwar bemerkenswerte Ergebnisse im Kohle- und Wasserverbrauch, doch war sie mit ihrer getrennten Steuerung für Hoch- und Niederdruck-Zylinder schwer zu handhaben und, wie zu erwarten, ergaben sich höhere Unterhaltungskosten, als bei einem normalen Triebwerk, so daß es bei der einen Lokomotive – Nummer 900 – blieb. Diese 7 Maschinen waren die einzigen Pacifics der CGR, doch die SAR bestellten 1912 nochmals 4 ähnliche, verstärkte Lokomotiven, die »enlarged Karoo«.
Nur 4 Pacifics besaß die NGR und sie sahen völlig anders aus,

Bild 183: Kondenslokomotive, Klasse 25, der Südafrikanischen Staatsbahn beim Probelauf auf dem Werkshof der Firma Henschel in Kassel im Jahre 1953. Das Bild gibt einen guten Eindruck von der gewaltigen Größe dieser Maschine. In die Abdampfleitung von der Gebläseturbine zum Kondenstender mündet kurz vor dem Stehkessel eine kleinere Leitung, die den Dampf von den Sicherheitsventilen enthält, der ebenfalls kondensiert und wiedergewonnen wird. Alle Stangen waren mit Rollenlagern ausgerüstet (Aufnahme des Verfassers).

Bild 184: 2 C 1 h2, Klasse 16 E, Nr. 854 »Harrismith«. Das Bild zeigt die Lokomotive im Jahre 1966 in Bloemfontein. Ein Vergleich mit Bild 177 zeigt deutlich einen Teil der Veränderungen, denen die Lokomotiven in den 31 Betriebsjahren unterzogen wurden. Abgesehen vom Ersatz des großen Stirnlichtes durch den bei den SAR üblichen Doppelscheinwerfer, den Windleitblechen, der geänderten Schornsteinform, den Änderungen an den Rohrleitungen und dem vergrößerten Kohlenkasten des Tenders, erkennt man ferner, daß die Sicherheitsventile jetzt liegend angeordnet sind, daß die Dampfpfeife verlegt ist, daß die Trittstufen an der »Pufferbohle« geändert sind, daß der Kreuzkopf mit Klemmverbindung der Kolbenstange durch einen mit normaler Keilverbindung ersetzt ist, daß der Antrieb des Geschwindigkeitsmessers an der letzten Kuppelachse geändert wurde und daß die Abschlammleitung an der Vorderkante des Stehkessels einen Pralltopf erhalten hat (Aufnahme H. A. Edmonson, U. S. A.).

als die Maschinen der CGR, und schienen direkt aus dem schottischen Hochland gekommen zu sein. Das hatte seinen Grund in dem tüchtigen CME dieser Bahn, D. A. Hendrie. Bevor dieser 1903 mit 41 Jahren nach Südafrika kam, war er nämlich viele Jahre bei der Highland Railway in Schottland tätig gewesen, und daher hatten alle seine Entwürfe zahlreiche Stilelemente mit Lokomotiven dieser englischen Bahn gemeinsam. Im übrigen waren die 4 Maschinen zwar größer, als die der CGR, besaßen jedoch die kleinsten Treibraddurchmesser aller südafrikanischen 2 C 1, nämlich 51 und 52 ½ Zoll (1295 mm und 1334 mm).

Die größte Anzahl Pacifics vor Gründung der SAR lief jedoch bei der CSAR, wobei allerdings die letzten der insgesamt 42 Maschinen erst 1912 geliefert wurden. Die ersten 5 kamen im Jahre 1904 von der Vulcan Foundry in Newton-le-Willows, England, und zeichneten sich dadurch aus, daß sie die einzigen Pacifics in Südafrika mit schmaler, zwischen den Kuppelrädern liegender Feuerbüchse waren, ähnlich den »2 C mit zusätzlicher Laufachse«, wie in Kapitel XIV beschrieben. Im übrigen entsprachen sie in der Größe den »Karoos«, hatten jedoch nur 57 Zoll (1448 mm) große Treibräder. Während diese Klasse 9 einen etwas antiquierten Eindruck macht, stellen die 15, im gleichen Jahre von der North British Locomotive Company in Glasgow gelieferten 2 C 1 der Klasse 10 bereits recht moderne Fahrzeuge dar. Sie besaßen nicht nur die bis dahin größten Treibräder – 63 Zoll (1600 mm) –, außenliegende Walschaerts-Steuerung mit Laird-Kreuzkopf, Scheiben-Laufräder, Belpairekessel und Blechrahmen, sondern sie waren vor allem auch die ersten Heißdampf-Lokomotiven in Südafrika. Deshalb benötigten sie natürlich auch Kolbenschieber. Äußerlich ähnelten sie etwas der »Karoo«-Type, nur mit beträchtlich vergrößerten Abmessungen, und es müssen recht brauchbare Maschinen gewesen sein, denn die letzten – sie wurden übrigens nicht umgebaut – sah man noch Ende der 60er Jahre im Raum um Port Elizabeth, allerdings liefen sie nur noch im Vorortverkehr, im Verschiebedienst und vor leichten Güterzügen.

1910 folgten 5 etwas leichtere – Klasse 10 A (Naßdampf) – und 16 etwas schwerere – Klasse 10 B (Heißdampf) –, sowie als letzte die von der Alco gelieferte 10 D, Nummer 779. Mit 160 kN (16,3 Mp) Kuppelachslast, 184 m² Verdampfungsheizfläche und 121 t Gesamtgewicht besaß sie etwa die Größe der

wenige Jahre vorher entstandenen (normalspurigen) bayrischen S 3/5 und, wenn auch nicht deren Leistung, so doch sicherlich eine größere Zugkraft.
Alle nach Entstehung der SAR entwickelten Pacifics wurden in der Klasse 16, mit den entprechenden Unterklassen, zusammengefaßt. In der Ära des ersten CME, es war der weiter vorn schon erwähnte D. A. Hendrie, beschaffte die Bahn 52 Heißdampf-Zwillings-Maschinen, die Klassen 16, 16 B und 16 C. Sie besaßen 5 Fuß (1524 mm) große Treibräder, außenliegende Walschaerts-Steuerung, Blechrahmen, der um den Stehkessel herumgekröpft war, verhältnismäßig tief sitzenden Belpaire-Kessel (Höhe Kesselmitte 2362 mm) – bei den 16 B und 16 C sogar mit Verbrennungskammer – mit hohem Schornstein und Dom, sowie ein vierfenstriges Führerhaus mit abgesetztem, schwach gerundetem Dach. Der Umlauf lag 1,5 m hoch, so daß die Räder oben durch kleine Schutzkästen abgedeckt werden mußten. Alle 52 Lokomotiven wurden in den 30er Jahren umgebaut und erhielten den Standard-Kessel Nr. 2 B. Durch die höhere Kessellage und das neue Führerhaus wurden diese brauchbaren Lokomotiven, die noch bis in die 70er Jahre in Dienst standen, auch äußerlich modernisiert.
Lieferant war North British und diese Firma baute 1915 zwei Versuchs-Lokomotiven – Klasse 16 A – mit Vierlings-Triebwerk (Zweiachs-Antrieb). Wenn man bedenkt, welche Mühe die Herstellung einer einwandfreien Kropfachse bereits bei normalspurigen Lokomotiven bereitet, dann kann man sich die Schwierigkeiten ausmalen, mit denen die Konstrukteure bei dem engen Raum der Schmalspurlokomotiven zu kämpfen hatten und man wundert sich nicht, daß keine weiteren Versuche in dieser Richtung unternommen wurden. Doch gelang es wenige Jahre später der Firma Werkspoor in Amsterdam 20 Pacific-Lokomotiven mit einem Vierzylinder-Verbund-Triebwerk für die ebenfalls kapspurige holländische Staatsbahn auf Java zu bauen. Schwierigkeiten mit dem Triebwerk sind offenbar nicht aufgetreten – allerdings waren die Maschinen (Klasse C 53) kleiner und leichter als die der SAR –, denn die letzten waren noch in den 70er Jahren im Betrieb und sie galten als flotte Renner, die vor den Expreßzügen spielend 75 mph (121 km/h) liefen.
Die nächsten 27 Pacifics, die zwischen 1925 und 1930 geliefert wurden, unterschieden sich erheblich von ihren Vorgängerinnen. Mit ihrem voluminösen und sehr hochliegenden Kessel (2591 mm Kesselmittenhöhe über Schienenoberkante) mit runder Stehkesseldecke, dem in etwa 2 m Höhe angeordneten Umlauf, dem Laird-Kreuzkopf, dem Barrenrahmen, der nun unter dem Stehkessel hindurchlaufen konnte und dem geräumigen, zweifenstrigen Führerhaus, dessen Seitenwände ohne Absatz in das Dach übergingen, wirkten sie sehr amerikanisch. Und das war nicht ohne Grund, denn die meisten dieser, als Klasse 16 D und 16 DA bezeichneten Maschinen, entstammten der Firma Baldwin; erst bei den letzten traten deutsche Firmen – Hohenzollern in Düsseldorf und Henschel in Kassel – als Lieferer auf. Diese Lokomotiven gediehen bereits zu Normalspur-Format. 187 kN (19 Mp) Kuppelachslast, 245 m² Verdampfungsheizfläche und ein Gesamtgewicht von 162 t sind Werte, die so manche europäische Pacific nicht erreicht. Die letzten 6 Lokomotiven, die 1930 von Henschel geliefert wurden, erhielten einen sehr breiten Stehkessel, ähnlich der Bauart Wootten in Amerika (Kapitel XII). Dadurch stieg die Kuppelachslast sogar auf 192,6 kN (19,6 Mp). Die letzte Maschine dieser Serie, die 879, wurde versuchsweise mit Caprotti-Ventilsteuerung ausgerüstet. Diese Steuerung – von dem Italiener Caprotti erfunden und in Italien auch in größerer Stückzahl verbreitet gewesen – arbeitet nicht mit schwingenden Nocken, wie die Franklin-Steuerung in Amerika oder die Bauart Lentz in Europa, sondern mit rotierenden Nockenscheiben, die durch Kegelräder und Wellen von der ersten Kuppelachse aus angetrieben werden. Mit je drei Nockenscheiben lassen sich Beginn und Ende des Dampfeinlasses, sowie der Dampfauslaß unabhängig voneinander verstellen. Man erwartete von dieser Steuerung schnelleres Öffnen und Schließen und damit geringere Drosselverluste und niedrigeren Dampfverbrauch.
Obwohl die 879 später auf normale Kolbenschieber-Steuerung umgebaut wurde, schien die Ventilsteuerung doch Vorteile zu bieten, denn in den 30er Jahren beschaffte Watson 100 Lokomotiven mit Caprotti-Steuerung (Bild 176). Neben 50 leichten Mountains der Klasse 19 C, 43 schweren Mountains der Klasse 15 E und der im Eigenbau in der Bahnwerkstatt Pretoria hergestellten einzelnen 1 E 1, Klasse 20 – sie erhielt nach dem Kriege einen Kondens-Tender von der Firma Henschel –, wurden auch die letzten und gleichzeitig größten Pacifics, die sechs Maschinen der Klasse 16 E, Bahnnummern 854 bis 859, damit ausgerüstet (Bild 179). Im Gegensatz zur 879 war jedoch der Antrieb nach außen verlegt und damit für Wartungsarbeiten besser zugänglich. Eine Gegenkurbel auf den Treibrädern trug in Achsmitte das Winkelgetriebe, von dem aus eine Kardanwelle (wegen des Federspiels) schräg nach oben zum Ventilgehäuse auf dem Zylinder führte.
Mit der 16 E erreichte die Entwicklung der Schmalspur-Schnellzuglokomotive ihren Höhepunkt und Abschluß, mit wahrhaft gewaltigen Ausmaßen und Leistungen. Mit 170 t Gesamtgewicht stand dieser Koloß der schweren Einheits-Schnellzuglokomotive, Baureihe 01, der Deutschen Reichsbahn (184 t mit vollen Vorräten) nicht mehr viel nach und die 21,85 m lange Maschine war nur 2,1 m kürzer als diese mächtige Normalspur-Lokomotive. Dank besserer Gewichtsverteilung kam die Reibungslast der 16 E aber sogar auf 595 kN (60,7 Mp), womit ihre Zugkraft noch über derjenigen der 01 lag. Die 6 Fuß (1829 mm) großen Treibräder waren die größten, die jemals nicht nur bei den SAR, sondern bei Schmal-

spurlokomotiven überhaupt, verwendet wurden. Auch in der Höhenlage des Kessels übertraf sie jede andere Schmalspurlokomotive. 9 Fuß, 3 Zoll, (2819 mm) sind zwar nicht ganz so viel, wie die 3100 mm der deutschen Schnellzuglokomotiven, doch, bezogen auf die Spurweite war es erheblich mehr, nämlich der 2,64fache Wert, gegenüber dem 2,16fachen bei der 01. Doch Bedenken wegen der Standsicherheit waren unnötig. Der Kesselinnendurchmesser von 1886 mm lag ziemlich genau zwischen dem der deutschen Lokomotiven 01 (1900 mm) und 03 (1700 mm). Auch mit der Verdampfungsheizfläche von 2914 sq.ft. (270,7 m^2) konnte sie sich im Kreise ihrer »großen« Schwestern von der Normalspur sehen lassen, denn selbst wenn man 8 % abzieht, um auf die feuerberührte Seite umzurechnen, sind es immer noch 249 m^2 und damit mehr als die 238 m^2 der 01. Der sehr große Rost von 63 sq.ft. (5,85 m^2) – die 01 hatte 4,5 m^2 – läßt auf die Verwendung von Kohle mit einem niedrigeren Heizwert, als in Deutschland üblich, schließen.
Wegen des kleineren Profils der SAR wirkten die 16 E noch wuchtiger und gedrungener, als die deutschen Schnellzuglokomotiven. Die Höhe bis zur Schornsteinoberkante betrug nur 13 Fuß (3962 mm) – 4550 mm in Deutschland – und aus der Rauchkammer ragte nur ein sehr kurzes Stück des Schornsteins heraus. Ein Dampfdom hatte überhaupt keinen Platz mehr, so daß an der üblichen Stelle nur ein Mannlochdeckel saß. Dafür befanden sich im Kessel zwei Sammelrohre, durch die der Dampf direkt dem Regler in der Rauchkammer zuströmte. Wegen des engen Raumes konnten auch die Kesselspeiseventile nicht mehr auf dem Kesselscheitel angeordnet werden und waren zur linken Seite verschoben. Wenn es nicht bei den SAR schon immer üblich gewesen wäre, die Sandkästen in Höhe des Umlaufs unterzubringen, spätestens bei dieser Lokomotive hätte man damit anfangen müssen, denn natürlich hätte auch dafür jeglicher Platz auf dem Kesselrücken gefehlt. Im übrigen besaßen die Maschinen selbstverständlich einen durchlaufenden Barrenrahmen, Deichselgestell mit Außenrahmen für die Schleppachse – die nur 864 mm große Räder besaß, die gleichen, die auch das Drehgestell erhalten hatte – und Dreipunktabstützung. Die Frontpartie mit dem geneigten Querblech unter der Rauchkammer, dem 2,2 m hohen Umlauf und den großen Windleitblechen, entsprach etwa den deutschen Einheitslokomotiven. Zumindest einige der 6 Maschinen erhielten später Namen, eine große Seltenheit bei den SAR.
Die 16 E waren für die schnellsten Expreßzüge zwischen Kapstadt und Johannesburg auf dem Abschnitt Kimberley-Johannesburg vorgesehen. Es waren sehr leistungsfähige und schnelle Maschinen, doch konnte ihr Geschwindigkeitspotential im normalen Betrieb nie richtig ausgenutzt werden. Sicherlich waren es aber die schnellsten Schmalspurlokomotiven überhaupt und einmal ergab sich auch die Gelegenheit, dieses zu zeigen. Wie Edmonson in seinem Buch* berichtet, war eine der Lokomotiven kurz nach dem Kriege bei einem Unfall beschädigt worden. Da Ersatzteile aus Deutschland nicht zu bekommen waren, wurden sie in der eigenen Bahnwerkstatt angefertigt. Nachdem die Maschine wieder instand gesetzt war, hängte man sie vor einen Zug mit Meßwagen für eine Probefahrt. Die Lokomotive lief wie ein Uhrwerk, schneller und schneller raste der Zug dahin. Auf grader, ebener Strecke lasen die Ingenieure im Meßwagen schließlich 92 mph (148 km/h) vom Geschwindigkeitsmesser ab, für eine Schmalspurlokomotive ein wahrhaft erstaunlicher Wert. Da die Zuglast und die näheren Umstände der Fahrt nicht angegeben sind, läßt sich über die aufgebrachte Leistung nichts genaues sagen, doch dürfte sie wahrscheinlich bei etwa 1600 kW (2200 PS) gelegen haben. Dem entspricht eine Heizflächenbelastung von ungefähr 70 kg/m^2h, bei der großen Feuerbüchsheizfläche – sie betrug 8 % der Verdampfungsheizfläche – bedeutete das keine übermäßige Belastung für den Kessel. Sollte dieser Bericht den Tatsachen entsprechen, dann hätte die Lokomotive nur das gezeigt, was sie von ihrer ganzen Bauart her sowieso war, nämlich die schnellste Schmalspurlokomotive der Welt.
Doch leider war es mit hoher Geschwindigkeit allein nicht getan. Denn trotz der nicht geringen Reibungslast – auch die Kuppelachslast von 198 kN (20,2 Mp) war die höchste aller SAR-Lokomotiven – reichte die Zugkraft oft nicht aus. Den schwierigen Verhältnissen in Südafrika war eben auf die Dauer nur eine vierfach gekuppelte Lokomotive gewachsen. Das erklärt auch, warum es bei den sechs Maschinen blieb, während von der gleichzeitig entwickelten und der 16 E sehr ähnlichen, aber wesentlich größeren 2 D 1, Klasse 15 E, 50 Stück beschafft wurden (Bild 180). Überhaupt war offenbar die Mountain-Lokomotive der am besten geeignete Lokomotiv-Typ für die Gegebenheiten des Landes, denn bei keiner anderen Bahn der Erde ist diese Bauart in derart riesenhafter Stückzahl gelaufen. Neben den vielen hunderten dieser allgegenwärtigen Maschinen, spielten die insgesamt nur 156 Pacifics – einschließlich der der Vorgängerbahnen – kaum eine Rolle. Allein von einer einzigen Klasse, der 15 F – sie unterschied sich von der 15 E im wesentlichen nur durch die konventionelle Walschaerts-Steuerung – wurden 255 Stück beschafft, die größte Anzahl irgendeiner Klasse von SAR-Dampflokomotiven (Bild 181). Man kann, etwas überspitzt, wohl sagen, alles was die Pacific konnte, konnte auch die Mountain, nur besser! Denn auch den Treibraddurchmesser von 5 Fuß (1524 mm) für die Pacific-Schnellzuglokomotiven besaßen die 15 E und 15 F, während die etwas älteren 15 CA und 15 CB, mit ursprünglich nur 4 Fuß, 9 Zoll, (1448 mm) später ebenfalls mit den gleichen Treibrädern versehen wurden. Und als die 16 D und 16 DA größere Treibräder erhielten – 5 Fuß, 3 Zoll,

* Harold Edmonson, »World Steam in Action«, England, 1970

(1600 mm) –, kam die 2 D 1 der Klasse 23 mit dem gleichen Treibraddurchmesser, von der die Firmen Henschel und Schwartzkopff kurz vor dem Kriege 136 Stück lieferten. Diese riesigen und hochmodernen 222 t-Brocken drängten die paar kleinen Pacifics natürlich völlig in den Schatten.
Übrigens stammte auch die allererste Mountain nicht etwa aus Amerika, wie vielfach angenommen wird, sondern lief in Südafrika. Im Jahre 1906 versah Hendrie bei der NGR fünf 2 D-Maschinen, die 2 Jahre zuvor von North British geliefert waren, mit einer Bisselachse hinter dem Stehkessel, um ihre Laufeigenschaften bei Verwendung im Personenzugdienst zu verbessern; das war 5 Jahre bevor in Amerika die erste Mountain entstand, die Klasse J-1 der Chesapeake & Ohio Railroad. Natürlich waren die kleinen NGR-Lokomotiven nur halb so groß, wie die der C & O, und außerdem wurde die Schleppachse in den 20er Jahren, als die Maschinen nicht mehr für Personenzüge verwendet wurden, wieder ausgebaut, doch der Ruhm, die ersten zu sein, kann ihnen nicht genommen werden.
Die weitaus größten und stärksten Lokomotiven, die die SAR je besessen hatten, waren jedoch die 90 Kondens-Lokomotiven der Klasse 25 (Bild 182) und die 50 ähnlichen der Klasse 25 NC (»non-condensing«, d.h. ohne Kondens-Einrichtung). Gegen die fast 32,8 m langen und 238 t schweren 2 D 2-Maschinen der Klasse 25 verblassen fast alle Normalspurlokomotiven außerhalb Nordamerikas. Diese Riesen-Maschinen mit 5 Fuß (1524 mm) großen Treibrädern waren für Expreß- und Güterzüge gleich gut geeignet und mit ihrer Leistung von etwa 2500 kW (rund 3500 PS) zogen sie so ziemlich alles, was ihnen angehängt wurde. Allein aus dem Abdampf der Zylinder wurden noch 125 kW (170 PS) für die Gebläse-Turbine unter der Rauchkammer und 430 kW (580 PS) für die Lüfterturbine im Kondens-Tender entnommen. Die Lokomotiven wurden in Gemeinschaftsarbeit zwischen Henschel und der North British Locomotive Company zwischen 1953 und 1955 entwickelt und gebaut. Sie besaßen Stahlgußrahmen für Lokomotive und Tender, Rollenlager nicht nur an den Achsen, sondern auch an den Stangenköpfen und – natürlich – Stoker, um den Rost von 70 sq.ft. (6,5 m^2) zu versorgen. Wasserersparnisse durch die Kondenseinrichtung bis zu 85 % brachten erhebliche Erleichterungen in der schwierigen Speisewasserversorgung der Wüstenstrecken. Das Singen der Saugzuggebläse und das Brummen der Lüfterräder auf dem Tender wurde ein bekanntes Geräusch in der Einsamkeit der Landschaft von »Great Karoo«.
Gegen diese gigantischen Lokomotiven (Bild 183) wirkten selbst die mächtigen 16 E klein. Diese waren zuletzt im Raum Bloemfontein stationiert (Bild 184) und nur noch selten vor Schnellzügen zu sehen. Wahrscheinlich zum letzten Male hatte eine von ihnen im April 1969 einen großen Auftritt. In diesem Monat veranstalteten die SAR aus Anlaß der 30. Wiederkehr der Einführung des weltberühmten Expreßzuges »Blue Train« eine große Jubiläums-Rundreise mit diesem Zuge, der dabei von zahlreichen Menschen bestaunt wurde. An der Spitze dieses »Blue Train Special« bei dieser 1912 Meilen (3077 km) langen Rundreise standen nacheinander 7 verschiedene Dampflokomotiven, darunter auch die 16 E, Nummer 855 »Johannesburg«. So hatte sie noch einmal Gelegenheit, sich in vollem Glanz zu zeigen, wenn auch besondere Geschwindigkeitsleistungen nicht von ihr verlangt wurden. Hoffen wir, daß eine dieser zwar nur in kleiner Stückzahl gebauten, exklusiven Maschinen, die jedoch zu den bemerkenswertesten Schmalspurlokomotiven der Welt gehörten, für die Nachwelt erhalten bleibt.

XXV. The Big Engine

3 B B 3 h4, Nr. 6100, Klasse S 1, Pennsylvania Railroad, USA

Die größte amerikanische Eisenbahn, die Pennsylvania Railroad (PRR), deren Streckennetz von etwa 26000 Meilen (42000 km) sich über 13 dichtbesiedelte Bundesstaaten im Osten und mittleren Westen der Vereinigten Staaten erstreckte, hatte stets eine vorsichtige Beschaffungspolitik betrieben. Nicht etwa, daß man Neuerungen abhold gewesen wäre; im Gegenteil, zahllose Verbesserungen der Dampflokomotive wurden von Ingenieuren der PRR entwickelt und bei Lokomotiven dieser Bahn zuerst angewendet. Um nur ein Beispiel zu nennen: Wassertröge zwischen den Schienen, aus denen während der Fahrt Wasser in den Tender »geschaufelt« werden konnte, führte 1870 die Pennsylvania in Amerika ein. Sie waren von John Ramsbottom in England erfunden, dort seit 1860 in Gebrauch und sehr beliebt, so daß schließlich 141 dieser Einrichtungen im ganzen Lande vorhanden waren, z.T. sogar mit Dampfheizung im Winter. In Amerika waren es allerdings nur wenige Bahnen mit dichtem Verkehr, die sich eine derartige Investition leisten und ihre Vorteile nutzen wollten oder konnten.
Jedoch bei ihren insgesamt fast 25000 Dampflokomotiven, die die Pennsylvania während ihres Bestehens besessen hat – der größte Bestand wurde in den 20er Jahren mit über 7500 Stück erreicht –, suchte sie natürlich möglichst bewährte und konstruktiv ausgereifte Modelle zu verwenden, wobei es keine Rolle spielte, ob sie der allgemeinen Mode entsprachen oder nicht. Aber nur eine so große Bahn konnte es sich erlauben, von einer neuen Lokomotive zunächst einige Prototypen zu beschaffen und diese dann lange – vielleicht jahrelang – zu testen, ehe sie mit der Serienproduktion begann. Und wahrscheinlich hat keine andere Bahn so viele Versuchslokomotiven besessen, wie die große Pennsylvania. Deswegen dürfte die von ihr gerne propagierte Bezeichnung »The Standard Railroad of the World« auch etwas an der Sache vorbei gehen. Denn abgesehen davon, daß die amerikanischen Baugrundsätze außerhalb Nordamerikas lediglich in Mexiko und – nur auf den ersten Blick verwunderlich – in der Sowjet-Union angewendet wurden, wich die PRR wahrscheinlich mehr vom allgemeinen Standard ab, als irgendeine andere Bahn in den Vereinigten Staaten.
Bei keiner anderen Bahn im Lande z.B. wurde der Belpaire-Kessel in so großem Umfang verwendet. Vom Ende des 19. Jahrhunderts an war es die Regel, daß alle Lokomotiven mit dieser Kesselbauart ausgerüstet wurden, und von dieser Regel gab es nur wenige Ausnahmen. Da waren einmal eine Anzahl Versuchslokomotiven, die Einzelstücke blieben, und, zu Anfang des Jahrhunderts, eine Gruppe leichter Atlantics (2 B 1) – diese aus Gewichtsgründen – die mit Crampton-Kesseln ausgerüstet waren, und schließlich einige Lieferungen in den beiden Weltkriegen, auf deren Konstruktion die Pennsylvania wenig oder keinen Einfluß hatte. Im ersten Weltkrieg waren es zwei U.S.R.A.-Modelle – eine Serie Santa Fes (1 E 1), die später noch umgebaut und ebenfalls mit Belpaire-Kesseln versehen wurden, und ein paar Mikados (1 D 1) –, im zweiten Weltkrieg 125 dringend benötigte schwere Güterzuglokomotiven, für die eine völlige Neukonstruktion von der Behörde nicht gestattet wurde. Da die Klasse T-1 der Chesapeake & Ohio Railroad, eine 1 E 2 (Texas) dem vorgesehenen Programm entsprach, wurde sie der Klasse J der PRR zugrunde gelegt. Nur geringe Anpassungen an den »Pennsy Look« waren zulässig und zu diesen gehörte nicht der Einbau eines Belpaire-Kessels. So blieben diese, im übrigen vorzüglichen Maschinen, die einzige größere Gruppe, die nicht die universelle Kesselbauart der Pennsylvania besaß, und die nur bei wenigen anderen Bahnen anzutreffen war. Und nur bei einer einzigen Bahn, der Great Northern Railway, liefen Lokomotiven mit Belpaire-Kesseln in überwiegender Zahl, jedoch längst nicht so ausschließlich, wie bei der Pennsylvania.
Die PRR gehörte auch zu den wenigen Bahnen in Amerika, die einen erheblichen Teil ihrer Lokomotiven in eigenen Bahnwerkstätten herstellten. Die weitaus größte davon – es war überhaupt die größte Bahnwerkstatt der Welt – lag in Altoona, im Bundesstaat Pennsylvania. 1850 gegründet, wurden hier in

Bild 185: 2 B B 2 h4, Klasse N-1, Nr. 5600 »George H. Emerson«, der Baltimore & Ohio Railroad. Erste Duplex-Lokomotive, und einzige, die nicht von der Pennsylvania stammte. Erbaut 1937 in der Bahnwerkstatt Mt. Clare in Baltimore, Maryland. Besaß außer dem ungewöhnlichen Triebwerk auch noch einen Kessel mit Wasserrohr-Feuerbüchse. der englische Rauchkammer-Verschluß war eine gewisse Zeit bei der B & O in Mode. Juli 1937 in Communipaw, N.J. (Sammlung H.K. Vollrath, U.S.A.).

fast 100 Jahren nahezu 7000 Maschinen hergestellt, abgesehen von den normalen Ausbesserungen und Routineuntersuchungen, wobei bis zu 13000 Personen beschäftigt waren. Im Jahre 1889 wurden die bis dahin bestehenden Anlagen erheblich vergrößert und erhielten den Namen »Juniata Shops«, der 1928 in »Altoona Works« geändert wurde. Das Werk beherbergte unter anderem einen großen Rollenprüfstand, auf dem alle wesentlichen Lokomotiv-Typen der Pennsylvania – und noch einige andere – untersucht wurden und der auf der »Louisiana Purchase Exposition« in St. Louis im Jahre 1904 erstmals der Öffentlichkeit vorgestellt worden war.

Zwar besaß die Pennsylvania einige Mallet-Lokomotiven, um schwere Züge über den Ablaufberg zu drücken, doch die später bei anderen Bahnen so beliebten großrädrigen Doppel-Zwillings-Mallets für den Streckendienst – hauptsächlich in den Bauarten (2 C) C 2 (Challanger) und (1 D) D 2 (Yellowstone) bekannt – sah man bei ihr nicht; obwohl sie sicherlich auf den Bergstrecken durch die Alleghenys besonders nützlich gewesen wären. Kurioserweise aber war die allererste amerikanische Mallet mit Einfach-Expansion die im Mai 1911 von der American Locomotive Co. an die PRR gelieferte 3396, Klasse HH 1s. Allerdings entstand die h4-Bauart schon früher, und zwar in Rußland. Die transsibirische Eisenbahn besaß eine größere Zahl von (1 B) B n4v für schwere Schnellzüge auf ihren Bergstrecken. Um die Leistung zu erhöhen, wollte man größere Kessel einbauen, und zum Ausgleich des Mehrgewichts war beabsichtigt, die schweren Niederdruck-Zylinder durch leichtere Hochdruck-Zylinder zu ersetzen. Anatole Mallet, der davon hörte, legte sofort scharfen Protest beim russischen Verkehrsminister ein; offenbar sah er darin eine Verletzung seines Patentes. So blieb es bei vier Umbauten und der Erfolg war nicht sehr groß. Zu groß war andererseits der Erfolg der einzigen Mallet für Streckendienst, die die Pennsylvania besaß, die zudem die einzige Mallet blieb, die in Altoona entstand. Die (1 D) D h4 – also ebenfalls eine Doppel-Zwillings-Maschine –, Nummer 3700, Klasse HC 1s, wurde 1919 gebaut

Bild 186: 3 B B 3 h4, Klasse S 1, Nr. 6100, der Pennsylvania Railroad. Größte Dampfschnellzuglokomotive der Welt. Erbaut 1939 in der Bahnwerkstatt Altoona, Pennsylvania. Treibraddurchmesser 84 Zoll (2134 mm). Höchste indizierte Leistung 8000 PS (5890 kW). Soll mit einem schweren Schnellzug bis zu 141.2 mph (227 km/h) gelaufen sein. Das Bild zeigt die riesige Maschine im Juli 1941 in Chicago. Vorne ist die abklappbare Kupplung und seitlich, etwas unterhalb der Rauchkammer, das mit Preßluft betriebene Horn zu erkennen (Sammlung H. K. Vollrath, U. S. A.).

und fiel nicht nur durch allerlei Besonderheiten, z. B. für eine damalige Mallet ungewöhnlich große Treibräder von 62 Zoll (1575 mm) Durchmesser und eine 3 ½ m lange Verbrennungskammer, auf, sondern entwickelte auch eine derartig gewaltige Zugkraft, daß ihr die zu der Zeit noch schwächeren Wagenkupplungen nicht standhielten und die Riesenmaschine nur zum Nachschieben auf Steigungen zu verwenden war. Da sich zudem sehr hohe Unterhaltungskosten einstellten, blieb es bei dem einen Versuchsstück.

Bei der Pennsylvania hat es niemals Schnellzuglokomotiven der Typen Hudson (2 C 2) und Northern (2 D 2) gegeben; auch die bei anderen Bahnen hochgeschätzte »Super-Power«-Güterzuglokomotive der Bauart Berkshire (1 D 2) tauchte hier niemals auf. Dafür besaß sie 598 mächtige Decapods (1 E) und das waren immerhin rund 86 % aller in den Vereinigten Staaten laufenden Maschinen dieser Bauart, die dort wenig bekannt, in Europa jedoch äußerst weit verbreitet war. Ferner liefen bei der PRR 601 Atlantics, die weitaus größte Herde dieser schnellen Renner, die je eine Bahn besessen hat. Und schließlich fand man, von einer Ausnahme abgesehen, nur bei der Pennsylvania die seltsamen, riesigen, doch ungeheuer eindrucksvollen Duplex-Lokomotiven.

Was hatte es nun mit diesen merkwürdigen Maschinen, die, wie z. B. auch die »Camel backs«, nur in Amerika entstehen konnten, für eine Bewandtnis? In den 20er und 30er Jahren erreichten die amerikanischen Lokomotiven so gewaltige Leistungen, daß die Beherrschung der ungeheuren Triebwerkskräfte ein immer größeres Problem darstellte. Erschwert wurde die ganze Sache noch durch die amerikanische Abneigung gegen die in anderen Ländern weit verbreiteten Innentriebwerke. Das ist durchaus verständlich. Einmal besaß die Einfachheit der Wartung in Amerika einen höheren Wert, als anderswo, und da war das außenliegende Zwillingstriebwerk natürlich allen anderen Bauarten überlegen, zum anderen bereitete die Herstellung einer Kropfachse, die derartig hohe Kräfte aufzunehmen vermochte und dennoch eine ausrei-

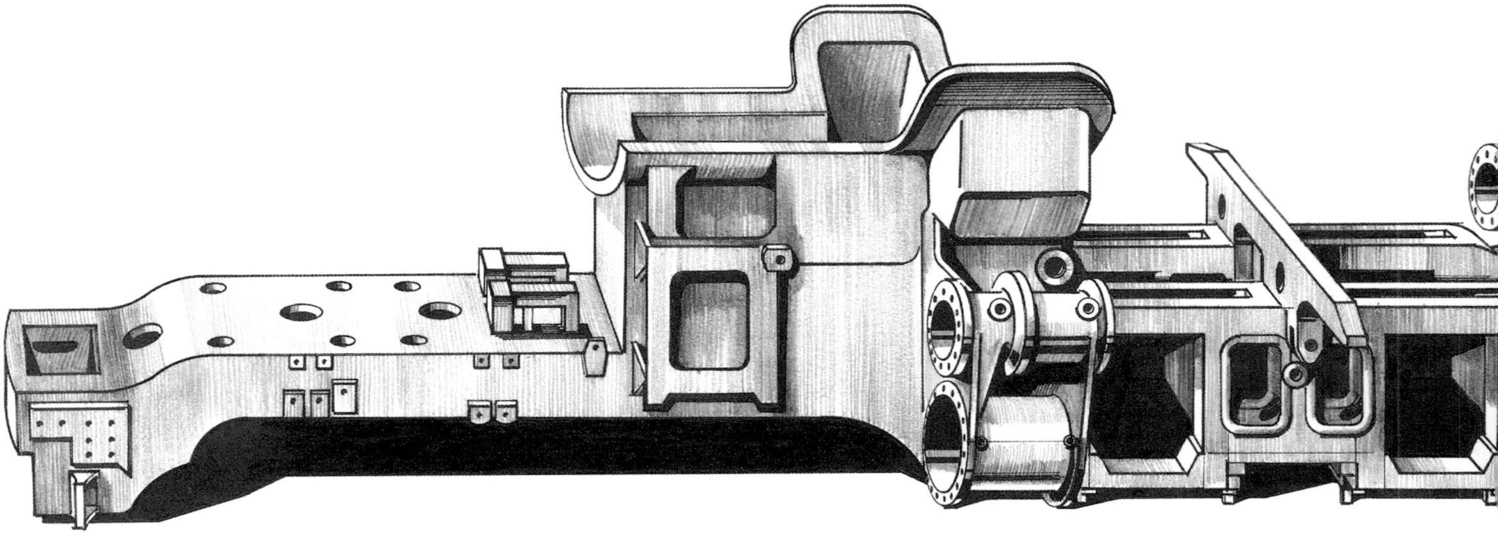

Bild 187: Der Rahmen der S 1 der Pennsylvania Railroad. Während in Europa viele Bahnverwaltungen den Blechrahmen bevorzugten, besaßen amerikanische Lokomotiven ausschließlich Barrenrahmen. In den 30er Jahren setzte sich der von der General Steel Castings Corporation entwickelte Stahlgußrahmen – »Locomotive Bed« genannt – rasch durch. Äußerlich dem Barrenrahmen ähnlich, waren bei ihm Zylinder mit hinteren Deckeln, Bremszylinder mit Luftbehältern, Querträger mit Konsolen für Steuerung, Kreuzkopfgleitbahn und Pumpen, sowie Bahnräumer und Zugkasten mit angegossen. Das sparte nicht nur Bearbeitungskosten, sondern verringerte auch erheblich die Zahl der Schraubverbindungen, die sich durch Fahrterschütterungen hätten lösen können. Die Vorteile dieser Rahmenbauart, deren höheres Gewicht bei den hohen zulässigen Achslasten in Nordamerika nicht ins Gewicht fiel, wurden für so groß erachtet, daß viele ältere Lokomotiven mit einem neuen Stahlgußrahmen versehen wurden. Der größte jemals hergestellte Stahlgußrahmen war natürlich derjenige für die S 1. Er war 23,7 m lang und wog in fertig bearbeitetem Zustand 44 t.

3 B B 3 h4, Klasse S1, Nummer 6100, Pennsylvania Railroad, USA.

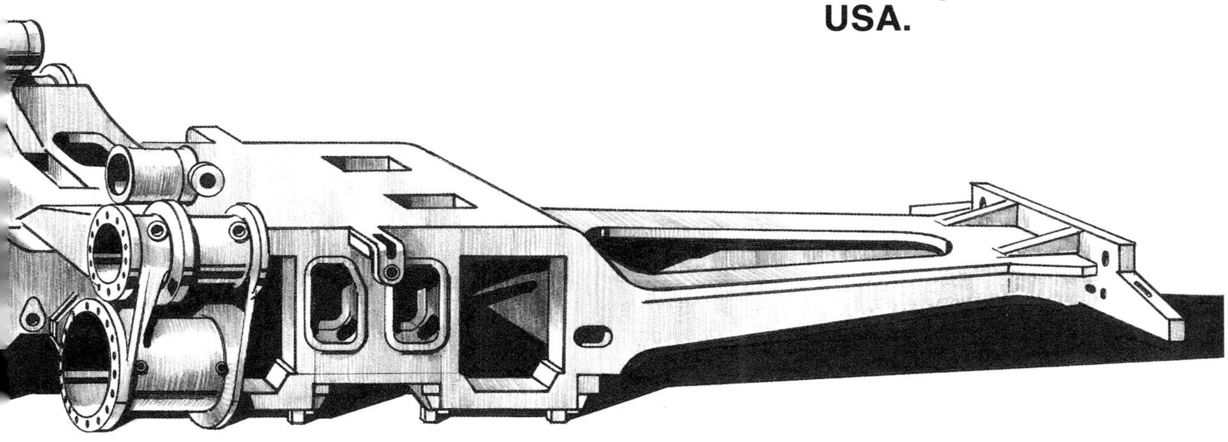

Bild 187

Bild 188: Die im Jahre 1939 von den Altoona Locomotive Works, der Bahnwerkstatt der Pennsylvania Railroad, erbaute Nummer 6100, Klasse S 1, stellte die größte Dampf-Schnellzuglokomotive der Welt dar. Trotz der gewaltigen Zugkraft der Riesenmaschine zeigten sich im Betrieb jedoch ständig Anfahrschwierigkeiten, hervorgerufen durch die Schleuderneigung der beiden voneinander unabhängigen Triebwerke. Andererseits lief die Lokomotive infolge der durch die Triebwerksteilung bedingten niedrigen Massenkräfte in Verbindung mit den großen Treibrädern von 84 Zoll (2134 mm) Durchmesser, noch bei höchsten Geschwindigkeiten bemerkenswert ruhig. Die riesige Leistung konnte kaum je voll genutzt werden und führte immer wieder zu mehr oder weniger unbeabsichtigten Überschreitungen der vorgeschriebenen Höchstgeschwindigkeit. Bei einer dieser Gelegenheiten soll die Lokomotive mit 141 mph (227 km/h) gelaufen sein, was keineswegs völlig ausgeschlossen erscheint. Nach nur 10 Betriebsjahren wurde die »Big Engine«, wie sie von den Eisenbahnern genannt wurde, ausgemustert und verschrottet.

Bild 188

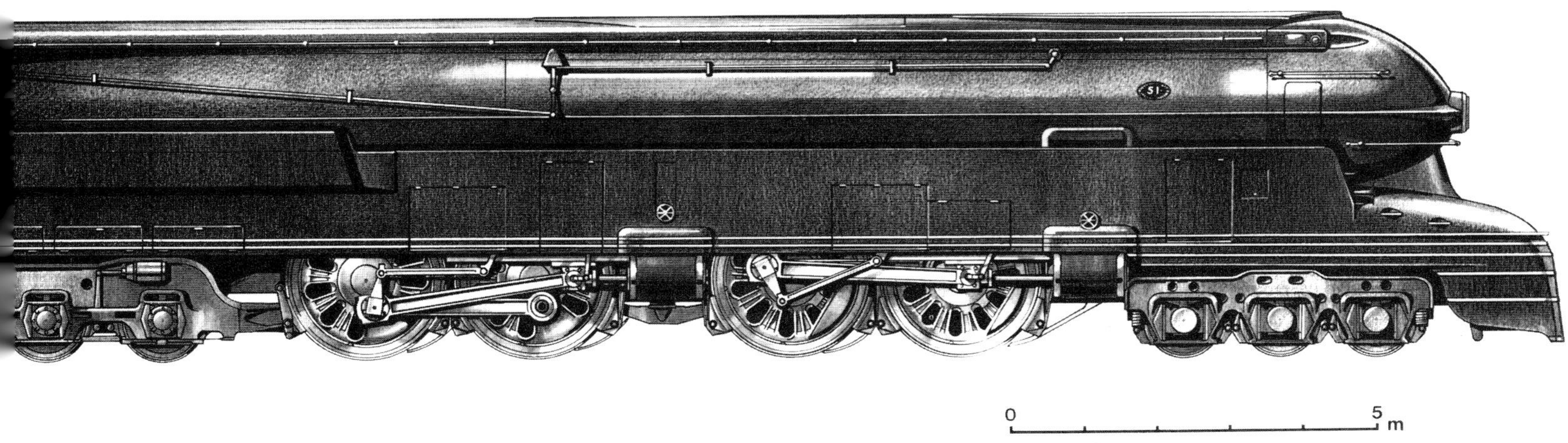

chende Lebensdauer erreichte, nicht geringe Schwierigkeiten. Lediglich bei Drillings-Lokomotiven war das noch einigermaßen zu bewältigen und es hat mehrere Versuche mit Drillings-Schnellzuglokomotiven sowohl 2 C 1 h3 als auch 2 D 1 h3 gegeben. Doch was in Europa den Höhepunkt der Entwicklung darstellte, konnte sich in Amerika nicht durchsetzen. Die 2 E 1 h3 der Southern Pacific, sowie die großen 2 F 1 h3 der Union Pacific blieben eher eine Ausnahme. Und wenn sie auch bis zu 100 km/h laufen konnten und gelegentlich vor schweren Schnellzügen im Gebirge verwendet wurden, so blieben sie doch im Grunde Güterzugmaschinen, und für höhere Geschwindigkeiten vor Flachlandschnellzügen waren sie natürlich in keiner Weise geeignet.

Da die Lösung der Triebwerksprobleme durch Aufteilung auf 2 innere und 2 äußere Zylinder – wie in Europa üblich – also

Technische Daten

Bahnverwaltung	**Pennsylvania Railroad, USA**
Achsanordnung:	
Deutsche Bezeichnung	**3 B B 3 h4**
White Classification	**6–4–4–6 (Duplex)**
Klasse	**S 1**
Bahnnummer	**6100**
Erbauer	**Altoona Locomotive Works**
Werksnummer	**4341**
Baujahr	**1939**
Treibraddurchmeser	**84 in = 2134 mm**
Laufraddurchmeser, vorn	**36 in = 914 mm**
Laufraddurchmeser, hinten	**42 in = 1067 mm**
Zylinderdurchmesser	**4x22 in = 559 mm**
Kolbenhub	**26 in = 660 mm**
Rohrlänge	**21 ft., 10 13/16 in = 6675 mm**
Verdampfungsheizfläche (wasserber.)	**5661 sq.ft. = 525,9 m²**
Feuerbüchheizfläche (wasserber.)	**660 sq.ft. = 61,3 m²**
Überhitzerheizfläche	**2085 sq.ft. = 193,7 m²**
Rostfläche	**132 sq.ft. = 12,3 m²**
Kesseldruck	**300 psi = 20,7 bar (21,2 kp/cm²)**
Reibungslast	**281 440 lbs = 1252,3 kN (127,7 Mp)**
Dienstgewicht, Lokomotive	**608 170 lbs = 275,9 t**
Dienstgewicht, Lok + Tender	**1 060 010 lbs = 480,8 t**
Kohlenvorrat	**26 tons = 23,6 t**
Wassermenge	**24 230 gal = 91,7 m³**
Höchste erreichte Geschwindigkeit	**141,2 mph = 227,2 km/h (?)**
Treibraddrehzahl	**564,8 Upm**
Indizierte Leistung	**ca. 5890 kW (8000 PS)**
Mittlere Kolbengeschwindigkeit	**12,4 m/s**
Vergleichsgeschwindigkeit (Reihe 01 DRG)	**213 km/h**

nicht infrage kam, blieb nur die Möglichkeit, alle 4 Zylinder nach außen zu legen. Die erste Lokomotive mit einer derartigen Anordnung entstand jedoch nicht in Amerika, sondern in Frankreich. Im Jahre 1932 beschaffte die Paris-Lyon-Mittelmeer-Bahn 10 schwere 1 E 1 h4v, die nur wenig kleiner als die spätere Baureihe 45 der Deutschen Reichsbahn waren. Die Niederdruck-Zylinder dieser Maschinen lagen waagerecht und in der normalen Position zwischen Lauf- und erster Kuppelachse. Mit verhältnismäßig kurzen Stangen trieben sie die 2. Kuppelachse an. Zwischen der 2. und 3. Kuppelachse, die etwas auseinander gerückt waren, befanden sich die stark geneigten Hochdruck-Zylinder, die mit ihren langen Treibstangen auf die letzte Kuppelachse wirkten. Alle 4 Zylinder besaßen Ventilsteuerung. Die Lokomotive sah auf den ersten Blick wie eine 1 B C 1 aus, doch waren beide Triebwerke nur scheinbar getrennt, in Wirklichkeit aber durch innenliegende Kuppelstangen zwischen 2. und 3. Kuppelachse miteinander verbunden. Um die Triebwerkskräfte etwas auszugleichen, waren die Triebwerke jeder Seite um 180 Grad gegeneinander versetzt. Nun hatte man also glücklich alle 4 Zylinder außen und gut zugänglich untergebracht, doch leider waren Kropfachsen und innenliegende Stangen geblieben, wenn auch die Kräfte, die sie zu übertragen hatten, keine hohen Werte erreichten. Es war klar, daß eine so verwickelte Anordnung den Amerikanern nur wenig behagte.

Eine Lokomotive mit ebenfalls 4 außenliegenden Zylindern erschien in Amerika im Jahre 1933, übrigens die einzige Dampflokomotive überhaupt, die in diesem Jahre in den Vereinigten Staaten gebaut wurde. Der Präsident der Delaware & Hudson Railroad, Leonor F. Loree, experimentierte mit hohem Kesseldruck, um die Wirtschaftlichkeit der Dampflokomotive zu verbessern. Dazu versah er auf Vorschlag von John E. Muhlfeld einige der bei dieser Bahn allgegenwärtigen Consolidations mit Wasserrohr-Feuerbüchsen und Verbund-Triebwerk. Nachdem bereits drei 1 D h2v mit Kesseldrücken von 24,1, 27,6 und 34,5 bar entstanden waren, erhielt die 4. Lokomotive, die 1403 »L. F. Loree«, mit ebenfalls 34,5 bar (500 psi), als Krönung des ganzen, ein vierzylindriges Dreifach-Expansions-Triebwerk. Der Hochdruck-Zylinder lag unter dem Führerstand auf der rechten Steite, links befand sich der Mitteldruck-Zylinder und die beiden Niederdruck-Zylinder nahmen die normalen Plätze vorn ein. Wegen des hohen Gewichtes der letzteren mußte statt der einzelnen Laufachse ein Drehgestell vorgesehen werden. Alle 4 Zylinder arbeiteten auf die zweite Kuppelachse und besaßen Ventilsteuerung. Auch hier hatte man es also – mit einigen Verrenkungen – geschafft, alle Zylinder außen anzuordnen, doch die auf die Treibachse wirkenden Kräfte waren deshalb nicht geringer geworden; das war daher auch nicht der richtige Weg. Übrigens zeigten die D & H-Hochdruck-Lokomotiven derartig viele Kinderkrankheiten und unvorhergesehene Störungen, daß man sie

Bild 189: »The Big Engine«, wie sie genannt wurde, verläßt im Juni 1941 Chicago mit dem »General« in östlicher Richtung. Das winzig erscheinende Führerhaus gibt einen Eindruck von den Ausmaßen der Lokomotive (Sammlung H. K. Vollrath, U. S. A.).

häufiger in der Werkstatt als auf der Strecke sah, und die tatsächlich vorhandene wärmewirtschaftliche Überlegenheit wurde durch die hohen Unterhaltungskosten mehr als aufgewogen. Eine weitgehende Lösung der Triebwerksprobleme schien jedoch in der Anordnung zweier vollständig voneinander unabhängiger Triebwerke in einem gemeinsamen Rahmen zu liegen. Kleinere Zylinder und damit geringere Kolbenkräfte ergaben ein leichteres Triebwerk mit niedrigerer Reibung und Abnutzung und kleineren Massenkräften bei hohen Drehzahlen. Natürlich standen den Vorteilen – wie immer – auch Nachteile gegenüber. Die geringste Rolle spielte dabei noch die ungünstigere Wärmewirtschaft des Vierlings-Triebwerks. Gravierender war schon der verwickeltere Aufbau, der höhere Wartungskosten, als die der normalen Zwillings-Triebwerke erwarten ließ. Einem dritten Nachteil, der bereits von der Mallet-Lokomotive her bekannten größeren Schleuderneigung zweier getrennter Triebwerke, wurde jedoch offenbar anfangs nicht die richtige Bedeutung beigemessen. Und so zeigte sich schließlich, daß sich Vor- und Nachteile die Waage hielten und ihre Beurteilung erschwerten, so daß die riesigen »Duplex«-Maschinen, obwohl sie zweifellos einen Schritt in die richtige Richtung darstellten, selten objektiv bewertet wurden. Erschwert wurde dies noch durch die Tatsache, daß sie sehr spät erschienen. Die kurze Zeit, bis sie durch die Diesel-Lokomotive abgelöst wurden, reichte kaum, um ihre Kinderkrankheiten zu beseitigen, geschweige denn zu irgendeiner Weiterentwicklung.

Die allererste »Duplex« und gleichzeitig die einzige, die nicht von der Pennsylvania stammte, war die 5600 »George H. Emerson«, Klasse N-1, der Baltimore & Ohio Railroad (Bild 185). Die Beziehungen zwischen PRR und B & O waren verhältnismäßig eng, längere Zeit übte erstere auf die »älteste Eisenbahn Amerikas« durch Aktienmehrheit einen beherrschenden Einfluß aus. Das äußerste sich z. B. in der Bestellung von 20 Atlantics im Jahre 1903, Klasse A-2 der B & O, die mit der Klasse E-3a der Pennsylvania identisch war. Seit 1920 bekleidete Colonel George H. Emerson das Amt des Fahrzeugdezernenten (Chief of Motive Power & Equipment) der B & O. Seinen militärischen Ehrentitel hatte er durch Teilnahme am amerikanischen Expeditions-Korps erhalten, das nach der Oktober-Revolution die Weißrussen in Sibirien in ihrem Kampf gegen die Bolschewisten unterstützte. Emerson, der bei seinem Amtsantritt 50 Jahre alt war, hatte, wie Loree von der D & H, eine große Vorliebe für den Wasserrohrkessel. Diese Kesselbauart, die eine Zwitter-Bauart darstellte, da nur der Stehkessel aus Wasserrohren gebildet wurde, der Langkessel hingegen in der üblichen Form als Heizrohrkessel bestehen blieb, wurde bereits im Jahre 1870 von Johann Brotan bei der ungarischen Staatsbahn eingeführt. Obwohl er sich in Europa bewährt hatte – allein in Ungarn liefen am Ende des ersten Weltkrieges 650 Lokomotiven mit diesem Kessel –, kam man in Amerika über einige Versuchsausführungen nicht hinaus. Ein wesentlicher Nachteil des Wasserrohrkessels ist die kleine Verdampfungsoberfläche in der Obertrommel. Was bei Marine- und stationären Kesseln wegen der gleichmäßigen Belastung keine große Rolle spielt, kann bei der stark wechselnden Last der Dampflokomotive zu erheblichen Schwierigkeiten führen. Deshalb waren die größten Brotan-Kessel auch mit zwei Obertrommeln ausgerüstet. Der Emerson-Kessel hatte stets nur eine Obertrommel, doch wurden die Steigrohre nicht direkt in diese eingeführt, sondern in zwei seitliche Sammler. Der Hauptvorteil dieses Kessels war natürlich der Wegfall der Stehbolzen und der damit verbundenen ständigen Reparaturen. Emerson hatte errechnet, daß, wenn sämtliche Lokomotiven der B & O mit seinem Kessel ausgerüstet würden, die Bahn jährlich eine Million Dollar sparen werde, die für Stehbolzen-Reparaturen aufzubringen wären. Welche höheren Investitions-, Reparatur- und Wartungskosten der neuen Kessel dem entgegenständen, sagte er nicht. Emerson hatte seit 1927 schon 11 Lokomotiven mit seinem Kessel ausgerüstet, teils durch Umbau, teils als Neubau. 1937 kam dann die letzte und größte, die 5600, die seinen Namen trug und auf die er besonders stolz war. Sie war eine 2 B B 2 h4, entstand, wie auch alle anderen Versuchslokomotiven in der Bahnwerkstatt Mt. Clare in Baltimore und stellte die größte Schnellzug-Lokomotive dar, die die Bahn selbst entwickelte. Lediglich von einigen, nach dem Kriege von der Boston & Maine Railroad angekauften Mountains (2 D 1) wurde sie noch überboten. Neben dem Kessel, dessen Besonderheiten allerdings äußerlich kaum zu erkennen waren, bildete natürlich das Triebwerk das auffälligste Merkmal der neuen Lokomotive. Es bestand aus zwei völlig getrennten Antriebsgruppen mit je zwei Kuppelachsen und zwei Außenzylindern. Während die vorderen Zylinder, wie üblich, über dem

Bild 190: 3 B B 3 h4, Nr. 6100, in der Pennsylvania Railroad. Das Bild zeigt die Lokomotive im August 1945 in Chicago, Illinois. Die Triebwerksverkleidung ist entfernt worden, wie es bei fast allen, ursprünglich vollständig verkleideten Lokomotiven im Laufe der Zeit geschah. Gut zu erkennen sind die Versteifungsrippen auf den 84 Zoll (2134 mm) großen Treibrädern (Sammlung H. K. Vollrath, U. S. A.).

Bild 191: 2 B B 2 h4, Klasse T 1, Nr. 6111, der Pennsylvania Railroad, die kleinere, besser für den Betrieb geeignete Schwester der S 1. Zweite der beiden Voraus-Lokomotiven, die 1942 von der Firma Baldwin gebaut wurden, und denen 4 Jahre später noch 50 Serien-Lokomotiven folgten. Treibraddurchmesser 80 Zoll (2032 mm). Hauptnachteil der sehr leistungsfähigen Maschinen waren die zum Schleudern neigenden unabhängigen Triebwerke und die Franklin-Ventilsteuerung, die erheblich Unterhaltskosten erforderte. Im April 1946 in Chicago, Illinois (Sammlung H. K. Vollrath, U. S. A.).

Drehgestell lagen, befanden sich die rückwärtigen zwischen der letzten Kuppelachse und dem zweiachsigen Schleppgestell unter der vorderen Hälfte des Stehkessels. Die Schieber dieser Zylinder konnten nicht mehr in ihrer normalen Position, nämlich außerhalb der Treibstangenebene angeordnet werden, da sonst die Reinigungsstopfen der Stehkessel-Steigrohre im Bereich der Zylinder nicht mehr zugänglich gewesen wären. Daher waren die Schieber nach innen gerückt, so daß ihre Achse zwischen der Treibstangenebene und den Rädern lag. Voreilhebel und Lenkerstange befanden sich darum hinter dem Kreuzkopf und die Schieberschubstange benötigte eine Zwischenübertragung nach innen. Um nicht zu kurze Stangen zu erhalten, war aus diesem Grunde die Schwinge nach vorne verschoben und saß neben dem Treibrad des vorderen Triebwerks.

Die vier Kuppelachsen waren so dicht wie möglich aneinander geschoben und, um den Achsstand nicht zu groß werden zu lassen, hatten die Treibräder nur einen Durchmesser von 76 Zoll (1930 mm) erhalten. Da die erste und die vierte Kuppelachse seitenverschieblich waren, betrug der feste Achsstand nur 79 Zoll (2007 mm). Man kann sich natürlich fragen, warum man nicht, um die Schleuderneigung zu beheben, alle Treibräder mit einer gemeinsamen Kuppelstange verband. Die Antwort ist, daß Emerson bewußt einen Gleichlauf der beiden Triebwerke vermeiden wollte. Er hoffte sogar, daß die Triebwerke von selbst »außer Tritt« fallen würden, was sie jedoch nicht taten. Erst als man etwas nachgeholfen und die Räder des zweiten Triebwerks auf 75 Zoll (1905 mm) abgedreht hatte, stellte sich der gewünschte Effekt ein, von dem er sich eine Verringerung der störenden Bewegungen der Lokomotive versprach. Man kann leicht ausrechnen, daß dabei nur alle 455 m für kurze Zeit Gleichlauf vorhanden war. Bei den ersten Versuchsfahrten mit der neuen Maschine sollen 170 km/h erreicht worden sein. Leider wurde der Leichtbau des Triebwerks offenbar etwas zu weit getrieben, die Maschine war sehr häufig in der Werkstatt, und so entschloß man sich bereits nach 13 Jahren, sie auszumustern.

Etwa ein Jahr, nachdem die 5600 ihr Debut gegeben hatte, tauchte bei der PRR der Plan auf, eine neue und wesentlich größere Schnellzug-Lokomotive als die bisherigen, zu beschaffen. Das wurde auch langsam Zeit, denn außer den mittlerweile schon etwas älteren Mountains der Klassen M 1 und M 1a, die aber mehr für schnelle Güterzüge verwendet wurden, besaß die Bahn für ihren Schnellzugs-Dienst nur Pacifics. Zwar waren es immerhin 698 Stück, darunter allein 425 Maschinen der vorzüglichen Klasse K 4 (Bild 107), doch bei den ständig schwerer werdenden Schnellzügen wurde immer häufiger Doppeltraktion erforderlich. Und die K 4 war ein Entwurf von 1914. Wenn man sie auch durch Detailverbesserungen ständig modernisierte, so liefen doch bei der Konkurrenz, der New York Central, bereits seit 1927 die leistungsfähigen und schnellen Hudsons (Bild 148), und Ende 1938 gab es in Nordamerika schon 641 Maschinen der Bauart Northern (2 D 2), die allerdings z.T. Mehrzweck-Lokomotiven darstellten.

Ehe die Pennsylvania sich aber zum Bau einer neuen Serien-Lokomotive entschloß, wollte man offenbar herausfinden, welche Leistungen überhaupt in einer Schnellzug-Lokomotive unterzubringen waren und projektierte eine Maschine, die alles bisherige weit in den Schatten stellen sollte. Doch leider wurde das Ganze nur ein mäßiger Erfolg, denn – wie sich hinterher herausstellte und wie es häufig bei derartigen »Extrapolationen« der Fall ist –, man hatte sich auch einige Unannehmlichkeiten eingehandelt. Eine Lokomotive, mit einer derartigen Länge, daß sie kaum durch etwas schärfere Kurven zu bringen war, die beim Anfahren mit äußerster Vorsicht behandelt werden mußte, die noch bei 100 km/h leicht ins Schleudern geriet und die eine Leistung besaß, die sich kaum jemals ausnutzen ließ, kann schwerlich als ideales Fahrzeug für den Betrieb angesehen werden. Doch immerhin besaß man die größte, stärkste und möglicherweise auch schnellste Dampf-Schnellzug-Lokomotive der Welt.

Was hatte nun die Konstruktions-Gruppe, die sich aus Vertretern der drei großen Lokomotiv-Fabriken Alco, Baldwin und Lima, sowie der Bahn selber, zusammensetzte, zustande gebracht? Wie die »George H. Emerson« der B & O besaß die Riesenlokomotive der Pennsylvania – sie erhielt die Klassenbezeichnung S 1 (Bild 188) und die Nummer 6100 – zwei vollständig getrennte Triebwerke mit je zwei Kuppelachsen; doch diesmal waren die beiden Antriebsgruppen gleich, d.h. alle Zylinder waren nach vorne gerichtet. Wenn es aber nun auch gelungen war, das hintere Zylinderpaar an einem weniger durch Hitze und Verschmutzung gefährdeten Platz unterzubringen, der darüberhinaus den Vorteil kürzerer Dampfleitungen bot, so mußte man dafür einen sehr großen Achsstand in kauf nehmen, wozu die riesigen Treibräder noch mit beitrugen; 84 Zoll (2134 mm) war der größte Durchmesser, der jemals an einer Lokomotive mit mehr als 3 Kuppelachsen verwendet wurde. So ergab sich der ungewöhnlich große feste Achsstand von 19 Fuß (5791 mm). Erster und dritter Radsatz hatten seitliches Spiel von 2 ½ Zoll (57,2 mm).

Wie die meisten modernen amerikanischen Lokomotiven hatte die S 1 einen Stahlgußrahmen (Bild 187) mit angegossenen Zylindern (Commonwealth Cast Steel Locomotive Bed) der General Steel Castings Corporation, den auch schon die Duplex der B & O besaß, und wie nicht anders zu erwarten, war er – mit 23,7 m Länge und einem Gewicht in fertig bearbeitetem Zustand von 44 t – der längste und schwerste, der jemals hergestellt wurde. Auch die Treibräder bildeten eine Stahlguß-Konstruktion, jedoch waren es nicht die bekannten Boxpok-Räder. Letztere bestehen aus zwei Radscheiben (aus Stahlguß), die, außer am Kranz und an der Nabe, auch im Bereich der Aussparungen miteinander verbunden sind. Dadurch entstehen quasi kastenförmige Speichen, deren zungenbrecherische Bezeichnung »box spokes« zum Namen »Boxpok« zusammengezogen wurde. Die Scheibenräder (disc drivers) haben dagegen im Mittelbereich nur eine einfache Scheibe, mit entsprechenden Aussparungen, die bei so großen Rädern, wie sie die S 1 besaß, noch durch äußere Rippen versteift ist.

Natürlich war auch der Kessel riesig. 102 Zoll (2591 mm) größter äußerer Durchmeser und knapp 19 m Länge (einschließlich der etwas über 4 m langen Rauchkammer), 5661 square feet (525,9 m^2) Verdampfungs-, 2085 square feet (193,7 m^2) Überhitzerheizfläche, sowie 132 square feet (12,3 m^2) Rostfläche sind Werte, gegen die die größten europäischen Kessel klein erscheinen. Dank einer 2870 mm langen Verbrennungskammer kam man dabei aber noch mit einer Rohrlänge von 6,7 m aus. Der Kesseldruck betrug 300 psi (20,7 bar), was etwa den 20 kp/cm^2 entspricht, die die Deutsche Reichsbahn für die neueren Lokomotiven kurz vor dem Kriege vorsah.

Zwei dreiachsige Drehgestelle waren erforderlich, um die gewaltige Last mitzutragen; das hintere allein hatte 87 t aufzunehmen, das ist mehr als das Leergewicht der preußischen T 18. Die Reibungslast von 1252 kN (127,7 Mp) war nicht gleichmäßig verteilt, 52,2 % entfielen auf das erste, aber nur 47,8 % auf das zweite Triebwerk. Vielleicht wollte man damit die Lastverschiebung beim Anfahren, die eine Entlastung der vorderen Achsen hervorruft, oder den etwas größeren Druckabfall in den längeren Dampfzuleitungen zu den rückwärtigen Zylindern, ausgleichen. Sämtliche Radsätze besaßen Rollenlager, nicht jedoch die Stangen. Außer den führenden Laufrädern des vorderen Drehgestells waren alle Räder – auch die des Tenders – doppelseitig gebremst. Doppelseitige Bremse (clasp brake) für die Treibräder war in Nord-Amerika äußerst selten. Vor der S 1 waren nur die Atlantic, Klasse A, der Milwaukee Road (Kapitel XVII) und die 2 B 2, Klasse F-2a, der Canadian Pacific (Kapitel XIX) mit einer derartigen Bremse ausgerüstet.

Entsprechend der riesigen Lokomotive war natürlich auch der Tender nicht grade klein. Das 23,6 t Kohle und 91,7 m^3 Wasser fassende und rund 18 m lange Fahrzeug lief auf zwei vierach-

sigen Drehgestellen und brachte 205 t auf die Waage.
Das ganze Gebilde wurde nun noch mit einer Stromlinienverkleidung versehen, (Bild 186) die der bekannte Designer Raymond Loewy entwarf. Sie war eine den größeren Dimensionen angepaßte Kopie der ebenfalls von Loewy stammenden Verkleidung, die im Jahre 1936 die K 4, Nummer 3768, erhalten hatte, und die in Windkanal-Untersuchungen entwickelt worden war. Man hat dabei allerdings den Einruck, daß die Windkanalversuche nur unternommen wurden, um ein paar Korrekturen an einer der Fantasie entsprungenen Grundvorstellung vorzunehmen, und nicht etwa, um die Form im ganzen zu optimieren, wie etwa bei der deutschen 05. Da es wahrscheinlich sowieso unmöglich ist, für eine so riesenhafte Lokomotive eine Verkleidung zu finden, die niedrigste Widerstandswerte mit ästhetischem Aussehen verbindet, hatte Loewy von vornherein auf eine möglichst strömungsgünstige Form verzichtet, zugunsten einer solchen, die mehr das Auge anspricht; wobei es sich allerdings um ein amerikanisches Auge handeln muß. Dennoch kann man der Lokomotive einen gewissen ästhetischen Reiz nicht absprechen, zumal, wenn man sie mit so manchen anderen vergleicht.
Als die S 1 im Frühjahr 1939 in den Altoona Works fertiggestellt war, wurde sie zunächst auf der Weltausstellung in New York, auf der übrigens auch die Duplex der B & O zu sehen war, vorgeführt. Man hatte die Riesenmaschine, die in dunkelrotem Anstrich, mit Goldstreifen und der Tenderaufschrift »AMERICAN RAILROADS« prangte, auf einem kurzen Gleisstück hinter einer Absperrung postiert. Die Treibräder standen auf Rollen, so daß die Lokomotive »im Stand« gefahren werden konnte, eine besondere Attraktion für das Publikum. Was die Zuschauer sahen, war beachtlich. Ein Vergleich mit einer europäischen Schnellzuglokomotive, der auch nicht grade kleinen Baureihe 05 der Deutschen Reichsbahn, verdeutlicht am besten die gigantischen Abmessungen. Zwar war sie nur wenig höher (4724 mm gegen 4550 mm der 05), da das amerikanische Profil nicht sehr viel größer als das deutsche ist, doch dieses Maß bezieht sich nur auf die Schornsteinoberkante. Da die Kesselmitte bei der S 1 rund 100 mm höher, als bei der 05 lag, befand sich der Kesselscheitel der amerikanischen Lokomotive wegen des größeren Kesseldurchmessers etwa 450 mm über dem der deutschen. Mit 42,7 m Länge überbot sie die 05 jedoch um mehr als 16 m; die Lokomotive allein war 24,5 m lang, noch nicht einmal 2 m kürzer, als die 05 samt Tender. Trotz der etwas kürzeren Rohre, 7000 mm bei der 05 und 6675 mm bei der S 1, waren 105 % mehr Verdampfungs- und 115 % mehr Überhitzerheizfläche untergebracht. Das sind die aus den technischen Daten errechneten Werte, die jedoch noch um etwa 8 % verringert werden müssen, da in Amerika die wasserberührte, in Deutschland dagegen die feuerberührte Heizfläche angegeben wird. Der Rost war sogar um 162 % größer. Günstig erscheint bei der S 1 der große Anteil der Strahlungsheizfläche an der Verdampfungsheizfläche. Er betrug 11,7 %, bedingt durch die große Verbrennungskammer, gegen lediglich 7,2 % bei der 05. Besonders eindrucksvoll, wenn auch natürlich nur von geringem Nutzen, war das Gesamtgewicht der S 1 von 481,3 t, das entspricht einem kompletten europäischen Schnellzug der Gegenwart. Da brachte es die 05 mit 213 t noch nicht einmal auf die Hälfte. Und an Reibungslast hatte die S 1, dank der vier Kuppelachsen und der so viel höheren zulässigen Achslasten, sogar 2,3mal so viel zu bieten, wie die »kleine« deutsche Lokomotive. Der Name »The Big Engine«, der ihr von den Eisenbahnern angehängt wurde, stand ihr also zu recht zu.
Bis 1940 war das Prunkstück der Pennsylvania noch auf der Ausstellung zu sehen, dann setzte die Bahn sie auf der Strecke Chicago–Pittsburgh im schweren Schnellzugsdienst (Bild 189) ein. Leider zeigte sich dabei sehr bald, daß sie vor der Einfahrt in Pittsburgh in einer schärferen Kurve mehrmals entgleiste; eine derartig lange Lokomotive hatte man beim Bau der Strecke offensichtlich nicht für möglich gehalten. Daher ließ man sie von Chicago nur noch bis Crestline, Ohio, das sind etwa ²/₃ der Strecke bis Pittsburgh, laufen. Aber auch sonst bereitete die große Maschine Lokführern und Betrieb keine ungeteilte Freude. Zwar ersetzte sie spielend zwei K 4-Pacifics und das vorgesehene Leistungsprogramm, nämlich einen Zug von 1200 tons (das sind rund 1090 t) mit 100 mph (161 km/h) zu befördern, erfüllte sie mühelos, die Schwierigkeit lag jedoch darin, den Zug erst einmal in Gang zu bringen. Immer wieder begannen die Triebwerke zu schleudern, wenn man nicht äußerst behutsam mit dem Regler umging, und es brauchte lange Zeit, bis sich die Lokführer an die empfindliche Maschine gewöhnt hatten und bedurfte zusätzlicher finanzieller Anreize, um sie zum Dienst auf ihr zu »überreden«. Wenn der Zug erst richtig lief und man 100 km/h überschritten hatte, war andererseits die Lokomotive kaum zu halten und ihre volle Leistung brauchte fast nie eingesetzt zu werden. Dazu kam der ruhige Lauf, auch noch bei höchsten Geschwindigkeiten, der den geringeren Massen und Kräften des geteilten Triebwerks, unterstützt durch die großen Räder, zu verdanken war. Man hat ausgerechnet, daß die Kolbenkräfte 25 % unter denen einer vergleichbaren vierfach gekuppelten Lokomotive lagen, und auch die Stangen rund 20 % leichter waren.
Es ist daher kein Wunder, daß immer wieder Überschreitungen der zulässigen Höchstgeschwindigkeit, die von der Aufsichtsbehörde, der Interstate Commerce Commission (ICC) für diese Strecke auf 120 mph (193 km/h) festgesetzt war, vorkamen. Vor allem, da die S 1 möglichst vor den schwersten Zügen eingesetzt wurde, bei denen sich natürlich die Anfahrschwierigkeiten häuften und zu entsprechenden Verspätungen führten. Und um diese Verspätungen aufzuholen, fuhren die Lokführer oft schneller als erlaubt. Doch hüteten sie sich

wohlweislich, das an die große Glocke zu hängen. Dennoch kam es der ICC zu Ohren und diese ließ daraufhin mit Stoppuhren bewaffnete Kontrolleure im Zuge mitfahren. Ein besonders schwerer Zug, für den die S 1 oft eingeteilt wurde, war der »Trail Blazer« (Pfadfinder), der aus bis zu 20 schweren, sechsachsigen Stahlwagen bestand. Lange Zeit geschah nichts bemerkenswertes, bis zu jenem Märztag des Jahres 1946, an dem der »Trail Blazer« wieder einmal mit größerer Verspätung aus Pittsburgh in Crestline eintraf, wo er von der S 1 übernommen wurde. Um die Verspätung einzuholen, ließ der Lokführer offenbar den Regler etwas weiter stehen, als gewöhnlich, und bald raste der Zug mit unheimlicher Geschwindigkeit dahin. Und die erstaunten ICC-Beamten maßen mit ihren Stoppuhren schließlich, daß für eine Meile nicht mehr als 25,5 Sekunden benötigt wurden, das entspricht 141,2 mph (227 km/h).

Natürlich kann eine solche Messung keinen hohen Anspruch auf Genauigkeit erheben, selbst wenn man annimmt, daß die Leute von der ICC mit der Stoppuhr umgehen konnten. Ob sie etwas nach oben abgerundet haben, um die Sache ein wenig zu dramatisieren, läßt sich natürlich auch nicht mehr feststellen. Doch wenn überhaupt irgendeine Dampflokomotive, dann war diese imstande, eine derartig hohe Geschwindigkeit zu erreichen. Leistung war ausreichend vorhanden – über 8000 PS (knapp 6000 kW) wurden bei Prüfstandsversuchen gemessen – und die benötigte Dampfmenge ergibt eine rechnerische Heizflächenbelastung von etwa 90 kg/m²h, was für den Kessel nicht zu viel ist. Selbst die kaum vorstellbare Drehzahl der riesigen Räder von 9,4 Umdrehungen in einer Sekunde, konnte das Triebwerk vertragen, ohne sogleich mit Heißläufern zu reagieren. Die S 1 war also zweifellos die schnellste Dampflokomotive überhaupt. Doch hütete sich die Pennsylvania, von diesem mehr oder weniger unabsichtlich erreichten Rekord Gebrauch zu machen, da er durch eine Verletzung bestehender Vorschriften zustande gekommen und zudem durch keinerlei genaue Messungen belegt war.

Darüberhinaus wurde die Bahn mit einem Bußgeld bedacht und die große Maschine durfte in Zukunft nicht schneller als 100 mph (161 km/h) fahren – Höchstgeschwindigkeiten werden in Amerika und auch in England im allgemeinen nur für Streckenabschnitte, nicht aber für die Lokomotiven festgesetzt –, und dieses wurde noch strenger überwacht, als zuvor. Im übrigen erging es ihr wie den meisten Stromlinien-Lokomotiven: die Konstruktion bringt die Verkleidung an, der Betrieb nimmt sie wieder herunter (Bild 190). Nach und nach wurden alle unterhalb des Umlaufes liegenden Verkleidungsbleche entfernt, so daß Triebwerk, Pumpen, Aschkasten und unterer Teil des Stehkessels unmittelbar zugänglich waren, ohne daß man erst umständlich mit Klappen oder Deckeln hantieren mußte. Möglicherweise hat dieses »face lifting« den optischen Eindruck noch nicht einmal verschlechtert.

Nachdem die Lokomotive für den hochwertigen Schnellzugdienst nicht mehr so recht infrage kam, versuchte man, sie für Eilgüterzüge einzusetzen, doch wegen ihrer Schleuderneigung und ihrer Konzeption als Hochgeschwindigkeits-Lokomotive, war sie dafür natürlich noch weniger geeignet. So entschloß die Bahn sich bereits im Jahre 1949, nach nur 10 Jahren, sie auszumustern. Da sich auch kein geeigneter Museumsplatz für eine derartig lange Maschine fand, wurde sie kurzerhand verschrottet.

Wenn auch die S 1 ein Einzelstück blieb und ihr Erfolg zumindest nicht eindeutig als positiv bezeichnet werden kann, die Pennsylvania hatte offenbar Gefallen am Duplex-System gefunden. 1942 baute sie zwei Prototypen – Nummer 6110 und 6111 – der 2 B B 2 h4, Klasse T 1 (Bild 191). Durch Reduzierung der Abmessungen und Gewichtseinsparungen – für die Verkleidung wurden fast 4 t Aluminiumblech verwendet – gelang es, gegenüber der S 1 das Gewicht der Lokomotive um 18 % zu senken, wodurch man zwei Laufachsen sparen und die Länge um 5,3 m verringern konnte. Die Verkleidung stammte wiederum von Loewy, sie ähnelte im wesentlichen der S 1, nur die Frontpartie war anders gestaltet. Die Rauchkammertür erinnerte an einen Schiffsbug und verlieh den Maschinen ein sehr charakteristisches und nicht ungefälliges Aussehen, dürfte jedoch keinen großen Einfluß auf die widerstandsvermindernden Eigenschaften ausgeübt haben. 80 Zoll (2032 mm) Treibraddurchmesser, Rollenlager nicht nur an allen Achsen, sondern auch in den Stangenköpfen und Leichtbau-Treib- und Kuppelstangen waren weitere auffällige Unterschiede zur S 1. Außerdem besaß die T 1 nicht die normale Walschaerts-(Heusinger)-Steuerung, sondern eine Ventilsteuerung, Bauart Franklin, bei der die Ventile durch Schwinghebel von den Kreuzköpfen aus betätigt werden.

Mit dieser Ventilsteuerung hatte die Pennsylvania an der K 4-Pacific, Nr. 5399, Erfahrungen gesammelt. Die Maschine war 1939 in den Lima Locomotive Works umgebaut worden und erzielte fantastische Leistungen. Noch bei 80 mph (129 km/h) zeigte sie 44 % mehr Zughaken-Leistung als die normale K 4, und mit einem schweren Zuge erreichte sie 94,7 mph (152,4 km/h), die höchste Geschwindigkeit, die je von einer K 4 berichtet wurde. Dieser überwältigende Erfolg bewog die Bahn, für die T 1 die gleiche Steuerung vorzuschreiben, obwohl die Firma Baldwin, die die beiden Prototypen baute, normale Walschaerts-Steuerung vorgeschlagen hatte.

Da Prüfstandsversuche und Probefahrten mit den beiden Maschinen zufriedenstellend ausfielen, baute die Pennsylvania 1945 und 1946 noch 50 Serien-Maschinen mit etwas geänderter Verkleidung und geringfügig höherem Gewicht. Bald erschienen diese großen Maschinen vor den schwersten Zügen und, wie schon bei der S 1, war ihre Leistung kaum zu erschöpfen. Sie liefen bei den höchsten Geschwindigkeiten ruhig wie Pullman-Wagen und mehrfach sollen die dunkelgrünen Renner – unbestätigten Berichten zufolge – 200 km/h überschritten haben. Leider hatten sie auch die unangenehmen Eigenschaften – vor allem die Schleuderneigung – des geteilten Triebwerks geerbt. Als besonders verhängnisvoll wirkte sich aber schließlich die Entscheidung für die »Franklin«-Steuerung aus. Die Unterhaltungskosten dieser (für Dampflokomotiven) komplizierten Steuerung erreichten immense Höhen, so daß die Bahn gezwungen war, nach einem Ausweg aus der Misere zu suchen. Doch nur eine Maschine, die 5547 wurde auf normale Kolbenschieber-Steuerung umgebaut, wegen des bevorstehenden Übergangs auf Diesel-Betrieb verzichtete man auf weitere Umbauten. Stattdessen kam die frühzeitige Ausmusterung. Und so verschwanden diese interessanten und schönen Lokomotiven, die leider zu spät erschienen waren, bereits nach wenigen Jahren wieder von den Schienen der Pennsylvania.

S 1 und T 1 blieben jedoch nicht die einzigen Duplex-Lokomotiven. Nach einer von der Konstruktion her mißglückten Versuchslokomotive, der 1942 gebauten 2 C B 2 h4, Klasse Q 1, entstand 1944 die 2 C B 2 h4, Klasse Q 2, Nummer 6131, der ein Jahr später eine Serie von 25 gleichen Maschinen folgte. Es waren Güterzuglokomotiven mit 69 Zoll (1753 mm) Treibraddurchmesser, Walschaerts-Steuerung und ohne Verkleidung, bis auf eine Verhüllung der Kesselaufbauten, die vom Doppel-Schornstein bis zum Führerstand reichte. Die recht elegante Q 2 stellte wahrscheinlich die beste aller Duplex-Lokomotiven dar, denn endlich hatte man eine Lösung für das leidige Schleuder-Problem gefunden. Ein automatisches Ventil in den Zuleitungen sperrte den Dampf für ein Triebwerk ab, wenn es mehr als eine halbe Umdrehung schleuderte. Wenn die Automatik auch nicht immer richtig funktionierte und zusätzlicher Aufmerksamkeit des Lokführers bedurfte, so war es doch zweifellos ein Schritt in die richtige Richtung, und sicherlich hätte man das System mit der Zeit noch verbessern können, doch leider kam es nicht mehr dazu.

Die Q 2 Nummer 6175 erreichte auf dem Prüfstand in Altoona eine Zylinderleistung von knapp 8000 PS (nahezu 5900 kW) bei einer Triebwerksdrehzahl, die 57,4 mph (92,4 km/h) entspricht, wobei der Kessel 62,4 m^3/h Wasser verdampfte. Das war die größte Leistung, die jemals an einer Dampflokomotive gemessen worden war. Leider nützte ihr die gewaltige Leistung wenig, für die allermeisten Fälle genügten die 7000 PS (5150 kW) die die 1 E 2 h2, Klasse J, aufzubringen vermochte; und auch der ruhige Lauf bei hohen Drehzahlen war bei den niedrigen Geschwindigkeiten der Güterzüge ohne Bedeutung. Gravierend aber war die unübersehbare Tatsache, daß die Unterhaltungskosten des doppelten Triebwerks auch etwa doppelt so hoch waren, wie die des einfachen der J. Und so kam es, wie es kommen mußte, auch die Q 2 verschwand bereits nach wenigen Jahren wieder, während die ältere J noch einige Jahre vor schweren Güterzügen der Pennsylvania zu sehen war, genau so wie die unverwünstliche K 4 ihre weit jüngeren, größeren Schwestern S 1 und T 1. überdauerte.

So endete die kurze Geschichte der mächtigen Duplex-Lokomotiven, die zu spät erschienen und zu bald Opfer des Strukturwandels wurden. Und von der größten und leistungsfähigsten Schnellzuglokomotive und aller Wahrscheinlichkeit nach schnellsten Dampflokomotive überhaupt bleibt nichts, als ein paar Fotografien. Die zahlreichen Betrachter, die die S 1 im Jahre 1939 auf der Weltausstellung bestaunten, werden das kaum geahnt haben.

XXVI. Super Power

2 D 2 h2, Nummer 610, Klasse J, Norfolk & Western Railroad, USA

Die Geschwindigkeiten amerikanischer Güterzüge waren zu Beginn der 20er Jahre recht niedrig. Die am meisten verwendete Lokomotive war die Consolidation (1 D), mit Treibraddurchmessern um 57 Zoll (1448 mm). Sie konnte zwar bis 50 mph (etwa 80 km/h) fahren, doch vor schweren Zügen brachte sie es höchstens auf die Hälfte, da sonst Drehzahlen und Massenkräfte des Triebwerks zu groß wurden und auch der verhältnismäßig kleine Kessel, dessen Feuerbüchse zwischen die Kuppelräder gezwängt war, mit seiner Leistung bald am Ende war. Oft krochen die Züge nur mit 15 bis 20 mph (ungefähr 25 bis 30 km/h) dahin und auch Doppel- oder sogar Mehrfach-Traktion half wenig und blieb ein teurer Notbehelf.
Die Mikado (1 D 1), die sich allmählich durchzusetzen begann, brachte eine gewisse Besserung. Ihre Treibräder von im allgemeinen 63 Zoll (1600 mm) Durchmeser erlaubten höhere Geschwindigkeiten, und der Kessel, dessen Feuerbüchse sich nun hinter den Kuppelrädern ausbreiten konnte, vermochte größere Dampfmengen zu erzeugen, so daß auch bei höheren Geschwindigkeiten noch ausreichende Leistungen zur Verfügung standen.
Doch auch die Mikado erreichte schließlich ihre Grenze. Eine weitere Vergrößerung verhinderte vor allem die Schleppachse, die meist bereits bis an die zulässige Grenze belastet war, obwohl man versuchte, den Schwerpunkt der Lokomotive durch geneigte Stehkessel-Querwände, Verbrennungskammer, Anordnung der Pumpen vor der Rauchkammer usw., möglichst weit nach vorne zu verlegen. Untersuchungen mehrerer Bahnen hatten ergeben, daß die hochbelastete Schleppachse das Gleis besonders stark beanspruchte. Aber die Gesellschaften wünschten dringend noch schnellere und zugleich leistungsfähigere Lokomotiven, um den Betrieb wirtschaftlicher gestalten zu können.
Einen Ausweg aus diesem Dilemma fand schließlich W. E. Woodard, Vize-Präsident für Konstruktion, zusammen mit seinem Assistenten, W. H. Winterrowd, von den Lima Locomotive Works in Lima, Ohio. Das Werk war die kleinste der drei großen amerikanischen Lokomotivfabriken; aber vielleicht konnten grade deshalb fortschrittliche Ideen dort besser gedeihen. Woodards Konzept für die »Super-Power«-Lokomotive, wie sie später genannt wurde, enthielt allerdings nichts grundsätzlich Neues, doch ähnlich wie Chapelon in Frankreich (Kapitel XXIII), faßte er zahlreiche mehr oder weniger bekannte Verbesserungen in geschickter Weise zusammen, und entwickelte eine Lokomotive, deren Leistungen fast sensationell waren und so etwas wie eine Revolution im amerikanischen Lokomotivbau herbeiführten. Wie hatte er das erreicht?
Zunächst einmal wurden die Treibräder gegenüber der Mikado nochmals um fast 10 % auf 69 Zoll (1753 mm) vergrößert. Damit konnten ohne Schwierigkeit Geschwindigkeiten von über 100 km/h gefahren werden, wobei die Drehzahlen nur wenig über 300 Upm anstiegen. Um die benötigten Leistungen hervorzubringen, kam nun auf das Triebwerk ein gradezu riesenhafter Kessel. 100 sq.ft. (9,29 m^2) Rostfläche – ein Wert, der bis dahin noch von keiner Lokomotive erreicht war –, 5110 sq.ft. (474,7 m^2) Verdampfungs- und 2111 sq.ft. (196,1 m^2) Überhitzerheizfläche waren ziemlich genau doppelt so große Maße, wie sie die etwa zur gleichen Zeit entwikkelte schwere deutsche Einheits-Güterzuglokomotive der Reihe 44 aufwies. Um den großen Stehkessel zu tragen, war statt der Schleppachse ein zweiachsiges Drehgestell angeordnet, wohl das auffälligste äußere Merkmal der neuen Bauart. Dadurch war es gelungen, die Last der Schleppachsen, die bei der Mikado häufig die Kuppelachslast überstieg, auf 83 % dieser Last herabzudrücken.
Der Hauptrahmen war nicht wie üblich unter dem Stehkessel weggeführt, sondern endete unmittelbar hinter der letzten Kuppelachse. Die Zugkraft wurde durch einen Bolzen von 6 ½ Zoll (165 mm) Durchmesser in das Drehgestell geleitet, das an seinem rückwärtigen Ende die Tenderkupplung enthielt. Die Last des Stehkessels wurde durch Rollen auf den Drehgestellrahmen übertragen. Da der Aschkasten, der in das

Bild 192: 2 D 2 h2, Klasse A, Nr. 2600, der Northern Pacific Railroad. Erbaut 1926 von der American Locomotive Company in Schenectady, N. Y., war die 2600 die erste von 1094 Lokomotiven dieser Achsanordnung in den Vereinigten Staaten und Kanada. Die Rostfläche betrug 115 square feet (10,7 m²) wegen der Verwendung von Braunkohle mit niedrigem Heizwert. Das Bild zeigt die Lokomotive in tadellosem Zustand im Juli 1949 in Portland, Oregon (Sammlung H. K. Vollrath, U. S. A.).

Drehgestell eingehängt war, dessen Bewegungen mitmachte, war er in seiner Ausdehnung nicht behindert und so konnten ohne Mühe großzügig bemessene Frischluft-Eintrittsquerschnitte untergebracht werden. Das geräumige Führerhaus war am Stehkessel befestigt.

Die Reibungslast von 1104,4 kN (112,6 Mp), die bei den hohen zulässigen Achslasten auf vier Kuppelachsen untergebracht werden konnte, genügte für höhere Geschwindigkeiten in fast allen Fällen. Zur Erhöhung der Anfahrzugkraft, war der zweite Drehgestell-Radsatz, der größere Räder hatte als der erste, mit einem Booster versehen.

Der Kessel besaß, außer seiner zahlenmäßigen Größe, den um 1925 noch ungewöhnlich hohen Druck von 240 psi (16,5 bar = 16,9 kp/cm²). Eine Verbrennungskammer war zunächst nicht vorgesehen, sie erschien erst bei späteren Modellen. Die Frischdampfleitung lief vom Dom außerhalb des Kessels zum Heißdampfregler in der Rauchkammer. Die Heizfläche des Kleinrohr-Überhitzers – in Amerika als »Type E« bekannt – betrug 41,3 % der Verdampfungsheizfläche. Quer vor der Rauchkammer hing ein Elesco-Oberflächenvorwärmer. Um unnötiges Gewicht zu sparen, bestanden die Zylinder aus Stahlguß und waren mit je einem Rauchkammer-Halbsattel aus einem Stück gegossen. Der mitsamt der Zylinder vollständig gegossene Stahlgußrahmen, das sogenannte »Locomotive Bed«, kam erst einige Jahre später auf. Der hintere Treibstangenkopf war gegabelt und umfaßte den Kopf der Kuppelstange zum letzten Radsatz. Auf diese Weise wurden die Kräfte direkt weitergeleitet, ohne den Treibzapfen auf Biegung zu beanspruchen. Merkwürdigerweise wurde Sand nur vor die zweite und hinter die letzte Kuppelachse, sowie vor den ersten Radsatz des Drehgestells gegeben.

Die erste »Super-Power«-Maschine verließ im Februar 1925 die Montagehalle in Lima. Die Firma hatte ihr die Bezeichnung A 1 und die Nummer 1 gegeben. Die ausgedehnten Versuchsfahrten, die alle Erwartungen erfüllten, fanden vor allem bei der Boston & Albany Railroad, einer Tochtergesellschaft der New York Central, statt. Einige Wochen lang lief die A 1 auf der Strecke Selkirk – Springfield in den Berkshire-Bergen und diese verhalfen der Achsanordnung 1 D 2 zu ihrem Gattungsnamen »Berkshire«, der allerdings nicht von allen Bahnen angenommen wurde. Die A 1 endete als Nummer 8049 der Illinois Central Railroad, an die sie die Firma verkauft hatte.

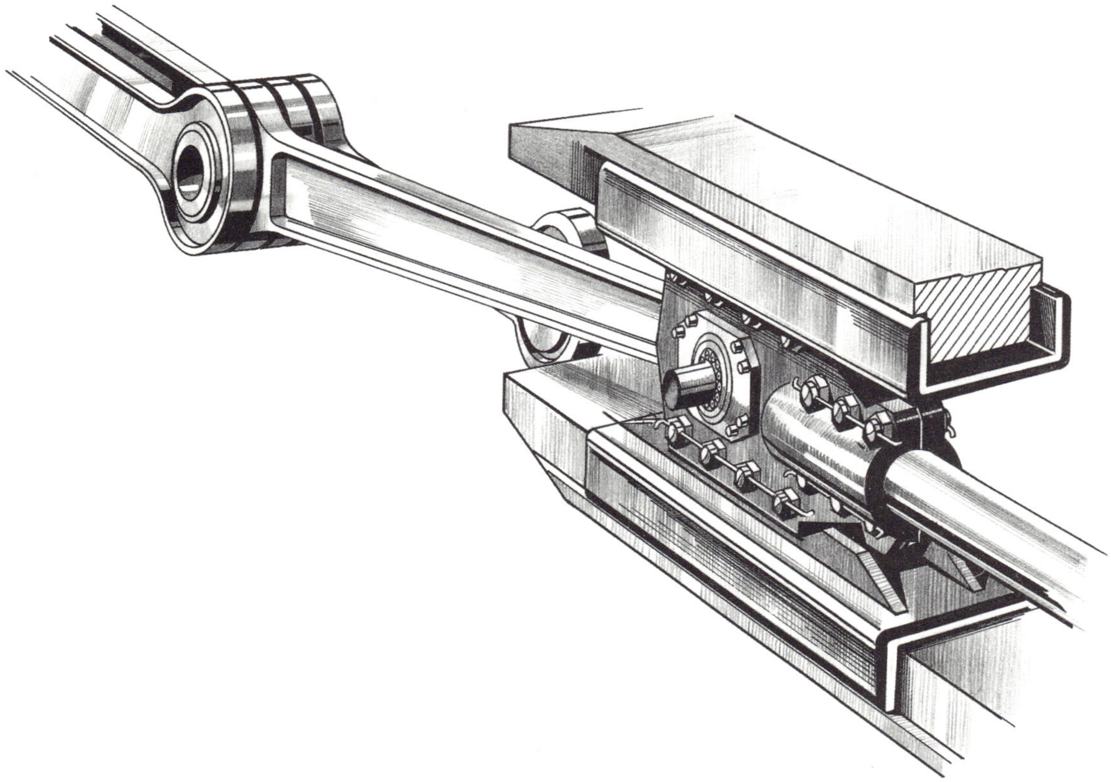

Bild 193

2 D 2 h2, Klasse J, Norfolk & Western Railroad, USA.

Bild 193: Um Massenkräfte und Lagerbelastungen bei den hohen Leistungen und Drehzahlen moderner amerikanischer Dampflokomotiven in Grenzen zu halten, entwickelte die Timken Roller Bearing Company ein Leichtbautriebwerk. Sämtliche Stangenköpfe besaßen Wälzlager. Die Stangen aus legiertem Stahl hatten ein niedriges Gewicht, aber ein hohes Widerstandsmoment in senkrechter Richtung. Zwischen Treibrad und dem folgenden Kuppelrad liefen zwei parallele Kuppelstangen, die den Treibstangenkopf einschlossen. Dadurch wurde die Kolbenkraft auf zwei Zapfen verteilt und die Belastung des Treibzapfens herabgesetzt. Der zusammengesetzte Kreuzkopf schloß die Wälzlager ein und die Kolbenstange wurde durch eine Klemmverbindung gehalten. In den Kreuzkopfkörper konnten wahlweise oben und unten zwei gleiche Gleitschuhe (»Alligator«-Kreuzkopf) oder oben ein Mehrflächengleitschuh und unten ein einfaches Paßstück eingesetzt werden.

Bild 194: Die 14 Lokomotiven der Klasse J der Norfolk & Western Railroad gehörten zu den modernsten amerikanischen Dampflokomotiven. Die letzten entstanden erst im Jahre 1950 in der Bahnwerkstatt Roanoke in Virginia. Mit ihren nur 70 Zoll (1778 mm) großen Treibrädern waren sie nicht nur für Schnellzüge, sondern auch für Eilgüterzüge geeignet. Die recht elegante Verkleidung gab ihnen ein sehr gefälliges Aussehen. Natürlich waren sie mit allen Errungenschaften des modernen Lokomotivbaues ausgerüstet. Trotz des kleinen Treibraddurchmessers liefen sie bemerkenswert schnell. Im Jahre 1945 erreichte die 610 bei Versuchsfahrten, die von der Pennsylvania Railroad veranstaltet wurden, eine Höchstgeschwindigkeit von 110 mph (177 km/h), und war damit die schnellste 2 D 2 überhaupt. Als letzte dieser hervorragenden Maschinen wurde die 611 im Oktober 1959 ausgemustert.

Bild 194

Bild 195: 2 D 2 h2, Klasse J, Nr. 607, der Norfolk & Western Railroad. Erbaut 1943 in der Bahnwerkstatt Roanoke, Virginia, zunächst ohne Stromlinienverkleidung, Klasse J 1, Nr. 605-610. Zwei Jahre später wurde die Verkleidung hinzugefügt und die Maschinen in Klasse J umbezeichnet. Trotz ihres Treibraddurchmessers von nur 70 Zoll (1778 mm) erreichte die 610 im Jahre 1945 bei Versuchsfahrten bei der Pennsylvania 110 mph (177 km/h). Das Bild zeigt die elegante Maschine im Oktober 1949 in Roanoke, Virginia (Sammlung H. K. Vollrath, U.S.A.).

Der Erfolg der A 1 war so überwältigend, daß nicht nur in kurzer Zeit zahlreiche Bahnen die neue »Wunder«-Lokomotive bestellten, sondern auch die beiden anderen Lokomotivfabriken, Baldwin in Philadelphia, Pennsylvania, und die American Locomotive Company in Schenectady im Staate New York, den Bau von Berkshires aufnahmen. In der Tat konnten diese Lokomotiven, die natürlich im Laufe der Zeit immer weiter verbesert und verstärkt wurden, dank ihrer gewaltigen Zugkraft zwei bis drei Consolidations ersetzen. Und so gelang es vielen Bahnen, ihren Betrieb nach den Depressionsjahren mit Hilfe der neuen Maschinen rascher zu sanieren, als erwartet. Bekanntestes Beispiel ist die New York, Chicago & St. Louis Railroad, die »Nickel Plate Road«, die tief in den roten Zahlen steckte. In den 40er Jahren kaufte sie 80 Berkshires, die berühmten 700er, Klasse S bis S-3 – die letzte, die 779, war zugleich die letzte Dampflokomotive aus Lima – und damit konnte sie so viele Verkehrsleistungen an sich ziehen, daß sie sich zu einem relativ blühenden Unternehmen wandelte.

Ähnliche Erfolge hatte eine andere bekannte Berkshire, die Klasse M-1, genannt »Big Emma«, von der Baldwin und Lima, ebenfalls in den 40er Jahren, 42 Stück an die Louisville & Nashville Railroad lieferten. Sie war zugleich eine der elegantesten Berkshires überhaupt und lief wie ein Pullman-Wagen. Bei Versuchsfahrten sollen 92 mph (148 km/h) erreicht worden sein, das bedeutet Drehzahlen bis zu 448 Upm, womit sie schon in den Bereich der Hochgeschwindigkeits-Lokomotiven geriet.

Es war klar, daß das so erfolgreiche »Super-Power«-System bald auch auf andere Lokomotivtypen angewendet wurde. Schon im Jahre 1925 bestellte die Texas & Pacific Railroad die ersten 1 E 2 bei Lima, woher diese Achsanordnung später den Gattungsnamen »Texas« erhielt. Noch schwerere Lokomotiven stellten die Mallet-Gelenklokomotiven (2 C) C 2 h4 (Challenger) und (1 D) D 2 h4 (Yellowstone) dar. Die riesigen Challengers, die bis zu 70 mph (113 km/h) liefen, wurden von der Denver & Rio Grande Western und von der Union Pacific häufig auch vor Schnellzügen auf den Bergstrecken durch die Rocky Mountains eingesetzt.

Bild 196: 2 D 2 h2, Klasse J, Nr. 611, der Norfolk & Western Railroad. Erste der 3 im Jahe 1950 in der Bahnwerkstatt Roanoke, Virginia, erbauten Lokomotiven. Scheibenräder am vorderen Drehgestell. Die 611 wurde als letzte J im Oktober 1959 ausgemustert. Das Bild zeigt die Lokomotive im Juni 1956 in Bristol, Virginia, in noch recht gutem äußeren Zustand (Sammlung H. K. Vollrath, U. S. A.).

Natürlich eignete sich das »Super-Power«-Konzept nicht nur für Güterzuglokomotiven. Grade für die Schnellzuglokomotive ist ein leistungsfähiger Kessel, dessen großer Stehkessel dann ein Drehgestell erfordert, besonders wichtig. Und so wurde aus der Pacific (2 C 1) die Hudson (2 C 2) und aus der Mountain (2 D 1) die Northern (2 D 2). Von der Hudson, deren erste im Jahre 1927 bei der New York Central Railroad erschien, haben wir schon in Kapitel XX einiges vernommen. Die Königin der »Super-Power«-Lokomotiven war jedoch zweifellos die Northern. Dabei gehörten die ersten gar nicht in dieses Konzept, sondern verdankten ihre Entstehung einem anderen Grunde. Die Northern Pacific Railroad, zweitnördlichste der großen amerikanischen Transkontinentalbahnen, hatte ihren Spitzenzug, den »North Coast Limited«, bis in die Mitte der 20er Jahre stets mit Pacifics befördert. Doch allmählich genügten diese nicht mehr und es mußten neue, stärkere Lokomotiven beschafft werden. Infrage kam natürlich nur eine vierfach gekuppelte Maschine und das hieß damals: eine Mountain.

Nun besaß die Bahn in Rosebud, Montana, eine große, offene Braunkohlengrube, die ihr zu einem sehr billigen Brennstoff für ihre Lokomotiven verhalf. Allerdings benötigte die Rosebud-Kohle wegen ihres niedrigen Heizwertes und hohen Aschengehalts einen ungewöhnlichen großen Rost und einen geräumigen Aschkasten. Für die geforderte Leistung errechnete man eine benötigte Rostfläche von 115 sq.ft. (10,7 m²). Das erforderte einen derartig großen Stehkessel, daß eine einzelne Schleppachse bis weit über das zulässige Maß belastet worden wäre. Also konstruierte man stattdessen ein zweiachsiges Deichseldrehgestell und die 2 D 2 war entstanden, später nach der Bahn »Northern« genannt. Wie bei der A 1, wurde auch hier der Aschkasten in das Drehgestell gehängt. Da es bei der neuen Lokomotive weniger auf hohe Geschwindigkeit, sondern mehr auf große Zugkraft auf den Bergstrecken ankam, begnügte man sich mit einem Treibraddurchmesser von 73 Zoll (1803 mm). Noch einen Monat vor der ersten Hudson, verließ als erste die 2600, Klasse A, im Jahre 1927, das Herstellerwerk, die Alco (Bild 192).

Die Lokomotiven bewährten sich gut und wurden mehrmals nachbeschafft, später in vergrößerter Ausführung, mit Treibrädern von 77 Zoll (1956 mm) Durchmesser, geliefert von Baldwin. Bald merkten auch die anderen Bahnen, daß die Achsanordnung 2 D 2 eine Lokomotive ergab, die dank ihrer vier Kuppelachsen eine hohe Zugkraft entwickelte, auf der sich aber auch, wegen des hinteren Drehgestells ein außerordentlich leistungsfähiger Kessel unterbringen ließ, der zudem genügend Platz für vier nicht zu kleine Kuppelradsätze erübrigte. Die Maschinen waren also für schwere und schnelle Expreßzüge genauso geeignet, wie für schnelle, nicht allzu schwere Güterzüge; man hatte offenbar wieder einmal so etwas wie die langersehnte Universal-Lokomotive gefunden. So ist es kein Wunder, daß sich bald die Bestellungen nach derartigen Maschinen bei den Lokomotivfabriken häuften.

Technische Daten

Bahnverwaltung	**Norfolk & Western Railroad, USA**
Achsanordnung:	
Deutsche Bezeichnung	**2 D 2 h2**
White classification	**4–8–4 (Northern u. a.)**
Klasse	**J (bis 1945: J 1)**
Bahnnummer	**610**
Erbauer	**Bahnwerkstatt Roanoke, Virginia**
Werksnummer	
Baujahr	**1943**
Treibraddurchmesser	**70 in = 1778 mm**
Laufraddurchmesser, vorn	**36 in = 914 mm**
Laufraddurchmesser, hinten	**42 in = 1067 mm**
Zylinderdurchmesser	**27 in = 686 mm**
Kolbenhub	**32 in = 813 mm**
Rohrlänge	**19 ft., 2 1/4 in = 5848 mm**
Verdampfungsheizfläche	**5271 sq.ft. = 489,7 m²**
Feuerbüchsheizfläche	**578 sq.ft. = 53,7 m²**
Überhitzerheizfläche	**2177 sq.ft. = 202,2 m²**
Rostfläche	**108 sq.ft. = 10,0 m²**
Kesseldruck	**300 psi = 20,7 bar (21,1 kp/cm²)**
Reibungslast	**288 000 lbs = 1281,5 kN (130,6 Mp)**
Dienstgewicht, Lokomotive	**494 000 lbs = 224,1 t**
Dienstgewicht, Lok + Tender	**872 600 lbs = 395,8 t**
Kohlenvorrat	**35 tons = 32 t**
Wassermenge	**20 000 gal = 75,7 m³**
Höchste erreichte Geschwindigkeit	**110 mph = 177 km/h**
Treibraddrehzahl	**528 Upm**
Indizierte Leistung	**ca. 4850 kW (6600 PS)**
Mittlere Kolbengeschwindigkeit	**14,31 m/s**
Vergleichsgeschwindigkeit (Reihe 01 DRG)	**199 km/h**

Noch im gleichen Jahre, nur kurz hinter der 2 D 2 der Northern Pacific, erschien bereits die erste richtige »Super-Power«-2 D 2. Die Delaware, Lackawanna & Western Railroad hatte bis dahin im Güterzugverkehr 2 D 1 h3 mit 63 Zoll (1600 mm) Treibraddurchmesser eingesetzt. Ähnliche Drillingslokomotiven, jedoch mit 73 Zoll (1854 mm) großen Treibrädern liefen vor schweren Schnellzügen auf Steigungsstrecken. Die neue 2 D 2 h2, Klasse Q-1, mit 77 Zoll (1956 mm) großen Treibrädern übertraf nicht nur beide an Leistung und Zugkraft und war zudem wesentlich schneller, sondern das einfachere Zwillings-Triebwerk erforderte auch weniger Unterhaltungskosten. Später wurden noch zwei andere Reihen mit kleineren Rädern beschafft.
Insgesamt wurden zwischen 1927 und 1950 in den Vereinigten Staaten 885, in Kanada 209 und in Mexiko 32 Lokomotiven mit der Achsanordnung 2 D 2 gebaut. Mit einer Ausnahme, einer Hochdrucklokomotive (58,6 bar) der New York Central, die ein h3v-Triebwerk erhielt, besaßen alle einfache Zwillingstriebwerke. Die Treibraddurchmesser lagen zwischen 69 Zoll (1753 mm) und 80 Zoll (2032 mm). Die Lokomotivgewichte (ohne Tender) stiegen von 193,2 t der Northern-Pacific-Lokomotive von 1927 bis auf 231,4 t, die die schwerste von allen, die Klasse 2900, der Atchison, Topeka & Santa Fe Railroad erreichte. Vergleicht man die übrigen Abmessungen dieser 30 Lokomotiven, die 1943 und 44 von Baldwin geliefert wurden – Reibungslast 1312,7 kN (133,8 Mp), Verdampfungsheizfläche 493,4 m², Rostfläche 10 m² und größter Kesseldurchmesser 2,59 m –, mit den Maßen der größten deutschen Northern, der 1939 von Krupp gebauten beiden 2 D 2 h3 der Baureihe 06 – Gesamtgewicht 141,8 t, Reibungslast 785 kN (80 Mp), Verdampfungsheizfläche 288,5 m², Rostfläche 4,82 m² und größter Kesseldurchmesser 2 m –, dann erhält man eine Vorstellung davon, welch riesige Dimensionen die amerikanische Schnellzuglokomotive inzwischen angenommen hatte. (Die noch größeren Duplex-Maschinen der Pennsylvania, die im vorigen Kapitel beschrieben wurden, waren Sonderausführungen, die von anderen Bahnen nicht nachgeahmt wurden.) Zudem erreichten die 2900er mit ihrem achtachsigen 92,7-m³-Tender die gewaltige Länge von 37 Metern, während sich die 06 mit fünfachsigem 38-m³-Tender auf 26,5 Meter zusammendrängen mußte, damit man mit den vorhandenen Drehscheiben auskam.
Wegen der großen Leistungen und der hohen Verfügbarkeit der neuen Lokomotiven einerseits und wegen der schlechten wirtschaftlichen Lage andererseits, beschafften die meisten Bahnen nur wenige 2 D 2. Die weitaus meisten besaß die Canadian National Railway. Nicht weniger als 203 Stück liefen auf dem, allerdings auch sehr großen Netz dieser Bahn. Sie waren jedoch leichter, als die US-amerikanischen – die Lokomotivgewichte lagen zwischen 172,3 und 182,7 t –, und daher auch auf den langen Strecken mit schwächerem Oberbau

Bild 197: 2 D 2 h2, Klasse 25 und 25 NC, der Südafrikanischen Staatsbahn. Nr. 3401 schiebt die Kondens-Lokomotive Nr. 3451 auf den Werkshof der Firma Henschel in Kassel, im Jahre 1953 (Aufnahme des Verfassers).

verwendbar. In den Vereinigten Staaten besaß die Chicago, Rock Island & Pacific mit 85 Stück die meisten dieser Lokomotiven. Die ersten hatten kleine Treibräder mit 69 Zoll (1753 mm) Durchmesser, während die letzten 20 etwas größere Abmessungen und 74 Zoll (1880 mm) große Treibräder erhielten. Als während des Krieges die völlige Neukonstruktion von Lokomotiven nicht zugelassen war, wurden die Rock-Island-Maschinen mit geringen Änderungen von der Delaware & Hudson und von der Milwaukee kopiert. Die zweitgrößte Anzahl 2 D 2-Lokomotiven lief bei der Southern Pacific Railroad. Die 74 Maschinen mit der eleganten Teilverkleidung, die zum Teil auch bunt gestrichen waren, werden von manchen für die schönsten aller Dampflokomotiven gehalten.
Die Gattungsbezeichnung »Northern« für die 2 D 2 wurde übrigens nicht von allen Bahnen angenommen. Offenbar wollte man mit diesen Spitzenmodellen des Lokomotivbaues einen besonderen Werbeeffekt verbinden und sie mit einem Namen belegen, der sich mehr auf die betreffende Bahn bezog, als das etwas nichtssagende »Northern«. So nannte die Delaware, Lackawanna & Western ihre Maschinen nach einer Bergkette, auf deren Steigungsstrecken sie bevorzugt eingesetzt werden sollten, »Pocono«. Die Lehigh Valley Railroad gab den ihren den Namen »Wyoming« nach einem Abschnitt des Susquehanna-Tals im Bereich dieser Bahn. »Niagara« hatte die New York Central für ihre 27 Lokomotiven ausgewählt, die erst nach dem Kriege von der Alco geliefert wurden. Diese, auch in ihrer äußeren Form sehr gelungenen Maschinen, zählten zu den leistungsfähigsten, besten und modernsten aller Dampflokomotiven. Zum großen Bedauern zahlreicher Eisenbahnfreunde verschwanden sie durch die überstürzte Umstellung auf Dieselbetrieb viel zu schnell wieder von den Schienen, ohne daß ein Exemplar der Nachwelt erhalten wurde.
Der Fluß »Greenbrier« gab den Namen für die 2 D 2-Lokomotiven der Chesapeake & Ohio und ebenfalls nach einem Fluß, dem »Potomac«, an dem die Bundeshauptstadt Washington liegt, nannte die Western Maryland die ihren. Nach einer poetischen Bezeichnung für ihren Landstrich verlieh die zur Hauptsache im Staate Tennessee liegende Nashville, Chattanooga & St. Louis Railway ihren 2 D 2 den Namen »Dixie«. Bei dieser Bahn hatte man offenbar eine Vorliebe für Spitznamen, denn die zweite Serie von Dixies, die zur Verzierung eine breite Schürze unter dem Umlauf erhalten hatte, deren

gelber Anstrich sich auf Führerhaus und Tender fortsetzte, hieß bald »Yellow Jackets«. Als bei der dritten Serie die Schürze und damit auch das gelbe Band wieder zu einem schmalen Streifen zusammengeschrumpft war, nannte man sie prompt »Stripes«. Der Name »Daylight« für die schönen Lokomotiven der Southern Pacific rührte von dem »Daylight«-Expreß her, der San Franzisco mit Los Angeles in einer Tagesreise verband. Die Typenbezeichnung »GS« wurde manchmal als Abkürzung für »Golden State« – eine euphorische Umschreibung für Kalifornien – gedeutet, war jedoch – viel prosaischer – lediglich die Abkürzung für »General Service« (etwa Allzweck) und wies damit auf die universelle Verwendbarkeit dieser Lokomotiven hin.

Schließlich gab es noch drei Namen, die zunächst vorgeschlagen worden waren, sich aber nicht durchsetzten. Die erste 2 D 2 der Canadian National, Nummer 6100, Klasse U-2-a, lieferte die Canadian Locomotive Company in Kingston, Ontario, ziemlich auf den Tag genau zur 60. Wiederkehr der Gründung der Kanadischen Konförderation. Daher sollte die Gattung den Namen »Confederation« erhalten und die 6100 trug auch eine Zeitlang ein entsprechendes Namensschild am Umlauf. Doch später nannte man die Maschinen auch dort »Northern Type«. Der Name »Confederation« wurde hingegen gelegentlich im Ausland benutzt. Die Konkurrenzbahn der Northern Pacific, die Great Northern, wollte ihre 2 D 2, Klasse S-1, die zwei Jahre später als bei jener erschienen, zunächst »Montana« nennen, und die Santa Fe erwog für ihre Riesen-Maschinen die Bezeichnung »Heavy Mountain«, jedoch blieben beide Bahnen schließlich ebenfalls bei »Northern«.

Dank sorgfältiger Entwicklung, exakter Durcharbeitung, Verwendung hochlegierter Stähle und Leichtbau-Konstruktion zur Verringerung der Triebwerksmassen, sowie zunehmender Ausrüstung mit Wälzlagern, liefen einige dieser großen Maschinen erstaunlich schnell, ohne daß es zu Heißläufern und anderen Schäden an den Lokomotiven kam. Im Jahre 1938 unternahm die Association of American Railroads, eine Vereinigung aus Mitgliedern der großen amerikanischen Eisenbahnen, die allgemeine Baugrundsätze ausarbeitete und den Bahnen zur Annahme empfahl, eine Reihe von Versuchen, um die Leistung für einen aus 16 Wagen bestehenden 1000-Tonnen-Schnellzug – das entspricht etwa 900 metrischen Tonnen – zu ermitteln. Dabei erreichte die 815 der Union Pacific, eine 2 D 2 mit 80 Zoll (2032 mm) Treibraddurchmesser, die höchste Geschwindigkeit. Auf einem leichten Gefälle lief sie mit dem schweren Zuge bis zu 102 mph (164 km/h). Die »Daylights« der Southern Pacific kamen bei Versuchsfahrten sogar auf 105 mph (169 km/h). Im Jahre 1936 hatte die Canadian National 5 Northerns, Klasse U-4-a, mit einer Teilverkleidung versehen, die in ausgedehnten Windkanalversuchen am Modell ermittelt worden war. Das Triebwerk blieb allerdings frei, da man ausgerechnet hatte, daß die Mehrkosten für die etwas höhere erforderliche Leistung geringer waren, als die Lohnkosten, die durch das Abnehmen und Wiederanbringen der Verkleidung bei Wartungsarbeiten entstanden wären. Die ungewöhnlich ästhetischen Maschinen mit 77 Zoll (1956 mm) großen Treibrädern – dem Standardmaß für CNR-Schnellzuglokomotiven – liefen spielend 100 mph (161 km/h). Die gleiche Geschwindigkeit erreichten auch die »Niagaras« der New York Central. Dabei lag ihre Leistung zwischen 80 und 100 mph (129 bis 161 km/h) ständig über 6300 PS (4630 kW) mit einem Maximum von etwa 7000 PS (5150 kW) bei 90 mph (145 km/h).

Wahrscheinlich die besten, bestimmt aber die schnellsten aller Northern-Lokomotiven, waren die 14 Maschinen der Klasse J und J-1 der Norfolk & Western Railway. (Bild 194) Diese Bahn diente hauptsächlich dem Kohlentransport aus dem großen Pocahontas-Becken im südlichen West Virginia, teils in westlicher, teils in östlicher Richtung zum Atlantik-Hafen Norfolk. Das Streckennetz berührte damals 6 Bundesstaaten, lag jedoch zur Hauptsache in Virginia. Etwa in der Mitte des Netzes, in der Stadt Roanoke in Virginia, befand sich nicht nur der Sitz der Verwaltung, sondern auch eine große Hauptwerkstatt, in der, außer den üblichen Wartungs- und Reparaturarbeiten, in größerem Umfang auch der Neubau von Lokomotiven erfolgte.

Auf den steigungsreichen Strecken waren für den Güterzugverkehr hauptsächlich (1 D) D 1 h4v-Mallet-Lokomotiven eingesetzt, die auf einen der 12 Standard-Entwürfe der United States Railroad Administration (USRA) aus dem ersten Weltkrieg zurückgingen. Für den Schnellzugdienst waren Mountains der Klasse K 1 – ein Eigenentwurf – und der Klasse K 2 – ebenfalls ein USRA-Entwurf – vorhanden, beide mit 70 Zoll (1778 mm) großen Treibrädern.

Anfang der 40er Jahre begann die Bahn mit einem Modernisierungs-Programm für ihren Lokomotivpark. Der Neubau konzentrierte sich auf nur drei Typen, die alle in Roanoke hergestellt und mit allen Errungenschaften der Lokomotivtechnik versehen sein sollten, um den Betrieb schneller und wirtschaftlicher zu gestalten. Für die schweren Kohlenzüge blieb man bei der Mallet mit der Achsanordnung (1 D) D 1 h4v mit äußerlich kaum wahrnehmbaren Verbesserungen. Zu den in größerer Stückzahl vorhandenen Maschinen der Klassen Y 2 bis Y 6 kamen 1942 noch 16 der Klasse Y 6a und schließlich nach dem Kriege 30 der Klasse Y 6b. Für Eilgüterzüge und schwerste Schnellzüge wurde die Klasse A geschaffen, eine (1 C) C 2 h4 mit 70 Zoll großen Treibrädern. Die riesigen Maschinen waren zugkräftiger und leistungsfähiger als die ebenfalls sechsfach gekuppelten Challengers, aber mit ihrer Höchstgeschwindigkeit von 70 mph (113 km/h) erheblich schneller als die noch größeren Yellowstones.

Zu diesen Gelenklokomotiven kam dann noch die »Super-Power«-Northern der Klasse J. 4 Stück, Nummer 600 bis 603

Bild 198: 2 D 2 h2, Klasse 25 NC, Nr. 3401, der Südafrikanischen Staatsbahn, hergerichtet für die offizielle Werksaufnahme. Treibraddurchmesser 5 Fuß (1524 mm). Bei diesem Blickwinkel kann man sich kaum vorstellen, daß es sich »nur« um eine Schmalspurlokomotive handelt. Spurweite 3½ Fuß (1067 mm). Die Aufnahme entstand 1953 (Aufnahme des Verfassers).

entstanden 1941. Die 604, 1942 gebaut, erhielt als einzige einen Booster. 1943 folgten 6 weitere, Nummer 605 bis 610, aus kriegsbedingten Gründen zunächst ohne Stromlinienverkleidung, sie wurde erst nach dem Kriege hinzugefügt. Sie erhielten außerdem anfangs die Klassenbezeichnung J 1. Und als letzte verließen im Jahre 1950 drei Stück – 611 bis 613 – die Montagehalle in Roanoke, diese wiederum mit Verkleidung.
Die Klassenbezeichnung J war eine alte Tradition bei der N & W. Bereits um 1880 erhielt eine Reihe 2 B-Schnellzuglokomotiven diese Bezeichnung, 30 Jahre später wurde eine Serie hochrädriger Atlantics ebenfalls als Klasse J bezeichnet.
Natürlich waren die modernen Maschinen mit allen technischen Neuheiten ihrer Zeit versehen. Der Kessel stand mit seiner Verdampfungsheizfläche von 489,7 m² dem der großen Santa-Fe-Maschinen nicht viel nach, größter Durchmesser von 2,59 m und 10 m² Rostfläche waren sogar die gleichen Werte wie bei jenem. Durch die Verbrennungskammer von über 2,6 m Länge stieg der Anteil der Feuerbüchsheizfläche auf 11 % der Verdampfungsheizfläche, was hohe Überlastbarkeit des Kessels gewährleistete. Der Kesseldruck, der anfangs 275 psi (19 bar) betragen hatte, wurde später auf 300 psi (20,7 bar) heraufgesetzt. Das ergab, in Verbindung mit den kleinen Rädern und dem ungewöhnlich großen Kolbenhub von 32 Zoll (813 mm), eine rechnerische Zugkraft von 80000 lbs (356 kN = 36,3 Mp), die größte aller je gebauten Northern-Lokomotiven.
Selbstverständlich besaßen die Maschinen den üblichen Stahlgußrahmen mit angegossenen Zylindern samt Rauchkammersattel, hinteren Zylinderdeckeln mit Gleitbahnträgern sowie den notwendigen Konsolen und Stützen. Die Treibräder waren jedoch nicht in der vielfach verwendeten Boxpok-Form, sondern als normale Stahlguß-Speichenräder ausgeführt. Merkwürdigerweise zeigten auch die Laufräder Speichen, obwohl in Amerika schon seit langem fast nur noch Scheiben-Laufräder eingebaut wurden. Sämtliche Achsen und Stangen waren rollengelagert.
Eine Faustregel im amerikanischen Lokomotivbau besagte, daß die Höchstgeschwindigkeit in Meilen pro Stunde, die man

einer Lokomotive äußerstenfalls zumuten darf, dem Treibraddurchmesser in Zoll plus zehn entspricht. Das bedeutete für die Klasse J also 80 mph (129 km/h). Tatsächlich sollte die Maschine aber mit 100 mph (161 km/h) laufen, und man hatte sich daher große Mühe gegeben, das Triebwerk der ungeheuren Drehzahl von 480 Umdrehungen in der Minute oder 8 Umdrehungen in einer Sekunde anzupassen. Sämtliche Stangen bestanden aus hochfestem Chrom-Nickel-Molybdän-Stahl und waren so gestaltet, daß mit geringer Masse ein hohes Widerstandsmoment erreicht wurde. Den Treibzapfen entlastete eine besondere Tandem-Bauart der Kuppelstange. Wir hatten gesehen, daß bereits bei der ersten Berkshire die Treibstange gegabelt war und den Kuppelstangenkopf umfaßte. Hier war es umgekehrt. Zwischen Treibachse und dritter Kuppelachse liefen zwei parallele Kuppelstangen, die den Treibstangenkopf auf der einen Seite, den Kopf der letzten Kuppelstange auf der anderen Seite, umfaßten, so daß die Biegebeanspruchung für die Zapfen stark verringert wurde.

Treib- und Kuppelstangen waren in Zusammenarbeit mit der Timkem Roller Bearing Company entwickelt worden. Auch der Kreuzkopf stellte eine Entwicklung von Timken dar, jedoch war er schon vorher bei anderen Lokomotiven verwendet worden, z. B. bei der Northern, Klasse O-5a, der Chicago, Burlington & Quincy Railroad. Er bestand aus zwei Mittelstükken, die über die Gleitschuhe miteinander verschraubt waren und die beiden, neben dem Treibstangenkopf liegenden Kegelrollenlager einschlossen. Die Kolbenstange war durch Keilnuten und Schrauben in die Mittelstücke eingeklemmt. Diese Verbindung war sicherer und leichter zu lösen als der übliche Keil. Obwohl die ersten 5 Lokomotiven einen eingleisigen Mehrflächenkreuzkopf, die restlichen 9 jedoch einen zweigleisigen »Alligator«-Kreuzkopf besaßen, war die Grundkonstruktion des Kreuzkopfes gleich, nur war bei den ersten oben der Mehrflächen-Gleitschuh und unten ein Paßstück, bei den letzteren hingegen oben und unten zwei gleiche Gleitschuhe eingeschraubt.

Um Verschleiß und Wartungskosten niedrig zu halten, wurden insgesamt 220 Schmierstellen an Lokomotive und Tender durch mechanische Pressen, die nur alle 2000 km nachgefüllt zu werden brauchten, mit Öl versorgt. Im übrigen besaß die Lokomotive natürlich all das, was zu einer so modernen Maschine gehörte. Kleinrohr-Überhitzer (Typ E) mit Heißdampfregler in der Rauchkammer, Kraftverstellung für die Baker-Steuerung, Stoker, Worthington-Mischvorwärmer und zwei Kreuzverbund-Luftpumpen vor den Zylindern, waren nur einige dieser Zubehörteile. Merkwürdigerweise wurden jedoch nur die ersten drei Kuppelradsätze gesandet.

Das auffallendste äußere Merkmal der Lokomotiven bestand in der bemerkenswert harmonischen Verkleidung, die sämtliche Rohrleitungen und Kesselaufbauten verbarg, ähnlich wie bei den kanadischen Maschinen jedoch das Triebwerk vollständig frei ließ. Der Tender war in seinem Querschnitt dem des Führerhauses angepaßt. Der größte Unterschied zu den Lokomotiven aus Kanada lag in der Gestaltung der Frontpartie, deren stark gewölbte, weit vorragende Rauchkammerhaube mit dem versenkten Stirnscheinwerfer und den beiden, daneben liegenden, beleuchteten Nummernschildern, der Klasse J ein charakteristisches Aussehen verlieh. Übrigens erhielten in den 40er Jahren einige der USRA-Mountains – Klasse K 2 – eine ganz ähnliche Verkleidung und wurden dadurch zu den elegantesten aller amerikanischen Mountains.

Schon bald sah man die großen Northern vor den Spitzenzügen der Bahn, z. B. den beiden Schlafwagenzügen »Pocahontas« und »Cavalier«, die auf der rund 1200 km langen Strecke zwischen Norfolk, Virginia, und Cincinnati, Ohio, verkehrten. Nach dem Kriege kam dazu noch der berühmte Tagesschnellzug »Powhatan Arrow«. Hier vollbrachten die Maschinen fabelhafte Laufleistungen mit bis zu 15000 Meilen (rund 24000 km) im Monat. Die normale Streckengeschwindigkeit betrug 90 mph (145 km/h), doch häufig, z. B. beim Einholen von Verspätungen stieg sie auf 100 mph (161 km/h) und vielleicht auch noch darüber.

Der große Tag für die J kam Ende 1945. Die mächtige Pennsylvania Railroad hatte sich eine Maschine – es war die 610 – ausgeliehen, um sie im Vergleich mit ihren neuen »Duplex«, den 2 B B 2 h4, Klasse T 1 (Bild 191) zu testen. Die Testingenieure der Pennsylvania lächelten vielleicht insgeheim, als sie die kleinen Räder der 610 bemerkten und hielten den Geschwindigkeitsmesser, der bis 120 mph reichte, wahrscheinlich für reichlich optimistisch, doch das Lächeln verging ihnen, als die Maschine mit dem 16-Wagen-Testzug davonschoß. Die Versuchsfahrten fanden auf der alten Rennstrecke der Pennsylvania in der Nähe von Crestline, Ohio, statt, auf der bereits 40 Jahre zuvor die 7002 ihre legendäre Rekordfahrt (Kapitel XIII) absolviert hatte. Und hier erreichte die 610 schließlich 110 mph (177 km/h), die höchste Geschwindigkeit, die jemals von einer vierfach gekuppelten Lokomotive mit ungeteiltem Triebwerk bekannt geworden ist.

Die Leistung, die die Lokomotive bei dieser Fahrt aufzubringen hatte, könnte etwa 6600 PS (rund 4850 kW) betragen haben. Die zugehörige Heizflächenbelastung ergibt rechnerisch etwa 85 kg/m²h, was bei dem hohen Anteil der Strahlungsheizfläche, für den Kessel sicherlich keine gefährliche Überlastung bedeutete. Wegen der kleinen Räder war natürlich die Triebwerks-Drehzahl recht hoch. Unter der Voraussetzung neuer Radreifen ergibt sich ein Wert von 528 Umdrehungen pro Minute oder fast 9 Umdrehungen in einer Sekunde. Diese Drehzahl lag um mehr als 14 % über der, die die deutsche Rekordlokomotive 05002 bei ihrer schnellsten Fahrt (Kapitel XX) erreichte, und eine Einheits-Schnellzuglokomotive der Deutschen Reichsbahn hätte 199 km/h fahren müssen, um auf die

gleiche Drehzahl zu kommen. Dank der sorgfältigen Konstruktion des Triebwerks vertrug es diese hohe Drehzahl jedoch anstandslos.
Die Norfolk & Western Railroad war eine der letzten US-Bahnen, die den Dampfbetrieb aufgaben. Er hatte sich zuletzt infolge des Modernisierungsprogramms als sehr wirtschaftlich gezeigt. Mit nur drei hochmodernen Lokomotivtypen für den Streckendienst wurden 94 % der Tonnen-Kilometer im Güterzugverkehr und mit den 14 Northerns 84 % der Fahrgast-Kilometer geleistet. Dabei liefen die J im Mittel 238000 Meilen (383000 km) zwischen den einzelnen Hauptuntersuchungen. Die letzte Dampflokomotive verließ erst im Jahre 1952 das Werk in Roanoke. Es war die 2200, eine (1 D) D 1 h4v, Klasse Y 6b. Diese Maschinen waren noch bis in die 60er Jahre eingesetzt. Die Zeit der Northerns endete jedoch schon früher. Die letzte von ihnen, die 611, wurde im Oktober 1959, nach nur 9 Betriebsjahren, abgestellt (Bild 196).
Außerhalb Nordamerikas war die 2 D 2-Lokomotive nicht so häufig anzutreffen. In Europa liefen sie nur in drei Ländern in sehr geringer Stückzahl. Die beiden deutschen, strömungsgünstig verkleideten, 2 D 2 h3 der Baureihe 06, mit 2 m Treibraddurchmesser, besaßen einen Kessel mit 7,5 m Rohrlänge, jedoch verhältnismäßig kleiner Feuerbüchse. Bereits bei geringer Überlastung stellten sich Kesselschäden ein, und da sich eine Ausrüstung mit neuen Verbrennungskammer-Kesseln für die beiden Einzelstücke nicht lohnte, wurden die erst 1939 fertiggestellten Maschinen bereits kurz nach dem Kriege wieder ausgemustert. Im Gegensatz dazu war die einzige französische Northern, die 2 D 2 h3v, Reihe 242 A 1 (Bild 175), Treibraddurchmesser 1950 m, wohl eine der besten Dampflokomotiven überhaupt, und man kann nur bedauern, daß es bei dem Einzelstück geblieben ist. Die größte Zahl europäischer 2 D 2 existierte jedoch in Spanien. 1955 und 56 baute die Firma La Maquinista Terrestre y Maritima in Barcelona zehn riesige Zwillingsmaschinen, die auf einem noch nicht elektrifizierten Teilstück der Strecke Madrid-Irun eingesetzt werden sollten. Die (ohne Tender) 213 t schweren Maschinen waren mit ihrem Raddurchmesser von 1900 mm für die schweren Schnellzüge auf den Steigungsstrecken gut geeignet. Sie erhielten als einzige die Ehre eines grünen Anstrichs.
Nur in zwei Ländern gab es die ausgesprochene »Super-Power«-Northern in größerer Zahl. Die russische Staatsbahn beschaffte zwischen 1954 und etwa 1958 an die 250 moderne 2 D 2 h2 Klasse P 36, die in ihrem ganzen Aufbau sehr »amerikanisch« aussahen, jedoch verhältnismäßig leichte Maschinen waren. Die Kuppelachslast betrug nur etwa 180 kN (rund 18 Mp), so daß sie universell einsetzbar waren, und man sah sie nicht nur vor dem Trans-Sibirien-Expreß, sondern vor Schnellzügen im ganzen Lande. Boxpok-Räder von nur 1850 mm Durchmesser, Verkleidung der Kesselaufbauten, ähnlich wie bei den »Daylights« der Southern Pacific, Windleitbleche mit Längsrippen, eine schmale, vor den Zylindern herabgezogene Schürze am Umlauf und ein großer, sechsachsiger Tender kennzeichneten diese eleganten Maschinen. Das harmonische Äußere wurde durch den grünen Anstrich mit gelber Zierleiste und rote Räder mit weißen Radreifen noch betont.
Das andere Land in dem man die »Super-Power«-Northern in größerer Stückzahl finden konnte, war Südafrika. 140 Maschinen mit, für eine Schmalspurlokomotive ganz ungewöhnlich großen Abmessungen, bezog die Südafrikanische Staatsbahn in den 50er Jahren. 90 davon, Klasse 25 (Bild 197), besaßen die von Richard Roosen entwickelte Kondens-Einrichtung. Den Prototyp, Nr. 3451, lieferte die Firma Henschel in Kassel. Ferner kamen von dieser Firma die Saugzug- und Lüfter-Anlagen für die übrigen 89 Maschinen, sowie 60 Kondenstender. 89 Lokomotiven mit den Nummern 3452 bis 3540 und die restlichen 30 Kondenstender lieferte die North British Locomotive Company in Glasgow. Der Auftrag für die 50 konventionellen Lokomotiven, Klasse 25 NC (was »Non-Condensing« bedeutet), wurde ebenfalls zwischen beiden Firmen geteilt.
Henschel lieferte im Jahre 1953 die ersten 11 Maschinen mit den Nummern 3401 bis 3411, die restlichen 39 – die Nummern 3412 bis 3450 – folgten ein Jahr später aus England. Die Lokomotiven entsprachen weitgehend dem amerikanischen »Super-Power«-Konzept von W. E. Woodard. Stahlgußrahmen, Rollenlager an Achsen und Stangen, Leichtbau-Triebwerk, leistungsfähiger Kessel mit Stoker und »self-cleaning front end« (Gasführung in der Rauchkammer, die ein Absetzen von Lösche verhindert) und Treibraddurchmesser von 5 Fuß (1524 mm) machten sie für Eilgüterzüge und schwere Schnellzüge gleich gut geeignet. Sie zeigten, daß sich dieses Konzept auch außerhalb Nordamerikas bewähren konnte (Bild 198).
Die »Super-Power«-Northern, die nicht nur mit hoher Leistung und Zugkraft ausgestattet war, sondern die auch hohe Geschwindigkeiten zu erreichen vermochte, wie es am eindrucksvollsten die Klasse J der Norfolk & Western Railroad gezeigt hatte, bildet den Abschluß der Geschichte der Rekord-Lokomotive. Es wäre erfreulich, wenn einige dieser schönen, interessanten und technisch ausgereiften Maschinen der Nachwelt in Museen erhalten bleiben könnten, wenn diese auch niemals den faszinierenden Eindruck wiedergeben können, den ein mit höchster Geschwindigkeit dahinrasender Schnellzug hervorruft.

Wie es hätte weitergehen können

Die Entwicklung der Hochgeschwindigkeits-Dampflokomotive begann schon früh, kaum daß die Dampflokomotive erfunden worden war. Anfangs handelte es sich natürlich nur um die ungekuppelten Maschinen, mit denen man versuchte, etwas schneller zu fahren. Sie besaßen den Vorteil geringer Triebwerksmassen. Dazu kamen die großen Treibräder, die die Drehzahlen, auch bei den für die damalige Zeit hohen Geschwindigkeiten, niedrig hielten. Es ging im allgemeinen noch recht geruhsam zu und in der ersten Zeit stellten selbst 60 km/h eine fabelhafte Geschwindigkeit dar, die bei dem schwachen Oberbau und mit den leichten Wagen auch nicht immer ganz ungefährlich erschien. Später war es dann nur noch England, wo sich die ungekuppelte Lokomotive, dank hoher zulässiger Achslasten, halten konnte und sogar im letzten Drittel des vorigen Jahrhunderts im Hochgeschwindigkeitsverkehr eine zweite Blütezeit in Form der 2 A 1 erlebte (Bild 17).

Etwa um die Jahrhunderwende setzte eine technische Entwicklung ein, die sich sowohl auf den Schienenweg, sei es durch stabileren Oberbau, sei es durch Fortschritte in der Signaltechnik, als auch auf die Wagen auswirkte, die z. B. kräftigere Wagenkästen, neuartige, lauftechnisch günstigere Drehgestelle und stärkere, schneller wirkende Bremsen erhielten. Dadurch konnten die Geschwindigkeiten der Expreßzüge – entsprechend natürlich auch die der übrigen – beträchtlich erhöht werden, und bald bildete sich eine Lokomotivbauart heraus, die, wie kaum eine andere, für höchste Geschwindigkeiten prädestiniert schien, die 2 B 1 oder Atlantic (Bild 56).

Bei nur zwei Kuppelradsätzen konnte man verhältnismäßig große Räder unterbringen, die die Drehzahlen nicht so hoch ansteigen ließen, ohne daß man befürchten mußte, wegen dieser großen Treibräder eine unbequeme Länge der Lokomotive zu erhalten. Zwei Kuppelachsen ergaben außerdem relativ leichte Triebwerke mit geringer Reibung und, unterstützt durch die niedrigen Drehzahlen, kleinen Massenkräften. Hinzu kam, daß sich auf 5 Achsen doch schon ein recht leistungsfähiger Kessel unterbringen ließ, dessen Leistung, die in dem erzeugten Dampf enthalten war, durch parallel laufende technische Weiterentwicklungen, wie höherer Kesseldruck, Verbundwirkung, Heißdampf usw., immer besser ausgenutzt werden konnte. Da man inzwischen auch die Scheu vor hoher Kessellage überwunden hatte, brauchte ein großvolumiger Kessel auch nicht mehr den Kuppelrädern in die Quere zu kommen. Andererseits waren die Stehkessel noch nicht so groß, daß eine allzu hohe Belastung der Schleppachse zu befürchten war. Schlimmstenfalls ließ sich diese durch ein Drehgestell ersetzen. Und schließlich sorgte das vordere Drehgestell für einwandfreie Führung im Gleise.

So ist es kein Wunder, daß die Atlantic bald bei zahlreichen Bahnen zur bevorzugten Schnellzuglokomotive wurde und besonders häufig an der Spitze der schnellsten Züge zu sehen war. Eine auffallend große Anzahl dieser Lokomotiven zeichneten sich durch extrem hohe Geschwindigkeits-Leistungen aus. Zusammen mit den beiden 2 B 2 – der bayrischen S 2/6 und der kanadischen F-2a – stellen sie fast ein Drittel unserer Aufreihung schneller Dampflokomotiven.

Der Hauptnachteil der Atlantic, die geringe Reibungslast, wirkte sich anfangs nicht so kraß aus, zumal die schnellen Expreßzüge gewöhnlich leichter, als die normalen Schnellzüge waren, und außerdem seltener hielten und daher auch seltener angefahren werden mußten. Durch den kräftigen Anstieg der zulässigen Achslasten in Nordamerika, der ungefähr in dieselbe Zeit wie das Auftreten der Atlantic fiel, fanden diese Maschinen dort ein weit größeres und länger andauerndes Betätigungsfeld, als in Europa oder anderswo (Bild 106).

Die dreifach gekuppelte Schnellzuglokomotive brachte neue Probleme der Lastverteilung, der Längenentwicklung und der Bändigung der gewaltigen Triebwerkskräfte mit sich, so daß anfangs nicht so hohe Geschwindigkeiten zu erreichen waren, wie mit zweifach gekuppelten Lokomotiven. Durch konstruktive Maßnahmen, sorgfältige Durcharbeitung und neue Technologien wurde man aber der Probleme Herr, und dreifach gekuppelte Lokomotiven konnten mit den Atlantics mithalten. Am Ende gehörten die Dreikuppler Pacific (2 C 1) und Hudson (2 C 2) zu den schnellsten Dampflokomotiven der Welt. (Bild 142 und 153)

Bei den Vierkupplern schließlich war die Beherrschung der

Bild 199: 1 Do 1 h8, 19 1001, der Deutschen Reichsbahn. Einzige erfolgreiche Schnellzuglokomotive mit Einzelachs-Antrieb. Erbaut im Jahre 1941, Werksnummer 25 000. Treibraddurchmesser 1250 mm. Erreichte bei einer Versuchsfahrt eine Geschwindigkeit von 186 km/h. Die Lokomotive wurde nach Kriegsende in die Vereinigten Staaten gebracht und dort später verschrottet. Die 19 1001 stellte den vielversprechenden Anfang einer Entwicklung dar, die leider nicht weitergeführt wurde (Werksaufnahme Henschel, Sammlung Prof. Dr. Roosen).

großen Triebwerks-Kräfte noch schwieriger. Durch Aufteilung dieser Kräfte auf mehr als 2 Zylinder, wie in Europa, oder neue konstruktive Entwicklungen, die zum Teil von Amerika ausgingen, wie Rollenlagerung nicht nur an den Achsen, sondern auch an den Stangen, Leichtbau-Triebwerke mit Tandem-Kuppelstangen, sorgfältige, stabile Lagerung in Stahlgußrahmen und ausreichende Schmierung, gelang es aber, auch die vierfach gekuppelte Lokomotive so auszulegen, daß sie hohe Drehzahlen ertragen konnte, ohne daß Triebwerksschäden zu befürchten waren. So hohe Geschwindigkeiten wie die Zwei- und Dreikuppler erreichten sie allerdings nicht. Eine Ausnahme bildeten lediglich die großen »Duplex«-Maschinen der Pennsylvania Railroad. Durch Aufteilung in zwei unabhängige, zweifach gekuppelte Triebwerke konnten die Triebwerksmassen klein gehalten werden, so daß die Lokomotiven ohne Schwierigkeiten höchste Geschwindigkeiten zu erreichen vermochten. Dafür mußte man allerdings andere Nachteile in kauf nehmen, z. B. die Schleuderneigung, die das Anfahren mit schweren Zügen immer wieder zu einem Problem werden ließ (Bild 188).

Welche Möglichkeiten hätten sich nun für die Dampflokomotive, insbesondere die Hochgeschwindigkeitslokomotive, noch geboten?

Zahlreiche Projekte sind entstanden, die die Verbesserung der Wirtschaftlichkeit der Dampflokomotive zum Ziel hatten. Ein kleiner Teil dieser Projekte wurde auch verwirklicht, doch in den meisten Fällen stellte sich, nach kurzen Anfangserfolgen, früher oder später heraus, daß die Reparatur- und Wartungskosten schließlich die Einsparungen an Kohle und Wasser mehr als aufzehrten, ganz abgesehen davon, daß Werkstätten und Personale meist nur schwer mit den ungewöhnlichen und ungewohnten Maschinen zurecht kamen. Soweit sich diese Projekte auf andere Kesselbauformen bezogen, hatten sie auf das Laufverhalten, also die Eignung für hohe Geschwindigkeiten, kaum einen Einfluß. Allenfalls durch den kleineren Kolbendurchmesser bei Hochdruck-Lokomotiven verringerten sich die Triebwerksmassen und damit die Kräfte ein wenig, doch hat das kaum dazu geführt, daß sich diese

Lokomotiven durch höhere Geschwindigkeiten auszeichneten.
Wesentlich einflußreicher auf die Laufeigenschaften waren jedoch die Versuche, durch andere Triebwerksbauarten die großen hin- und herschwingenden Massen des konventionellen Triebwerks zu verringern oder vielleicht sogar gänzlich zu beseitigen. Diese Massen, die im wesentlichen aus Kolben, Kolbenstange, Kreuzkopf und einem rechnerischen Anteil der Treibstange bestanden und einige hundert kg betrugen, mußten im Extremfall bis zu 18 mal in einer Sekunde auf Geschwindigkeiten von mehr als 15 m/s (relativ zur Lokomotive) beschleunigt und wieder auf Null verzögert werden. Der Ausgleich der dadurch hervorgerufenen gewaltigen Horizontalkräfte durch die Gegengewichte in den Rädern hat den Nachteil, daß dabei freie Fliehkräfte entstehen, die dann, wenn die schwingenden Kräfte gerade Null sind, ihr Maximum erreichen und zu rythmischen Be- und Entlastungen der Räder führen, die sich bei hohen Drehzahlen als sogenannter Hammerschlag bemerkbar machen und das Gleis stark beanspruchen.
Um diesen »angeborenen« Mißstand der Dampflokomotive zu beseitigen oder zumindest zu verringern, gab es im wesentlichen zwei Möglichkeiten. Einmal konnte man Mehrzylinder-Dampfmaschinen mit verhältnismäßig hohen Drehzahlen und entsprechend geringen Massen vorsehen, die entweder über Vorgelege, Blindwelle und Kuppelstangen auf alle Treibräder gemeinsam wirkten, oder die als Einzelachsantriebe angeordnet waren. Die zweite Möglichkeit bestand darin, die Kolbendampfmaschine überhaupt zu verlassen und zur reinen rotierenden Maschine, der Dampfturbine, überzugehen. Von beiden Arten sind zahlreiche Entwürfe mehr oder weniger weit ausgearbeitet worden, weniger groß war die Zahl derer, die tatsächlich reale Gestalt annahmen.
Die am weitesten entwickelte Lokomotive mit Einzelachsantrieb durch Kolbendampfmaschinen war vielleicht die deutsche 19 1001, eine 1 Do 1 h8, die von der Firma Henschel in Kassel für die Deutsche Reichsbahn erbaut und im Jahre 1941 mit der Werksnummer 25 000 abgeliefert wurde (Bild 199). Äußerlich glich die Lokomotive weitgehend den stromlinienverkleideten Einheits-Schnellzuglokomotiven der Baureihe 01^{10}, sie besaß auch deren fünfachsigen Tender. Auch der Kessel wich nicht von der Normalbauart ab; er war aus dem der schweren Einheitsgüterzuglokomotive der Reihe 44 entwickelt. Entsprechend dem damaligen Stand der Technik besaß er jedoch einen Druck von 20 kp/cm² (19,6 bar).
Der ungewöhnliche Antrieb der Lokomotive war von Richard Roosen, dem Leiter der Entwicklungsabteilung der Firma Henschel, entworfen. Er bestand aus 4 Zweizylinder-Dampfmotoren, die abwechselnd links und rechts außerhalb der Treibräder – und damit gut zugänglich – angeordnet waren. Um die Abmessungen und daraus folgend die Massen der bewegten Teile der Dampfmotoren klein zu halten, hatten die Treibräder nur 1250 mm Durchmesser, den gleichen wie die hinteren Laufräder. Dadurch betrug die Drehzahl bei der planmäßigen Höchstgeschwindigkeit von 175 km/h rund 743 Upm, etwa doppelt so viel, wie die Drehzahlen normaler Schnellzuglokomotiven bei ihrer Höchstgeschwindigkeit und rund 50 % mehr als bei Rekordfahrten mit konventionellen Lokomotiven erreicht wurden. Wegen des kleinen Kolbenhubes von nur 300 mm stieg dabei die mittlere Kolbengeschwindigkeit nur auf 7,43 m/s. Die hohe Drehzahl einerseits und die Aufteilung auf 8 Zylinder andererseits, ermöglichten es, mit 300 mm Zylinderdurchmesser auszukommen. Durch den im Vergleich zum Kolbendurchmesser ungewöhnlich großen Schieberdurchmesser von 180 mm konnten die Drosselverluste trotz der raschen Dampfwechsel in den Zylindern niedrig gehalten werden.
Die V-Anordnung mit 90° Winkelstellung der Dampfzylinder ermöglichte einen vollständigen Ausgleich der Massenkräfte 1. Ordnung, lediglich die von der endlichen Stangenlänge herrührenden Massenkräfte 2. Ordnung mußten abgefangen werden. Die Kurbeltriebe waren vollständig gekapselt und liefen in einer Ölwanne, die Kraftübertragung auf die Radsätze erfolgte durch ein Lenkersystem. Durch die im Bereich der Treibräder auf etwa 900 mm hochgezogene Verkleidung waren die Ölwannen frei zugänglich, während man die Zylinder durch Klappen in der Verkleidung erreichen konnte. Die Masse eines Treibradsatzes betrug nur etwa 2,4 t, weniger als die Hälfte der rund 5 t, die man für einen Treibradsatz der Schnellfahrlokomotive Reihe 05 mit seinen 2,3 m großen Rädern samt anteiligem Stangengewicht rechnen muß. Die 19 zeigte denn auch bei allen Versuchsfahrten eine wohl erwartete, aber dennoch bemerkenswerte Laufruhe, selbst bei der höchsten Geschwindigkeit von 186 km/h, die auf einer dieser Fahrten erreicht wurde, wobei die Drehzahl bis auf 789 Upm, das sind über 13 Umdrehungen in einer Sekunde, anstieg.
Leider verhinderte der Krieg nicht nur eine ausgedehntere Erprobung, sondern auch den an sich vorgesehenen Einsatz vor Hochgeschwindigkeitszügen. Stattdessen mußte die Lokomotive, nach Beseitigung einiger Kinderkrankheiten, die im Kriege besonders schweren, aber mit nur mäßiger Höchstgeschwindigkeit fahrenden Schnellzüge befördern. Wegen ihrer hohen Reibungslast von 743,6 kN (75,8 Mp) – das sind immerhin 25,9 % mehr als die 590,6 kN (60,2 Mp), die die größte Serien-Schnellzuglokomotive der Reichsbahn, die Reihe 01^{10}, besaß – setzte man sie natürlich gern vor die schwersten Züge. Statt der vorgesehenen 250 t mußte sie häufig mit bis zu 600 t fertig werden. Dabei zeigte sich, wie bei allen Lokomotiven mit voneinander unabhängigen Triebwerken, eine gewisse Schleuderneigung. Da selbst bei sofortigem Schließen des Reglers erst die gesamte Dampfmenge, die sich in den verhältnismäßig langen Zuleitungen befand, von der relativ klei-

nen Maschine verarbeitet werden mußte, dauerte es immer eine Weile, ehe sich der schleudernde Radsatz wieder fing. Das führte häufig zu Anfahrschwierigkeiten, die natürlich bei den leichteren Zügen des Hochgeschwindigkeitsverkehrs weniger störend in Erscheinung getreten wären. Nach Kriegsende wurde die Lokomotive in die Vereinigten Staaten gebracht und, da die Deutsche Bundesbahn die Kosten für den Rücktransport nicht aufbringen wollte, dort Anfang der 50er Jahre verschrottet. So endete ein vielversprechendes Experiment, das einen brauchbaren Weg für die Weiterentwicklung der Hochgeschwindigkeits-Dampflokomotive zeigte, leider viel zu früh, ehe es überhaupt richtig begonnen hatte.

Noch früher endete ein ähnliches Experiment in den Vereinigten Staaten. Bei der Baltimore & Ohio Railroad, deren ideenreicher Fahrzeugdezernent (General Superintendent of Motive Power & Equipment) George Emerson zahlreiche Versuche mit Wasserrohrkesseln unternommen und auch die »Duplex«-Lokomotive (Bild 185) eingeführt hatte, plante man bereits 1937 eine 2 Do 2 h16, für die auch schon die Nummer 5800 und die Klassenbezeichnung W-1 vorgesehen war. Sie hätte etwa die doppelte Leistung und Zugkraft wie die 19 1001 gehabt. Natürlich war ein Wasserrohrkessel vorgesehen. Die Treibräder waren größer als die der deutschen Lokomotive, nämlich 60 Zoll (1524 mm). Dafür sollten die Vierzylinder-Dampfmotoren ein Getriebe mit einer Übersetzung von 2,07 : 1 erhalten. Dadurch kam man – bei dem ungewöhnlich hohen Kesseldruck von 350 psi (24,1 bar) – mit 10½ Zoll (267 mm) Zylinderdurchmesser und nur 8 Zoll (203 mm) Kolbenhub aus. Kessel und ein Dampfmotor wurden auch tatsächlich gebaut und absolvierten Probeläufe. Doch dann wurde das Projekt gestoppt, man sah das Heraufkommen der Diesellokomotive. Der Kessel wurde in eine Pacific eingebaut und der Dampfmotor verschrottet.

Wesentlich zahlreicher als die ausgeführten (großen) Dampfmotor-Lokomotiven waren jedoch die Dampf-Turbinenlokomotiven. Die Dampfturbine hat bei Vollast einen wesentlich besseren Wirkungsgrad, als die Kolben-Dampfmaschine, dafür ist ihr Dampfverbrauch bei Teillast und vor allem beim Anfahren außergewöhnlich hoch. Deshalb schien sie vor allem für solche Lokomotiven geeignet, die Züge befördern, die unterwegs selten halten. Das sind nicht nur Fernschnellzüge, sondern auch Langstrecken-Güterzüge. Zu den erfolgreichsten Turbinenlokomotiven, die gleichzeitig die einzigen mit Stangenantrieb waren, die in – wenn auch kleiner – Serie gebaut wurden, gehören die drei 1 D-Güterzuglokomotiven der schwedischen Grängesberg-Oxelösund-Bahn. Sie waren für Erz-Transportzüge eingesetzt und da diese Züge normalerweise zwischen Be- und Entladestation kaum anhalten müssen, konnten die Lokomotiven fast ständig in einem günstigen Lastbereich arbeiten. Daher ergaben sich, trotz des Auspuffbetriebes, sehr niedrige Verbrauchswerte im Vergleich zur Kolben-Dampflokomotive.

Die Deutsche Reichsbahn ließ in den 20er Jahren je eine Schnellzuglokomotive mit Turbinenantrieb bei den Firmen Krupp und Maffei bauen. Im Grundaufbau unterschieden sich beide Maschinen nur wenig. Die für Schnellzuglokomotiven übliche Achsanordnung 2 C 1 schien sich auch für solche mit Turbinenantrieb am besten zu eignen, nur brauchten natürlich die Treibräder nicht zwei Meter groß zu sein. So erhielt die Maffei-Maschine – die T18 1002 – 1750 mm, die von Krupp – die T18 1001 – sogar nur 1650 mm Treibraddurchmesser. Die Kondensations-Turbine lag vor dem Kessel über dem Drehgestell und wirkte über ein Zahnradgetriebe auf eine Blindwelle in Drehgestellmitte, die durch Kuppelstangen mit den Treibrädern verbunden war. Trotz ihres komplizierten Aufbaues bewährten sich beide Lokomotiven – nach einigen anfänglichen Umbauten – recht gut und waren bis in den Krieg im planmäßigen Schnellzugdienst eingesetzt, wurden jedoch dann Opfer von Kriegsschäden. Die erfolgreichen Ergebnisse bewogen die Deutsche Reichsbahn, die Firma Krupp mit dem Bau zweier noch größerer Turbinenlokomotiven zu beauftragen. Die zwei Maschinen, für die die Baureihenbezeichnung T09 vorgesehen war, besaßen die Achsanordnung 1 D 2 und 1750 mm Treibraddurchmesser. Sie befanden sich bereits im Bau, als sie 1943 durch Bombenangriffe in der Montagehalle zerstört wurden.

Ebenfalls, wie die beiden T18, eine 2 C 1, jedoch mit Auspuffbetrieb, war die 1935 erbaute 6202 der London, Midland & Scottish Railway, die Stanier aus der »Princess-Royal«-Klasse, die in Kapitel XXI beschrieben ist, abgeleitet hatte. Sie besaß daher auch die für eine Turbinenlokomotive ungewöhnlich großen Treibräder von 78 Zoll (1981 mm). Da man nur das geändert hatte, was für den Turbinenantrieb notwendig war, ließ sich die Lokomotive nach dem Kriege ohne allzu großen Aufwand in eine Kolben-Maschine umbauen.

Die größte Turbinenlokomotive mit Stangenantrieb war die 6200, Klasse S 2, die die Firma Baldwin im Jahre 1944 für die Pennsylvania Railroad baute. Mit der Achsanordnung 3 D 3 besaß sie die gleiche Achsenzahl wie die im Kapitel XXV beschriebene »Big Engine«, Klasse S 1. Bis auf die Drehgestelle, die mit denen der S 1 identisch waren, blieb die S 2 jedoch mit ihren sonstigen Abmessungen hinter der riesigen S 1 zurück, besaß aber ungefähr die gleiche Leistung von etwa 7000 PS (5150 kW). Im Gegensatz zu den europäischen Turbinenlokomotiven befand sich der Antrieb nicht vorne, sondern genau in der Mitte zwischen den 68 Zoll (1727 mm) großen Kuppelrädern, wobei die Hauptturbine auf der rechten, die abschaltbare Rückwärtsturbine auf der linken Seite aus der Radebene herausragte. Kondensation war nicht vorgesehen. Die Turbinen wirkten über ein großes Zahnradvorgelege auf die beiden mittleren Kuppelachsen, die durch Leichtbaustangen mit den äußeren Kuppelrädern verbunden waren. Natürlich besaßen sämtliche Achsen und Stangen Rollenlagerung. Der Belpaire-Kessel mit großer Verbrennungskammer hatte verhältnismäßig kurze Rohre. Auffallend war der Vierfachschornstein. Eine strömungsgünstige Verkleidung hatte man offenbar nicht für nötig befunden, obwohl die Lokomotive für eine Höchstgeschwindigkeit von 110 mph (177 km/h) konstruiert war. Lediglich zwei seitliche Windleitbleche wurden später hinzugefügt. Versuchsfahrten ergaben, daß der Dampfverbrauch oberhalb 30 mph (48 km/h) geringer als der vergleichbarer Kolbendampflokomotiven war. Wie zu erwarten zeichnete sich die S 2 durch sehr ruhigen Lauf auch bei höchsten Geschwindigkeiten aus und bei einer dieser Fahrten sollen 118 mph (190 km/h) erreicht worden sein. Einige Jahre war die Maschine vor schweren Schnellzügen zwischen Chicago und Crestline eingesetzt, doch als sie im Jahre 1949 einen Turbinenschaden erlitt, wurde sie nicht wieder repariert und später verschrottet.

Die S 2 blieb die einzige Turbinenlokomotive mit Stangenantrieb in Nordamerika. Doch entstanden dort einige sehr große Dampflokomotiven mit turboelektrischem Antrieb, bei denen die Dampfturbine mit einem Generator gekuppelt war, der den Strom für eine größere Anzahl Fahrmotoren lieferte, mit denen entweder alle oder der größte Teil der Radsätze versehen war. Die Treibradsätze mit verhältnismäßig kleinen Rädern saßen entweder in Drehgestellen oder waren zumindest in mehreren, gegeneinander schwenkbaren Gruppen angeordnet. Im Grunde stellten sie – genau wie die amerikanische Diesellokomotive – Elektrolokomotiven dar, die jedoch nicht über Fahrdraht von einem ortsfesten Großkraftwerk gespeist wurden, sondern die ihr eigenes Kraftwerk mit sich führten. Auch im Äußeren glichen sie mehr einer der damaligen Diesellokomotiven, als einer Dampflokomotive. Alle diese Maschinen hatten jedoch nur eine kurze Lebensdauer und kamen über das Versuchsstadium nicht hinaus. Mit ihrem komplizierten Aufbau waren sie dem rauhen Bahnbetrieb nicht gewachsen, vielleicht fehlte den Bahnen auch die Geduld oder das Geld, für gewisse Anfangsschwierigkeiten nach geeigneten Lösungen zu suchen, schließlich wurden aber alle von der großen Diesel-»Welle« fortgespült.

Daß aber auch die konventionelle Dampflokomotive noch Möglichkeiten bot, zeigen zahlreiche interessante Entwürfe, von denen jedoch keiner das Reißbrettstadium überschritt. Wir wollen nur drei davon erwähnen, die speziell für höchste Geschwindigkeiten geeignet waren. Ein deutscher Entwurf von 1943 sah eine 2 D 2 h5v mit 2,5 m großen Treibrädern vor, die über 5000 PS (über 3680 kW) Leistung und bis zu 250 km/h Geschwindigkeit erreichen sollte. Der Kessel war mit Verbrennungskammer, Thermosyphons, Stoker-Feuerung und Doppelschornstein vorgesehen. Die beiden Hochdruck-Zylinder saßen innerhalb des dritten Kuppelradsatzes und trieben die letzte Kuppelachse an, die drei vorn liegenden Niederdruck-Zylinder wirkten auf die zweite Kuppelachse. Der achtachsige Tender war für 92 m³ Wasser und 17 t Kohle gedacht. Natürlich fehlte nicht die übliche – und hier auch sicher sehr notwendige – Stromlinienverkleidung, außerdem war aber auch noch ein Frontführerstand, ähnlich dem der 05 003 vorhanden. Die Lokomotive allein wäre 21 m lang gewesen, 60 cm länger als die 2 B B 2 h4, Klasse T 1 (Bild 191), der Pennsylvania Railroad.

Wesentlich realistischer als diese Riesenmaschine war ein Entwurf Chapelons von 1948 für eine 2 C h4v, für die er gleichfalls 250 km/h vorgesehen hatte. Natürlich sollte die Lokomotive alle Errungenschaften seiner erfolgreichen Maschinen erhalten, also unter anderem Thermosyphon in der Feuerbüchse, hohe Überhitzung, weite Dampfwege, Ventilsteuerung und Doppel-Kylchap-Auspuffanlage. Der Kesseldruck betrug 22 kp/cm² (21,6 bar). Worthington-Vorwärmer und Stoker-Feuerung waren außerdem vorhanden. Trotz ihrer verhältnismäßig geringen Größe – die (ohne Tender) 14 m lange Maschine wog 105 t bei 226 kN (23 Mp) Kuppelachslast – hatte Chapelon eine Zylinderleistung von 4100 PS (3016 kW) errechnet. Selbstverständlich war die Lokomotive verkleidet, jedoch sollte nahezu das ganze Triebwerk unverdeckt bleiben.

Während die deutsche Lokomotive mit ihren 2,5 m großen Treibrädern bei der vorgesehenen Höchstgeschwindigkeit von 250 km/h eine Treibraddrehzahl von 531 Upm – und damit fast genau die gleiche wie die englische »Mallard« bei ihrer Rekordfahrt (Kapitel XXI) – erreicht hätte, wäre die französische, für die Chapelon einen Treibraddurchmesser von 2,2 m für ausreichend hielt, sogar auf 603 Upm, also mehr als 10 Umdrehungen in einer Sekunde, gekommen. Räder und Stangen in Leichtbauweise in Verbindung mit Wälzlagern für sämtliche Achsen und Stangen waren erforderlich, doch das Problem des Massenausgleichs wäre bei dieser hohen Drehzahl sicher nicht leicht zu lösen gewesen.

Einen Weg zu seiner Lösung zeigt das dritte Beispiel, diesmal aus den Vereinigten Staaten. Im Jahre 1974 veröffentlichte Withuhn* in der Zeitschrift »Trains« eine Studie, die sich mit Hochleistungs-Dampflokomotiven für einen weiten Geschwindigkeitsbereich beschäftigte, wobei er nur solche Elemente verwendete, die dem Stand der Technik von 1950 entsprachen. Das besondere Merkmal der Lokomotiven war der fast vollständige Massenausgleich durch ein Vierzylinder-Verbund-Triebwerk. Dieses war jedoch nicht in der bekannten Weise, nämlich mit zwei inneren und zwei äußeren Zylindern angeordnet, sondern bestand aus zwei spiegelbildlich zueinander liegenden Antriebsgruppen mit je zwei Außenzylindern, einem Drehgestell unter den Zylindern und der Hälfte der insgesamt vorhandenen Kuppelachsen. Die zweite

* Bill Withuhn, »Did we scrap steam to soon?« (Haben wir die Dampflok zu früh verschrottet?), Trains, Juni 1974, Seite 36 bis 48, USA.

Gruppe, bei der die Zylinder hinten lagen, hätte das Hochdruck-, die vordere Gruppe das Niederdruck-Triebwerk gebildet. Beide Gruppen waren nun aber nicht unabhängig voneinander, wie bei den »Duplex«-Lokomotiven der Pennsylvania, sondern durch zwei innenliegende Kuppelstangen so miteinander verbunden, daß genauer Gegenlauf der beiden Triebwerke auf jeder Maschinenseite hergestellt wurde. Dadurch errechnete er einen Massenausgleich bis auf etwa 5 %, so daß er hohe Drehzahlen vorsehen und daher mit verhältnismäßig kleinen Rädern auskommen konnte. Natürlich waren alle bekannten und erprobten Einrichtungen vorhanden, d.h. Stahlgußrahmen mit angegossenen Zylindern, Ventilsteuerung, Scheibenräder, Leichtbaustangen, großzügige Verwendung von Wälzlagern und ein riesiger »Super-Power«-Kessel mit Belpaire-Feuerbüchse, Verbrennungskammer, Heißdampfregler, Mischvorwärmer und Giesl-Auspuffanlage. Die hintere Zylindergruppe lag dabei aber nicht neben, sondern vor dem Stehkessel, der selbst durch ein zweiachsiges Außenrahmen-Drehgestell mit Booster getragen wurde.

Von den drei Entwürfen Withuns interessiert uns hier besonderes der für den höheren Geschwindigkeitsbereich, mit der Achsanordnung 2 D 4 h4v. Withuhn hatte für diese Lokomotive 7000 PS (5150 kW) errechnet und – bei 90 mph Höchstgeschwindigkeit (145 km/h) – Treibraddurchmesser von 70 Zoll (1778 mm) vorgesehen. Bedenkt man, daß die Klasse J der Norfolk & Western Railroad mit der gleichen Treibradgröße 110 mph (177 km/h) erreichte (Kapitel XXVI), und das mit einem normalen h2-Triebwerk, so erscheint es nicht ganz unwahrscheinlich, daß sich mit dem fast vollständig ausgeglichenen Triebwerk Geschwindigkeiten von mehr als 200 km/h hätten erreichen lassen. Die Drehzahl kommt dabei mit 597 Upm fast an den Wert von Chapelons vorher beschriebenem Projekt, doch wegen des besseren Ausgleichs der amerikanischen Maschine wären die Massenkräfte, die sich auf den Lauf der Lokomotive hätten auswirken können, sicherlich geringer gewesen, als bei der französischen.

Übrigens hatte Withuhn für alle drei Entwürfe zwei Tender geplant, um lange Strecken ohne Halt fahren zu können. Der erste, mit 5 Achsen, sollte 36,3 t Kohle und 18,9 m³ Wasser fassen, während der zweite, mit 8 Achsen nur Wasser, aber immerhin 132,5 m³, enthielt. Mit beiden Tendern zusammen wäre die Lokomotive 46,3 m, also fast doppelt so lang, wie die Einheits-Schnellzuglokomotiven der Deutschen Reichsbahn, geworden. Doch leider kann man sich den imposanten Anblick einer solchen Riesenlokomotive, vor einem schweren Schnellzug mit 200 km/h dahinrasend, nur in der eigenen Fantasie ausmalen.

Wir sind mit unserer Geschichte, die uns einige besonders bemerkenswerte schnelle Dampflokomotiven gezeigt hat, zu Ende. Wir haben gesehen, daß die Dampflokomotiven im Laufe ihrer Entwicklung in immer höhere Geschwindigkeitsbereiche vorstieß, wobei immer neue technische Probleme auftraten, die von fähigen Ingenieuren gelöst wurden und sich auf den weiteren Fortgang der Entwicklung auswirkten. Wenn es auch nicht dazu gekommen ist, daß Serien-Dampflokomotiven Fernschnellzüge mit 200 km/h befördern, so haben wir doch gesehen, daß dem von der konstruktiven Seite wohl kaum etwas im Wege gestanden hätte.

Heute ist die Geschichte der Dampflokomotive fast nur noch Erinnerung. Dieses Buch soll dazu dienen, einen kleinen Teil dieser Erinnerung für die Nachwelt zu erhalten.

LITERATURVERZEICHNIS (AUSWAHL)

Maurice Demoulin, »Traité Pratique de la Machine Locomotive«, Paris, 1898.

George L. Fowler, »Locomotive Dictionary 1906«, U.S.A., 1906. Nachdruck: U.S.A., 1972.

F. Gaiser, »Die Crampton-Lokomotive, mit besonderer Berücksichtigung der deutschen Bauarten«, Deutschland, 1909. Nachdruck: 1976.

(Mehrere Autoren), »Das Deutsche Eisenbahnwesen der Gegenwart«, Deutschland, 1911.

Robert Garbe, »Die Dampflokomotiven der Gegenwart«, 2. Auflage, Deutschland, 1920.

John Jahn, »Die Dampflokomotive in entwicklungsgeschichtlicher Darstellung ihres Gesamtaufbaues«, Deutschland, 1924.

»Merkbuch für die Fahrzeuge der Reichsbahn, I. Dampflokomotiven und Tender (Regelspur)«, Ausgabe 1924, Deutschland, 1924. Nachdruck: Deutschland.

Roy V. Wright, »Locomotive Cyclopedia of American Practice«, Seventh Edition – 1925, U.S.A., 1925. Nachdruck: U.S.A., 1973.

E. L. Ahrons, »The British Steam Railway Locomotive, 1825 – 1925«, England, 1927. Nachdruck: England, 1969.

»Henschel Lokomotiv-Taschenbuch«, Ausgabe 1935, Deutschland, 1935.

»Die Entwicklung der Lokomotive im Gebiete des Vereins mitteleuropäischer Eisenbahnverwaltungen, II. Band, 1880 – 1920«, Deutschland, 1937.

Leopold Niederstraßer, »Leitfaden für den Dampflokomotivdienst«, Dritte Auflage, Deutschland, 1939.

Roy V. Wright, »Locomotive Cyclopedia af American Practice«, Eleventh Edition – 1941, U.S.A., 1941. Nachdruck: U.S.A., 1971.

Adolf Wolff, »Die 2'C 2'-h3-Schnellzuglokomotive 05 003 der Deutschen Reichsbahn«, Deutschland, 1947.

Friedrich Wilhelm Eckhardt, »Das Entwerfen von Dampflokomotiven«, Deutschland, 1948.

F. Meineke, Fr. Röhrs, »Die Dampflokomotive, Lehre und Gestaltung«, Deutschland, 1949.

Edwin P. Alexander, »American Locomotives, A Pictorial Record of Steam Power, 1900 – 1950«, U.S.A., 1950.

Alfred W. Bruce, »The Steam Locomotive in America«, U.S.A., 1952.

David P. Morgan, »Steam's Finest Hour«, U.S.A., 1959.

Linn H. Westcott, »Modell Railroader Cyclopedia – Volume 1, Steam Locomotives«, U.S.A., 1960.

Alvin F. Staufer, »Pennsy Power, Steam and Electric Locomotives of the Pennsylvania Railroad, 1900 – 1957«, U.S.A., 1962.

Frederick Westing, »Apex of the Atlantics«, U.S.A., 1963.

Lawrence W. Sagle, »B & O Power, Steam, Diesel and Electric Power of the Baltimore an Ohio Railroad, 1829 – 1964«, U.S.A., 1964.

Karl-Ernst Maedel, »Die Deutschen Dampflokomotiven Gestern und Heute«, Deutschland, 1964.

Kenneth H. Leech, Maurice G. Boddy, »The Stirling Singles of the Great Northern Railway«, England, 1965.

L. G. Marshall, »Steam on the RENFE, The Steam Locomotive Stock of the Spanish National Railways«, England, 1965.

John A. Rehor, »The Nickel Plate Story«, U.S.A., 1965.

Richard J. Cook, »Super Power Steam Locomotives«, U.S.A., 1966.

O. S. Nock, »The British Steam Railway Locomotive, 1925 – 1965«, England, 1966.

Richard E. Prince, »Atlantic Coast Line Railroad, Steam Locomotives, Ships and History«, U.S.A., 1966.

P. Ransome-Wallis, »The Last Steam Locomotives of British Railways«, England, 1966.

Bert Pennypacker, »Eastern Steam Pictorial – The Anthracite Roads«, U.S.A., 1966.

Alvin F. Staufer, »New York Central's Early Power, Volume II, 1831 to 1916«, U.S.A., 1967.

F. M. Swengel, »The American Steam Locomotive, Vol. 1, The Evolution of the Steam Locomotive«, U.S.A., 1967.

H. M. Le Fleming, J. H. Price, »Russian Steam Locomotives«, England, 1968.

Anthony Clegg, Ray Corley, »Canadian National Steam Power«, Kanada, 1969.

Harold A. Edmonson, »World Steam in Action«, England, 1970.

Brian Reed, » A Source Book of Locomotives«, England, 1970.

Jim Scribbins, »The Hiawatha Story«, U.S.A., 1970.

Josef Otto Slezak, »Die Lokomotiven der Republik Österreich«, Österreich, 1970.

Lucien Maurice Vilain» Un Siècle de Matériel et Traction sur le Réseau d'Orléans (1840 – 1938)«, Frankreich, 1970.

D. Rock Carling, »4–8–0 Tender Locomotives«, England, 1971.

D. F. Holland, »Steam Locomotives of the South African Railways, Volume One: 1859 – 1910, Volume Two: 1910 – 1955«, England, 1971/72.

John Marshall, »The Guinness Book of Rail Facts and Feats«, England, 1971.

Brian Reed, »Locomotives in Profile«, Volume 1, 2, 3 and 4«, England, 1971–1974.

Lucien Maurice Vilain, »L'Evolution du Matériel Moteur et Roulant de la Compagnie des Chemins de Fer Paris-Lyon-Méditerannée«, Frankreich, 1971.

Theodor Düring, »Schnellzug-Dampflokomotiven der deutschen Länderbahnen, 1907 – 1922«, Deutschland, 1972.

Naotaka Hirota, »Steam Locomotives of Japan«, Japan, 1972.

A. E. Durrant, A. A. Jorgensen, C. P. Lewis, »Steam on the Veld, Steam in South Africa during the 60's«, England, 1972.

Karl-Ernst Maedel, »S 10^1, Geschichte der letzten preußischen Schnellzug-Dampflokomotiven«, Deutschland, 1972.

Ron Rosenberg, Eric H. Archer, »Norfolk & Western Steam (The Last 25 Years)«, U.S.A., 1972.

Lucien Maurice Vilain, »La Locomotive a Vapeur et les Grandes Vitesses«, Frankreich, 1972.

Gordon Troup, »Steel Roads of New Zealand«, Neuseeland, 1973.

Patrick C. Dorin, »Canadian Pacific Railway, Motive Power, Rolling Stock, Capsule History«, U.S.A., 1974.

H. C. B. Rogers, »Französische Dampflokomotiven des 20. Jahrhunderts, Das Lebenswerk André Chapelons«, Deutschland, 1974. Originaltitel: »Chapelon – Genius of French Steam«, England.

Fred Westing, »Pennsy Steam and Semaphores«, U.S.A., 1974.

Jack W. Farell, Mike Pearsall »North American Steam Locomotives, The Northerns«, U.S.A., 1975.

James W. Lowe »British Steam Locomotive Builders«, England, 1975.

Richard Roosen »Ein Leben für die Lokomotive. Aus den Erinnerungen eines Dampflokomotiv- und Maschineningenieurs«, Deutschland, 1976.

O. S. Nock »Standard Gauge Great Western 4-4-0s, Part 1, Inside-Cylinder Classes 1894 – 1910«, England, 1977.

ZEITSCHRIFTEN

»Lok Magazin«, Deutschland.

»eisenbahn magazin«, Deutschland.
»TRAINS illustrated«, England.
»TRAINS«, U.S.A.

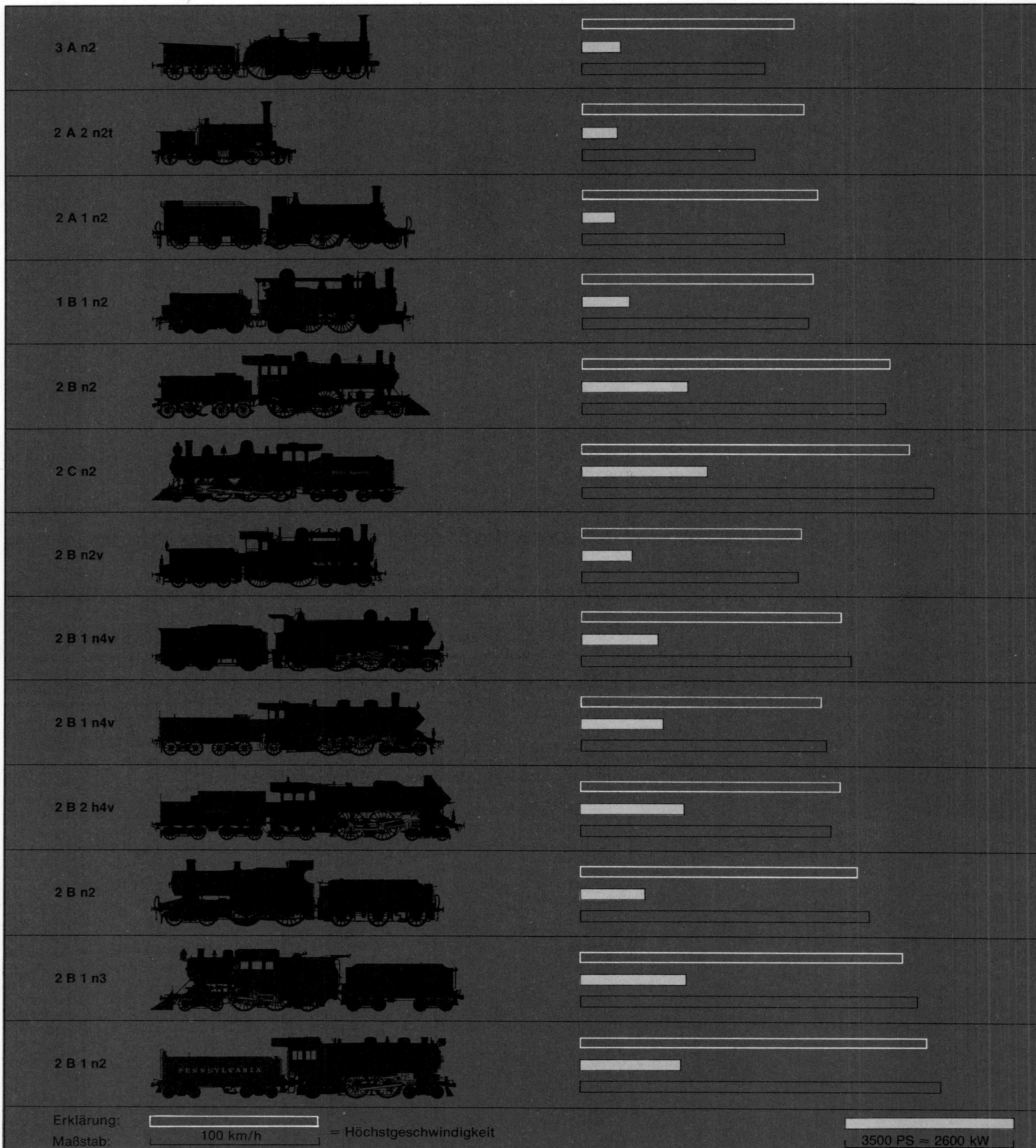

3 A n2
2 A 2 n2t
2 A 1 n2
1 B 1 n2
2 B n2
2 C n2
2 B n2v
2 B 1 n4v
2 B 1 n4v
2 B 2 h4v
2 B n2
2 B 1 n3
2 B 1 n2
PENNSYLVANIA
Erklärung:
Maßstab:
100 km/h
= Höchstgeschwindigkeit
3500 PS ≈ 2600 kW